CHANYE ZHUANLI FENXI BAOGAO

产业专利分析报告

(第20册) ——卫星导航终端

杨铁军◎主编

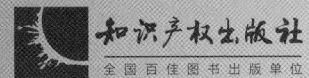

图书在版编目（CIP）数据

产业专利分析报告. 第 20 册，卫星导航终端/杨铁军主编. —北京：知识产权出版社，2014.5

ISBN 978-7-5130-2634-5

Ⅰ. ①产… Ⅱ. ①杨… Ⅲ. ①卫星导航—终端—专利—研究报告—世界 Ⅳ. ①G306.71②TN967.1

中国版本图书馆 CIP 数据核字（2014）第 050234 号

内容提要

本书是卫星导航终端行业的专利分析报告。报告从卫星导航终端行业的专利（国内、国外）申请、授权、申请人的已有专利状态、其他先进国家的专利状况、同领域领先企业的专利壁垒等方面入手，充分结合相关数据，展开分析，并得出分析结果。本书是了解该行业技术发展现状并预测未来走向，帮助企业做好专利预警的必备工具书。

责任编辑：卢海鹰　胡文彬		责任校对：韩秀天	
装帧设计：王祝兰　胡文彬		责任出版：刘译文	

产业专利分析报告（第 20 册）
——卫星导航终端

杨铁军　主　编

出版发行：知识产权出版社有限责任公司		网　　址：http://www.ipph.cn	
社　　址：北京市海淀区马甸南村 1 号		邮　　编：100088	
责编电话：010-82000860 转 8031		责编邮箱：huwenbin@cnipr.com	
发行电话：010-82000860 转 8101/8102		发行传真：010-82000893/82005070/82000270	
印　　刷：保定市中画美凯印刷有限公司		经　　销：各大网络书店、新华书店及相关专业书店	
开　　本：787mm×1092mm　1/16		印　　张：34.25	
版　　次：2014 年 5 月第 1 版		印　　次：2014 年 5 月第 1 次印刷	
字　　数：786 千字		定　　价：110.00 元	

ISBN 978-7-5130-2634-5

出版权专有　侵权必究
如有印装质量问题，本社负责调换。

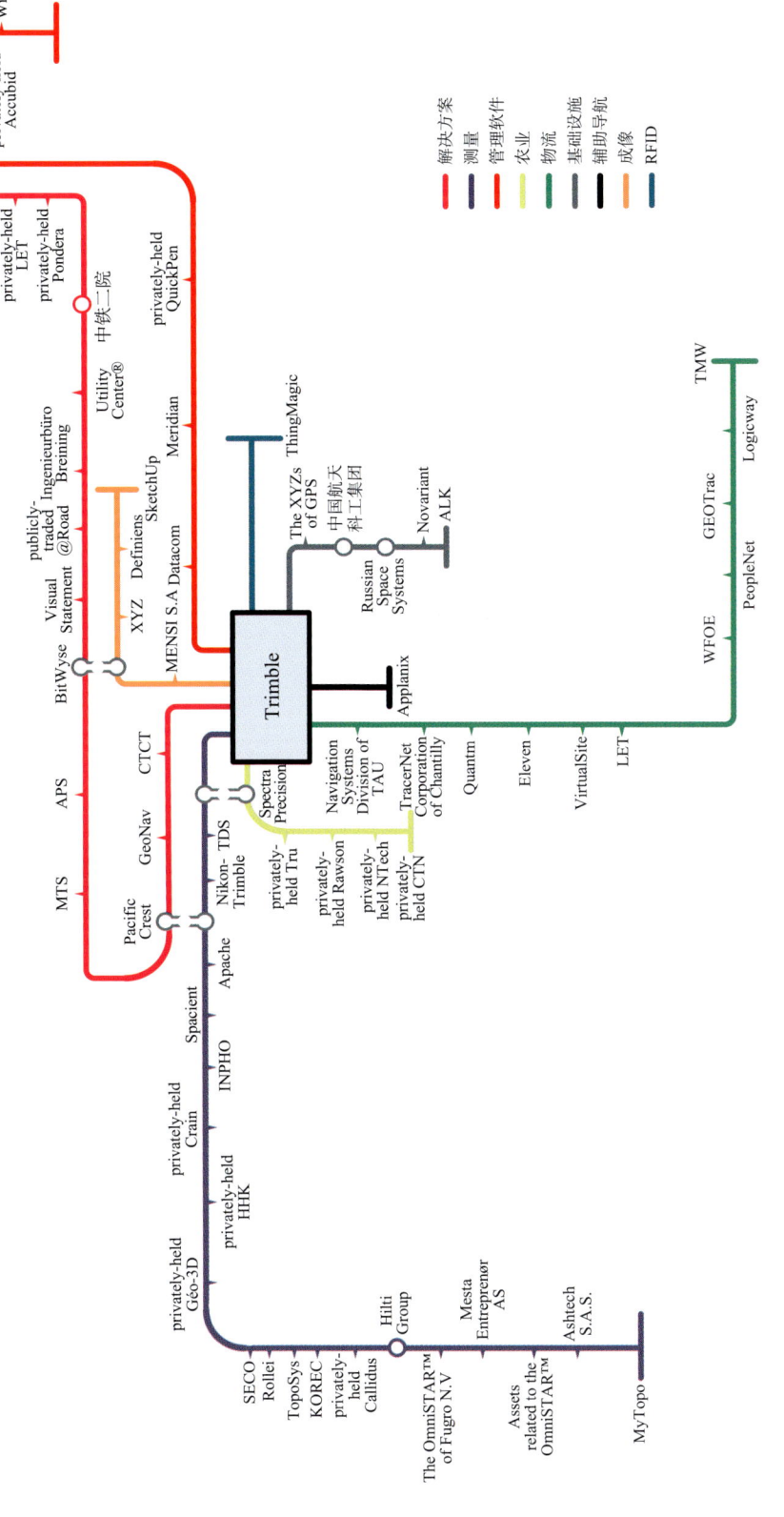

图2-8 天宝公司并购地图

(正文说明见第18页)

图2-9 天宝公司并购历程图

（正文说明见第18页）

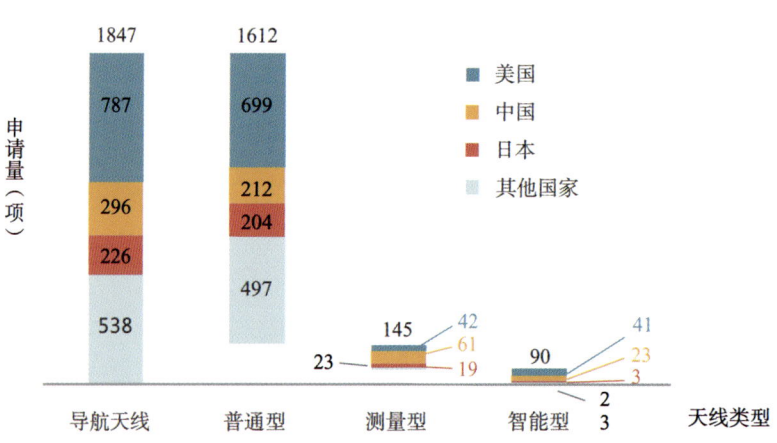

图4-13 各天线类型地域分布图

（正文说明见第44页）

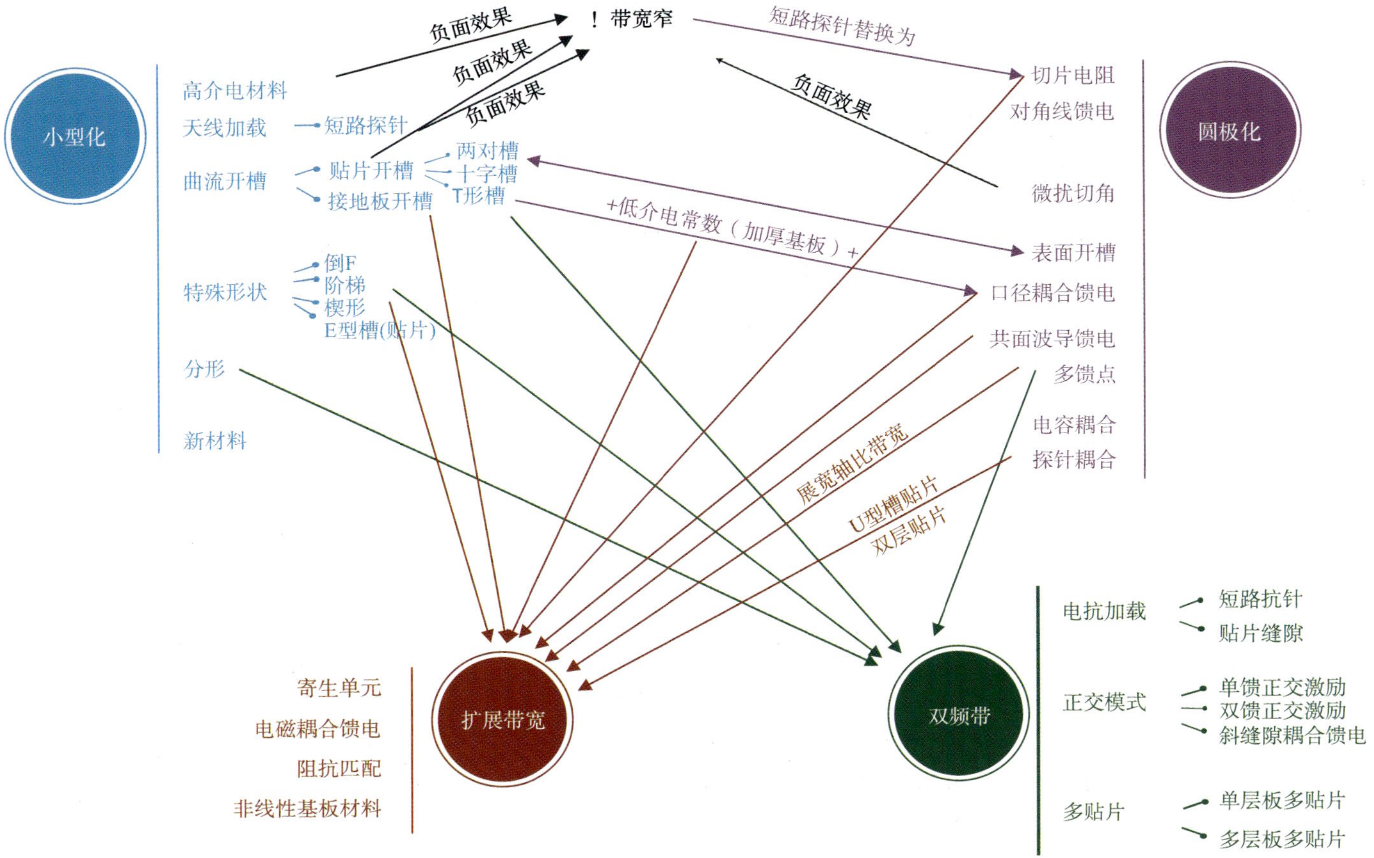

图4-21 微带天线性能发展图

（正文说明见第55页）

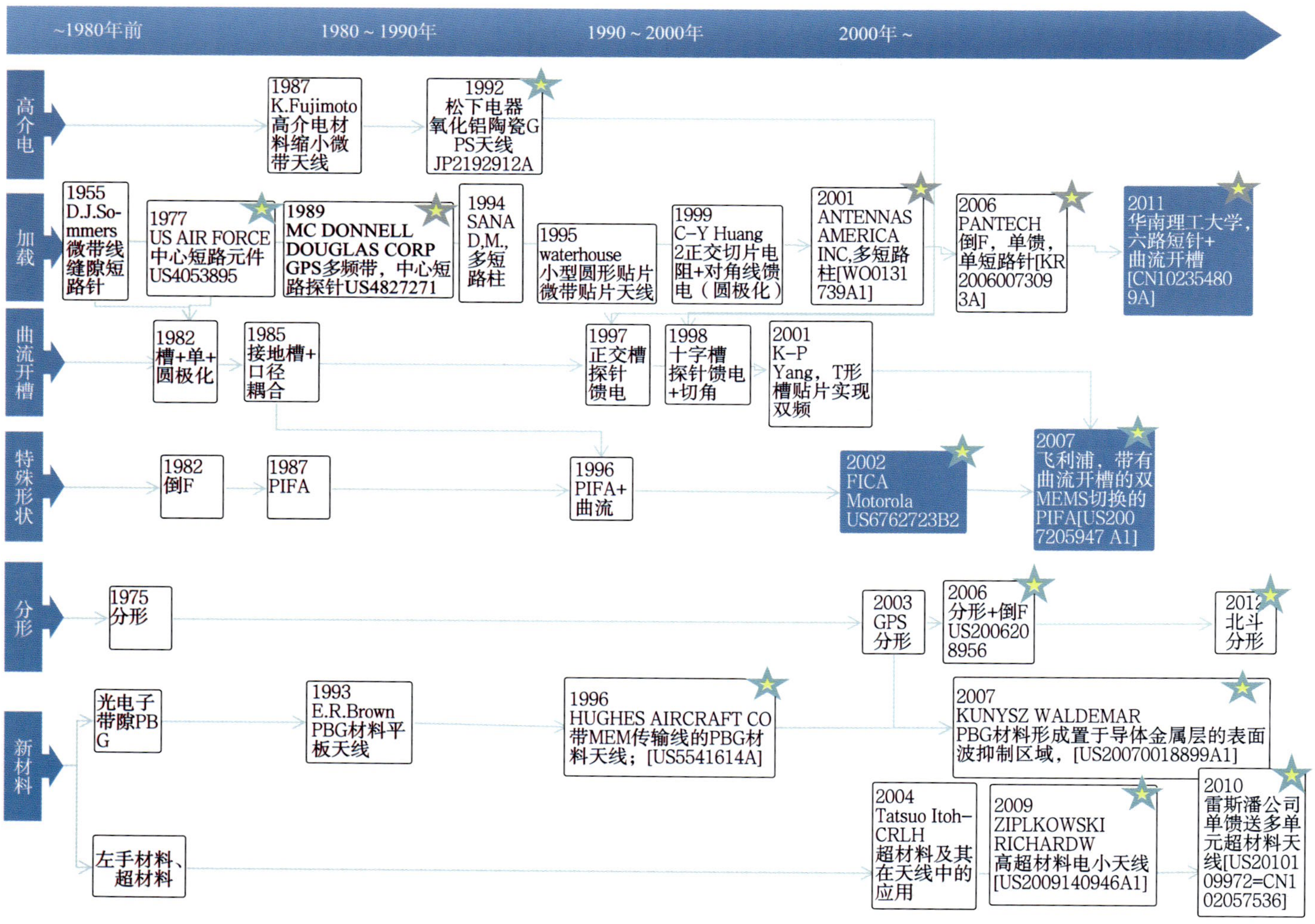

图4-22 微带贴片天线小型化技术发展路线图

（正文说明见第55页）

注：带☆的为专利文献，不带☆的为非专利文献。

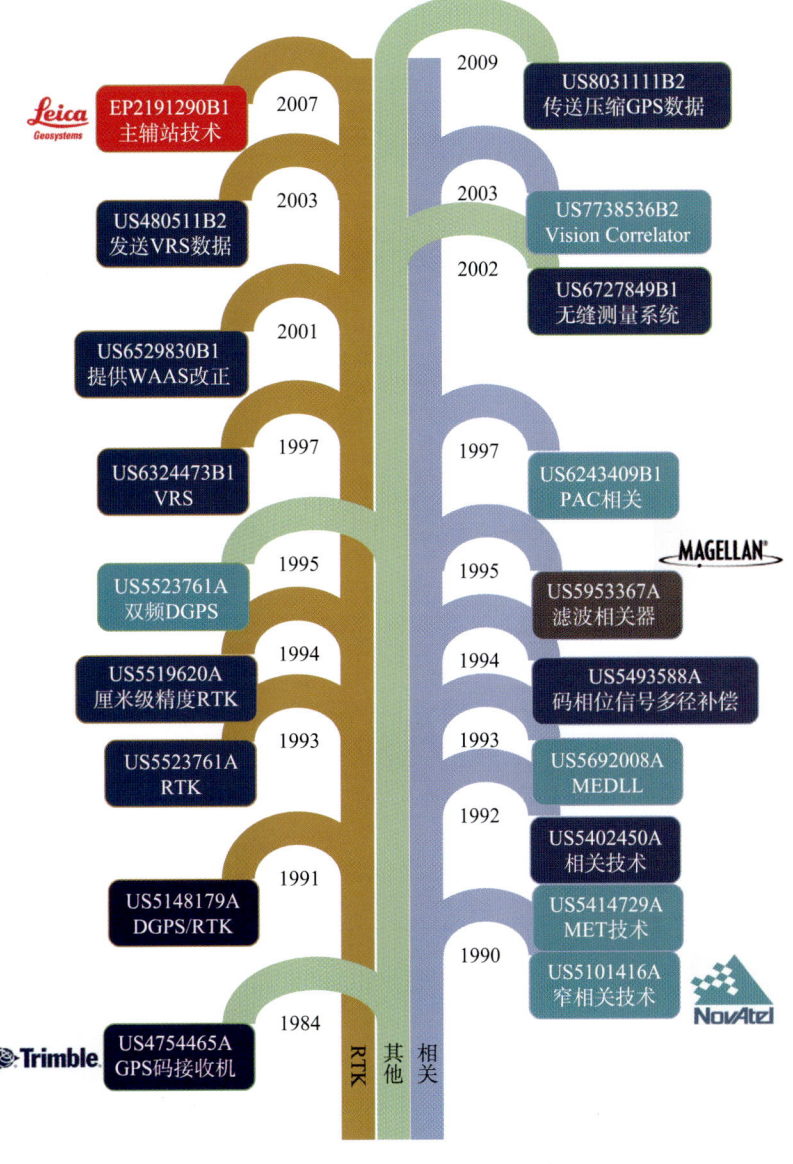

图6-23 GNSS定位技术演进图
（正文说明见第150页）

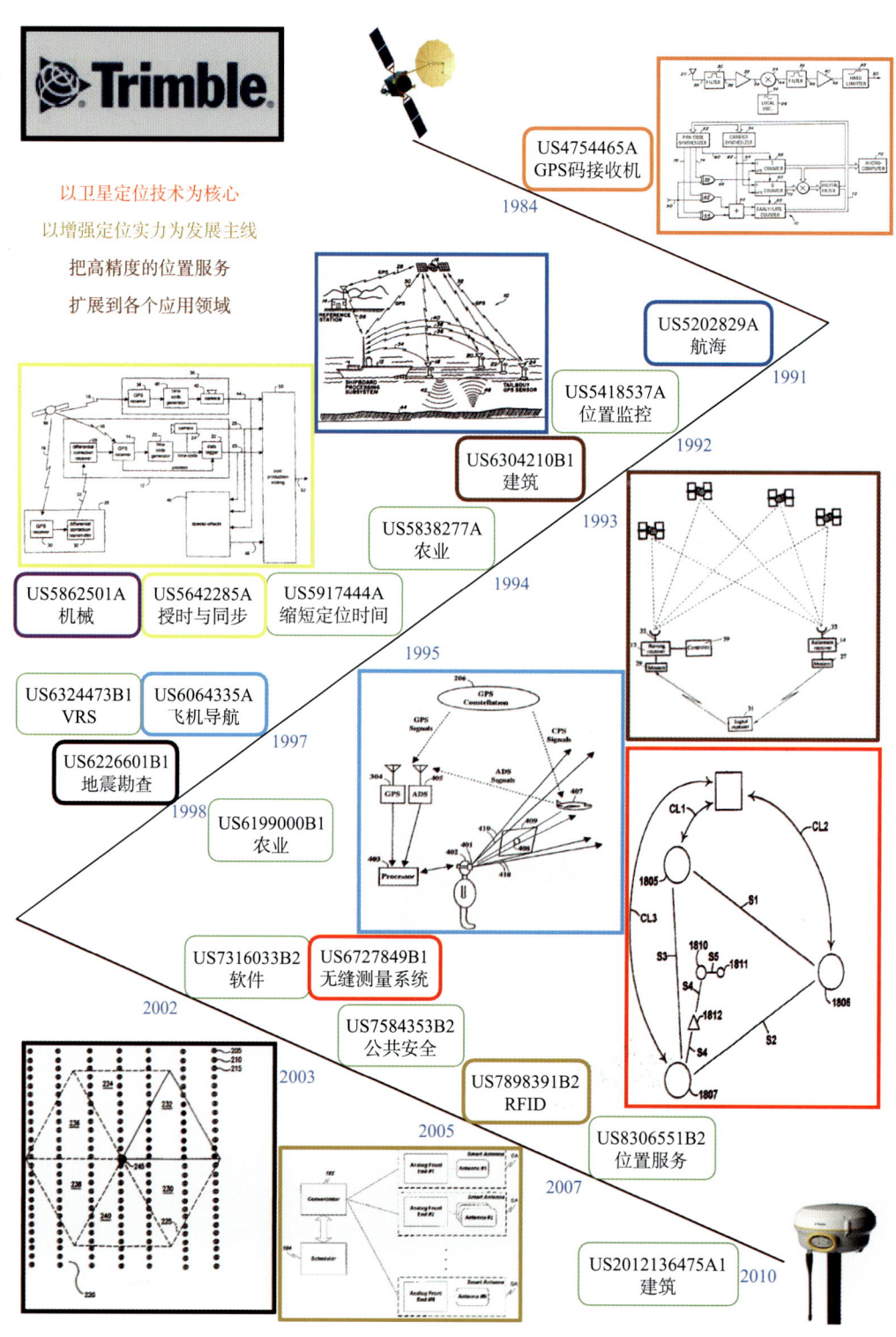

图10-29　天宝公司技术发展图

（正文说明见第289页）

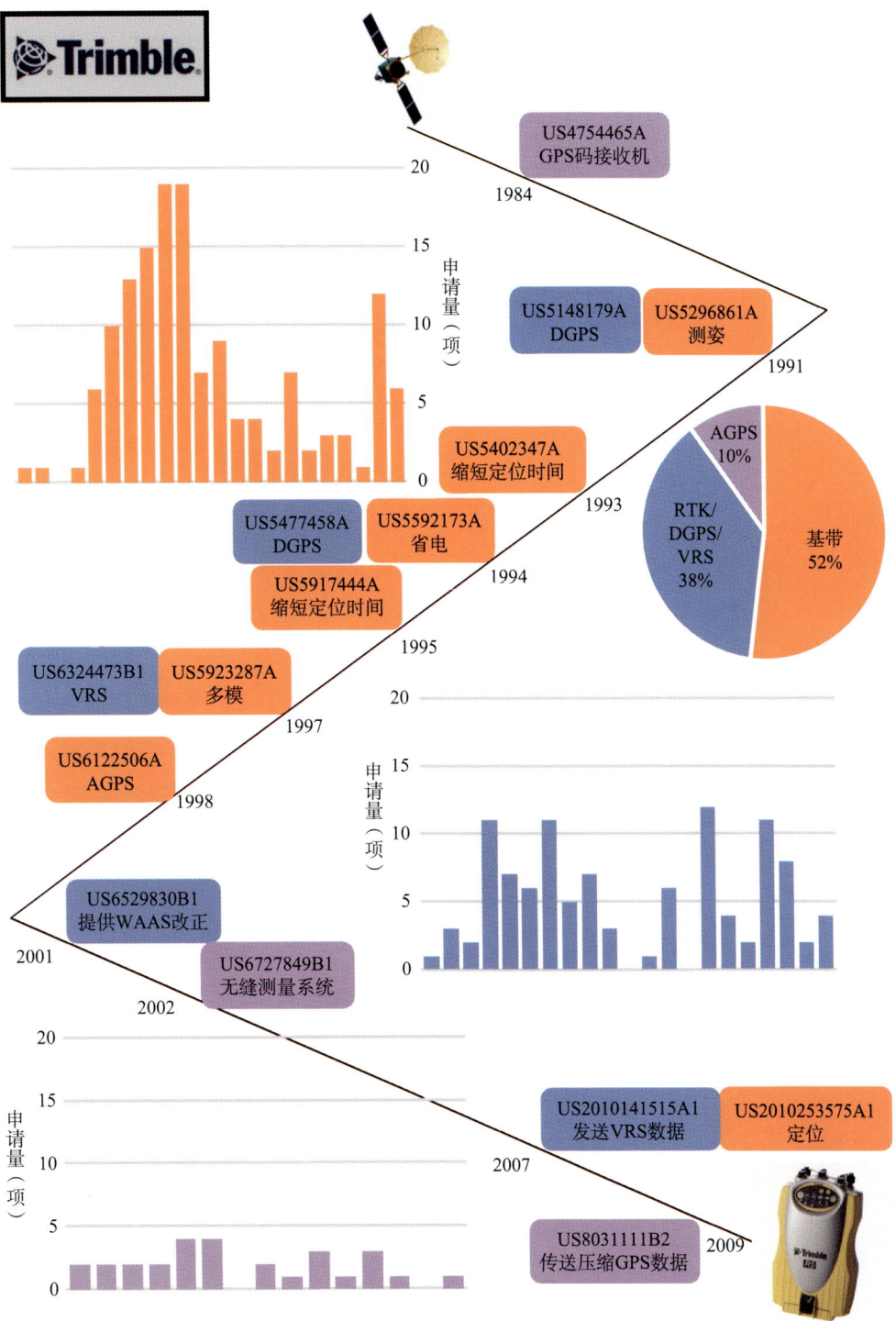

图10-31　GNSS技术发展路线图

（正文说明见第293页）

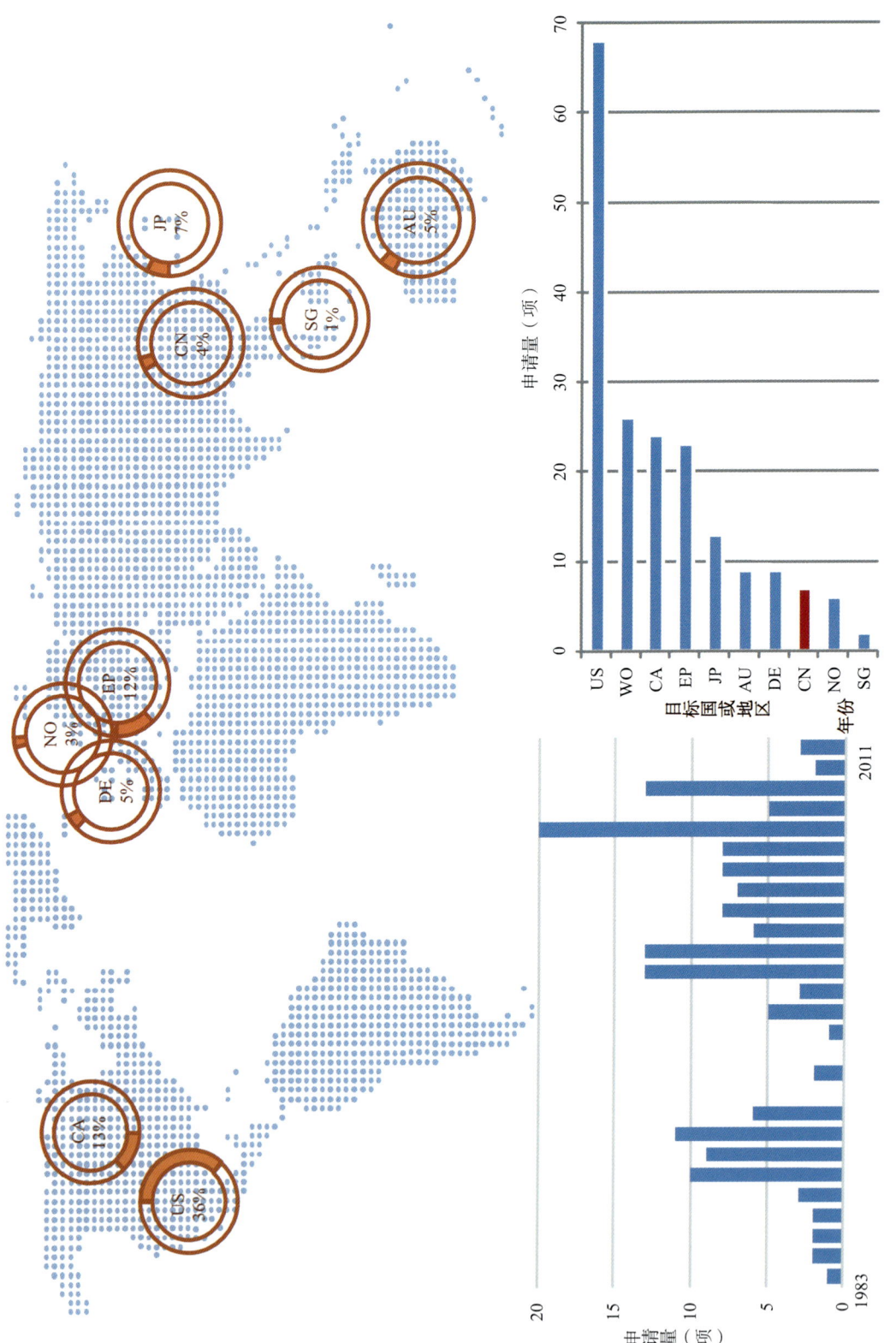

图11-2 诺瓦泰公司在各国申请的数量分布图

（正文说明见第314页）

编委会

主　任：杨铁军

副主任：葛　树　冯小兵

编　委：卜　方　崔伯雄　魏保志　朱仁秀

　　　　孟俊娥　李　超　宫宝珉　曾武宗

　　　　张伟波　闫　娜　曲淑君　张小凤

　　　　李超凡

序

党的十八届三中全会和第十二届全国人大二次会议政府工作报告中明确提出要加强知识产权运用和保护工作，这是中央对知识产权工作提出的新任务和更高要求。在新形势下，让专利信息分析更好地融入产业发展决策，对于提升我国创新主体运用知识产权的能力和发展的质量效益都具有重要的意义。

国家知识产权局在"十二五"期间组织实施的专利分析普及推广项目已经走过四个年头，该项目着眼于战略性新兴产业、高新技术产业等关系国计民生的重点产业，在定量与定性、专利与市场、技术与经济等方面对专利技术分析方法作出有益的尝试，形成了一系列服务于产业发展和企业创新的专利分析研究成果，并基于这些成果广泛开展与产业紧密结合的宣传推广活动。作为项目研究成果的重要载体，《产业专利分析报告》丛书致力于回答和解决产业发展的实际问题，一方面力求数据准确论证充分，经得起时间检验，另一方面紧密联系实际，力争在产业发展中有更多的参考价值。

《产业专利分析报告》丛书的出版受到相关行业、企业和科研人员的一致认可，也受到专利分析和竞争情报研究机构的广泛关注。衷心希望，《产业专利分析报告》丛书的相继出版，能够推动我国相关产业专利运用和保护的水平，为企业的创新发展注入新的活力。

国家知识产权局副局长

前　言

"十二五"期间国家知识产权局组织实施了专利分析普及推广项目，该项目紧密结合国家的产业发展方向，围绕企业对专利信息运用和产业发展的需求，发挥国家知识产权局的专利人才优势，开展专利分析研究工作，形成并发布专利分析报告。作为项目成果的重要载体，《产业专利分析报告》丛书第1～16册自出版以来，受到各行业广大读者的广泛欢迎，有力推动了各产业的技术创新和转型升级。

2013年度专利分析普及推广项目继续秉承"源于产业、依靠产业、推动产业"的工作原则，在综合考虑来自行业主管部门、行业协会、企业创新主体的众多需求之后，最终选定12个行业开展研究工作。这12个行业包括燃气轮机、增材制造、工业机器人、卫星导航终端、LED照明、浏览器、电池、物联网、特种光学与电学玻璃、氟化工、通用名化学药和抗体药物，均属于我国科技创新和经济转型的核心产业。近一年来，约200名专利审查员参与项目研究，分析了150余万条专利数据，几经易稿，形成12份内容实、分析透、质量高、特色多、紧扣行业需求的专利分析研究报告，共计近600万字、千余幅图表。

2013年度的专利分析报告继续加强分析方法创新，深化对申请人、研发团队、侵权诉讼、"337调查"等方面的分析方法研究，并在课题研究中得到充分应用和验证。如抗体药物课题组将专利诉讼的应对策略划分为实体抗辩、证据抗辩和程序抗辩，理清个案专利诉讼的分析思路，为企业应对专利诉讼提供新选择。氟化工、工业机器人、LED照明、卫星导航终端等课题组对"337调查"中的专利分析进行不同程度的探索，为企业应对"337调查"提供新策略。工业机器人课题组将

TRIZ 理论引入专利分析，融合技术创新理论和专利分析方法，为企业技术创新开辟新途径。

2013年度专利分析普及推广项目的研究得到社会各界的大力支持。例如，抗体药物课题组的行业指导专家沈倍奋院士多次来到课题组指导分析工作，并对课题研究成果给予充分肯定；工业机器人课题组的行业指导专家蔡鹤皋院士、燃气轮机课题组的行业指导专家蒋洪德院士均对专利分析报告给予较高的评价。氟化工课题组的合作单位中国石油和化学工业联合会组织大量企业参与课题具体研究工作，为课题研究的顺利开展奠定了基础。《产业专利分析报告》（第17～28册）凝聚社会各界的智慧，形成服务于产业发展的专利分析成果。希望这些成果能够为专利信息利用提供工作指引，为行业政策研究提供有益参考，为行业技术创新提供有效支撑。

由于报告中专利文献的数据采集范围和专利分析工具的限制，加之研究人员水平有限，报告的数据、结论和建议仅供社会各界借鉴、研究。

《产业专利分析报告》丛书编委会
2014年4月

项目联系人

李超凡　62083762/13810803618/lichaofan@sipo.gov.cn
褚战星　62084456/13810154361/chuzhanxing@sipo.gov.cn

卫星导航终端行业专利分析课题研究团队

一、项目指导
国家知识产权局：杨铁军　廖　涛　葛　树　徐　聪　毛金生
二、项目管理
国家知识产权局专利局：张小凤　李超凡　褚战星　汪　勇
三、课题组
承 担 部 门：国家知识产权局专利局通信发明审查部　国家知识产权局专利局光电技术发明审查部
课 题 负 责 人：卜　方　崔伯雄
课 题 组 组 长：丰学民
课题组副组长：李　璐
课 题 组 成 员：丁文佳　罗　倩　石　蕊　张亚玲　高巍巍　孙昌璐
　　　　　　　　程小亮　马　原　王婷婷　刘　丹　尹　鹏　张　静
　　　　　　　　孙　毅　张　岩　周亚沛　李晓惠　黄素霞　隋　欣

四、研究分工
数据检索：石　蕊　程小亮　刘　丹　李晓惠　黄素霞　孙　毅
数据清理：高巍巍　孙昌璐　尹　鹏　张　岩　黄素霞　李晓惠
数据标引：石　蕊　高巍巍　王婷婷　周亚沛　张亚玲　张　静
图表制作：罗　倩　高巍巍　孙昌璐　孙　毅　周亚沛
报告执笔：丰学民　李　璐　丁文佳　石　蕊　张亚玲　高巍巍
　　　　　　孙昌璐　程小亮　马　原　王婷婷　刘　丹　尹　鹏
　　　　　　罗　倩　张　静　孙　毅　张　岩　周亚沛　李晓惠
　　　　　　黄素霞　隋　欣
报告统稿：丰学民　李　璐　石　蕊　张亚玲
报告编辑：高巍巍　石　蕊　隋　欣
报告审校：卜　方　崔伯雄　李超凡　李　祎　王　冀　肖雄兵
　　　　　　郝海东

五、报告撰稿
丰学民：主要执笔第 14 章第 14.6 节、第 14.7 节

李　璐：主要执笔第14章第14.4节、第14.5节、第14.8节，参与执笔第6章，第10章第10.2节、第10.3节，第11章第11.2节、第11.3节，第12章，第13章

丁文佳：主要执笔第1章第1.1节，第14章第14.9节

石　蕊：主要执笔第3章，第4章第4.1节、第4.3节、第4.4节，第8章第8.2~8.4节，参与执笔第4章第4.2节、第4.5节，第14章

张亚玲：主要执笔第12章第12.4~12.8节、第13章第13.4节，参与执笔第12章第12.1节、第12.2节、第12.9节，第13章第13.2节、第13.3节

高巍巍：主要执笔第2章第2.1~2.3节，第7章第7.1节、第7.2节、第7.4节，参与执笔第2章第2.4节、第7章第7.3节、第14章

王婷婷：主要执笔第5章，参与执笔第14章

程小亮：主要执笔第9章，参与执笔第4章第4.5节

孙昌璐：主要执笔第7章第7.3节、第8章第8.1节，参与执笔第2章第2.4节、第7章第7.4节、第14章

马　原：主要执笔第1章第1.2节、第14章第14.1节

刘　丹：主要执笔第4章第4.5节、第14章第14.2节

尹　鹏：主要执笔第2章第2.4节、第14章第14.3节

罗　倩：主要执笔第4章第4.2节、第8章第8.5节

张　静：主要执笔第6章第6.3节、第6.4节，第10章第10.2~10.8节、第11章第11.1~11.5节，参与执笔第6章第6.1节、第6.2节，第10章第10.1节、第10.9节，第11章第11.6节、第11.7节

隋　欣：主要执笔第13章第13.1节、第13.2节，参与执笔第14章

孙　毅：主要执笔第12章第12.9节、第13章第3.3节，参与执笔第13章第13.1节、第13.2节

张　岩：主要执笔第6章第6.1节、第6.2节

周亚沛：主要执笔第10章第10.1节、第10.9节

黄素霞：主要执笔第11章第11.6节、第11.7节

李晓惠：主要执笔第12章第12.1节、第12.2节、第12.3节

六、指导专家

行业专家

肖雄兵　中国卫星导航定位协会总工程师
郝海东　合众思壮科技股份有限公司
施　蕾　深圳市华信天线技术有限公司
孙　婷　四维图新科技股份有限公司

技术专家

宋海丰　北京空间科技信息研究所
刘荣科　北京航空航天大学
杨东凯　北京航空航天大学
卢艳娥　空军工程大学信息与导航学院
俞能杰　中国航天科技集团公司五院503所

专利分析专家

李超凡　国家知识产权局专利局审查业务管理部
褚战星　国家知识产权局专利局审查业务审查部
李　祎　国家知识产权局专利局通信发明审查部
王　冀　国家知识产权局专利局光电技术发明审查部
王　超　国家知识产权局专利局光电技术发明审查部

七、合作单位（排序不分先后）

中国卫星导航系统管理办公室、中国卫星导航定位协会、北京航空航天大学、中国航天科技集团公司五院503所、合众思壮科技股份有限公司、高德软件有限公司、四维图新科技股份有限公司、泰斗微电子科技有限公司、北斗天汇（北京）科技有限公司、华信天线技术有限公司、北斗星通信息服务有限公司

目 录

第1章　绪论 / 1
  1.1　研究背景 / 1
  1.2　研究对象和方法 / 3

第2章　全球专利态势 / 9
  2.1　总体态势 / 9
  2.2　技术构成 / 9
  2.3　区域分布 / 11
  2.4　申请人 / 12
    2.4.1　申请人排名 / 12
    2.4.2　产业链申请量分布 / 13
    2.4.3　重要申请人技术构成 / 13
    2.4.4　重要申请人 / 14

第3章　中国专利态势 / 26
  3.1　总体态势 / 26
  3.2　技术构成 / 28
  3.3　法律状态 / 29
  3.4　区域分布 / 30
    3.4.1　各国在中国专利申请趋势 / 30
    3.4.2　各国专利技术申请情况 / 31
    3.4.3　中国各地区专利申请态势 / 31
  3.5　申请人 / 34
    3.5.1　申请人排名 / 34
    3.5.2　国外重要申请人 / 36
    3.5.3　国内重要申请人 / 37

第4章　卫星导航接收机天线 / 39
  4.1　常见天线类型 / 39
    4.1.1　普通导航天线 / 40

4.1.2 高精度测量型天线 / 41
4.1.3 智能天线 / 42
4.2 全球专利申请态势 / 42
4.2.1 总体申请量趋势 / 42
4.2.2 来源国/地区 / 43
4.2.3 技术分支 / 44
4.3 中国专利申请态势 / 45
4.3.1 总体申请量趋势 / 45
4.3.2 来源国/地区区域分布 / 47
4.3.3 各技术分支分布 / 49
4.4 主要申请人 / 50
4.4.1 全球主要申请人 / 50
4.4.2 中国申请主要申请人 / 51
4.5 热点技术分支 / 55
4.5.1 微带天线技术发展路线 / 55
4.5.2 四臂螺旋天线专利 / 68
4.5.3 高精度测量型天线技术专利 / 72

第5章 射频前端处理模块 / 84

5.1 射频前端简介 / 84
5.1.1 常见结构 / 84
5.1.2 系统指标 / 93
5.1.3 关键模块 / 94
5.2 全球申请态势 / 100
5.2.1 全球申请量趋势 / 100
5.2.2 申请人来源国/地区分布 / 101
5.2.3 全球主要申请人 / 102
5.3 中国申请态势 / 105
5.3.1 中国申请量趋势 / 105
5.3.2 申请人来源国/地区分布 / 106
5.3.3 申请人省份/城市分布 / 107
5.3.4 申请人类型及申请类型 / 108
5.3.5 中国申请主要申请人 / 109
5.4 技术发展路线 / 110
5.4.1 国外技术发展路线 / 111
5.4.2 国内技术发展路线 / 112
5.5 高通股份有限公司 / 113

5.5.1　专利申请趋势 / 113
　　5.5.2　技术与产品演进 / 115
　　5.5.3　重要专利 / 119

第6章　基带与增强系统 / 125
　6.1　技术简介 / 125
　　6.1.1　GNSS 接收机芯片 / 125
　　6.1.2　基带处理 / 128
　　6.1.3　增强系统 / 130
　6.2　全球专利态势 / 131
　　6.2.1　申请量 / 132
　　6.2.2　来源国/地区 / 135
　　6.2.3　目标国 / 137
　　6.2.4　申请人 / 138
　6.3　中国专利态势 / 139
　　6.3.1　申请量 / 140
　　6.3.2　申请的地区分布 / 141
　　6.3.3　申请人 / 143
　　6.3.4　法律状态 / 145
　6.4　技术发展路线 / 147
　　6.4.1　技术演进图 / 147
　　6.4.2　基带处理技术 / 150
　　6.4.3　差分技术 / 151

第7章　导航电子地图 / 153
　7.1　简介 / 153
　　7.1.1　国际三大导航市场 / 153
　　7.1.2　产业集中度高 / 153
　　7.1.3　产业的频繁洗牌 / 154
　7.2　总体态势 / 155
　　7.2.1　全球态势 / 155
　　7.2.2　中国态势 / 157
　　7.2.3　地图更新专利申请态势 / 159
　　7.2.4　路径规划专利申请态势 / 161
　7.3　技术发展路线 / 165
　　7.3.1　导航电子地图终端发展历史 / 165
　　7.3.2　导航电子地图技术发展路线 / 165
　　7.3.3　地图更新技术发展路线 / 167

7.3.4 路径规划技术发展路线 / 167
7.4 重要申请人 / 169
7.4.1 谷歌（Google）/ 169
7.4.2 百度（Baidu）/ 174

第8章 无缝室内外组合定位 / 178
8.1 简介 / 178
8.1.1 广域室内外定位技术 / 179
8.1.2 局域室内定位技术 / 185
8.1.3 混合室内外定位技术 / 191
8.2 专利申请态势分析 / 192
8.2.1 技术发展历程 / 192
8.2.2 专利布局 / 193
8.2.3 主要技术构成 / 198
8.2.4 重要申请人 / 203
8.3 技术发展路线 / 208
8.4 重要申请人 / 213
8.4.1 高通公司 / 213
8.4.2 罗瑟姆公司 / 215
8.5 重要专利 / 220

第9章 GNSS在智能手机中的应用 / 223
9.1 简介 / 223
9.1.1 常见GNSS在智能手机中的应用 / 224
9.1.2 GNSS在智能手机中的应用未来发展趋势 / 224
9.2 专利申请态势 / 225
9.2.1 技术发展路线图 / 225
9.2.2 全球专利申请态势 / 227
9.2.3 申请人 / 228
9.2.4 来源国 / 228
9.2.5 中国专利申请态势 / 229
9.2.6 国外重要申请人 / 231
9.2.7 国内重要申请人 / 232
9.2.8 重点专利 / 233
9.3 侵权与诉讼 / 236

第10章 天宝（Trimble）公司 / 243
10.1 公司简介 / 243
10.2 全球专利态势 / 244

10.2.1 申请量 / 244

10.2.2 目标国/地区 / 246

10.3 中国专利态势 / 247

10.4 整体技术态势 / 248

10.4.1 五大领域 / 249

10.4.2 无线通信 / 251

10.4.3 授时与同步 / 252

10.4.4 GIS / 253

10.4.5 软件 / 254

10.4.6 地震勘查、RFID 等 / 255

10.5 核心业务 / 257

10.5.1 GNSS 定位技术 / 257

10.5.2 GNSS 与测绘 / 260

10.5.3 GNSS 与导航 / 266

10.5.4 GNSS 与农业 / 279

10.5.5 GNSS 与建筑 / 280

10.5.6 GNSS 与机械 / 282

10.6 技术发展路线 / 283

10.6.1 重点专利 / 283

10.6.2 技术路线 / 289

10.7 GNSS 核心技术 / 289

10.7.1 GNSS 核心技术 / 290

10.7.2 GNSS 重点专利 / 291

10.7.3 GNSS 技术路线 / 293

10.8 发明人团队 / 293

10.8.1 测绘和 GNSS 定位技术 / 294

10.8.2 导航 / 295

10.8.3 农业 / 296

10.8.4 建筑 / 297

10.8.5 机械 / 297

10.9 公司并购与发展 / 298

10.9.1 整体发展 / 298

10.9.2 测绘领域 / 301

10.9.3 导航领域 / 304

10.9.4 农业领域 / 307

10.9.5 建筑领域 / 309

10.9.6　机械领域 / 310

10.9.7　启示 / 311

第11章　诺瓦泰（NovAtel）公司 / 312

11.1　公司简介 / 312

11.2　全球专利态势 / 313

11.2.1　申请量 / 313

11.2.2　目标国家 / 314

11.3　中国专利态势 / 314

11.4　技术发展态势 / 316

11.4.1　技术构成 / 316

11.4.2　专利布局 / 317

11.4.3　技术发展历程 / 318

11.4.4　重点专利 / 320

11.4.5　技术路线图 / 322

11.5　核心技术 / 322

11.6　重要研发人员 / 329

11.6.1　研发团队 / 330

11.6.2　研发团队涉及的专利 / 331

11.7　公司并购情况 / 337

第12章　SiRF公司 / 339

12.1　公司简介 / 339

12.2　全球专利态势 / 340

12.2.1　申请量 / 340

12.2.2　目标国/地区 / 341

12.3　中国专利态势 / 342

12.4　技术发展态势 / 345

12.4.1　技术构成 / 345

12.4.2　专利布局 / 346

12.4.3　重点专利 / 348

12.5　技术发展路线 / 349

12.6　核心技术 / 353

12.6.1　扩频接收机 / 353

12.6.2　弱信号捕获技术 / 356

12.6.3　省电技术 / 358

12.6.4　快速定位技术 / 363

12.6.5　室内外无缝定位技术 / 365

12.7 重要研发人员 / 369
12.8 SiRF 主要产品 / 370
　12.8.1 SiRFstarIII / 371
　12.8.2 SiRFstarIV / 372
　12.8.3 SiRFstarV 和 SiRFusion / 374
　12.8.4 SiRFprima / 375
　12.8.5 软件解决方案 / 378
　12.8.6 SiRF 公司产品的特点 / 379
　12.8.7 下一代的移动车载定位技术 / 380
12.9 SiRF 公司发展策略 / 383
　12.9.1 SiRF 的并购 / 383
　12.9.2 SiRF 公司的合作 / 388
　12.9.3 SiRF 公司的行业联盟 / 392

第13章 美国卫星导航领域的专利诉讼 / 394
13.1 美国专利侵权诉讼整体状况 / 394
　13.1.1 诉讼随年度的变化情况 / 394
　13.1.2 诉讼发起地区分布情况 / 395
　13.1.3 诉讼涉及的技术领域分布情况 / 396
13.2 SiRF 公司、Global Locate 公司和 Broadcom 公司之间的较量 / 398
　13.2.1 当事人简介 / 398
　13.2.2 SiRF 公司起诉 / 399
　13.2.3 Global Locate 公司反诉 / 400
　13.2.4 SiRF 公司上诉 / 403
　13.2.5 案件启示 / 408
13.3 Zoltar 的艰辛维权路 / 411
　13.3.1 E911 法案简介 / 412
　13.3.2 Zoltar v. 高通和 SnapTrack，Inc. / 412
　13.3.3 Zoltar v. LG 电子移动通信公司等 / 417
　13.3.4 Mosaid Technologies 公司 v. 索尼爱立信移动通信公司和 HTC 美国分公司 / 422
　13.3.5 案件启示 / 424
13.4 卫星定位导航市场将硝烟弥漫 / 425

第14章 结论与建议 / 427
14.1 全球专利申请态势 / 427
14.2 中国专利申请态势 / 427
14.3 技术分支 / 429

14.4 申请人状况 / 433
14.5 卫星导航领域诉讼 / 435
14.6 知识产权战略的意义 / 435
14.7 政府和行业管理部门的作用 / 438
14.8 企业的应对 / 439
14.9 针对特定技术分支的倡议 / 442

附录1 卫星导航信号格式方面的专利分析 / 445
附录2 主要申请人名称约定表 / 493
附录3 中国申请重要专利清单 / 502

第1章 绪 论

1.1 研究背景

（1）技术发展概况

全球卫星导航系统（GNSS）是所有卫星导航定位系统的总称，是整个卫星导航产业链中最基础和必不可少的部分。2020年前，全世界将有四大全球导航卫星系统：美国的全球定位系统（Global Positioning System，GPS）、俄罗斯的格洛纳斯（GLONASS）、欧盟计划2014年建成的伽利略（Galileo）和我国正在建设的北斗导航（COMPASS），呈现出以GPS为主（其市场规模占全球的90%以上）、其他三家各有特色的"一家领先，三家加速跑"的格局。此外，多种星基增强系统（SBAS）正在建设和进一步完善。例如，美国联邦航空局（FAA）、欧洲和日本分别提出的广域增强系统（WAAS）、欧洲静地卫星导航重叠系统（EGNOS）和日本的多功能卫星增强系统（MSAS）来增强现有的GPS和GLONASS系统的导航性能。多卫星导航及其增强系统共存的局面已经形成。

由于卫星导航定位技术能为地球表面乃至空中和近地轨道空间中的每一个点赋予一个唯一的三维定位数据，因此这项技术在海、陆、空、天四维空间任何需要以动态和静态方式导航、定位、授时（PNT）的设备或系统中都可以找到用武之地。卫星导航定位方式已成为超越地域、超越种族、超越语言的一种全新的导航定位国际应用规范，并成为广域移动物体（飞机、汽车和船只）实现全球无缝隙连续导航、定位、授时的首选技术之一。[1] 以GPS为代表的卫星导航应用产业已逐步成为一个全球性的高新技术产业。

（2）产业发展现状

全球卫星导航系统及其产业当前和今后10年内将经历前所未有的四大转变：从单一的GPS时代转变为真正实质性的多星座并存兼容的GNSS新时代，开创卫星导航体系全球化和增强系统多模化的新阶段；从以卫星导航为应用主体转变为导航、定位、授时与移动通信和互联网等信息载体融合的新时期，开创信息融合化和产业一体化，以及应用智能化的新模式；从经销应用产品为主逐步转变为运营服务为主的新局面，开创应用大众化和服务产业化，以及信息服务智能化的新阶段；从室外导航转变为室内外无缝导航的新时空体系，开创以卫星导航为基石的多手段融合、天地一体化、服务泛在化和智能化的新纪元。

---

[1] 郭信平，等. 卫星导航系统应用大全［M］. 北京：电子工业出版社，2011.

未来的全球系统具有四大特点：一是多层次增强，在全球系统之外，有区域系统和局域系统对其进行增强；二是多系统兼容，通过 GNSS 兼容与互操作的合作，实现 L1 和 L5 上的民用信号的互用共享；三是多模化应用，除导航外，还用于定位、授时，充分发挥其功能与能力；四是多手段集成，除卫星导航及其增强外，还利用非卫星导航手段，如蜂窝移动通信（UMTS）网络、WiFi、互联网、惯性导航、伪卫星、无线电信标等。采取如此众多的对策措施，旨在形成一个以 GNSS 为主体的导航、定位、授时应用服务体系，真正做到任何时候、任何地方、全时段、全空间的无缝服务，实现产业的全球化、规模化、规范化和大众化发展。

对于全球卫星导航产业及其市场发展的总体研究，有许多公司在连续不断地进行跟踪分析，包括一些官方机构，如与欧洲伽利略计划相关的 GSA 组织。其在 2010 年 10 月发表的报告中指出，今后的 10 年，GNSS 市场会有明显的增长，从 2010 年到 2020 年，市场总产值从 1330 亿欧元攀升到 2440 亿欧元，平均年增长率为 11%。同期导航终端的总销量从 4.37 亿台上升到 10.89 亿台，平均年增长率为 10%。该报告主要研究归纳了道路车辆、位置服务、航空与农业四个方面，其中道路车辆的贡献占 56.4%，位置服务占 42.8%，航空占 0.2%，农业占 0.8%。国外专业咨询公司研究表明，全球智能导航手机 2010 年的销量为 2.95 亿部，与 2009 年相比增长 97%。预计到 2015 年时，智能导航手机销量将达到 9.4 亿部，约占当年手机销量的 60%。2010 年至 2015 年的年复合增长率将达到 28.8%。届时大约有 1/3 或者 1/4 的销售量在中国。

我国的卫星导航产业正进入高速发展的根本转折时期。国家发展和改革委员会的"卫星导航应用产业化"专项和国防科工委"北斗民用市场开拓与产业化"专项的实施，科技部的中欧伽利略合作计划和"863"计划中"对地观测和卫星导航"主题的启动及实施，以及总装备部、国家发展和改革委员会、工业和信息化部、科学技术部和交通运输部等联手开展的中国北斗卫星导航系统重大项目，已成为中国卫星导航产业发展的一个个重要里程碑。产业发展的动人之处有四：一是汽车导航仪后装市场异军突起；二是个人导航设备市场后来居上；三是监控与信息服务市场在稳步前进；四是 2010 年导航定位手机已经脱颖而出，占有中国导航终端市场的半壁江山，成为产业独领风骚的产品，产业发展的进程成绩斐然。

根据调查研究和分析评估表明，我国涉足卫星导航应用与服务产业的厂商与机构的数量超过 5000 家，专业从事这一产业的单位有 1500 家左右，从业人员数量不少于 15 万人，总投资规模 500 亿元左右。其中投资规模超过 5000 万元的企业有 150 多家，1000 万 ~ 5000 万元的企业超过 200 家，百万元级的企业有 800 ~ 1000 家，数十万元级的有 4000 余家。人员数量为 1000 人以上的单位有 70 ~ 80 家，数百人的有数百家，其余大多数是几十人的小型企业。2006 年产业产值首次突破 100 亿元大关（为 120 多亿元）。2008 年产业总产值为 285 亿元，用户数量超过 1300 万个，新增加用户数量接近 1/2。2009 年产值达到 390 亿元左右，用户总数量超过 2500 万个。2010 年产值超过 500 亿元，用户总数量为 5000 万个左右。同时值得指出的是，我国北斗一号终端社会持有量已达 8 万余套，活动用户数量约为 3 万个。参与北斗终端研发或销售的企业数量达到 50～60 家，年产值为 3 亿～4 亿元。从目前产业发展的形势来说，2010～2015 年我国卫星导航产业发展将进入高速度、跨越式增长期。❶

(3) 行业需求

从 20 世纪 90 年代末至今的十多年来，直接或间接与卫星导航相关的专利申请数量迅速增加。我国的卫星导航产业在近 5 年间才开始进行专利布局，而国外卫星导航技术起步较早，在专利申请量以及核心技术和应用领域的布局上具有较大优势，这无疑会对我国卫星导航产业的发展构成威胁。

面对国内、国外各大导航厂商在卫星导航上不断拓展的专利布局现状，我们只有全面、准确地摸清国内外专利技术发展的具体方向、了解拥有重要专利技术的主要国家和企业，了解不同的地区和企业技术研发的重点，才可能做到知己知彼，分清竞争对手和合作伙伴，把握技术发展动向，在新的产业竞争发展道路上探索出一条符合国情的道路。

针对上述需求，本课题组确定的研究内容如下：针对卫星导航领域各重点分支技术进行检索和态势分析；针对主要国外申请人在该领域的专利布局进行分析，提出国内技术创新点和突破口；针对我国相关领域的专利布局情况，挑选出国外主要竞争对手的重要专利，对比分析其专利技术特征，进行专利风险分析；针对技术创新点和突破口，结合我国在该领域的科研、产业现状和发展方向以及专利布局情况，给出相关领域专利技术布局策略以及促进产业发展的措施建议等。

1.2 研究对象和方法

(1) 技术分解

卫星导航系统通常由三部分构成：空间卫星星座部分、地面监控部分和用户接收部分。本课题所研究的卫星导航定位终端属于用户接收部分。

课题组通过初期的企业调研、资料收集和专家讲座，确定卫星导航接收机课题的研究边界为：能够接收卫星信号实现导航功能的接收机，包括专业型接收机和民用型接收机，不但包含专业的卫星导航终端，还包括生活中常见的各种手持式导航、车载导航、手机、手提电脑、手表等能够实现卫星导航功能的消费型终端，并以此为基础确定了专利技术分解表。表 1-1 示出了分解表的一至四级。完整的技术分解表见本书附录。

---

❶ 曹冲. 我国导航产业发展现状及趋势.

表1-1 卫星导航专利技术分解表

一级	二级	三级	四级
卫星导航接收机	天线	普通导航天线	平板天线
			立体天线
			陶瓷天线
			超材料天线
			组合式天线
			鱼鳍天线
		测量型天线	普通测量天线
			扼流圈天线
		智能天线	自适应调零天线
			波束成形天线
	芯片	射频前端处理模块	射频信号调整
			下变频混频
			中频信号滤波放大
			A/D转换
		基带数字信号处理模块	抗多路径
			消除钟差
			缩短定位时间
			信号去噪
			消除轨道误差
			消除电离层误差
			芯片制造
			省电
			校准
			RAIM
			消除对流层误差
			定位
			测速
			双频和多频
			定时、授时与校频
			测姿
			多模

续表

一级	二级	三级	四级
系统集成	增强系统	地基增强系统	RTK
			CORS
		星基增强系统（SBAS）	美国广域增强系统（WAAS）
			欧洲静地卫星导航重叠系统（EGNOS）
			SCDM（俄罗斯）
			GAGAN（印度）
			日本多功能卫星增强系统（MSAS）
		伪卫星	—
	组合定位导航	无缝室内外组合定位	移动通信系统
			射频识别（RFID）
			红外
			超声
			无线局域网（WLAN）
			电视信号
			超宽带（UWB）
		惯性导航系统组合	陀螺仪
			加速度计
服务和应用	导航地图	地图更新	—
		路径规划	—
		查询	—
	GNSS在智能手机中的应用	导航定位	—
		监控/调度	—
	应用	精细农业	—
		大气探测	—

根据经过前期调研所获得的信息及专家的建议，课题组把一级技术分类为卫星导航接收机、系统集成、服务和应用。卫星导航接收机的二级分类包括天线和芯片。系统集成的二级分类包括增强系统和组合定位导航。服务和应用的二级分类包括导航地图、GNSS在智能手机中的应用和移动互联网以及应用。并对其中的重点技术分支作了

更为细致的分解和研究，以卫星导航接收机天线为例，我们把卫星导航接收机天线分为普通导航天线、测量型天线和智能天线，其作为三级分类。

普通导航天线泛指无特定应用领域、对性能没有特别要求的一般导航天线，在四级分类中，将普通导航天线根据其剖面高度分为平板天线和立体天线，并将一些不便于归入上述两类的天线，如特殊材料的天线（陶瓷天线、超材料天线）、组合式天线和车载用的鱼鳍天线并列；将平板天线进行了五级分类，如微带天线、倒F天线、平面单极/偶极天线、玻璃天线和其他；将立体天线进行了五级分类，如偶极天线、单极天线、四柱螺旋天线、锥形天线、抛物面天线和其他。

测量型天线是指应用于高精度卫星导航接收机中的天线，其能够达到较高的测量精度，其四级分类为普通测量天线和扼流圈天线。

智能天线是指利用智能天线技术的抗干扰天线，智能天线的四级分类有自适应调零天线和波束成形天线。

再以导航地图为例，导航地图作为导航课题一级分类服务和应用下的二级分支，课题组对其进行了全领域检索。电子导航地图（Electronic Map），即数字地图，是利用计算机技术，以数字方式存储和查阅的地图。电子导航地图是一套用于在GPS设备上导航的软件，主要是用于路径的规划和导航功能上的实现。电子导航地图从组成形式上看，由道路、背景、注记和POI组成，当然还可以有很多的特色内容，比如3D路口实景放大图、三维建筑物等，都可以算做电子导航地图的特色部分。从功能表现上来看，电子导航地图需要有定位显示、索引、路径计算、引导的功能。

电子导航地图一般使用向量式图像储存，地图比例可放大、缩小或旋转而不影响显示效果。早期使用位图式储存，地图比例不能放大或缩小。

电子导航地图可以非常方便地对普通地图的内容进行任意形式的要素组合、拼接，形成新的地图；可以对电子导航地图进行任意比例尺、任意范围的绘图输出；非常容易进行修改，缩短成图时间；可以很方便地与卫星影像、航空照片等其他信息源结合，生成新的图种；可以利用数字地图记录的信息，派生新的数据，如地图上等高线表示地貌形态，但非专业人员很难看懂，利用电子导航地图的等高线和高程点可以生成数字高程模型，将地表起伏以数字形式表现出来，可以直观立体地表现地貌形态。这是普通地形图不可能达到的表现效果。

（2）数据检索

数据库：本课题采用的专利数据主要来自国家知识产权局专利检索与服务系统（以下简称"S系统"）。

其中中国专利数据主要提取自CNABS数据库，CPRSABS和CNTXT作为补充数据库；全球专利数据主要提取自DWPI数据库，摘要库SIPOABS和全文库WOTXT、EPTXT、JPTXT和USTXT作为补充数据库；法律状态数据来自CPRS数据库。引文数据来自DII数据库；诉讼相关数据来自Westlaw数据库。

检索截止时间：2013年10月30日。

在初步检索过程中课题组发现，卫星导航领域范围广泛，技术分支间关联性不大。

基于以上情况，对于级别较高的技术分支课题组总体采用分—总的检索方式，对各下级技术分支针对性检索然后汇总。在检索过程中，通过采用关键词限定应用领域、应用场所、结构特征等，提高数据的准确性；采用摘要库和全文库分别进行检索后汇总的方式，提高数据的全面性。通过使用同位算符、全文检索中频次、多种分类号有效去噪。最后，对获得的大量检索结果进行人工浏览和手工去噪。虽然牺牲了一定的效率，但是能够获得较好的查全率和查准率。针对本课题所深入研究的各技术分支检索得到的数据量如表 1-2 所示。

表 1-2 技术分支检索表

技术分支	检索截止时间	全球申请量（项）	在中国申请量（件）
天线	20130430	1847	764
射频前端	20131023	1289	506
增强系统	20130430	5288	3074
无缝室内外定位	20131020	2541	971
导航地图	20130920	9883	3439
GNSS 在手机中的应用	20131030	2679	1178

（3）查全查准率评估

在检索过程中，根据各个技术分支的特点，我们在不同的阶段多次对查全查准率进行评估。例如，对于天线分支，首先采用关键词、分类号等手段进行初步检索。然后通过采用多个申请人、分类号、关键词等多种途径，获得综合查全率为 86.34%。之后发现对于某个分类号、关键词的缺少会导致漏检情况，因此对该分类号和关键词进行更进一步的深入检索，检索完后再次进行查全率的评估，此时查全率有所提高。视各技术分支不同，以上过程重复一到若干次不等，最终在查全率达到预期目标后，采用人工阅读去噪，从而使查准率近 100%。

检索获得的文献数量与查全查准率如表 1-3 所示。

表 1-3 查全查准率表

技术分支	查全率	查准率
射频前端	86.73%	85.88%
天线	92.86%	100%
基带和增强系统	85.91%	100%
无缝室内外定位	90.21%	92.50%
导航地图	86.88%	91.94%
GNSS 在手机中的应用	89.00%	95.00%

（4）数据处理

在数据处理中检索的全球数据专利是通过外文专利检索系统 EPOQUE 系统中的 WPI 数据库得出的。单独的专利以件计。而该数据库中将同一项发明创造在多个国家申请专利而产生的一组内容相同或基本相同的系列专利申请，称为同族专利。在全球数据库中检索获取的数据，将这样的一组同族专利视为一项专利申请。

本课题所做的专利分析工作以国家知识产权局提供的专利数据库中获得的专利文献数据为基础，结合标准、诉讼、行业等其他相关数据，综合运用了定量分析与定性分析方法。

（5）相关事项和约定

本报告检索的最后截止日因各个技术分支不同而有所不同。由于发明专利申请自申请日（有优先权的自优先权日）起 18 个月（主动要求提前公开的除外）才能被公布，实用新型专利申请在授权后才能获得公布（即其公布日的滞后程度取决于审查周期的长短），而 PCT 专利申请可能自申请日起 30 个月甚至更长时间之后才进入到国家阶段（导致其相对应的国家公布时间更晚），因此在实际数据中会出现 2012 年之后的专利申请量比实际申请量少的情况。这反映到本报告中的各技术申请量年度变化的趋势图中，可能表现为自 2012 年之后出现较为明显的下降，但这并不能说明 2012 年、2013 年申请量的真实趋势，本报告在后续各章节将进行具体分析。

1）主要申请人名称约定

由于在 CNABS 数据库与 WPI 数据库中，同一申请人存在多种不同的表述方式，或者同一申请人在多个国家或地区拥有多家子公司，为了正确统计各申请人实际拥有的申请量与专利权数量，本报告对 CPRS 数据库与 WPI 数据库中出现的主要申请人进行统一约定，并约定在报告中均使用标准化后的申请人名称。其中，在 WPI 数据库中同一公司代码约定为相同公司；依据 NEXIS 商业数据库中母子公司的关系约定为母公司；依据各公司官网上有关收购、子公司建立等信息，将子公司和收购的公司约定为母公司；公司合并的情况，以合并后的公司作为统一约定的申请人。申请人的名称约定见附录 2。

2）相关术语解释

同族专利：同一项发明创造在多个国家申请专利而产生的一组内容相同或基本相同的专利文献出版物，称为一个专利族或同族专利。

专利所属国家或地区：在本报告中，专利所属的国家或地区是以专利申请的首次申请优先权国别来确定的，没有优先权的专利申请以该项申请的最早申请国别确定。

有效：在本报告中，"有效"专利是指到检索截止日为止，专利权处于有效状态的专利申请。

无效：在本报告中，"无效"专利是指到检索截止日为止，已经丧失专利权的专利，或者自始至终未获得授权的专利申请，包括专利申请被视为撤回或撤回、专利申请被驳回、专利权被无效、专利权被放弃、专利权因费用终止、专利权届满等。

未决：在本报告中，"未决"专利指的是该专利申请可能还未进入实质审查程序或者处于实质审查程序中，也有可能处于复审等其他法律状态。

第 2 章 全球专利态势

本章从专利申请量趋势、技术构成、区域分布和主要申请人等多个维度对卫星导航产业的全球专利态势进行分析，以揭示该技术领域的专利申请总体态势和走向。

截至 2013 年 9 月 31 日，卫星导航接收机领域全球专利申请总量为 24096 项，其中包括中国申请人在中国提交的专利申请 7413 件。

2.1 总体态势

对卫星导航接收机全球专利申请量进行分析，由图 2-1 可知，数据表明该领域全球专利申请量在 1974～1990 年呈现缓慢增长趋势。从 1991 年开始，申请量增速加快，在 2001～2003 年经过调整之后，出现井喷式增长。

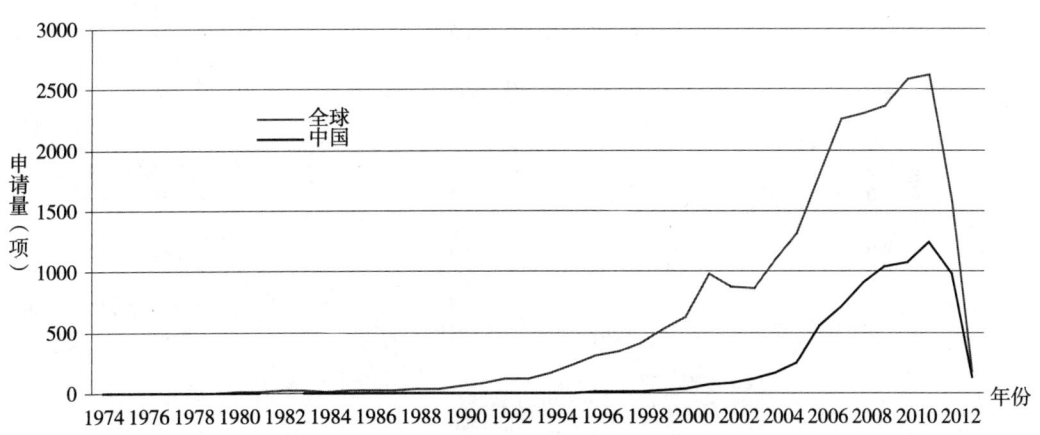

图 2-1 卫星导航接收机全球专利申请量趋势

中国专利申请起步较晚，1993 年开始处于萌芽期。从 2006 年开始，在申请量高速增长的同时，其申请量占全球的份额也在不断增大，由最初的 1.63%（1993 年）增长到 47.08%（2011 年）。

2.2 技术构成

卫星导航接收机按技术构成主要分为接收机终端和接收机应用两大部分，申请量分别占总量的 33.5% 和 66.5%。其中接收机终端包括天线模块、射频前端模块以及基带模块，申请量分别占总量的 7.7%、5.3% 和 20.3%。接收机应用主要包括导航定位、导航电子地图以及 GNSS 在智能手机中的应用，申请量分别占总量的 10.7%、40.1% 和 15.9%。

由图 2-2 可知，天线的研发时间始于 1974 年，射频前端和基带几乎同时于 1978 年开始研究。在应用领域，导航电子地图的研发时间较早。而定位和 GNSS 在智能手机中的应用的研发则相对较晚，始于 20 世纪 90 年代初。

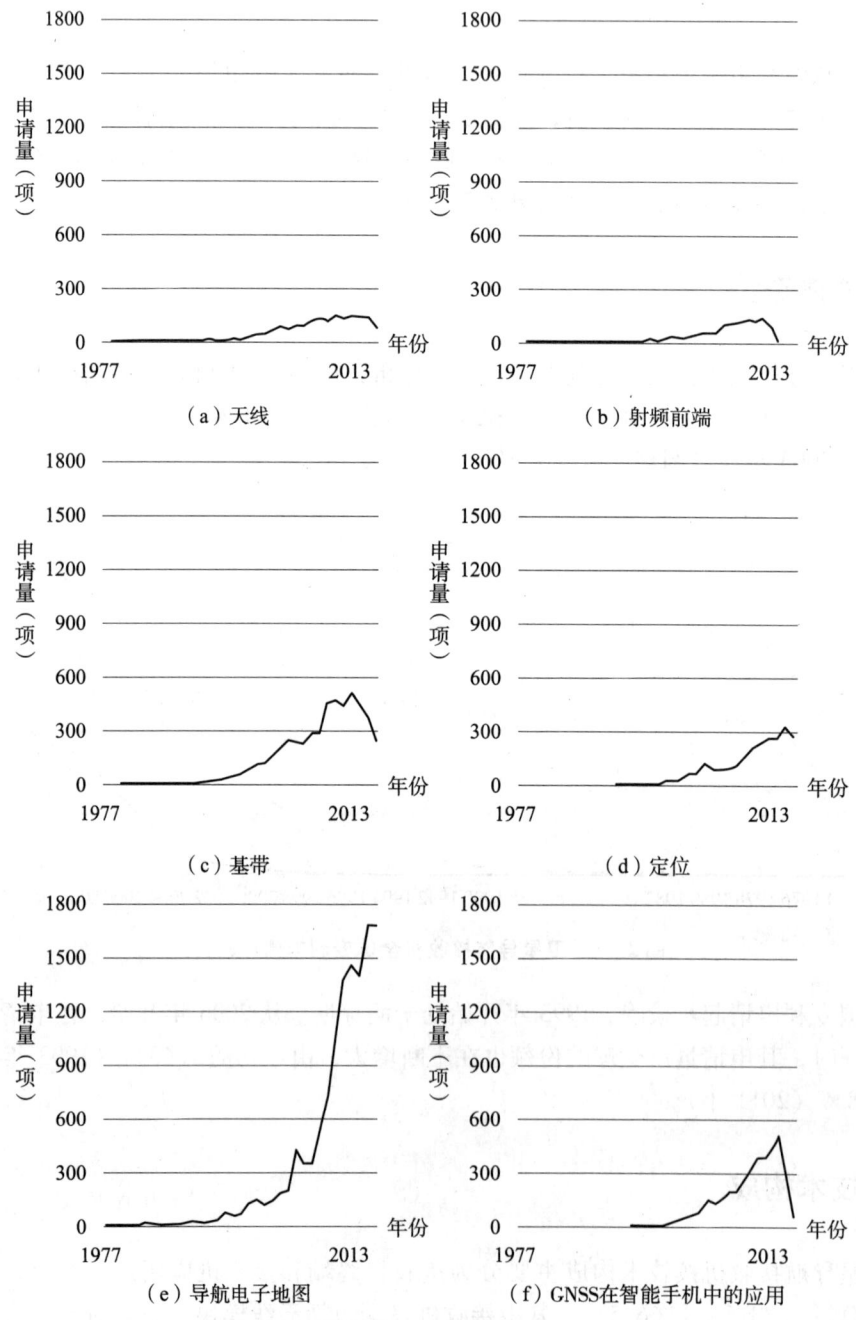

图 2-2 卫星导航接收机主要技术分支全球专利申请量趋势

从发展趋势来看，天线和射频前端的全球申请量现已进入平稳增长期，而基带、定位、导航电子地图和 GNSS 在智能手机中的应用仍处于高速增长期。

2.3 区域分布

由图 2-3 可知，中国在相关领域的申请量最多，韩国和日本的应用占比较大，而美国和欧洲在接收机终端领域具有较大的优势。

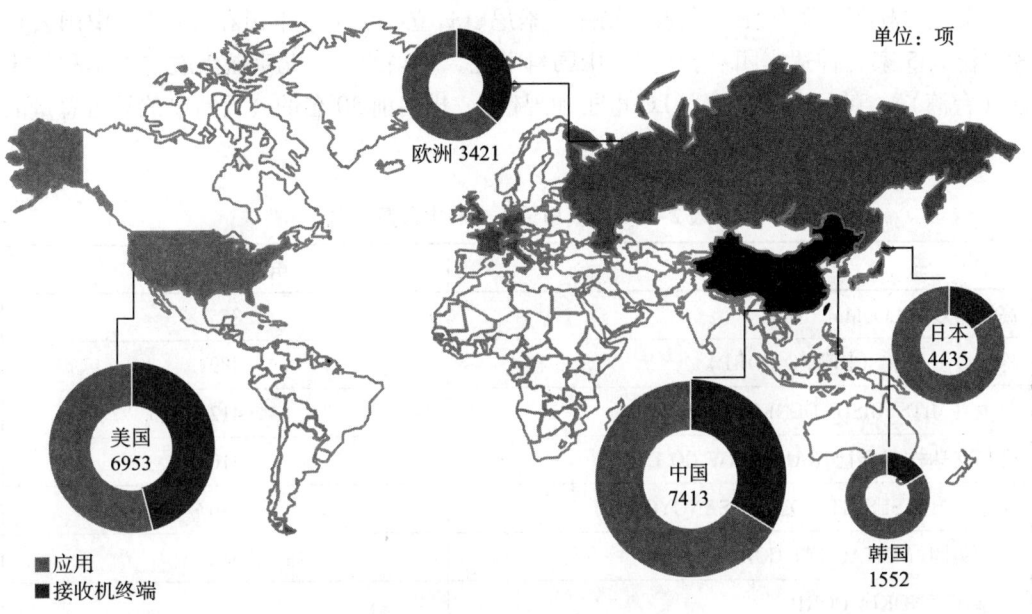

图 2-3 全球申请量区域分布

对 6 个主要技术分支的区域分布进行分析，由表 2-1 可知，天线、射频前端和基带领域，专利申请量最多的是美国，分别占总量的 41.3%、41.4% 和 38.7%，表明美国在接收机终端和芯片领域占有绝对的优势。在应用领域，导航电子地图申请量最多的是日本，占总量的 30.0%。定位和 GNSS 在智能手机中的应用申请量最多的是中国，分别占总量的 39.5% 和 35.6%。

表 2-1 全球申请量区域分布 单位：项

	天线	射频前端	基带	定位	导航电子地图	GNSS 在智能手机中的应用
中国	401	378	1714	1010	2544	1366
欧洲	340	229	692	250	1508	402
美国	767	534	1893	874	1952	933
日本	270	68	360	206	2801	720
韩国	53	60	136	193	756	354
其他	25	20	97	22	103	64

2.4 申请人

2.4.1 申请人排名

卫星导航接收机领域专利申请人排名见表2-2，其中包括美国公司7家（高通、天宝、瑟浮、摩托罗拉、通腾科技、博通和电子地图），日本公司12家（电装、三菱、爱信艾达、松下、阿尔派、歌乐、先锋、索尼、日立、NEC、丰田和日产），中国公司和单位共5家（神达集团（台湾）、中国科学院、中兴通讯、北京航天航空大学和富士通（台湾）），韩国公司2家（LG电子和现代）。排名前30名的公司的申请量占总量的33.3%。

表2-2 重要申请人专利申请量排名

申请人	申请量（项）
高通（QUALCOMM INC）	855
株式会社电装（DENSO CORP）	489
三菱（MITSUBISHI DENKI KK）	412
爱信艾达株式会社（AISIN AW CO LTD）	410
松下（MATSUSHITA DENKI SANGYO KK）	386
神达集团（MITAC INT CORP）	382
诺基亚（NOKIA CORP）	376
阿尔派株式会社（ALPINE KK）	358
歌乐株式会社（CLARION CO LTD）	356
三星电子（SAMSUNG ELECTRONICS CO LTD）	349
天宝（TRIMBLE NAVIGATION INC）	321
先锋（PIONEER CORP）	296
LG电子（LG ELECTRONICS INC）	282
博世（BOSCH GMBH ROBERT）	279
索尼公司（SONY CORP）	255
瑟浮（SIRF TECHNOLOGY HOLDINGS INC）	231
日立（HITACHI LTD）	228
NEC（NEC CORP）	222
摩托罗拉（MOTOROLA INC）	218
爱立信（TELEFON ERICSSON PUBL AB L M）	175

续表

申请人	申请量（项）
中国科学院	164
通腾科技（TOMTOM INT BV）	163
现代（HYUNDAI AUTONET CO LTD）	130
中兴通讯（ZTE CORP）	127
丰田（TOYOTA HOME KK）	123
北京航空航天大学	122
博通（BROADCOM CORP）	117
日产（NISSAN MOTOR CO LTD）	100
富士通（FUJITSU LTD）	99
电子地图（TELE ATLAS BV）	97

2.4.2 产业链申请量分布

产业链申请量分布如表2-3所示。

表2-3 产业链-申请量分布　　　　　　单位：项

产业链构成		重要申请人构成					
接收机终端芯片	天线	爱立信 30	摩托罗拉 30	高通 24	诺基亚 22	松下 21	天宝 21
	射频前端	博通 89	高通 70	瑟浮 48	LG 24	诺基亚 23	中科院 17
	基带	高通 326	天宝 241	瑟浮 149	诺基亚 126	中科院 113	北航 91
应用	定位	高通 254	三星 56	爱立信 37	摩托罗拉 29	天宝 28	中科院 25
	地图	电装 423	爱信艾达 402	阿尔派 348	三菱 337	神达 320	博世 268
	手机应用	高通 163	诺基亚 125	三星 112	NEC 103	LG 88	松下 73

2.4.3 重要申请人技术构成

如表2-4所示，高通在接收机终端和应用领域全面布局，综合实力排名第一。诺基亚、摩托罗拉、天宝、松下等在上述领域中也均有涉及，实力不俗。还有一些公司属于在某个领域表现抢眼，例如导航电子地图领域的日本集团——电装、爱信艾达、阿尔派，以及射频前端领域的博通和瑟浮，定位及 GNSS 在智能手机中的应用领域的三星电子。

表2-4 申请人-技术分支分布   单位：项

	天线	射频前端	基带	定位	导航电子地图	GNSS 在智能手机中的应用
高通股份	24	70	326	254	18	163
电装	9	1	14	17	423	25
三菱	16	2	22	10	337	25
松下	21	14	26	17	235	73
诺基亚	22	23	126	31	49	125
三星电子	7	7	77	56	90	112
天宝	21	11	241	28	10	10
LG 电子	6	24	22	12	130	88
瑟浮	2	48	149	19	4	9
中国科学院	5	17	113	25	0	4

2.4.4 重要申请人

卫星导航接收机领域的重要申请人有很多，以下以天宝（Trimble）公司、诺瓦泰（NovAtel）公司、贾瓦德（Javad）公司为例进行分析。

2.4.4.1 天宝公司

天宝公司致力于应用先进技术，提升企业与政府部门的外业和移动工作人员的工作效率。天宝公司所开发的解决方案，主要集中在满足定位或基于位置的各种应用需求，其中包括测量、建筑、农业、车辆调度导航和资产管理、公共安全和制图。除了充分利用诸如 GPS、激光和光学等定位技术之外，天宝公司解决方案还可以融合用户特殊的软件需求。同时广泛采用各种无线技术，将解决方案提交给客户，确保外业和内业操作的紧密结合。

天宝的历史与世界卫星导航的历史紧紧联系在一起。1978 年，第一颗 GPS 卫星 Navstar 1 发射升空。同一年，查理·特林布尔（Charlie R. Trimble）同惠普公司的另外两位合作伙伴在美国硅谷创建了天宝公司。天宝公司抓住 GPS 卫星刚刚成功发射的机遇，开始了 GPS 产品工程化进程，迅速推出应用于陆地测量、水文测量、海洋导航等领域的 GPS 产品。1990 年，天宝公司成为第一家公开上市的 GPS 公司，股票发行代码为 NASDAQ（TRMB）。伴随第一次海湾战争，天宝公司的小型轻便 GPS 接收机（SLGR）"Trimpack"获得大量需求，促使公司发展壮大。20 世纪 90 年代末，史蒂芬·贝里隆德（Steven W. Berglund）接任公司总裁兼CEO，并于2000年收购了他之前所在的光谱精密集团（Spectra Precision Group），获得了意义重大的、与GPS互补的定位技术资源，包括激光和其他光学定位设备。之后，天宝公司开始通过并购和合资的方式加快自身的发展，从而进入新的盈利周期。最近5年，每年发生的并购都在10次左右。到2012年，天宝全年营收超过20亿美元，与上一财年相比增长了24%。

(1) 专利申请量趋势分析

从1984年查理·特林布尔申请的第一件专利开始，到2012年天宝公司申请的专利被检索到1041项，其中有中国同族专利的有196项。

如图2-4所示，结合四大卫星导航系统在轨卫星数量，纵观其申请发展趋势，可以把天宝公司的专利申请态势分为以下三个阶段：

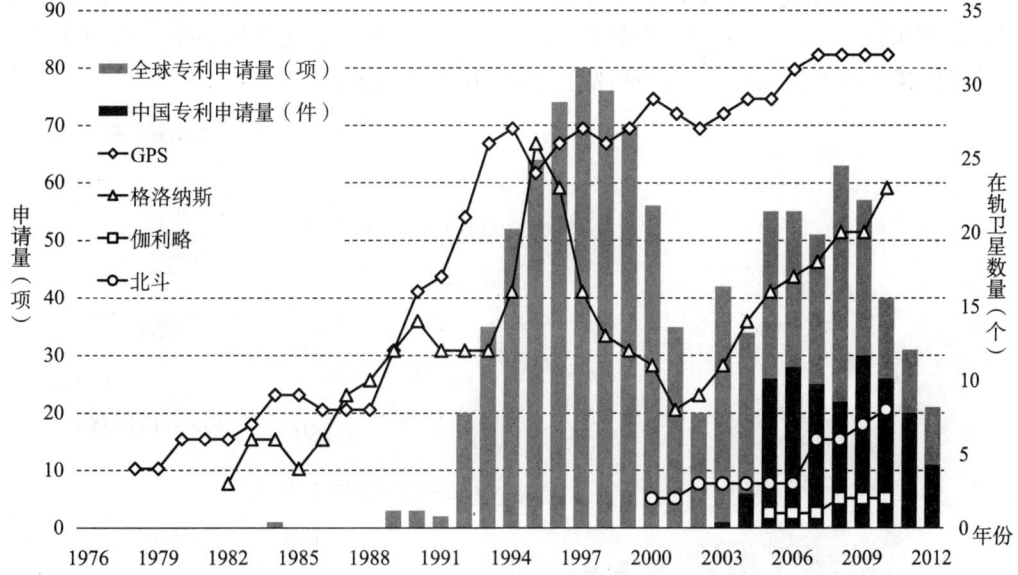

图2-4　天宝公司全球专利申请量及中国专利申请量 vs 卫星导航系统在轨卫星数量

① 技术萌芽期：1984~1991年

1984年，天宝公司申请了第一件发明专利。这件专利里的射频处理技术成为公司很多产品的基础，也成为日后进行专利战的一件武器。然而直到1991年，天宝公司申请的专利总数也未超过10件，主要涉及接收机的天线和射频技术。这一阶段，天宝公司主要靠购买其他公司的技术来开发其GPS产品。

② 快速积累期：1992~2002年

伴随着GPS的建成和运行，天宝公司在军事应用上获得极大成功，在民用市场也不断推出应用产品。天宝公司由此获得了资金和市场，也有利于持续地投入新技术的开发和新产品的应用，并使用专利加以保护。从1992年开始的五年间，天宝公司的申请量以平均每年40%左右的速度快速增长，并在1997年前后达到顶峰。之后，受全球市场和公司自身财务等方面的影响，其申请量逐年下降，进入一段时间的调整期。

③ 成熟发展期：2003年至今

随着GPS现代化的实施和格洛纳斯、伽利略、北斗等其他卫星导航系统开始建立和加大投入，全球卫星导航市场又进入一个新的发展时期。天宝公司在史蒂芬·贝里隆德的带领下也迎来了财务状况的好转，并且通过一系列并购进入了更多新的应用领域和更广阔的全球市场。这些因素促使天宝的专利申请再次增长，并且从2005年以来，每年的申请中约有一半的申请都有中国同族专利，说明了其对中国市场的关注和重视。

随着各种卫星导航系统的进一步发展，预计天宝公司的专利申请量将稳定增长，尤其是在中国的动作将会受到关注。

（2）技术分支分布分析

如图2-5所示，在天宝公司的1041项全球专利申请中，涉及导航应用的占比最多（61%）。而在其他技术类分支中由多到少依次为运算❶（25%）、基带（7%）、射频（4%）和天线（3%）。在196件中国申请中，导航应用的占比达到79%。可见天宝公司在保护核心技术的同时，十分重视对具体应用和产品的保护。

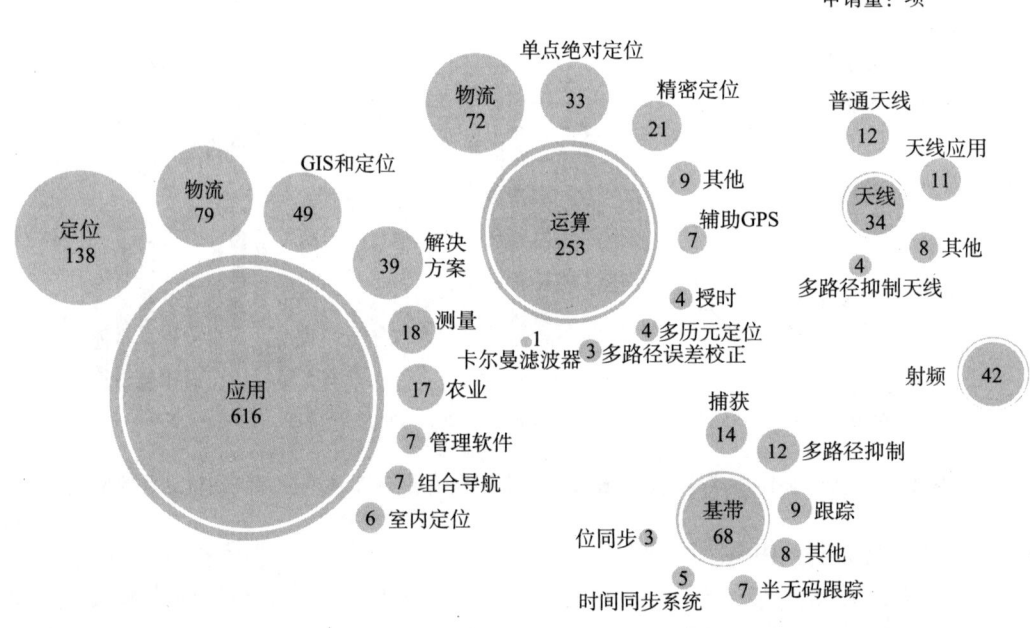

图2-5 天宝技术分支分布图

在接收机终端分支中，天宝公司最擅长的是运算处理。其中，涉及差分定位、单点绝对定位和载波相位测量精密定位的申请有126项。同时，在天线、射频、信号捕获、信号跟踪、多路径抑制等方面，天宝公司也布局了100多项专利。

在应用分支中，定位工具、物流和车辆控制、GIS和定位服务所占比重最大，同时还涉及农业、测量、组合导航、室内定位、管理软件以及各种行业解决方案。

---

❶ 技术分解表中，运算包含在基带的技术分支中，由于天宝公司的特殊性，故将该分支从基带中分离。

(3) 发明人团队分析

天宝的专利来自大量的发明人团队,其发明人总共约有 600 人,申请量超过 20 项的发明人有 10 人。如图 2-6 所示。

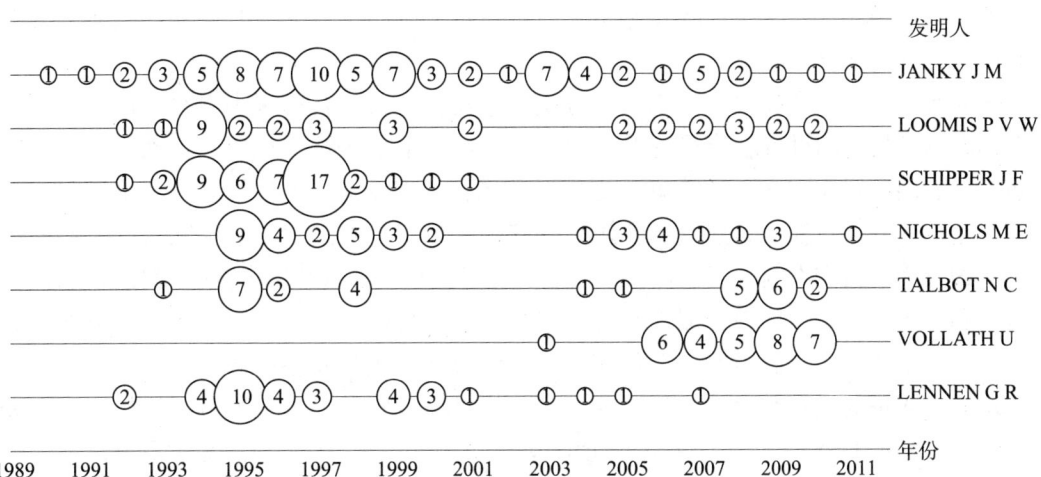

图 2-6 天宝公司主要发明人申请量按时间分布

从图 2-7 可以看出,詹克(Janky)是申请总量最多和持续申请时间最长的发明人;沃尔拉特(Vollath)近几年申请量较大,并且是在中国申请量最多的发明人。具体分析这几位发明人,可以看出他们合作申请的比例和侧重的技术领域。例如,詹克和席佩尔(Schipper)合作紧密,且在各个分支领域都有申请。沃尔拉特的申请集中在运算模块。列侬(Lennen)的申请全是作为第一发明人,并且主要涉及基带、射频前端、运算方面的理论和技术创新。

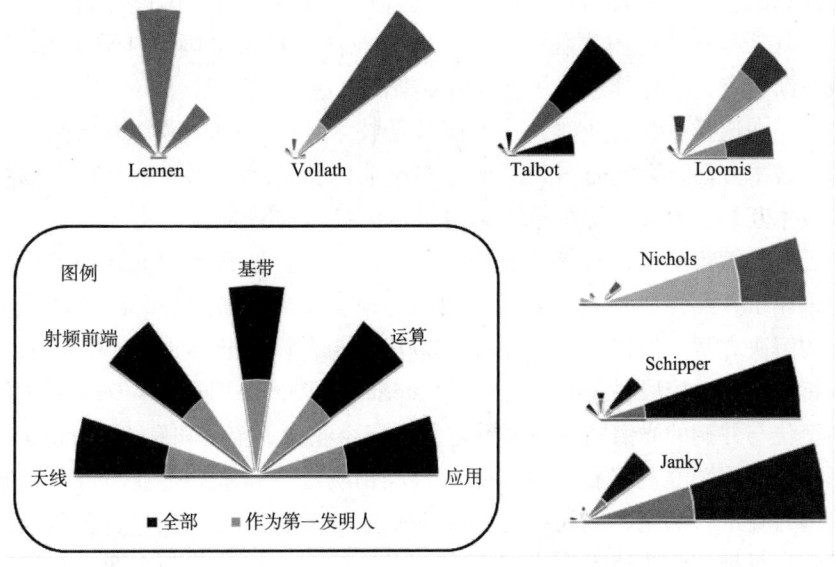

图 2-7 主要发明人申请按技术分支的分布

(4) 并购分析

天宝公司目前的业务面向四个市场：建筑施工，农业解决方案，现场和移动工作者以及先进的设备。细分到四大市场下面的分支，有 39 个子项目。天宝公司的产品应用领域和市场非常广泛，它能成为如今导航领域覆盖产业上下游的业界巨头与其具有前瞻性的并购策略是分不开的。

天宝公司将其产品分为四部分，分别是：建筑施工、农业解决方案、现场和移动工作者以及先进的设备。建筑施工又细分为：重型土木建筑、建设工程项目管理、建筑工具、能源解决方案、环境解决方案、成像、基础设施、土地管理、海事工程、采矿、定位服务、石油、天然气和化工、铁路解决方案、测量学、实用工具。农业解决方案细分为：精准农业、连接农场、产品、现场活动、甘蔗解决方案、畜牧解决方案。现场和移动工作者细分为：测绘与地理信息系统、公共安全、坚固耐用的手持式计算机、公用事业现场解决方案、现场服务管理、林业、天宝零售服务、运输及物流、当地政府。先进的设备细分为：嵌入式系统、资产跟踪设备（TM3000）、防御、时间和频率、高精度 GNSS + 惯性、室内移动绘图解决方案、RFID 技术、无人系统以及航空电子。

如图 2-8 所示（见文前彩色插图第 1 页），将天宝公司的 39 个子分类合并为 9 个类别，分别是：解决方案、测量、管理软件、农业、物流、基础设施、辅助导航、成像、RFID。根据并购企业类型划分到不同类别，有一些企业如 BitWyse 等就跨越了两个领域。

如图 2-9 所示（见文前彩色插图第 2 页），天宝公司在 1989~2012 年共收购并合资了 73 家企业。正是通过这 73 家企业，天宝公司构建并完善了自己庞大的导航应用版图，同时增加了自己在专利方面的筹码。

值得注意的是，天宝公司在中国有两次合资，分别是与中国航天科工集团，以及中国中铁二院工程集团有限责任公司，推测其意图是进入中国北斗导航和高铁领域。它还与俄罗斯合资，预计其意图是进入俄罗斯的卫星导航系统。

天宝公司在选择并购企业时，一方面涉及技术性的并购，另一方面则出自拓展市场的考虑。技术方面，天宝公司利用被并购企业的技术优势快速填补自己的技术空白点，形成技术互补，力争保持在导航应用领域的技术先锋地位。市场方面，天宝利用并购企业已有的销售渠道，直接快速进入新行业。在扩展其他国家或地区市场时，天宝公司也采用了并购当地企业的方式，利用当地企业的地域优势、结合本地需求，提供定制化的解决方案。例如，天宝公司于 2002 年与合作方卡特彼勒（Caterpillar）合资成立了卡特彼勒天宝控股科技有限公司（Caterpillar Trimble Controls Technologies LLC）。天宝公司定位与并购的光谱精密集团融合，合资企业为天宝公司和 Caterpillar 专有提供商，使用两家公司独立的经销渠道，销售、经销、支持和服务企业。可见天宝公司与其想进入的行业进行绑定，利用绑定的领头企业的销售渠道、推广自己的产品，应该属于一种纯市场推广而非技术需求。天宝公司通过多次技术并购企业，扩展激光产品组合、基础设施解决方案的产品组合、三维扫描解决方案的产品组合。值得注意的是：

天宝公司通过与俄罗斯合资成立俄罗斯空间系统（Russian Space Systems），负责销售全球导航卫星系统（GNSS）大地测量网络基础设施系统的本地化，进军俄罗斯的国家基础设施市场。与中国中铁二院工程集团有限责任公司合资，开发和提供数字铁路解决方案、建设和维护中国铁路行业。与中国航天科工集团合资、开发、制造在中国全球导航卫星系统（GNSS）接收机系统，在中国北斗卫星系统的基础上，为民用领域、商业定位开拓导航市场。

由图2-10可知，并购给天宝公司带来了多方面的利益。从专利角度来看，自2000年后，天宝公司的专利申请量和并购企业数量的曲线基本吻合。1985~1991年、2000~2010年天宝公司的并购次数的折线图走势和全球的专利申请量趋势折线图的走势保持惊人的一致。专利申请量的变化时间稍滞后于并购企业时间，应该是由于并购相关企业后，被并购方对天宝公司技术方面的补充或提升需要一定时间的整合。

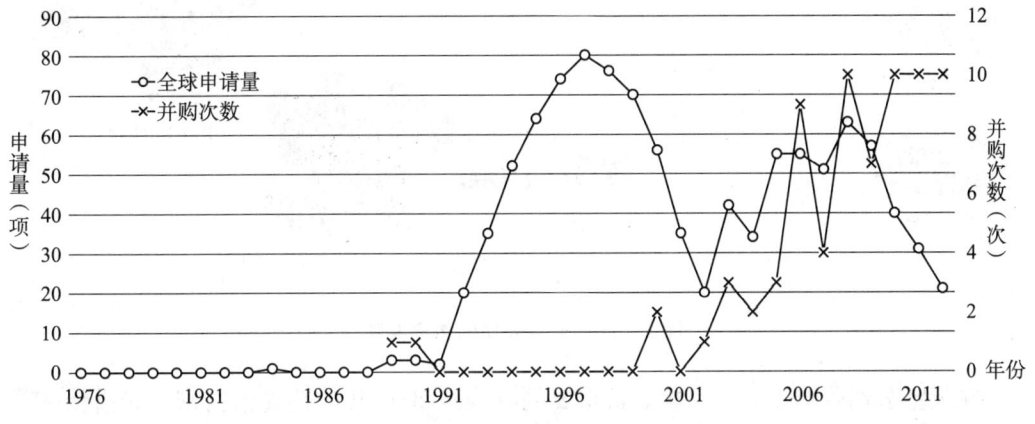

图2-10 申请量与并购次数趋势图

而1991~1999年，天宝公司没有并购任何其他企业。但是从折线图中可以看出其专利申请量也呈现出类似正态分布的形状，并于1997年达到了一个申请量的峰值。

为了分析原因，以5年为一个时间段来分析天宝公司的专利申请特点。可以看到：天宝公司在1991~1995年基础性专利，包括天线、射频、运算、基带方面的专利，共95项，占当时总专利量的56%。1996~2000年基础性专利比例为39%，但是由于这期间申请量总数达到356项，所以基础性专利的数量上达到了140项。自2001年开始应用类专利开始占据申请主导地位。2001~2005年，应用类专利占68%，共126项。而2006~2010年，应用类专利在专利量总数增加的情况下，也达到了65%，共173项。

拉大时间跨度，从天宝公司前后10年间的申请重点的转移，可以看出后期天宝公司主要的申请方向在于应用方面，而这正对应了天宝公司在这期间收购的大量和应用相关的企业。前期天宝公司的申请方向集中在其看家本领——导航领域的核心技术：天线、射频、基带和运算。天宝公司用近十年专注发展自身的核心技术，做到本行业的绝对优势后，在后期开始大量进行技术收购，但收购的企业的技术都只是作为天宝公司拓展其应用的补充或完善性的技术。天宝公司通过收购完成多种业务组合,抛弃"箱式产品"的概念,发展成为产品与解决方案组合套件模式。天宝公司的重要并购线路图见图 2-11。

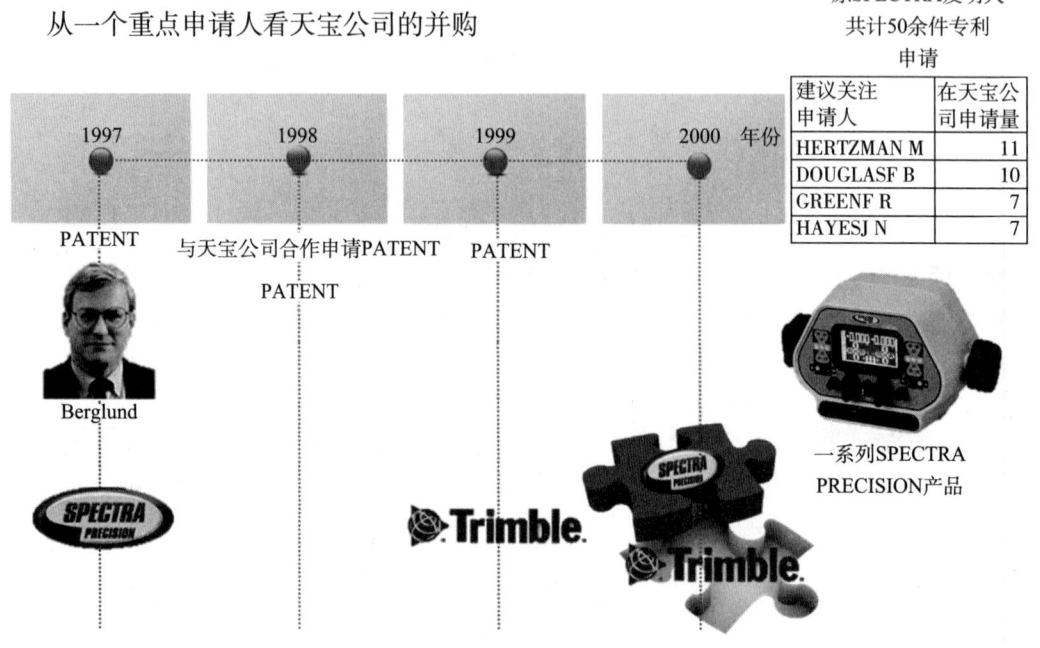

图 2-11　天宝公司的重要并购

在天宝公司收购史上,一次非常重要的收购是 2000 年收购光谱精密。光谱精密是一家业内领先的激光和其他光学定位设备厂商,具有和天宝公司互补的定位技术资源。目前天宝公司有一系列产品是与精密光谱的技术资源相关的。

天宝公司在 2000 年之前就已经开始关注光谱精密。它和光谱精密分别于 1997 年、1998 年、2000 年共联合申请了 4 项相关专利。但是天宝公司最终选择收购光谱精密的一个关键性因素是它的现任总裁,也是第二任总裁 Berglund。

早期的 GPS 是用于军事的,天宝公司早期的获利来源也大多是波斯湾战争。随着战争进入后期,加之其他大公司如摩托罗拉、霍尼韦尔(Honeywell)等进入 GPS 领域,外国公司如日本公司进入便宜的 GPS 消费品市场,天宝公司面临激烈竞争,曾一度陷入严重的危机,它的股票从 1991 年底的每股 19.25 美元跌至 1992 年中期的每股 8 美元。

1999 年,随着天宝公司的创始人 Charles Trimble 离开,天宝公司迎来了一位新的总裁兼 CEO——Berglund。他的到来帮助天宝公司实现了逆转 1998 年的亏损,重回盈利。这个过程中,收购具有十分重要的意义。Berglund 预计了未来能够持续增长和盈利的业务领域,在 2000 年宣布收购光谱精密。无独有偶,在加入天宝公司之前,Berglund 正是光谱精密的总裁和 COO。光谱精密不仅为天宝公司扩展了新的技术领域,带来 30 多项专利,更为天宝公司带来了强大的研发团队,该公司所有的发明人来到天宝公司后的专利申请总量达到了 50 多件。

从 Berglund 后期一系列的动作来看,收购已经成为天宝公司重要的发展策略之一。

并购给天宝公司带来的另一好处就是收入的增长。天宝公司曾在其季度报告中表示:2012 年第一季度和第四季度非 GAAP 的增长一部分原因是由于收购。2012 年第四季度的移动解决方案和 E&C 的收入增长主要原因之一也是并购。

天宝公司通过大量并购实现了公司的壮大和经营领域的扩大,还是能带给国内企业带来一些思考的。第一,天宝公司并购的根本动因是战略性并购。它的每一次并购都是以增强核心竞争力为导向,而不是单纯为了扩大规模,更重要的是充分考虑了并购能否带来资产创利能力。第二,天宝公司并购的绝大多数企业都是该行业领导者或具有技术优势的企业。它们后期都为天宝构建了其重要的产品链。天宝公司在并购或合资中始终围绕着自己的核心竞争力,主业突出,从并购中实现整合的协同效应,从而达到企业之间的优势互补、提高核心竞争能力的目的。

2.4.4.2 诺瓦泰公司

诺瓦泰公司成立于 1978 年,是目前精密全球导航卫星系统(GNSS)及其子系统领域中处于领先地位的产品与技术供应商。作为一个通过 ISO 9001 认证的公司,诺瓦泰公司开发高质量的 OEM 产品,包括接收机、封装、天线和固件都已集成到全世界高精度的定位应用中。这些应用有测绘、地理信息系统(GIS)、精密农业机械导航、港口自动化、采矿、授时和海事等行业领域。诺瓦泰公司的参考接收机也是某些国家的航空地面网的核心设备,如美国、日本、欧洲、中国和印度等。

诺瓦泰公司发展完整的产品线来满足大范围的性价比需求,拥有卓越性能和前沿技术的定位接收机,不仅易于集成、功耗低,而且提供完备的信息用于设置与数据记录。

通过探索 RF、数字电路设计、信号处理、嵌入式软件等方面的技术革新,诺瓦泰公司各方面的技术能力都得到了不断的增强,通过持续保持其产品的高性价比优势,诺瓦泰公司始终保持着 GPS 行业的技术领先者和革新者地位。

(1)专利申请量趋势分析

诺瓦泰公司于 1991 年首次提出专利申请以来,截至目前共有 55 项专利申请。但在 1998 年前仅有零星申请,从 1998 年开始,专利申请的数量和持续性都有所进步,每年都有新申请。其中在 2004 年、2006 年和 2009 年较多,达到 7 项、9 项和 6 项,其他年份稍少但总体相差并不大。可见自 1998 年以来,诺瓦泰公司在技术创新上是持续稳步发展的。在这些专利申请中有 10 项进入了中国,首次进入中国的时间是 1993 年,但绝大部分申请都是 2008 年以后进入中国的,可见诺瓦泰公司在近几年才开始更为重视在中国的专利布局。参见图 2-12 所示。

(2)技术分支分布分析

在诺瓦泰公司申请的专利中,涉及运算模块的有 21 项、基带模块 15 项,涉及天线模块和应用 9 项,涉及射频模块 1 项。其中排名前两位的运算模块和基带模块的总和占全部专利申请总数的近 2/3。这说明运算和基带是诺瓦泰公司的主要研发重点。作为

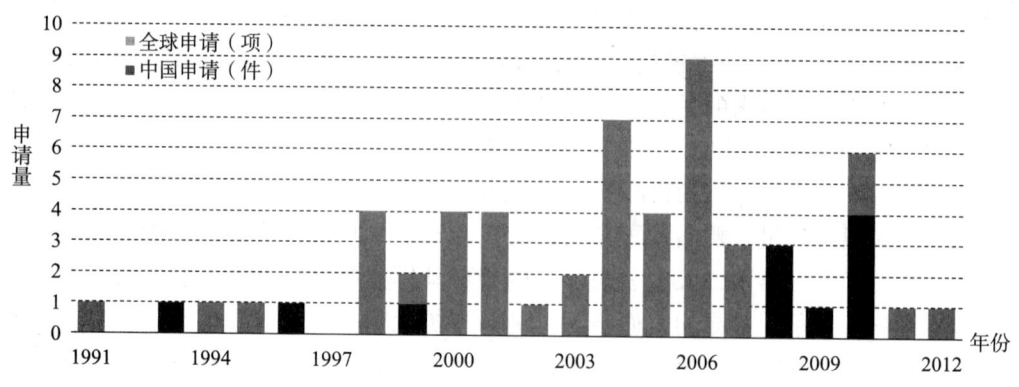

图2-12 诺瓦泰公司全球专利申请量及中国专利申请量

技术供应商,诺瓦泰公司对技术本身的关注要明显多于对应用的关注。而在涉及运算模块的专利申请中,有半数以上是对于定位方法或系统的改进。在基带模块的专利申请中,涉及测量值观测的专利申请也超过半数,据此可以了解诺瓦泰公司的主要研发方向。参见图2-13所示。

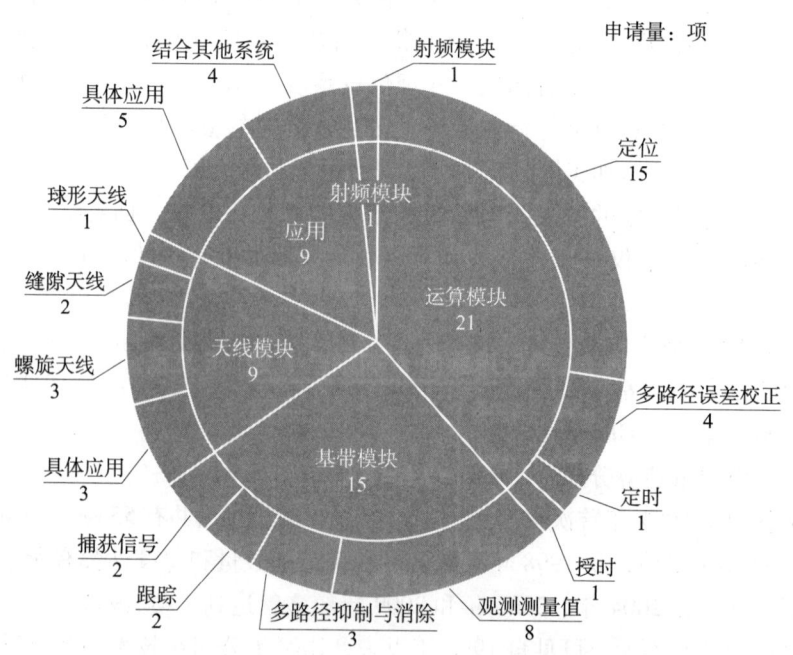

图2-13 诺瓦泰公司全球专利申请技术分支布局图

诺瓦泰公司申请的专利中,所要达到的技术功效主要包括:结构简单、小型化、提高准确性、提高效率、提高可靠性、提高精度、抗多径及其他。这些功效中,诺瓦泰公司主要致力于提高精度和抗多径的相关技术的研究,并且主要通过对基带模块和运算模块的相关技术进行改进来实现上述两个技术功效的,但在高精度天线和抗多径天线的相关研究较为薄弱。参见图2-14所示。

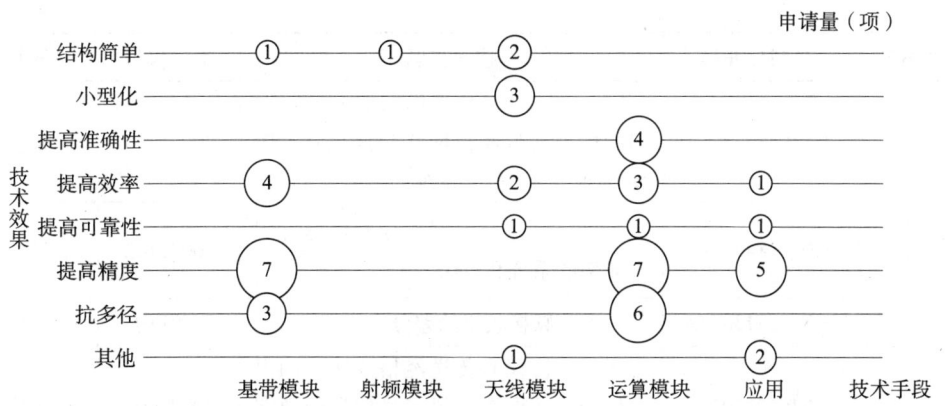

图 2-14 诺瓦泰公司全球专利申请技术功效矩阵图

(3) 诺瓦泰公司在中国的申请

如表 2-5 所示,从 1993 年起截至目前,诺瓦泰公司在中国申请专利共 10 件,所涉及的技术分支覆盖了基带、运算和应用模块。但其中公开号为 CN1113619A 的中国专利已经过期,公开号为 CN1299468A 的申请未决前视为撤回即失效。在仍然有效的 8 件专利申请中,仅有 CN1172531A 和 CN101843029A 这两项专利申请被授予专利权。然而已经到期的 CN1113619A 是诺瓦泰公司的重要专利,其相同的技术内容在 5 个国家提出了申请,至今为止被在后专利引用了 63 次,至 2010 年仍然有专利申请对其进行引用。该到期专利涉及一种计算去除多路径影响的导航信号的精确传播的时间的算法,基于其现在有效期已满,企业可在对抗多径算法进行研究时对该专利加以利用。此外,表 2-5 中还列出了各件专利申请涉及的技术主题,可供企业在相关主题的研发和专利申请工作时参考。

表 2-5 诺瓦泰公司在中国的申请

技术分支	专利公开号	技术主题	优先权日	法律状态
基带模块	CN1172531A	双频接收机	19951006	授权
	CN102037378A	利用机会信号和辅助信息来减少首次定位时间的接收机	20080522	未决
	CN102753991A	生成短基线或超短基线相位图的方法和双天线定向法	20091015	未决
运算模块	CN1113619A	计算出导航信号精确的传播时间的方法	19931124	失效
	CN1299468A	检测在圆极化信号中的多径干扰的系统和方法	19980501	失效

续表

技术分支	专利公开号	技术主题	优先权日	法律状态
运算模块	CN101855566A	利用一个或多个位置已知的发射机发射的机会信号经由网络确定位置、频率和时钟偏移量的系统	20071113	未决
	CN101843029A	利用机会信号经由网络分发精确时间和频率的系统和方法	20071102	授权
	CN102713674A	低成本单频接收机的差分定位	20091103	未决
应用	CN101702937A	采用通信协议来传送经格式转换的卫星信号以及保存卫星信号信息的数字信号的系统	20070601	未决
	CN102428347A	修正由前飞运动造成的航拍失真的方法	20090519	未决

2.4.4.3 贾瓦德公司

贾瓦德公司成立于1997年。Javad Ashjaee是贾瓦德公司的创建者，他曾在天宝公司任职5年，成为公司的先行者，后又成为阿什泰克（Ashtech）公司的奠基人。他用他的名字创立了两家公司，造就了两个名牌，是站在高精度GPS巨人肩上的佼佼者。经过三年的磨砺和积聚，贾瓦德公司公开于1999年推出了新一代双频40通道欧型板JPSEURO，一鸣惊人。该OEM板的各项技术指标有了一个质的飞跃，并且与其早期推出某24通道GPS/GLONASS接收板兼容。这是当时最为先进成熟的OEM板，一经推出即受到广泛欢迎，而且已经广泛应用于我国的各行各业，包括大唐、华为等授时应用。

（1）专利申请趋势分析

如图2-15所示，贾瓦德公司自2008年开始提出专利申请，从2008~2012年平稳的每年申请2~6项专利。迄今为止，贾瓦德公司一共提出了17项专利申请，申请主题涉及基带模块、运算模块、天线模块以及导航应用。这些专利申请全部是在美国提出，其中有8项专利申请有欧洲和/或日本同族。这17项专利申请中，目前有6项已经获得美国的专利权，其中涉及天线的有3项，基带、运算和应用各1项。目前贾瓦德公司并未在中国申请专利。

（2）重要专利

在贾瓦德公司已经获得的专利权中，美国专利号为US8022868B2的美国专利值得关注。该专利是贾瓦德公司在2008年较早提出的专利申请，随后又在日本和欧洲提出了申请。2011年贾瓦德公司又提出了该申请的继续申请，即公开号为US20120242542A1的申请。后者的权利要求1与该专利的权利要求1完全相同，可见贾瓦德公司对此专利的重视程度。该专利是涉及带内干扰抑制的基础专利，主题涉及一种能够抑制带内干扰的接收机，其所要解决的技术问题主要是如何抑制导航接收机在接收GLONASS信号时，所接收的不同频率的卫星信号产生的不同的带内干扰。为此，该专利提出了一种全新的方法，可以用简单的方法估算干扰信号的参量，并对其进行抑制。采用了该带内干扰抑制方法的接收机可以达到厘米级的精度。而该接收机也是贾瓦德公司的独有产品。

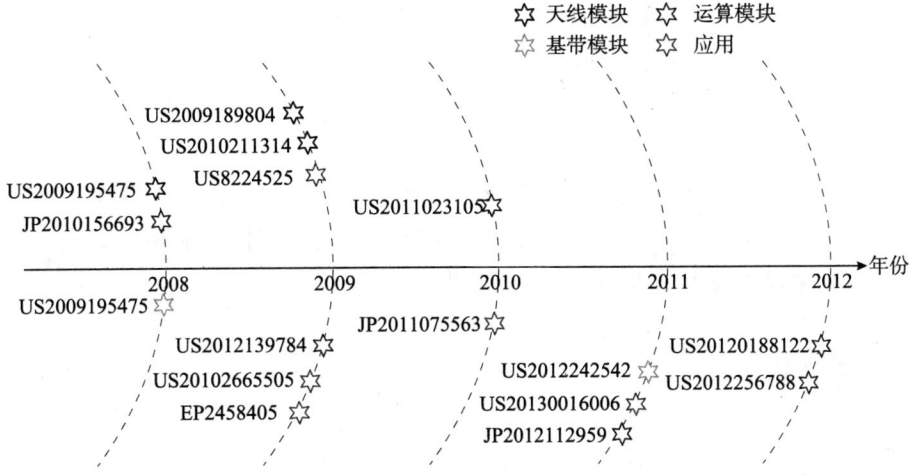

图 2-15　贾瓦德公司全球专利申请[1]

---

[1] 技术分解表中，运算包含在基带的技术分支中。

第3章 中国专利态势

为了掌握卫星导航终端行业专利申请的总体状况,本章重点研究了中国专利申请总体态势、国内外申请人的专利申请重点、国外申请人在中国专利申请状况、中国专利的申请人类型及主要申请人的专利申请情况。

3.1 总体态势

中国申请人专利申请量增长较快,参见表3-1。截至2013年,我国发明专利公开总量为8552件,实用新型公开总量为1640件。其中,国内申请人在中国的专利公开总量(4879件)已经超过了国外申请人在中国的专利公开总量(3672件),国内申请人的授权量(1608件)和有效量(1446件)也分别超越了国外申请人的授权量(1594件)和有效量(1412件)。

表3-1 中国专利国内外申请人的发明专利和实用新型情况 单位:件

	发明专利公开量	发明专利授权量	发明专利有效量	实用新型	总计
国内申请人	4879	1608	1446	1640	6519
国外申请人	3672	1594	1412	28	3700
总计	8551	3202	2858	1668	10219

与全球卫星导航终端专利申请增幅相比,中国卫星导航终端专利申请自2005年以来申请量增长较快。在中国卫星导航终端专利申请中,自2006年起,国内申请人的专利申请总量超过了国外申请人的专利申请总量。而相对于国内申请人专利申请总量的快速增长,国外申请人在中国的专利申请量则从2006~2011年保持了稳中有降的态势。根据申请量的变化趋势大致分为以下三个阶段,如图3-1所示。

(1)缓慢布局阶段(1993~2000年)

这一阶段,国外申请人在中国申请量不超过120件,国内申请人在中国申请量不超过20件。国外卫星导航终端行业的巨头企业已经来中国申请专利,例如:高通、爱立信、三星、施耐普特拉克❶（Snaptrack 公司）、诺瓦泰公司等；中国的申请人则非常分散，多以个人申请为主。这一阶段的申请重点领域是基带和定位等技术分支。

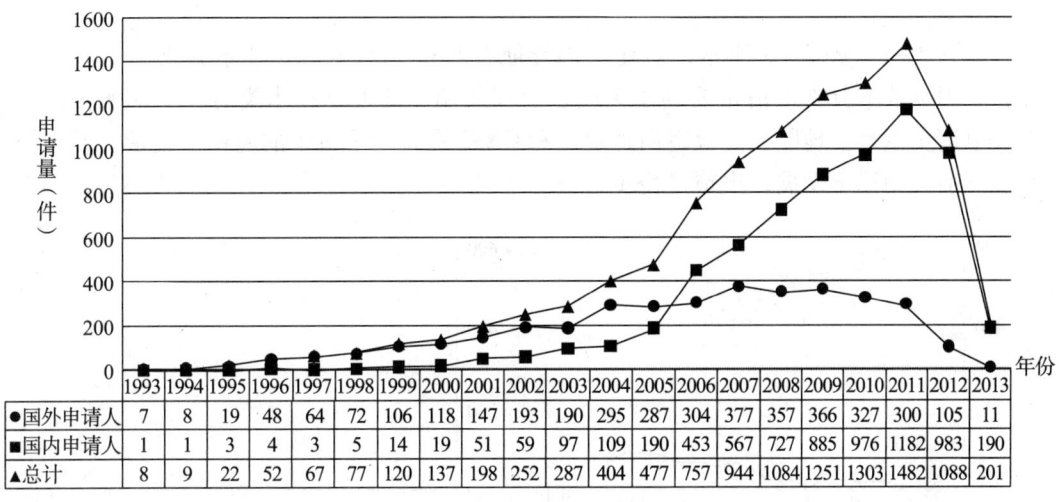

图 3-1　中国专利申请趋势

注："国内申请人"是指国内申请人在中国的申请；"国外申请人"是指国外申请人在中国的申请。

（2）快速布局阶段（2001~2007 年）

在此阶段，国外申请人的申请量从每年 100 余件上升到 300 件左右，国内申请人的申请量则上升到 200 件左右。由于中国在 2005 年正式启动国家知识产权战略的制定工作，对专利申请的质量和数量有了战略性的促进作用，在 2006 年中国申请人申请量突然超过了 400 件，申请的热点领域主要集中在地图、基带等技术分支。国外大多数卫星导航终端行业的跨国企业都已来中国申请专利，例如天宝公司、博通公司、谷歌公司等。国内主要申请人主要是中国科学院和神达电脑。

（3）国内高速布局阶段（2008 年至今）

2008 年，《国家知识产权战略纲要》的颁布实施使得国内申请人申请专利的热情进一步高涨。国内申请人在中国的申请在 2008 年突破了 700 件，此后连年增长，2011 年更是突破了 1000 件。自 2008~2011 年，年均增幅达到了 12%。申请的主要领域集中在地图和室内外定位、GNSS 在智能手机中的应用等。国外申请人主要是高通公司、株式会社电装、爱信艾达等。国内申请人主要是中国科学院、北京航空航天大学、中兴通讯等。

---

❶ 施耐普特拉克在 2001 年被高通公司并购，这里将施耐普特拉克单列出来进行分析。

3.2 技术构成

如图3-2、图3-3所示,对比中国导航接收机专利申请各技术分支的申请量可知,应用类技术分支申请量要高于天线、射频前端、基带等技术类分支。2006~2013年的申请重点是:地图、无缝室内外定位和GNSS在智能手机中的应用、基带,而天线和射频前端则稳定发展,申请量稳步增长。

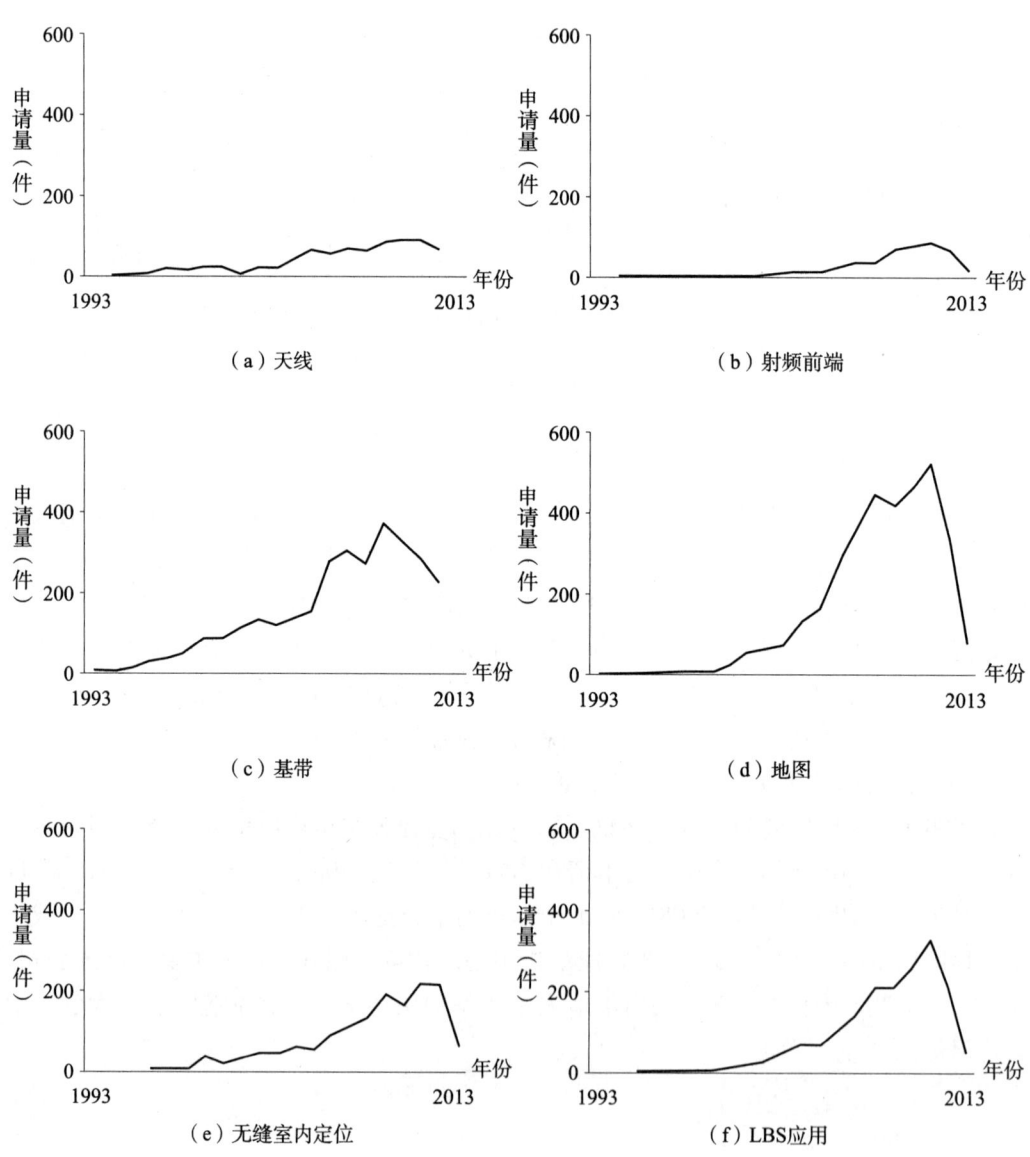

图3-2 各技术分支申请趋势

单位：件

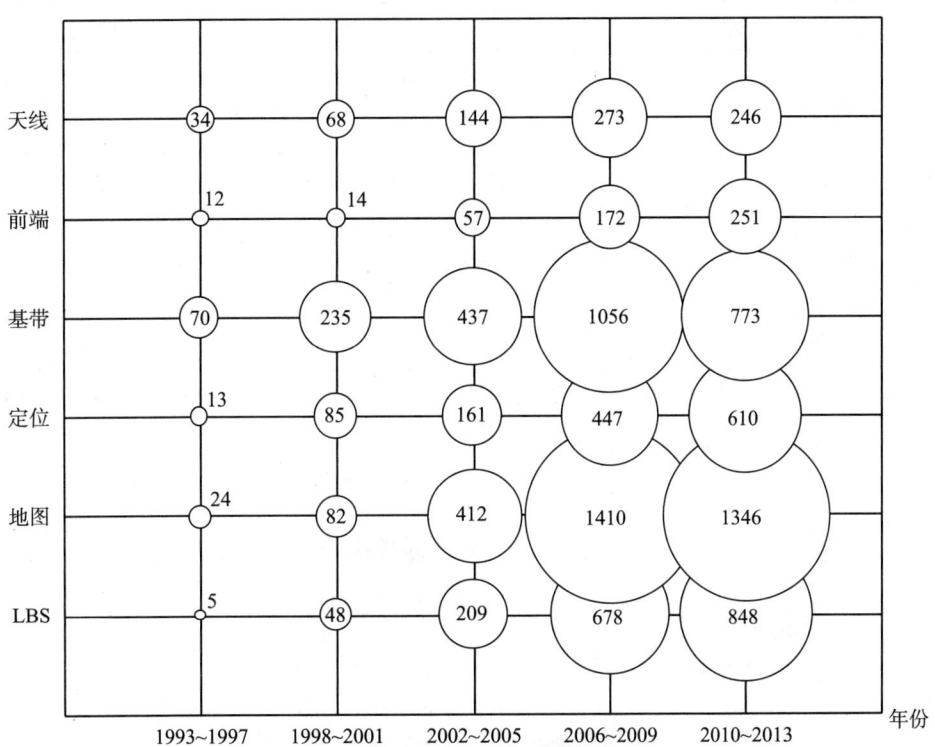

图3-3 中国专利申请技术构成年代分布

3.3 法律状态

参见表3-2和图3-4可知，从总量来看，国内申请人在中国专利申请量中数量占优，且授权量和有效量也超越了国外申请人的数量。然而，各技术分支的表现不同：天线技术分支的申请量、授权量和有效量均远远少于国外申请人，说明在天线技术领域，我国的研发热情不高；前端、基带技术分支在国内申请人的申请量、授权量、有效量上略高于国外申请人，说明在前端和基带领域，我国申请人在奋起直追；无缝室内外定位国内申请人的申请量略高于国外申请人，而授权量和有效量则远远低于国外申请人，说明无缝室内外定位是我国的研发热点，但实力上与国外相比仍有差距；地图、GNSS在智能手机中的应用国内申请人的申请量上远远高于国外申请人，而授权量和有效量仅略高于国外申请人，说明地图和手机应用是我国的研发热点，并且实力与国外相对来说比较接近。[1]

---

[1] 为简明起见，本章中后续的正文和表格中，将"无缝室内外定位"简称为"定位"，将"GNSS在智能手机中的应用"简称为"手机应用"。

表3-2 中国发明专利国内外申请人法律状态对比表　　单位：件

	公开量			授权量			有效量		
	国内	国外	小计	国内	国外	小计	国内	国外	小计
天线	187	381	568	79	241	320	50	126	176
前端	218	163	381	108	59	167	96	57	153
基带	1079	1057	2136	558	511	1069	512	495	1007
地图	1851	1132	2983	545	411	956	499	382	881
定位	591	487	1078	143	216	359	127	201	328
手机应用	1054	497	1551	200	179	379	185	165	350
总计	4980	3717	8697	1633	1617	3250	1469	1426	2895

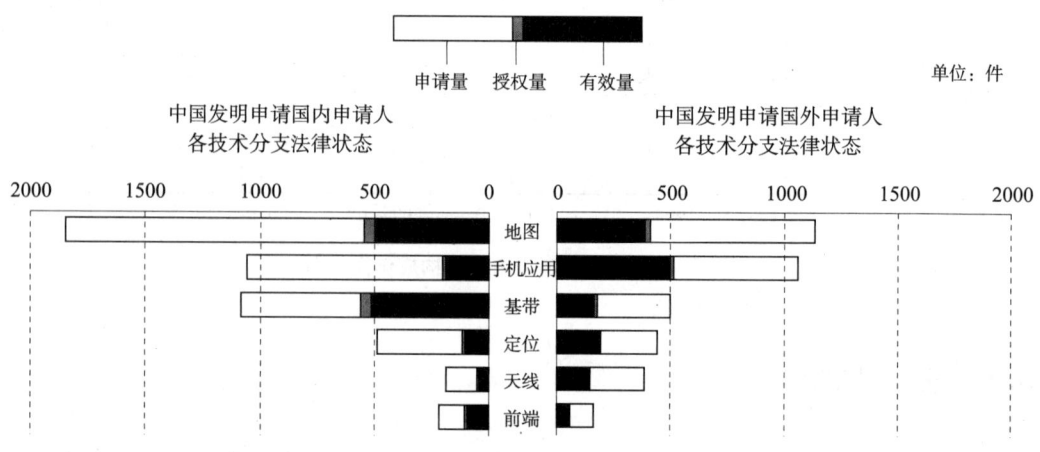

图3-4 中国发明专利国内外申请人法律状态对比图

3.4 区域分布

3.4.1 各国在中国专利申请趋势

如图3-5所示，国外申请人主要来自于美国、日本、韩国、荷兰、芬兰，其中美国和日本各占国外在中国申请总量的1/4左右，二者之和将近占了国外在中国申请的半壁江山。美国自1996年即开始在中国进行专利布局，申请量增长迅速，显示出美国在卫星导航领域的传统优势。而日本则从2001年开始加强在中国的专利布局，并于2004年在国外申请人中跃居第一，此后与美国交替占据申请量首位。

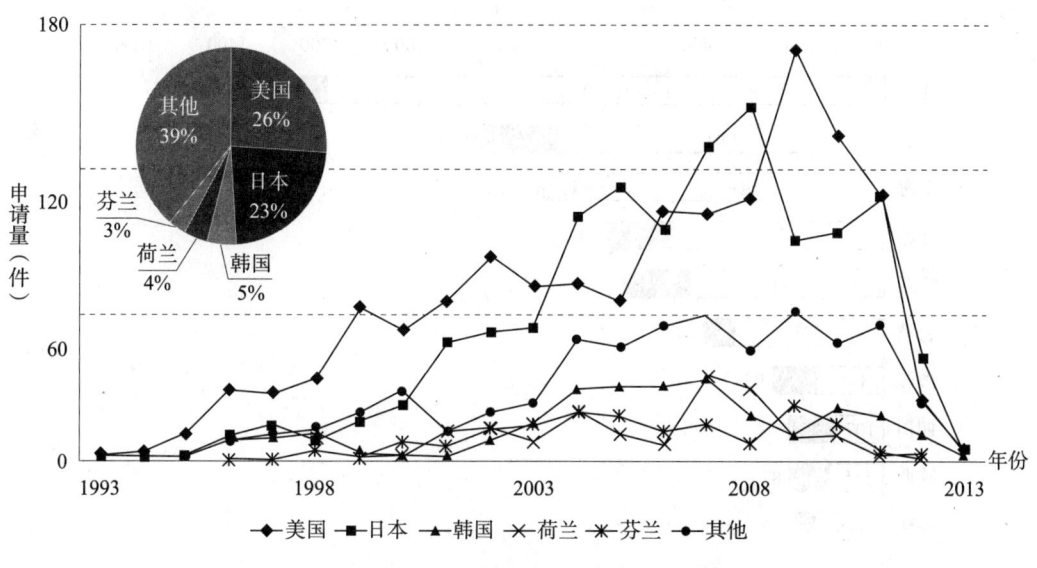

图 3-5　中国专利国外申请比例及趋势

3.4.2　各国专利技术申请情况

如表 3-3 所示，美国在各主要技术领域均有申请，尤其在基带、无缝室内外定位、GNSS 在手机中的应用上申请量最大；日本在地图、基带、天线等方面申请量最大；韩国则主要侧重于地图和基带领域，荷兰主要侧重于地图领域，而芬兰主要侧重于 GNSS 在手机中的应用领域。

表 3-3　国外申请人卫星导航各技术领域申请量　　　　单位：件

国家	天线	前端	基带	地图	定位	手机应用
美国	103	93	525	129	303	185
日本	121	18	174	711	38	99
韩国	18	11	63	83	28	63
荷兰	13	7	46	86	10	10
芬兰	13	8	44	8	11	83
其他	124	26	211	121	53	62

3.4.3　中国各地区专利申请态势

中国申请人整体申请量趋势如图 3-1 所示，那么中国各地区的专利申请态势如何呢？下面我们来了解一下。

如图 3-6、图 3-7 所示，卫星导航接收机产业在地域分布上相对较为集中，主要集中在北京、深圳、上海、江苏、广东、台湾等地区。以申请量排名前六位的省市为例进行产业聚集地专利申请状况分析。

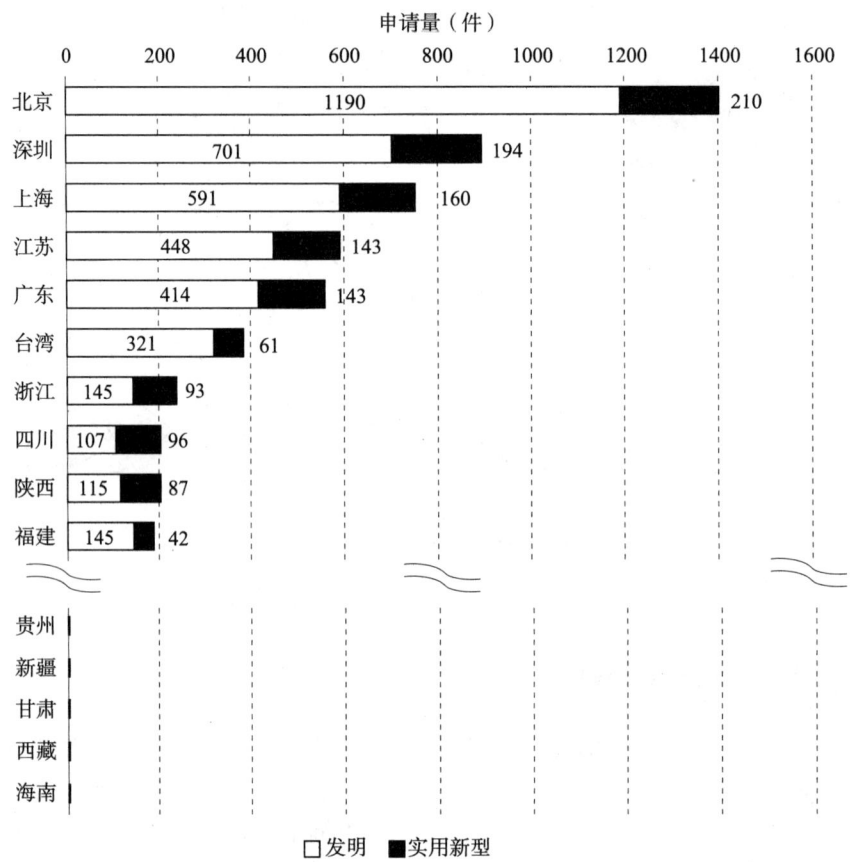

图 3-6 中国各地区发明与实用新型专利申请量排名

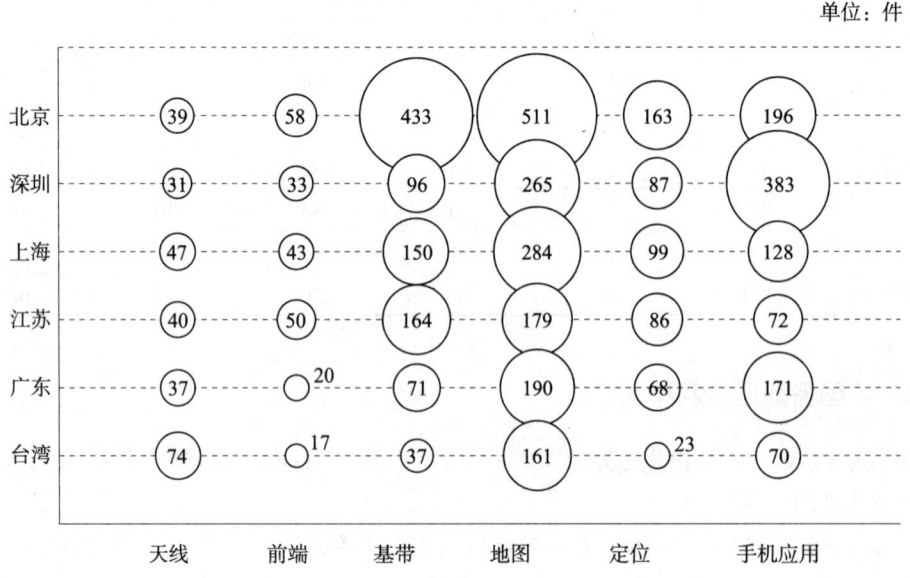

图 3-7 国内各省市技术分支分布图

北京：申请人既有北京航空航天大学、清华大学、北京邮电大学等高校，又有中国科学院、中国测绘科学研究院等科研院所，以及航天恒星、北斗星通、四维图新、高德软件等上下游产品厂商，产学研相结合。技术领域侧重于基带和地图、定位和GNSS在手机中的应用等技术分支。发明申请量大，实用新型申请量较少。

深圳：主要以产品厂商申请为主，如中兴通讯、鸿海精密、华为、华信天线等。侧重的技术领域主要为地图导航和GNSS在手机中的应用。发明申请量大，实用新型申请量较少。

上海：拥有上海交通大学、同济大学、复旦大学等高校，上海博泰悦臻电子、神达电脑等侧重于地图、导航的企业以及侧重于天线生产的上海海积。发明申请量大，实用新型申请量相对来说占比较高，实用新型申请量占总申请量的21%。

江苏：主要申请人以高校为主，如东南大学、南京航空航天大学等，也有侧重于地图导航的企业如神达电脑、江苏华科导航等厂商申请专利。实用新型申请量占总申请量的24%。

广东：虽然有高校华南理工大学进行专利申请，但主要以厂商申请为主，如神达电脑、TCL、泰斗微电子、宇龙通信等产品厂商进行专利申请，申请侧重于地图导航和GNSS在手机中的应用，实用新型申请量占总申请量的25%。

台湾：台湾地区的申请主要以厂商申请为主，如宏达国际、联发科、英业达集团等，侧重的技术分支有天线、地图导航和GNSS在智能手机中的应用，显示了产业链的全面性。

表3-4列出了国内各省市发明授权量、有效量的排名表。可见，北京、深圳、上海、江苏、广东、台湾仍占据排行榜的前六名，并且发明有效率较高，显示出这些公司对于专利布局的重视。

表3-4　中国各地区发明授权量排名　　　　　　　　单位：件

总量排名	地区	发明授权	发明有效
1	北京	485	439
2	深圳	181	178
3	上海	142	131
4	江苏	158	143
5	广东	100	98
6	台湾	96	88
7	浙江	43	42
8	四川	32	29
9	陕西	44	42

续表

总量排名	地区	发明授权	发明有效
10	福建	49	48
11	湖北	61	53
12	山东	23	20
13	辽宁	21	16
14	天津	31	29
15	黑龙江	35	27
16	湖南	11	10
17	河北	9	8
18	广西	11	11
19	重庆	16	9
20	河南	11	8
21	安徽	5	4
22	吉林	6	5
23	江西	1	0
24	香港	5	5
25	山西	2	2
26	云南	2	1
27	新疆	1	1

3.5 申请人

3.5.1 申请人排名

由表3-5可知，从中国发明专利申请的申请量和有效量排名来看，高通、诺基亚、三菱电机、三星电子等企业无论是申请量还是有效量都位于前列。而中国申请人则以科研院所和高校为主，如中国科学院、北京航空航天大学等，此外还有神达电脑等企业。中国申请人在2006~2011年的发明专利申请占比较高，表明近年来我国企业开始逐渐重视专利申请质量，例如神达电脑在2006~2011年的发明专利申请占了其全部申请量的91.9%。

表 3-5 中国发明专利申请人排名　　　　　　　　　　　　　　　　　单位：件

名次	申请人	公开量	有效量	有效量名次	2006~2011年申请数量	2006~2011年申请数量占比（%）	是否为市场主体
1	高通	462	168	1	287	62.1	是
2	神达电脑	185	40	10	170	91.9	是
3	中国科学院	173	89	2	154	77.0	否
4	诺基亚	157	60	4	75	47.8	是
5	北京航空航天大学	131	80	3	120	88.2	否
6	三菱电机	125	54	5	74	59.2	是
7	三星电子	120	49	6	60	48.8	是
8	LG 电子	111	34	15	43	38.7	是
9	株式会社电装	110	48	7	76	69.1	是
10	通腾科技	104	12	27	94	90.4	是
11	中兴通讯	97	32	16	89	81.7	是
12	鸿海精密	93	17	25	90	95.7	是
13	爱信艾达株式会社	92	32	17	70	74.5	是
14	松下电器	92	38	12	23	25.0	是
15	爱立信	90	42	9	22	24.2	是
16	索尼公司	89	35	14	59	66.3	是
17	摩托罗拉	84	32	18	17	20.0	是
18	厦门雅迅网络	82	37	13	64	76.2	是
19	东南大学	73	39	11	65	73.0	否
20	精工爱普生	72	43	8	53	73.6	是
21	凯立德计算机	71	28	22	64	90.1	是
22	真实定位公司	71	32	19	56	78.9	是
23	华为	67	30	20	44	62.9	是
24	日立株式会社	67	30	21	36	53.7	是
25	NEC	63	26	24	26	41.3	是
26	宇龙计算机	61	4	28	61	93.8	是
27	英业达集团	60	15	26	44	72.1	是
28	索尼爱立信	60	27	23	37	61.7	是

注：① 有效量：目前处于授权且有效状态的发明数量。
② 2006~2011年申请数量占比：2006~2011年的发明专利申请数量占该申请人在中国总发明专利申请量的百分比。
③ 是否为市场主体：是否有产品投入市场。

3.5.2 国外重要申请人

如表3-6和表3-7可知,国外重要申请人中,高通公司的技术实力更高一筹,在技术和应用各个技术领域都有较为明显的优势,并且近年来高通公司侧重于在无缝室内外定位和GNSS在手机中的应用领域进行专利布局。相比之下,诺基亚、三星电子主要侧重于GNSS在手机中的应用领域,三菱电机、株式会社电装、爱信艾达株式会社、索尼公司主要侧重于地图导航领域。由此可见,日韩企业已经在应用领域全面发力,重点布局了地图导航、定位和GNSS在手机中的应用等领域。

表3-6 国外重要申请人各技术分支申请情况 单位:件

		天线	前端	基带	地图	定位	手机应用	总计
高通	总申请量	12	42	180	3	129	96	462
	2009~2011年申请量	1	19	63	3	50	46	182
诺基亚	总申请量	6	8	43	8	10	82	157
	2009~2011年申请量	0	0	4	7	6	25	42
三菱电机	总申请量	11	0	14	96	1	3	125
	2009~2011年申请量	2	0	1	37	0	0	40
三星电子	总申请量	7	7	40	14	15	40	123
	2009~2011年申请量	0	1	1	3	1	19	25
LG电子	总申请量	4	2	17	37	4	47	111
	2009~2011年申请量	2	0	1	1	0	6	10
株式会社电装	总申请量	5	1	4	100	0	0	110
	2009~2011年申请量	1	0	1	41	0	0	43
爱信艾达株式会社	总申请量	0	0	1	92	0	1	94
	2009~2011年申请量	0	0	0	26	0	0	26
松下电器	总申请量	14	1	12	53	3	9	92
	2009~2011年申请量	0	0	1	0	0	0	1
爱立信	总申请量	13	5	45	1	22	5	91
	2009~2011年申请量	0	0	1	1	8	1	11
索尼公司	总申请量	6	1	6	59	4	13	89
	2009~2011年申请量	1	1	1	23	1	6	33

表3-7 国外重要申请人在中国专利申请状况分析

国外主要申请人	申请量占绝对优势的技术分支	申请量占相对优势的技术分支	重点技术分支	2013年来申请较多的技术分支
高通	基带、定位	手机应用❶	定位、手机应用	定位、手机应用
诺基亚	手机应用	无	手机应用	手机应用
三菱电机	无	地图	地图	地图
三星电子	无	手机应用	手机应用	手机应用
LG电子	无	地图、手机应用	地图、手机应用	手机应用
株式会社电装	地图	无	地图	地图
爱信艾达株式会社	地图	无	地图	地图
松下电器	无	地图	地图、天线	无
爱立信	无	基带、定位	定位	定位
索尼公司	无	地图	地图	地图、手机应用

3.5.3 国内重要申请人

如表3-8和表3-9可知，国内重要申请人中对天线的研发比较少，中国科学院、北京航空航天大学等高校主要对基带和地图、定位进行研究，东南大学主要对基带和前端、定位进行研究；相比之下，神达电脑、鸿海精密、厦门雅讯网络、凯立德计算机等厂商主要侧重于地图和GNSS在智能手机中的应用领域，中兴通信、华为等在基带和GNSS在智能手机中的应用方面有较高申请量，但近年来研究也转向了地图和GNSS在智能手机中的应用领域。由此可见，我国近年来的研发热点与国外申请人的研发热点相同，都是侧重于地图和应用。

表3-8 国内重要申请人各技术分支申请情况　　　　　　　单位：件

申请人		天线	前端	基带	地图	定位	手机应用	总计
中国科学院	总申请量	5	17	112	41	20	5	200
	2010~2012年申请量	0	8	39	16	6	1	70
神达电脑	总申请量	2	1	9	130	3	40	185
	2010~2012年申请量	0	0	0	33	0	4	37
北京航空航天大学	总申请量	7	8	90	16	11	4	136
	2010~2012年申请量	2	3	42	5	6	0	58

---

❶ 以下GNSS在智能手机中的应用在表格中简称为手机应用。

续表

		天线	前端	基带	地图	定位	手机应用	总计
中兴通讯	总申请量	5	10	24	16	7	47	109
中兴通讯	2010~2012年申请量	3	7	5	6	5	13	39
通腾科技	总申请量	2	0	1	99	0	2	104
通腾科技	2010~2012年申请量	0	0	0	15	0	0	15
鸿海精密	总申请量	3	0	1	22	1	67	94
鸿海精密	2010~2012年申请量	0	0	0	12	0	21	33
东南大学	总申请量	5	16	48	7	12	1	89
东南大学	2010~2012年申请量	3	10	37	5	7	1	63
厦门雅迅网络	总申请量	0	0	7	39	6	32	84
厦门雅迅网络	2010~2012年申请量	0	0	1	9	0	12	22
凯立德计算机	总申请量	0	0	1	61	0	9	71
凯立德计算机	2010~2012年申请量	0	0	0	22	0	4	26
华为	总申请量	1	4	27	6	7	25	70
华为	2010~2012年申请量	1	1	1	5	4	7	19

表3-9 国内主要申请人在中国专利申请状况分析

国外主要申请人	申请量占绝对优势的技术分支	申请量占相对优势的技术分支	重点技术分支	近年来申请较多的技术分支
中国科学院	基带	地图	基带、地图	基带、地图
神达电脑	地图	地图、手机应用	地图、手机应用	地图
北京航空航天大学	基带	无	基带、地图、定位	基带、地图、定位
中兴通讯	无	基带、手机应用	基带、手机应用	基带、手机应用
通腾科技	地图	地图	地图	地图
鸿海精密	手机应用	手机应用、地图	手机应用、地图	手机应用、地图
东南大学	基带	前端	基带、前端、定位	基带、前端、定位
厦门雅迅网络	无	地图、手机应用	地图、手机应用	地图、手机应用
凯立德计算机	地图	无	地图、手机应用	地图、手机应用
华为	无	基带、手机应用	地图、定位、手机应用	地图、定位、手机应用

第4章 卫星导航接收机天线

随着我国北斗导航产业的蓬勃发展、企业自主知识产权意识的不断增强，人们渴望了解国内外卫星导航产业的知识产权尤其是专利的发展趋势，以期指导自身的产业布局和知识产权布局。而卫星导航接收机天线作为接收卫星信号的第一部分，其性能直接影响到卫星导航接收机的成败。

这里所指的卫星导航接收机天线，是指在可实现卫星导航功能的多种类型的接收机上所使用的天线。这些接收机一般是民用的，不但包含专业的卫星导航接收机，还包括生活中常见的各种手持式导航、车载导航、手机、手提电脑、手表等能够实现卫星导航功能的消费型接收机。

纵观卫星导航接收机领域的天线专利申请，自1978年开始出现应用于卫星导航接收机领域的天线专利申请，到2012年12月31日为止，全球专利申请为1847项，中国专利申请为764件。那么，这其中有哪些公司在进行着天线的研发？它们在对哪些技术热点进行研发和专利布局？本章将带领读者探寻卫星导航接收机领域的天线专利发展趋势，梳理各热点技术分支的技术发展路线图，追踪专利申请的技术热点，洞察主要竞争对手的研发动向，获悉热点天线产品背后的专利及其研发团队。

4.1 常见天线类型

卫星导航接收机天线可以划分成普通导航天线、高精度测量型天线和智能天线（见图4-1）。

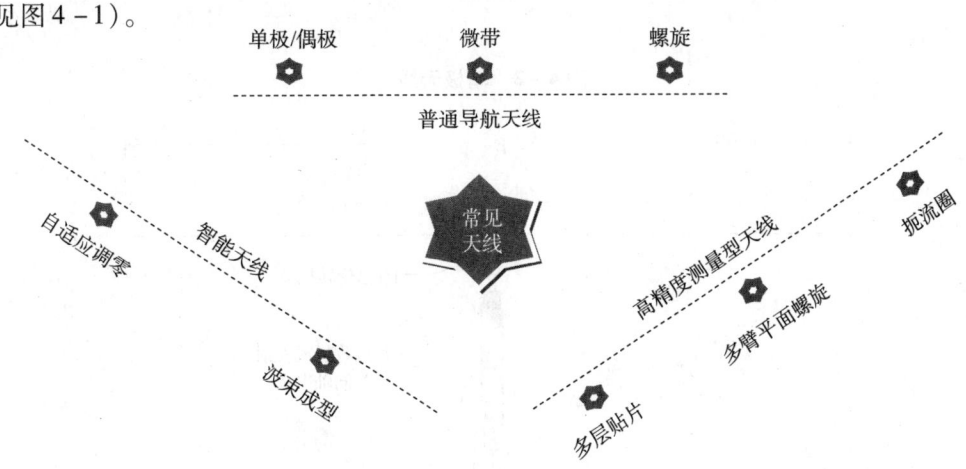

图4-1 常见卫星导航接收机天线

普通导航天线泛指无特定应用领域、对性能没有特别要求的一般导航天线。其常见类型主要有单极天线、偶极天线、微带天线、螺旋天线等，其中微带天线更可细分为多种类型，如微带贴片天线、微带振子天线、微带线天线等。

高精度测量型天线是指应用于高精度卫星导航接收机中的天线，其能够达到较高的测量精度。测量型天线的常见类型主要有多层贴片天线、多臂平面螺旋天线以及扼流圈天线等。

智能天线是指利用智能天线技术的抗干扰天线。智能天线的常见类型有自适应调零天线和波束成形天线。

卫星导航接收机的一般常见的天线包括：线型天线（wire antenna）（例如：偶极（dipole）天线）、螺旋天线（helix antenna）、十字交叉振子天线、微带天线（patch antenna）、阵列天线（array antenna）。其中，除微带天线和阵列天线外，其余天线技术的发展都已经较为定型，因此目前天线研发多以微带天线和阵列天线为主。

4.1.1 普通导航天线

普通导航天线的主要类型有以下三种：

（1）单极或偶极天线（如图 4-2、图 4-3 所示）

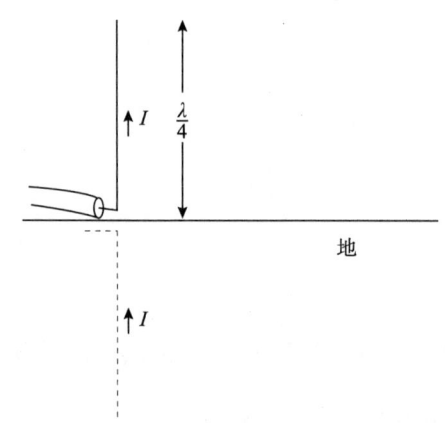

图 4-2 单极天线

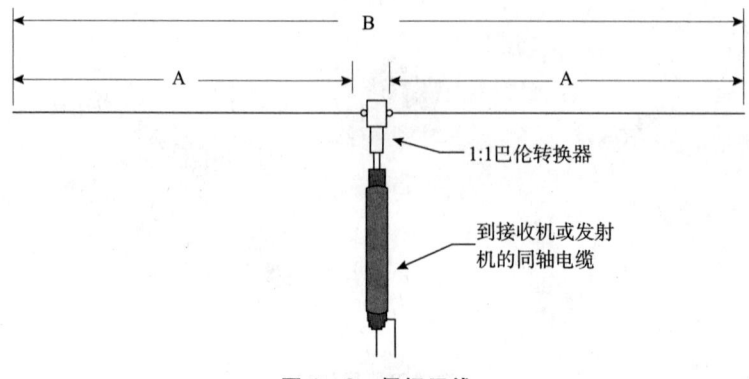

图 4-3 偶极天线

(2) 微带天线（如图4-4所示）

(3) 螺旋天线（如图4-5所示）

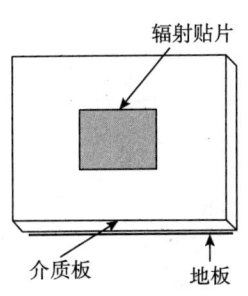

图4-4 微带天线

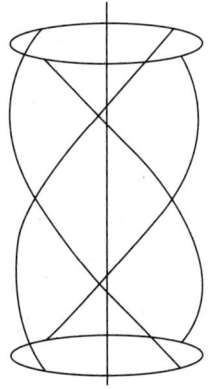

图4-5 螺旋天线

4.1.2 高精度测量型天线

高精度测量型天线的主要类型有以下三种：

(1) 多层贴片天线（如图4-6所示）

(2) 多臂平面螺旋天线（如图4-7所示）

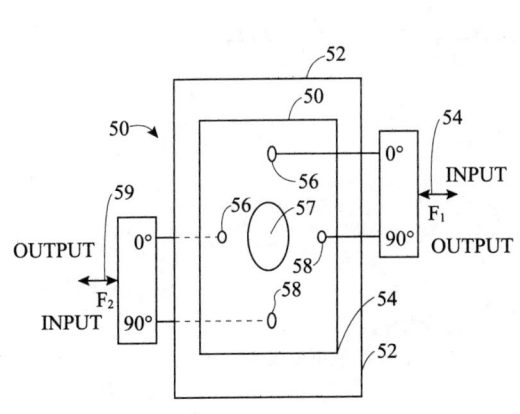

图4-6 多层贴片天线

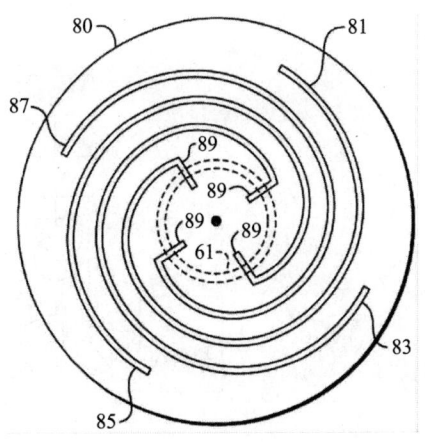

图4-7 多臂平面螺旋天线

(3) 扼流圈天线（如图4-8所示）

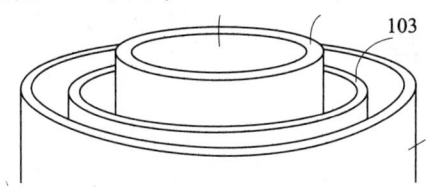

图4-8 扼流圈天线

4.1.3 智能天线

智能天线的主要类型有以下两种：

（1）自适应调零天线（如图4-9所示）

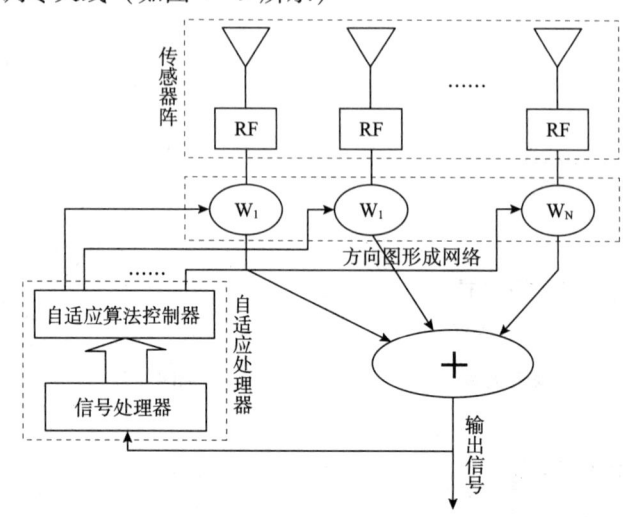

图4-9 自适应调零天线

（2）波束成形天线（如图4-10所示）

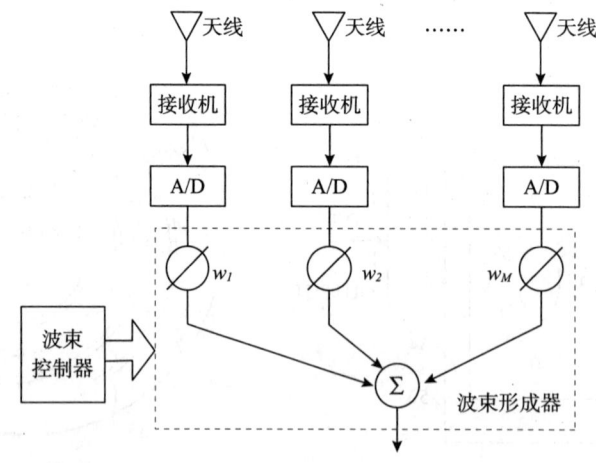

图4-10 波束成形天线

4.2 全球专利申请态势

4.2.1 总体申请量趋势

如图4-11所示，自1978年出现应用于卫星导航接收机领域的天线专利申请开始，到 2012 年 12 月 31 日为止，全球专利申请共有 1847 项，其中中国专利申请为 764 件。

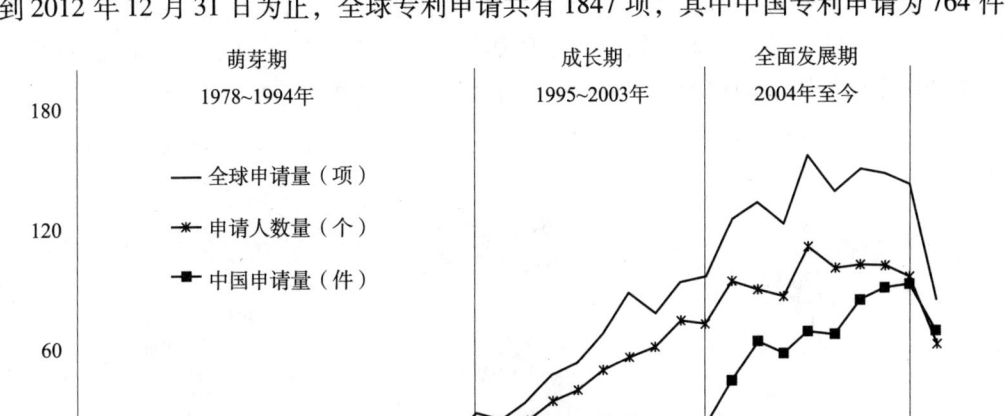

图 4-11 申请量及申请人发展趋势图

（1）萌芽期（1978~1994 年）

虽然早在一百多年前就有了天线和天线技术，但卫星导航接收机天线则是随着美国 GPS 系统的建成而在卫星导航领域产生的新应用。随着 20 世纪 70 年代美国对 GPS 卫星导航定位系统的研制，到 1994 年 24 颗 GPS 卫星星座布设完成，这属于卫星导航接收机天线的萌芽期。其间，最早明确应用于卫星导航领域的天线专利申请出现在 1978 年。

（2）成长期（1995~2003 年）

随着 1995~2003 年卫星导航技术在专业和消费等方面的大量应用，申请量显著增长，这段时期称为卫星导航接收机天线的成长期。

（3）全面发展期（2004 年至今）❶

2004 年 6 月，欧盟和美国签署了关于伽利略和 GPS 信号兼容与互操作的协议，卫星导航接收机天线开始进入各大系统激烈竞争的全面发展期。其间，2007 年达到最大申请量，此后受全球经济危机影响下挫后，2007 年有所回升。但因天线技术发展日趋成熟，申请量略有下滑态势。其间，申请人的数量减少得更为明显，说明卫星导航天线技术已经处于全面发展的成熟期。

4.2.2 来源国/地区

专利申请数量处于前六位的国家或地区主要有美国、日本、中国、中国台湾、欧

---

❶ 由于发明专利申请自申请日（有优先权的自优先权日）起 18 个月（主动要求提前公开的除外）才能被公布，实用新型专利申请在授权后才能获得公布（即其公布日的滞后程度取决于审查周期的长短），而 PCT 专利申请可能自申请日起 30 个月甚至更长时间之后才进入到国家阶段（导致其相对应的国家公布时间更晚），因此在实际数据中会出现 2012 年之后的专利申请量比实际申请量少的情况，反映到申请量年度变化的趋势图中，可能自 2012 年之后出现较为明显的下降，因此 2012 年的数据仅供参考。

盟和英国。尤其是美国，由于其 GPS 导航系统的先发优势，时间积累和技术底蕴较为厚重。日本在天线申请数量上居第二，中国居第三，此外，中国还具有实用新型专利 161 项。中国台湾申请量居第四，欧盟和英国分列第五和第六。如图 4-12 所示。

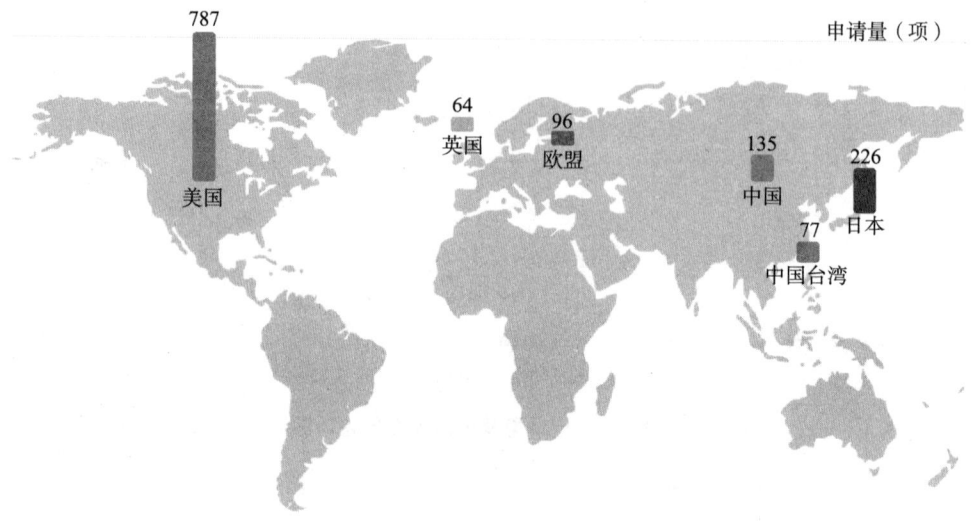

图 4-12　全球专利申请地域分布图

注：图中示出了排名前六位的国家/地区。

从图 4-13 可知（见文前彩色插图第 2 页），在测量型天线申请中，我国申请占比相对较大，占全球测量型天线申请的 49%。而美国申请则是在普通导航天线和智能型天线占比较大。日本则各种类型申请的占比都较为均衡。在普通导航天线中，其他国家还能占有一席之地，而高精度测量型天线和智能天线则主要被美国、中国和日本所垄断。

4.2.3　技术分支

从图 4-14 来看，普通导航天线占据了绝大份额，而测量型天线和智能天线相对较少。

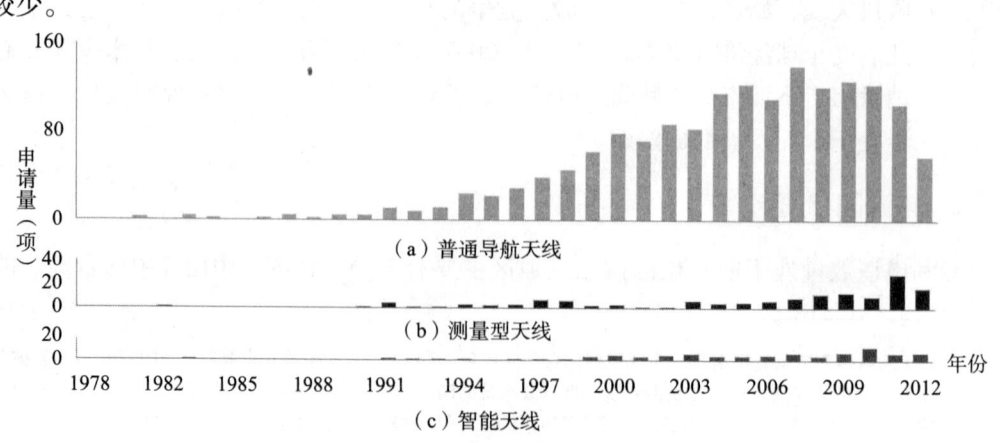

图 4-14　各类型天线专利申请量趋势图

从图 4-15 来看，全球专利申请中，普通导航天线中的平板天线占比 55.3%。平板天线是指：微带天线、倒 F 天线、平面单极/偶极天线、玻璃天线等。立体天线和组合式天线分别占了 29.2% 和 15.4%。同时还可以看出，平板天线和立体天线中申请量最多的，分别是微带天线和四臂螺旋天线。测量型天线中普通测量型天线如多层贴片和多臂平面螺旋占比较多，而扼流圈天线相对较少。智能天线中自适应调零天线相对较多，波束成形天线相对较少。

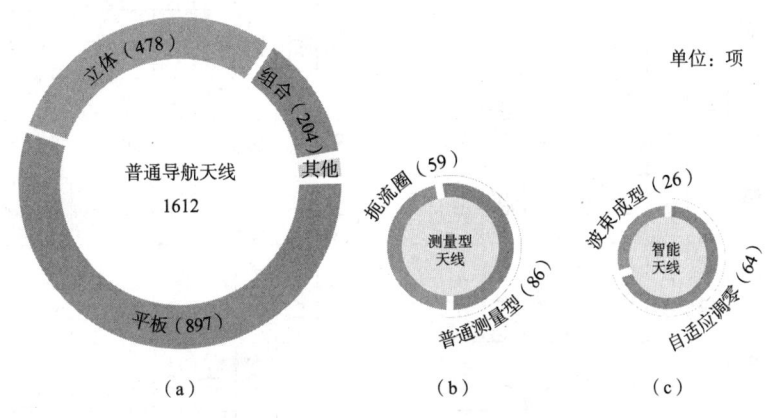

图 4-15 各技术分支申请量对比

4.3 中国专利申请态势

4.3.1 总体申请量趋势

我国在 1994 年才开始出现应用于卫星导航接收机领域的天线专利申请，到 2012 年 12 月 31 日为止，共有中国专利申请 764 件，其中发明专利申请 568 件，实用新型 196 件。参见图 4-11 申请量及申请人发展趋势图可知：

（1）成长期（1994~2003 年）

自 1994 年出现卫星导航接收机领域天线专利申请开始，到 2000 年申请量迅速增长到每年 20 件左右。而 2001 年国外申请人在中国的申请显著减少，导致 2001 年申请量突然下降，到 2003 年又开始恢复年申请量 20 件左右的常态。所以这段时期称为卫星导航接收机天线的成长期。

（2）全面发展期（2004 年至今）

2004 年 6 月，欧盟和美国签署了关于伽利略和 GPS 信号兼容与互操作的协议，卫星导航接收机天线开始进入各大系统激烈竞争的全面发展期。2003 年到 2004 年申请量显著增长，2005 年至 2009 年申请量仍保持快速增长。2009 年到 2010 年为止，申请量则保持平稳，增长量不大。此期间说明我国卫星导航天线技术已经处于由成长期向全面发展的成熟期过渡阶段。

其中，对于 568 件发明专利申请的法律状态分布参见表 4-1 所示。

表4-1 1994~2012年中国发明专利申请年代法律状态分布表

单位：件

年份	公开							授权							有效						
	国内		国外		小计			国内		国外		小计			国内		国外		小计	
	数量	构成	数量	构成	数量	构成		数量	构成	数量	构成	数量	构成		数量	构成	数量	构成	数量	构成	
1994	0	0.0%	2	0.5%	2	0.4%		0	0.0%	1	0.4%	1	0.3%		0	0.0%	0	0.0%	0	0.0%	
1995	1	0.5%	1	0.3%	2	0.4%		1	1.3%	0	0.0%	1	0.3%		0	0.0%	0	0.0%	0	0.0%	
1996	0	0.0%	7	1.8%	7	1.2%		0	0.0%	5	2.1%	5	1.6%		0	0.0%	0	0.0%	0	0.0%	
1997	0	0.0%	21	5.5%	21	3.7%		0	0.0%	18	7.5%	18	5.6%		0	0.0%	3	2.4%	3	1.7%	
1998	0	0.0%	15	3.9%	15	2.6%		0	0.0%	14	5.8%	14	4.4%		0	0.0%	2	1.6%	2	1.1%	
1999	1	0.5%	20	5.2%	21	3.7%		1	1.3%	19	7.9%	20	6.3%		0	0.0%	5	4.0%	5	2.8%	
2000	0	0.0%	22	5.8%	22	3.9%		0	0.0%	22	9.1%	22	6.9%		0	0.0%	11	8.7%	11	6.3%	
2001	1	0.5%	7	1.8%	8	1.4%		1	1.3%	7	2.9%	8	2.5%		1	2.0%	3	2.4%	4	2.3%	
2002	1	0.5%	16	4.2%	17	3.0%		1	1.3%	16	6.6%	17	5.3%		0	0.0%	6	4.8%	6	3.4%	
2003	0	0.0%	18	4.7%	18	3.2%		0	0.0%	18	7.5%	18	5.6%		0	0.0%	8	6.3%	8	4.5%	
2004	7	3.7%	35	9.2%	42	7.4%		7	8.9%	33	13.7%	40	12.5%		3	6.0%	20	15.9%	23	13.1%	
2005	15	8.0%	36	9.4%	51	9.0%		14	17.7%	29	12.0%	43	13.4%		8	16.0%	25	19.8%	33	18.8%	
2006	8	4.3%	39	10.2%	47	8.3%		8	10.1%	33	13.7%	41	12.8%		2	4.0%	23	18.3%	25	14.2%	
2007	22	11.8%	35	9.2%	57	10.0%		16	20.3%	17	7.1%	33	10.3%		8	16.0%	12	9.5%	20	11.4%	
2008	25	13.4%	28	7.3%	53	9.3%		14	17.7%	7	2.9%	21	6.6%		12	24.0%	6	4.8%	18	10.2%	
2009	25	13.4%	24	6.3%	49	8.6%		7	8.9%	0	0.0%	7	2.2%		7	14.0%	0	0.0%	7	4.0%	
2010	27	14.4%	35	9.2%	62	10.9%		6	7.6%	2	0.8%	8	2.5%		6	12.0%	2	1.6%	8	4.5%	
2011	29	15.5%	12	3.1%	41	7.2%		3	3.8%	0	0.0%	3	0.9%		3	6.0%	0	0.0%	3	1.7%	
2012	25	13.4%	8	2.1%	33	5.8%		0	0.0%	0	0.0%	0	0.0%		0	0.0%	0	0.0%	0	0.0%	
总计	187	100.0%	381	100.0%	568	100.0%		79	100.0%	241	100.0%	320	100.0%		50	100.0%	126	100.0%	176	100.0%	

注：1. 本表中国内专利的统计单位为"件"；2. 本表中的"构成"是指占总量的百分比，总计100%。

4.3.2 来源国/地区区域分布

(1) 各来源国/地区专利申请量分布

如图 4-16 所示,在中国专利申请(含实用新型)中,排名前六位的国家和/或地区为中国、日本、美国、中国台湾、瑞典和英国。

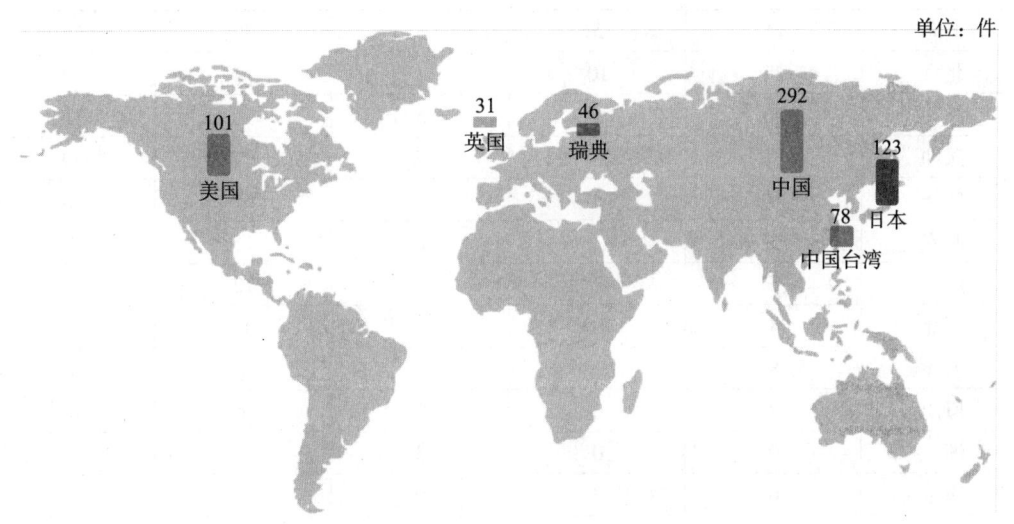

图 4-16 各来源国/地区中国专利申请量分布图

注:图中示出了排名前六位的国家/地区

其中,这六个国家/地区的发明专利申请法律状态分布如表 4-2 所示。可见中国的发明专利申请,公开量占比为 52.8%,有效率占比为 21%。日本在中国的发明专利申请,公开量占比为 49.6%,有效率占比为 22.7%。

表 4-2 1994~2012 年中国发明专利申请来源国/地区法律状态表 单位:件

	公开		授权		有效	
	数量	构成	数量	构成	数量	构成
中国	131	52.8%	51	35.4%	37	21.0%
日本	123	49.6%	88	61.1%	40	22.7%
美国	91	36.7%	46	31.9%	19	10.8%
中国台湾	53	21.4%	27	18.8%	13	7.4%
瑞典	46	18.5%	36	25.0%	18	10.2%
英国	31	12.5%	14	9.7%	13	7.4%
其他	93	37.5%	58	40.3%	36	20.5%
总计	248	100.0%	144	100.0%	176	100.0%

(2) 中国区域申请量分布

中国各省市（不含台湾地区）的专利申请法律状态如表4-3所示。

表4-3 中国各省市（不含台湾地区）专利申请法律状态表　　　单位：件

省市和地区	发明专利			实用新型	总计
	公开	授权	有效		
上海	14	5	3	30	44
北京	25	10	4	14	39
江苏	16	9	5	15	31
深圳	11	6	5	19	30
广州	9	3	3	11	20
西安	3	2	2	15	18
广东	5	2	1	12	17
河北	3	0	0	8	11
天津	8	5	5	1	9
厦门	7	0	0	1	8
浙江	0	0	3	1	7
南京	6	3	0	7	7
成都	1	1	0	5	6
武汉	2	0	0	3	5
济南	2	0	0	3	4
沈阳	1	0	0	2	4
福建	1	0	0	3	4
杭州	4	1	1	0	4
重庆	1	0	0	2	3
湖南	1	0	0	2	3
山东	1	0	0	1	2
河南	2	1	1	0	2
大连	1	1	0	1	2
哈尔滨	2	1	0	0	2
四川	1	0	1	1	2
陕西	1	0	1	0	2
贵州	2	0	0	1	2
青岛	0	0	0	0	2
宁波	0	0	1	0	1
长春	0	0	0	0	1
云南	1	1	1	0	1
总计	131	51	36	161	292

4.3.3 各技术分支分布

如图 4-17 中国专利申请各技术分支申请量分布所示,中国专利申请共有 764 件(含实用新型)。其中普通导航天线 641 件,测量型天线 84 件,智能型天线 39 件。在普通天线中,平板天线有 327 件,立体天线有 164 件,组合式天线有 108 件。测量型天线中,普通测量型天线有 54 件,扼流圈天线有 30 件。智能型天线中,自适应调零天线有 36 件,波束成形天线有 3 件。

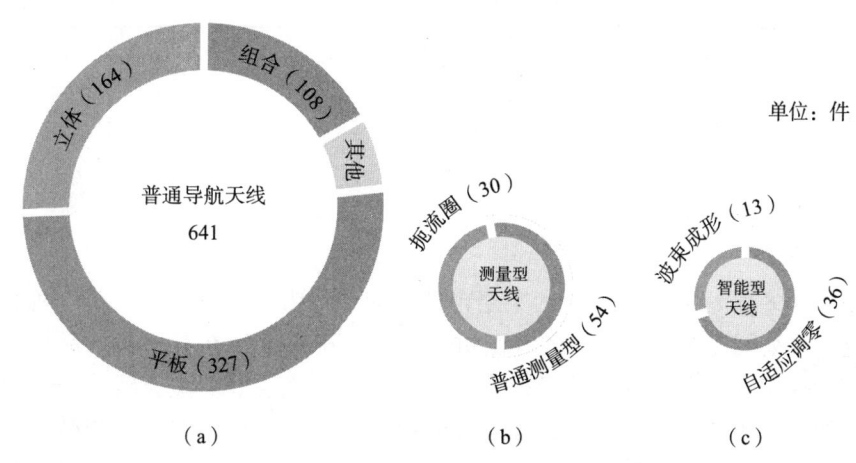

图 4-17 中国专利申请各技术分支申请量分布

中国专利申请中,发明专利的各技术分支法律状态分布如表 4-4 所示。

表 4-4 1994~2012 年中国发明专利各技术分支法律状态分布　　　单位:件

		公开			授权			有效		
		国内	国外	小计	国内	国外	小计	国内	国外	小计
普通导航天线	普通导航天线小计	133	355	488	53	225	278	31	116	147
	平板天线	71	187	258	23	116	139	16	71	87
	立体天线	27	106	133	13	79	92	5	28	33
	陶瓷天线	10	2	12	6	1	7	2	0	2
	组合式天线	22	56	78	10	28	38	7	16	23
	超材料天线	2	4	6	0	1	1	0	1	1
	鱼鳍天线	1	0	1	1	0	1	1	0	1
测量型天线	测量型天线小计	33	14	47	12	9	21	7	7	14
	普通测量天线	27	0	27	11	0	11	6	0	6
	扼流圈天线	6	14	20	1	9	10	1	7	8

续表

		公开			授权			有效		
		国内	国外	小计	国内	国外	小计	国内	国外	小计
智能天线	智能型天线小计	21	12	33	14	7	21	12	3	15
	自适应调零	20	10	30	13	7	20	12	3	15
	波束成形	1	2	3	1	0	1	0	0	0
总计		187	381	568	79	241	320	50	126	176

4.4 主要申请人

4.4.1 全球主要申请人

如图4-18所示,全球申请的主要申请人前三位为苹果公司、三美电机和索尼爱立信,这三个公司专利布局方向各有侧重。苹果公司侧重于在其平板产品中嵌入GPS天线,例如使用多个天线或倒F天线或单层双贴片天线或双缝隙天线。最新的申请为多模式天线,使用开关或谐振电路实现天线模式的切换,从而在平板产品中实现导航功能。三美电机侧重于车载前装导航和专业导航,其基本上将导航天线置于鱼鳍型车载天线或单极车载天线的底座中,或者是对微带天线进行专门的改进。索尼爱立信则各种用途都有所涉及。

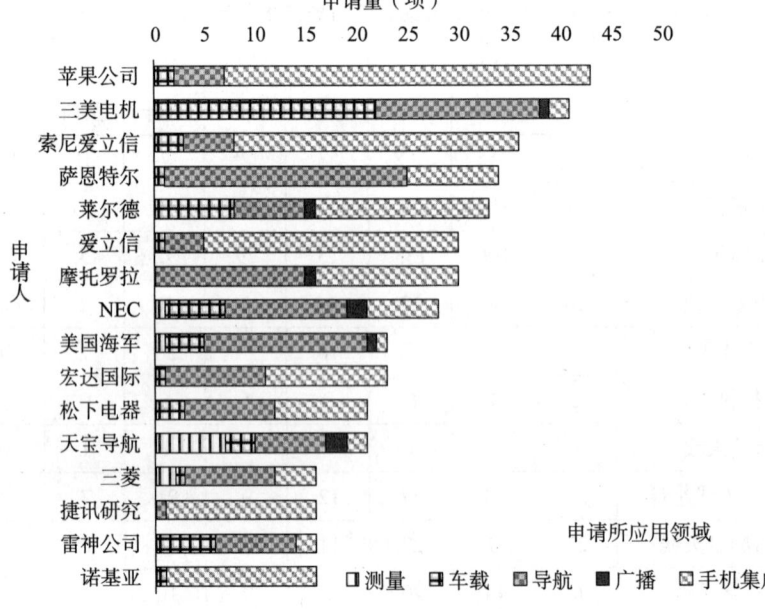

图4-18 全球申请的主要申请人

4.4.2　中国申请主要申请人

如图 4-19 所示,中国内地申请的主要申请人前三位为萨恩特尔、索尼爱立信和苹果公司。苹果公司依然侧重于在其平板产品中嵌入导航天线。索尼爱立信侧重于在手机产品中集成导航天线,主要天线类型在手机内集成多个天线,倒 F 形天线或多层倒 F 形天线、缝隙天线、振子天线等。萨恩特尔申请的专利主要集中在四臂螺旋天线,后面在四臂螺旋技术分支中将会进行详细分析。

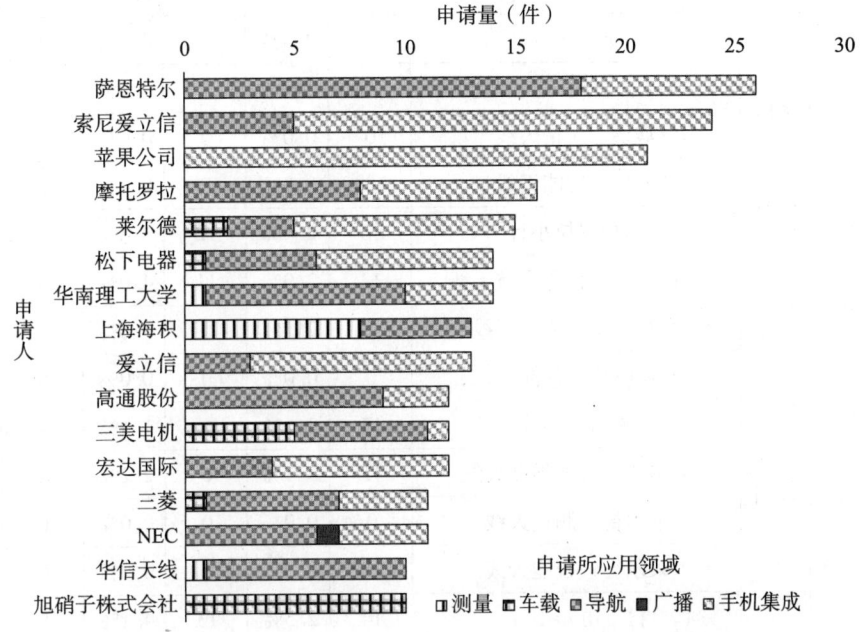

图 4-19　中国申请的主要申请人及其申请的应用领域图

下面对以上提到的主要申请人的中国发明专利申请的法律状态进行对比,如表 4-5 所示。前十位的重要申请人除华信天线以外基本上都侧重于普通天线技术分支,而华信天线则主要侧重于测量型天线的申请。并且由占比数量可以看出,天线领域的申请量较为分散,没有占绝对优势的申请人。

表 4-5　1994~2012 年中国发明专利各申请人在各技术分支法律状态表　　单位:件

申请人合计	国别	申请人小计	公开		授权		有效	
			数量	构成	数量	构成	数量	构成
萨恩特尔	美国	萨恩特尔小计	26	4.6%	12	3.8%	12	6.8%
		萨恩特尔—普通导航天线	26	5.3%	12	4.3%	12	8.2%
		萨恩特尔—测量天线	0	0.0%	0	0.0%	0	0.0%
		萨恩特尔—智能天线	0	0.0%	0	0.0%	0	0.0%

续表

申请人合计	国别	申请人小计	公开		授权		有效	
			数量	构成	数量	构成	数量	构成
索尼爱立信	瑞典	索尼爱立信小计	24	4.2%	15	4.7%	12	6.8%
		索尼爱立信—普通导航天线	24	4.9%	15	5.4%	12	8.2%
		索尼爱立信—测量天线	0	0.0%	0	0.0%	0	0.0%
		索尼爱立信—智能天线	0	0.0%	0	0.0%	0	0.0%
苹果	美国	苹果小计	13	2.3%	1	0.3%	1	0.6%
		苹果—普通导航天线	13	2.7%	1	0.4%	1	0.7%
		苹果—测量天线	0	0.0%	0	0.0%	0	0.0%
		苹果—智能天线	0	0.0%	0	0.0%	0	0.0%
摩托罗拉	美国	摩托罗拉小计	15	2.6%	12	3.8%	3	1.7%
		摩托罗拉—普通导航天线	14	2.9%	11	4.0%	3	2.0%
		摩托罗拉—测量天线	1	2.1%	1	4.8%	0	0.0%
		摩托罗拉—智能天线	0	0.0%	0	0.0%	0	0.0%
莱尔德	美国	莱尔德小计	15	2.6%	6	1.9%	4	2.3%
		莱尔德—普通导航天线	15	3.1%	6	2.2%	4	2.7%
		莱尔德—测量天线	0	0.0%	0	0.0%	0	0.0%
		莱尔德—智能天线	0	0.0%	0	0.0%	0	0.0%
松下电器	日本	松下电器小计	14	2.5%	13	4.1%	5	2.8%
		松下电器—普通导航天线	13	2.7%	12	4.3%	4	2.7%
		松下电器—测量天线	0	0.0%	0	0.0%	0	0.0%
		松下电器—智能天线	1	3.0%	1	4.8%	1	6.7%
华南理工大学	中国	华南理工大学小计	7	1.2%	2	0.6%	2	1.1%
		华南理工大学—普通导航天线	5	1.0%	2	0.7%	2	1.4%
		华南理工大学—测量天线	2	4.3%	0	0.0%	0	0.0%
		华南理工大学—智能天线	0	0.0%	0	0.0%	0	0.0%
上海海积	中国	上海海积小计	2	0.4%	0	0.0%	0	0.0%
		上海海积—普通导航天线	0	0.0%	0	0.0%	0	0.0%
		上海海积—测量天线	2	4.3%	0	0.0%	0	0.0%
		上海海积—智能天线	0	0.0%	0	0.0%	0	0.0%

续表

申请人合计	国别	申请人小计	公开		授权		有效	
			数量	构成	数量	构成	数量	构成
爱立信	瑞典	爱立信小计	13	2.3%	12	3.8%	3	1.7%
		爱立信—普通导航天线	13	2.7%	12	4.3%	3	2.0%
		爱立信—测量天线	0	0.0%	0	0.0%	0	0.0%
		爱立信—智能天线	0	0.0%	0	0.0%	0	0.0%
高通股份	美国	高通股份小计	12	2.1%	7	2.2%	2	1.1%
		高通股份—普通导航天线	10	2.0%	7	2.5%	2	1.4%
		高通股份—测量天线	0	0.0%	0	0.0%	0	0.0%
		高通股份—智能天线	2	6.1%	0	0.0%	0	0.0%
三美电机	日本	三美电机小计	12	2.1%	8	2.5%	4	2.3%
		三美电机—普通导航天线	12	2.5%	8	2.9%	4	2.7%
		三美电机—测量天线	0	0.0%	0	0.0%	0	0.0%
		三美电机—智能天线	0	0.0%	0	0.0%	0	0.0%
宏达国际	中国台湾	宏达国际小计	12	2.1%	4	1.3%	4	2.3%
		宏达国际—普通导航天线	12	2.5%	4	1.4%	4	2.7%
		宏达国际—测量天线	0	0.0%	0	0.0%	0	0.0%
		宏达国际—智能天线	0	0.0%	0	0.0%	0	0.0%
三菱	日本	三菱小计	11	1.9%	8	2.5%	0	0.0%
		三菱—普通导航天线	10	2.0%	8	2.9%	0	0.0%
		三菱—测量天线	1	2.1%	0	0.0%	0	0.0%
		三菱—智能天线	0	0.0%	0	0.0%	0	0.0%
NEC	日本	NEC小计	11	1.9%	8	2.5%	1	0.6%
		NEC—普通导航天线	9	1.8%	6	2.2%	0	0.0%
		NEC—测量天线	1	2.1%	1	4.8%	1	7.1%
		NEC—智能天线	1	3.0%	1	4.8%	0	0.0%
华信天线	中国	华信天线小计	6	1.1%	4	1.3%	4	2.3%
		华信天线—普通导航天线	0	0.0%	0	0.0%	0	0.0%
		华信天线—测量天线	4	8.5%	3	14.3%	3	21.4%
		华信天线—智能天线	2	6.1%	1	4.8%	1	6.7%

续表

申请人合计	国别	申请人小计	公开 数量	公开 构成	授权 数量	授权 构成	有效 数量	有效 构成
旭硝子	日本	旭硝子小计	10	1.8%	5	1.6%	3	1.7%
		旭硝子—普通导航天线	10	2.0%	5	1.8%	3	2.0%
		旭硝子—测量天线	0	0.0%	0	0.0%	0	0.0%
		旭硝子—智能天线	0	0.0%	0	0.0%	0	0.0%
其他申请人		其他申请人小计	365	64.3%	203	35.7%	116	20.4%
		其他申请人—普通导航天线	302	61.9%	169	34.6%	93	19.1%
		其他申请人—测量天线	36	76.6%	16	34.0%	10	21.3%
		其他申请人—智能天线	27	81.8%	18	54.5%	13	39.4%
总计		所有申请人总计	568	100.0%	320	56.3%	176	31.0%
		普通导航天线总计	488	85.9%	278	86.9%	147	83.5%
		测量天线总计	47	8.3%	21	6.6%	14	8.0%
		智能天线总计	33	5.8%	21	6.6%	15	8.5%

注：1. "申请人 N 小计"的构成是指该申请人占总量的比重；
2. "申请人 N——级分支 M"的构成是指该申请人 N 的一级分支 M 占相应一级分支 M 总量的比重。

中国台湾主要申请人的申请集中在专业导航和手机导航上。如图 4-20 所示。

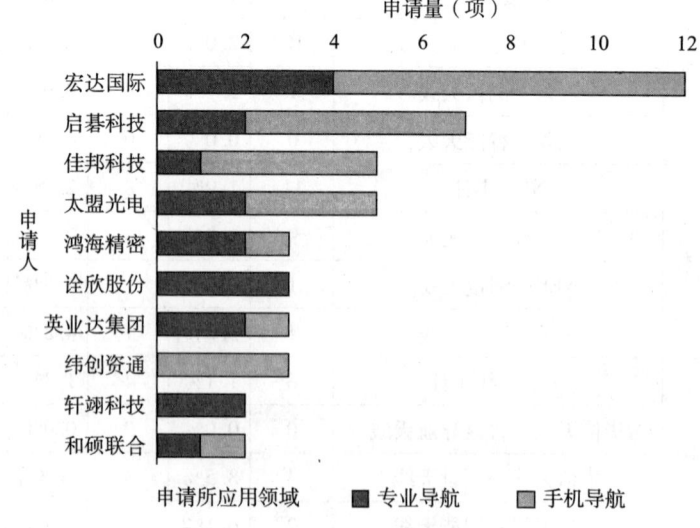

图 4-20 中国台湾的主要申请人

4.5 热点技术分支

4.5.1 微带天线技术发展路线

微带天线的概念最早在1953年就已经提出了，但一直缺乏完善的理论分析和应用设计，故一直没有被广泛应用。发展到现阶段，随着微波集成技术的不断发展以及各种低耗能的新型介质材料的出现，加之对微带天线的理论分析逐渐完善和成熟，制作工艺也得到了进一步的保证。而卫星定位导航技术的迅猛发展，又对低剖面的天线元提出了迫切需要。微带天线由于其多样化的性能和独特的结构在卫星导航定位中正得到越来越广泛的应用。其具有体积小、重量轻、剖面低、电性能容易实现多样化、能方便地与其他电子器件集成为一体的优点。然而其也具有如下缺点：带宽窄、效率低、单个微带天线的功率容量较小、在批量生产和大型天线阵的构建上还存在很大缺陷等。近年来，针对微带天线的实际应用需求，许多学者已经进行了深入的研究，取得了大量的突破和创新。微带天线的一些缺点得到较大的改进，其性能发展的方向主要为小型化、双频带、宽频带、圆极化以及宽波束。如图4-21所示（见文前彩色插图第3页）。

4.5.1.1 小型化

微带天线的基板厚度与工作波长相比非常小，这保证了它本身就实现了一维小型化，因而微带天线属于电小天线的一种。传统微带天线是半波长结构，而在实际应用中要求天线具有更小的尺寸。同时，在现阶段随着微波集成技术的发展以及各种高性能的材料的出现，也使得微带天线的小型化技术成为近几年热门的研究课题之一。微带贴片天线小型化技术发展路线图见图4-22（见文前彩色插图第4页）。

目前国内外实现微带天线小型化设计的主要手段有：采用特殊材料基片（高介电常数材料）、天线加载技术（电阻加载、短路探针加载、有源加载）、附加有源网络、曲流技术、采用特殊形式、分形结构、使用新材料（如光电子带隙（PBG）、左手材料、超材料等）。

（1）采用特殊材料基片（高介电常数材料）

由于谐振频率与介质参数成反比，因此采用高介电常数（如陶瓷材料）或高磁导率（如磁性材料）的基片可降低谐振频率，从而减小天线尺寸。从1982年首次使用陶瓷材料开始❶，1987年将高介电材料用于微带天线❷以实现天线小型化，1992年松下电器使用氧化铝（Alumina）陶瓷制作GPS天线❸。至今，使用高介电材料如陶瓷的天线

---

❶ S. J. Fiedziu sko 首次将陶瓷材料用于微波滤波器，[F iedziuxko, S. J. Dual mode dielectric resonator loaded cavity filter. IEEE Trans. M T T, 1982; 30 (9)：1311～1316.]

❷ K. Fujimoto 等研究了使用高介电材料缩小微带天线的可能性，发现面积可以缩小若干倍，[K. Fujimoto, A. Herderson, K. Hirasawa, J. R. James, Small Antennas, England：Research Studies Press, 1987, 119～129.]

❸ 1992, MATSUSHITA ELEC IND CO LTD 使用氧化铝 Alumina 陶瓷制作 GPS 天线，[JP2192912A, 1993-8-3].

仍是小型化微带天线的主流，并经常与其他小型化技术结合使用。

（2）天线加载技术

天线加载技术，20世纪50年代中期开始研究，70年代开始在微带贴片天线上应用。最开始采用短路面、短路柱和短路针等形式，在微带天线上加载短路探针（shorting post），通过与馈点接近的短路探针在谐振空腔中引入耦合电容以实现小型化。其能够很好地减小天线的尺寸，但同时会带来带宽过窄的问题。

1955年，索莫斯（Donald. J. Sommers）提出了一种微带线缝隙短路针❶，如图4-23所示。

1977年，美国空军（US AIR FORCE）申请的专利US4053895A，使用了中心短路元件13，如图4-24所示。

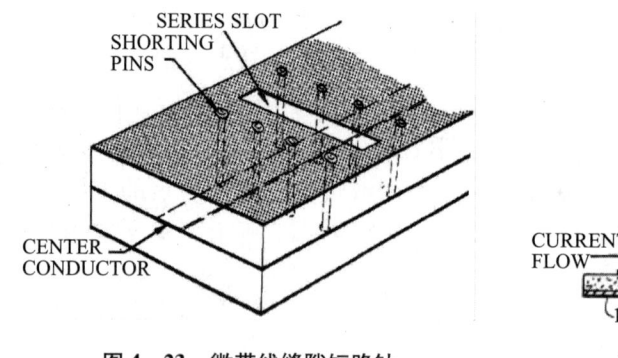

图4-23 微带线缝隙短路针　　　图4-24 中心短路元件

20世纪90年代又有研发人员对短路柱的数量对频率的影响进行了研究。例如1994年桑纳德（Sanad, M.）提出了多短路柱结构❷，1995年沃特豪斯（Waterhouse）提出了小型圆形贴片微带贴片天线，其采用了单个短路柱+单馈电针的结构❸。

20世纪90年代中期开始使用切片电阻或切片电容替代短路针以提高带宽或降低谐振频率。例如1999年，C-Y Huang提出了2个正交切片电阻+对角线馈电结构以实现圆极化❹。

后期加载技术的发展主要是通过调整短路针与馈电针之间的位置关系以实现多频带，通过短路探针与表面开槽相结合、与倒F形天线等天线结构相结合以实现圆极化或高带宽等。例如，麦克唐纳·道格拉斯公司（MC DONNELL DOUGLAS CORP）提出的专利申请US4827271A中要求保护的GPS多频带提高带宽微带天线。如图4-25所示，其具有中心短路探针（34）、双馈电针（40、38）和后向波馈电网络（36），共8个层。其中有两层贴片层和一个接地层，实现了多频带，并通过增加介电材料厚度提

---

❶ Donald J. Sommers; Sanders Associates, Inc. ; Nashua, N. H. ; SLOT ARRAY EMPLOYING PHOTOETCHED TRI - PLATE TRANSMISSION LINES, 1955, 157-162.

❷ Sanad, M., Effect of the shorting posts on short circuit microstrip antennas, 1994, 794-797.

❸ Waterhouse, R., Small microstrip patch antenna, 1995, 604-605.

❹ C-Y Huang, J-Y Wu and K-L Wong. Broadband circularly polarized square microstrip antenna using chip - resistor loading [J]. IEE Proc. - Microw. Antennas Propag., 1999, 146 (1): 94-96.

高带宽。再如 2001 年，美国天线公司（ANTENNAS AMERICA INC）提出的专利申请 WO0131739A1。如图 4-26 所示，该天线具有多短路柱、一个馈点和一个电抗窗口（25），使用了曲流开槽和矩形贴片切角技术，实现了小型化和圆极化使用小型化。2006 年，韩国泛泰株式会社（PANTECH CO LTD）提出的专利申请 KR20060073093A。如图 4-27 所示，采用了倒 F 形天线、单点馈电、单短路针，支持三个频段。再如 2012 年 5 月，北京邮电大学提出的专利申请 CN202259683A。如图 4-28 所示，该天线能够兼容北斗和 GPS。其使用了单馈点（5）和贴片环形缝隙以及三个单短路针（4），并采用了陶瓷材料，采用多种手段相结合的方式来取得多种性能的优化组合。

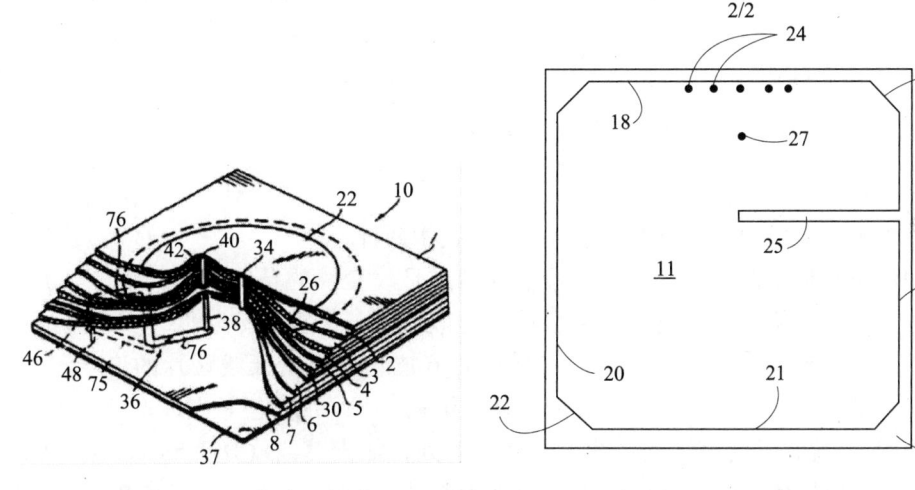

图 4-25　US4827271A 天线　　　　图 4-26　WO0131739A1 天线

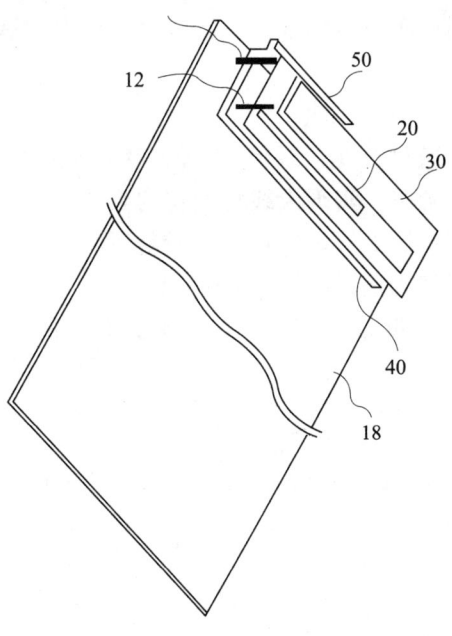

图 4-27　KR20060073093A 天线

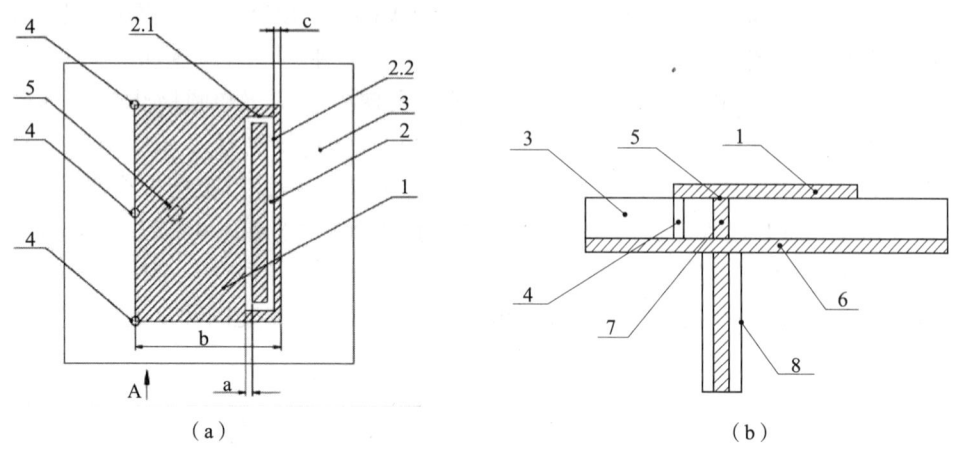

图 4-28 CN202259683A 天线

(3) 曲流技术

曲流技术主要有贴片曲流技术和接地板曲流技术两种。

贴片曲流技术是要在贴片上的适当位置开槽或是改变线的具体形状，使得电流的传输路径等效增加，从而使得电流的共振波长等效增加，谐振频率降低，实现天线形式小型化，但会导致天线的带宽降低。接地板曲流技术则保持天线贴片的形状不变，在接地板上开槽，从而天线的 Q 值会相应降低，带宽有所增加，但是实现难度比较大。

早在 1955 年就有研究关注微带线上的缝隙阵列，如索莫斯（D. J. Sommers）提出的微带线缝隙短路针[1]。20 世纪 80 年代中期则对贴片开槽[2]和接地板开槽[3]进行了相应研究，并发展出了各种形状的槽与单点馈电相结合实现圆极化、以口径耦合的方式实现圆极化、以特定形状的槽实现多频带等。具体后续技术发展请参见倒 F 天线和圆极化部分。

(4) 特殊形式

采用特殊形式就是要通过改变天线形式，使天线的等效长度大于真实长度，从而实现天线的小型化。在现阶段，实现天线小型化的具体天线形式主要有天线贴片形式采用蝶形、双 C 形、Y 形、倒 F 形、E 形、L 形等各种相应形状，天线结构采用层叠短路贴片等。下面以倒 F 天线为例说明技术发展路线。

自 1982 年倒 F 天线问世以来[4]，很快就有了平面倒 F 天线[5]。平面倒 F 天线

---

[1] Donald J. Sommers; Sanders Associates, Inc. ; Nashua, N. H. ; SLOT ARRAY EMPLOYING PHOTOETCHED TRI-PLATE TRANSMISSION LINES, 1955, 157-162.

[2] 1982, Sharma, P. 贴片开槽+单馈点实现圆极化, 参见 Sharma, P. Optimized design of single feed circularly polarized microstrip patch antennas.

[3] 1985, Pozar, D. M. 接地板上开口径并与馈线耦合, 提供了口径耦合的方式, 参见 Pozar, D. M. , Microstrip antenna aperture-coupled to a microstripline, 1986, 49-50.

[4] 1982, H. Haruki, The inverted F antenna for protable radio units 1982, pp. 613.

[5] 1987, J. R. James, K. Fujitomo, A. , planar inverted-F antennas, Small Antennas, Research Studies Press, 1987, pp. 116-151.

（Planar Inverted – F Aantenna，PIFA）具有小型、高频带、高效率等特点，是采用厚基片、低介电常数、短路加载的典型天线，可以实现天线的小型化。倒 F 天线通常采用与其他结构相结合的方式，例如与曲流开槽技术、加载技术等相结合以进一步小型化、多频化，或者是使用倒 F 天线的一些变形如反 F 天线、双 PIFA 天线等，以用于具有 GPS 应用的便携机。例如，1996 年香港中文大学（UNIV CHINESE HONG KONG）提出的专利申请 WO9627219A1。参见图 4 – 29，使用了贴片表面曲流开槽和倒 F 天线以及接地柱（24）技术，实现了小型化。2003 年 4 月，昆特罗（QUINTERO L R）提交的专利申请 WO03034544A1，参见图 4 – 30，使用了贴片表面曲流开槽和倒 F 形天线，具有两个接地柱（126）、两个容性加载（123、124），以实现多频带。再如 2004 年，参见图 4 – 31，摩托罗拉 2002 年向美国专利商标局申请并获得授权的专利 US6762723B2，要求保护一种 FICA 天线（Folded Inverted Conformal Antenna，折叠倒置共形天线）。2007 年，飞利浦提交的专利申请 US2007205947A1 使用带有曲流开槽的双 MEMS 切换的 PIFA，实现了多频带，参见图 4 – 32。

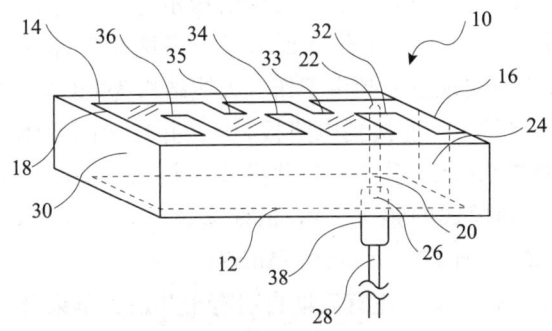

图 4 – 29 WO9627219A1 天线图

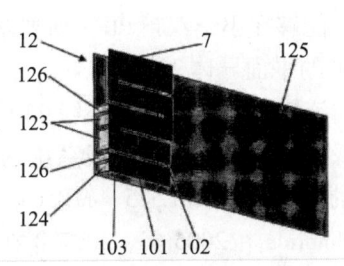

图 4 – 30 WO03034544A1 天线图

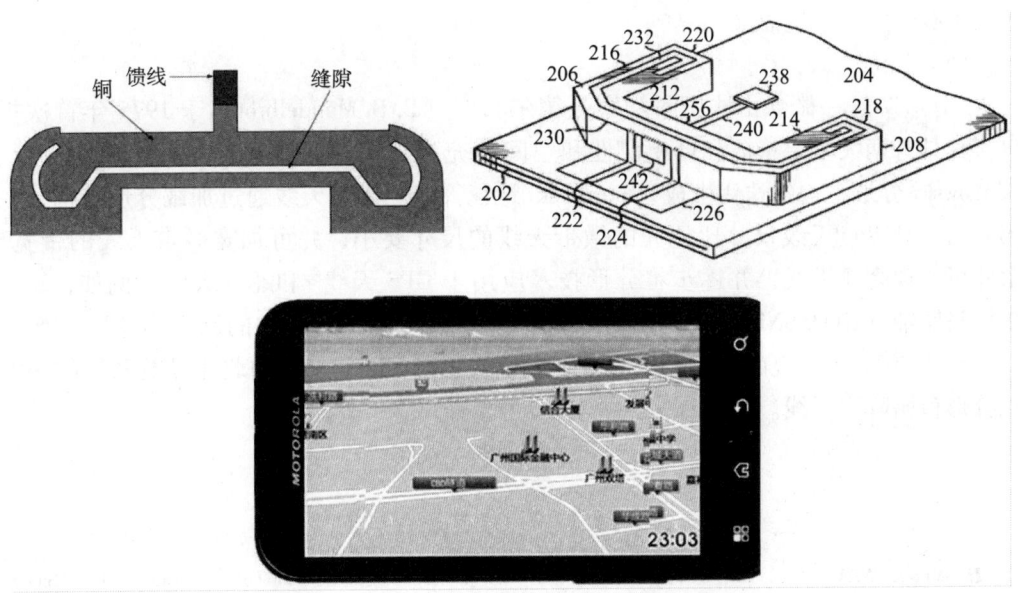

图 4 – 31 US6762723B2 天线图

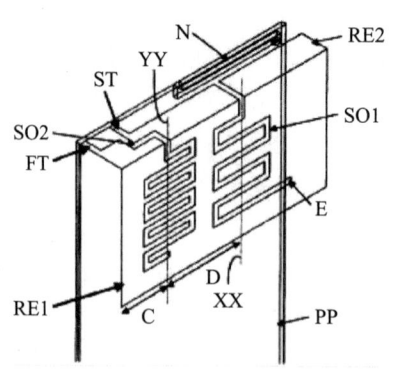

图 4-32　US2007205947A1 天线图

其中，有必要详细介绍一下上述摩托罗拉 2002 年的专利 US6762723B2，其要求保护一种 FICA 天线，属于 Motorola 手机天线的核心专利。在图 4-31 中，右侧是 Motorola Android 系统防尘、防水溅、防刮花的三防手机 ME525 型的天线结构示意图；左侧是 US6762723B2 的附图。该天线有三个工作频段，一个工作在低频端，另两个工作在高频段，能够在小于双频 PIFA 所要求的体积内实现三个频带工作。天线结构为 PICA，采用 U 形的平面导体 206，其下通过电介质空间 408 连接到电路板 204，并在平面导体上面开曲流槽，平面导体的外缘 230 的长度控制天线系统的公共模式的频率；平面导体的内缘 256 的长度控制天线系统的另一不同模式的频率。Motorola 多款手机采用 FICA 天线的技术，如 ME525、MB501、MB525、Driod2、Droid3、Atrix4G、MT917、XT910 等。Motorola 在 2005 年、2007 年在 IEEE 发表论文，还有后期自引有十几篇，苹果公司也有引用该专利的几篇专利申请，可见该专利的重要程度。其虽然未明确该天线可支持导航信号，但在手机导航等消费型导航产品日益发达的今天，其可能对卫星导航天线技术有一定的借鉴意义。

（5）分形

"分形"这一概念由法国科学家曼德尔布罗（B. B. Mandelbrot）于 1975 年首次提出，其具有两大主要特征：自相似性和空间填充型。它有三种分形方式：Koch 分形、Minkowski 分形结构的迭代生成、Sierpinski 地毯天线。微带天线通过加载分形结构，在第一谐振频率点天线尺寸比原先的微带天线的尺寸要小，并可加宽微带天线的带宽。由此可实现多频天线，并逐步将分形技术应用于 GPS 天线❶和北斗天线。例如，2006 年格洛斯纳（GLOSSNER J）提出的专利申请 US2006208956A1 中的倒 F 形分形 GPS 天线。再如 2012 年，厦门大学提出的专利申请 CN102800952A 中的北斗导航系统的小型化分形鱼鳍阵列天线。

---

❶ Murad, N. A., Esa, M., Yusof, S. K., Fisal, N.. Fractal patch antenna for GPS application [C]. Student Conference on Research and Development (SCORED), 2003 on page (s): 102-104.

(6) 使用新材料

① 光电子带隙（Photonic Band Gap，PBG）

自 1990 年 K. M. Ho、C. T. Chan 发现光电子带隙材料后[1]，这种新型材料很快就应用于平板天线的制作上，所使用的方式也多种多样，整体地或局部地使用 PBG 材料。1993 年，布朗（E. R. Brown）使用光电子带隙材料制作平板天线。[2] 1996 年，休斯飞机公司（HUGHES AIRCRAFT CO.）提出的专利申请 US5541614A 中使用带有 Micro Electro Mechanical（MEM）传输线的 PBG 材料天线。2007 年，诺瓦泰公司提出的专利申请 US20070018899A1 中，参见图 4-33，使用 PBG 材料形成 GPS 天线中置于导体金属层（206）的表面波抑制区域（420）。

② 左手材料、超材料

2004 年，Tatsuo Itoh 提出了 CRLH 超材料及其在天线中的应用。[3] 2009 年，理查德·W. 科夫斯基（ZIOLKOWSKI RICHARD W）提出的专利申请 US2009140946A1 中提出了一种高效超材料产生的 GPS 小天线。2010 年，雷斯潘公司提出的专利申请 CN102057536A 中提出了一种单馈送多单元的 GPS 超材料天线装置，如图 4-34 所示。

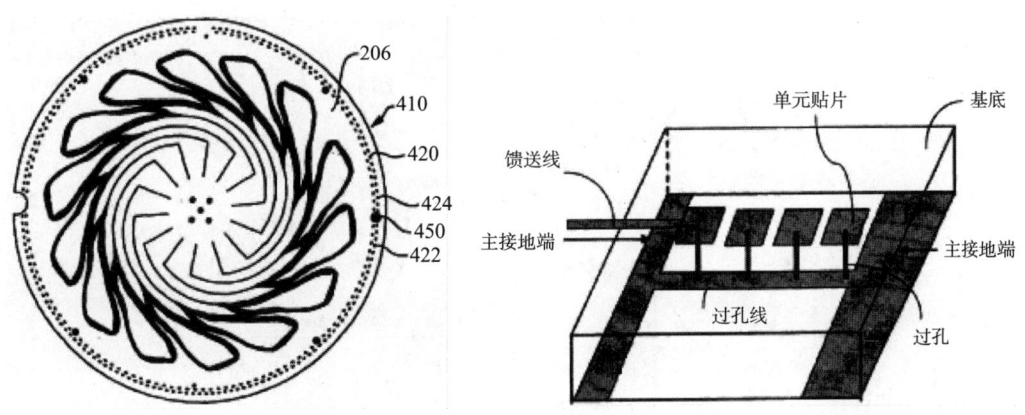

图 4-33 US20070018899A1 天线　　图 4-34 单馈送多单元的 GPS 超材料天线装置

在分析中发现，涉及超材料制成的天线有 331 件，但涉及超材料制成的 GPS 天线仅有 14 件。2008~2009 年公开居多，可以看出超材料有向 GPS 天线领域逐渐渗透的趋势。

4.5.1.2　圆极化

GPS 信号采用的是右旋圆极化，因此，接收天线也应采用右旋圆极化方式。微带天线获得圆极化的关键是激励起两个极化方向正交、幅度相等、相位差 90 度的线极化波。

---

[1] K. M. Ho, C. T. Chan and C. M. Soukoulis, "Existence of Phontonic Band Gap in Periodic Dielectric Structures," Phys Rev. Lett. 67, 3152 (1990).

[2] E. R. Brown, C. D. Parker and E. Yablonovitch, "Radiation Properties of a Planar Antenna on a Photonic-Crystal Substrate," J. Opt. Soc. Am. B 10, 404 (1993).

[3] Tatsuo Itoh. Invited paper: Prospects for Metamaterials [J]. Electronics Letters, 2004 (16).

目前天线实现圆极化的方式主要有两种：一是使用单馈法，通过改变贴片的形状，实现不同的谐振模式来达到圆极化，主要通过引入切角（a），准方形、近圆形、近三角形（b），表面开槽（c）和调谐枝节（d）来实现。[1][2][3] 二是通过设置两馈点或者多馈点馈电方式来实现，通过设计复杂的馈电网络来实现对辐射贴片的幅度相等和相位相差90°正交馈电，达到圆极化的工作条件。通常用的馈电网络有 Wilkinson 功分器、分支线耦合器、3dB 电桥等馈电网络。

下面介绍圆极化技术中使用较多的技术，如表面开槽技术，口径耦合技术等。

（1）切角（a），准方形（c），近圆形、近三角形（b）和调谐枝节（d）（见图4-35）

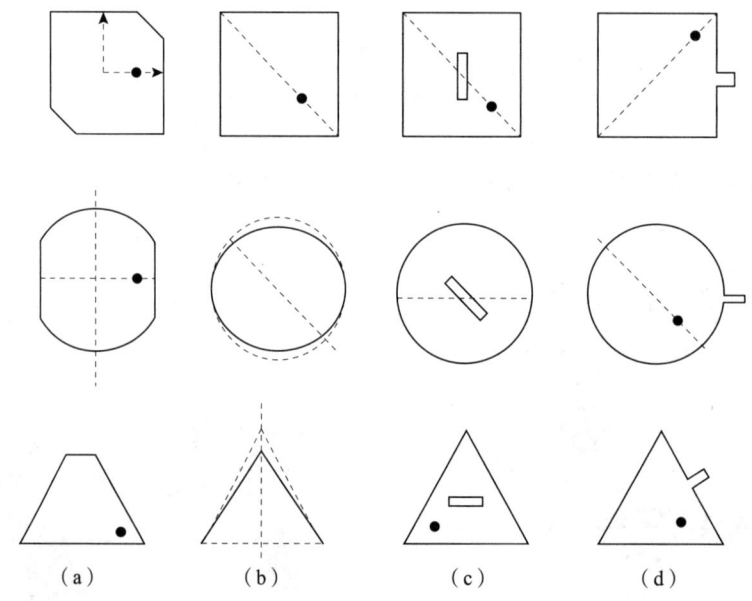

(a)   (b)   (c)   (d)

图4-35 圆极化实现方式

（2）表面开槽

1997年，K-L Wong 提出了方形贴片正交方向长度不等两对槽、对角线馈电的天线，以实现圆极化[4]，如图4-36所示。

1998年，W-S Chen 提出了一种十字槽、对角线馈电、弯折槽、切角天线，实现了圆极化[5]但带宽较窄，如图4-37所示。

---

[1] Sharma, P. Sharma, P. Optimized design of single feed circularly polarized microstrip patch antennas, 1982.
[2] Guptaed K C. Microsrip antenna design [M]. Artech House, 1988.
[3] Wong K L, Lin Y F. Circularly polarized microstrip antenna with a turning stub [J]. Electronics Letters, 1998, 34 (9): 831 – 831.
[4] K-L Wong and J-Y Wu. Single-feed small circularly polarized square microstrip antenna [J]. Electron. Lett., 1997, 33 (22): 1833 – 1834.
[5] W-S Chen, C-K Wu and K-L Wong. Compact circularly-polarized circular microstrip antenna with cross-slot and peripheral cuts [J]. Electron. Lett., 1998, 34 (11): 1040 – 1041.

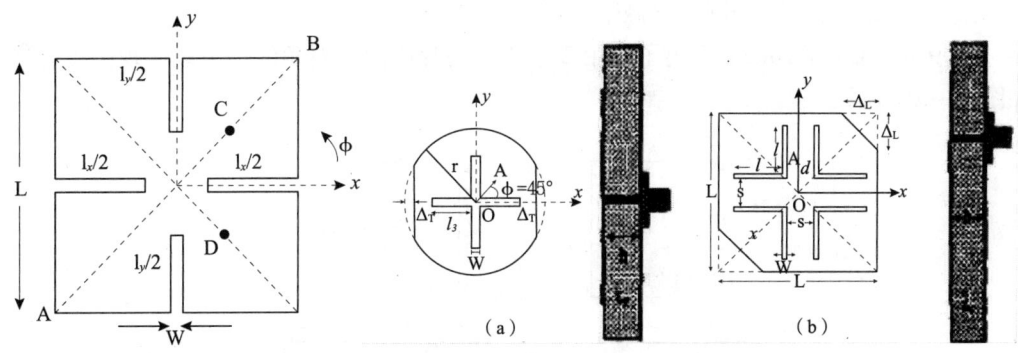

图 4 – 36　表面开槽天线（1）　　　　图 4 – 37　表面开槽天线（2）

2001 年，K – P Yang 和 K – L Wong 提出了一种 T 型槽贴片天线以支持双频，但其带宽较窄[1]。

（3）口径耦合

波扎（D M Pozar）于 1985 年提出了口径耦合微带天线，在接地板上开口径并与馈线耦合。[2] 如图 4 – 38 所示，该结构避免了在基片上打孔、制作便利、交叉极化电平低、易获得宽频带匹配，适于圆极化设计。耦合槽常用的有直线槽、十字槽[3]或其他特殊形状的槽[4]等，可以与低介电常数基片结合使用以展开频带，同时参见图 4 – 39 所示，可以在贴片上开槽以减小尺寸。

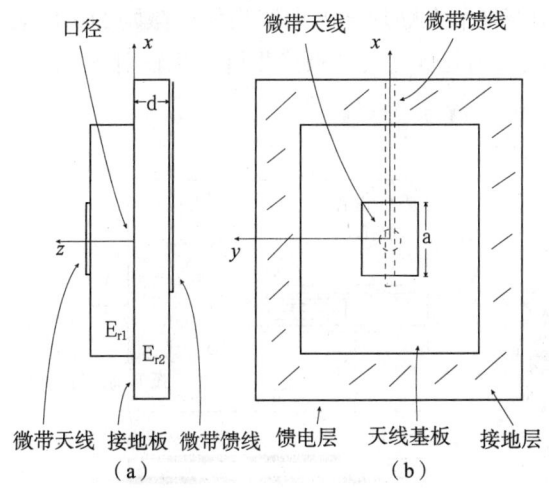
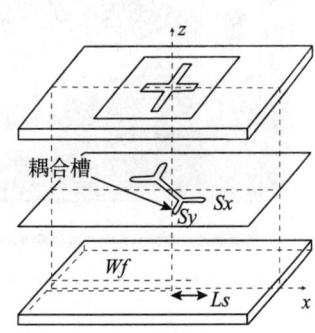

图 4 – 38　口径耦合天线（1）　　　　图 4 – 39　口径耦合天线（2）

---

❶　K – P Yang and K – L Wong. Dual – band circularly – polarized square microstrip antenna [J]. IEEE Trans. Antennas Propagat., 2001, 49 (3): 377 – 382.

❷　Pozar, D. M., Microstrip antenna aperture – coupled to a microstripline, 1986, 49 – 50.

❸　T Vlasits, E Korolkiewicz, A Sambell and B Robinson. Performance of a cross2aperture coupled single feed circularly polarized patch antenna [J]. Electron. Lett., 1996, 32 (7): 612 – 613.

❹　C Y Huang. Circularly polarized square microstrip antenna using an inclined asymmetric coupling slot [J]. Microwave Opt. Technol. Lett., 2001, 28 (1): 43 – 45.

（4）加载切片电阻的圆极化微带天线

1999年，C-Y Huang提出了使用2个正交切片电阻和对角线馈电以实现圆极化[1]，如图4-40所示。

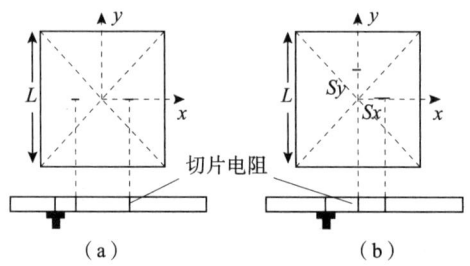

图4-40 加载切片电阻的CPMSA

（5）共面波导馈电

共面波导（CPW）易实现与有源或无源器件的并联或串联可增加电路设计的灵活性。近年来共面波导馈电的微带天线（CPWFA）另辟蹊径非常适合制作有源天线及天线阵。共面波导馈电的圆极化微带天线一种形式为CPW导体带与辐射单元共面[2]，参见图4-41所示。该天线由两个辐射元产生圆极化所需的正交电场，可视为二元圆极化天线。这种天线的结构紧凑，但馈线存在寄生辐射。另一种形式为CPW导体带、接地板与微带贴片分别位于介质板两侧电磁能量通过激励槽耦合至贴片，消除了馈线的寄生辐射[3]，参见图4-42所示。弧形调谐枝节在贴片x方向突出使所激励的x向表面电流加长，而y向电流基本无影响，由此激励起极化简并模产生圆极化辐射。

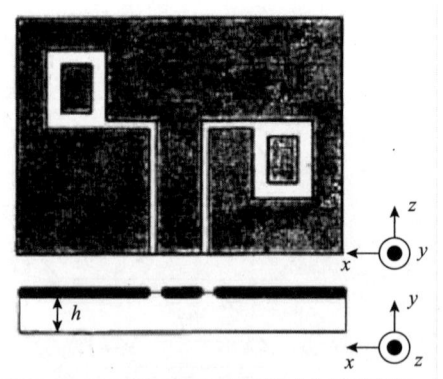
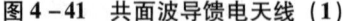

图4-41 共面波导馈电天线（1）

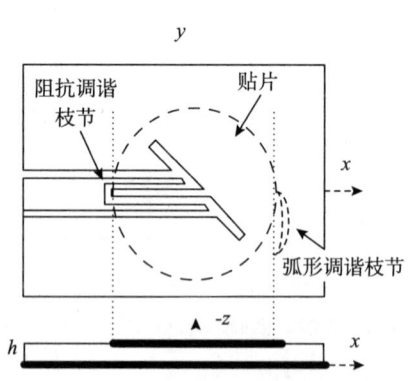

图4-42 共面波导馈电天线（2）

---

[1] C-Y Huang, J-Y Wu and K-L Wong. Broadband circularly polarized square microstrip antenna using chip-resistor loading [J]. IEEE Proc.-Microw. Antennas Propag., 1999, 146 (1): 94-96.

[2] S Matsuzawa and K Ito. Circularly polarized printed antenna fed by coplanar waveguide [J]. Electron. Lett., 1996, 32 (22): 2035-2036.

[3] C-2Y Huang. A circularly polarized microstrip antenna using a coplanar-waveguide feed with an inset tuning stub [J]. Microwave Opt. Technol. Lett., 2001, 28 (4): 311-312.

（6）双馈型宽带圆极化

通过设置两馈点或者多馈点馈电方式来实现，通过设计复杂的馈电网络来实现对辐射贴片的幅度相等和相位相差90°正交馈电，达到圆极化的工作条件。通常用的馈电网络有Wilkinson功分器、分支线耦合器、3dB电桥等馈电网络[1]，如图4-43所示。塔格斯基（S D Targonski）于1993年采用等长十字槽及方形贴片的口径耦合天线，但使用多馈方法实现圆极化[2]。微带馈线通过两个正交放置的H形缝隙激励方形贴片[3]，参见图4-44所示。采用电容耦合方式馈电圆形贴片调整电容板（Capacitor-plate）的尺寸和距贴片基板的间隙S可使阻抗匹配，圆极化带宽高，但加工复杂[4]，如图4-45所示。这种双馈类型天线具备电磁耦合馈电的优点。寄生辐射小、交叉极化电平低、频带宽，同时充分利用了馈线可用空间大的特点安置双馈网络，使频带进一步扩展。但要额外附加功分器等元件，必须精心设计馈线网络，以保证圆极化性能。

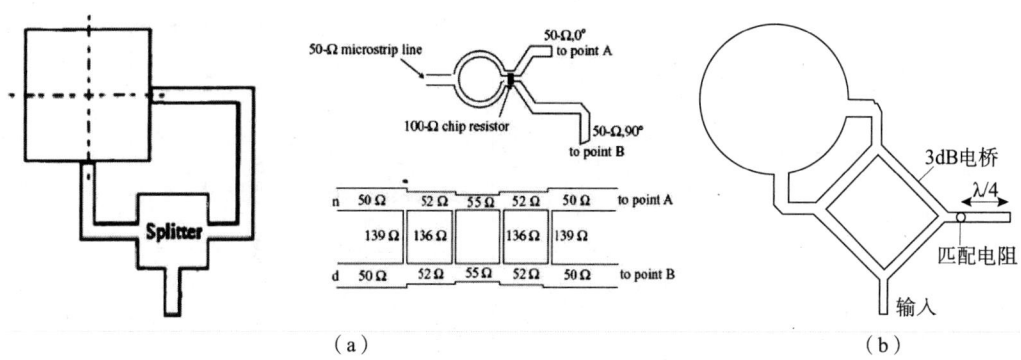

图4-43 多馈微带天线

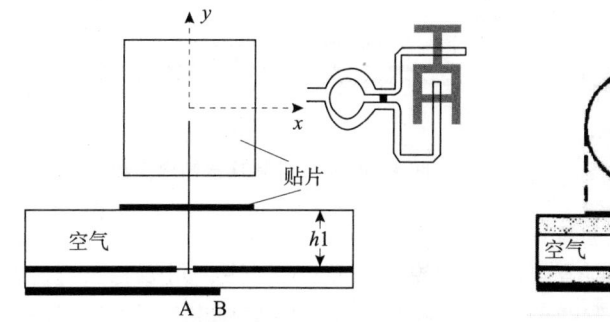

图4-44 H形缝隙激励方形贴片天线

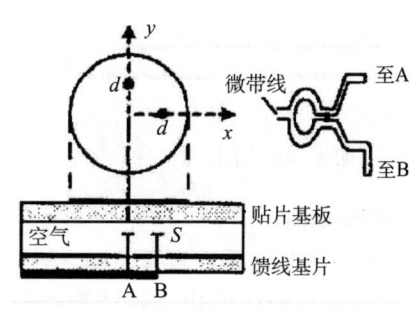

图4-45 电容耦合方式馈电圆形贴片天线

---

[1] 张钧，刘克诚，张贤铎，等. 微带天线理论与工程 [M]. 北京：国防工业出版社，1988.

[2] S D Targonski and D M Pozar. Design of wideband circularly polarized aperture2coupled microstrip antennas [J]. IEEE Trans. Antennas Propagat.，1993，41（2）：214-219.

[3] H-M Chen, Y-F Lin and T-W Chiou. Broadband circularly polarized aperture2coupled microstrip antenna mounted in a 2.45GHz wireless communication system [J]. Microwave Opt. Technol. Lett.，2001，28（2）：100-101.

[4] K-L Wong and T-W Chiou. Broad2band single-patchcircularly polarized microstrip antenna with dual capacitively coupled feeds [J]. IEEE Trans. Antennas Propagat.，2001，49（1）：41-44.

4.5.1.3 多频带

对于微带贴片天线,目前,常见的多频段天线设计方法主要有以下几种:基于正交模式、多贴片、电抗加载以及分形天线。

(1) 正交模式

① 单馈激励正交模式:单馈点激励正交模式实现双频工作的微带天线

1982年,沙玛(Sharma P)使用贴片开槽和单馈点实现圆极化❶。图4-46为其天线结构。

② 双馈激励正交模式

双缝隙耦合馈电的双频天线,图4-47为天线结构图,由该图可以看出,该天线通过两个相互正交的缝隙,激励起两个正交的模式。

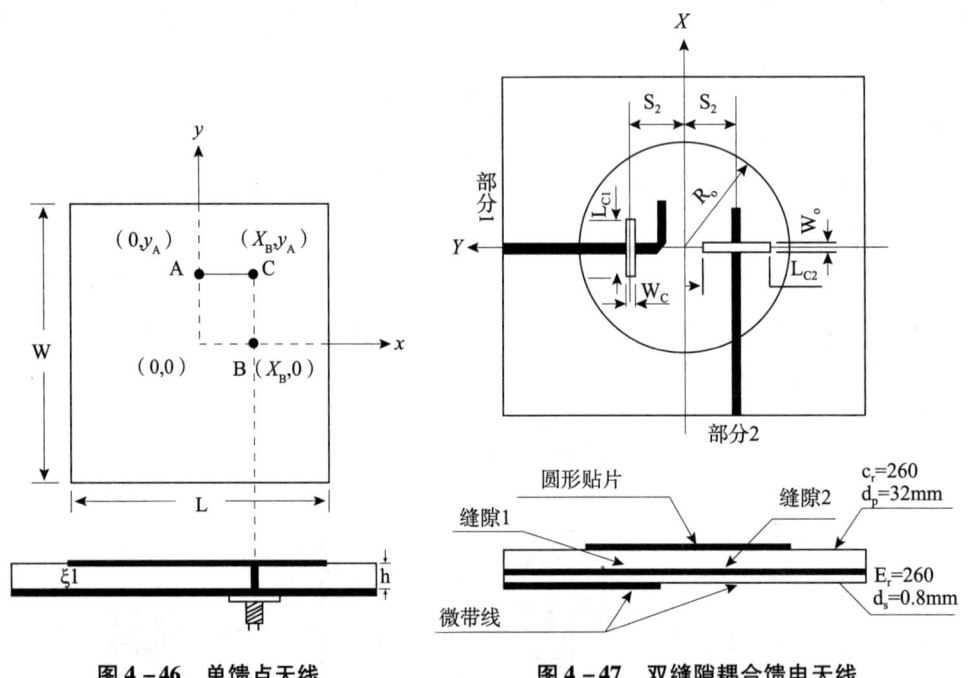

图4-46 单馈点天线　　　　图4-47 双缝隙耦合馈电天线

③ 斜缝隙耦合

参见图4-48,通过斜缝隙耦合激励起正交模式的双频天线❷,可以将斜缝隙投影到相互正交的矩形的两边。斜缝隙的两个投影相互正交,将激励起两个正交的模式,使天线工作在双频段。

(2) 多贴片

采用多贴片设计的多频天线,一般使每个贴片工作在一定频点,然后由多个贴片

---

❶ Sharma, P. Optimized design of single feed circularly polarized microstrip patch antennas.

❷ Kai-pingYang, Kin-LuWong; Inclined slot coupled compact dual frequency microstrip antenna with cross slot; ELECTRONICSLETTERS19th February 1998 Vol. 34 NO. 4.

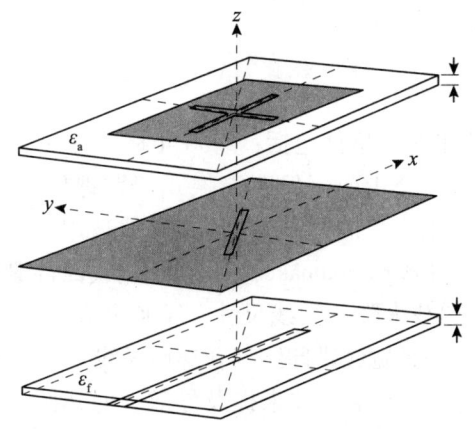

图 4-48 斜缝隙耦合激励天线

共同完成多频天线的功能。可以采用单层板多个贴片❶,也可以采用多层贴片层叠的形式❷❸。各贴片间的馈电既可以是耦合馈电,也可以直接馈电。

(3) 电抗加载

电抗加载是指在贴片表面开槽,或者对贴片进行短路探针加载来实现天线的双频工作。以上两种加载方式分别参见小型化短路探针加载和圆极化表面开槽等,不再重复介绍。

(4) 分形天线

参见小型化分形天线部分,不再重复介绍。

4.5.1.4 高带宽

实现高带宽的主要技术手段有以下四种,在此不再进行具体介绍。

(1) 增加介质基片的厚度,降低介质板介电常数❹;

(2) 附加寄生单元、电磁耦合馈电;

(3) 附加阻抗匹配网络;

(4) 采用特殊形式:蝶形、L形、三角形、W形等。

---

❶ Rohith K. Raj, C. K. Aanandan, K. vasudevan, P. Mohanan; A New Compact Microstrip-fed Dual Band Coplanar Antenna for WLAN APPlieations, IEEE TRANSACTIONSON ANTENNAS AND PROPAGATION, Vol. 54, NO. 12, DECEMBER 2006.

❷ Kai-pingYang, Kin-LuWong; Inclined slot coupled compact dual frequency microstrip antenna with cross slot; ELECTRONICSLETTERS19th February 1998 Vol. 34 NO. 4.

❸ LINDMARK, A dual Polarized dual band microstrip antenna for Wireless communieations; Aerospace conferenee, 1998, Proceedings, IEEE.

❹ T Vlasits, E Korolkiewicz, A Sambell and B Robinson. Performance of a cross 2 aperture coupled single feed circularly polarized patch antenna [J]. Electron. Lett., 1996, 32 (7): 612-613.

4.5.2 四臂螺旋天线专利

4.5.2.1 专利申请态势

四臂螺旋天线发展史上主要事件包括：1966 年格斯特（C. Gerst）提出四臂螺旋天线。1968 年基尔古斯（C. C. Kilgus）发明谐振式四臂螺旋天线。1974 年，基尔古斯（C. C. Kilgus）在其论文中指出，谐振式四臂螺旋天线适用于卫星通信中卫星和卫星地面站使用。1996 年舒美克（P. K. Shumaker）提出印刷式四臂螺旋天线。2001 年雷斯顿（O. Leisten）提出用陶瓷加载来降低天线尺寸。2006 年雷特斯顿（Yoann Letstn）和莎拉哈（Ala Sharaiha）提出一种宽频带印刷四臂螺旋天线。

早期的四臂螺旋天线方面的申请并未提及导航，但其披露的方案涉及四臂螺旋天线的结构，而这样的结构同样适用于导航领域的四臂螺旋天线，但这些没有明确应用领域的专利并未计入本章的专利数量统计中。

图 4-49 示出了卫星导航领域应用的四臂螺旋天线在全球和中国的逐年申请量。可以发现，申请量在 1997～2000 年发生较大增幅。具体分析这段时间的专利申请量，国内和国外专利数量均有增加，主要涉及陶瓷加载四臂螺旋天线，这与技术发展时间点是吻合的。可见，这段时间各申请人竞相布局陶瓷加载四臂螺旋天线基础专利。

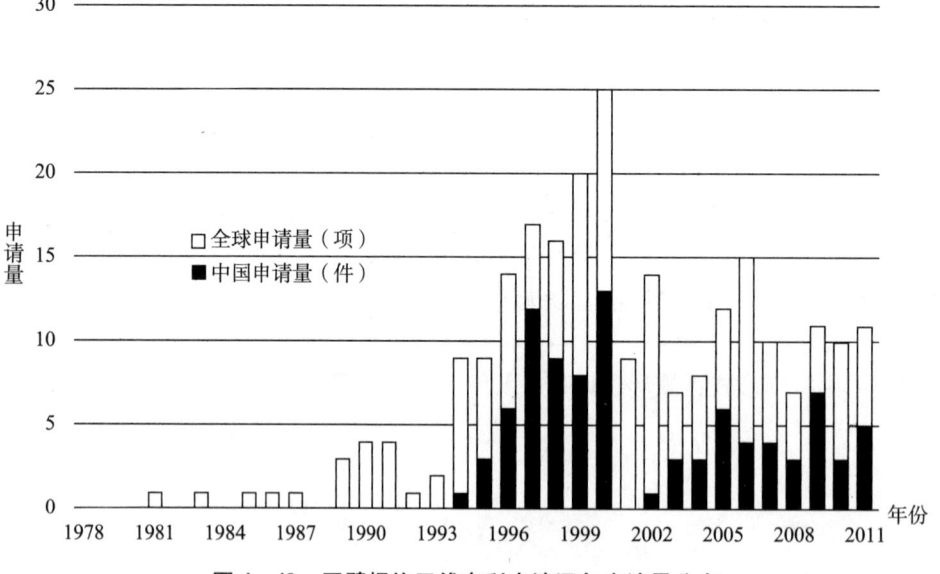

图 4-49 四臂螺旋天线专利申请逐年申请量分布

4.5.2.2 主要来源国及申请人分析

针对中国专利申请，分析申请人的来源国。可以发现，排名前四位的分别为英国、中国、日本和美国。英国的申请均来自萨恩特尔，中国的申请人中华南理工大学占据一定比例，日本的主要申请人有三菱电机和日本电气株式会社（NEC），美国的主要申请人有高通公司和摩托罗拉公司。

针对全球的专利申请，同样分析申请人的来源国。可以发现，排名前四位的分别为美国、英国、日本和中国。美国的主要申请人有高通公司、美国海军、摩托罗拉公司和美国卫星广播公司。英国的主要申请人还是萨恩特尔。日本的主要申请人是三菱电机、三美和NEC。中国的申请人中华南理工大学占据一定比例。

美国在全球的申请量排名第一，而在中国的申请量则次于英国。通过具体专利数据可以发现，除了高通公司和摩托罗拉公司之外，其他申请人比较分散。几乎没在中国提交申请，例如，美国海军申请了9件，均没有提供中国同族申请。从图4-50中可以看出，美国在全球的申请虽然居首，但是，其大部分申请并未在中国提交同族申请，这应该与其产品市场布局有关。

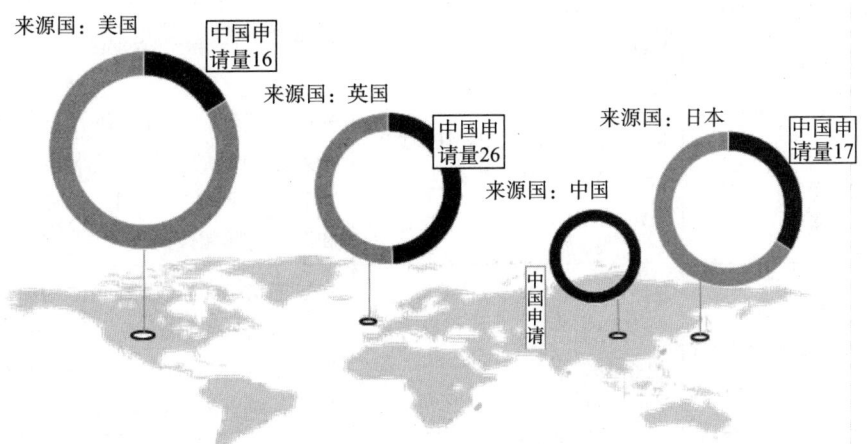

来源国	美国				英国	中国	日本		
主要申请人	高通	美国海军部	摩托罗拉	美国卫星广播	萨恩特尔	华南理工大学	三菱电机	三美	NEC
全球申请量（项）	10	9	7	6	46	7	10	9	5
中国申请量（件）	9		5		26	7	7		4

图4-50　四臂螺旋天线中国专利申请的主要申请人以及来源国分布图

另外，值得一提的还有韩国和瑞典，例如，瑞典的爱立信。

鉴于萨恩特尔在该领域的明显优势，接下来重点研究该公司的专利申请。

4.5.2.3　重要申请人及其重要专利

下面重点研究排名第一的萨恩特尔（Sarantel）。该公司成立于2000年3月，通过购买奥利弗·雷斯顿博士（Oliver Leisten）的技术，于2001年拿到GPS天线的第一份商业订单。其主要贡献在于陶瓷滤波天线，拥有十几项关于电介质加载天线的设计和生产的核心专利。其网站提供的产品基本为GPS天线，包括军用GPS天线。

通过施引文献频率、同族数量、早期申请筛选，课题组确定出该公司的重要专利。其在馈电结构、整体结构、螺旋线方面均有重要专利。

表4-6列出了萨恩特尔的重要专利。

表4-6 萨恩特尔的重要专利

申请日	公开号	同族专利	方案核心	引用频次
19940825	CN1164298A	NZ; JP; PH; EP; NO; AU; US; GB; MX; ES; KR; FI; BR; CA; DE; RU	芯子外表面或外表面附近有一三维天线单元结构限定内部空间, 芯子材料占据内部空间大部分	118
19961127	CN1249073A	MY; JP; CA; GB; KR; EP; MX; US; IN; PH; AU; WO; TW; DE	每根螺旋线在中间部分分叉, 各分支分别与另一分支汇合, 形成导电环, 两个导电环具有不同长度	93
19960329	CN1219291A	KR; AU; DE; EP; JP; GB; US; MX; RU; CA; IN; MY; PH; WO	连接到天线的、可工作在至少两个射频频段的无线电路装置, 该装置具有两个能分别工作在第一和第二射频频段的部分	60
19990208	CN1340225A	US; EP; WO; JP; KR; GB; AU; DE	穿过芯并连接到天线元件的馈线结构, 馈线结构与芯之间的介电层相对介电常数小于芯部实心材料的相对介电常数的一半	59
20030328	CN1768450A	WO; MX; IN; RU; BR; AU; DE; KR; US; EP; JP; TW	两组螺旋元件, 每组至少具有不同电长度的第一和第二导电元件	52
19960521	CN1214151A	PH; IN; AU; KR; JP; GB; TW; CA; MX; EP; US; DE	天线单元电镀在芯子外表面, 包括一个单对的具有与芯子中心轴一致的轴的完全相反设置的螺旋单元, 一端与穿过芯子的馈线结构相连, 一端与圆柱陷波器相连	35
19990527	CN1354897A	EP; GB; DE; JP; WO; MX; KR; AU; GB; TW; BR; US; ES; CA	两组螺旋元件, 每组包括第一和第二相互邻近的细长元件, 具有不同的电气长度	17
19981229	CN1338133A	EP; WO; KR; GB; TW; JP; CA; DE; US	天线绝缘主体的相对介电常数和空腔的尺寸使空腔开口圆周上的电长度等于围绕圆周对应工作频率波导波长的整数倍	17
19991105	CN1308385A	US; JP; GB; EP; TWM; KR; DE	监测天线的至少一个电参数并且从至少一个线路上去除导电材料以使监测参数更接近预定值	15

4.5.2.4 技术功效分析

图 4-51 给出了四臂螺旋天线全球申请的技术功效与主要发明点之间的对应关系。其中，主要功效集中在小型化、简化结构和双模。实现小型化的主要手段是整体方案、螺旋线、馈电网络的改进。简化结构则主要通过整体结构和馈电网络来实现，例如，提出省去巴伦的天线结构。双模主要包括不同辐射模式，或者卫星和地面通信模式，方案集中在不同天线的组合上。

如图 4-51 所示，从横向来讲，四臂螺旋天线专利申请的主要研究点在于小型化、双模、高带宽和简化结构上。从纵向来看，主要研究点在于整体方案、螺旋线以及馈电网络的改进。整体方案改进主要包括省去某一元件（例如省去巴伦），天线的组合（例如用于实现多频段或者实现地面通信和卫星通信两种模式），天线整体外形改进（例如锥形），天线各部件的位置关系变化（例如在顶部馈电与在底端馈电）等。通过全球和中国专利申请的对比，可以发现，在实现双模这一效果上，全球申请量占申请总量的比重高于中国申请量占申请总量的比重。在实现高带宽上，中国申请在整体方案的改进上并不是很多，这些都是中国单位和个人可进一步申请之处。

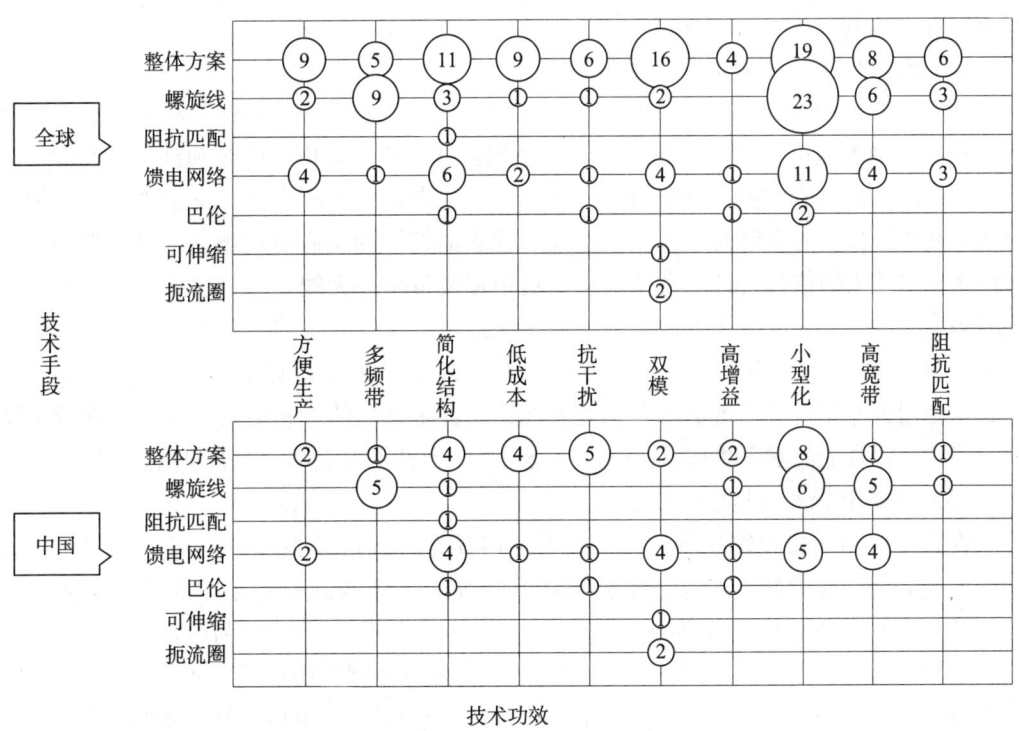

图 4-51　四臂螺旋天线全球专利申请技术效果与主要发明点的对应关系图

4.5.3 高精度测量型天线技术专利

4.5.3.1 高精度测量型天线简介

（1）高精度测量型天线概述

定位与测量是卫星导航系统的两大功能，前者以伪码相位测量确定伪距，后者主要以载波相位观测确定伪距。卫星导航精密测量技术已经广泛应用于经济建设和科学技术的诸多领域，尤其是大地测量学及其相关学科领域，包括海洋大地测量、地球物理勘探、资源勘探、工程测量、工程变形监测、地震测量、公路铁路测量、港口建设规划、航行标志定位设置等。

测量型天线作为高精度卫星导航接收机的重要组成部分，它的性能如何直接关系到卫星导航接收机测量精度的高低。天线的相位中心变化和多径效应是高精度卫星导航测量系统中的显著误差源。因此，高精度天线的设计更多地关注如何保持相位中心稳定以及如何抑制多径干扰。

测量型天线通常由接收天线和扼流圈组成，接收天线一般采用微带贴片天线或者螺旋天线。因而，高精度测量型天线的研究方向主要集中在三个方面：微带贴片天线技术、螺旋天线技术、扼流圈技术。

（2）高精度测量型天线各技术领域申请人

图4-52显示了在高精度天线中的三个主要技术点——微带贴片天线技术、螺旋天线技术以及扼流圈技术中的申请人分布情况。在图4-52中，两个圆框交叉的部分表示其中所涉及的申请人在该两个圆框所代表的领域内均有专利申请、三个圆框交叉的部分表示其中所涉及的申请人在该三个圆框所代表的领域内均有专利申请。可以看到：中国的主要申请人华信天线的专利申请主要集中在微带贴片天线技术，中海达的专利申请主要集中在微带贴片天线技术以及扼流圈天线技术，陕西海通的专利申请则主要集中在螺旋天线技术和扼流圈技术，上海海积的专利申请涉及这三个领域。国外的主要申请人诺瓦泰公司的专利申请主要集中在螺旋天线，拓普康公司的专利申请主要集中在微带贴片天线技术以及扼流圈天线技术，而天宝公司在三个技术点上都有专利申请。

（3）主要申请人及其重要专利

在高精度测量型天线领域，天宝公司、诺瓦泰公司以及拓普康公司这三家公司处于全球领先地位。课题组对这三家公司在高精度天线领域的专利申请的被引次数进行了统计。专利申请的被引用频次，可以从一定程度上反映出该专利申请的重要程度，公司的整体专利被引用频次，更是可以反映出该公司专利价值以及在领域内的影响力。可以看出：天宝公司的21项申请被引了499次，诺瓦泰公司的10项申请被引了71次，拓普康公司的15项申请被引了48次。每项申请的平均被引用频次为总引用次数/总申请量，即：天宝公司为499/21 = 23.8次，诺瓦泰公司为71/10 = 7.1次，拓普康公司为48/15 = 3.2次。这三家企业平均每件专利申请都被引用了至少3次。特别是天宝公司，平均每项专利申请都被引用了20次以上，这充分体现了这三家企业在高精度测量型天线领域的领先地位。见表4-7、图4-53所示。

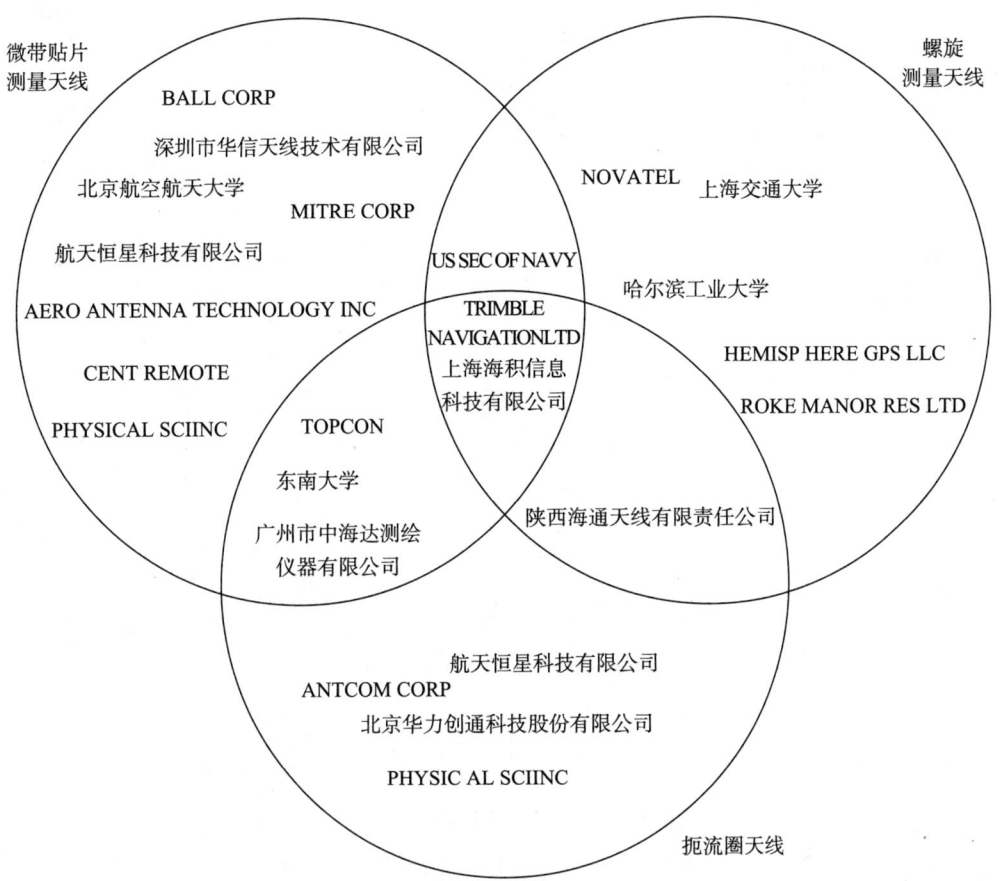

图 4-52 高精度天线各技术分支主要申请人分布图

表 4-7 天宝公司、诺瓦泰公司、拓普康公司重要专利及其引用频次

天宝公司		诺瓦泰公司		拓普康公司	
专利号	被引次数	专利号	被引次数	专利号	被引次数
US5347286	96	US6445354	21	US2004056803	19
US5173715	59	US5200756A	17	EP1684381	8
US5918183	52	US2002011965	16	US6882312	8
US5165109	47	WO9957572	7	US6278407	7
US5521610	39	US6466177B1	5	US2004066335	3
US5568162	33	WO200017959	3	US2009140930	2
US6011524	32	US2007018899	2	US2009273522	1
US56040506	25	US2012092227	0	US2010073239	0
US5272485	25	US2008062042	0	US2011115676	0
US5515057	20	US2007247371	0	US2012268347	0

续表

天宝公司		诺瓦泰公司		拓普康公司	
专利号	被引次数	专利号	被引次数	专利号	被引次数
US5625365	20			RU2008148669	0
EP431764	12			WO2011007238	0
US5818390	11			WO2011007239	0
US5917454	8			US2012056787	0
US6014114	6			WO2011107837	0
US6307509	6				
US5719587	6				
US5835069	2				
US5995917	0				
US5986615	0				
US5694136	0				

图 4-53 天宝公司、诺瓦泰公司、拓普康公司专利引用情况

下面分别介绍下高精度测量型天线中的高精度微带贴片天线技术、高精度螺旋天线技术以及扼流圈技术。

4.5.3.2 高精度微带贴片天线

（1）技术发展路线分析

高精度测量型天线中的微带贴片天线专利技术主要集中在对于馈电以及辐射单元结构的改进。具体来说，馈电方式的改进主要包括时间轴上方所示的单点馈点、双点馈点以及多点馈电。辐射单元的结构的改进主要包括时间轴下方所示的单层贴片、并排贴片以及 US5515057A 中所示的叠层贴片。如图 4-54 所示。在高精度微带贴片天线专利技术的演进过程中，不得不提天宝公司 1994 年的专利申请 US5515057A，其通过轴对称的多馈源设计保持天线的轴对称性以及相位中心稳定度。这项技术于 1994 年 9 月 6 日申请专利，1996 年 4 月 1 日获得授权。授权之后一直按时缴纳权利维持费用以持续获得保护，最近一次 2007 年还按时缴纳了维持费，可见尽管这项专利时间比较早，但是其对于天宝公司的重要程度非同一般，但是，按照 20 年的保护期限计算，这项专利的保护期限将在 2014 年到期，届时该专利技术将可免费使用。

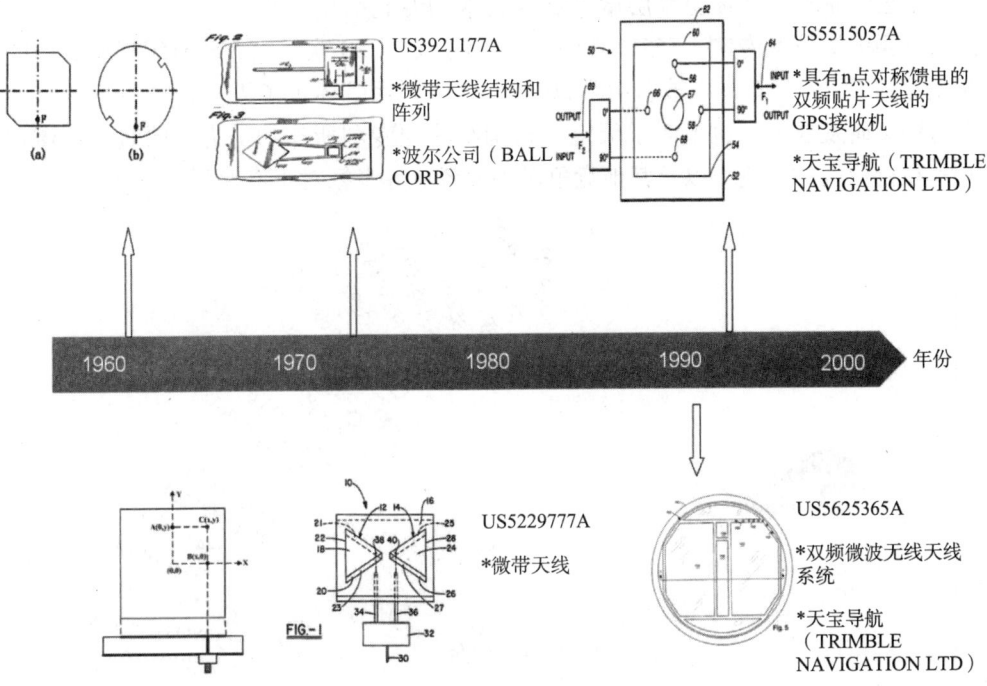

图 4-54　微带贴片技术发展路线图

天宝公司以这项专利为基石，形成了其大地测量型天线产品系列，如图 4-55 所示。

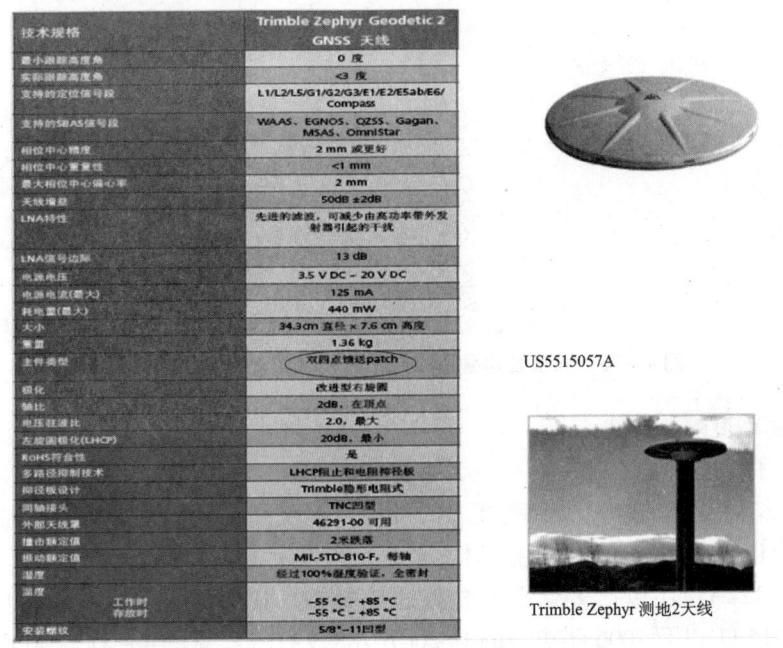

图 4-55　天宝公司大地测量型天线产品

（2）重点专利及其引用关系

天宝公司轴对称多馈源叠层微带贴片技术的专利引用关系如图4-56所示。可以看到，叠层多馈技术专利US5515057A总共被引用了20次，而US5515057A引用的重要在先专利US3921177A也被引用了20次。这些引用既体现了天宝公司自身对该核心技术的持续研发成果，也说明了天宝公司围绕这项专利所作的努力。同时，也体现了该专利在行业内的影响力以及其他竞争对手或者业界专家对于该专利的重视程度。

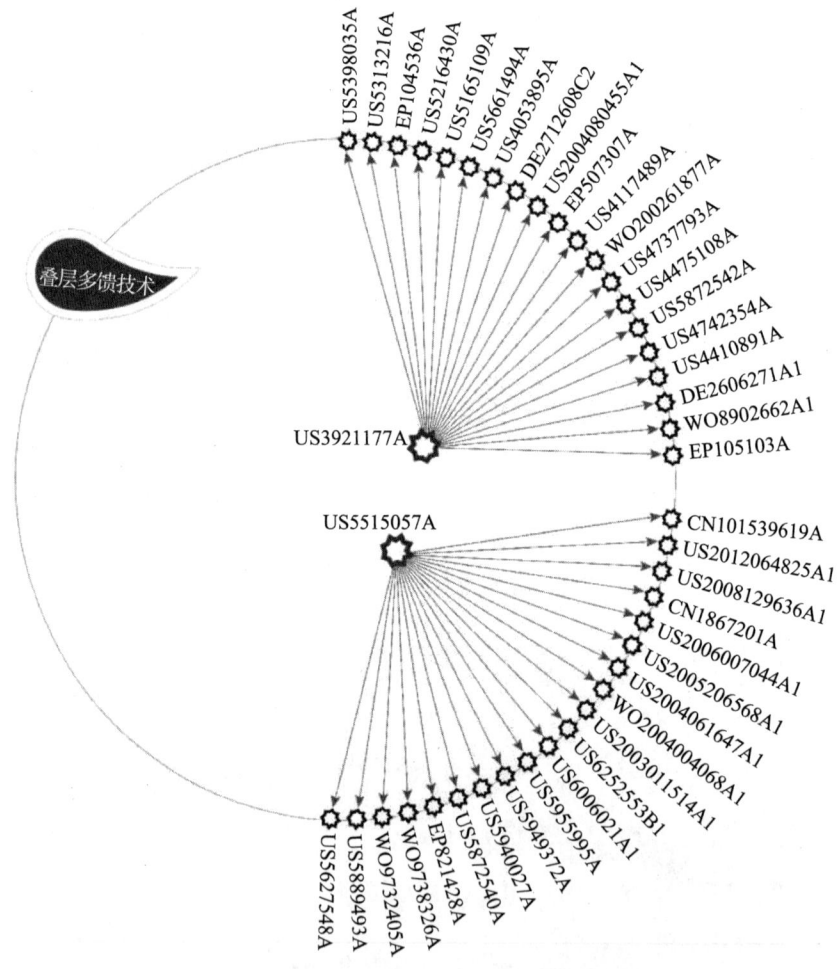

图4-56 天宝公司叠层微带贴片技术核心专利引用关系

4.5.3.3 高精度螺旋天线

（1）技术发展路线分析

以下介绍高精度螺旋天线专利技术的发展情况。高精度的螺旋天线包括立体螺旋结构，比如US5343173A，其采用四臂立体螺旋结构；包括单臂平面缝隙螺旋的结构，比如US5815122A；还包括多臂平面缝隙螺旋结构，比如诺瓦泰公司2000年申请的US2002067315A1以及2006年申请的US2007018899A1（参见图4-57）。在高精度螺旋天线专利技术演进的过程中，不得不提诺瓦泰公司的这两个专利。它们共同构成了诺瓦泰公司螺旋天线的核心技术"风火轮"技术，其通过多个绕轴对称的缝隙螺旋臂保证了天线的高稳定度相位中心。

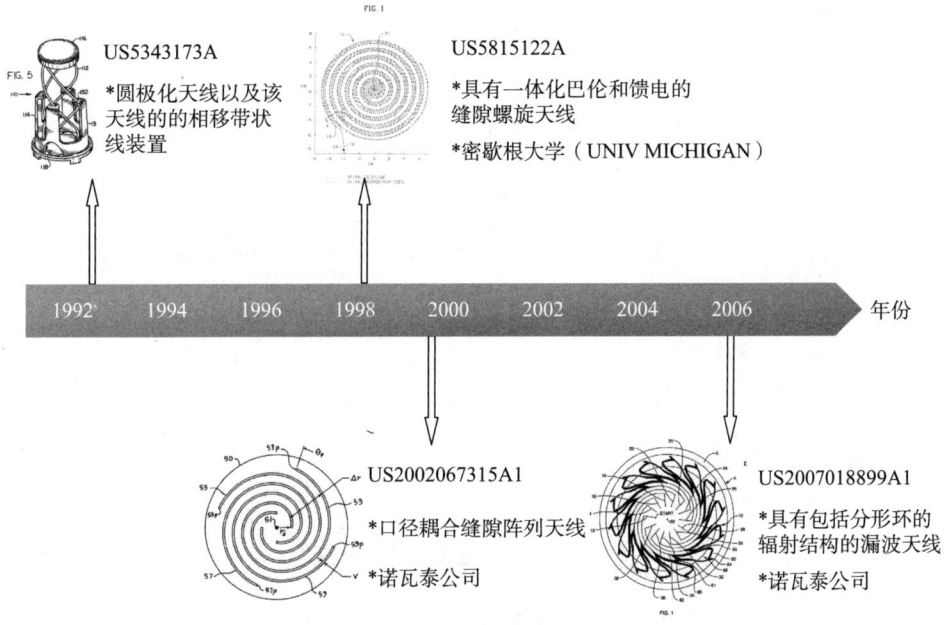

图4-57 螺旋天线技术发展路线

诺瓦泰公司以"风火轮"专利技术为依托，形成了其高精度天线产品系列，例如高性能 GNSS 天线 GPS-700 系列以及 OEM 组件天线 Pinwheel-OEM（参见图4-58）。

（2）重点专利及其引用关系

图4-59列出了诺瓦泰"风火轮"专利 US6445354B1 授权文本。权利要求1要求保护一种适于发送和接收波长为λ的电磁信号的天线，包括有平面基底、传输线、传导层。课题组特别注意下其权利要求1中对于传导层的描述：传导层包括多个缝隙开口，其中每个缝隙开口的一端与天线轴的距离小于R，并且其宽度远小于长度。可以看出：尽管其产品中所用到的多臂平面缝隙螺旋天线结构如图4-59所示，但是，该专利权利❶要求所涵盖的范围是要大于图4-59所示的结构的。该专利说明书除给出了图4-59所示的多臂平面缝隙螺旋天线结构的实施例之外，还给出了图4-59笔直开口

---

❶ 权利要求1的中文翻译如下：

"一种天线，其适于发送和接收波长为的电磁波信号，所述天线包括：

绝缘平面基底（19），其具有以共用的外围边缘（17）为界限的第一表面（13）和第二表面（15），所述的外围边缘包围与所述的第一和第二平面垂直的天线轴（11）；

传输线，置于所述第一平面上，所述传输线包括第一端（23）、第二端（25）以及在第一和第二端之间延伸的内部边缘（29），至少一部分所述内部边缘形成了以天线轴为圆心半径为R的圆弧；

导电层（31），置于所述第二平面上，所述导电层包括多个缝隙开口（33），每个所述的缝隙开口的一段与所述天线轴的距离小于R且其宽度远小于长度；

由此，当电磁信号馈入所述第一端时，电磁能量被顺序耦合入各缝隙开口，从而，辐射信号被从所述开口沿着天线轴的方向顺序传输。"

US6445354 B1；US7250916B2

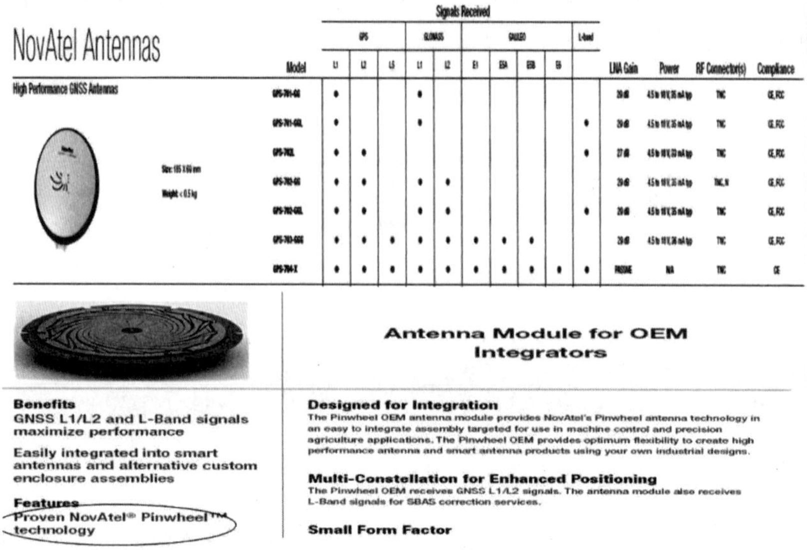

图4－58　诺瓦泰公司产品

的缝隙天线结构。在授权的独立权利要求中，相对于说明书给出的实施例，诺瓦泰公司对天线的传导层进行了概括，可以说是画出了一个尽可能大的圈来获取最大的保护。并且，在从属权利要求10、11中对缝隙开口的形状进行了进一步的限定来具体保护这两种结构。

1. An antenna (10), suitable for transmitting and receiving electromagnetic signals of wavelength λ, said antenna comprising:

a nonconductive substantially planar substrate (19) having first (13) and second (15) surfaces bounded by a common peripheral edge (17), said peripheral edge enclosing an antenna axis (11) orthogonal to said first and second surfaces;

a transmission line (21) disposed on said first surface, said transmission line comprising a first end (23), a second end (25), and an inner edge (29) extending between said first and second ends, at least a portion of said inner edge forming an arc of:radius R centered on said antenna axis; and

a conductive layer (31) disposed on said second surface, said conductive layer comprising a plurality of m slotted openings (33), each said slotted opening having one end located within a distance R of said antenna axis and having an essentially uniform width that is substantially less than the length,

whereby, when an electromagnetic signal is fed into said first end, electromagnetic energy is coupled sequentially into respective said slotted openings such that a radiated signal is transmitted from said slotted openings substantially in the direction of said antenna axis.

10. The antenna of claim 1 wherein at least one said slotted opening comprises a straight slotted portion.

11. The antenna of claim 1 wherein at least one said slotted opening comprises a curved slotted portion.

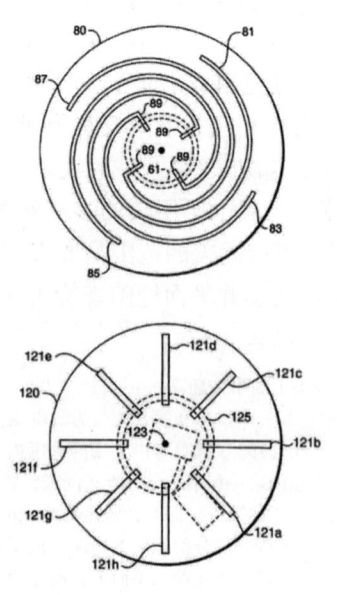

图4－59　US6445354 B1 权利要求保护范围图

诺瓦泰公司的"风火轮"专利的引用关系如图4-60所示。可以看到，诺瓦泰公司"风火轮"技术的核心专利申请US2002067315A1，总共被引用了21次。其中，既包括诺瓦泰公司自己对该核心专利的进一步改进，例如US2007018899A1、US2005280577A1，也包括其竞争对手例如半球GPS公司（HEMISPHERE GPS INC）、CENT遥感公司（CENT REMOTE SENSING INC）在该核心专利的基础上，开创自主专利技术。所以，以上提到的这些核心专利，为领先企业带来了自主知识产权的产品。但我国企业在对其学习借鉴的时候，也可以在其外围进行专利布局，甚至进一步形成我们企业自己的自主核心专利。

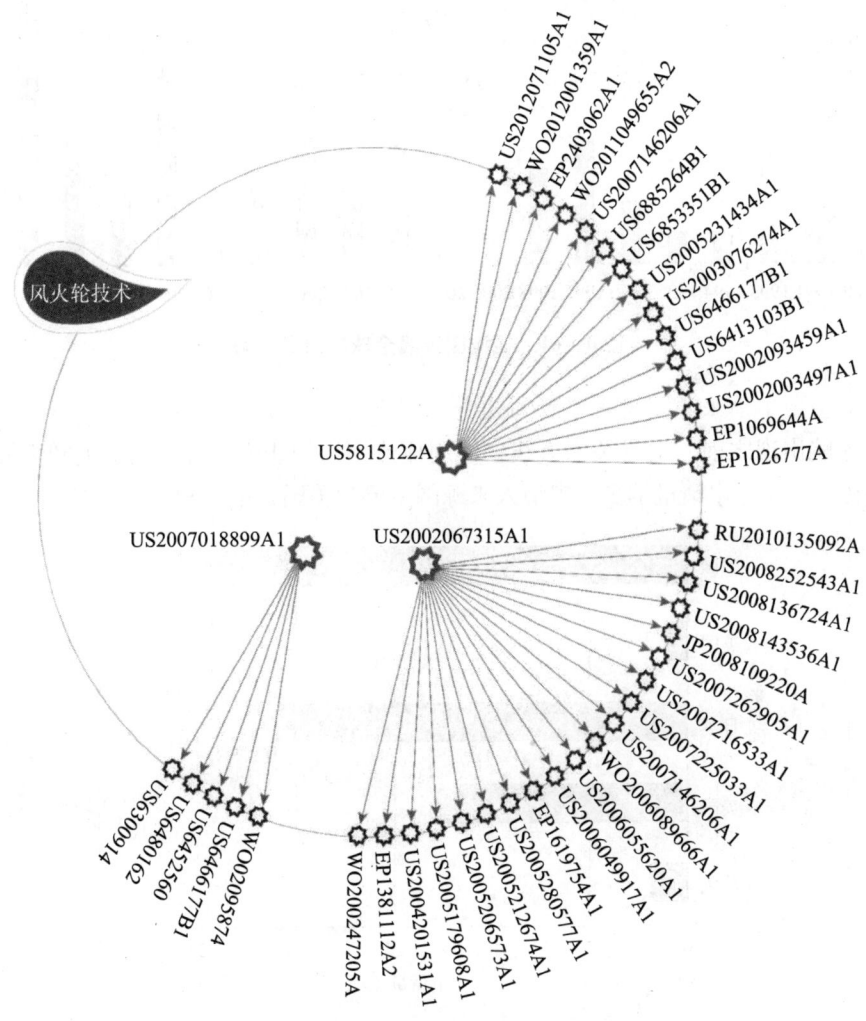

图4-60 诺瓦泰"风火轮"专利引用关系图

（3）主要发明人

前文提到的专利发明人瓦尔德玛·昆兹（Waldemar kunysz），美国人，1995~2011年在诺瓦泰公司工作，主要负责GPS和GNSS系统的天线以及射频前端的开发。2011

年之后在 NextNav 公司担任高级主管工程师,主要负责室内定位系统的开发。在诺瓦泰公司工作期间,针对测量型天线,瓦尔德玛·昆兹提出了 6 项专利申请,围绕着测量型天线中的多臂平面缝隙螺旋天线技术形成了诺瓦泰公司测量型天线的核心专利技术——"风火轮"技术。

4.5.3.4 扼流圈天线

(1) 专利申请态势

扼流圈天线的申请量趋势如图 4-61 所示。

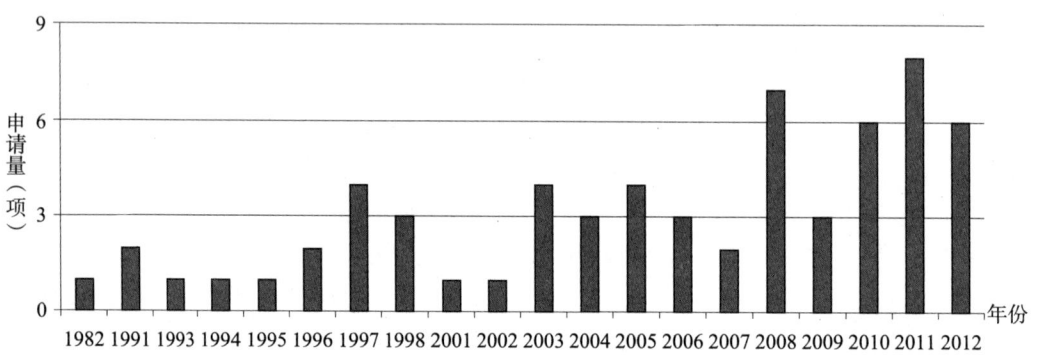

图 4-61 扼流圈天线全球申请量趋势

(2) 主要申请来源国及重要专利分析

在导航出现之前,便有关于天线中使用扼流结构的研究。导航用扼流圈天线主要用于抗多径,其全球申请量偏少。申请人来源国主要为美国、中国和日本(见图 4-62)。

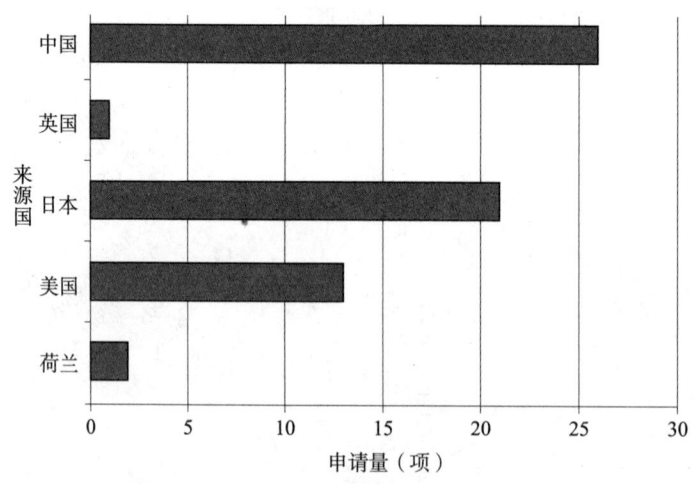

图 4-62 扼流圈天线申请量主要来源国

1) 中国申请重要专利

国内申请人自 2007 年之后在这方面的申请相对活跃,申请人主要是研究所、高校、公司。国内主要申请如表 4-8 所示。

表 4-8 国内重要专利申请

申请日	公开号	申请人	方案核心
20070830	CN201117786Y	北京天瑞星际技术有限公司	平板状天线四周设有围边
20080318	CN201163662Y	成都国恒空间技术工程有限公司	L形槽结构
20080318	CN201163661Y	成都国恒空间技术工程有限公司	凹凸结构的槽形
20100528	CN201829602U	苏州博海创业微系统有限公司	具有不同高度的多个接地层,多个槽中的每个与多个接地层中对应的一个接地层相连
20100917	CN102013549A	航天恒星科技有限公司	反射腔 + 辐射上贴片 + 辐射下贴片 + 四个L形金属馈电探针 + 支撑柱 + 扼流槽
20110518	CN202585719U	陕西海通天线有限责任公司	四馈四臂平面螺旋线 + 三维扼流环
20110518	CN202103162U	陕西海通天线有限责任公司	八臂/十二臂 Archimedean 印刷线螺旋线 + 水平扼流环地面 + 垂直扼流环地面
20120628	CN202678506U	上海海积信息科技有限公司	天线辐射体 + 四个金属馈电探针 + 均布的三个扼流环
20120829	CN102842762A	扬州宝军苏北电子有限公司等	第一/第二辐射天线 + 第一/第二功分器 + 三维金属扼流圈
20120829	CN102842763A	东南大学等	第一/第二辐射天线 + 第一/第二功分器 + 三维金属扼流圈
20121120	CN102938496A	北京遥测技术研究所等	十字交叉印刷振子 + 三维扼流圈

2) 全球重要专利

对于全球专利,申请人分散,天宝公司、贾瓦德公司、诺瓦泰公司虽然均有相关产品,但是均无相关的专利申请,也未进行专利布局。

通过逐一分析检索到的申请,课题组从中梳理出重要专利,具体如下。

① 重点专利一:US4608572A(申请日:1982年12月10日)无同族专利。

该专利附图见图4-63。

特点:首次提出的用于超宽带天线的多径扼流圈天线;诺瓦泰公司以此为基础,提出了3D扼流圈设计。

② 重点专利二:US5132698A1(申请日:1991年8月26日)无同族专利。

该专利附图见图4-64。

特点:DWPI 数据库中施引频次:10。

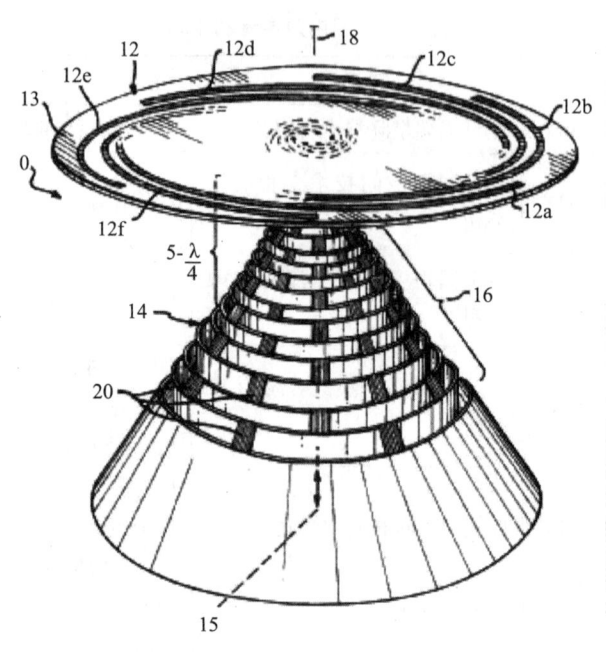

图 4-63　US4608572A 附图

技术方案核心：单极天线 + 具有多个同轴环形槽的接地版 + 固定单极天线到接地板的装置。

③重点专利三：US6278407B1（申请日：1999 年 2 月 23 日）无同族专利。

该专利附图见图 4-65。

特点：德温特数据库中施引频次：7。

技术方案核心：同轴圆形环中间设置中间接地板，从而实现双频扼流。

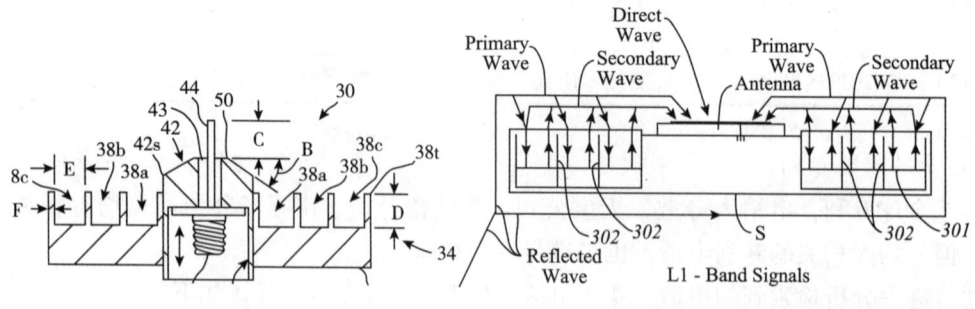

图 4-64　US5132698A1 附图　　　　图 4-65　US6278407B1 附图

3）重要申请人及其研发团队

通过对所有申请的申请人进行分析，发现日本拓普康公司围绕扼流圈天线的缺陷而进行的研究颇多，下面对拓普康公司的研究进行简单说明。

拓普康公司在扼流圈技术的改进上不遗余力，围绕扼流圈天线的缺陷而进行的研究颇多，主要有四项申请，均没有提交中国同族申请：①WO2011007239A1，US、CA、EP 同族；②WO2011061589A1，US、CA、EP 同族；③WO2011141821A1，US 同族；

④WO2004027920A2，US、CA、JP、EP、AU 同族。

其中，WO2011007239A1 申请已经应用于拓普康公司的相关产品中。

该专利附图见图 4-66，产品见图 4-67。

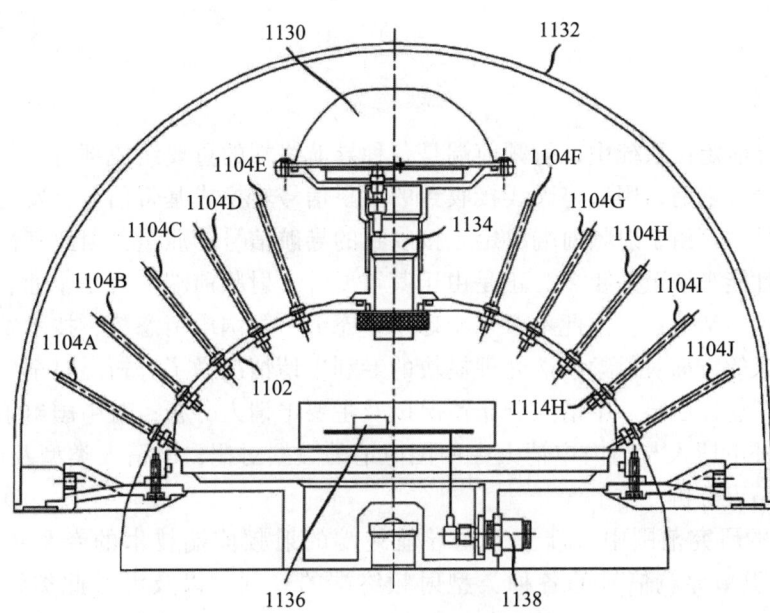

图 4-66　WO2011007239A1 附图

图 4-67　PN-A5 全频 GNSS 天线

拓普康公司的主要研发人员为迪米特·塔塔尔尼科（Dmitry Tatarnikov），1979 年至 1999 年担任俄罗斯莫斯科航空学院无线电天线和微波系教授。2000 年至今，在拓普康公司工作，担任天线设计总监。

以迪米特·塔塔尔尼科为首，以及由 Andrey Astakhov 和 Anton Stepanenko 组成的三人团队几乎涉及拓普康公司在高精度天线的微带贴片以及扼流圈技术方面的所有专利申请。

第 5 章　射频前端处理模块

在卫星导航定位系统中，射频前端是各种导航终端的重要组成部分，其位于天线之后、基带处理之前，用来将天线接收到的卫星信号转换成基带信号，发送给基带处理部分进行处理。由于射频前端决定了接收到的导航信号的质量，因此其性能对于整个接收机的性能来说至关重要。正是由于其重要性，射频前端一直是企业、研究机构的研发及专利申请热点。因此本章从全球申请态势、中国申请态势、技术发展路线以及重点申请人等方面对射频前端处理模块的专利申请情况做了分析。对全球申请态势的分析侧重于整体趋势、申请人分布情况以及主要申请人分析；对中国申请态势的分析侧重于国外申请人与国内申请人在中国申请的数据对比，申请人类型及申请类型，以及主要申请人分析。

在本章的研究范围中，涉及卫星导航终端的射频前端技术的专利主要是指涉及用于接收卫星导航信号的各种类型射频终端的专利，以及涉及此类终端的射频前端的组成部分：放大器、滤波器、混频器、频率源等电路部分及其组合方式的专利。

经过检索和筛选，截至 2013 年 10 月 23 日，全球涉及卫星导航射频前端技术的专利申请共计 1289 项，其中中国申请共计 506 件。本章基于该样本进行统计分析。

5.1　射频前端简介

射频前端包括射频接收前端、射频发射前端。射频接收前端通过天线接收有用信号，通过滤波、变频和放大等处理，使有用信号能满足基带处理的要求，然后送入基带进行处理。射频发射前端将基带信号上变频到某个频段（调制到不同的载波）发射出去。对无源定位而言，信号处理电路对微弱的射频卫星信号进行直接采集，需要射频前端对接收到的微弱信号进行放大与下变频处理；对有源定位而言，射频前端还需要增加上变频和信号放大的链路，用以实现星地通信。射频电路是整个信号接收和发射链路中的一个枢纽，测距精度、抗多径、调制信号质量等多个关键指标都跟它密切相关，因此射频电路的性能是导航终端性能的关键环节。本章主要针对终端中的射频接收前端进行研究和分析。

5.1.1　常见结构

射频前端系统结构主要有以下几种：超外差结构（Super – heterodyne architecture）；直接下变频结构（Direct – Conversion architecture），也称为零中频结构（Zero – IF architecture）；低中频结构（Low IF architecture）；带通采样结构。下面对这几种射频前端结构的原理及优缺点做简单介绍，并从专利的角度对这几种结构进行介绍。

5.1.1.1　超外差结构

（1）原理及优缺点

超外差接收机是利用本地产生的振荡波与输入信号混频，将输入信号频率变换为某个预先确定的频率。超外差原理最早是由 E. H. 阿姆斯特朗于 1918 年提出的。这种方法是为了适应远程通信对高频率、弱信号接收的需要，在外差原理的基础上发展而来的。外差方法是将输入信号频率变换为音频，而阿姆斯特朗提出的方法是将输入信号变换为超音频，所以称之为超外差。1919 年利用超外差原理制成超外差接收机。这种接收方式的性能优于高频（直接）放大式接收，所以至今仍广泛应用于远程信号的接收，并且已推广应用到测量技术等方面。❶

超外差接收机的原理如图 5－1 所示，从天线接收的信号经高频放大器放大，与本地振荡器产生的信号一起加入混频器变频得到中频信号，再经中频放大、检波和低频放大，然后送给用户。接收机的工作频率范围往往很宽，在接收不同频率的输入信号时，可以用改变本地振荡频率的方法使混频后的中频保持为固定的数值。

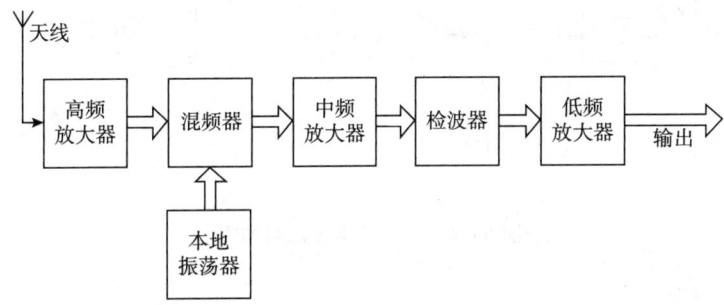

图 5－1　超外差接收机原理图

与传统的高频放大式接收机相比，超外差接收机具有很多优势：

① 容易得到足够大而且比较稳定的放大量。

② 具有较高的选择性和较好的频率特性。这是因为中频频率 IF 是固定的，所以中频放大器的负载可以采用比较复杂但性能较好的有源或无源网络，也可以采用固体滤波器，如陶瓷滤波器、声表面波滤波器等。

③ 容易调整。除了混频器之前的天线回路和高频放大器的调谐回路需要与本地振荡器的谐振回路统一调谐之外，中频放大器的负载回路或滤波器是固定的，在接收不同频率的输入信号时不需再调整。

超外差接收机的主要缺点是：

① 电路比较复杂。

② 存在一些特殊的干扰，如像频干扰、组合频率干扰和中频干扰等。例如，当接

---

❶ 超外差接收机 [EB/OL]. [2013－10－23]. http：//baike. baidu. com/view/2817596. htm.

收频率为 fc 的信号时，如果有一个频率为 f = fc + if 的信号也加到混频器的输入端，经混频后也能产生 | fc - f | = fim 的中频信号，形成对原来的接收信号 fc 的干扰，这就是像频干扰。解决这个问题的办法是提高高频放大器的选择性，尽量把由天线接收到的像频干扰信号滤掉。另一种办法是采用二次变频方式，例如将接收进来的信号与本振频率进行混合，下变频成中频信号，再由中频下变频到基带信号。

由于超外差结构中频率的变化可能不止一次，因此产生了多中频的结构。在超外差收发机中，绝大多数增益是来自中频级。由于中频级滤波器可以有效抑制无用信号和干扰噪声，接收机在固定的中频频率相对容易地得到稳定的高增益，同时取得相应的增益功耗也要比在射频级低得多。若在滤波前级设计足够高的增益，可以在不使后级放大器饱和的情况下获得最佳的灵敏度。❶

图 5 - 2 是常见的二次变频的超外差接收机结构图。随着集成电路技术的发展，超外差接收机已经可以单片集成。

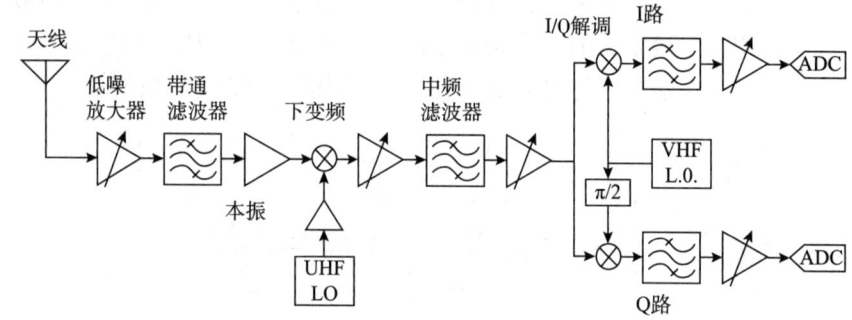

图 5 - 2　超外差接收机结构图

（2）相关专利

超外差接收机在卫星导航系统中是比较常用的，相关专利申请也有很多。

例如伊莱德公司和精工爱普生株式会社联合申请的已授权专利申请 CN1439895A。该申请申请日为 2003 年 2 月 19 日，发明名称为"高灵敏度接收机及改进接收机灵敏度的方法"，授权专利号为 ZL03106157.5。该发明专利所要求保护的卫星导航接收机系统采用了超外差结构，其接收机结构如图 5 - 3 所示。

该超外差接收机结构包括一个动态天线 102，一个外部低噪声放大器（LNA）104，一个无线频率（RF）电路块 106，一个提供定位输出的数字信号处理器（DSP）108。该接收机工作在 L 波段的微波信号，该信号由轨道全球定位系统 GPS 导航卫星发射。动态天线 102 包括一个宽带天线 110，一个低噪声放大器（LNA）112，和一个第一 RF 带通滤波器 114。外部 LNA104 包括一个放大器 106，其后是一个第二 RF 带宽滤波器 118。RF 电路块 106 包括一个 AGC 控制放大器 120，一个由第一本地晶振（LO_1）输入的第一混频器 122，和一个用于截止图像的中频（IF）带通滤波器 124。同相（I）和

---

❶ 蒋宇俊. GPS 系统中锁相环的研究与关键模块的设计 [D]. 北京：中国优秀硕士学位论文全文数据库，2011：1136 - 1595.

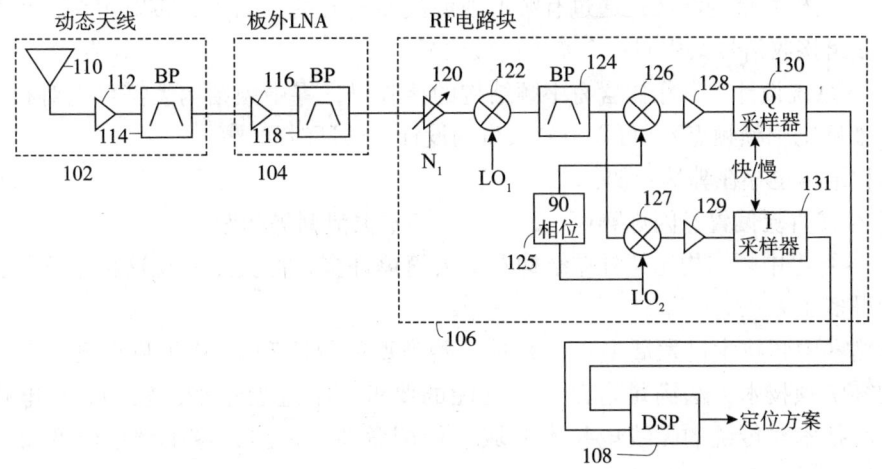

图 5-3　CN1439895A 接收机结构

四相（Q）样本通过一个 90°的相位转换器 125 获得，相位转换器 125 提供了一个四相的第二本地晶振（LO_2）信号给 Q 混频器 126。I 混频器 127 的输入来自同相 LO_2 信号。

该专利旨在提高超外差结构的灵敏度，其通过使用一个具有至少是预期信号带宽的 20 倍的通带的滤波器来改进采样的平均，从而提高接收灵敏度。

5.1.1.2　零中频结构

（1）原理及优缺点

传统的调制解调方式是无线电信号 RF（射频）进入天线，转换为 IF（中频），再转换为基带（I/Q 信号）。而零中频就是信号直接由 RF 变到基带，不经过中频的调制解调方法，也就是将射频信号直接下变频成基带信号，而没有中频级这一部分。常见的零中频接收机结构如图 5-4 所示。

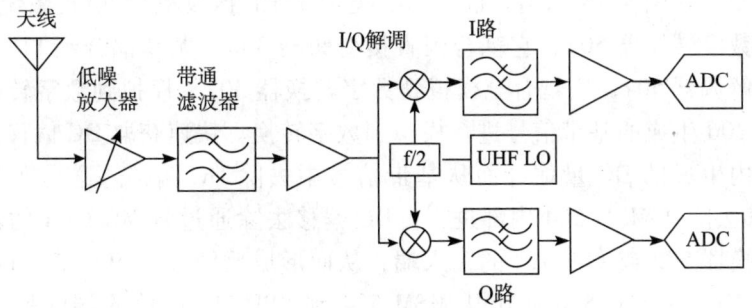

图 5-4　零中频接收机结构

零中频接收机又称为直接变频接收机、零差接收机，这种结构有着许多优点：

① 从频域的角度考虑，零中频结构的镜像频率是有用信号本身频谱的镜像，而这种镜像只要利用 I/Q 下变频器将信号分成两路就可以消除。这样一来就省掉了电路中昂贵且难以集成的中频滤波器（如声表面滤波器），接收机整体的面积和成本都有所降低，非常适合集成。

② 接收机基带的滤波是通过有源低通滤波器实现的，因为其带宽可调，因此也便于设计多组接收信号共用同一个基带的接收机电路。

③ 在系统设计上，相比含有中频结构的接收机，零中频结构无需事先对频率进行规划（如确定中频频点），可以节省大量的设计、验证时间。❶

这种结构也存在弊端，如：

① 存在直流偏置、闪烁噪声、二阶失真和本振泄漏等问题。

② 尽管零中频结构比超外差结构看上去简单许多，但真正实现这种电路却要比后者复杂得多。

虽然零中频技术已发展多年，并且某些类型的寻呼和 GSM 手机也已采用，但是目前的零中频技术无法满足电路对高性能的要求。不过近年来，软件无线电作为一个新兴的技术对传统的无线电技术领域进行革命性的冲击，零中频已经变得很有实用价值。

（2）相关专利

对于零中频结构的研发与应用，美国高通公司走在世界的前列。针对零中频结构的直流偏置和本振泄漏问题的改善，目前也已有相关专利布局。

例如高通公司的 PCT 申请 CN1656759A，该申请最早优先权日为 2002 年 4 月 9 日，目前已经获得授权，授权公告号为 CN1656759B。该发明专利的发明名称为"用于使用直接变频的移动站调制解调器的直流电流偏移抵消"，涉及一种为带有直接变频结构的移动站调制解调器（MSM）从信号中去除不需要 DC 偏移的系统和方法，本发明可以通过使用快速获取 DC 偏移抵消模块实现该方案。快速获取 DC 偏移抵消模块从信号中使用四种交互装置去除不需要的 DC 偏移。交互装置包括偏移装置、粗颗粒脉冲密度调制器（PDM）环路、细颗粒（数字）环路以及 DAC（数字到模拟转换器）控制器（DACC）。移动站调制解调器（MSM）的快速获取 DC 偏移抵消模块的高层框图 500 在图 5 - 5 示出。框图 500 类似于 RF 接收机/发射机系统 300，但还包括模拟到数字转换器 502，它耦合到直接变频器 306，尤其耦合到 LPF 312；以及移动站调制解调器 504，它耦合至模拟到数字转换器 502。模拟到数字转换器 502 对直接变频器 306 生成的基带信号进行模拟到数字转换。快速获取 DC 偏移抵消模块通过减去系统内生成的 DC 量估计而从基带信号中去除 DC 偏移。这是在几个地方进行。DC 偏移去除在 MSM 504 内部进行。DC 偏移去除通过将 MSM504 的输出送回模拟到数字转换器 502 或 LPF 312 的输入端，从而形成反馈环路 506 来进行。DC 偏移去除还通过 8 比特 DAC 510 使用从 MSM 504 到 LPF 312 的输入端的另一反馈环路 508 来进行。

---

❶ 蒋宇俊. GPS 系统中锁相环的研究与关键模块的设计 [D]. 北京：中国优秀硕士学位论文全文数据库，2011：1136 - 1595.

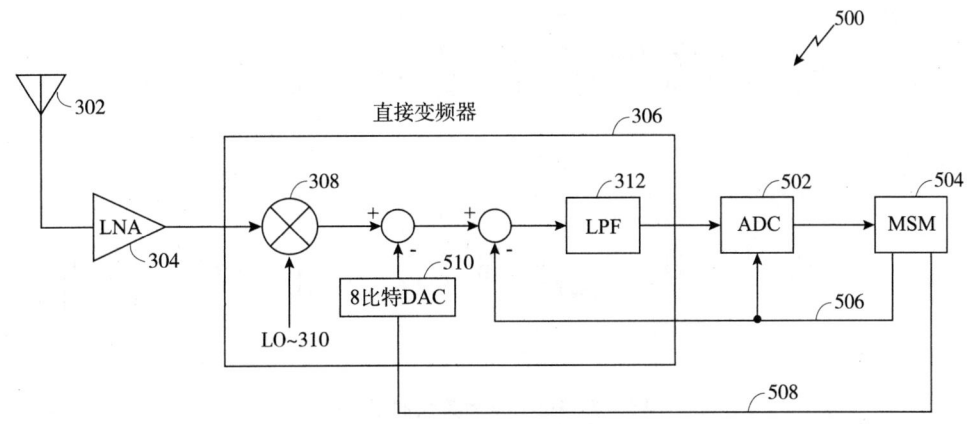

图 5-5　CN1656759A 快速获取 DC 偏移抵消模块的高层框图

5.1.1.3　低中频结构

（1）原理及优缺点

低中频接收机是使用仅具有正频率成分的复本地振荡信号来将射频信号转换到一个较低的中频。低中频结构中的中频点是依系统而定的，最低可以与信号带宽相当。与零中频结构相比，低中频结构最主要的优点是它没有直流偏置问题。通过选择一个合适的中频点，可以排除由混频器的二阶非线性所带来的低频干扰项。此外，低中频结构可以显著地减少闪烁噪声对接收机性能的影响，这点适合高度集成。且比起 GaAs、BiCMOS 及 SiGe 电路，对闪烁噪声更加敏感的 CMOS 电路是很有优势的。而这种结构最主要的不足是镜像频率的抑制问题，由于中频很低，所以镜像频率的频带离有效信号的频带非常近，并且较难在不降低接收机灵敏度的情况下用无源带通滤波器去除。图 5-6 是常见的低中频接收机结构示意图。❶

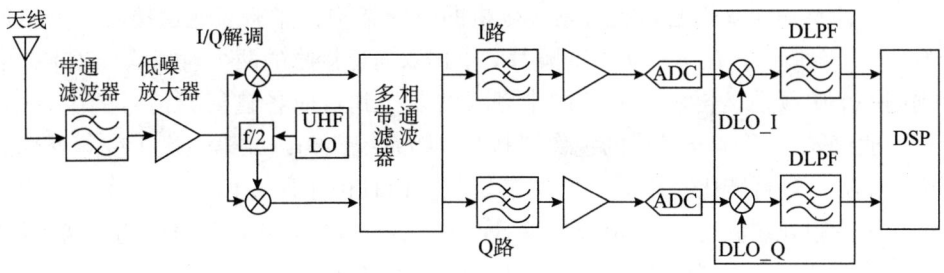

图 5-6　低中频接收机结构图

为了达到镜像抑制的目的，常使用镜像抑制结构，常见的镜像抑制结构有 Hartley 型结构和 Weaver 型结构，如图 5-7 和图 5-8 所示。

---

❶ 蒋宇俊. GPS 系统中锁相环的研究与关键模块的设计 [D]. 北京：中国优秀硕士学位论文全文数据库，2011：1136-1595.

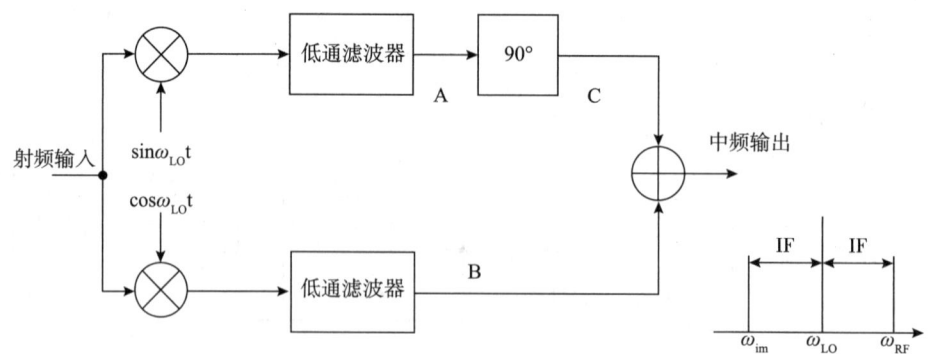

图 5-7 Hartley 型镜像抑制结构

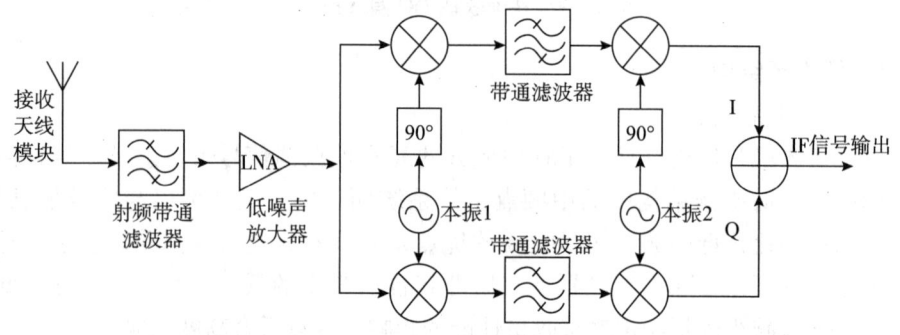

图 5-8 Weaver 型镜像抑制结构

(2) 相关专利

例如上海迦美信芯通讯技术有限公司于 2011 年 7 月 1 日申请的发明专利申请 CN102323600A，该专利申请的发明名称为"双通道导航射频接收机的系统架构"。

该申请涉及一种双通道导航射频接收机的系统架构，能够双通道接收互为镜像的两个 GNSS 射频信号。在第一次下变频时对根据双通道接收的两个射频信号频率差的一半得到同一个中频值，再由双通道的中频滤波器得到对应各自射频信号的中频信号。每个信号通道采用 Weaver 结构的镜像抑制低中频系统架构，在第二次下变频处理时对各通道的中频再进行转化，因而能够精准定位。而且由于所述两个信号通道共用了直到第一次下变频处理的射频前端模块，由同一个频率综合器锁相环对应为双通道第一、第二次下变频处理分别提供本振信号，并由同一个采样时钟模块为双通道分别提供采样时钟频率，因此系统设计简化、有效降低了功耗、节约了成本。具体的系统架构示意图如图 5-9 所示：

该双通道接收机能够同时接收两种 GNSS 信号，接收的卫星数目增加，定位更加精准，并且能够获得与单通道方案一样的低功耗和低成本的效果。

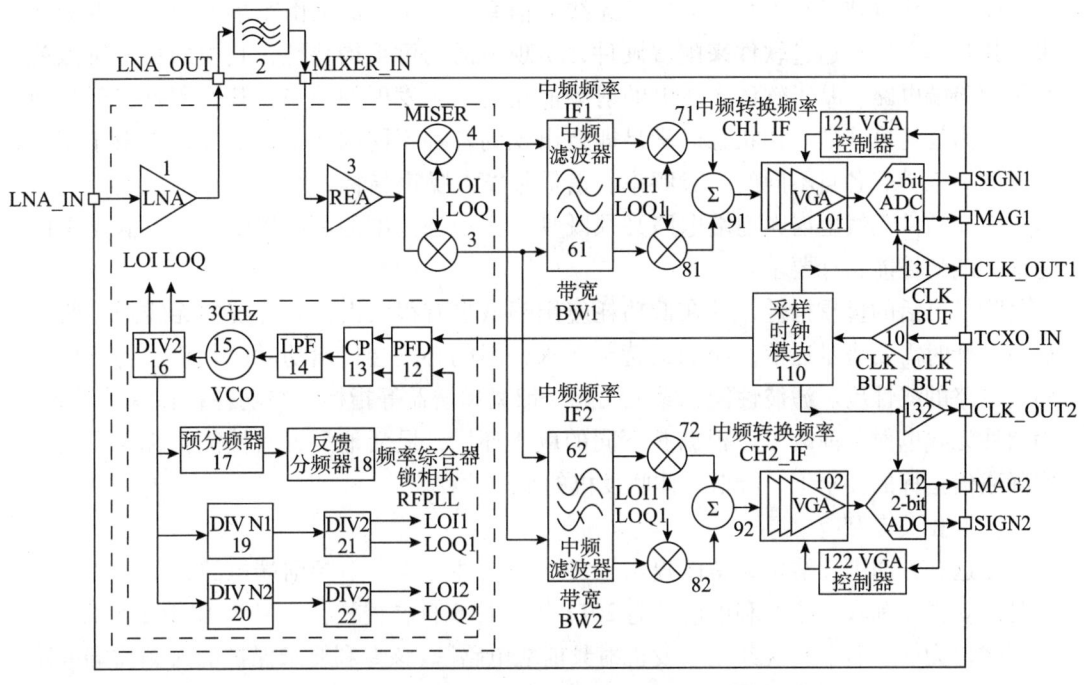

图 5-9 双通道导航射频接收机的系统架构

5.1.1.4 带通采样结构

（1）原理及优缺点

在零中频结构的基础上，将模拟射频前端全部省略，即所谓软件无线电结构（Software Radio Architecture），采用带通采样技术实现。带通采样，也可称作谐波采样（Harmonic Sampling），是一种利用采样率低于最高信号频率的方法将射频信号变换到低中频或是基带信号的技术。❶ 如果接收的是带通信号，则可实现由模拟采样值准确重建信息。所需采样率不再基于 RF 载频，而是基于信号携带信息部分的带宽，因此可以极大降低所需的处理速率。具体的系统架构示意图如图 5-10 所示。

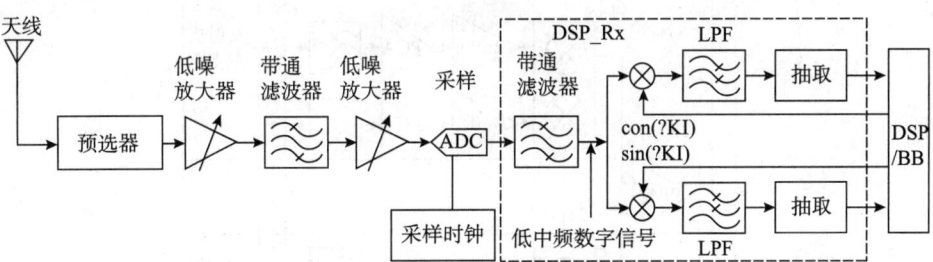

图 5-10 带通采样接收机结构图

---

❶ 蒋宇俊. GPS 系统中锁相环的研究与关键模块的设计 [D]. 北京：中国优秀硕士学位论文全文数据库，2011：1136-1595.

软件无线电技术是近几年提出的无线通信系统架构,最早由军事通信技术发展而来。其基本思想是通过软件来配置硬件,实现灵活的可重构特性,其中的关键难点就是射频前端电路。基于软件无线电的射频前端是未来发展的趋势,其作用是将射频前端配置为任何模式的工作状态以满足即将出现的各种不同的通信标准要求。由于每一种通信标准具有各自不同的中心频率、信道带宽、噪声指标、线性度指标、发射功率等,因此软件无线电射频前端电路必须既具有大动态范围的可配置性,又要满足不同通信标准的性能指标要求。

除了灵活的可重构性,其在低功耗应用领域也有很大潜力。传统的无线通信收发机在设计时需要满足通信系统的最苛刻要求,因此必然会付出功耗的代价。例如射频前端电路的线性度、滤波性能、噪声性能、带宽和增益等指标都与功耗存在这种关系。而软件无线电射频前端可以根据其不同的应用环境,灵活地配置其性能指标,在满足实际通信指标的要求下,降低整体收发机的平均功耗。

(2)相关专利

在这一方向上,清华大学已提出了自己的软件无线电射频前端电路,申请了专利并且已获得专利权。该专利申请日为2011年7月6日,授权公告号为CN102255621B,专利名称为"一种软件无线电收发机射频前端电路"。该专利要求保护的射频前端电路具有以下连接关系(参见图5-11):带隙基准源电路310分别与可重构接收机、发射

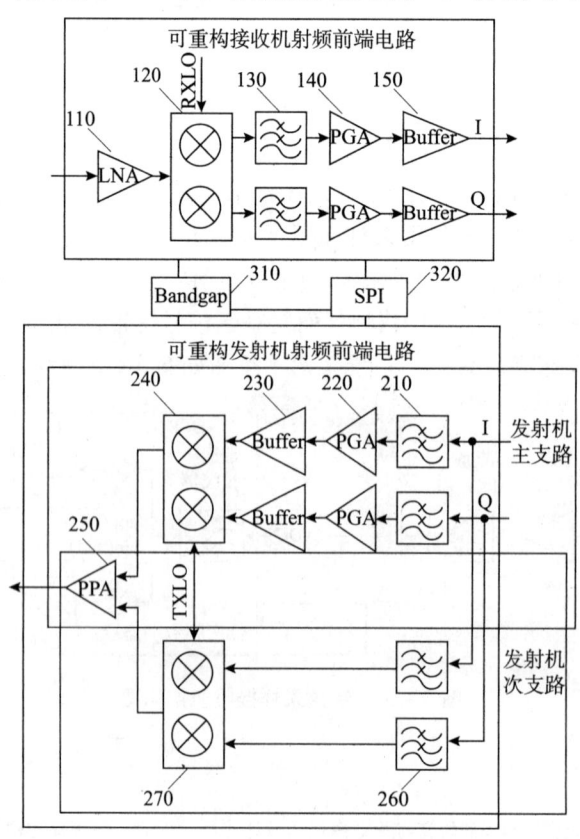

图5-11 射频前端电路

机射频前端电路连接,4线串行同步接口电路320分别与可重构接收机、发射机射频前端电路,以及带隙基准源电路连接。软件无线电收发机射频前端电路采用直接下变频和直接上变频系统架构,其接收机和发射机分别采用独立的外部本征信号源,支持时分复用(TDD)和频分复用(FDD)的工作模式,具有灵活的可配置性。通过4线串行同步接口电路可以配置收发机射频前端电路性能,满足不同通信标准的要求。可以灵活地配置性能指标,有效地降低整体收发机的平均功耗;集成了大量校准电路,使收发机满足通信标准的要求。本发明的整体电路结构如图5-11所示:

其中可重构接收机射频前端电路由可配置低噪声放大器110、可配置下变频器120、第一可配置低通滤波器130、第一可变增益放大电路140和输出驱动电路150串联构成;可重构接收机射频前端电路包含具有相同结构的I、Q两通道。其中可配置下变频器电路结构如图5-12所示:

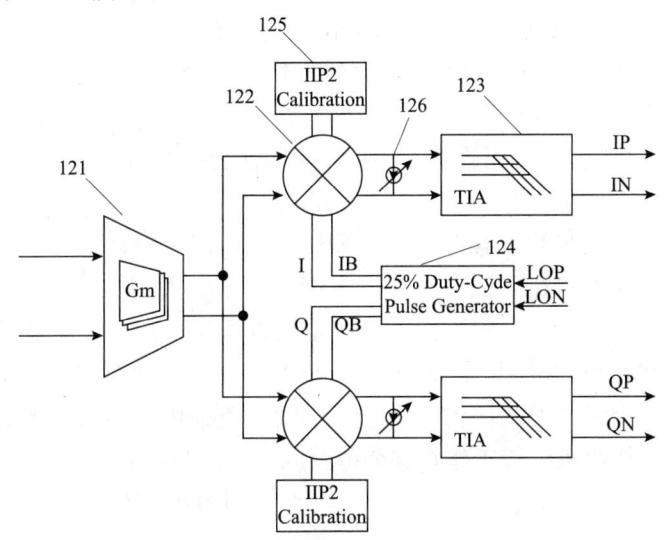

图5-12 可配置下变频器电路结构

5.1.2 系统指标

射频接收前端的设计要求把有用信号尽量不失真或以较小的失真接收下来,接收的信号满足一定的信噪比要求,后面的信号处理才能进行。这就要求在接收的过程中产生较小的噪声和失真。一个接收机射频前端的性能主要由以下几个设计指标来衡量。

(1)系统噪声。对于接收机而言,噪声就是混杂在接收信号中会影响到射频信号被识别的干扰,如果系统噪声超过一定指标,在接收放大的过程中噪声也会被相应放大,结果导致有用信号难于识别和检测。

噪声的形成是多方面的,来源于外部噪声干扰和内部自身噪声。外部噪声主要来源于天线的热噪声,还有环境中复杂信号的噪声干扰、电磁干扰、宇宙干扰等。❶ 比如

---

❶ 刘辰. 基于北斗收发系统的前端研制[D]. 北京:中国优秀硕士学位论文全文数据库,2012:I136-396.

各个国家的卫星导航信号的频段都相差不大，在这些相近的频段上就存在其他射频信号的干扰。系统内部噪声主要来源于无源器件、馈线、电阻元件、混频器、放大器等器件本身在热力学条件下的随机热振动过程产生的噪声功率，接收机产生的内部噪声可以采用系统噪声系数的大小来衡量。系统级联的噪声系数与组成系统的各个器件的特性有很大的关系，位于第一级的器件对系统的噪声系数影响最大。适当增加第一级放大器的增益和减小放大器的噪声系数可减小整个系统的噪声系数，明显提高系统的接收灵敏度。相对于第一级，后几级对噪声系数的影响有限。

(2) 接收机灵敏度。接收机灵敏度是表征系统接收信号强弱能力的参数，是衡量接收机能够接收并且能够检测最小信号的能力。接收灵敏度是用来表示一个接收机在最小信号功率条件下能够提取出有用信号能力的一项技术指标。灵敏度指的是系统工作的最小电平，接收到的信号要大于或者等于接收机能接收的最小功率时，接收机才能正常工作。❶ 接收机灵敏度越高就可以接收到强度越弱的信号。系统的接收机灵敏度与系统的内部噪声系数和可接收信号的频率带宽以及解调信噪比要求等相关。

接收机灵敏度可以用误码率、帧删除率、残余误比特率来表征接收机的灵敏度测试结果。❷ 减小中频带宽，应用合适的调制技术和性能良好的低噪声放大器可提高整个接收机的接收灵敏度。

(3) 动态范围。现实的元器件都不是理想的，任何有损耗的元器件必然会产生热噪声，这就导致了元器件在很低的功率电平下也会产生失真。在大功率的情况下，元器件也会表现出非线性失真，元器件可能产生增益压缩效应和由于非线性效应产生的寄生频率分量。在低功率电频的情况下，会产生一个最小功率值；在后面两种大功率情况下，会产生一个最大的功率值。在这两个功率范围内，输入功率和输出功率是呈线性关系变化的。接收机一般工作在这个范围内，也就是接收机的动态范围（Receiver Dynamic Range）。通常用灵敏度来表示接收机动态范围的下限功率；1dB压缩点的输入信号电平定义为接收机动态范围的上限功率。❸

(4) 群时延。群时延（Group Delay）定义为相位变化相对于频率的变化率，如果在某一频率范围内，相位—频率特性曲线为一直线，那么在这个频率范围内，群时延为一个常数，即相位不随频率的变化而发生变化，信号通过接收机传输后不发生畸变。❹

5.1.3 关键模块

5.1.3.1 低噪声放大器

(1) 模块简介

低噪声放大器处于射频接收前端比较靠前的位置，是用来实现放大接收信号并同

---

❶❹ 谭淋. 卫星导航系统射频接收前端的设计与实现 [D]. 北京：中国优秀硕士学位论文全文数据库，2013：I136-711.

❷ 刘辰. 基于北斗收发系统的前端研制 [D]. 北京：中国优秀硕士学位论文全文数据库，2012：I136-396.

❸ David M. Pozar. 微波工程 [M]. 张肇仪，周乐柱，吴德明，等，译. 北京：电子工业出版社，2006.

时抑制外界或自身的噪声干扰的射频器件，主要负责将天线接收到的微弱的有用信号在抑制噪声的条件下放大至后级需要的范围之内。低噪声放大器能有效地提高接收机系统灵敏度，是整个接收系统中的核心器件之一，其性能直接决定了整个系统接收信号的质量。在卫星通信中，信号从上万公里的太空中传到地面，在这个传输过程中存在很多的干扰信号，到达接收机的有用信号很微弱，相应地对低噪声放大器的要求就会很高。根据系统级联的噪声系数计算公式，低噪声放大器的噪声系数越小，增益越大，级联系统的噪声系数越小，但是足够大的增益又会使后级放大器饱和，使信号失真。❶最大增益与最小噪声系数是一对矛盾体，难以同时满足，因此，对低噪声放大器的设计需要同时考虑噪声系数、增益、稳定度等指标，选用折中的方案来达到设计的要求。

（2）相关专利

国外企业在放大器领域持续进行着很多研究，例如联发科技（新加坡）私人有限公司于 2012 年 7 月 6 日申请的发明专利 CN102904531A。此发明提供了一种放大器与相关的接收器，其中，该放大器接收一输入信号并据以提供一输出信号，包含：一增益级，包含一输入端与一分支端，该输入端耦接该输入信号；一主分支电路，包含一第一端与一电流模式的输出端，该第一端耦接该分支端，该主分支电路用以于该输出端输出该输出信号；一辅分支电路，包含一第二端与一反馈端，该第二端耦接该分支端；以及一反馈电路，耦接于该反馈端与该输入端之间。如图 5-13 所示，上述放大器以及接收器采用了电流模式接口，以实现一电流模式的高线性度的射频链路。

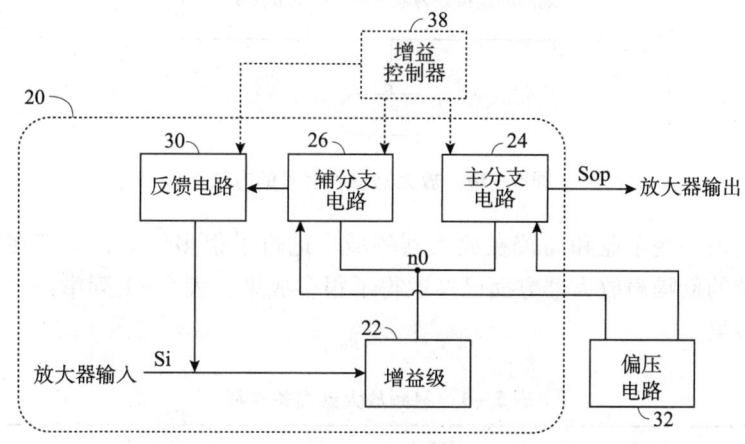

图 5-13　放大器与相关的接收器

又如美国高通公司的专利申请 CN102037641A，申请日为 2009 年 5 月 22 日，涉及一种具有改进线性化的放大器，所述放大器包含：跨导级，其经配置以接收输入电压；尾电流源级，其经配置以将电流提供到所述跨导级；以及自适应偏置级，其经配置以将所述跨导级电容性地耦合到所述尾电流源级。使用该发明的放大器接收信号的方法

---

❶ Ludwig, R. 射频电路设计［M］. 王子宇, 张肇仪, 许承和, 等, 译. 北京：电子工业出版社, 2002.

如图 5-14 所示：

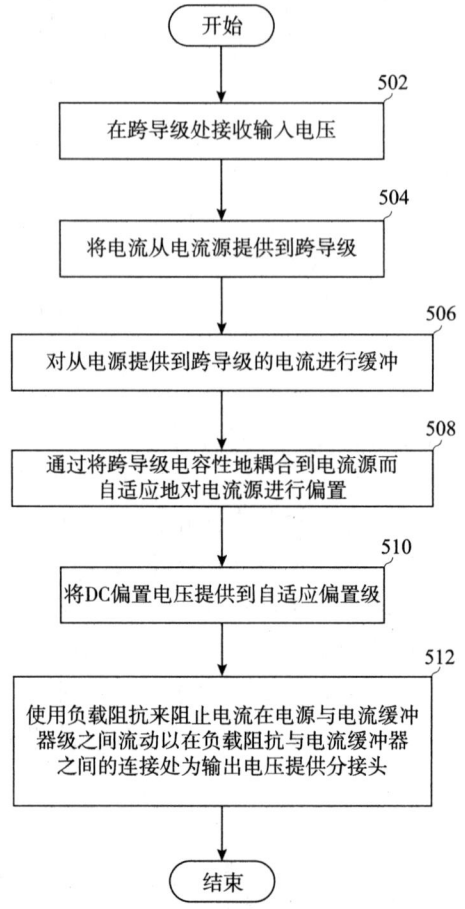

图 5-14　放大器接收信号的方法

同样，国内一些企业和高校在放大器领域也进行了很多研究，尤其在研制适用于北斗导航系统的低噪声放大器方面已经取得了很多成果。表 5-1 列举部分关于这方面研究的专利成果。

表 5-1　射频放大器相关专利

公开号	申请日	申请人	发明名称	法律状态
CN101867350A	20090417	杭州中科微电子有限公司	一种零中频/低中频可配置的可变增益放大器	授权
CN102355199A	20110725	无锡里外半导体科技有限公司	低噪声放大器	授权
CN203039644U	20121224	天津七六四通信导航技术有限公司	北斗与 GPS 低噪声放大器	授权

续表

公开号	申请日	申请人	发明名称	法律状态
CN101197556A	20071227	复旦大学	采用有源电感负载的可调谐窄带低噪声放大器	授权
CN1529408A	20031017	清华大学；上海清华晶芯微电子有限公司	在片阻抗匹配的低压高线性度射频放大器	授权

这些专利在放大器自身性能的提高、处理多频段信号能力的提高以及集成化、小型化等方面作出了贡献。

可见，由于位于射频电路前部的放大器的性能对于射频前端整体性能有很大影响，因此关于提升放大器性能的研究始终是射频电路领域的一个热点。

5.1.3.2 频率源

（1）模块简介

频率源是接收机中的关键部件之一。高频率稳定度、低杂散和低相噪的频率源能够保证信号很好地接收。❶ 较常用的频率源设计是采用锁相环来实现的。频率稳定度、频谱纯度、杂散、相位噪声等是衡量一个频率源性能的主要指标。

（2）相关专利

早在1989年，阿什泰克工业技术有限责任公司（ASHTECH）就申请了关于频率源的专利AU3816389A。该申请涉及GPS系统中使用的本地振荡器，选用互相关的本地振荡器和数字时钟脉冲频率，降低了接收机的复杂度，并且不会产生不希望的副作用。

国内目前也有相关专利，例如上海唯星通信技术有限公司于2011年12月15日申请的专利CN102427366A。该专利设计一种精确合成北斗终端模块多个频率源的装置和方法，属于北斗定位系统中的频率合成技术领域，该发明使用22MHz的温补高稳定电调晶体振荡器（TCVCXO），可以实现精确合成北斗终端内的射频发射机和接收机两个本振频率（1615.68MHz和863.83MHz），获得良好的相位噪声；再使用超小封装的数字频率合成芯片合成基带采样使用的参考频率源（48.96MHz），如图5-15所示：

该专利已经获得专利权。其授权的独立权利要求为：

1. 精确合成北斗终端模块多个频率源的装置，该装置包括合成北斗终端内射频发射机和接收机使用的本振频率的本振频率合成单元以及基带参考时钟合成单元，其特征在于，所述装置还包括22MHz高稳定温补电调晶体振荡器，所述22MHz高稳定温补电调晶体振荡器分别与本振频率合成单元和基带参考时钟合成单元电连接，并作为本振频率合成单元和基带参考时钟合成单元合成时的参考时钟。

---

❶ 谭淋. 卫星导航系统射频接收前端的设计与实现［D］. 北京：中国优秀硕士学位论文全文数据库，2013：I136-711.

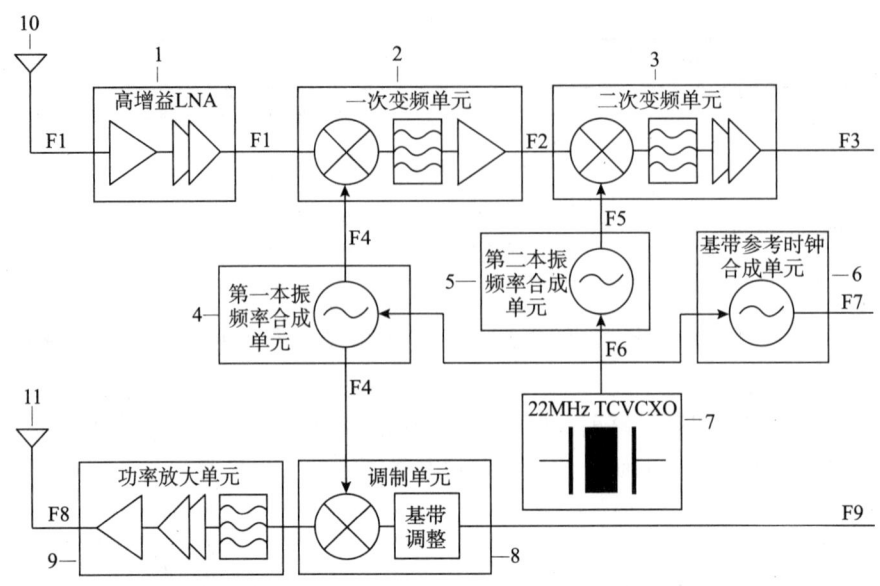

图5-15 精确合成北斗终端模块多个频率源的装置

5.1.3.3 混频器

（1）模块简介

混频器电路模块的主要作用是将射频信号在频谱上搬移，具体方法是将射频信号和本振信号在时域上实现相乘，从而实现射频信号的下变频。混频器有无源混频器以及有源混频器之分，前者往往有远高于后者的线性度，但是，后者却有比前者更好的噪声性能。无源混频器的各个端口之间的隔离程度比较差，另外，由于没有变频增益，无源混频器在使用的时候一般在后面要多加一级放大器，该放大器通常用来补偿增益以及降低后一级电路的噪声。按照相关拓扑结构的各自特点，有源混频器的结构因为有非平衡与平衡之分而被分为两大类。目前的相关研究中主流的不同结构的混频器主要有吉尔伯特混频器、二极管环形混频器等。

（2）相关专利

国外关于混频器的专利申请也出现较早。例如摩托罗拉1995年申请的专利CN1130002A。该专利涉及一种执行将最后IF频率变换为基带频率的有效装置，该装置包括：一个计数器，具有一个时钟信号作输入和多个信号作输出；一个交换开关，用于输入和输出信号在第一频率的同相和正交分量，并且还有一个控制信号输入，用于将该信号的第一频率信号的同相和正交分量交换后输出；一个第一反相器，其输入是交换开关输出的信号的同相分量和计数器输出的多个信号中的第一个，其输出是该信号在第二频率的同相分量；一个第二反相器，其输入是交换开关输出的信号的正交分量和计数器输出的信号中的第二个，其输出是该信号在第二频率的正交分量；一个逻辑门，其输入是计数器输出的多个信号并基于从计数器输出的多个信号的组合输出所述控制信号。该发明能消除载频馈送影响和在中频（IF）至射频（RF）的通路中非线性信号失真。

又如株式会社电装于 2007 年申请的专利 CN101221234A,该专利涉及一种频率转换器电路和卫星位置信号接收设备,其对载波频率各不相同并且从卫星定位系统中所使用的人造卫星接收的第一位置信号、第二位置信号以及第三位置信号进行频率转换,所述频率转换器电路包含:振荡信号生成部分(105、106),用于生成第一本地振荡信号,该第一本地振荡信号的频率被设置为使所述第一位置信号的频率与所述第二位置信号和所述第三位置信号的频率具有镜像关系,并且使所述各个位置信号的频带在频率转换后不重叠;第一混频部分(104),用于将所述第一本地振荡信号与所述第一、第二以及第三位置信号进行混频,以将所述各个位置信号频率转换为第一中频;分频部分(107),用于将所述第一本地振荡信号分频为 1/m,其中 m 是 2 或更大的整数,以生成第二本地振荡信号,该第二本地振荡信号的频率被设置为使所述第一中频的第一位置信号的频率与所述第一中频的第二位置信号以及所述第一中频的第三位置信号的频率具有镜像关系;第二混频部分(108),用于将所述第二本地振荡信号与所述第一中频的所述第一、第二以及第三位置信号进行混频,以将所述各个位置信号频率转换为第二中频,将所述第二中频的第一位置信号与所述第二中频的第二位置信号以及所述第二中频的第三位置信号分离,同时消除所述第一、第二以及第三位置信号的相互干扰,并独立输出所述第二中频的第一位置信号、第二位置信号以及第三位置信号;以及分离部分(112),用于相互分离所述第二中频的第二位置信号与所述第二中频的第三位置信号,并独立输出所述第二中频的第二位置信号以及所述第二中频的第三位置信号。其中射频前端部分的方框图如图 5-16 所示:

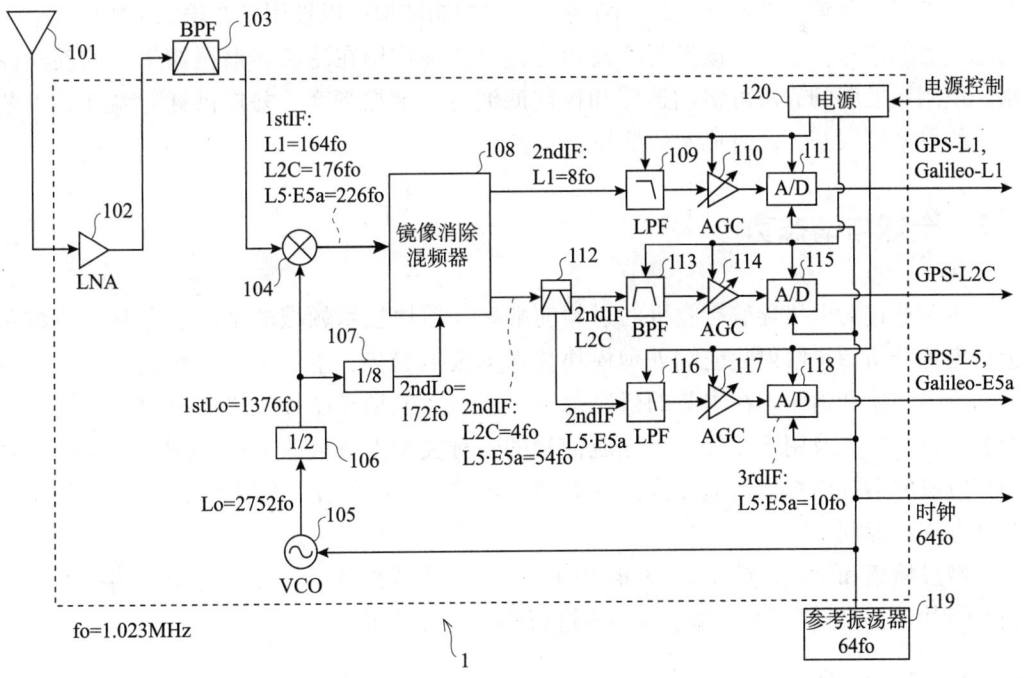

图 5-16 CN101221234A 射频前端

国内在该领域也有很多专利，如东南大学 2013 年 1 月 18 日申请的专利 CN103117707A，涉及一种低功耗高增益的上混频器，设有电流源单元、输入跨导单元、开关单元、负载单元以及电流注入单元，电流源单元的输出连接输入跨导单元，输入跨导单元放大信号并通过正反馈增强信号，然后分别输出至开关单元和电流注入单元，开关单元的输出连接负载单元，差分射频输出信号从负载单元与开关单元之间输出，差分基带或者中频信号输入至输入跨导单元与电流源单元之间，本振输入信号输入至开关单元。该上混频器能够在降低电路功耗的同时，提高电路增益，降低噪声系数，降低电路的输入阻抗，可应用于低功耗射频前端中。

5.1.3.4 滤波器

（1）模块简介

滤波器在整个无线通信系统中起着至关重要的作用，它是被用来对频率带宽和通信信道进行选择的，而且还能够滤除产生的多余谐波，抑制杂波的产生。但同时在接入滤波器的时候避免不了地都会引入噪声，因此所设计滤波器的性能优劣必将影响到后级电路的工作状态乃至整个接收机的性能。

（2）相关专利

这一方面的专利申请，例如恩智浦公司（NXP）于 2007 年申请的专利 CN101507107A。该发明涉及对带通滤波器的谐振频率进行控制和调谐，提供了一种新的追踪和控制带通滤波器的谐振频率的方法，并提供了一种用于针对温度和工艺变化的灵敏度限制的解决方案。具体来讲，该发明提供了一种相位感应模块来获得输入和输出之间的相位差，提供了一种负反馈控制结构，所述负反馈控制结构可以被用来在输入 RF 频率上调谐滤波器的谐振。从而，该发明涉及相位差检测和作用在滤波器谐振频率上的反馈控制。使用该发明的方法可精确追踪和控制滤波器的谐振频率，并提供针对温度和工艺变化的灵敏度限制，同时成本较低易于实现。

5.2 全球申请态势

本节通过对卫星导航接收机的射频前端处理模块技术领域的全球的专利申请数据进行宏观分析，了解射频前端处理模块技术的发展趋势、主要申请人构成情况及其布局的主要国家和地区。在本节的研究范围中，涉及卫星导航接收机的射频前端技术的专利主要是指涉及用于接收卫星导航信号的各种类型射频接收机的专利，以及涉及此类接收机的射频前端的组成部分：放大器、滤波器、混频器、频率源等电路部分及其组合方式的专利。

经过检索和筛选，截至 2013 年 10 月 23 日，全球涉及卫星导航射频前端技术的专利申请共计 1289 项。本节基于该样本进行宏观统计分析。

5.2.1 全球申请量趋势

图 5 - 17 是卫星导航射频前端在全球范围内的历年申请量趋势图。如图 5 - 17 所

示,随着1978年第一颗GPS试验卫星发射成功,接收卫星信号的射频前端领域的专利申请量也自20世纪70年代末开始萌芽,80年代到90年代中期为缓慢增长期;90年代中期,随着GPS系统的发展以及GLONASS导航系统的建立,射频前端领域的申请量进入快速增长通道;伴随着伽利略导航系统以及北斗导航系统的加入,对射频前端提出了需要兼容多个导航系统信号的要求,各大射频芯片制造商以及研究机构也在这一方向上进行了大量研究,相应地,该领域专利申请量从2005年开始进入了又一个阶段的迅速增长,2008~2011年,年均申请量都达到120项以上。

图5-17中所显示的2012年之后的申请量出现大幅回落并不代表2012年之后的申请量减少,而是因为一件专利申请在提交之后一般需要18个月才能公开,因此2012年及2013年提交的专利申请大多处在未公开的状态,无法被检索到,所以本报告中2012年之后的数据仅仅为不完全统计,仅供参考。

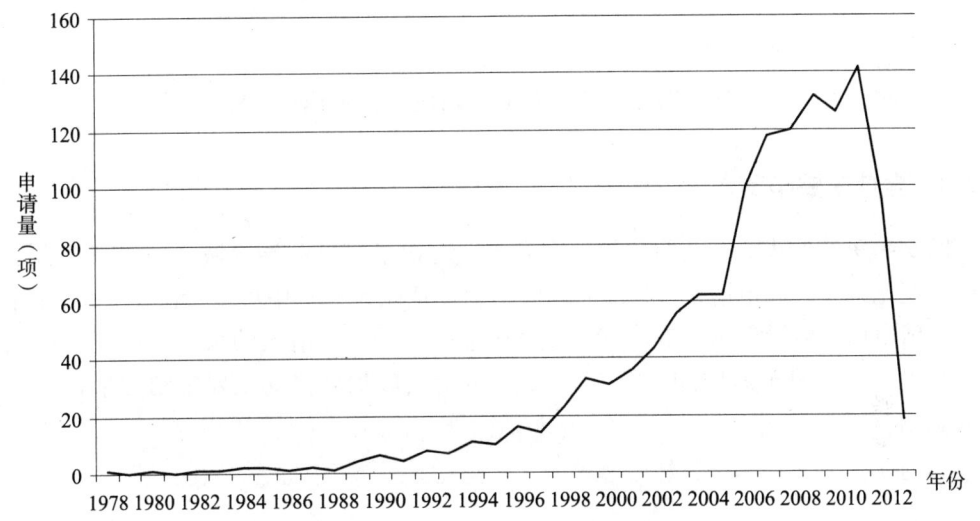

图5-17 卫星导航射频前端全球申请量趋势图

5.2.2 申请人来源国/地区分布

图5-18是卫星导航射频前端专利申请的申请人来源国/地区的分布情况。如图5-18所示,在该领域1289项专利的总样本中,来自美国申请人的申请占41%,排在第一位;来自中国申请人的申请量占25%,排在第二位;来自欧洲、日本、韩国、中国台湾地区申请人的申请量分别占6%、5%、5%、2%。

尽管来自中国申请人的申请量排在第二位,但事实上,其中有相当一部分是实用新型专利,受保护时限仅10年,没有发明专利保护时限长,在发明高度上相对较低,并且还有相当一部分来自高校和研究院所,是否能够通过企业转化为产品还未可知。

而相比之下,来自美国申请人的534项全部为发明专利申请,且大都来自具有生产制造能力的企业,其专利转化为生产力的能力较高。

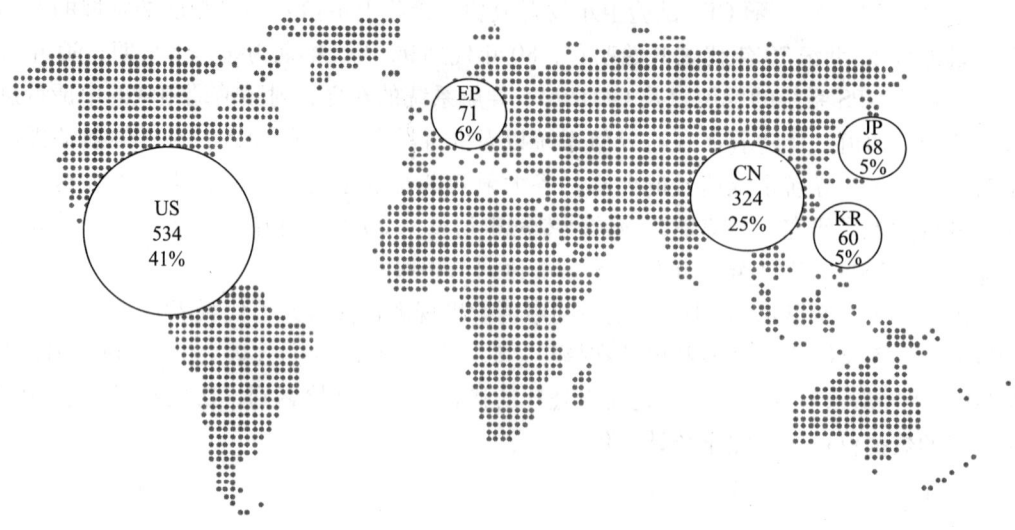

图 5-18 卫星导航射频前端专利申请的申请人来源国/地区的分布图

5.2.3 全球主要申请人

图 5-19 首先从申请人的数量角度入手,对比了射频前端领域全球申请人数量随时间的变化以及中国申请人数量随时间的变化。从图 5-19 中可以看出,自 1978 年以来,全球申请人数量零星分布,20 世纪 90 年代开始,申请人的数量呈明显的增加趋势,2000 年后更是迅速增加。而 2000 年后申请人数量增多的主要推动力来自中国申请人。

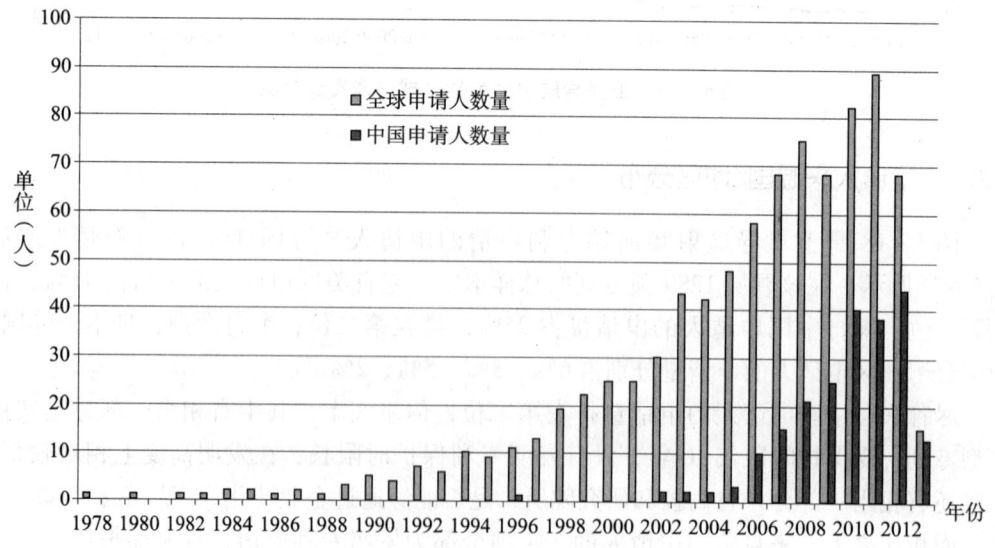

图 5-19 全球/中国申请人数量趋势图

从图 5-19 中可以看出，在 2005 年之后，涉足卫星导航射频前端领域的中国申请人有较为迅猛的增长。但由于我国的导航产业起步较晚，我国申请人在该领域的介入时间也晚于全球其他国家。美国凭借其 GPS 系统在卫星导航领域遥遥领先，在整个 90 年代，其他国家尤其是美国的申请人在卫星导航射频前端领域大量布局专利，而此时，我国的卫星定位、导航领域却主要依靠进口芯片。过多依赖进口芯片，使得我国在接收机性能方面，尤其是军事领域的接收机，常常受制于人。因此，随着我国自主研发的北斗导航系统的建立，国内企业应当以此为契机，大力发展自己的射频芯片技术，进而推动北斗导航系统整个产业链的发展，同时应当学习国外较成熟的知识产权保护理念，注重专利的申请，如果国内企业仍然依靠进口射频芯片，或不注重利用专利制度保护自主知识产权，那么我国的北斗导航系统发展壮大之后，受益的仍将是其他国家或地区的企业。

在对申请人数量变化做了对比之后，图 5-20 示出卫星导航射频前端技术领域全球主要申请人按申请量排名居前 18 位的情况。

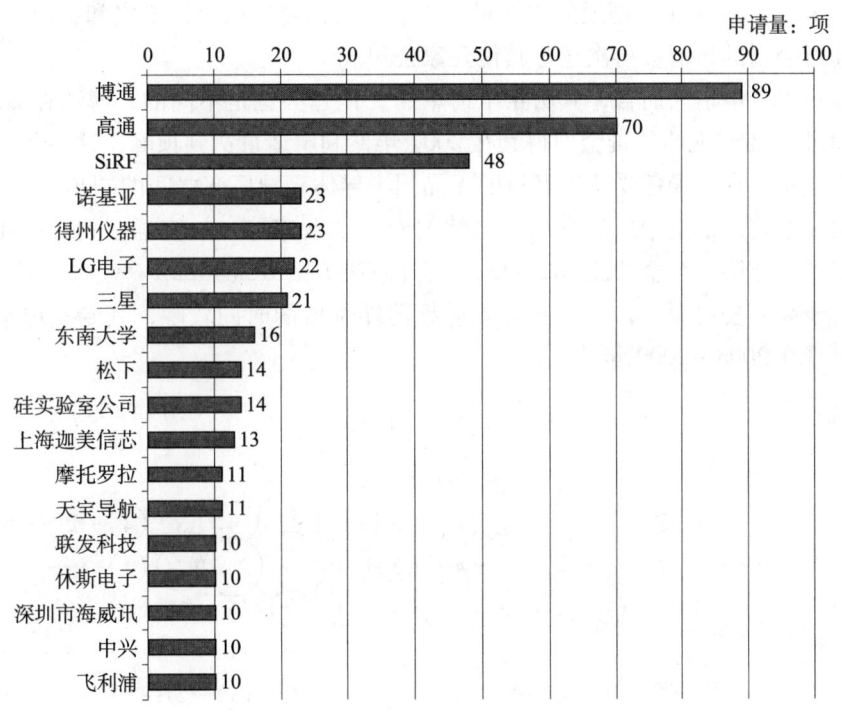

图 5-20 全球主要申请人排名

如图 5-20 所示，在射频前端技术领域，博通以 89 项专利申请位居第一，高通以 70 项专利申请位居第二，SiRF 公司以 48 项专利申请位居第三。博通、高通和 SiRF 处于该领域专利申请的第一集团，三家公司申请量之和为 207 项，占全球申请总量的 16%；诺基亚、得州仪器、LG 电子、三星是该领域专利申请的第二集团，申请量之和为 89 项，占全球总量的 7%。

我国东南大学以 16 件专利申请跻身前十位，说明我国高校对射频前端技术的研究非常重视，并且取得了一定成果。但是，申请量排名在前的国外申请人以企业占据主导地位，而我国排名在最前的是高校，这也反映了我国在导航射频前端这一领域还主要处于研发阶段，至少还未达到大规模产业化的程度，在射频芯片的制造与应用方面对国外的依赖还较大。以北斗导航系统的建立与商用为契机，国内的相关企业应当加大自主研发投入，提升自身的核心竞争力，逐步摆脱对国外的依赖，才能在未来的导航产业中在国际上占据一席之地。

此外，其他申请人共518个，包括企业、高校、研究机构、政府部门、军队以及个人，专利申请量达到864项之多，占该领域总申请量的67%，说明从事该领域研究的机构众多，技术竞争非常激烈。

图5-21显示了上述全球主要申请人对历年全球申请量的贡献情况。由图5-21可以得出，从总的申请量而言，上述全球主要申请人位居前列，但就单个申请人而言，其申请量排名并不总是一成不变的，例如在2001年以前，SiRF公司的申请量多于其他公司；在2002～2003年，则是高通公司的申请量最多；2006年，LG电子的申请量则跃上了第一位；2007年，博通的申请量超出了其他几家公司申请量之和；而在2009年之后，高通公司的申请量再次超过其他几家公司。

而针对单个申请人而言，其历年申请量的变化趋势也是不同的，博通在2006年盈利增幅超过35%，充沛的资金使得其在2007年专利申请量达到顶峰，这一年也是博通公司的幸运年，在一场备受业界瞩目的无晶圆半导体领导厂商之间的"巅峰对决"中，博通公司在系列诉讼案中屡胜全球最老练的专利"玩家"——高通公司，同年，博通公司推出了全球第一个全功能802.11n单芯片解决方案BCM4322。

而对于高通公司而言，由于其踏入射频前端领域的时间较晚，其专利申请量的大幅增长出现在2008～2009年。

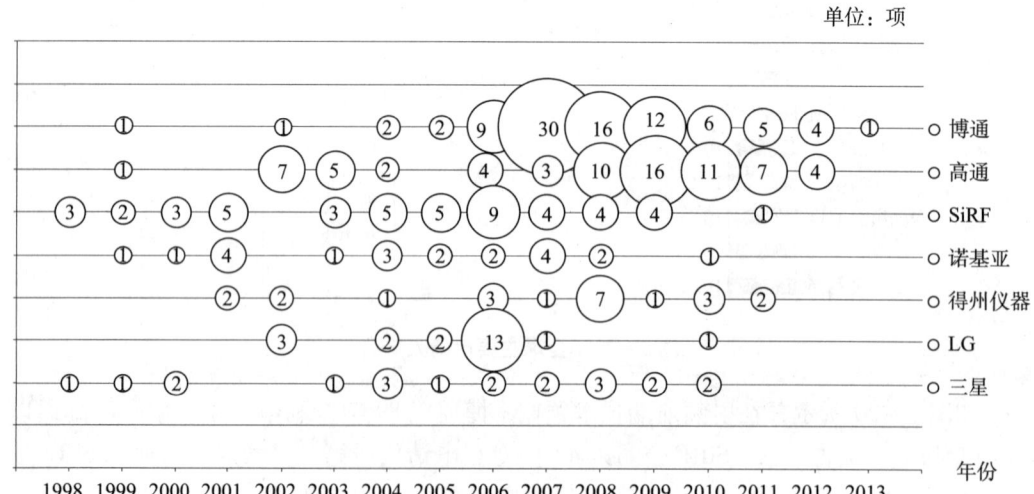

图5-21 全球主要申请人历年申请量变化

5.3 中国申请态势

经过检索和筛选,截至 2013 年 10 月 23 日,中国涉及卫星导航射频前端技术的专利申请共计 506 件。本节基于该样本进行宏观统计分析。

5.3.1 中国申请量趋势

图 5-22 是全球申请人在中国的总申请量的历年分布以及来自中国(包括中国内地、中国台湾和中国香港)的申请人在中国的申请量历年分布对比图。

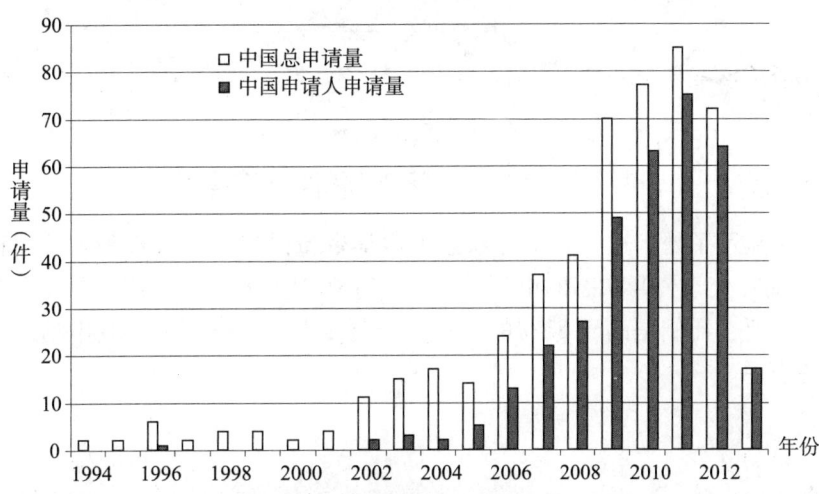

图 5-22 中国总申请量变化趋势及中国申请人申请量变化趋势

如图 5-22 所示,我国卫星导航射频前端领域的专利申请出现时间较晚,1989 年,我国开始了卫星导航定位系统立项的关键讨论,1994 年该项目正式立项。而在此之前,我国国内的卫星导航领域的射频芯片主要依靠进口,相应地,在专利申请量的数据中反映出,在 2001 年以前,我国该领域的专利申请主要来自国外申请人。

而在北斗卫星导航系统开始建立之后,我国的高校、研究院所和部分企业在接收导航信号的射频芯片方面开展了大量研究工作。2002 年开始,来自我国申请人的专利申请量逐渐增多,并在 2006 年之后,超过总申请量的一半,进入迅速增长阶段。由于 2012~2013 年的申请尚有部分未公开,因此 2012~2013 年的数据仅供参考。

图 5-23 是 506 件中国申请中,公开、授权、有效三种法律状态的申请数量(包括实用新型)随时间的变化趋势图,"公开"代表未获得专利权或仍处于审查状态的专利申请;"授权"代表已经获得专利权授权但因其他原因不再受保护的专利申请;"有效"代表获得专利权并且处于受保护状态的专利申请。

从图 5-23 中可以看出,法律状态为公开和有效的专利申请数量比较接近,都远多于授权的专利申请数量,且公开和有效的专利申请数量随时间的变化趋势也相近。

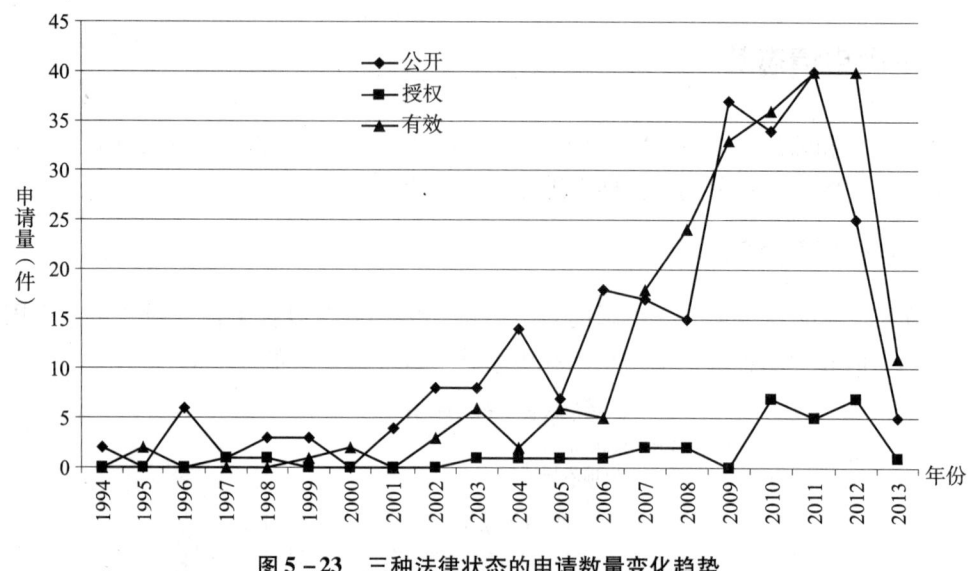

图 5-23　三种法律状态的申请数量变化趋势

图 5-24 显示了处于这三种法律状态的申请数量的比例。授权和有效两种状态总量占 51%，而在处于公开状态的申请中，由于存在审查未决的申请，因此在该领域实际授权的申请所占比例是高于 51% 的。从这个角度看，该领域的专利申请的质量处于中等偏上的水平。

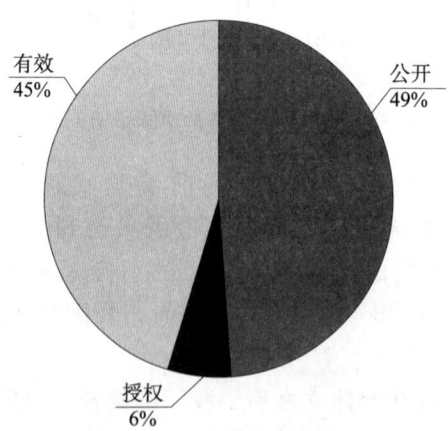

图 5-24　三种法律状态的申请数量比例

5.3.2　申请人来源国/地区分布

图 5-25 显示了这 506 件中国申请的主要来源国/地区分布。从图 5-25 中可以看出，来自中国大陆的申请占中国申请总量的 64%，来自美国的申请占中国申请总量的 18%，来自日本、中国台湾、韩国的申请分别占申请总量的 4%、3%、2%。来自中国大陆的申请是目前中国申请总量的主要组成部分。

图 5-25 主要来源国/地区分布

5.3.3 申请人省份/城市分布

图 5-26 显示了来自中国（包括中国内地、中国台湾和中国香港）的 343 件申请按照申请人省份/城市的主要分布。

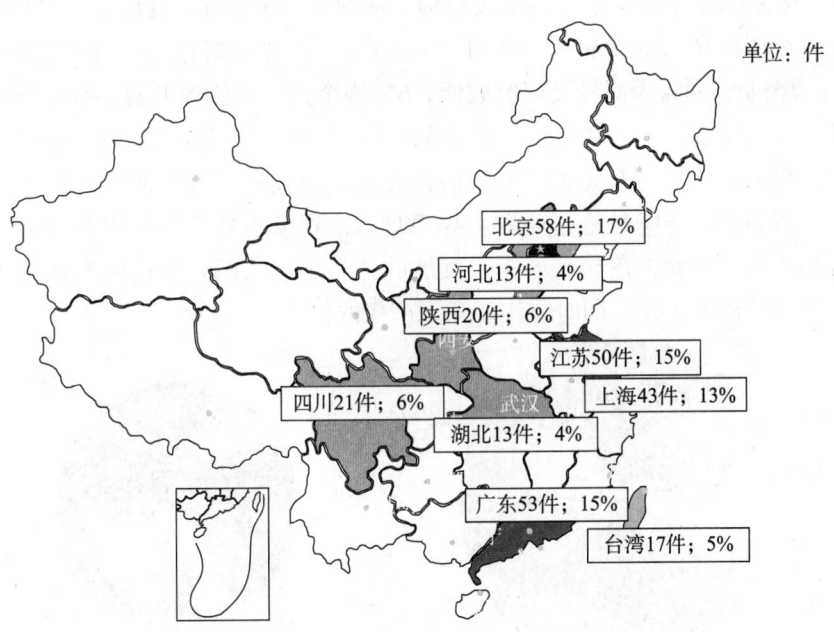

图 5-26 申请人省份/城市主要分布图

图 5-27 显示了排在前十的省份/城市申请量。

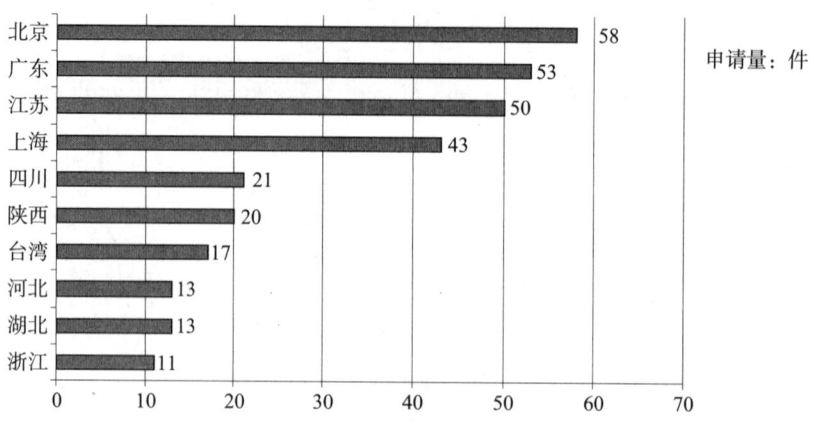

图 5-27 省份/城市申请量排名

从图 5-26、图 5-27 可以看出，北京的申请最多，占中国申请人申请总量的 17%，广东、江苏和上海的申请量也很大，分别占总量的 15%、15%、13%。可见，除北京之外，我国的专利申请主要集中在沿海地区，这一方面是由于沿海地区经济比较发达，在知识产权保护方面资金较充足，另一方面是由于沿海地区高新企业较多，技术相对进步。

5.3.4 申请人类型及申请类型

图 5-28 示出了中国申请人的组成结构。从图 5-28 中可以看出，在 506 件中国申请中，来自中国申请人的申请为 343 件，占 68%，通过分析这 343 件申请的申请人，发现 61% 为企业，33% 为高校及研究院所，6% 为个人。从比例上看，企业所占的比例高于高校和研究院所，但后者仍然占了 1/3，说明我国在卫星导航射频前端这个领域还处于研发阶段，技术上并不成熟，因此仍有大量的高校和研究院所致力于该领域的研究。而一个成熟的市场应当是企业占主导力量，由产品市场引领研发的方向，通过产品研发开拓市场。因此，在导航事业大发展的背景下，我国企业也应当在生产实践过程中承担起部分研发工作，同时应注意知识产权的保护。

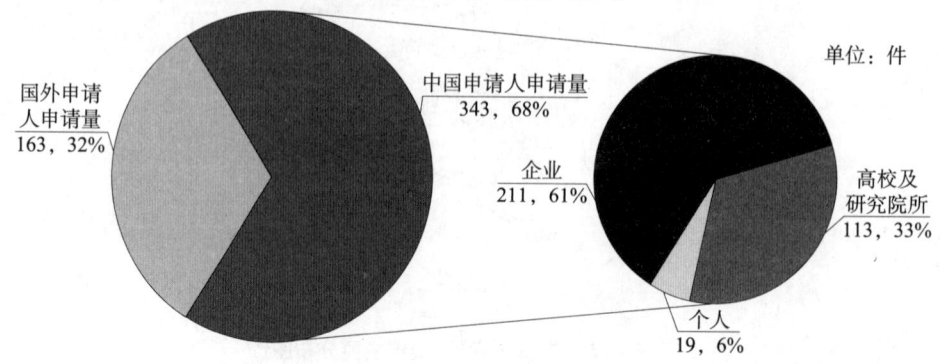

图 5-28 中国申请人申请量及申请人构成

图 5-29 显示，中国申请中有 68% 来自中国申请人，是国外申请人在华申请量的两倍。然而，进一步分析中发现，来自中国申请人的申请有相当一部分是实用新型申请。图 5-29 显示了在来自中国申请人的 343 件专利申请中实用新型申请和发明申请各自所占比例。

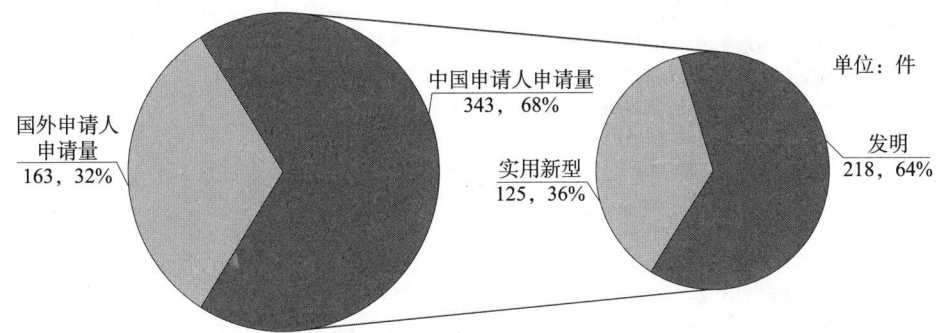

图 5-29　实用新型和发明

从图 5-29 可以看出，来自中国申请人的 343 件申请中，有 125 件（36%）为实用新型申请，这 125 件实用新型申请占中国申请总量（506 件）的 25%。

实用新型申请是一种用来保护产品的形状、构造或者其结合的专利申请，而发明申请是对产品、方法或其改进进行保护的专利申请。与发明申请相比，实用新型申请的审批流程简单，不需要经过实质审查，授权较容易，但受保护期限只有发明专利受保护期限的一半，并且相比而言实用新型专利的专利权没有发明专利的专利权稳定。通常创造性高度较高的技术方案选用发明专利来进行保护。在卫星导航射频前端领域，我国申请人在实用新型方面的申请量众多，从技术角度来看，说明我国申请人的专利申请技术上的创新高度还不足；从知识产权保护意识角度来看，说明我国很多申请人的专利保护意识存在表面化、形式化的倾向，追求快速获得一纸授权书，而不是追求更长远更稳定的权利保护。

5.3.5　中国申请主要申请人

图 5-30 是在中国布局专利申请的主要申请人前 15 位排名。

如图 5-30 所示，来自美国的高通公司在我国布局了大量专利，其专利申请量不仅在全球处于领先地位，更在我国处于第一位。诺基亚、三星、博通、摩托罗拉也在我国积极部署射频前端领域的专利。

我国的东南大学以 16 件专利申请位于第二位，上海迦美信芯通讯技术有限公司以 13 件专利申请位居第三位，联发科技股份有限公司、深圳市海威讯科技有限公司、中兴通讯股份有限公司分别持有 10 件专利申请。

从图 5-30 中可以看出，排名前 15 位的主要申请人中有 4 所高校，这再一次反映出高校在射频前端领域研发中的重要地位，体现出我国的射频前端领域距离产业化仍有一段路程要走。

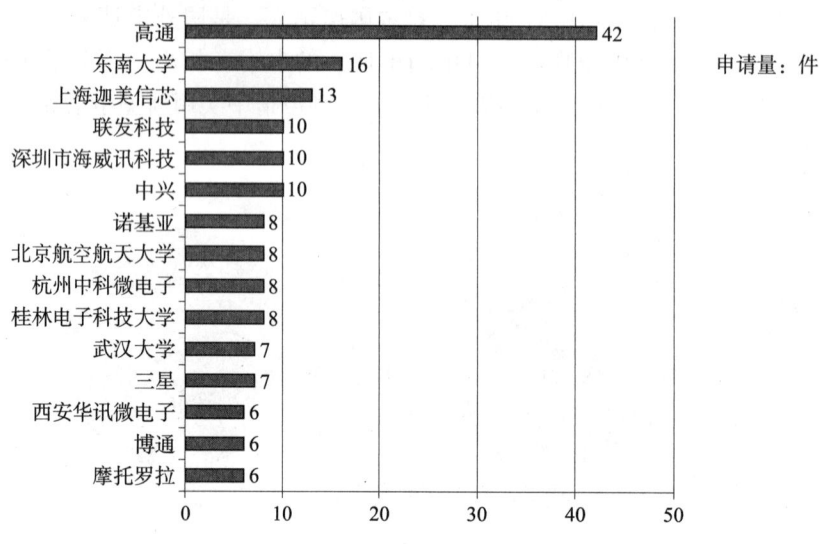

图 5-30　在中国布局专利申请的主要申请人

通过进一步分析，发现我国申请人中，排名靠前的申请人各自的研发方向并不相同。表 5-2 列出排在前五位的中国申请人的主要研发及申请专利的方向。

表 5-2　排名前五位的中国申请人主要申请方向

申请人	主要申请方向
东南大学	混频器；低功耗
上海迦美信芯通讯技术有限公司	双通道；多模
联发科技股份有限公司	接收机整体；射频数字化
深圳市海威讯科技有限公司	片上集成；与移动通信系统结合
中兴通讯	多模；低功耗

从表 5-2 中可以看出，我国的主要申请人在导航射频前端领域的研发方向主要集中在使射频前端能够处理多模式信号以及降低功耗。这与导航射频芯片未来发展的方向相符合。但是在例如改进元器件线性、抗干扰、消除噪声等改善射频前端基本性能方面的申请量较少，这与我国早期的射频芯片主要依靠从国外进口有关。

5.4　技术发展路线

整体上来说，自卫星导航技术产生以来，导航接收机的射频前端技术的发展就开始了。随着消费者对接收机性能的要求不断提高，接收机的射频前端在生产工艺和可应用领域方面都有了快速的发展。

首先，在生产工艺方面，传统的射频前端芯片多采用 GaAs、SiGe 衬底双极型或 BiCMOS 工艺来实现，优势在于高截止频率、高增益和低噪声，但与数字基带常用的互补金属氧化物半导体（CMOS）工艺不兼容，制约了射频前端与数字基带的集成，使其成本增加，影响了普及。

CMOS 是大多数数字计算机微芯片所采用的低成本、高密度的数字制造技术。随着 CMOS 工艺朝着深亚微米级的发展，其截止频率已经接近或者超过双极型器件，使得 CMOS 工艺下的射频集成电路设计成为可能，并且能够实现接收机射频前端和基带的单芯片集成，迅速降低了成本。

利用射频 CMOS 制造工艺制造芯片的射频电路，使得蜂窝电话和其他手持终端能够充分享受大规模生产所带来的经济效益。射频 CMOS 技术为数字电路与模拟电路和射频功能的集成开辟了新的路径，从而能够进一步减少元件数量，也促进了单芯片技术的发展。

也就是说，在生产工艺方面，射频前端经历了从 GaAs、SiGe 衬底双极型或 BiCMOS 工艺到 CMOS 工艺、从多芯片到单芯片的发展历程，并继续向集成化、小型化、低功耗发展。

另外，在应用场合方面，随着 GPS、格洛纳斯、伽利略、北斗等多种卫星定位系统的发展，处理单一导航系统信号的导航接收机也趋向于兼容多个导航系统；并且在无线网络越来越多样化，移动终端越来越普及，导航接收机也需要进一步与其他类型无线网络接收机相结合。于是，射频前端逐渐由处理单一频段、单一模式发展到处理多频段、多模式。

然而，虽然整体上射频前端在快速发展，但是在集成化、芯片化的道路上，国内外的发展却相差很大。造成这一差异的主要原因，是我国的卫星导航系统建立时间相较国外而言，有些晚。但随着我国北斗导航系统的建立，我国自主的北斗卫星导航接收机芯片和多系统兼容接收机芯片的设计、生产和应用将有着广阔的发展前景。

5.4.1　国外技术发展路线

1985 年，瑟塞尔（SERCEL）公司率先研制出了欧洲第一台 GPS 接收机。

1988 年，麦哲伦公司开发了世界上第一款商用手持式 GPS 接收机 NVA1000，同年，阿什泰克（ASHTECH）公司研发出第一台差分结构的 GPS 接收机。

1997 年，麦哲伦公司推出第一款手持式全球卫星通信机 GSC100。

2000 年以后，随着集成电路的发展，接收机逐渐向低功耗、小型化发展。

2005 年，天宝导航公司推出一款商用 GPS 模块和外置接收天线，面积为 $25\text{mm} \times 25\text{mm}$。

2007 年，美信（Maxim）研制出首款通用的全球导航卫星系统（GNSS）接收单芯片 MAX2769，可用于北斗外的其他三个导航卫星系统。该芯片集成了 LNA 和接收链路中的其他电路，总的级联噪声系数只有 1.4dB，该接收机是采用紧凑型的带裸焊盘的面积只有 $5\text{mm} \times 5\text{mm}$ 的 28 引脚 TQFN 封装。SiGe 半导体公司研制出了世界上最小的全球导航卫星接收系统芯片 SE4120S，它利用了软件无线电的技术支持 GPS 和伽利略卫星信号处理。

现阶段，卫星导航芯片的设计和制造技术仍然掌握在少数美国、日本、欧洲、中国台湾的厂商手中，其中包括 SiRF（已被 CSR 收购）、佳明（Garmin）、U-布洛克斯（U-blox）、摩托罗拉、索尼、富士通、恩智浦公司、Nemerix、uNav 等。其中以原 SiRF 和 U-布洛克斯的影响力最大。SiRF 的第四代首款产品 GSD4t 最小功耗仅 8mW，追踪灵敏度可达 -163dBm，芯片尺寸 0.4mm，42-ball WLCSP 封装，性能已经逼近卫星导航芯片设计原理的极限。瑞士 U-布洛克斯公司是著名的 GPS 专业制造公司，其芯片也经历了六代发展和演化，第六代产品 UBX-G6010 的跟踪灵敏度高于 -160dBm，也几近设计极限。此外，OriginGPS 公司设计的 ORG4472GPS 接收芯片，体积仅为 7mm×7mm×1.4mm，为世界上最小的 GPS 单元，标称功耗仅 58mW，为与其他模块的 SoC（System-on-a-Chip）设计带来了巨大方便。

5.4.2 国内技术发展路线

近年来，我国卫星导航事业发展迅速，但是其终端产品的核心功能芯片，特别是射频前端芯片主要来源是进口，虽然国内的很大一部分公司和研究所开始这方面的研究，但由于工艺限制，只有很少部分的单功能的射频芯片在国内能找到，这就形成了我国的整机厂商完全依赖于国外的终端射频芯片厂商的局面，也导致了整机的可替代性、适应环境性等其他指标远远落后于发达国家水平。同时，一些比较敏感的军用芯片又会被国外禁运，大大限制了我国国防事业的发展以及高精度卫星导航设备的研发和生产等产业的发展。因此在国内开展导航终端射频芯片的研究是很有必要的，国内的一些高校和研究所都在进行导航射频芯片和系统的研究。

2004 年，东南大学利用超外差技术完成了北斗导航卫星系统射频前端的研制。

2007 年，杭州中科微电子所研发国内首款手机全球卫星导航接收芯片成功，不仅可以应用于手机上，还可以应用于车载导航终端上。

2008 年，杭州中科微电子有限公司成功研制出基于民用波段的全球卫星导航多模式射频接收芯片。该芯片可顺利接收包括北斗系统、GPS 系统及伽利略导航系统等在内的多个导航系统。该芯片采用 CMOS 工艺，通过调节射频本振频率及滤波器的带宽，从而达到接收各种卫星导航系统发射信号的目的。同时，作为中国集成电路设计领域的重要自主创新产品，该芯片具有低功耗、低噪声系数、低成本、高集成度等特点，填补了国内相关技术领域空白。[1]

2009 年，电子科技大学利用 CMOS 技术制作了用于导航系统的基于 Gilbert 单元的双平衡有源混频器。同年，国防科学技术大学制作了卫星导航系统的手持射频前端。

总的来说，由于北斗导航系统近几年才开始使用，因此国外对 GPS 和伽利略导航系统的研究很多，而对北斗导航系统的研究较少。国内射频导航接收机的研制远远落后于国外，研制成本和周期都非常长，但是现在已经有少量整机系统出现。

如今，卫星导航接收机芯片经历了多代的发展，已经形成相当的产业规模。当前

---

[1] 张乐. 多模导航接收芯片已在杭州研制成功 [EB/OL]. [2013-10-23]. http://wzdaily.66wz.com/wzrb/html/2008-03/30/content_ 145314. htm.

主流的方案是单片系统芯片 SoC 的实现方式，将射频前端和基带完全集成在单个芯片内。下一步的导航芯片发展方向在于与其他功能模块的集成，包括水平仪、各种感应器、数字罗盘以及微处理器等。

由于单一卫星导航接收机容易收到其他干扰，城市峡谷效应和多径效应的影响造成信号的丢失和定位盲点，随着非 GPS 的其他卫星导航系统的布局完善，多模多频点卫星导航接收机芯片化也成为研究热点。

北斗二代系统作为后起之秀，产业化进程还需要着力推进。目前国内有若干家企业已经涉足北斗二代射频芯片的研发，如北京广嘉、西安华讯、中科微电子、东方联星科技等。兼容 GPS/GLONASS/伽利略/北斗多模多系统的射频接收机仍然有广阔的发展空间和应用前景。

5.5 高通股份有限公司

在前面的分析中，高通公司是射频前端领域在华重要的申请人之一，也是该领域在全球的主要申请人之一，通过对高通公司的专利申请情况进行梳理，也可以从中得出这一技术分支的发展状况和未来趋势，为国内企业及高校的进一步研发和生产提供参考。

5.5.1 专利申请趋势

5.5.1.1 申请量趋势

图 5-31 显示了高通公司在全球以及在华的专利申请量趋势变化，从图 5-31 中可见，高通公司在 1999 年之后介入射频前端领域，在 2002 年申请量到达一个小高峰，并在 2009 年再次到达高峰。

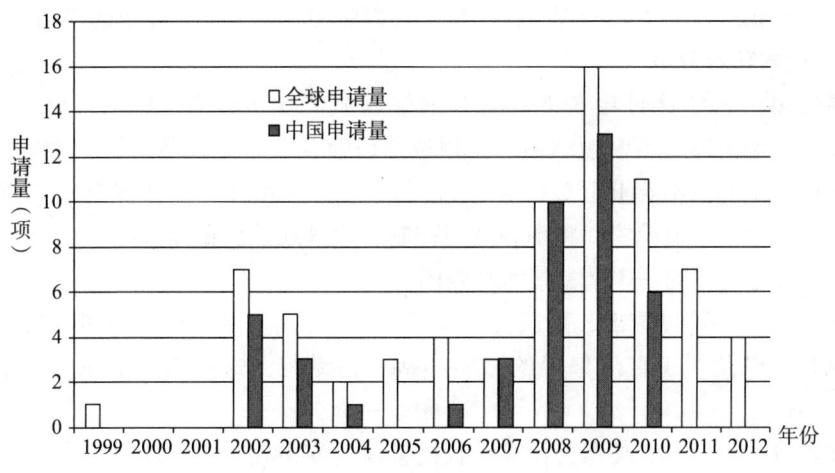

图 5-31 高通公司在全球及在华申请量趋势图

5.5.1.2 专利法律状态分析

高通公司在华的42件申请的法律状态如表5-3所列,其中"公开"代表该申请已经公开,但由于撤回或被驳回或尚在审查而未获得专利权;"授权"代表该申请已经获得专利权,但由于费用等原因失效;"有效"代表该申请已获得授权,并处于受保护状态。

表5-3 高通公司在华申请法律状态　　　　　　　　　　　　单位:项

法律状态	公 开	授 权	有 效	总 计
2002年	4		1	5
2003年	3 (1项视为撤回;1项驳回)			3
2004年	1			1
2006年	1			1
2007年			3	3
2008年			10	10
2009年	8		5	13
2010年	3	2	1	6
总计	20	2	20	42

从表5-3可以得出,高通公司在华的42件专利申请中,有20件处于专利权受保护状态,这20件受保护专利主要是2007~2009年申请的。有20件处于公开状态,这20件中仅有1件为被驳回,1件被视为撤回,其余18件均处于审理未决状态。从被驳回数量少、授权及受保护数量较多这一现象可以看出,高通公司在华的申请质量较高。

5.5.1.3 技术功效分析

高通公司在华的42件申请涉及射频前端领域的众多分支,例如:放大器、混频器、滤波器、振荡器、零中频结构、中频选择以及接收机整体等方面,主要围绕的技术问题,即产生的技术效果主要有小型化、抗干扰、多系统兼容(多模)、低功耗、消除零中频结构中的直流偏置、频率调谐与控制、改进线性、提高选择性、消除噪声等。图5-32为高通公司在华申请的技术功效图。

从图5-32中可以看出,高通公司在华申请主要集中在能够兼容多系统、多模式的接收机整体以及纠正直流偏置的零中频接收机结构。这两方面的重点专利在后面介绍。

从技术分支角度看,高通公司在接收机整体、零中频结构,以及放大器、混频器、振荡器这些分支都有专利布局。从技术功效角度,高通公司在如何能够使射频前端趋向于多模、抗干扰、小型化、低功耗方面布局了较多申请。可见,高通公司对于射频前端的研发是多方位的,从单个元器件的性能改善到整体结构优化都有涉及。从其追

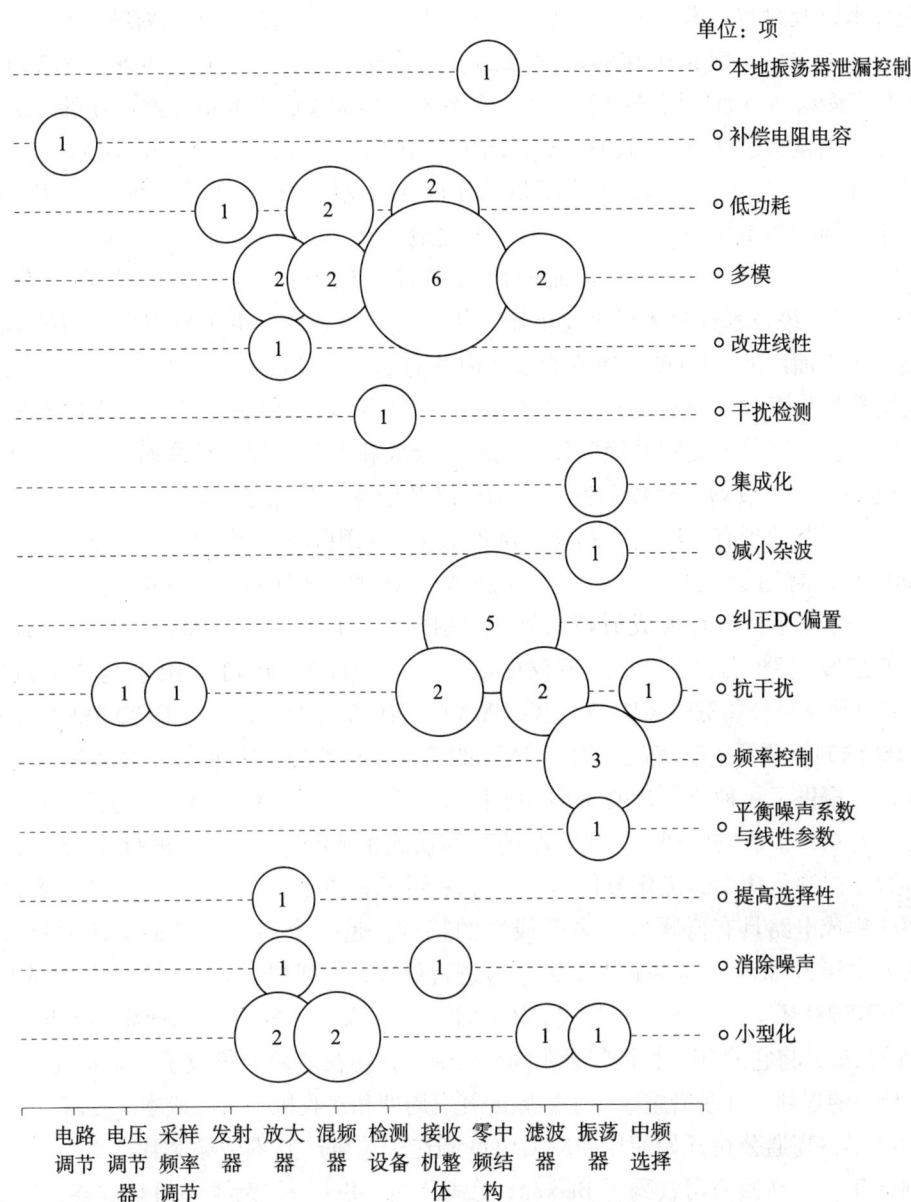

图 5-32 高通公司在华申请的技术功效图

求的功效上看,高通公司在多模式、小型化方面投入力度较大,这也印证了射频前端未来的发展方向,必定是向着能够处理多种模式信号,且芯片体积高度集成和小型化的方向发展。

5.5.2 技术与产品演进

高通公司并不是传统的射频前端芯片制造商或射频前端解决方案提供商,其早期也并没有在射频前端分配大量研发精力。但在 2000 年左右,高通公司开始针对射频前端处理技术以及封装技术向市场发布其研发成果，自此高通公司进入射频前端市场。

随着各大卫星导航系统在移动终端的普遍应用，来自卫星的 GNSS 信号和 GSM、WCDMA 等移动网络通信信号的多模式、多系统兼容接收成为卫星导航产业的一大发展趋势，也成为众多芯片制造商和移动终端制造商的重大契机。高通公司凭借自身在 2G/3G 移动通信领域的技术优势以及在手机芯片行业的龙头地位，迅速从博通、SIRF 等公司占据主导地位的市场中抢占了自己的一席之地。

2000 年，高通公司推出了其面向码分多址（CDMA）收发器的革命性新技术 radioOne 技术。该技术针对无线手机市场，使用零中频结构。由于使用零中频结构，无需大型中频表面声波（SAW）滤波器以及额外的中频电路系统，大大削减了材料成本，从而使制造经济高效、体积小巧的多频带、多模式移动终端成为可能。该技术集成了在基带信号和射频信号之间转换时使用的频率合成和无源元件。具体而言，radioOne 芯片组集成了 CDMA 发射本机振荡器、锁相环以及全球定位系统 GPS 的所有有源射频电路。因此，与其他现有解决方案相比，部件数量和面积减少了大约 50%。

2001 年，高通公司宣布其已经研制成功新型 WCDMA 射频集成电路，其中 RFT5200 是将基带信号转换成射频信号的发射电路，RFR5200 是将射频信号转换成基带信号的接收电路。这两款芯片不仅能够用于 WCDMA，还可应用于全球定位系统 GPS，它们是高通公司宽带 CDMA（WCDMA）解决方案的一部分。RFT5200 芯片对从 MSM5200 调制解调器到功率放大器（PA）的信号进行处理，完成基带信号到射频信号的转换，它提供了一种单芯片的 WCDMA 接收机解决方案，不仅减小了电路板的面积，而且也显著缩短了研发周期。RFT5200 的工作模式由 MSM5200 芯片进行控制，如掉电选择、增益控制及功率的优化分配等。由于采用了先进的硅锗（SiGe）BiCMOS 芯片，RFR5200 集成电路具有低噪音、高度线性的特点，是一个高度集成的单芯片接收机，它对从天线到 MSM5200 调制解调器的信号进行处理，完成射频信号到基带信号的转换。另外，RFR5200 还支持 GPS 工作模式。RFR5200 芯片汲取了以前 RFR3300 和 IFR3300 电路设计的长处，将它的 RF 性能扩展到 IMT 频带，它还在芯片上集成了一个本地振荡器，以简化频率的规划。这些措施减少了射频的开发周期和接收机的材料成本。

2003 年，高通公司开始使用射频 CMOS 制造工艺生产其零中频芯片。

2006 年初，高通公司收购了 Berkana 无线公司。Berkana 无线公司是硅谷一家无生产线半导体公司，是向无线行业提供 CMOS 射频集成电路（RFIC）的供应商。在收购了 Berkana 公司的射频 CMOS 知识产权，结合其自身蜂窝系统技术专长之后，高通在 RFIC 行业的领先地位进一步加强。

同年，高通公司宣布扩展了其单芯片（QUALCOMM Single Chip，QSC）解决方案系列：QSC6075。全新的 QSC6075 解决方案旨在让移动终端能够以更低的成本支持宽带数据、多媒体功能，从而推动大众市场无线宽带的普及，使得大众能够享用更精确的 GPS 定位技术以及高质量的音视频下载等服务。QSC6075 解决方案将基带调制解调器、多媒体引擎、多频段射频收发器和电源管理集成到单一芯片上，从而避免了使用零散外围部件的必要。高度集成在降低研发、制造和物料成本的同时，也缩短了上市时间。QSC 解决方案让小巧而强劲的设备拥有更丰富的功能,并且优化了耗电量。

2007 年,高通公司推出了其单芯片解决方案系列的 QSC6270 和 QSC6240 两款芯片,由于采用了全新的 65 纳米制程工艺,该芯片耗电量大为降低。

到 2011 年,10 年时间,高通公司已经拥有产品支持俄罗斯的格洛纳斯(GLONASS)系统,并能够同时使用 GPS 系统与格洛纳斯(GLONASS)系统定位,通过应用程序可以提高卫星定位的准确度。第一款支持双系统的导航手机是中兴公司的 MTS945,其采用了高通公司的 MSM7x30 芯片,芯片兼容 GPS 与 GLONASS 系统。

2013 年 2 月,高通公司又发布了支持全球 40 多种蜂窝网络频段的射频解决方案 RF360。同时还宣布推出全新射频收发芯片 WTR1625L,这是业内首款支持载波聚合的产品,并显著增加了可支持的频段数量。WTR1625L 将支持所有蜂窝模式和 2G、3G 及 4G/LTE 的所有在全球已经部署或正在商用规划的频段及频段组合。此外,它还具备集成的高性能 GPS 内核,支持格洛纳斯(GLONASS)和北斗卫星导航系统。WTR1625L 被紧密集成入晶圆级封装,并针对低功耗进行优化,比上一代产品功耗降低 20%。这款全新的射频收发器和 RF360 射频前端芯片都属于高通公司的单 – SKU 世界模 LTE 解决方案的一部分。❶ 高通称,RF360 的各种特性能够处理所有的那些频段,使得支持任何一个网络的全球 LTE 手机的设计变得可行。相比现有产品,这类芯片功耗更低,产生的热量更少,在电路板上占用的空间更少,有利于设计更加轻薄的设备。

高通公司射频前端解决方案的另一个关键技术是业内首次使用的 3D 射频封装或 RF POPTM 解决方案,采用先进的 3D 封装技术,单一封装内集成了单芯片多模功率放大器(PA)和天线开关(AS),并将滤波器和双工器集成到一个单一基底中,然后将基底置于基础组件之上,整合成一个单一的"3D"芯片组组合,从而降低了整体的复杂性,摒弃了当今射频前端模块中常见的引线接合(图 5 – 33)。集成功率放大器和天线开关的封装作为基底层,管脚对所有频段配置都一致,包含滤波器和双工器的封装针对全球和/或多地区频段组合进行配置,置于 PA/AS 基底之上,就像在一个通用基底上定制的"顶"。这一组合厚 1mm,在电路板上所占的面积只有高通公司前代射频前端解决方案的一半。重要的是,针对不同地区的定制终端无须更改电路板布局,因为基础 PA/AS 层可以保持不变,见图 5 – 34。❷

这种设计基于可支持 700MHz 到 2.7GHz 的全球 LTE 频段以及传统 2G/3G 频段的架构,降低了"顶"部简化版本所需的本地 RF 频段定制。由于多频段配置可以使用相同的电路板布局,因此借助 RF POP 方案,两三个 PCB 设计就可以实现此前的数十个或更多设计才能达到的全球支持。这为推动 LTE 生产规模和效益创造了可能性,效果正如四频之于 GSM 以及五频之于 3G。

---

❶ 美国高通公司 RF360 前端解决方案为下一代移动终端提供单一设计支持全球 LTE 频段的能力 [EB/OL]. [2013 – 05 – 14]. http://www.qualcomm.com/media/releases/2013/02/21/qualcomm – rf360 – front – end – solution – enables – single – global – lte – design – next.

❷ "少即是多":全新移动射频前端解决方案 [EB/OL]. [2013 – 10 – 24]. http://www.52rd.com/S_TXT/2013_7/TXT48364.HTM.

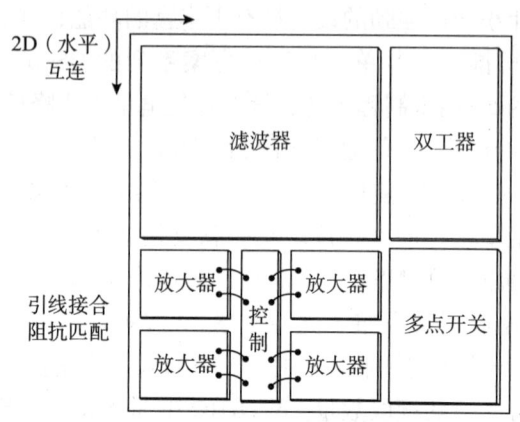

图 5–33 并行的传统射频前端独立设计

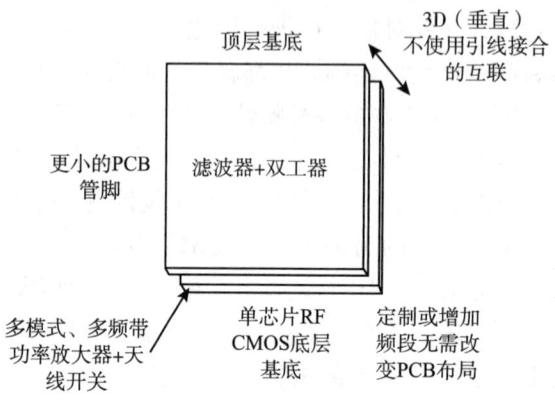

图 5–34 射频 POP 3D 设计 CMOS 射频前端

相比之下，基于 PCB 模块的传统解决方案混合搭配不同技术，如基于 GaAs 和基于 CMOS 的组件，成为单一终端运行环境下的最佳解决方案。要适应更广泛的环境则更为复杂，在某些情况下还会导致单一终端内存在多个并行解决方案，参见图 5–33。根据设计的频段组合，这些并行解决方案需要多个功率放大器、更多的独立芯片以及相关的引线结合，这会带来辐射干扰，增加了阻抗匹配需求，因而阻碍了技术集成。如果需要更多频段，必须改变电路板（其中包括尺寸增加的可能性），并减少每一个独特设计的数量。[1]

高通公司 RF360 解决方案采用全面系统设计打造全 CMOS 射频前端。在过去，与基于模块并采用 GaAs/CMOS 混合技术的解决方案相比，该射频前端被认为不足以满足蜂窝功率的性能需求。然而，QTI 的测试已经证明，在广泛的传输功率水平上，仅使用当前一代支持包络功率追踪的 CMOS 集成方案与使用当下平均功率追踪的常规功率放

---

[1] "少即是多"：全新移动射频前端解决方案 [EB/OL]. [2013–10–24]. http://www.52rd.com/S_TXT/2013_7/TXT48364.HTM.

大器相比，传输功率性能（TX 功率产生的功耗）不相上下。

5.5.3 重要专利

高通公司在移动通信领域布局了大量专利，并每年都凭借专利获得巨大盈利。同样，在发展射频前端技术的同时，其也非常注重在这一领域中的专利布局。为了找出高通公司在射频前端领域的申请中的重要专利，课题组首先对其专利申请进行了分析和标引。高通公司在该领域的申请一半以上都进入了中国，对于进入中国的专利申请，本小节中统一使用中国的公开号。最早申请日为该申请的优先权日。

从表 5-4 可以看出，引用频次高的申请多集中在 2000 年前后，这与前面提到的该公司在 2000 年左右开始针对射频前端处理技术以及封装技术向市场发布其研发成果有关。在这一阶段，该公司布局了一些基础专利。

表 5-4 被引用频次大于 10 的专利列表

被引用频次	专利号	最早申请日	名 称
98	CN101917170A	20010216	直接变频接收机结构
98	CN 101102096A	20010216	通过串行总线控制一个或多个模拟电路的方法、设备和接收机单元
98	CN 1909366A	20010216	直接变频接收机结构
98	CN1520637A	20010216	直接变频接收机结构
49	CN1484891A	20010112	直接变频过程中的本地振荡器泄漏控制
45	US6088348A	19980713	无线通信中的接收信号变频器
29	CN1656759A	20020409	用于使用直接变频的移动站调制解调器的直流电流偏移抵消
24	US2007096980A1	20051103	多频带 GNSS 接收机
23	US6704555B2	20010109	无线通信中校正本地振荡频率的装置和方法
16	CN101981819A	20080501	射频（RF）信号多路复用
13	CN101501992A	20060809	用于多个通信系统的参考信号生成的装置及方法
10	US2005020219A1	20011022	接收控制信号的快速响应滤波器
10	CN101617469A	20070223	具有集成式滤波器的放大器
10	CN101647205A	20070327	无线通信设备中对发送信号泄露的抑制

当然，仅仅根据引用频次来确定一个专利是否重要是不科学的，因为引用频次的高低是由多方因素决定的，例如公开时间。因此，除了考虑这一因素外，还需要对高通的各个申请的技术内容做分析。

表 5-5 分别示出了随着时间变化，高通公司各技术分支的申请情况。

表5-5 高通公司历年在各技术分支重要专利列表

年份	振荡器	混频器	滤波器
1998	—	US6088348A；45（引用频次）；多模（技术功效）	—
2001	US6704555B2；23；频率控制	—	US2005020219 A1；10；抗干扰
2002	—	—	—
2003	CN1894916A；8；频率控制	—	—
2004	—	—	—
2005	CN101218751A；9；频率控制	—	—
2006	CN101501992A；13；小型，集成	—	—
2007	CN101803197A；3；减小杂波	CN101809860A；6；低功耗 CN101842980A；1；小型，集成	CN101647205A；10；抗干扰 CN101897123A；2；多模
2008	—	—	—
2009	—	—	—
2010	—	—	—
2011	US2013040583A1；0；集成	—	US2012302188A1；1；多模
2012	US20130187690A1；0；频率控制	—	—

年份	放大器	零中频结构	接收机整体
1998	—	—	—
2001	—	CN1484891A；49；本地振荡器泄漏控制 CN1520637A；98；纠正直流偏置	—
2002	CN1679250A；4；小型，集成	CN1656759A；29；纠正直流偏置	—
2003	—	—	—
2004	US7602246B2；4；多模	—	—

续表

年份	放大器	零中频结构	接收机整体
2005	—	—	US2007096980A1；24；多模，单芯片
2006	—	—	CN101379713A；5；低功耗
2007	CN101617469A；10；消除噪声	—	CN101627316A；1；低功耗
2008	CN102037641A；2；改进线性 CN102204110A；2；多模	—	CN101981819A；16；多模 CN102106090A；2；消除噪声
2009	—	—	CN102803994A；1；抗干扰
2010	—	—	CN102725656A；2；多模
2011	—	—	—
2012	—	—	—

综合考虑申请年代、技术分支、技术功效、被引用频次以及高通公司的技术发展进程和产品等因素，绘制了图5-35的专利发展路线图。

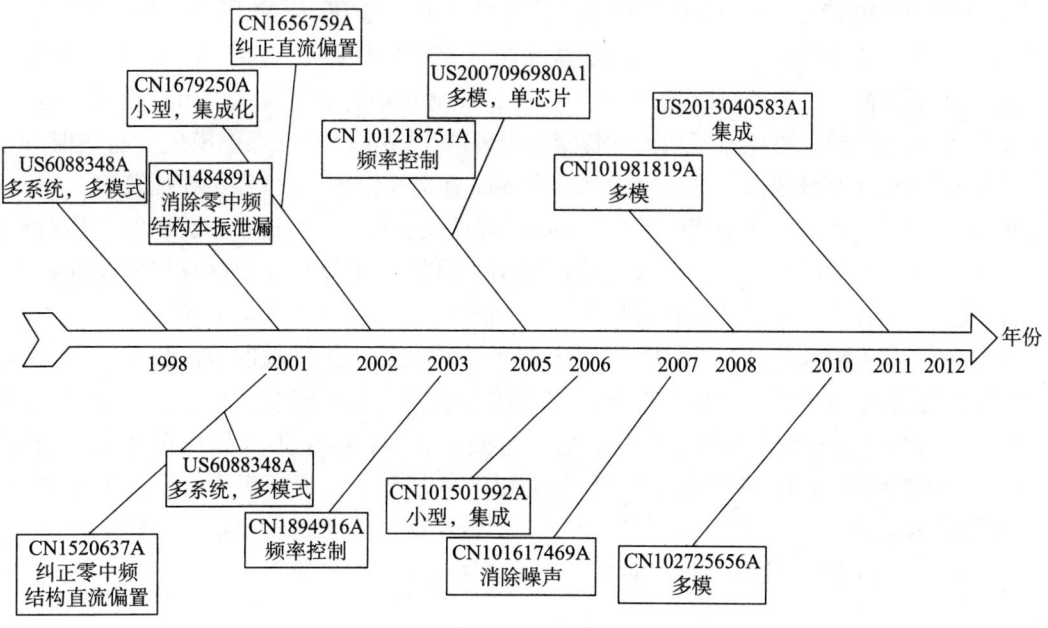

图5-35 高通公司专利发展路线图

其中，专利申请 US6088348A 被引用了 45 次，其涉及无线通信系统中的接收信号频率转换器，最早优先权为 1998 年 7 月 13 日。该发明涉及支持 PCS、GPS 以及蜂窝通信的双频带或三频带无线通信系统，通过将不同频带的信号转换到共同的中频，降低了处理复杂性，使得中频级后续的处理复杂性最小化。并且因为减少了压控振荡器的数量，相关的电路也简化了。该发明的主要电路结构示意图如图 5-36 所示。

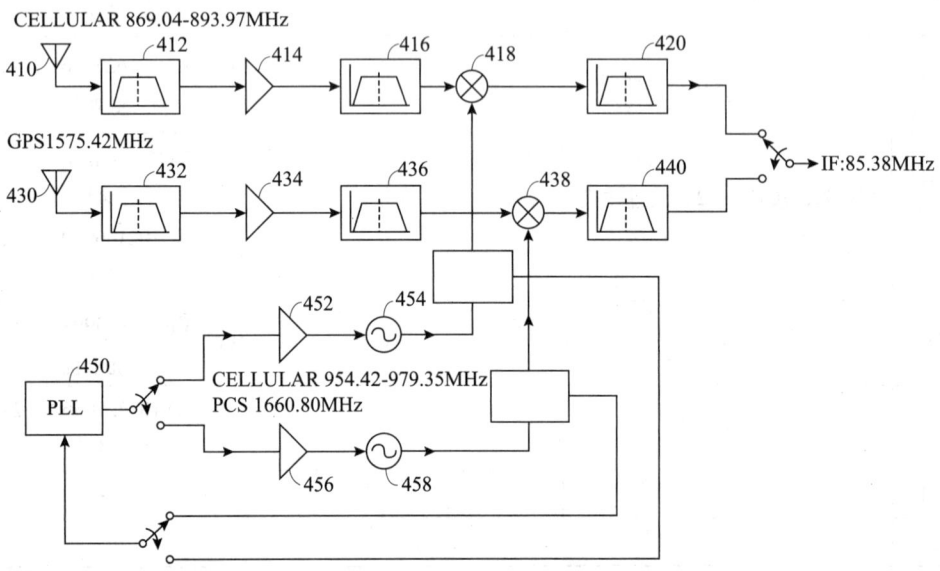

图 5-36　专利 US6088348A 电路图

专利申请 CN1520637A 被引用了 98 次，目前法律状态为专利权有效。该专利涉及直接变频接收机结构，具有 DC 环路以从信号分量中去除 DC 偏置、数字可变增益放大器（DVGA）以提供增益范围、自动增益控制（AGC）环路以提供 DVGA 和 RF/模拟电路的增益控制以及串行总线接口（SBI）单元以通过串行总线提供对 RF/模拟电路的控制。如在此所述，可以较好地设计与定位 DVGA。VGA 环路的操作模式可能根据 DC 环路的操作模式而被选择，这是因为这两个环路有交互作用。DC 环路在捕获模式操作的持续时间可以选为与在捕获模式内的 DC 环带宽成反比。可能通过串行总线提供对一些或所有 RF/模拟电路的控制。通过提供自动增益控制装置和方法以及相关设备和方法，减少了功耗。该发明的主要接收机结构如图 5-37 所示。

专利申请 CN1484891A 被引用 49 次，目前法律状态为专利权有效。该专利涉及一种在直接变频过程中的本地振荡器泄漏控制的方法，并提供能在多频带和多模式下调制 RF 信号的直接变频收发机。该专利所保护的方法为：从 VCO（压控振荡器）接收带有 VCO 频率的信号；将 VCO 频率 N 分频以产生带有下分频频率的信号；将有 VCO 频率的信号与有下分频频率的信号混合以产生带有输出频率的输出信号，输出频率为 LO 频率。该发明的产生本地振荡器频率的系统框图如图 5-38 所示。

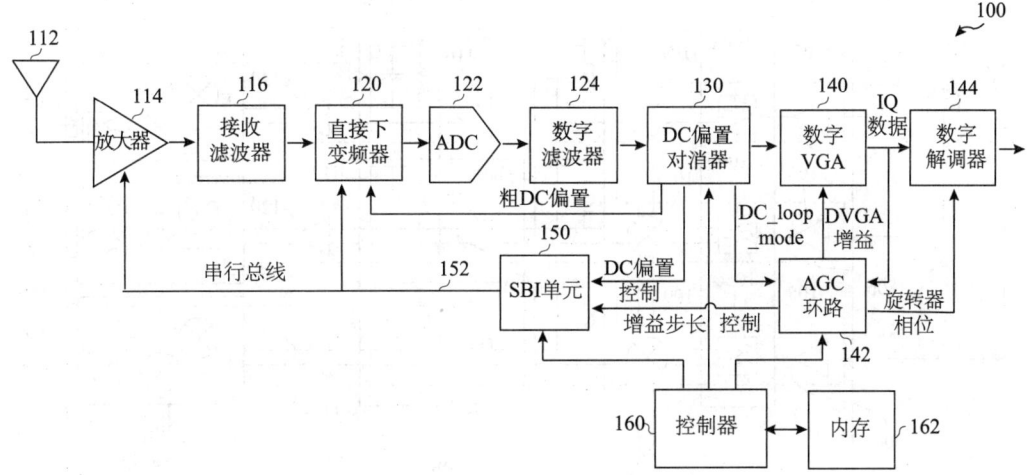

图 5-37 专利 CN1520637A 接收机

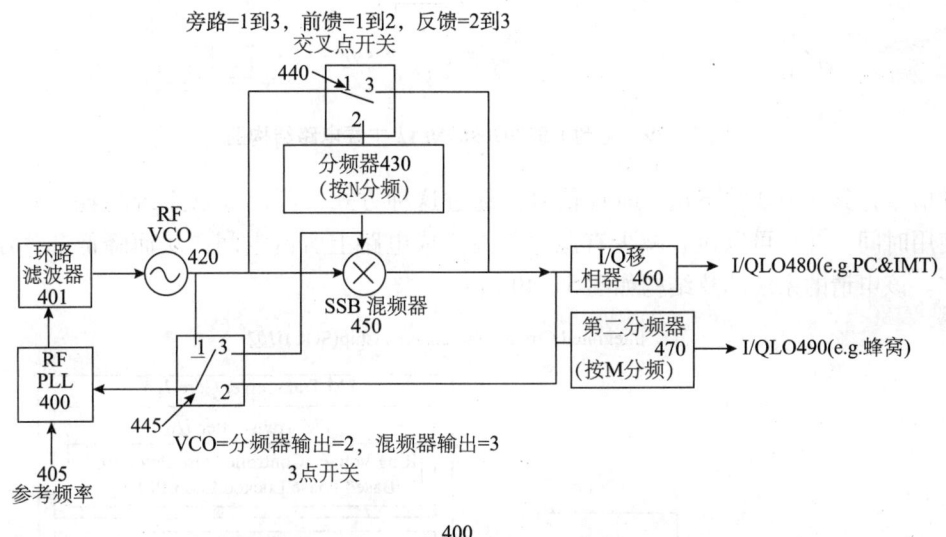

图 5-38 专利 CN1484891A 产生本地振荡器频率的系统框图

专利申请 US2007096980A1 被引用 24 次，目前法律状态为专利权有效。涉及一种多频带 GNSS 接收机，能够接收 GPS、伽利略以及格洛纳斯卫星信号。该发明的接收机具有射频单芯片，仅有少量外围元件，且具有多条独立信号路径，每条路径用来处理一个确定频带的 GNSS 信号，每条路径分别与独立的外部天线相连，一组调谐滤波器布置在芯片外围，并根据所需频段而被选择。该发明专利的主要电路结构图如图 5-39 所示。

专利申请 US2013040583A1 由于公开时间晚，尚未有被引用的记录。该申请涉及移动终端或 GPS 终端等电子装置或无线装置的系统芯片，该装置具有 GPS 模块、蓝牙模块、WiFi 模块、移动通信模块等多种模块。由 GPS 模块使用压控振荡器 VCO 生成 GPS

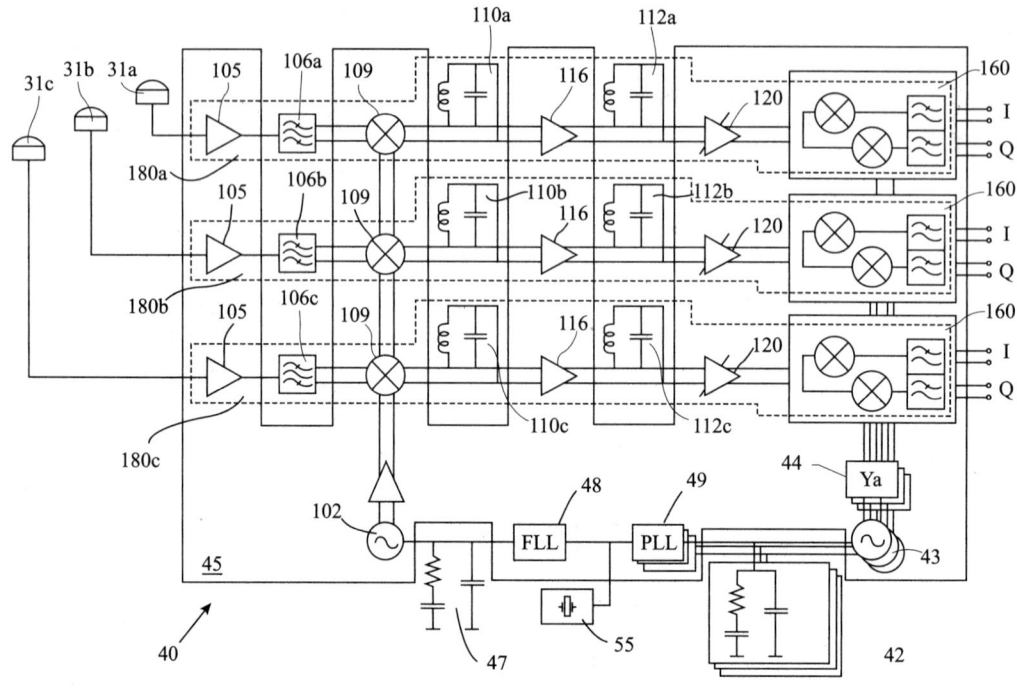

图 5-39　专利 US2007096980A1 主要电路结构图

时钟信号,其他模块共享这一时钟信号。通过这种方式,可以降低系统功耗,延长终端使用时间,并且可以显著减少有源器件在集成电路上所占空间,从而降低芯片制造成本。该申请的系统芯片结构如图 5-40 所示。

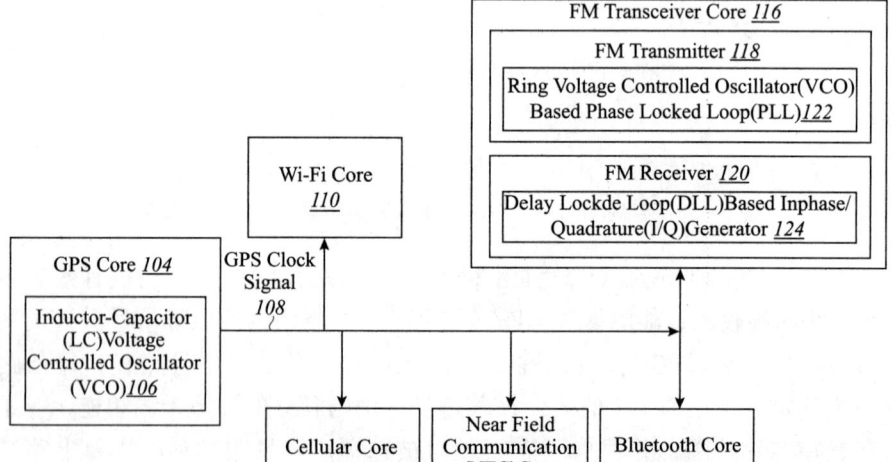

图 5-40　专利 US2013040583A1 系统芯片结构图

第 6 章 基带与增强系统

GNSS 定位的核心技术即是基带与增强系统，本章首先分析了全球和中国的专利态势，然后分析了基带与增强系统这一技术分支的技术发展路线。本章通过对 GNSS 定位技术发展历程梳理，指出了下一步 GNSS 定位技术的发展方向。

6.1 技术简介

在卫星导航定位的应用中，卫星导航接收机是实现卫星导航定位的终端仪器，其性能取决于接收机中的板卡/芯片中所包含的各种定位算法。基带处理算法和增强系统决定了接收机的精度、灵敏度和稳定性。

6.1.1 GNSS 接收机芯片

GNSS（Global Navigation Satellite System）是全球导航卫星系统的英文缩写，是所有卫星导航系统的总称。目前，GNSS 有下列几种：美国的全球定位系统（Global Positioning System，GPS）；俄罗斯的格洛纳斯（Global Navigation Satellite System，GLONASS）；我国的北斗卫星导航系统（Compass）；欧洲的伽利略卫星导航定位系统（Galileo）；星载多普勒无线电定轨定位系统（Doppler Orbitography and Radio – positioning Integrated by Satellite，DORIS）；精确距离及其变率测量设备（Precise Range And Range Rate Equipment，PRARE）；印度区域导航卫星系统（Indian Regional Navigation Satellite System，IRNSS）；日本的准天顶卫星系统（Quasi – Zenith Satellite System，QZSS）。

此外，为了进一步改进 GNSS 系统的定位性能，某些国家或地区还建立了星基增强系统（Satellite Based Augmentation System，SBAS），即利用地球静止轨道卫星和其他地面建设建立的地区性广域差分增强系统。目前主要有欧洲的地球同步导航重叠系统（European Geostationary Navigation Overlay Service，EGNOS），美国的广域增强系统（Wide Area Augmentation System，WAAS），日本的多功能运输星基增强系统（Multi – functional Satellite Augmentation System，MSAS）等。

在 GNSS 定位技术中，GNSS 接收机是卫星导航系统的核心设备之一，是卫星导航各类应用的直接载体。目前市场上的导航接收机以 GPS 信号接收机为代表。但要注意的是，随着多种卫星定位系统的发射和建立，目前的 GPS 接收机并不仅限于接收 GPS 卫星信号，通常还会接收其他卫星定位系统（如 Galileo、GLONASS、北斗等）的信号。业界只是习惯把卫星信号接收机称为 GPS 接收机。但从严格意义上来讲，卫星信号接收机应称为 GNSS 接收机。本章将卫星信号接收机统一称为 GNSS 接收机。但由于各种卫星导航系统的定位原理是相同的，而 GPS 定位技术是研发最早也是最成熟的，它代表了 GNSS 定位技术的发展，因此本章有时会以 GPS 定位技术为代表来介绍 GNSS 定位技术。自 1980 年第一台商品 GPS 信号接收机问世以来，GNSS 接收机不断更新换代，日新月异。至今，GNSS 接收机已占据我国卫星导航市场 95% 左右的份额。

GPS OEM 技术是国外在 20 世纪 90 年代中期推出的。OEM 的原意是指原始设备生产商，即品牌生产者不直接生产产品，而是利用自己掌握的"关键的核心技术"，负责设计和开发新产品，控制销售渠道，把具体的加工任务交给别的企业去做。这样既降低成本又最大限度地满足不同用户不同的专业需求。GPS OEM 就是 GPS 接收机的主要部件做成大规模集成电路芯片，并与其他配套功能部件集成在一块电路板上。GPS OEM 板实际就是一块体积小、设计轻巧的 GPS 接收机母板。它集成 GPS 的核心技术，具备 GPS 接收机的主要性能。但它的体积微小，仅有火柴盒大小甚至可以做得更小。它的接收效果很好，性价比高，在精细农业、高速追击、普通授时、频率服务及数据采集等领域都有着较广泛的应用。

卫星导航系统终端产业链即卫星接收、OEM 板或芯片相关的厂商大致可以分为 3 类：第一类是芯片厂商（Broadcom（博通）、SiRF（瑟浮，已被英国 CSR 公司收购）、U – Blox、TI（得州仪器）、Qualcomm（高通）、ST（意法半导体）等）；第二类是模块厂商（Trimble（天宝）、NovAtel（诺瓦泰）、Motorola（摩托罗拉）、Rockwell（罗克韦尔）以及中国台湾的 Holux（长天）、Royaltek（鼎天）、Leadtek（丽台）等）；第三类是终端厂商（Garmin（佳明）、TomTom（通腾）、Trimble、Leica（徕卡）、Rockwell 等）。尽管厂商林立，在非独立式 GPS 领域即消费类市场中，SiRF 的地位就如同 PC 产业中的英特尔，主流产品几乎全部采用 SiRF 芯片。而在专业高精度市场中，天宝则是全球 GPS 接收机的老大。诺瓦泰的 OEM 板占据了我国大部分市场。

如图 6-1 所示，高精度的专业市场的应用领域主要包括测绘、地理信息、精细施工与机械控制、精细农林业、资源管理、国防、时间同步等。近年来我国的高精度专业市场一直在持续增长。高精度产品上游的主要零部件——OEM 板卡的核心技术被天宝公司、诺瓦泰公司、麦哲伦公司等国外知名企业所控制。北斗星通公司基于诺瓦泰主板推出的高精度板卡占据了国内高精度接收机市场相当的份额。在高精度 GNSS 产品应用市场，前 5 名厂商（天宝、徕卡、拓普康、南方测绘、中海达）占有中国市场 85% 以上的市场份额。其中，南方测绘、中海达两大主流国产品牌占有国产品牌 70% 左右的市场份额。高精度专业市场集中度较高，竞争格局趋于稳定。

高精度应用以 OEM 板为核心，一般精度应用以芯片为核心。卫星接收机的性能取决于导航芯片和导航算法，二者缺一不可，共同决定了导航设备的精度、灵敏度和稳定性。在高精度应用环境下，拥有整体解决方案厂家（天宝公司、诺瓦泰公司等）会将优化算法和设计固化到通用 GNSS 模块中，再由设备厂商自行开发外围 OEM 板。一般精度应用环境下，设备厂商可以采用通用芯片和算法来开发外围 OEM 板，以此降低成本。

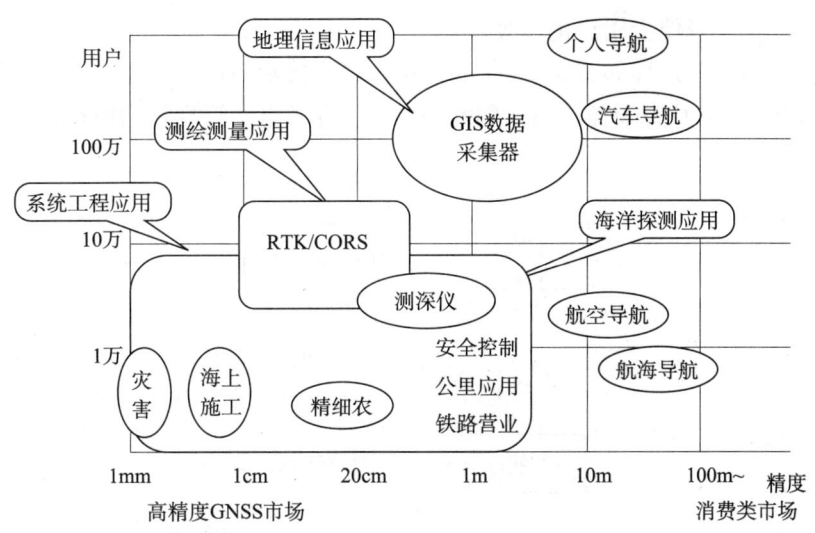

图 6-1　中国 GNSS 产品细分市场结构图❶

芯片、板卡占据导航设备价值链的 50%～65%。上游核心技术缺失导致中国企业只能获得高精度应用 35%～55% 的附加值。在高精度应用（例如测绘、远洋等）中，厂家以芯片为基础、专用算法为支撑来构建 GNSS 通用基板，再针对不同应用开发出 OEM 板，最后做成整机销售给终端用户，并提供后续的运维服务。芯片、GNSS 基板、OEM 板占据价值链的 65% 左右。而一般精度（例如汽车导航）环境下，芯片和板卡也要占据价值链的 50%。中国企业由于芯片和 GNSS 基板设计能力不足，至多能获得高精度应用 55% 的附加值，如图 6-2 所示。

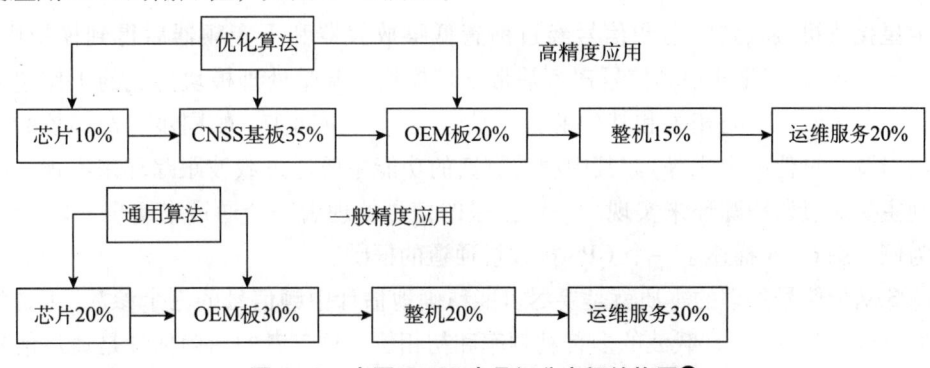

图 6-2　中国 GNSS 产品细分市场结构图❷

芯片是卫星导航应用产业的核心部件。芯片的关键技术主要包括接收信号的射频及处理信号的基带。卫星导航信号来自于距离地面 20000km 以上的高空，导致卫星信号非常微弱且不稳定。因此，当天线接收信号后经过放大、过滤噪声、降频、取样等一连串过程，再经过射频检测处理后，信号进入基带处理部分，将前段取样的数字信

---

❶ 资料来源：[EB/OL]. [2012-12-31]. www.wenku.baidu.com.
❷ 资料来源：2010 年申万研究报告。

号经过运算、输出以便于用户接口使用。其中，基带芯片就是核心组件，负责卫星信号的处理。信号处理过程如图6-3所示。随着芯片技术的快速发展，射频和基带处理模块上已经集成了LC带通滤波器、GPS晶振、内存及电源管理等功能单元。

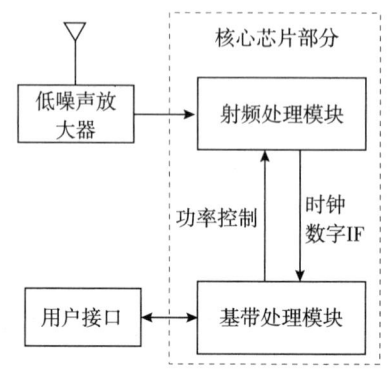

图6-3 芯片中信号处理过程示意图

芯片的优劣很大程度上决定了卫星导航产品的性能。芯片技术直接关系到产品的技术指标和未来发展走向。目前卫星导航芯片正向小型化、低功耗、高灵敏度、单芯片化、多模化（GPS/GLONASS/其他系统的兼容型）以及导航芯片与通信、多媒体和辅助GPS定位技术（AGPS）融合的集成化等方向发展，卫星导航芯片接收方案也发生着由纯硬件到纯软件的多样性变化。

6.1.2 基带处理

卫星接收机接收到的射频信号经过前置低噪放大器和下变频器后得到模拟中频，经过A/D得到数字化的中频信号送入基带处理模块。基带处理模块完成的工作包括信号捕获、载波剥离、码相关和其他的数字信号处理（位同步、帧同步、奇偶校验、电文译码以及测量值的生成等）。其中载波剥离的功能主要通过载波跟踪环来实现，而码相关则主要通过码跟踪环来实现。一颗卫星的信号处理由一个通道来实现。以GPS接收机为例，图6-4描述了一个GPS接收机通道的框图。

GPS基带信号处理的本质就是要尽可能精确地估计中频信号的三个参数：t时刻码的传播延迟（码相位）、载波的多普勒频率和初相位。这三者的精确估计是通过信号跟踪过程中的码环和载波环来实现的，但在此之前通道应该能够获取三个参量的近似估计值。这就是信号捕获的目的。

接收机在完成了某颗卫星信号的捕获后，获取了对该卫星信号的载波频率和C/A码相位的粗略估计值之后，相应的信号通道就从捕获阶段转移到了跟踪阶段。在信号的跟踪阶段，信号通道从捕获获取的对卫星信号的C/A码相位和载波频率的粗略估计值出发，通过跟踪环路获取对这两个信号量的精确估计，解调出信号中的导航电文数据比特，同时输出卫星信号的各种所需的测量值。简而言之，接收机对卫星信号的跟踪是一个与该接收信号同步的二维信号的复制过程。图6-5是一个典型的GPS接收机的通道跟踪模型。

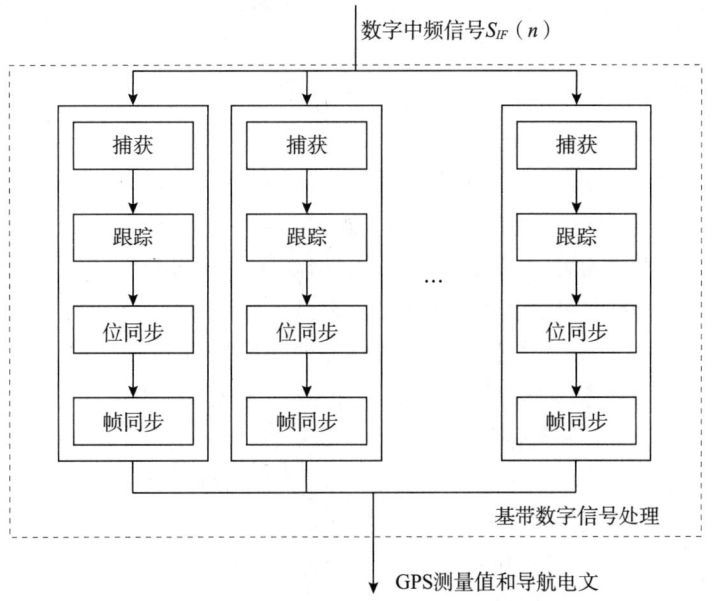

图 6-4　GPS 接收机通道框图

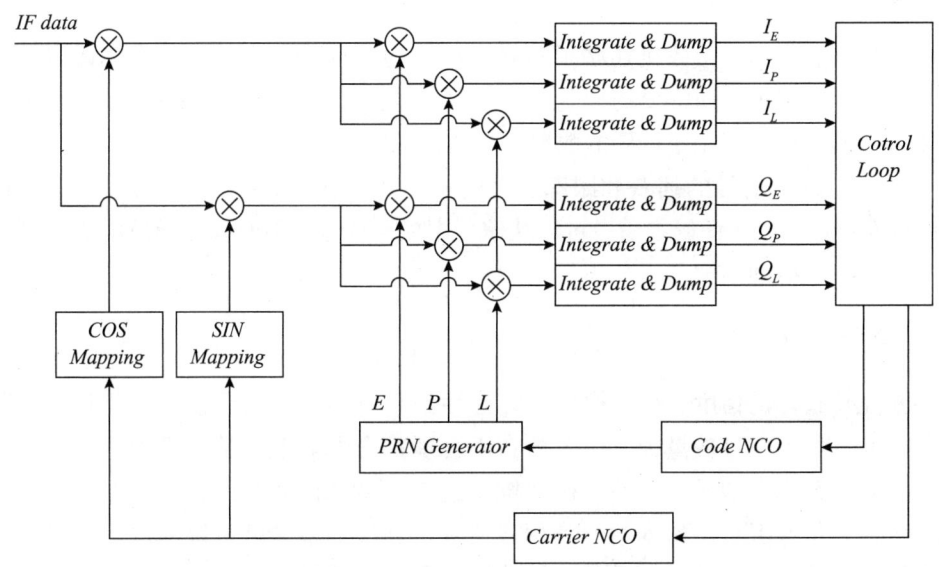

图 6-5　GPS 接收机通道跟踪模型

如图 6-5 所示，下变频之后的中频信号首先与本地复现载波的正弦和余弦映射值相乘，获得同相和正交两路数据，然后分别再与本地复现的超前、即时、滞后的三路本地码做相关，获得六个相关值 I_E、I_P、I_L、Q_E、Q_P、Q_L。这六个值送入环路控制模块得到对载波频率和码相位的一个估计量，然后反馈给码数控振荡器（Numerically Controlled Oscillator，NCO）和载波 NCO 以实现对载波频率和码速率的实时调整以保证环路可以跟踪接收信号的变化。

接收机通道通过载波环来实时跟踪接收信号的载波频率，确保本地复现的载波频率和相位与接收信号完全一致。载波环本质上是一个精确跟踪载波相位的锁相环或者只跟踪载波频率的锁频环。

伪码跟踪可以认为是 GNSS 接收机中最重要的功能模块，因为接收机中对接收到的信号中伪随机码跟踪环的精度直接决定着接收机的定位精度（利用载波定位的高精度接收机除外）。在接收机中通常使用延迟锁定环（Delay Lock Loop，DLL）来实现伪码跟踪，这种环路又称为超前减滞后跟踪环（early - late tracking loop）。DLL 除了本地产生的即时路伪码（P）之外，还额外产生超前（E）和滞后（L）两路本地码元。

接收机完成了信号的跟踪之后，可以精确地获知当前接收信号的码元在一个码周期中的位置，但是却不能确定当前的码周期在导航电文比特中的位置（GPS C/A 码的电文速率为 50bps，C/A 码周期为 1 毫秒，所以一个导航电文比特包含 20 个 C/A 码周期）。位同步的目的就是确定出导航电文比特的边缘。确定电文比特的边缘通常采用直方图法。

完成了位同步之后，接收机可以确定接收信号中导航电文比特的边沿位置，可以解算出当前的电文比特，但是却不能确定解算出的电文比特在所有的电文子帧中的位置，因此也就无法解析出导航电文中的信息。所以帧同步的作用就是确定出当前的电文在所有的子帧中的位置。

完成帧同步之后，接收机还必须对解调出来的数据比特进行导航电文译码，以获取形成伪距和位置解算所需要的导航电文参数。电文译码之前必须进行以 30bit 字为单位的奇偶校验，以保证用于译码的数据比特的正确性。

接收机完成了信号的捕获和跟踪、位同步（Bit Synchronization）、帧同步（Frame Synchronization）、电文译码之后，可以从信号中提取信号发射时间和导航电文并最终实现位置、速度和时间的解。

6.1.3 增强系统

卫星定位技术的精度、可靠性以及完好性都与所跟踪的卫星数目以及几何图形有着密切关系。如果卫星数量少或位置分布不合理都会影响卫星接收机的定位精度。而在一些特殊的地点，如深山峡谷、矿井坑道或者大型城市建筑内，往往由于信号遮挡严重，无法定位或者定位精度达不到用户要求，导致卫星导航系统的可用度降低。这种情况下可以建立各种陆基、星基、机载增强系统以及组合导航系统等，以确保卫星导航系统在全球范围内的高精度定位并能够在干扰环境下正常工作。

星基增强系统是使用某些低轨卫星对导航系统进行增强，如采用低轨道通信卫星。主要是通过信号增强和信息增强来提高系统的定位精度、完好性、连续性、可用性以及抗干扰能力。

以使用低轨道通信卫星增强北斗导航系统为例。增强系统中，接收机和参考站能同时接收通信卫星和北斗导航卫星信号。参考站将接收到信号的各种参数通过地面通信链路或卫星通信链路传输给控制中心，卫星也需将接收到的导航卫星信号的观测数据传输到控制中心。控制中心综合利用这些参数生成导航增强信息，再将增强信息传输给卫星的信关站。最后由信关站通过卫星的数据链路将增强信息发送给接收机。接收机根据不同的应用需求，综合利用增强信息，可以提高在各种应用场合下的性能。

在导航信号受到有意或无意干扰以致无法正确接收时，可利用通信卫星对导航系统的增强，提高用户终端的抗干扰能力，完成干扰环境下的定位。首先从信号增强的角度考虑，通信卫星信号本身具有较高的功率谱密度，其所传输的导航增强信号及测距信号具备一定抗干扰能力。其次从延长终端的积分时间角度考虑，可利用低轨星座通信卫星进行高精度时间稳定度传递，缩小终端时间不确定度，延长相干积分时间，实现导航信号的捕获与跟踪。

陆基增强系统一般包括使用伪卫星（pseudolites）来增强 GNSS 系统信号强度辅助定位以及使用多个接收机的差分技术。差分技术包括实时动态解算（Real Time Kinematic，RTK）技术、连续运行参考站技术（Continuously Operating Reference Station，CORS）等。

伪卫星是一种基于地面的能够传播类似 GNSS 信号的简易信号发生器。利用各种载体建立的伪卫星站可以区域增强 GPS、GLONASS 等 GNSS 导航系统。在一些地形复杂、遮挡严重的地区，可视的 GNSS 卫星数量受到限制，卫星几何图形分布较差，严重影响到了卫星接收机的定位精度。此时，通过在地表或空中增加一定数量的伪卫星，与 GNSS 卫星组合来进行定位，可以在很多方面增强 GNSS 导航定位系统的性能。众所周知，GNSS 定位精度与原始观测值的误差、卫星的几何图形分布有关。在 GNSS 观测值精度一定的条件下，改善 GNSS 卫星的几何图形分布就成为提高 GNSS 定位精度的关键。增强 GNSS 系统的伪卫星正是通过改善卫星的几何分布，从而达到提高 GNSS 导航定位精度的目的。研究表明，安置合理的伪卫星能增强 GNSS 卫星的几何强度和信号的有效性，对导航定位系统的可靠性、模糊度精度和解的结果有非常大的作用，尤其是在垂直方向上的提高尤为明显。虽然增加伪卫星的颗数对整个系统的完整性、可靠性和定位精度起着重要作用，但是当伪卫星的数量达到或者超过 3 颗时，再增加伪卫星的颗数对整个系统的作用就不如增加 1~2 颗伪卫星时那么明显。

在矿井隧道、地下掩体或者是遮挡严重的室内，GNSS 导航信号完全被遮挡，用户无法进行定位。利用伪卫星布设方便、位置灵活的特点，采用 GNSS 的定位原理，伪卫星可以完全替代 GNSS 卫星进行定位。独立伪卫星定位系统完全采用了 GNSS 的定位技术，其定位质量很大程度上取决于接收机与伪卫星所构成的几何图形。室内模拟试验表明，将 5 颗伪卫星发射天线安装在室内天花板上，距离地面高度 10 米，移动接收机在室内环绕运动。其相对定位精度因子值范围在 1.2~3.8，表现出了良好的定位几何图形。伪卫星定位系统的特点克服了 GNSS 技术应用的局限。

6.2 全球专利态势

在 GNSS 接收机的制造中，由于不断引入微电子技术和数字加工技术的新成果，

GNSS 接收机的定位精度不断提高。对 GNSS 接收机的改进主要是围绕如何消除 GNSS 定位误差来进行的。对于各种卫星导航系统来说,由于定位原理相同,因此影响任何一种卫星导航系统的定位误差都是相同的。

6.2.1 申请量

图 6-6 是全球和美国在 GNSS 定位领域的总申请量分布图。其中的数据仅涉及基带处理技术和增强系统这一技术分支。显然,全球和美国的申请量变化趋势是相同的。从每一年的申请数量上来比较,美国的申请量都至少占据了全球总申请量的 90%。因为第一个成功应用于民用市场的卫星导航系统就是 GPS。这使得美国在 GNSS 定位技术具有先天优势。美国不仅起步最早,而且始终占据技术和市场的领先地位。每一次技术上新的变革基本上都是从美国开始的。美国在 GNSS 定位技术上面的研发和生产直接影响着全球 GNSS 定位市场的发展。

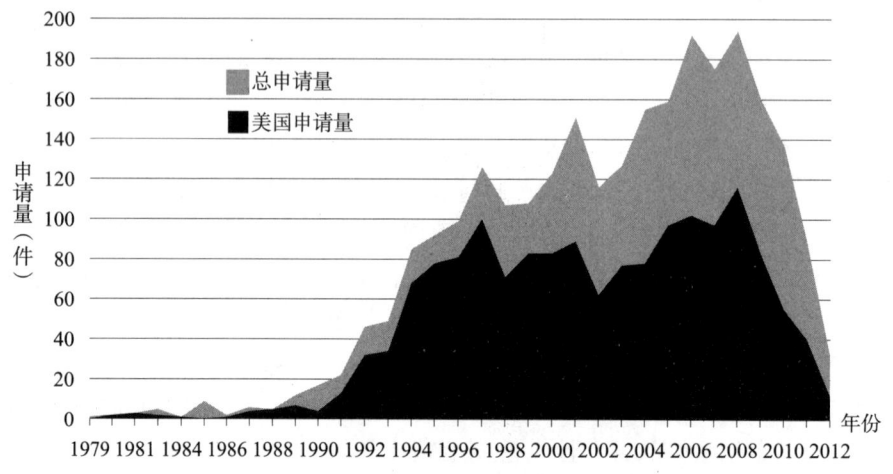

图 6-6 全球和美国在 GNSS 定位领域的总申请量分布图

参见图 6-6,全球总申请量从 1990 年开始有了迅猛发展,这主要是由于在 1990 年加拿大的诺瓦泰公司突破性地提出窄相关技术(US51001416A)。该技术利用相关技术消除多路径效应并同时大大缩短了观测时间和计算时间。它一下子就把定位精度提高了 5 倍,并开创了消除多路径效应的一个新思路。在此技术的基础上,许多研究人员又对相关器技术进行了很多改进,例如滤波相关器(Strobe Correlator)(US5953367A)等,相应的专利申请量也在快速增长。

1990~1997 年的专利申请中相关器技术方面的申请占了很大一部分。这也表现为 1997 年申请量上的一个小高峰。同时,为了消除电离层误差、钟差等误差,差分 GPS (Differential GPS,DGPS)技术也在飞速发展。比如 RTK 技术,可达到厘米级精度。RTK 的影响因素主要有:接收机的通道数和跟踪性能、数据链的可靠性和实用性以及软件的功能和精度。微电子技术的发展使得接收机的通道数和跟踪性能的大幅度改进成为可能,而随着无线通信技术的发展,使用最新的无线通信传输技术来传输差分改正数也成为新的技术趋势。由此，尽管在1997年之后的相关器技术方面的申请量有所下降，增长趋势放缓，但总的申请量仍在持续增长。

在2000年左右，RTK技术又发展为CORS，又称为网络RTK技术，由此2001年出现了一个申请量的小高峰。天宝公司在此发展阶段提出了虚拟参考站技术（Virtual Reference Station，VRS），抢先占领了大部分市场。

在2001年之后，GNSS定位技术趋于成熟，申请量有了小幅下降。各家GNSS接收机厂商转而研究GNSS与其他领域的结合应用，比如在农业、建筑、机械等方面的应用，申请量又开始大幅增加。由于2008年金融危机的影响，GNSS产业也受到冲击，之后的申请量有所下降。

(1) 基带和增强系统

在GNSS定位技术中，基带处理和增强系统是两个重要的研发方向。

图6-7中，"基带和增强系统的全球申请量"涉及基带和增强系统这一技术分支。"增强系统"的全球申请量仅涉及增强系统这一技术分支。图6-7中柱状重叠部分表示每年的"增强系统"的全球申请量。显然，与基带处理技术相比，增强系统的申请不仅数量较少，而且起步也较晚。从图6-7可明显看出，基带处理方面的研发仍是GNSS定位技术中的重点。

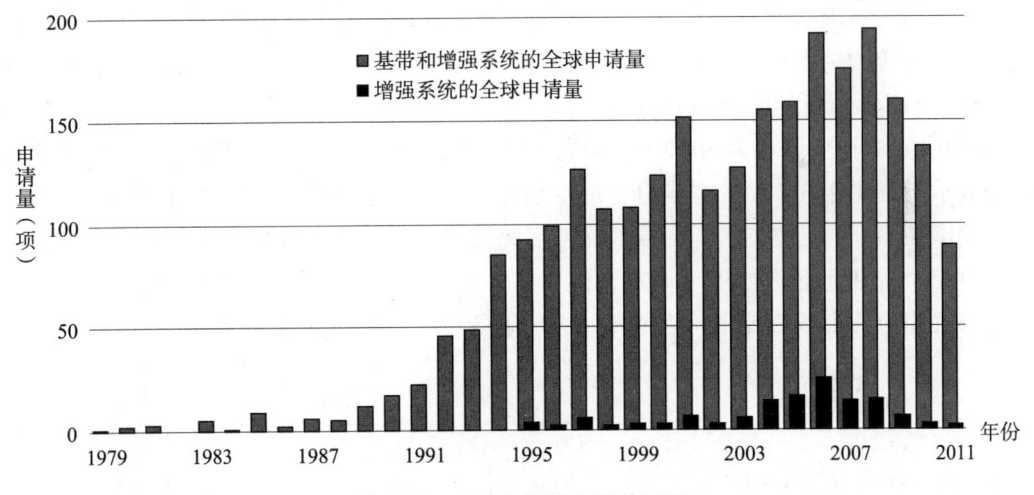

图6-7 全球申请量年代关系图

(2) GNSS/惯导组合系统

惯性导航系统其实是一种自主式的导航系统。它不向外界发送信息，同时也不接受任何外界信息，完全通过设备本身自主地完成导航任务。它具有不受外界环境条件的限制、抗干扰性强等优点。因此，惯性导航系统在导航技术中占有举足轻重的地位，得到了非常广泛的应用。

在惯性导航系统的发展过程中，按照惯性测量元件在载体上的不同安装方式可分为平台式惯性导航系统和捷联式惯性导航系统（Strap Down Inertial Navigation System，SINS）。平台式惯导系统的安装方式是将惯性测量元件安装在专门的惯性平台的台体上。捷联式惯导系统采用的是直接将惯性测量元件安装在运载体上的安装方式。这两种系统各有优缺点。平台式惯导系统相对于捷联式惯导系统由于有惯性平台台体，工作环境较好，可以直接建立导航坐标系，而捷联惯导系统是通过计算机来实现平台的功能。在计算量方面，平台式惯导系统计算量要小于捷联式惯导系统，从而可以快速补偿修正惯性元件的输出。平台式惯导系统由于有惯性平台，从而造成其结构比较复杂，而且相比捷联式惯导系统在体积和重量方面较大，而且不便于惯性元件的安装及维护。所以人们可以根据载体的应用及要求不同来选择惯导系统。

本文的惯性导航系统是广义的含义，包括陀螺仪、里程计、加速度计等设备。

通过比较 GNSS 系统和惯导系统的优缺点可以发现二者之间具有很强的互补性。第一，这两种系统在进行导航定位时，惯导系统会随着误差累计的不断增大而使得导航精度下降，而 GNSS 系统定位精度不会受时间影响，同时 GNSS 定位误差也是固定的，不像惯导系统的误差一直累计；第二，惯导系统相比于 GNSS 系统无信号遮蔽问题，可以对载体输出连续的导航定位信息；第三，惯导系统由于要进行预热以及初始对准等操作，所以它从启动到输出导航定位信息需要较长的时间，而 GNSS 接收设备的初始定位时间比惯导系统要小；第四，在成本方面，一台高精度的惯性导航系统的价格非常昂贵，而 GNSS 接收设备的价格较低。

将这两种系统有效地结合起来，可以充分发挥它们各自的优势，取长补短，有效提高导航系统的精度和可靠性。随着导航系统的不断发展，为满足各种性能要求，出现了很多 GNSS/INS 组合导航系统的组合方案，如松组合、紧组合、超紧组合等方案。

图 6-8 中把全球和美国 GNSS/惯导组合的申请量进行了比较。图 6-8 中柱状重叠部分表示美国每年在 GNSS 惯导组合的申请量。显然，美国的申请量约占全球的一半，这与美国在 GNSS 定位技术上的技术优势不无关系。而且从分布图上可以明显看出，在 2005 年之后，申请量开始迅速增加，说明 GNSS/惯性组合导航系统的研发越来越受重视。与之相应的市场表现是，近些年组合导航的产品越来越普及。

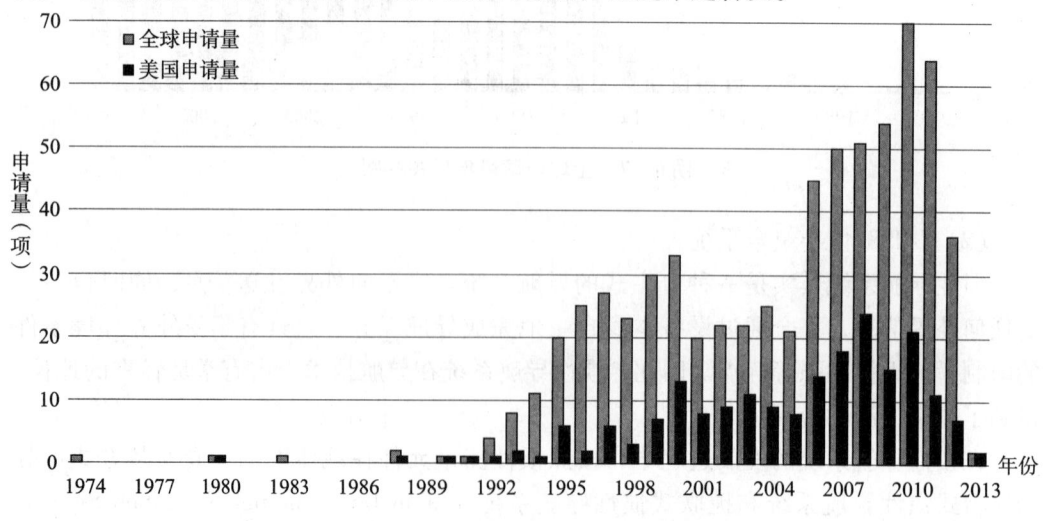

图 6-8　GNSS/惯导组合系统的专利比较图

6.2.2 来源国/地区

（1）申请国/地区

GPS 系统是目前商业应用中最成功的 GNSS 系统，这使得美国在 GNSS 接收机技术的研发方面一直走在世界前列。美国生产的 GNSS 接收机一直占据了全球大部分市场，相应的专利申请量也是全球最多的。图 6-9 所示的地区分布图与全球和美国申请量分布图的分析结果是一致的。美国的申请量是最多，欧洲次之，日本和中国紧跟其后。

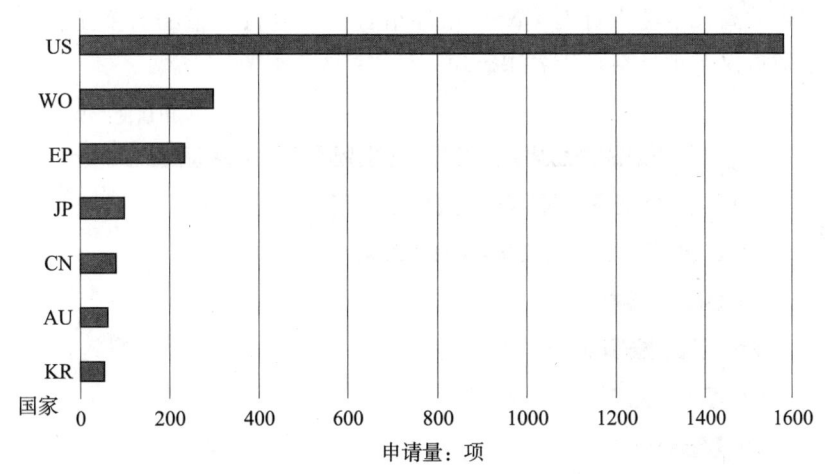

图 6-9 基带与增强系统申请国家和地区分布图

欧洲申请量次于美国，主要有两个原因。一是因为欧洲的徕卡公司一直专注于测量型精密仪器如全站仪等的研发和生产，其中也包括 GNSS 接收机的研发和生产。徕卡公司在 GNSS 接收机方面申请了相当数量的专利。2000 年之前，徕卡公司的 GNSS 接收机占据了全球很大一部分的测绘市场。2006 年徕卡公司被海格斯康集团（Hexagon）收购。该集团又在 2007 年收购了诺瓦泰公司。因此近些年徕卡公司的接收机一般使用诺瓦泰公司生产的 OEM 板。这就导致徕卡公司目前仅在后续数据处理上进行一些改进，专利申请量有所下降。二是因为欧洲开始建设伽利略系统。该卫星导航系统的建设使得 GNSS 接收机有了一个新的发展方向，即从单卫星系统向多频多星座方向发展，从仅能接收和跟踪 GPS 卫星发展到可接收跟踪多个卫星星座（GPS、GALILEO、GLONASS）。伴随着这种技术的发展趋势，欧洲地区的申请量逐渐增加。

日本申请量也较多，主要是因为日本的拓普康公司。拓普康公司与徕卡公司一样，也一直专注于测绘类仪器，其中自然也包括 GNSS 接收机的研发和生产。但最近几年拓普康公司也不再自己研发 OEM 板，仅是使用别的公司生产的 OEM 板进行封装，在后期数据处理进行一些研发工作。

中国的申请量排名第五，数量虽然不小，但国内主要生产厂商的申请量却不多。因为国内主要的 GNSS 接收机厂商如南方测绘、中海达生产的接收机多是购买国外

OEM板进行后期封装,很少针对接收机尤其是基带处理模块进行研发,仅是对后期数据处理进行一些研发。武汉大学、中国科学院微电子所等高校研究院所对基带处理模块和后期数据处理都进行研究。但他们的研发与市场结合不紧密,研究成果很少转化到商业市场。

在图6-10 GNSS/惯导组合系统的申请国家或地区中,美国、日本、中国分别占据了前三位的位置。美国申请量最多,因为他们在GNSS定位技术和与其相关的技术领域上一直占据优势地位。日本申请量排名第二位,与他们国家对导航系统的重视有着密切联系,因此,日本的导航技术水平也是非常高的。以北京航空航天大学和中国科学研究院为代表的高校申请人针对GNSS/惯导组合系统进行大量的研究工作,这也表现在我国的申请量仅次于日本,排名第三位。

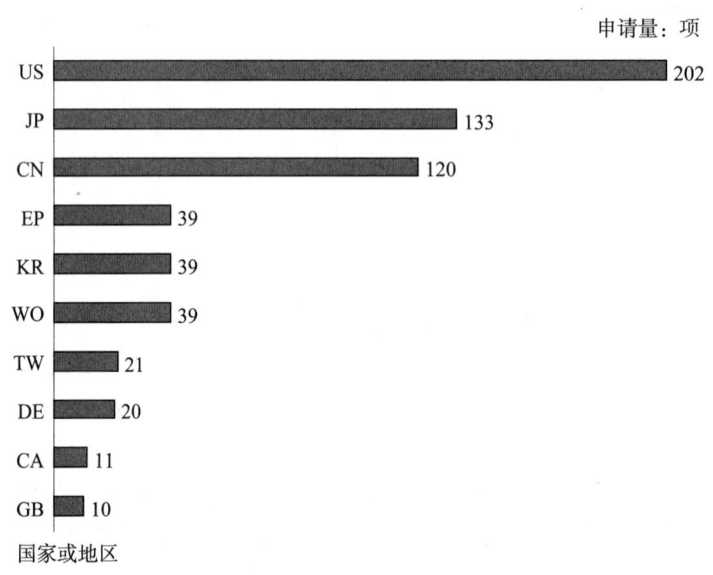

图6-10 GNSS/惯导组合系统的申请国家或地区

(2)按照优先权统计

一般来说,优先权多的国家是技术最占优的国家。以优先权统计来源的国家或地区分布(见图6-11)的结果与之前的分析是相一致的。

由于GPS系统是美国建立和维护的卫星定位系统,所以美国在以GPS定位技术为代表的GNSS定位技术方面的申请最多。美国申请的覆盖面很广,包括基础专利和应用型专利。美国在GNSS接收机的技术和市场上占据主导性地位。以美国为优先权的申请数量远远超出其他国家和地区。欧洲和日本的申请远少于美国,但比其他国家要多。这是因为欧洲和日本的一些专业测绘公司对GNSS接收机进行了很多研发工作。不过,基础专利还是掌握在美国公司手中,欧洲和日本的申请主要是一些外围专利申请。

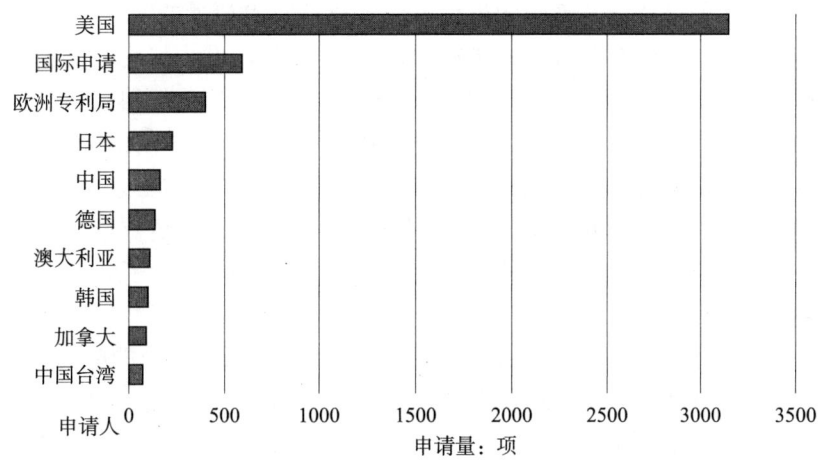

图 6-11 以优先权统计来源的基带与增强系统国家或地区分布

6.2.3 目标国

目标国分布是与市场分布紧密相关的。一般来说，企业想占领哪个地区的市场就会优先在哪个地区申请大量专利，进行专利布局。

从图 6-12 可以看出，美国作为 GNSS 定位技术领域的专利大户，其申请量远远高

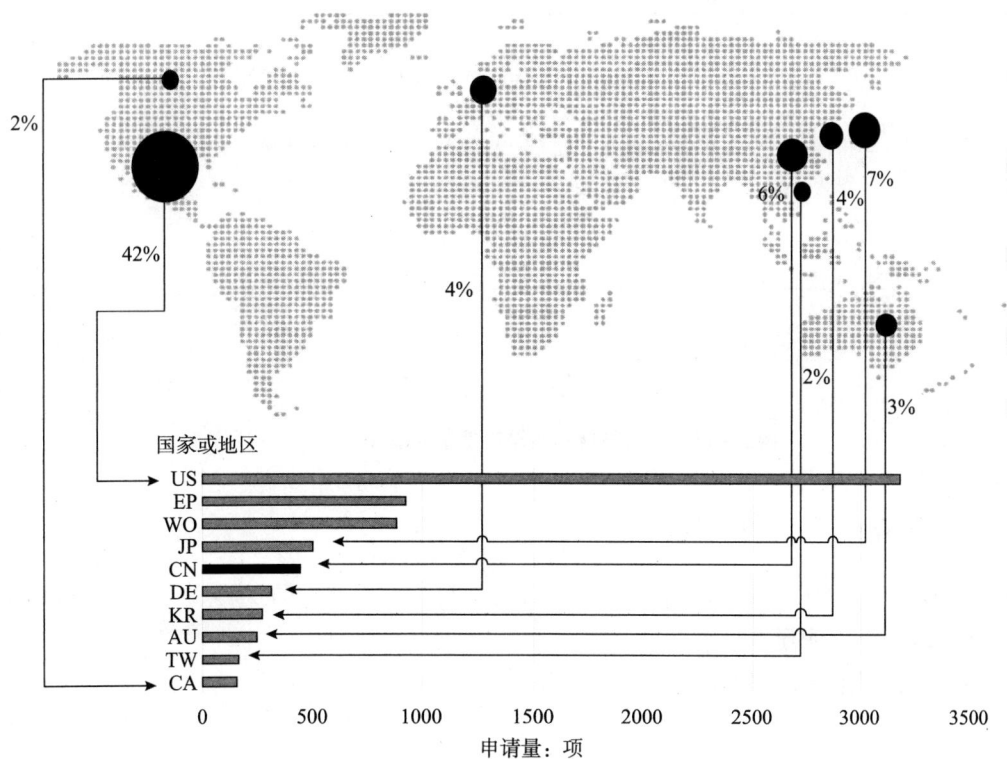

图 6-12 基带与增强系统申请目标国或地区比较图

出其他国家和地区的申请量。美国的申请量约占全球总申请量的 42%。这与美国作为 GNSS 定位技术的主导地位国身份是相吻合的，其他国家都无法与美国相抗衡。这也说明美国在 GNSS 定位技术方面具有最为广阔的市场前景，使得其他国家的申请人都纷纷在美国进行专利布局，以争取在美国市场发展中夺得先机。虽然欧洲和日本的申请量远不如美国，但还是远远超过其他国家，彰显了 GNSS 定位技术在发达国家的市场需求。中国 442 件的申请量一方面表明中国市场吸引了全球 GNSS 定位技术方面的大公司的目光，另一方面也表明中国经济的发展促使国内相关科研院所和企业在全球化大潮中逐步增强研发实力。

从图 6-13 可以更明显看出，以美国为优先权的申请在美国本土的申请最多，进入欧洲（EP）的申请有 447 项，比进入中国（CN）、日本（JP）和德国（DE）的申请要多，说明美国公司对全球市场的重视程度依次是美国、欧洲、中国和日本。日本申请人在美国的申请量已经超过了他们在日本的申请量，说明日本申请人更重视美国市场。这也是由于日本市场本身比较小所致。另外，日本申请人在欧洲和中国也申请了很多专利。欧洲申请人在本地申请最多，美国其次，并且在美国的申请量远大于在日本和中国的申请量，说明欧洲也非常重视美国市场。这与图 6-12 的分析结果是相一致的。

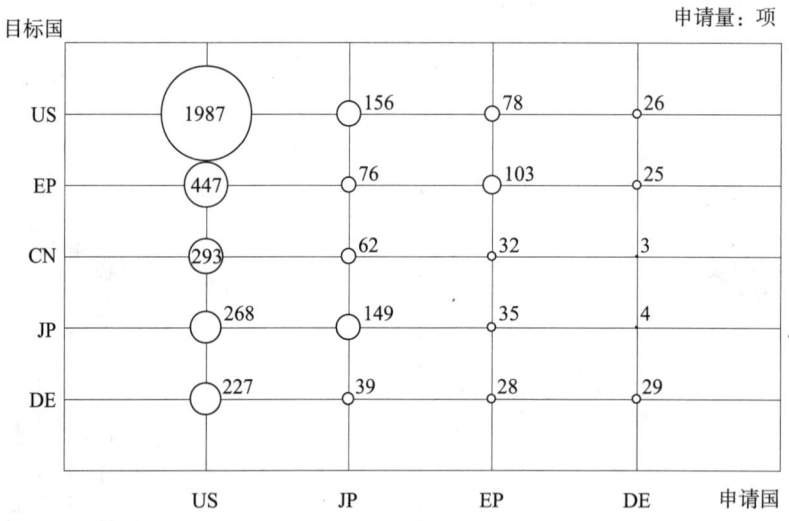

图 6-13 基带与增强系统申请进入国和目标国情况

6.2.4 申请人

在 GNSS 定位技术的发展中，国外大公司一直主导着技术的发展。从申请人统计图（图 6-14）可以明显看到这一点。

从全球申请人排名以及美国申请人排名可以明显看出，不管是在全球还是在美国，排名前 3 位的公司都是相同的美国公司，分别是天宝公司（TRMB）、SiRF 公司和高通公司（QCOM）。其中，天宝公司的专利申请占美国总申请量的 30%，占全球总申请量的 25%，说明天宝公司在专利占有量上具有统治地位。这与天宝公司非常高的市场占

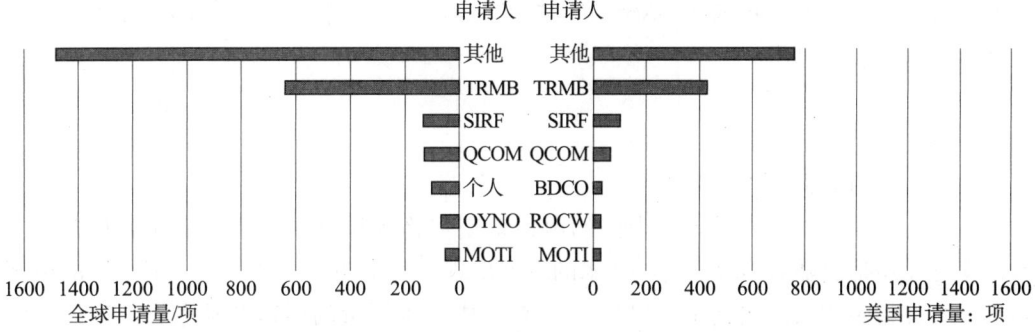

图 6-14 全球和美国基带与增强系统申请人比较图

有率以及全球最大卫星导航接收机生产厂商的地位是相吻合的。作为世界知名的通信和芯片厂商的 SIRF 公司和高通公司的申请量分别排名第二位和第三位，这与目前火爆的 GNSS 导航定位消费市场的发展情况是相一致的。SiRF 公司和高通公司的申请主要面向消费类应用。这两个公司的高申请量也彰显了目前消费类市场蓬勃发展的势头。

图 6-15 是在增强系统的专利申请中排名前 10 位的申请人列表。这些申请人中高精度 GNSS 接收机生产厂商和 GNSS 芯片厂商基本各占一半。其中排名第一位和第二位的都是接收机生产厂商：美国的天宝公司（TRMB）和 NAVCOM TECHNOLOGY 公司（NAVC）。这说明在增强系统的研发中，接收机生产商的技术具有一定的优势。他们更专注于网络 RTK 技术。GNSS 芯片厂商则以 SiRF 公司和佳明公司（GARM）为代表。他们专注于如何把 GNSS 定位技术与无线通信技术等结合起来提高定位精度。

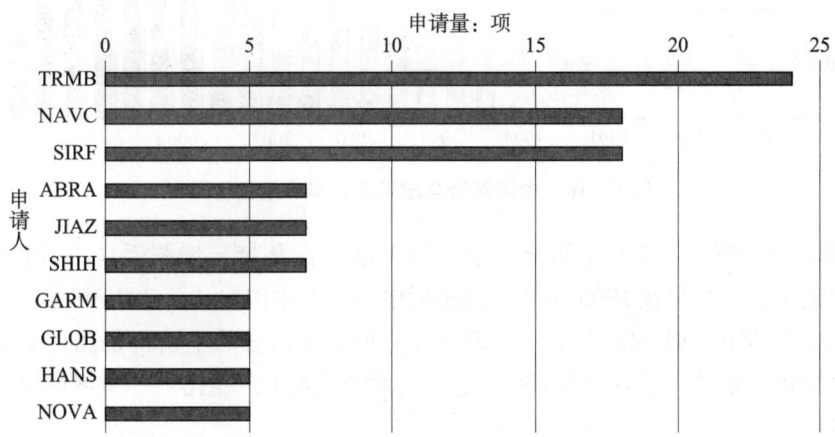

图 6-15 增强系统的申请人前 10 位

6.3 中国专利态势

中国在 GNSS 定位技术方面的申请在数量、质量、申请人分布上都与全球申请不同，具有自己的特点。通过对中国申请的申请量、地区分布、申请人以及法律状态的分析，可以清楚地看到我国在 GNSS 定位技术上远远落后于国外，需要国内技术人员和企业家加快追赶的脚步。

6.3.1 申请量

（1）基带和增强系统

从图 6-16 可以明显看出，中国的申请量变化趋势与全球申请量变化趋势并不一致。全球总申请量随着 GNSS 定位技术的发展出现了几个明显峰值变化，但中国的申请量却一直在稳步增长。尤其是在 2005 年之前，中国申请量的增速非常平缓。这说明中国在 GNSS 定位技术的研发上是落后于全球的，并没有跟上全球发展的脚步。在 2005 年之后申请量开始迅猛增长，虽然在 2008 年由于金融危机有小幅下降，但下降趋势明显低于全球。这表明我国的 GNSS 定位技术市场一直处于蓬勃发展中，市场前景被看好。

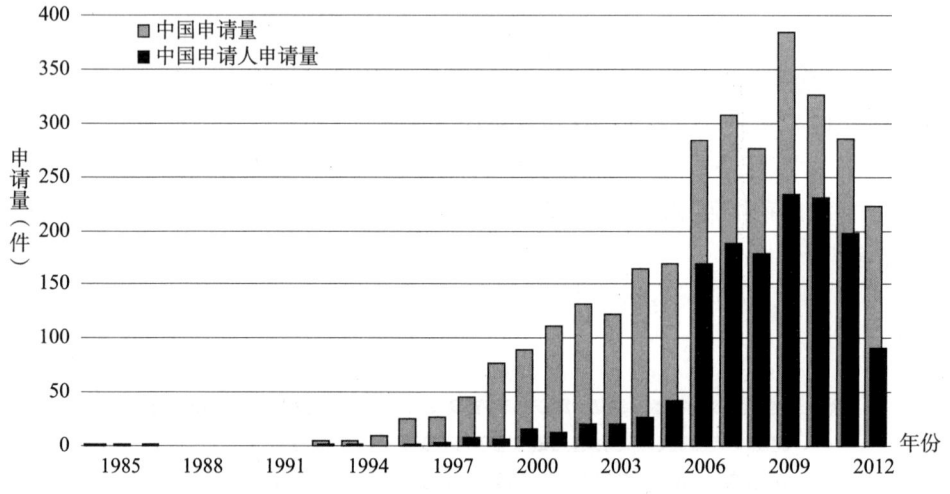

图 6-16　中国基带与增强系统申请量变化图

在图 6-16 中，柱状重叠部分表示中国申请人在基带与增强系统方面的申请量。在中国申请中，虽然早在 1995 年就开始进行申请，但本国申请从 2005 年才开始迅速增加，在全部申请中占据一定分量。在 2005 年之前，大部分的申请都是国外申请人提交的申请。这进一步证明了我国在 GNSS 定位技术的研发上严重落后于世界的脚步，至少落后 10 年。

（2）GNSS/惯性组合系统

虽然我国在 GNSS 定位技术的研发上严重落后于全球，但我国在 GNSS/惯导组合系统的研究上并没有特别落后。

图 6-17 申请量的变化趋势表明，我国申请量的变化趋势与全球趋势基本一致。说明我国在组合导航技术上具有一定的竞争力。

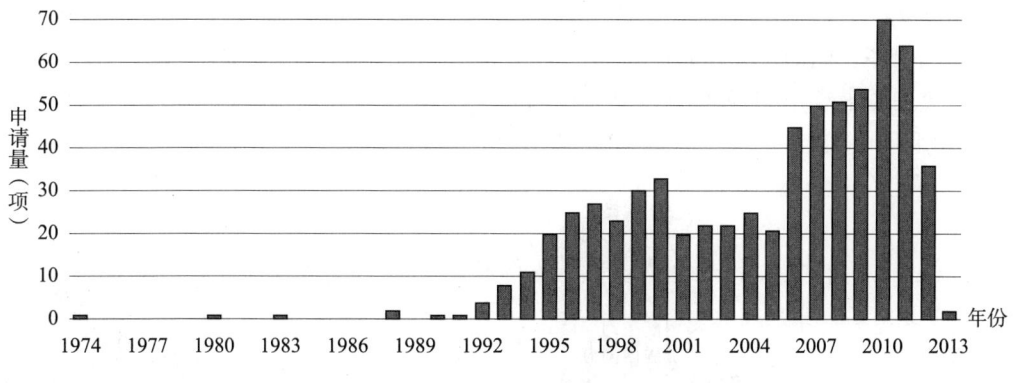

图 6-17　GNSS/惯导组合系统的申请量变化图

6.3.2　申请的地区分布

卫星定位技术是与实际应用紧密相关的一项技术。它在我国起步较晚，最初只是国内高校和科研院所出于科研的目的对卫星定位技术进行研究。因此，该技术的发展在地区分布上基本与经济发展情况以及所在地区高校数量相对应。

如图 6-18 所示，北京、江苏、广东、上海和陕西的申请量比较大。

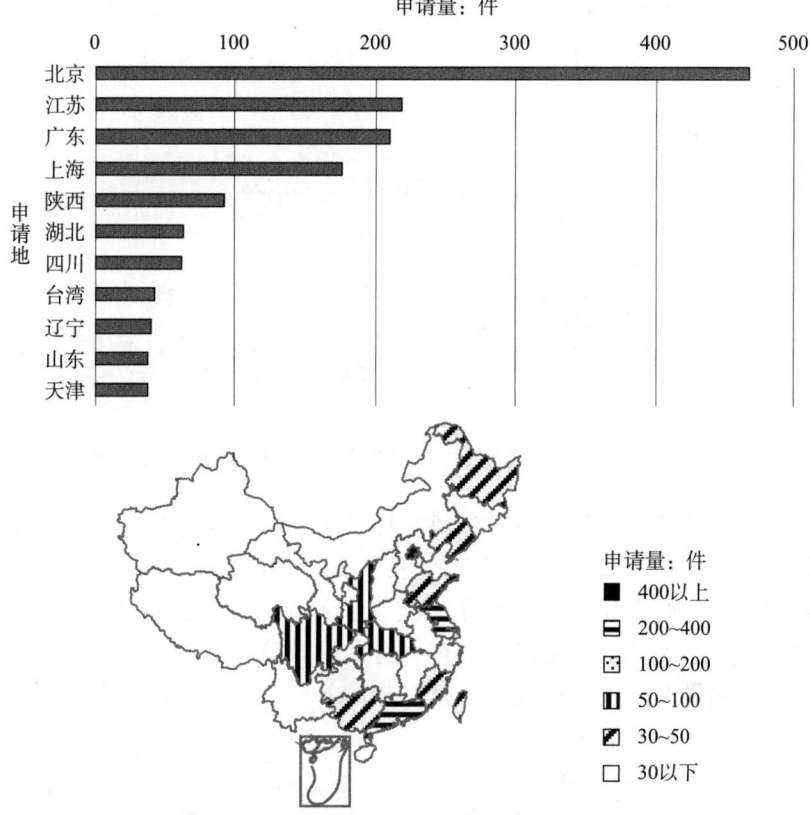

图 6-18　基带与增强系统申请地区前 10 位排名图

如图 6-19 所示，对于北京地区来说，北京的研究院所比较多，而且高新技术产业园区也很多，比如中关村科技园中有很多偏向于导航应用的企业。因此，北京的申请量是全国各个省市中最多的。中关村的各家卫星导航企业曾在 2010 年一起制作了"北京市北斗导航与位置服务产业链全图"，可见他们对导航产业的重视程度。

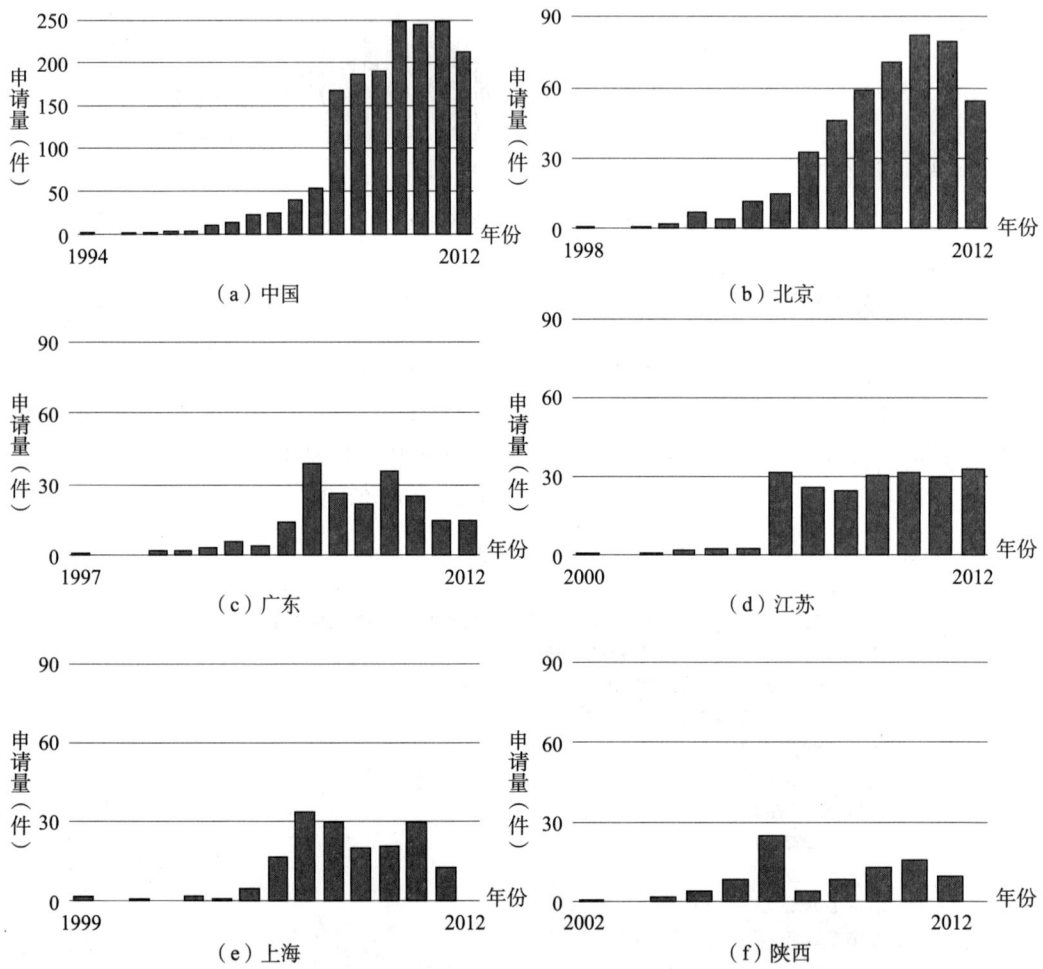

图 6-19 基带与增强系统中全国与排名前五位的申请量比较图

北京地区的申请量趋势图基本与全国的趋势图一致，说明北京的卫星导航产业的发展在全国有着举足轻重的作用。

江苏的申请量仅次于北京，其申请量趋势与全国趋势图也比较接近。江苏昆山的经济技术开发区、高新技术产业园区中有一些从事导航产业的公司，不过它们的规模不算很大。对申请量做出主要贡献的还是江苏的各所高校，比如东南大学、中国矿业大学等。

广东在 1997 年就开始申请卫星定位技术方面的专利，说明导航产业在广东起步较早。目前国内比较大的卫星接收机厂商如中海达、南方测绘等公司都位于广东。但最近几年广东的申请量增长速度低于北京和江苏,一方面是因为高校数量较少,另一方面也是因为这些接收机厂商在技术上不占优势,也不太重视专利的申请。

上海从 1999 年开始申请专利,申请量变化趋势与全国变化趋势基本吻合。上海的高新技术公司比较多,它们为申请量的增加作出较大贡献。

陕西从 2002 年开始进行专利申请,与北京、江苏、广东和上海相比,起步最晚。从 2009 年起申请量开始稳步增加。

总体上,卫星定位技术的专利申请主要集中在高校科研院所比较多、经济发展比较好的地区。

6.3.3 申请人

在中国的申请量变化与全球变化不一致的情况下,我国的申请人分布图与全球和美国申请人分布图也是不同的。从全球和美国申请人排名来看,公司在 GNSS 定位技术研发中占据主导地位。这表明国外申请人是一直以市场为导向进行研发,研发成果紧密结合市场。而从图 6-20 可知,我国的申请人却多为高校和研究院所,排名前三位

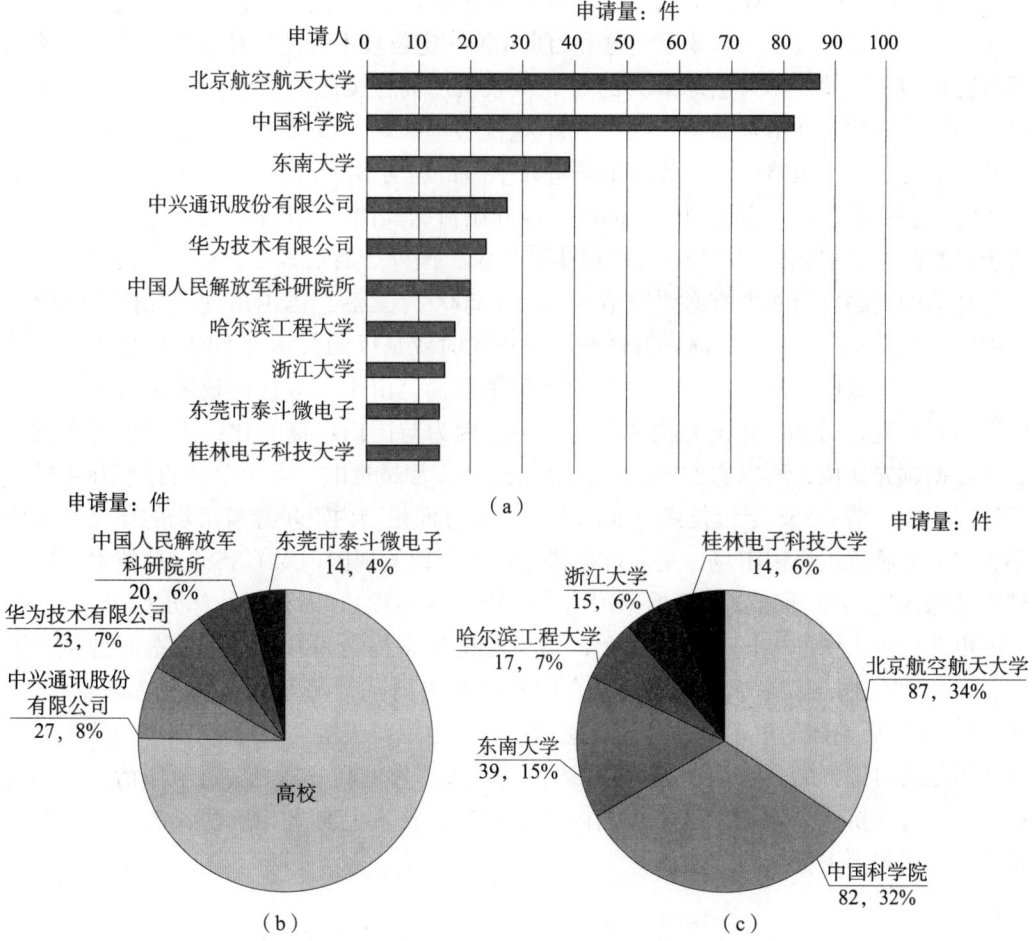

图 6-20 中国基带与增强系统申请人排名

的都是科研院所，其中北京航空航天大学和中国科学院的申请占了总申请量的一半。科研院所的申请多是对 GNSS 定位技术中的某一算法进行的改进，包括基带、后处理等方面。这些申请的科研意义更大些。申请人排名情况表明，与美国、欧洲、日本相比，我国的 GNSS 定位技术的研发并不是面向市场的，研究成果转为实际商业应用的能力较差。

从图 6-20 还可看出，国内的较大 GNSS 接收机生产厂商如南方测绘、中海达等都没有进入申请人的前 10 位。前 10 位中只有东莞泰斗微电子属于 GNSS 接收机厂商。这进一步说明国内的研发不是针对商业市场，国内 GNSS 接收机方面的申请和市场并没有很好的融合。这导致国内厂商在技术上不占任何优势。这种情况与前面所述国内厂商多是购买国外 OEM 板进行封装再出售的情况是相吻合的。国内厂商不掌握核心技术，仅只能算是国外 GNSS 厂商的销售商而已。在目前我国已发射和建立自己的卫星导航系统以及政府大力提倡和发展国内卫星导航市场的情况下，如果不改变目前这种局面，就算国内导航产业表面发展得如火如荼，国内厂商也并不能从红火的市场中获利，最终获利的只能是国外接收机厂商。

如图 6-21 所示，在除中国大陆之外的申请人中，排名前 10 位中如高通公司、诺基亚公司等的通信类公司有 8 家，这和目前 GNSS 定位技术与通信技术相结合的快速发展情况是相一致的。作为全球最大的专业接收机厂商，美国的天宝公司在中国的申请量并不是最多的，并不是因为天宝公司不重视中国市场。事实上，天宝公司在中国的专利申请是非常有策略性的。作为最早进入中国市场的 GNSS 接收机生产厂商之一，早在 20 世纪 90 年代，天宝公司的产品就已经开始占据国内高精度测绘的大部分市场了。由于当时国内根本就没有 GNSS 接收机生产厂家，国外产品根本不会遇到任何国内产品与之竞争的问题，当然没有必要申请专利。在 2000 年之后，国内出现了如南方测绘等一些国内 GNSS 接收生产厂商。但这些厂商在当时或是仅购买国外 OEM 板块进行封装出售，或是干脆成为国外厂商在中国的代理销售商。由于没有任何技术优势，所以国内厂商对天宝公司来说并没有构成任何威胁。因为与国内厂商相比，天宝公司在技术上仍占据领先地位，所以它们产品的售价仍然是非常昂贵的。天宝公司直到 2004 年才开始在中国申请 GNSS 定位技术方面的专利，一方面是国内卫星导航市场的蓬勃发展使得它们越来越重视中国市场，另一方面是它们敏锐地发现国内对 GNSS 定位技术的研究越来越深入（2005 年西安华讯推出国内第一块 GPS 芯片），而且国外部分 GNSS 接收机厂商也开始进入中国申请专利。因此，为了保持其高利润和专业市场的垄断地位，天宝公司开始在中国进行专利布局。结合图 6-16 中国基带与增强系统申请量变化图，从 2005 年以后中国的申请量才开始迅速增加，这也说明天宝公司选择 2004 年这个时间点并不是盲目选择的。它抢在国内 GNSS 定位技术研发的高峰期之前进行申请，使其在技术上一直保持领先地位，也使得国内厂商无法在技术上与之相抗衡，从而继续在高精度专业市场上占据主导地位。

第6章 基带与增强系统

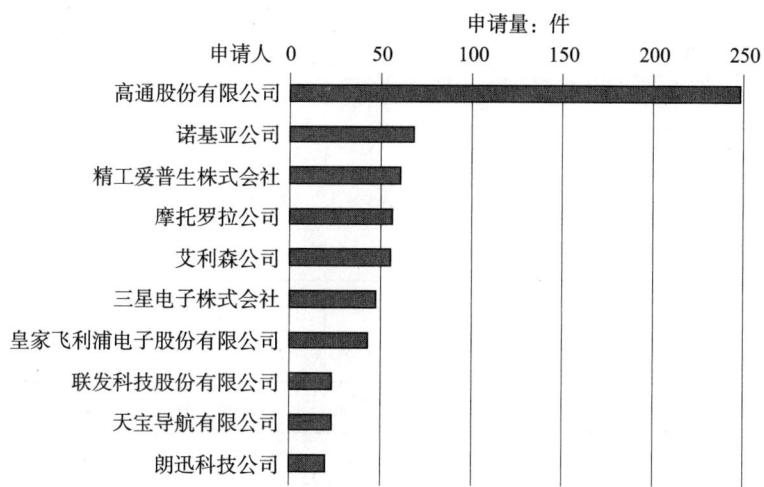

图6-21 中国大陆之外的基带与增强系统申请人前10位排名情况

从图6-22可知，在国内申请人的国家分布中，本国申请还是最多的。但从国内申请人分布情况可知，巨大的申请量并不意味着国内接收机厂商在技术以及市场上占据优势。结合前面的分析，大量的申请并没有转为实际生产力，没有在商业市场上发挥作用。排名第二的是美国申请，这也印证了国外申请人分布情况的分析。不管是通信公司还是GNSS接收机公司，美国的申请量与其他国家的申请量相比都占据绝对优势，这也和美国一直在GNSS定位技术上占据主导地位的情况相吻合。日本的拓扑康公司在亚洲市场上具有一定优势，所以来自日本的申请也是相当多的。

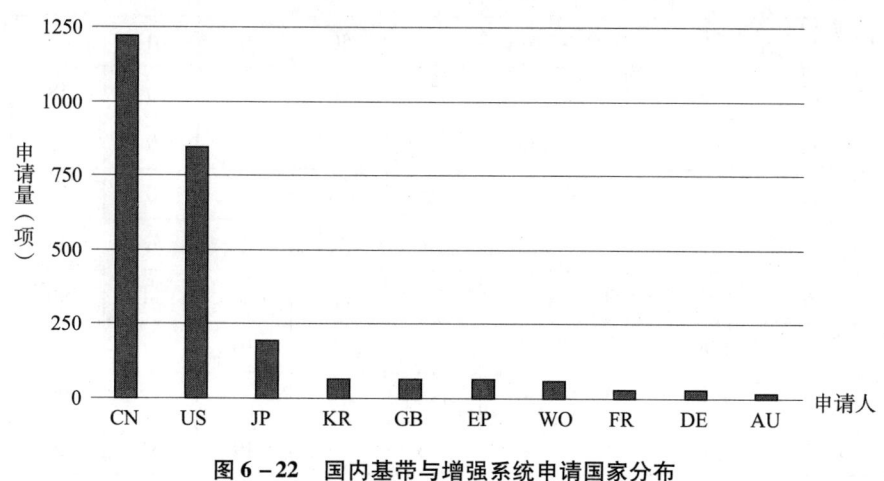

图6-22 国内基带与增强系统申请国家分布

6.3.4 法律状态

针对基带与增强系统这一技术分支在中国的申请，课题组分别统计了国内和国外申请人每一年的法律状态信息，如表6-1所示。

145

表6-1 基带与增强系统的中国申请的法律状态统计表　　　　　单位：件

申请年	公开		授权		有效		在审		失效	
	国内	国外	国内	国外	国内	国外	国内	国外	国内	国外
1987	0	3	0	2	0	0	0	0	0	3
1988	0	1	0	1	0	0	0	0	0	1
1989	0	0	0	0	0	0	0	0	0	0
1990	0	0	0	0	0	0	0	0	0	0
1991	0	0	0	0	0	0	0	0	0	0
1992	0	0	0	0	0	0	0	0	0	0
1993	0	0	0	0	0	0	0	0	0	0
1994	0	4	0	3	0	1	0	0	0	3
1995	1	3	1	1	0	1	0	0	1	2
1996	0	7	0	3	0	1	0	0	0	6
1997	2	13	2	9	0	2	0	0	2	11
1998	1	17	1	14	1	9	0	0	0	8
1999	5	21	4	13	2	11	0	0	3	10
2000	4	33	2	19	0	14	0	0	4	19
2001	8	76	5	42	2	36	0	2	6	38
2002	11	90	8	61	1	50	0	0	10	40
2003	25	78	15	57	7	46	0	0	18	32
2004	18	73	17	56	7	43	0	0	11	28
2005	37	128	27	96	10	88	0	0	27	40
2006	50	131	32	75	16	72	1	6	33	53
2007	167	105	120	58	76	55	1	11	90	39
2008	223	126	161	71	115	71	10	21	98	34
2009	224	127	169	79	146	79	7	25	71	23
2010	251	83	188	44	173	43	19	31	59	9
2011	231	155	159	28	150	28	46	118	35	9
2012	312	107	149	4	146	4	157	102	9	1
2013	106	16	33	0	33	0	73	16	0	0
总计	1676	1397	1093	736	885	654	314	334	477	409

首先从申请量上来看，国外申请人从 2001 年就开始逐渐增加在中国的申请，而国内申请人的申请则是从 2007 年才开始迅速增加。1987～2006 年 20 年的时间内，国外申请人的申请都是占据绝对优势的。而这段时间正是 GNSS 定位技术从萌芽期逐渐发展至成熟期的阶段，进一步说明国内在 GNSS 定位技术上是落后于全球脚步的。国内申请人的申请量从 2007 年开始增加，且超过国外申请人的申请量，这与国内开始建设和大力推广北斗导航系统应用的大背景是密不可分的。再从授权和失效数量上来看，国内申请的授权率为 65%，但授权之后的有效率为 81%，国外申请人的申请量授权率为 53%，授权之后的有效率 89%。这说明虽然国内申请的授权率比较高，但授权之后有大约 19% 的专利并没有得到实际保护，失效的原因包括没有缴纳年费、被无效等。申请专利保护一项技术归根结底是一项商业行为，只有在有商业利润的情况下，申请人才有动力维护自己的专利权。从这个角度来说，国内授权后的申请的无效率高于国外申请的情况也说明国内申请人的申请并没有获得很好的商业利益，由此才导致部分授权后的专利被放弃权利。这也从一个侧面反映了国内的专利申请与商业市场结合得不太好。

6.4 技术发展路线

随着美国 GPS、欧洲伽利略等卫星导航系统的建立，GNSS 定位技术从 20 世纪 90 年代开始飞速发展，应用领域不断扩大。我国的卫星导航行业也进入了高速发展期。各级政府都在积极推进卫星导航/北斗系统产业化。迄今为止包括交通运输部和农业部在内的 8 个部委和 6 个地方政府出台了强制或鼓励发展卫星导航/北斗系统的"十二五"规划细则。因此，厘清 GNSS 定位技术的发展路线对国内导航产业的企业至关重要。

6.4.1 技术演进图

GNSS 定位技术是通过地面接收设备接收卫星传送的信息确定地面点的位置，所以定位误差主要来源于 GNSS 卫星、卫星信号的传播过程和地面接收设备。此外，在高精度的 GNSS 定位中，与地球整体运动有关的地球潮汐、负荷潮及相对论效应等，也是导致定位误差的不可忽视的原因。

为便于理解，通常将各种误差的影响投影到观测站至卫星的距离上，以相应的距离误差来表示，称为等效距离误差。以 GPS 定位为例，表 6-2 列出了 GPS 定位的误差类型及等效的距离误差。

表 6-2 GPS 测量误差分类及对距离的影响

类别	误差来源	等效距离误差/m
卫星部分	星历误差、钟误差、相对论效应	1.5～15
信号传播	电离层折射、对流层折射、多路径效应	1.5～15
信号接收	钟误差、位置误差、天线相位中心变化	1.5～5
其他影响	地球潮汐、负荷潮	1.0

根据误差的性质，上述误差可分为系统误差和偶然误差两大类。偶然误差主要包括信号的多路径效应及观测误差等；系统误差主要包括卫星的轨道误差、卫星钟差、接收机钟差以及大气折射误差等。其中，系统误差远远大于偶然误差，是 GNSS 定位的主要误差来源。同时，系统误差有一定的规律可循。根据系统误差产生的原因可采取不同的措施加以消除或减弱。如表 6-3 所示，主要措施如下：

表 6-3　常见误差消除方法

误差类型	消除方法
星历误差	建立区域性卫星跟踪网、轨道松弛法（半短弧法、短弧法、同步观测值求差）
卫星钟误差	地面监控系统计算、差分
电离层折射	双频观测、电离层改正模型、同步观测值求差
对流层折射	对流层折射模型、同步观测值求差
多路径效应	选择合适站点、天线中设置抑径板、基带处理
接收机钟差	差分
天线相位中心偏差	差分
地球潮汐、负荷潮影响	经验模型进行改正

（1）建立系统误差模型，对观测量进行修正。
（2）引入相应的未知参数，在数据处理中与其他未知参数一起处理。
（3）将不同观测站对相同卫星的同步观测值进行求差。

GNSS 高精度定位技术涉及 GNSS 接收机的基带解算和使用增强系统进行差分定位。对其进行简单技术分解，参见表 6-4。

表 6-4　高精度定位技术分解

接收机芯片（基带解算）	抗多路径（包括相关、信号补偿等）
	消除钟差、轨道误差、电离层误差、对流层误差和信号去噪
	快速定位、测速、授时、姿态（包括缩短定位时间、整周模糊度解算、坐标转换、捕获、跟踪等）
	芯片制造（包括省电、小尺寸、低功率等）
	双频、多频和多模
	其他
增强系统（差分技术）	地基增强系统（包括 RTK、CORS）
	星基增强系统（包括 WAAS、EGNOS、MSAS 和伪卫星等）

使用单差分 GPS（Differential GPS，DGPS）技术，可以消除卫星的钟差和卫星轨道误差，消除电离层和对流层的部分折射影响。使用双差 GPS 技术（对同一时刻的两个不同卫星的站间单差观测值再作差）可消掉接收机时钟的误差，并进一步消除电离层和对流层误差。通过对地球自转进行建模，可以消除地球影响。天线相位误差可通过提高天线制造技术来消除。可见，以上大部分误差源可以通过建模、差分等方法消除，剩下的地面环境的影响尤其是多径误差成为主要的误差源之一。多径信号是指 GNSS 接收机在接收卫星发射的直达导航信号的同时还接收到的其他各种间接信号。间接信号对直达信号的干涉会导致接收机测量误差。多径信号主要由地面和天线周围物体的反射、导航卫星星体反射、因大气层传播介质散射三方面形成。在这三种多径信号中，以地面和天线周围物体反射的多径信号为主。以 GPS 定位为例，在各种误差影响中，多路径效应的影响最大。研究表明，在高反射环境（例如：城市、水面、沙漠、飞机、舰船等）中，多路径效应对点位坐标的影响可达 2～3 米。因此，如何消除多路径误差的影响，已成为各国 GNSS 科技工作者研究的主要课题之一，也是 GNSS 接收机技术研究的重点之一。

为了消除多种误差从而能够实时获得高精度定位结果，业内技术人员最早主要通过两个方面来进行，一方面是对 GNSS 接收机的基带处理技术，另一方面是使用多个 GNSS 接收机联合定位的差分技术，以 DGPS 为代表。这两方面的研究并不冲突，相辅相成，在整个 GNSS 定位技术的发展过程中是同时进行的。后来随着多个国家和地区的卫星导航系统的发射和建立，如 GLONASS、伽利略以及我国的北斗导航卫星定位系统，又开创了另一条技术研究分支。具体来说，就是从只能接收 GPS 的信号发展到可接收 GPS、GLONASS 等多种导航卫星系统的信号来进行定位。这也使得 GNSS 接收机从单频单星系接收机发展为多频多星系（又称"多频多模或多模"）卫星接收机，GNSS 接收机也更加名副其实。

多模卫星导航接收机能提高卫星导航接收的可靠性、完好性和连续性。特别是当一个新的卫星导航系统还处在研发阶段时，新系统可接收的卫星数较少，这时与成熟的 GPS 卫星定位系统双模共享，可以使新系统提前进入使用状态。这对发展新的系统十分有利。但是当新的系统成熟以后，如何利用多模系统的卫星则成为一个需要深入思考的问题。例如当新系统已拥有 20 多颗卫星时，在大多数情况下已经能接收到 6 至十几颗本系统的卫星。此时若仍采用现有接收机和导航算法，则只要求选择 4 颗卫星就能定位。若将接收卫星数增加到 6 颗以上，根据常理接收卫星数的增加对几何精度衰减因子 GDOP（Geometric Dilution of Precision）减小的影响已很小。也就是说，接收更多的卫星虽对完好性稍有益，但对提高定位精度已无补。而且多模接收会占用较多的通道，或要求增加芯片的通道数，增加选星捕获和跟踪的难度和工作量。所以，如何更好地利用多个卫星系统中更多卫星数提高定位精度已成为多模卫星接收技术中正待面对的问题和攻克的关键，其中主要是捕获、跟踪、选星和定位算法的突破。即对于多模卫星接收机的研发来说，基带处理技术决定了它们的定位性能。

通过以上对 GNSS 定位技术发展的简单分析，可以得到 GNSS 定位技术的演进图。

图 6-23（见文前彩色插图第 5 页）列出了与关键技术相对应的专利号。

6.4.2 基带处理技术

对于 GNSS 接收机的基带处理技术来说，主要是专注于消除多径误差的相关器技术，该技术以加拿大的诺瓦泰公司为代表。从 1990 年提出窄相关技术一直到 2003 年提出 Vision Correlator 技术，诺瓦泰公司始终在基带处理技术上占据领先地位。

1990 年诺瓦泰公司首先提出了窄相关技术（Narrow Correlator）（US51001416A）。此项专利技术不仅使 GNSS 接收机测距精度得到提高，也明显改善了接收机的抗多径能力。它被认为是第一个基于 GNSS 接收机硬件结构的多径抑制方法，并于 1992 年成功应用在新型的诺瓦泰 GPS1001 接收机中。这种方法在多径和噪声存在的情况下可以有效地降低跟踪误差，减少定位误差。相比宽相关，对中等长度延迟的多径有较好的抑制作用。此项技术表明对于 0.1 个码片相关器间隔的 C/A 码接收机的性能可以和 P 码接收机性能相当，如果器件的性能和资源允许，还可以提高接收机的性能。但是，它的缺点是占用的资源会很大，对处理器的运算和处理能力要求较高。

1992 年诺瓦泰公司又在窄相关技术的基础上提出了多径消除技术（Multipath Elimination Technology，MET）（US5414729A），又称为 ELS 技术（Early Late Slope）。它不仅能提供高精度的测量数据，也能用于导航信号质量的监测，给出整个相关函数的采样。该技术在充分利用窄相关器优势的基础上，采用四个相关器，利用相关峰两侧的坡度实现对伪码的跟踪。它基于相关函数形状的方法对多径进行抑制，并在 GNSS 接收机中进行了测试。测试结果显示在进行差分定位时，同标准的窄相关器接收机相比可以降低 20%~30% 的多径误差。但是为了得到好的结果需要很多多径模型的参数，因此计算量较大，对接收机来说计算负担重。该专利成功应用于诺瓦泰公司的 OEM2 GPS Card 中。

1995 年，诺瓦泰公司提出了多径参数估计延时锁相环（Multipath Estimation Delay Lock Loop，MEDLL）（US5692008A）技术并成功应用于该公司的广域增强系统接收机中。MEDLL 是建立在统计理论基础上的一种抗多径技术。它采用多个相关器得到相关函数的多个采样值，然后根据最大似然准则进行迭代计算。在迭代计算的过程中，MEDLL 将多径信号考虑在内，利用并行通道的窄相关采样，估计出直接信号和多径信号的幅度、延迟和相位，分析延迟最小的信号，认为是直接信号，其他较大延迟的信号认为是多径信号分量被消除。由于需要处理的信息较多，因此 MEDLL 技术的实时性较差。这就决定了 MEDLL 只能应用于多径变化较为缓慢的场合，如 GNSS 系统监测站中的监测接收机等。

同样在 1995 年，Ashtech 和 Magellan 公司共同提出 Strobe 相关器（US5953367A），它的原理与诺瓦泰公司的 US5414729A 提出的 MET 技术相类似，也是使用 4 个相关器。它把 4 个相关器分成两组，一组窄相关，一组宽相关，其中宽相关的相关器 E-L 间隔为窄相关的 2 倍。与窄相关相比，Strobe 相关器具有更强的抑制多径干扰的能力。

1997 年，诺瓦泰公司提出了微脉冲相关法（Pulse Aperture Correlator，PAC）

(US6243409B1)。它是通过补偿相关三角形的不对称性来实现的一种窄相关技术。它在码延迟锁定环路中采用5个相关器，包括2个超前相关器、1个即时相关器和2个滞后相关器。它通过计算相关函数形状的斜率，得到相关函数的补偿因子，控制硬件电路校正相关三角形不对称造成的影响，达到减小延迟锁定环环路误差的目的。该专利成功应用于诺瓦泰公司的 OEM4 GPS Card 中。

2003年，诺瓦泰公司在窄带相关技术基础上，又提出了 Vision Correlator 技术（US7738536B2）。Vision Correlator 技术由多径减轻技术发展而来。该技术通过在时域上观察 C/A 码跳变期间射频信号的特点，达到抑制多径信号的目的。该专利成功应用于诺瓦泰公司的 OEMV 系列产品中。

从2003年之后，相关技术的发展陷入瓶颈期，基带处理技术的申请量也有所下降。虽然目前各大公司和研究院所仍在进行基带处理技术方面的研发，但代表性技术并不多见，申请量也开始逐渐降低。

现在基带处理技术主要的改进方面包括低功率、小尺寸以及如何提高解算速度等方面。

6.4.3 差分技术

对于 DGPS 技术来说，早期只是使用2台 GNSS 接收机接收信号之后进行后处理，不能实时得到结果，不能满足市场上对时间的要求。因此，20世纪90年代初就出现了 RTK 技术，后来又发展到现在的网络 RTK 技术，使得目前专业高精度市场使用的民用接收机的实时定位精度至少可达厘米。目前国际上一般将 DGPS 分为4类，详见表6-5。

表6-5 DGPS 的分类

名 称	简 称	采用值	精 度
差分 GPS	DGPS、RTD	码观测值	1m~3m
广域差分 GPS	WADGPS	多站码观测值	1m~2m
精密差分 GPS	RTPDGD、RTK	载波相位观测值	1m~5cm
实时精密差分 GPS	PDGS、RTK	载波相位观测值	1m~3cm

DGPS 技术与基带处理技术实际上是一直在同时进行研究。1994年天宝公司就可以使用 RTK 达到厘米级定位精度（US5519620A）。

RTK 系统由一台参考站和至少一台流动站组成。随着流动站与基站之间距离的增加，以对流层、电离层和轨道误差为代表的各种与距离相关的误差变得越来越显著。当基线长度超过15公里之后 RTK 整周模糊度的解算变得越来越难。所以一般而言 RTK 定位被限制在离基准站20公里以内的范围。

接收机的通道数和跟踪性能、数据链的可靠性和实用性以及定位算法会影响 RTK 的定位精度。随着微电子技术的发展，接收机的通道数和跟踪性能得到大幅度改进。随着无线通信技术的发展，使用最新的无线通信传输技术来传输差分改正数也成为新的技术趋势。20世纪末无线通信传输技术的飞速发展给DGPS的发展提供了新的契机。

为了克服RTK定位精度受距离影响的缺陷，可以在区域范围内建立若干连续运行参考站（Continuously Operating Reference Station，CORS，又称为网络RTK），形成区域范围内的CORS网络。CORS站间间隔一般在80公里以内。各CORS站观测数据通过互联网将观测数据发送到数据处理服务器。服务器通过对这些数据解算，对区域范围内的与距离相关的各误差项进行建模。然后服务器再将这些与距离相关的误差项以某种方式（主要为虚拟观测站技术和区域改正数技术）播发给CORS网络作用范围内的用户，从而实现了在CORS网络内部及周边范围内的厘米级精度的定位。

代表性技术有美国天宝公司于1997年提出的虚拟参考站（Virtual Reference Station，VRS）技术（US6324473B1）、德国Geo++公司的区域改正数（Flächen Korrektur Parameter，FKP）和徕卡公司于2007年在FKP模式上作进一步优化的主辅站技术（Master Auxiliary Concept，MAC）（EP2191290B1）。

相对传统的RTK，VRS中的各个固定参考站将所有的原始数据发送给控制中心，而不是直接将未经改正的原始信息传输给用户。它通过与流动站距离最近的几个固定参考站之间的基线计算各项误差，采用一定的算法来大幅削弱这些误差造成的影响。流动站在工作之前，先通过GSM/GPRS、CDMA等通信手段向主控中心发送一个NMEAGGA格式的概略坐标。主控中心收到这个位置信息后，根据用户所处的位置自动选择一组最佳的参考站，然后根据这些参考站传回的观测信息整体改正GNSS的轨道误差、电离层和对流层以及大气折射等引起的误差，再通过NTRIP协议以RTCM的格式将高精度的差分信号发送给流动站。这个差分信号产生的效果相当于在流动站附近建立了一个虚拟的参考基站。流动站根据主控中心回传来的改正信息，实时的差分解算得到精确的点定位。

主辅站技术（MAC）是由徕卡公司与GEO++公司一起提出的，是一种基于最新多基站、多系统、多频（L1，L2，L5）和多信号的网络RTK技术。它的基本概念是从参考站网以高度压缩的形式，将所有相关的、代表整周未知数水平的观测数据，如弥散性的和非弥散性的差分改正数，作为网络的改正数播发给流动站。它本质上是区域改正数（FKP）的一种优化。它选择距离流动站最近的一些有效参考站作为单元进行网解，发送主站差分改正数和辅站与主站改正数的差值给流动站，对流动站进行加权改正，最后得到精确坐标。

2002年以后，国外网络RTK技术开始逐渐实现商品化过程。主要代表产品有美国天宝公司的GPSNET，德国Geo++公司的GNSMART和徕卡公司的SPIDERNET。其中天宝公司的VRS产品占据了大部分市场。

对于高精度的专业市场来说，诺瓦泰公司的OEM板和天宝公司的GNSS接收机占据了大部分市场。这两个公司的技术演进代表了整个接收机实时定位技术发展的历程。因此后面章节还将分别对诺瓦泰公司和天宝公司进行详细分析。

第 7 章 导航电子地图

本章主要研究导航电子地图领域的全球和中国专利申请态势，着重分析重要技术分支地图更新和路径规划的专利申请态势，以及该领域的重要申请人专利布局情况。

截至 2013 年 4 月 30 日，导航电子地图全球专利申请总量 9883 项，中国专利申请总量 3439 件。

7.1 简　　介

7.1.1 国际三大导航市场

目前国际上有三大导航市场，包括日本、欧洲和北美市场。

日本的车载导航市场始于 1992 年。新车中装配车载导航仪的比例，即市场渗透率，由 1992 年的 0.4%，提高到 1996 年的 12.2%，再到 2000 年的 33%，2007 年的 50%。目前，日本市场渗透率已达到 87% 以上。继日本之后，欧洲市场于 1998 年启动，北美市场则于 2000 年启动。2004 年，欧洲车载导航仪的销售量达到 195 万台，市场渗透率达到 12%，同期北美车载导航仪的销售量为 90 万台，市场渗透率接近 5%。目前，欧洲的市场渗透率达到 25%，北美的市场渗透率达到 24%。可见，欧洲车载导航仪市场的发展节奏与日本很相似，在市场启动后用了约 5 年时间使市场渗透率达到 10%，但是后期发展节奏略微缓慢。北美市场的市场发展相对日本和欧洲都要缓慢。

手持导航设备市场的发展速度大大快于车载导航仪市场。2002 年欧洲市场才开始出现手持导航仪，2005 年销售量就达到 300 万台，首次超过车载导航仪，以手机用户衡量的市场渗透率达到 5%。瑞士信贷第一波士顿投资银行（CSFB）估计，2005 年北美市场手持导航仪的销售量达到 200 万台以上。有分析师认为，手持导航仪会像彩电、DVD、MP3、数码相机等消费者电器一样，在突破 5% 的市场渗透率后迅速增长，最终达到 40% 以上的普及率。美国 E911 法案（欧洲则有类似的 E112 法案）要求到 2005 年 12 月底，美国 95% 以上的手机用户必需具备精确的定位功能，而目前能够达到精度要求的定位技术只有 GPS 技术。E911 法案的实施将会大大促进 GPS 手机的销售增长。

7.1.2 产业集中度高

以日本和欧美为例，日本导航电子地图行业由开始时的 13 家企业演变成由两家企业垄断。其中，善邻（Zenrin）公司占有 65%～70% 的市场份额，IPC 公司占有 26% 的市场份额。欧美导航电子地图市场也由两家公司垄断。其中，美国纳智捷（Navteq）公司占有北美车载导航电子地图市场的95%和欧洲前装市场的85%，另一家是荷兰的电子地图（TeleAtlas）公司，占有欧洲后装市场和手持导航地图市场50%的份额。

世界导航电子地图产业集中度高这一产业结构特点是由该产业内在强烈的自然垄断倾向决定的。自然垄断倾向来源于三个方面：一是地图数据库建设周期长，投入资金大，而且需要大量依赖地图制作企业长期发展积累起来的KNOW－HOW技术，这一特点导致先发企业具有明显的优势；二是成本构成中由数据库建设和维护成本决定的固定成本占据了绝大的比重，这一因素使得先占有市场的企业享有单位成本低的优势；三是汽车制造厂的设计周期很长，更换地图供应商很难，这也是前装市场的集中度比后装市场高的主要原因。

世界上最著名的三家导航电子地图公司善邻、纳智捷和电子地图（Tele Atlas）均有着20年以上的导航电子地图制作历史，在市场到来之前，都已经进行了10年以上的导航电子地图的开发。善邻从1982年就开始开发导航电子地图，直到1992年日本的导航市场才开始启动。纳智捷和电子地图（Tele Atlas）公司都是从1985年开始开发导航电子地图，而欧洲市场和北美市场分别到1998年前后和2000年才开始启动。

导航电子地图的质量是由其覆盖范围、信息含量、精确度和表现形式的水平来衡量的。未来能够占据主导乃至垄断地位的导航电子地图肯定是达到国际水准的带门址信息的、三维的高质量地图。这样的地图需要经过很长时间的不断升级，需要靠企业长时期积累的KNOW－HOW技术的不断完善来实现，也需要靠一定的市场占有率来支撑其庞大的成本开支。

纳智捷在过去20年间投入的资金总额高达7亿美元，建成超过1000万英里里程的地图数据库。该公司直到2003年最后一个季度才开始盈利。电子地图（Tele Atlas）公司已经建成覆盖1000万公里里程的地图数据库，但是到2004年仍然亏损。国外的经验表明，导航电子地图数据库需要长期的开发，等到市场来临后才匆忙加入导航电子地图行业为时已晚。❶

7.1.3 产业的频繁洗牌

导航电子地图是一种具有天生垄断性的产品。这种特性决定了电子地图企业也在不断集中，随着竞争的加剧，产业内的并购风也在愈演愈烈。

导航电子地图产业并购大事记：

（1）2007年7月，全球最大的汽车导航设备厂商通腾（TomTom）科技以18亿欧元（25.5亿美元）并购电子地图（Tele Atlas）公司。

（2）2007年10月，当时还是全球最大的手机制造商诺基亚以81亿美元并购数字地图厂商纳智捷。并购后，诺基亚踏入导航市场。除了诺基亚，谷歌和微软也曾对并

---

❶ eNet 硅谷动力. 易图通，王志钢. 导航电子地图产业结构及其行业发展趋势 [EB/OL]. [2013－08－01]. http：//wenku. baidu. com/link? url = MNZDLQU0_ 61kOZmAqzz1ikiTAUedmwHmzzk － wa － nqnVYodRnVrKS82S FTAZ-IhxU7jv24RqlsYXqBt6SH14eyPZZq7BGQ6 － ZuecbQ4FmHmDO.

购纳智捷感兴趣。

（3）2012年7月，亚马逊宣布收购3D地图服务公司UpNext。亚马逊此前是没有自己的地图服务产品的，用户在Kindle Fire上使用地图服务必须通过第三方应用或者浏览器，此次收购似乎是公司意图向新领域进军的一个标志。目前Kindle Fire没有GPS无线电功能，但是收购UpNext能助力亚马逊研发出自己的地图服务，潜在预示着未来功能更强大的Kindle Fire，甚至是亚马逊智能手机。

（4）2013年5月，高德软件公司正式对外宣布，获得阿里集团2.94亿美元投资，也就是说，阿里集团将持有高德约28%的股份，成为高德的第一大股东。此后，二者的战略合作将从移动互联网位置服务和深度生活服务的基础设施搭建切入，并在数据建设、地图引擎、产品开发、云计算、推广和商业化等多个层面展开合作。

（5）2013年7月，谷歌以11亿美元的收购价收购以色列导航和交通应用位智（Waze）公司。这不仅增强了谷歌在地图服务领域的优势，同时彻底粉碎了苹果、脸书（Facebook）等竞争对手对位智公司的觊觎，阻止了它们试图"以收购替代自建"地图服务的目标实现。对于苹果和脸书来说，它们都希望通过收购位智而直接获得丰富经验和值得信赖地图技术。但谷歌收购位智，彻底封堵了其竞争对手试图通过收购而获得先进地图技术的途径。

7.2 总体态势

7.2.1 全球态势

截至2013年4月30日，导航电子地图专利申请总量为9883项，总体呈现增长态势。最早的电子地图申请为1977年用于指示和追踪机动车位置的区域地图。由图7-1可知，导航电子地图的全球专利申请趋势可以分为为三个阶段：

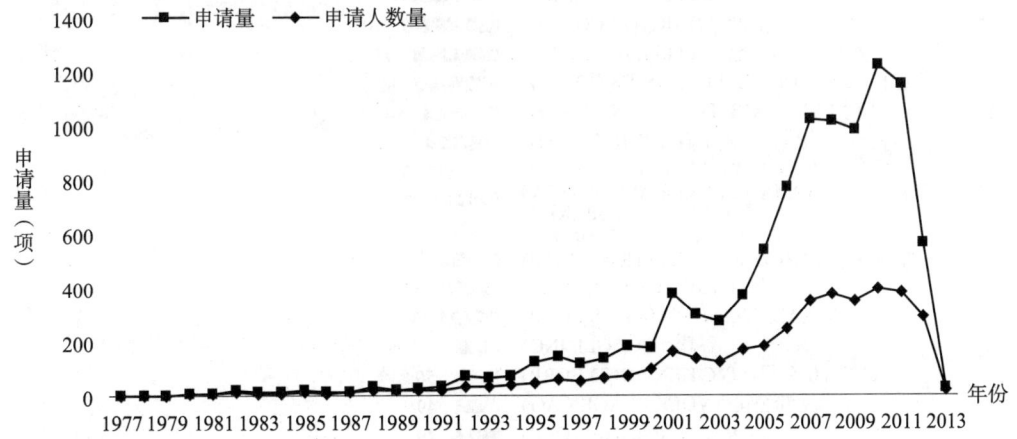

图7-1 导航电子地图全球专利申请趋势

(1) 缓慢发展期（1977～1990年）
(2) 快速发展期（1991～2003年）
(3) 高速发展期（2004年至今）

2005年之后的高速增长得益于GPS手机逐渐成为导航电子地图的重要终端，这主要归功于美国的E911法案、欧洲的E112法案和日本自2007年4月开始执行"新生产的3G手机必须支持GPS功能"的相关政府安全法规的促进；同时，由于GPS集成芯片技术的发展，体积较小的手机也能够便宜地集成和使用GPS芯片。两方面的因素促进了GPS手机的迅猛发展，同时也推动了导航电子地图的广泛应用。

在1977～2007年，申请人数量的增长趋势与申请量的增长趋势基本相同，但是2007年之后申请人数量维持稳定，基本达到饱和。这表明导航电子地图技术具有一定的技术门槛，虽然后期不断有新的申请人加入，但是由于行业内的整合，申请人数量维持稳定，而技术也主要由少数的国际大公司垄断。

如图7-2所示，经统计，在导航电子地图领域，全球排名前31位的申请人申请量合计4999项，占总申请量的50.6%。其中日本汽车导航的大厂商也都有自己的数字地

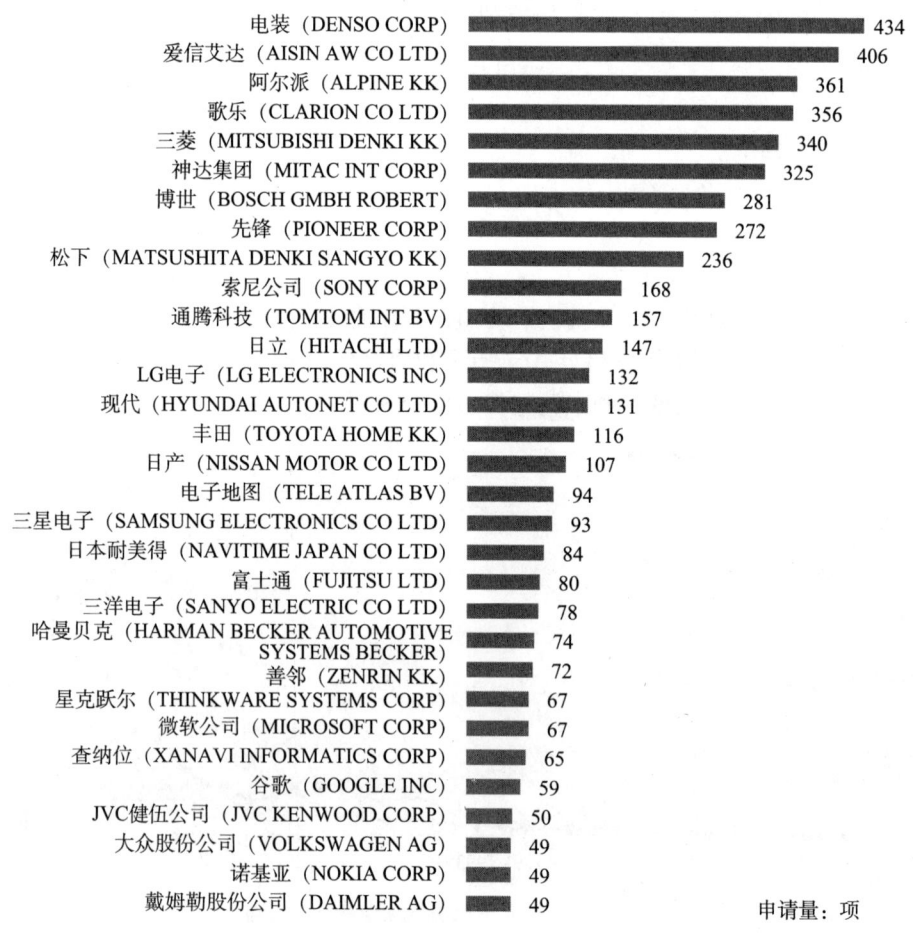

图7-2 导航电子地图全球重要申请人排名

图生产基地，同时也都有国际背景的汽车企业作为坚固后盾。例如：导航电子地图申请量全球排名第一位的株式会社电装（DENSO CORP）和排名第二位的爱信艾达株式会社（AISIN AW CO LTD）都是丰田株式会社（TOYOTA HOME KK）的汽车零部件及系统供应商，株式会社电装1949年从丰田集团分离出来，爱信艾达株式会社起初是丰田汽车的下属零部件供应商，后来成为丰田集团子公司。此外，日立（HITACHI LTD）通过收购歌乐株式会社（CLARION CO LTD），并将日立100%持股的另一家子公司查纳位（XANAVI）作为歌乐的100%子公司，歌乐与查纳位合为一体，共同推动车载系统的开发。通过以上重组措施，日立将在汽车导航系统方面进行更大的战略性投入。

7.2.2 中国态势

由图7-3可知，国内电子地图的相关专利申请在2000年以前处于萌芽期，在2000年之后才开始缓步增长，到了2005年申请量的增长明显提速，并一直保持高速增长的趋势，申请人的数量基本也与申请量的增长趋势保持一致。

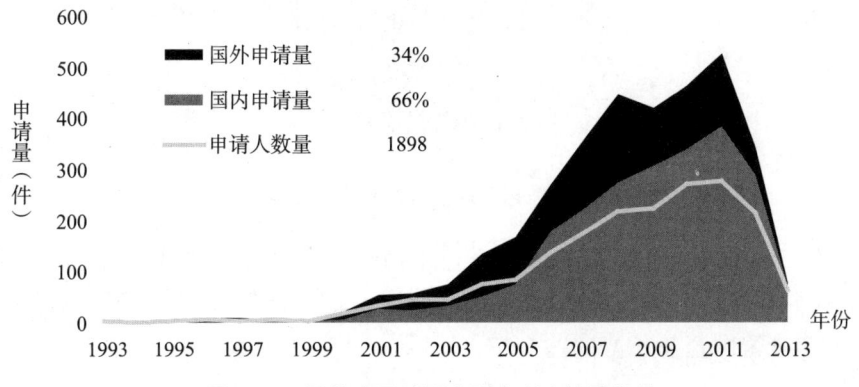

图7-3 导航电子地图中国专利申请量趋势

专利申请量的增长也可以在一定程度上反映市场的增长。2005年电子地图专利申请量的增长加速，究其原因有三：

（1）2004年底国家测绘局出台了相关行业管理法规，允许有资质的企业合法开展导航电子地图测绘业务，在市场酝酿启动之时为导航电子地图行业的发展奠定了法律基础；

（2）2005年有一定数量的车厂开始提供标配或选配的车载导航仪，有更多的车厂正在将车载导航仪列入2006年或2007年的标配或选配装备的生产计划；

（3）2005年车载导航仪的市场渗透率达到或接近1%。

上述三个现象的出现也标志着中国导航市场开始启动了，由于蓄势已久，中国市场将迅速发展成为继日本、欧洲和北美之后的又一个大的导航产品市场❶。

---

❶ eNet硅谷动力．导航电子地图产业结构及其行业发展趋势［EB/OL］．［2013-08-01］．http：//wenku．baidu．com/link？url＝MNZDLQU0_61kOZmAqzz1ikiTAUedmwHmzzk-wa-nqnVYodRnVrKS82SFTAZIhxU7jv24RqlsYXqBt6SH14eyPZZq7BGQ6-ZuecbQ4FmHmDO．

由图7-3可知，国内申请占据整个中国专利申请量的66%，国内申请人数量占申请人总量的81.6%，而国外来华申请量占据余下34%的份额，相对的国外申请人数量只占18.4%。由此表明国内企业在研发方面较积极，但专利集中度不高，而国外申请的专利数量虽然没有优势，但是专利集中度高，在单兵作战时占有很大优势，这一特点在接下来的分析中会更加突出。

由图7-4可知，在国外来华申请中，日本的份额高达62%，其他份额由欧洲、美国和韩国瓜分。

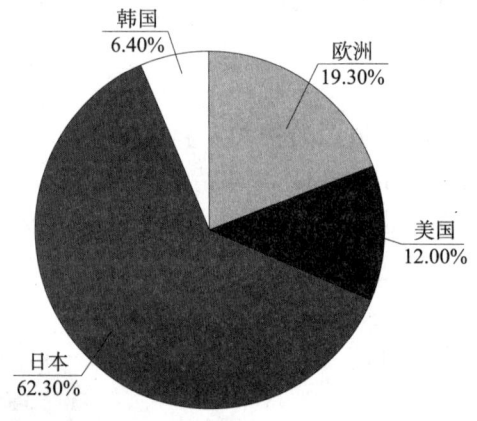

图7-4 导航电子地图国外来华企业申请份额

由图7-5导航电子地图国外来华企业申请量排名可知，在排名前10位的申请人中，日本有6家企业，占据绝对优势，还包括1家韩国企业（LG电子），1家美国企业（通腾）和1家德国企业（博世）。

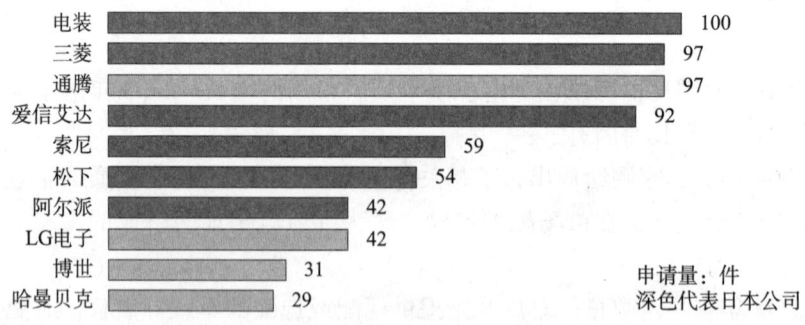

图7-5 导航电子地图国外来华企业申请量排名

虽然前三位的申请量相差只有3件，但是电装在近年相对活跃，而通腾和三菱的申请高峰期在2007~2010年。有些企业虽然申请量较小，但近年在逐步增长，例如日立和博世。

如图7-6所示，有些企业也逐步退出导航电子地图市场。例如，松下在2009年之后没有相关申请（原因在于松下在2008年底退出便携式GPS导航装置市场（PND），但该公司速达路（Strada）品牌的车内导航系统产品线仍将继续）。由于导航电子地图不断洗牌，因此不可忽视的是多个企业背后的实力。电装和爱信都属于丰田集团，加上丰田自身的实力，丰田在导航电子地图领域的优势遥遥领先。日立的申请量中，有18件属于与歌乐株式会社的合作申请。通腾与电子地图（Tele Atlas）公司合作16件申请。

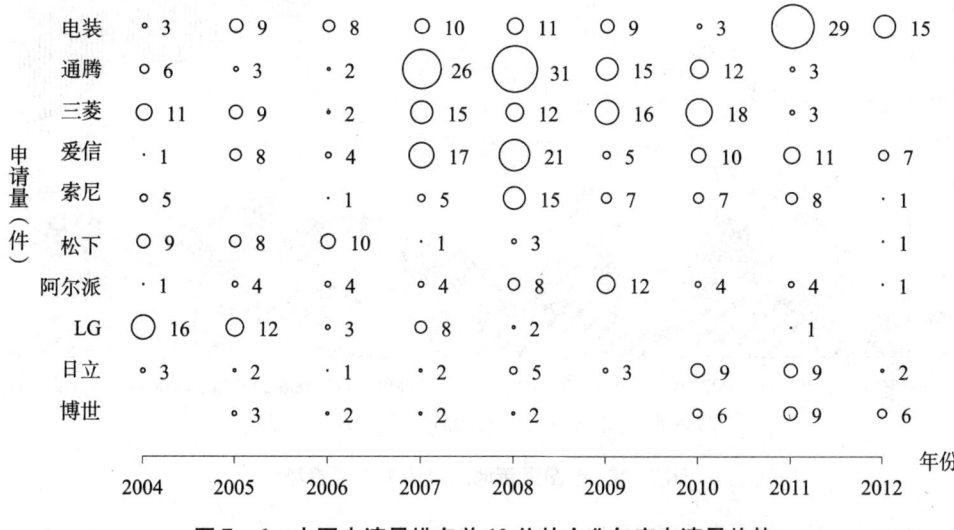

图7-6 中国申请量排名前10位的企业年度申请量趋势

7.2.3 地图更新专利申请态势

7.2.3.1 地图更新全球态势

由图7-7可知，地图更新申请量在2008~2009年达到顶峰，近年来有逐步下降的趋势。

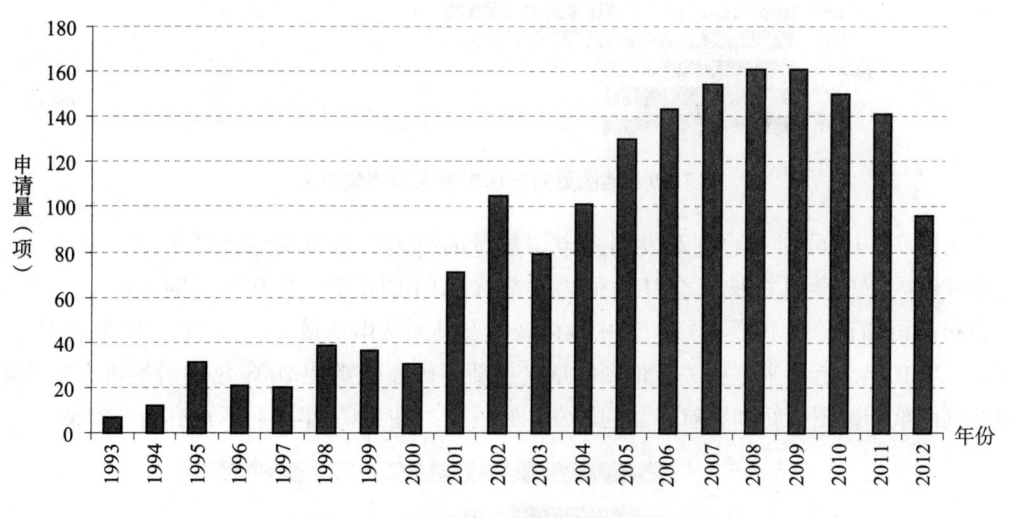

图7-7 地图更新全球专利申请量趋势

由图7-8可知，1993~2007年，日本的申请量份额占有绝对优势。但是在2008~

2012年，形势发生了变化，中国的申请量份额逐步增大，逐渐追赶上日本，同时增长的还有韩国，而日本的份额在不断萎缩。

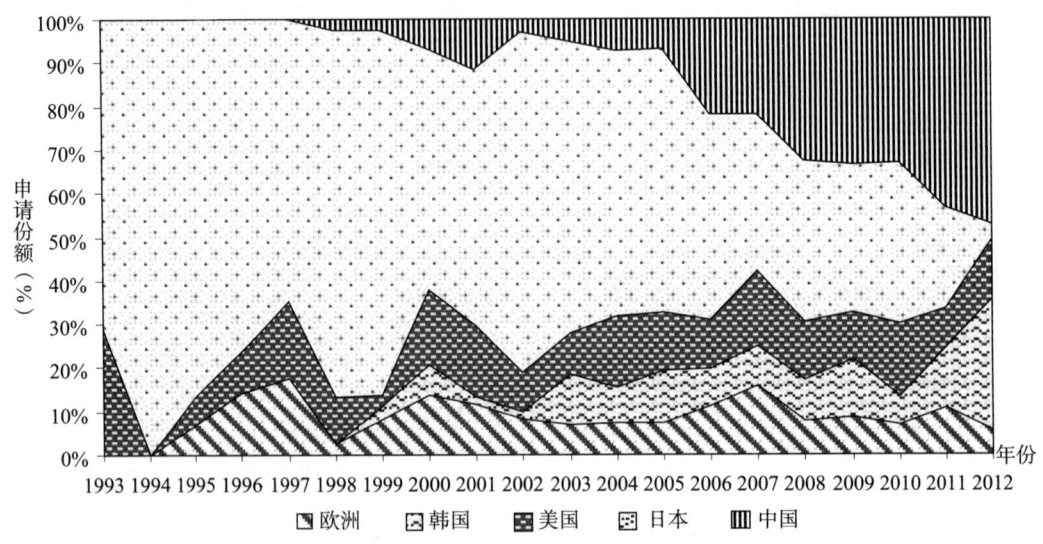

图7-8　地图更新地区申请量份额趋势

由图7-9可知，地图更新领域的申请人前九位都是日本企业，可见日本在该领域仍保持绝对优势。

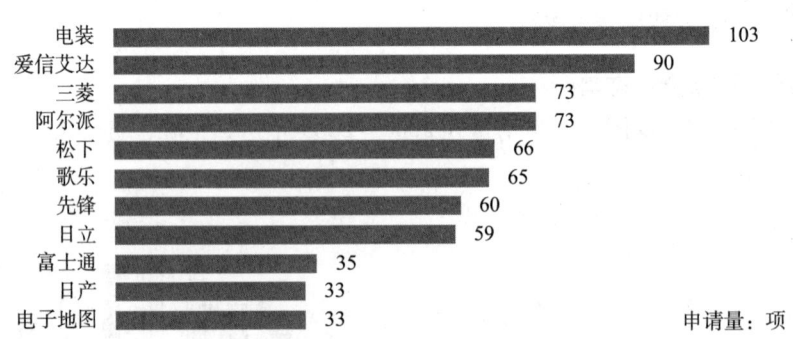

图7-9　地图更新全球申请人申请量排名

由图7-10可知，通过对发明人申请数量的排名，可以关注地图更新领域的三个重要发明人：三菱电机株式会社的池内智哉（IKEUCHI T）及其带领的团队、查纳位的野村高司和日产的佐藤光辉。其中池内智哉及其团队申请量高达31件，申请时间横跨2001~2010年，近年来主要关注地图的增量更新。佐藤光辉在2008年之后不再有新的申请，其侧重于地图更新和导航终端的研发。野村高司在2007年之后不再有新的申请。

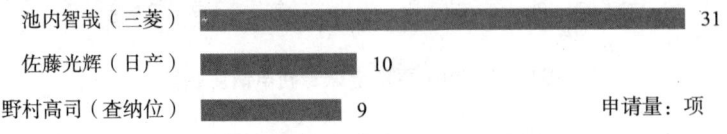

图7-10　地图更新全球重要发明人申请量排名

7.2.3.2 地图更新中国态势

由图 7-11 可知，地图更新中国专利申请量与全球专利申请量趋势基本一致，在 2009 年达到顶峰，近年来逐步下降。

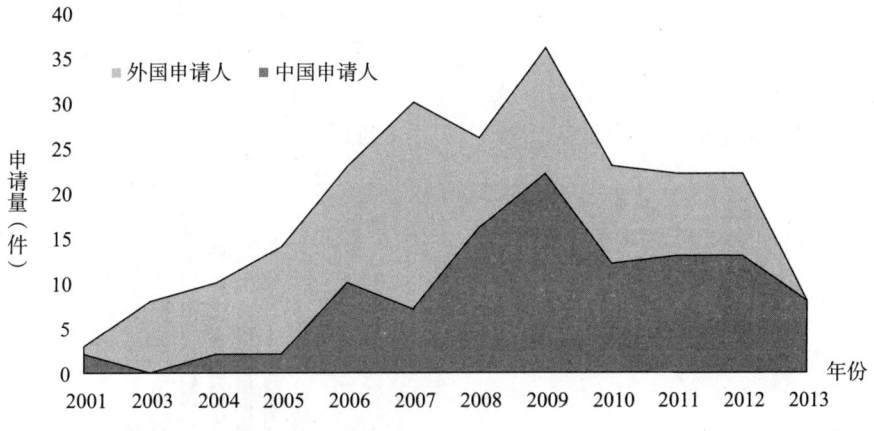

图 7-11 地图更新中国专利申请量趋势

由图 7-12 可知，中国专利申请中，国内仅有 3 家企业进入前 10 位，其他为 1 家美国企业（通腾），以及 6 家日本企业。

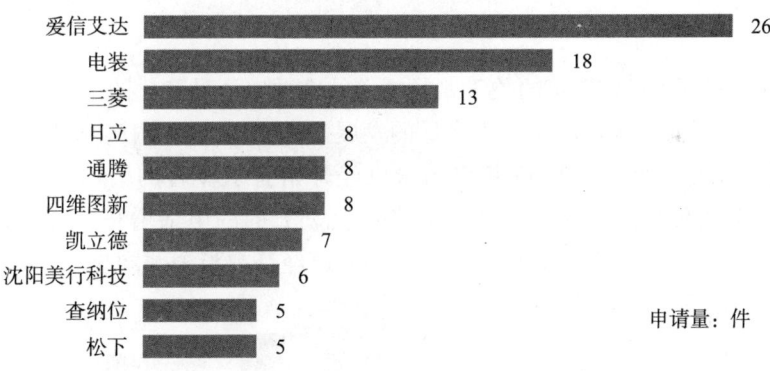

图 7-12 地图更新中国申请人申请量排名

7.2.4 路径规划专利申请态势

路径规划属于地图寻径问题的一种，这一直是人工智能搜索技术的一个重要应用领域。在图论中，寻径问题通常是人们研究的热点问题之一，其所要解决的问题是如何设法从图中寻找到一条从起点到目标点的通路。车辆导航系统根据存储于电子地图的道路信息，采用特定的算法，确定起始点与目的地之间最优行车路径。一般来说，路径规划是依据导航电子地图中的道路信息，提供从车辆所在位置到目的地之间总的行车代价最小的路径。其中，行车的代价可以是距离、时间、费用等各种用户所关心的因素。

7.2.4.1 专利申请态势

图 7-13 是 1987~2012 年的关于路径规划的全球申请量变化图，从图中可以看出，在 1990 年之前，路径规划的申请量都是非常少的，将近 15 年间，申请总量不到 50 项。而到了 1991 年之后，路径规划方面的申请量开始逐步增长。尤其是到 2006~2011 年，增长量形成井喷式增长，其申请量更是达到了每年 200 项以上。随着电子导航的迅猛发展，路径规划技术作为其重要的分支，近年来持续保持较高的增长率。可见，路径规划在电子地图和车辆导航方面仍然是技术发展的热点。

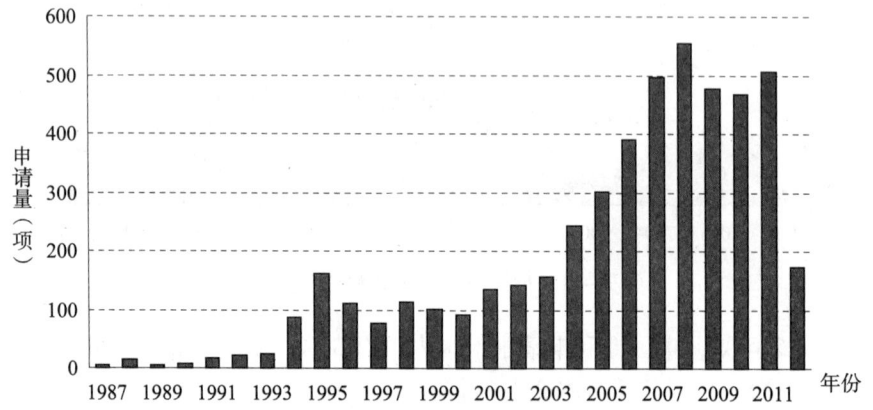

图 7-13 路径规划全球专利申请量趋势

图 7-14 是 2000~2012 年的关于路径规划的中国申请量变化图。从图中可以看出，我国路径规划方面的技术发展滞后于全球的发展 10 年左右。我国从 1993 年才出现了相关申请，而全球在 1994 年、1995 年申请量已经开始有了显著的增长，分别达到了 86 项、161 项。但是我国自 2006 年开始，在路径规划方面的申请增长速度和趋势与全球基本保持一致，说明我国在这方面的研究和发展已经基本与全球同步。

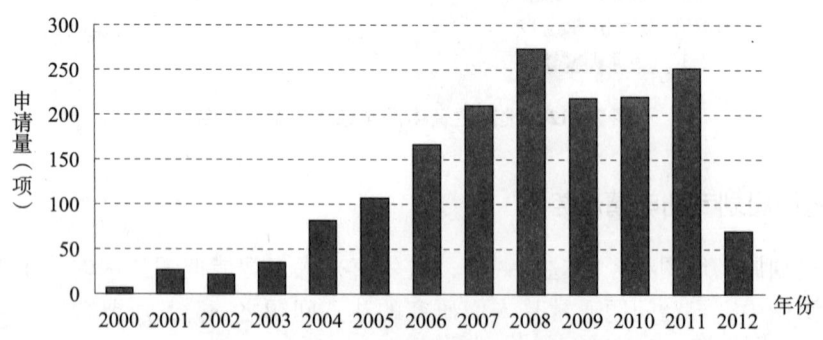

图 7-14 路径规划中国专利申请量趋势

图 7-15 是路径规划在全球主要国家及地区的布局情况。其中，在日本的申请量最多，超过了 1900 项，排在第一位。在中国的申请量基本上与日本持平，达到了 1700 多项。美国在这个技术点上的申请量排在第三位，但数量上远远少于中国和日本。可见路径规划方面，日本和中国是专利布局的主要地区。

图 7–15 路径规划区域布局

图 7–16 表示出了路径规划在全球主要申请人排名的情况，排名前 10 位的全部都是日本的公司，分别是株式会社电装（NPDE）、阿尔派株式会社（ALPN）、爱信艾达株式会社（AISW）、松下电器产业株式会社（MATU）、歌乐株式会社（CLAQ）、三菱电机株式会社（MITQ）、株式会社查纳位资讯情报（XANV）、日产（NSMO）、日本先锋公司（PIOE）和丰田自动车株式会社（TOYT）。可见日本公司在电子地图的路径规划方面占据了绝对的优势。

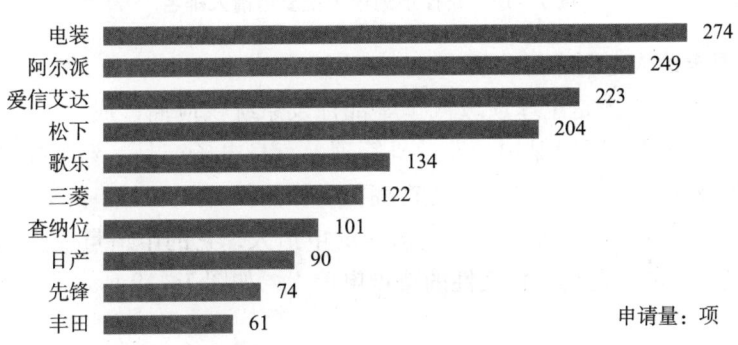

图 7–16 路径规划全球主要申请人排名

图 7–17 是各国在中国的申请量分布。可以看出，外国企业中日本、韩国在路径规划方面在中国进行了较为大量的布局，同时再次印证了日本在路径规划方面的绝对优势。

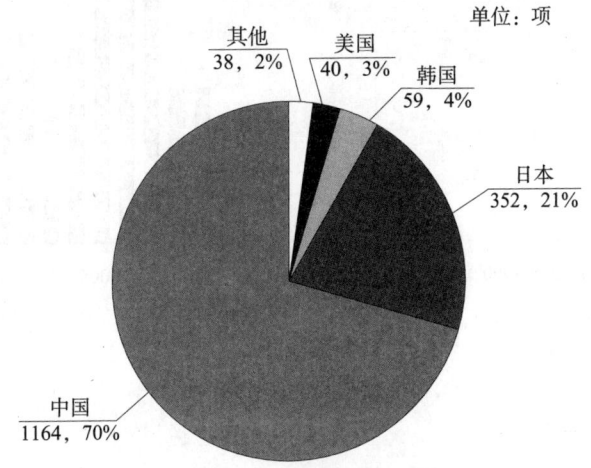

图 7–17 国外申请人中国申请量分布

如图 7-18 所示，在国内的申请人中，排名前 10 位的有 4 家日本企业，并且前两位株式会社电装和爱信艾达株式会社都以绝对优势统领路径规划领域，中国公司中，凯立德，高德和四维图新在申请数量上基本持平。

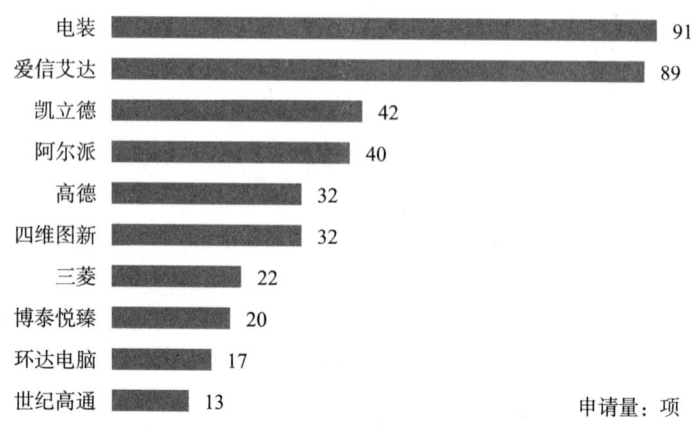

图 7-18　路径规划中国主要申请人排名

7.2.4.2　重要申请人专利布局分析

日本株式会社电装❶是全球顶级汽车零部件及系统供应商，成立于 1949 年，其在日本排名第一，公司在环境保护、发动机管理、车身电子产品、驾驶控制与安全、信息和通信等领域，成为全球主要整车生产商的合作伙伴。

电装公司作为路径规划方面申请量第一的申请人，它的申请量变化与全球的相关申请量变化是一致的，是具有代表性的重点申请人，如图 7-19 所示。

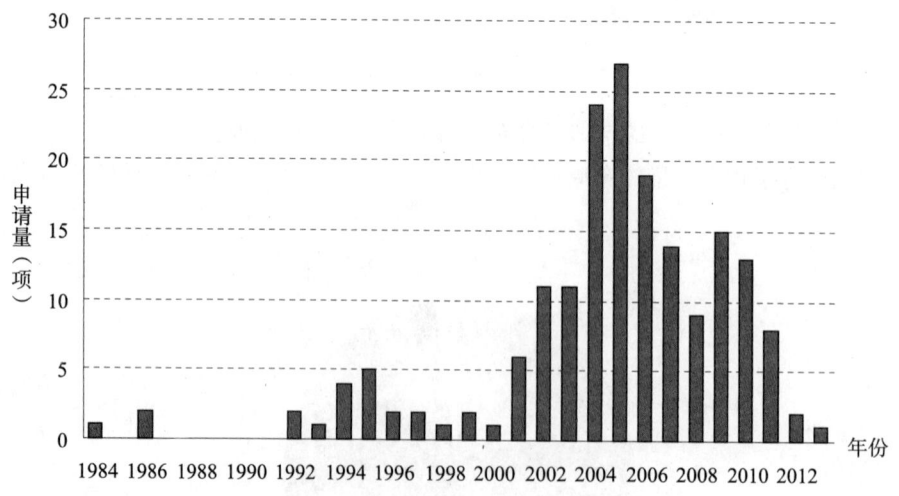

图 7-19　电装申请年代分布图

---

❶ 根据申请人约定表的约定，以下简称电装。

图 7-20 显示了电装公司关于路径规划方面在中国、日本和其他国家或地区的申请量比例关系，从中可以看出，电装公司在日本布局相关专利最多，其次是中国，可见其对中国市场的重视程度。

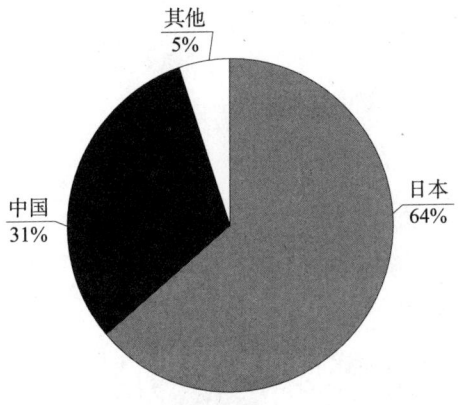

图 7-20　路径规划重点区域布局

7.3　技术发展路线

7.3.1　导航电子地图终端发展历史

装载有电子地图的导航终端的主要形式有车载导航仪、便携式自动导航系统（PND）、互联网地图和移动终端地图。

全球第一台车载导航装置最早出现于 1987 年的丰田皇冠轿车上。限于当时的技术水平，这个尝试性的车载导航装置只能使用安装在车上的行驶转向和车速传感信号，即为完全的自主导航。1990 年出现了有实用价值的车载导航装置，不仅首次使用了 GPS 卫星定位信号，而且与地图匹配能计算出车辆的行驶路径。

手持导航设备市场的发展速度大大快于车载导航仪市场。2002 年欧洲市场才开始出现手持导航仪，2005 年销售量就将达到 300 万台，首次超过车载导航仪。

互联网地图和智能手机地图的产生时间不超过十年时间，却是现在发展最快的电子地图形式，智能手机地图正在大肆抢夺 PND 市场。

7.3.2　导航电子地图技术发展路线

如图 7-21 所示，三维地图的产生时间在 1990 年左右，标志性的专利属于日立公司的申请号为 US19910789005A 的专利申请，用于在地图中显示基于对象的立体建筑。

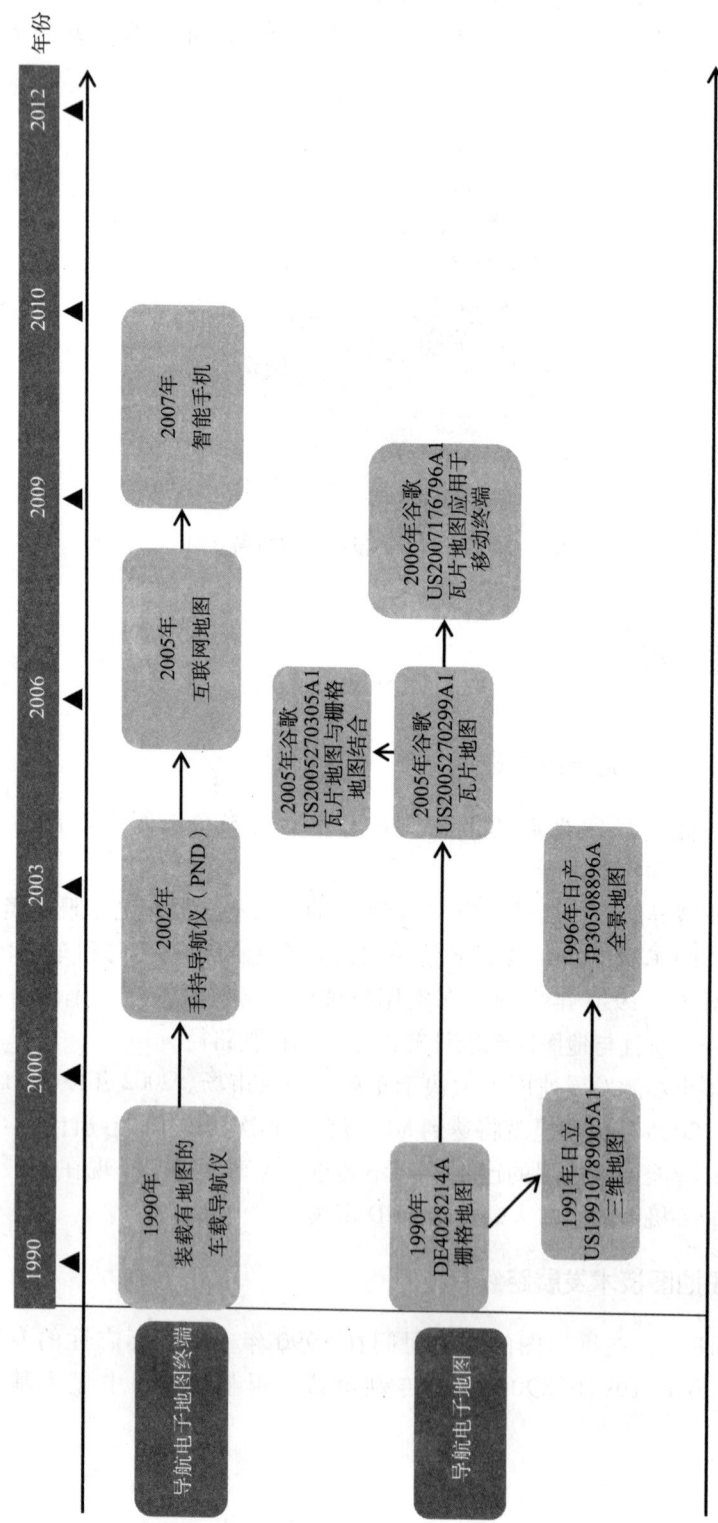

图 7-21 导航电子地图技术发展路线

全景地图的标志性专利是 1996 年日产公司的专利申请 JP30508896A，用于保护全景地图的技术方案。

瓦片地图技术最早在 1998 年由惠普首次提出，前期主要应用在游戏上，谷歌将其应用于地图产品。谷歌首次申请出现在 2005 年，保护的是瓦片地图显示方法和装置，此后分支一 US2005270299A1 要求保护的是地图服务系统，被引频次达到 52 次，后续改进集中在预存取和显示。分支二 US2005270305A1，将瓦片地图与栅格地图相结合。将瓦片地图方案应用于移动终端的技术方案出现在 2006 年。

7.3.3 地图更新技术发展路线

首次考虑地图更新问题的是 1981 年由美国陆军部长申请的申请号为 US19810313327A 的专利申请，如图 7-22 所示。

在很长一段时间，地图更新主要围绕如何对离线版本更新开展研究，此类代表性专利包括 NTT 的申请号为 JP13004694A、US20030668997A 的专利申请等。

增量更新早在 1997 年左右就已经开始研究，但限于当时终端的处理性能和存储性能有限，这一研究渐渐被搁置。此后，随着硬件的性能不断提升而价格不断下降，对地图差分数据的增量更新的研究又被提上议事日程。

欧洲的 ActMAP 项目最早实现了增量更新。ActMAP 项目于 2002~2005 年对电子地图数据库进行了动态更新的策略和机制的研究。ActMAP 通过把在线更新数据和车辆上已经存在的数据库整合在一起实现数据更新。

在非专利文献中，在多比例尺地图数据更新的生产方面，D. Mioc 等人从时空数据模型的角度，基于线 Voronoi 图的拓扑特性给出了地图中变化的一种表示方法来形式化数据更新。

徐静海和李清泉从时态 GIS 的角度给出了导航数据增量更新的方法，其中为实现导航地图数据的增量更新，相应的地图数据模型应具有明显的时态特征。假定导航地图数据从 t_0 时刻到 t_n 时刻发生了多次变化，服务器端存储了数据的变化过程。客户端使用的地图数据可能只是 t_0 到 t_n 时间段中某个时刻的地图数据，如可能是 t_i 或 t_j 时刻，而且不同客户端使用的地图数据的时刻也不完全相同。这样，进行增量更新时，需要将客户端所存储的时间点（如 t_i）传给服务器，服务器根据该时间点（t_i）计算服务器中最新时间点（即当前时间点）t_n 的地图数据与 t_i 时刻地图数据之间的增量，并将该增量传回给客户端，客户端根据收到的增量完成地图数据的更新。

7.3.4 路径规划技术发展路线

路径规划技术是车辆导航系统功能实现的关键技术，是导航系统智能化的重要体现，其中，路径规划算法是完成路径规划的基础。一般来说，经典的路径规划算法有 Dijkstra 算法、Bellman-Ford 算法、Floyd 算法、启发式搜索算法等，一个高效的路径规划算法必须要保证运算速度和存储开销方面都比较合适。

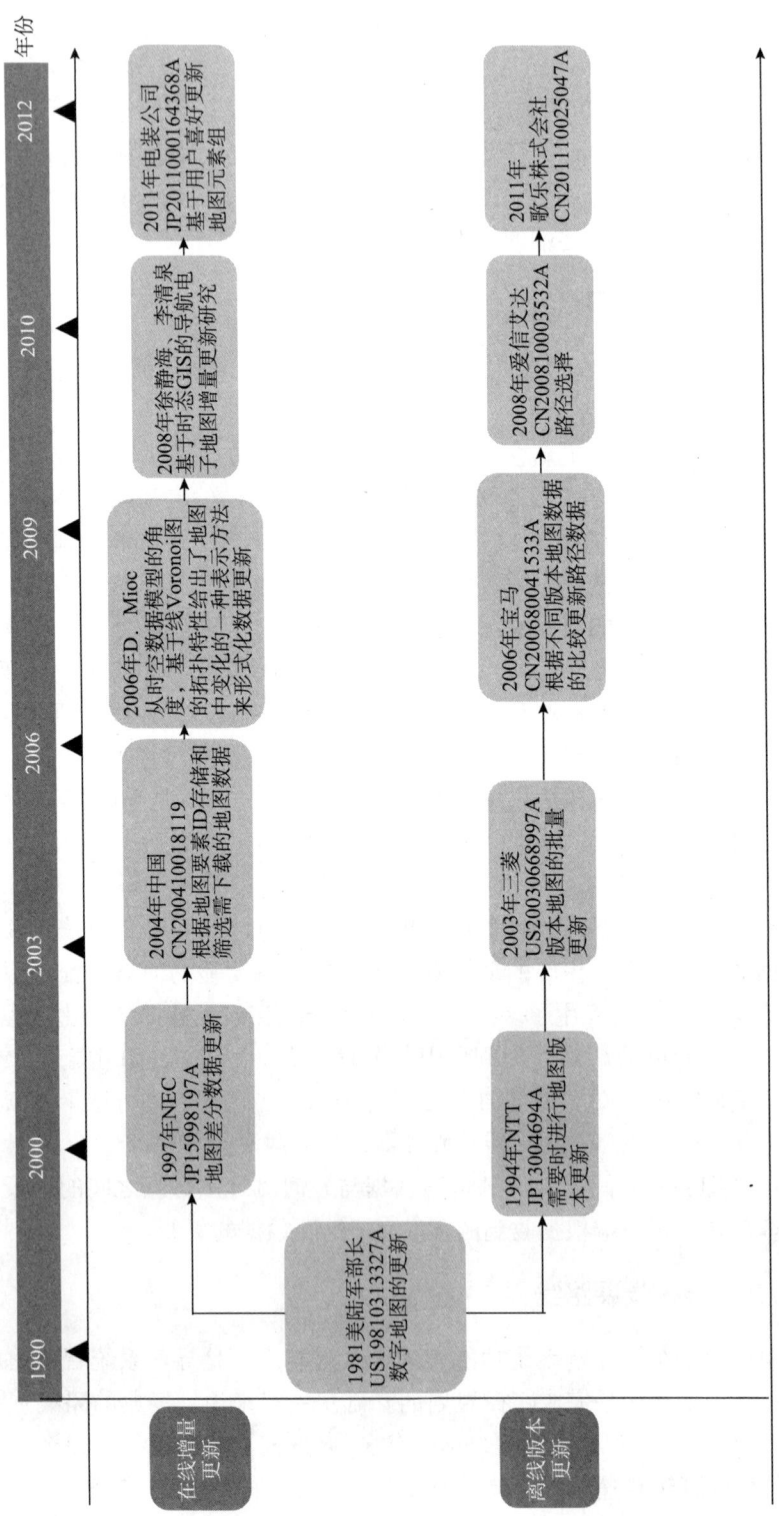

图 7-22 地图更新技术发展路线

路径规划是车辆导航系统帮助监视员按照某种策略找到出发点到目的地的最优行车路径的过程。根据实际应用的不同要求，在路径规划过程中，可采用不同的标准，如距离最短、行车时间最少、费用最低等。但无论采用何种标准，路径规划最终都能够归结到在给定中寻找具有最小代价的最短路径问题。按照图论的相关理论，可以把道路网络转化为带权的有向图，因此计算道路网中的两点之间的最优路径问题都可以归结为求解带权有向图的最短路径问题。

在车辆导航系统中，不仅有利用静态地图数据计算出最优路径的静态路径规划算法，也可以采用动态路径规划算法，通过实时获得交通信息，结合静态地图，计算出最优行车路径。不过，在当前车辆导航领域，用于车辆导航的路径规划算法多集中在静态路径规划方面。常见的算法包括适用于非负权值网络的 Dijkstra 算法、可求解所有节点对之间最短路径的 Floyd 算法、基于知识的搜索策略启发式搜索算法等。各种算法的适用情况和执行效率各不相同，在不同的导航请求下，选择何种算法能使车辆导航系统的效率最高也是目前正在研究的问题，这不仅要对算法进行理论上的分析，还要进行大量的实验比较才能得出最终结论。

路径规划方法的不同主要取决于算法不同，路径规划算法常见的有：最速下降法、部分贪婪 A*算法、DijkstraA*算法、FloyedA*算法、SPFA 算法、A*算法、D*算法、图论最短算法、遗传算法、元胞自动机算法、免疫算法、禁忌搜索、模拟退火、人工神经网络、蚁群算法和粒子群算法。

7.4 重要申请人

7.4.1 谷歌（Google）

7.4.1.1 申请人简介

谷歌公司于 1998 年 9 月 7 日创立，设计并管理被公认为是全球规模最大的搜索引擎。谷歌提供了简单易用的免费服务，其中包括多种基于地理信息的服务。

（1）谷歌地图（Google Maps）

Google Maps 提供各种地图服务，包括局部详细的卫星照片。2005 年 6 月 20 日，Google Maps 的覆盖范围从原先的美国、英国及加拿大扩大为全球。在 2006 年底更加入香港街道。2008 年 9 月 7 日，Google Map 卫星升空，将为 Google Earth 提供 50 厘米分辨率高清照片。Google Maps Android 版最新 6.1 版的地图更新，可以显示单一公共交通工具的路线，新版 Google Maps 还对站点页面进行了重新设计，可以显示发车时间、到达服务站的线路以及到附近其他车站的距离。

2012 年谷歌发布了"下一个维度的谷歌地图"，推出三项新功能：3D 地图、离线访问以及街景服务拓展。谷歌地图的离线地图：用户可事先下载所需地区地图，并能在没有 Wi-Fi 和移动网络的情况下使用。谷歌将通过 Street View Trekker 进行街景服务拓展，将街景服务发展到道路级别以外。除了谷歌街景车，谷歌还计划将摄像头安装在自行车、雪橇、轮船等交通工具上，甚至以背包的形式由单人即可进行数据采集。

(2) 谷歌地球（Google Earth）

谷歌地球是一款谷歌公司开发的虚拟地球仪软件，它把卫星照片、航空照相和 GIS 布置在一个地球的三维模型上。谷歌地球于 2005 年向全球推出，使用了公共领域的图片、受许可的航空照相图片、KeyHole 间谍卫星的图片和很多其他卫星所拍摄的城镇照片，甚至连谷歌地图没有提供的图片都有。2013 年 4 月，谷歌地球提供最新版（谷歌地球 7），新功能是以 3D 形式遨游大都市上空，俯瞰全景，全新的游览指南可介绍各地著名的地标和自然景观。

7.4.1.2　专利申请趋势

图 7-23 是谷歌地理信息相关专利全球及中国申请量分布图。谷歌对地理信息的搜集和利用有其独到之处。在专利方面，目前可统计的，谷歌与地理信息相关的专利总量在 288 项，其中包括 44 件中国同族，第一件相关申请出现在 2003 年，要求保护的是基于地理信息的广告定向发布。2003~2010 年全球申请量总体稳步上升，2011 年申请量同比增长 105%。但是谷歌在中国申请量相对较少，峰值出现在 2009 年。

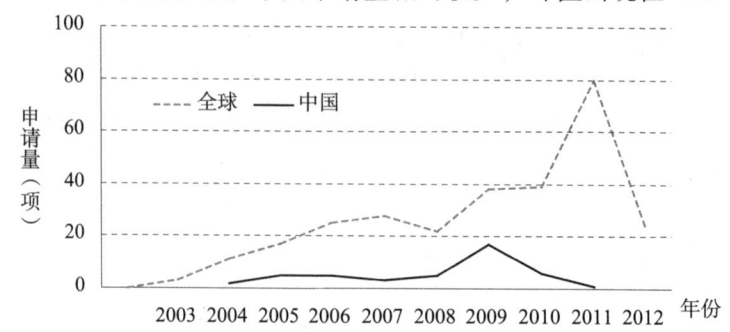

图 7-23　全球专利申请量及中国专利申请量

7.4.1.3　技术分支分布分析

图 7-24 是谷歌地理信息相关专利申请按技术分支分布图。由图可知，采集制作占总量的 9.8%，谷歌的地图数据源来自于各种途径，由其人工采集的数据非常少，因此它的研发重点并不在于此。其次，地理信息处理占 21.2%，例如瓦片地图技术，申请量达到 27 件，而采用地图预生成思想的瓦片地图技术，也逐渐成为新一代电子地图的事实标准。谷歌涉及应用与服务的申请量占总量的 69% 之多。

图 7-25 是谷歌地理信息相关专利技术分支申请量按年分布图。由图可知，应用与服务稳步增长，2011 年的申请量增长了近 193%，地理信息处理更是增长了 300%。表明上述两个技术分支是谷歌近期的专利布局重点。采集与制作维持与往年同一水平。

图 7-26 是谷歌地理信息相关专利二级技术分支分布饼图。在二级技术分支中，渲染占地理信息处理申请量的比例较大，如何渲染地图、提升用户体验是谷歌的关注点。而在应用与服务中，地理信息相关专利通常侧重于挖掘地理信息的价值，以提供广告、搜索、旅游、金融等多方面的服务，上述相关申请占比最高，为该技术分支总量的 44%。而基于地图的定位与导航的申请量分别占该技术分支的 18% 和 38%。

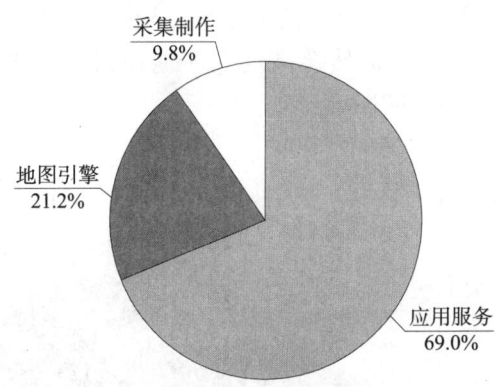

图 7-24　技术分支分布

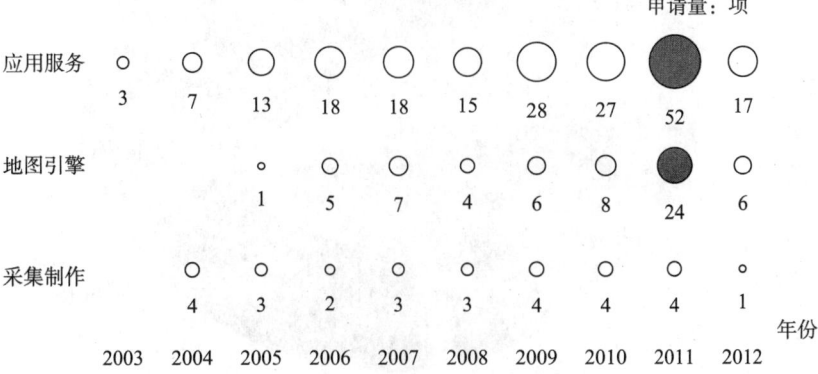

图 7-25　技术分支申请量分布

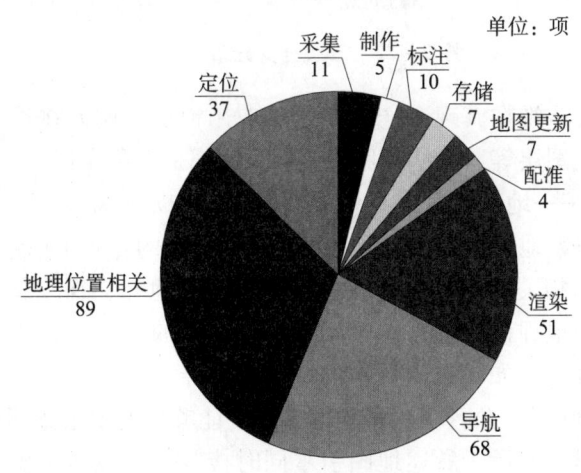

图 7-26　二级技术分支分布比例图

图 7-27 是谷歌应用与服务专利申请三级技术分支的分布图。谷歌有 70% 的相关申请布局在应用与服务，其中基于 GIS 的服务占据近半壁江山。谷歌侧重对于地理信

息的进一步挖掘和利用，例如根据地理信息进行文档搜索、广告定向发布、社交、会议、金融、旅游等。未来，谷歌仍然会高度关注地理信息的数据挖掘，例如谷歌在2012年推出的重量级应用Google Now。

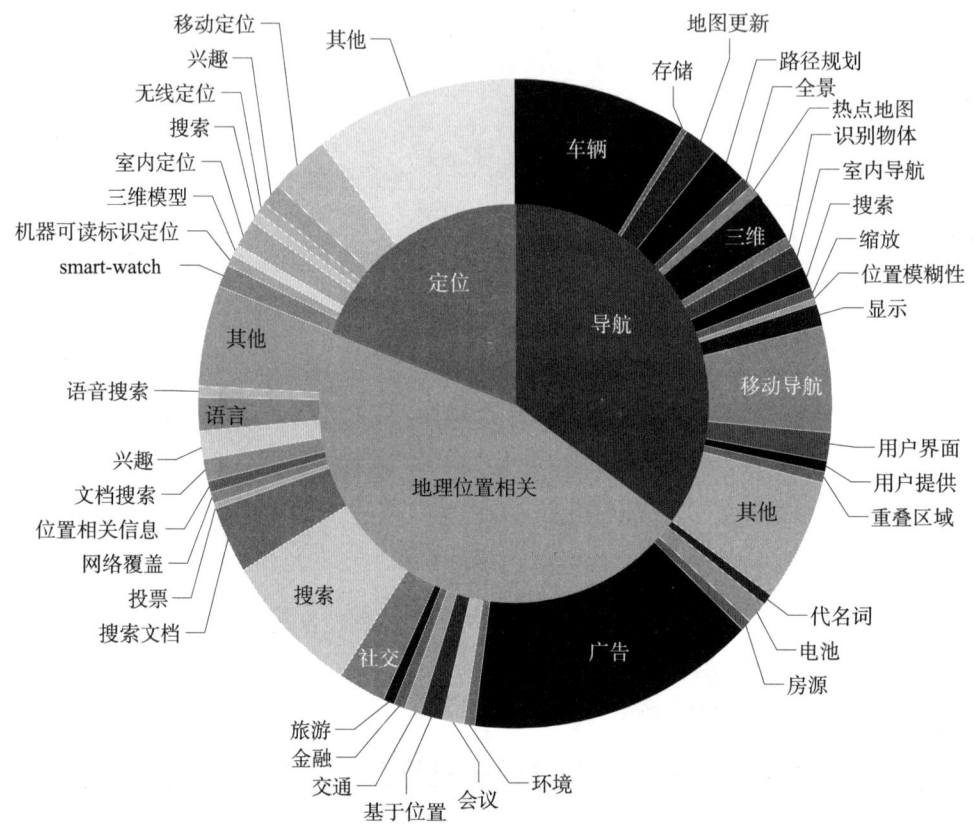

图7-27 三级分支分布比例图

此外，谷歌同样重视在其现有产品中添加应用模块，例如在谷歌地图上的商铺标注、语音搜索、天气图层等，这些应用模块的添加都是专利先行。

7.4.1.4 关键技术——地理信息

图7-28表明谷歌地理信息相关专利中与产品对应的专利申请量分布情况。

谷歌与地理信息相关的产品包括谷歌地图、谷歌地球、谷歌纵横等，它的搜索引擎有一部分也是基于地理位置关联的搜索。谷歌产品的每一次改进，其背后都有一个或几个专利作为支撑。例如谷歌街景中的两项基础专利：US2008059205A1，发明名称为"动态搜索电子地图"，公开了一种地图引擎，能够从地图服务器处接收地图数据并将其以电子地图的形式显示。所述地图引擎同时接收一个或多个模板，模板定义了地图的显示详情和特定任务，例如搜索住宅等。模板的数据源来自服务器，数据源描述了地图上所示区域的属性；US2007185895A1，发明名称为"应用地图展示数据对象"，公开了一种用于表达事实的计算机系统，包括：对象登录模块，适用于设立一组对象，每个对象具有一组事实，每个事实具有属性和相关评价，至少一个事实的一项评价描述了地理位置；界面模块，适用于提供用户界面，以便展现对象的一个或多个事实；展示模块，通过用户界面实现对事实的属性和相关评价的展示。

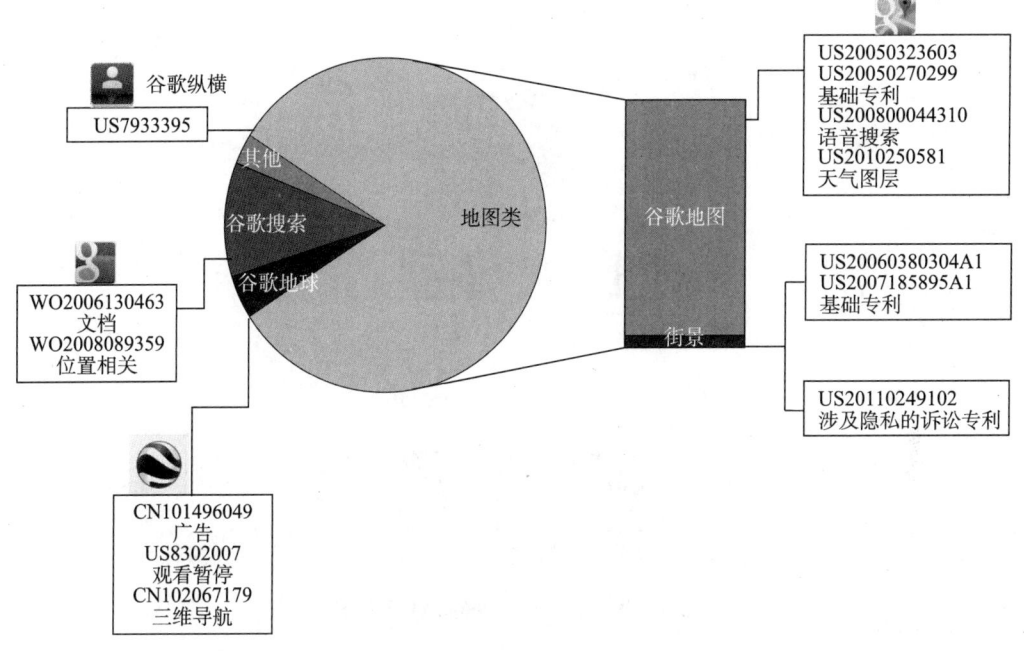

图 7-28　地理信息相关专利与产品

7.4.1.5　专利趋势预测——精准定位

图 7-29 为谷歌地理信息相关专利的技术功效占比图。其中，旨在提升用户体验的技术功效占比最多（包括提升用户体验 17%，提高便利性 11%，易于操作 10% 等），表明当前用户体验是研发热点之一，而用户体验可以体现在多个方面，例如，界面友好、速度快等。同时旨在提高定位精度的专利占专利总量的 18%，同样占据很大比例。目前精确定位是困扰包括谷歌等地图提供商的问题之一，为此谷歌也在专利方面加紧布局。

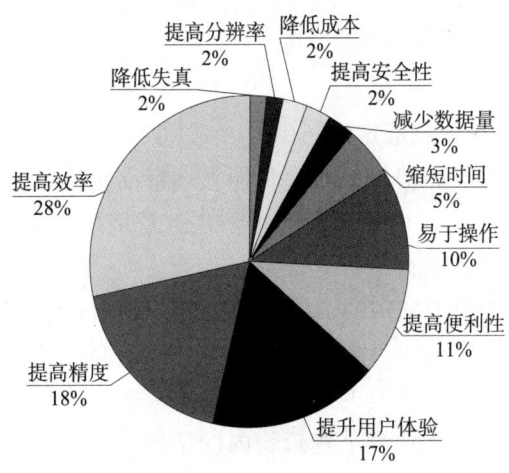

图 7-29　技术功效占比图

173

如图7-30所示，比较有意思的例如US20080136648A1（条形码提供位置信息），根据确定的位置信息，为用户呈现地图信息。

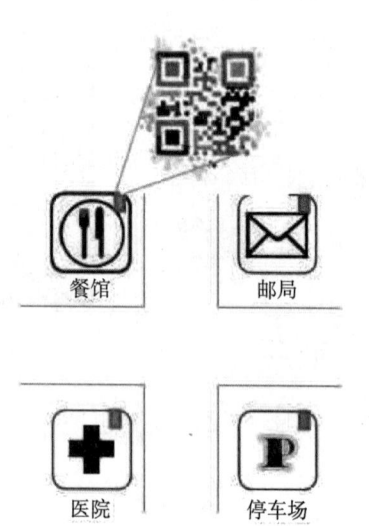

图7-30　US20080136648A1示意图

精准定位还包括目前非常热门的室内定位，谷歌最早的技术方案是通过识别建筑物中设置的WiFi信号热点，对不同信号源的强度进行三角测量，粗略地得出大概位置。

如果想解决数据源的问题，仅靠以上的技术方案是不够的。谷歌非常聪明，它采用众包的方式解决它的数据源精度不够的问题。它开发了一个基于安卓的应用软件，这款软件会指引用户走遍某个场所，并在过程中通过GPS、公共Wi-Fi信号以及手机基站来收集位置数据。谷歌将这些信息加入到谷歌地图的数据库中。这个软件背后的支持就是专利US8320939B1。

7.4.2　百度（Baidu）

7.4.2.1　专利趋势预测——精准定位

在谷歌地图的相关专利趋势预测中，我们发现精准定位是困扰包括谷歌等地图提供商的问题之一，谷歌已经在此加紧布局了。在对百度地图进行相关方面的分析后，我们发现百度也对精准定位进行了研究。

比较有意思的例如专利CN102937452A，其背景技术中介绍了目前通常采用基于卫星定位信号、无线通信网络或者WiFi网络定位用户当前的地理位置，采用动态规划的方式规划出用户的行动路径。现有的地图导航技术大多基于无线定位机制确定用户当前的地理位置，精度较低，无法满足建筑物内的精细导航需求，例如在商场内部、博物馆内部等的导航。

其独立权利要求如下：

一种基于图像信息码的导航方法，其特征在于，预先在关键地理位置设置图像信息码，所述图像信息码中包含所在的地理位置信息和设定基准上的朝向信息，该导航方法包括：

S1：获取用户输入的图像信息码，解析获取的图像信息码并查询图形码数据库后得到用户所在的地理位置 A 和朝向信息 C；

S2：查询电子地图数据库确定从所述地理位置 A 到目的地理位置 B 的行动路径 PathAB，并进一步利用所述朝向信息 C 和 PathAB 确定用户的行动方向 DirCA。

7.4.2.2 百度地图重点专利

百度地图包括的功能有百度导航、百度公交、百度团购、百度旅游。

通过对百度地图发展的历史梳理，发现其在产品的开发中布局了相关专利，如表 1 所示。

发布日期：2011 年 12 月 19 日

百度地图 Android 版 V2.0 跨代版

（1）支持高清卫星图浏览；

（2）离线地图包压缩 90%；

（3）新增 3D 模式视图，支持手势切换；

（4）新增罗盘模式，支持地图手势旋转（相关申请号 CN201210365709，CN201310024198）；

（5）提升实时路况信息准确性、丰富度，同时减少 95% 的流量；

（6）新增路况事件信息，含管制、施工、事故信息；

（7）推出全新界面。

发布日期：2012 年 08 月 24 日

百度地图 Android 版 V3.3

（1）新增周边外卖搜索功能；

（2）在线选择菜单，自动计算点餐价格；

（3）支持双 SD 卡，可使用外置 SD 卡存放离线地图；

（4）提升 2G 网络路况加载速度，解决道路名称与路况遮盖问题（相关申请号 CN201010564454）。

发布日期：2012 年 09 月 21 日

百度地图 Android 版 V4.0

（1）推出免费语音导航在线版；

（2）首家推出室内定位功能，同时新增室内图（目前限北京）（相关申请号 CN201210417954）；

（3）新增公交车实时到站信息（目前限杭州）；

（4）新增团购信息：新增包括全国 100 个城市的海量团购信息；

（5）新增评论功能；

（6）新增 4000 条商户优惠信息。

发布日期：2013 年 04 月 24 日

百度地图 Android 版 V5.0

（1）改版"我的位置"，增加周围好评最多的餐厅、酒店和公交站等功能（相关申请号 CN201210016912）；

（2）新增"特色推荐"功能，在 19 个热门旅游城市展示景点攻略、城市特色美食、购物和宾馆、机场车站、地铁信息；

（3）北京、广州和深圳新增打车服务；

（4）语音导航新增路口诱导箭头，新增路况播报，更新导航路口放大图资源；

（5）支持分享地点和路线到新浪微博、微信和微信朋友圈；

（6）新增"我的订单"，支持团购和酒店订单的管理；

（7）更新"我的地图"热门专题数据。

发布日期：2013 年 06 月 05 日

百度地图 Android 版 V5.1

（1）实现双人和多人共享位置，支持设置目的地、短信或微信邀请好友（相关申请号 CN201210324123）；

（2）新增加了影院预订和支付功能；

（3）北京、上海、广州、深圳和杭州 5 大城市实现打车服务；

（4）我的地图新增用户个人积分系统；

（5）优化驾车路线时间计算，结合数据挖掘调整信号灯、转弯等时间（相关申请号 CN201310195866）；

（6）新增桌面小部件周边雷达；

（7）增强网络稳定性，修复部分机型网络连接失败的问题；

（8）页面间跳转更加流畅。

发布日期：2013 年 07 月 03 日

百度地图 Android 版 V5.2

（1）实现双人和多人共享位置，支持设置目的地、短信或微信邀请好友（相关申请号 CN201210324123）；

（2）推出"今夜酒店特价"项目；

（3）新增加消息中心，用户提交的意见和建议将直接反馈到消息中心；

（4）升级实时路况，减少 90% 的流量加载；

（5）全新改版团购页面；

（6）在上海、杭州推出了打车服务；

（7）上线了积分兑换功能；

（8）丰田车主可通过蓝牙将百度地图上选定目的地发送到汽车；

（9）改版"我的位置"页面，降低流量。

发布日期：2013 年 09 月 24 日

百度地图 Android 版 V6.1

（1）增加了生活成本的功能；

（2）扩展了搜索框的搜索内容，比如新增国庆长假热词搜索；

（3）公交时间胶囊，可以在夜晚计算出哪些公交即将停运；

（4）提升了导航的偏航反应速度。优化转弯、监控摄像头、上下坡、高速出入口、主辅路、分岔路口等复杂路段的播报（相关申请号 CN201210306997）；

（5）新增了驾车时的刷新按钮，可以快速重新规划路线；

（6）地图显示方面更轻、更简洁、更高效。

以上专利具体信息参见表 7-1。

表 7-1 百度地图与产品对应的重点专利表

序号	申请号	发明名称	地图相关应用
1	CN201210365709	在地图中向用户推荐搜索信息的方法及系统	手势搜索
2	CN201310024198	基于移动终端中地图进行搜索的方法、系统、终端和服务器	手势搜索
3	CN201010564454	电子地图标记渲染方法及装置	地图显示
4	CN201210417954	一种基于图像信息码的导航方法、装置和系统	精细导航
5	CN201210016912	为行进中移动终端提供信息的方法及系统和服务器	兴趣点推送
6	CN201310195866	导航方法、系统和导航服务器	路径规划
7	CN201210324123	基于短信分享地理位置的方法及装置	位置共享
8	CN201210306997	对连续路口导航的方法、系统及导航服务器、移动终端	连续路口提示
9	CN201310013097	一种更新公交线路数据的方法、装置和系统	公交线路
10	CN201210491080	移动状态下公交线路的规划方法、系统和装置	公交线路

第 8 章　无缝室内外组合定位

目前，全球卫星导航系统（GNSS）在军事和民用上已得到了广泛的应用，其作用和地位也与日俱增，成为和人们息息相关的技术。一般对于导航卫星系统而言，所能跟踪的卫星越多、其几何分布结构越好，则定位测量结果越可靠，精度也越高。但是当卫星信号受到建筑物、树木、墙和地形的遮挡，或者是在城市内的"高楼峡谷"、隧道、室内或者较深的开挖矿区等地区其导航卫星信号几乎完全消失的情况下，无法收到有效导航信号，这就一定程度上限制了卫星导航技术的应用范围。

要实现更高精度的定位，则需要其他的定位技术，如室内定位技术。近年来，随着智能终端的普及、移动互联网时代来临，室内地图导航技术亦逐渐起飞。由于来自社交网络和商业位置感知应用的强劲需求，室内定位系统（Indoor Positioning System，IPS）技术已成为当前最为热门的研究领域之一。包括诺基亚、索尼和三星等在内的22家企业共同成立了 In – Location 室内定位联盟，并承诺共同开展室内定位开放接口及标准化等相关工作。然而室内定位技术也普遍存在诸如定位范围小、信号衰减强等缺陷，不能够在广域范围内进行有效的定位。人们需要的是无论身处广域室外或者室内，都能够满足不同定位精度、不同应用场景的定位需求。但是目前没有一种单独的网络能够适应这种需求。因此，基于不同种类的网络构建无缝室内外定位体系成为发展室内定位服务的重要任务。具有 GNSS 和地面网络集成的无缝室内外定位系统正在演进为技术发展的重要策略，并且正在成为国家实力的重要代表。

综上所述，有必要对无缝室内外组合定位技术进行研究和专利分析，从中寻找研究热点和发展趋势。纵观无缝室内外定位技术的专利申请，自1990年开始出现无缝室内外定位技术的相关专利申请。到2013年9月31日为止，全球专利申请为2541项，其中中国专利申请为971件。那么，其中有哪些公司在进行无缝室内外定位技术的研发？在对哪些技术热点进行研发和专利布局？本章将带领读者探寻无缝室内外定位技术领域的专利发展趋势，梳理各热点技术分支的技术发展路线图，追踪专利申请的技术热点，洞察主要竞争对手的研发动向，获悉重点专利及其研发团队。

8.1　简　介

广域的室内外定位技术主要有 GPS（全球卫星定位）技术、移动网络定位技术、辅助全球卫星定位（AGPS 定位）技术。局域的室内外定位技术主要有：无线定位技术（超声波、红外线、Wi – Fi、Wlan 信号、射频无线标签 RFID、UWB 定位、ZigBee 技术)、其他定位技术(计算机视觉识别、地球磁场、压力传感器等)。由于室内环境的复杂性,高精度室内定位是非常困难的。

下面对现有的除 GPS 技术以外的室内外定位技术进行介绍。

8.1.1 广域室内外定位技术

8.1.1.1 蜂窝网络定位技术

蜂窝网络定位技术是指根据移动网络的基站和信号对目标进行定位的技术,也被称为移动网络定位技术等。蜂窝网络定位技术可以分为基于移动终端的定位和基于网络的定位两种。基于移动终端的定位是指定位计算由移动终端自主完成,移动终端能够自行确定自身当前的位置。基于网络的定位主要由网络系统收集待定位移动终端的信息并计算移动终端的当前位置。

(1)基于网络的定位

基于网络的定位,也称反向链路定位。其定位过程是由多个基站同时检测移动终端发射的信号,将各接收信号携带的某种与移动终端位置有关的特征信息送到一个信息处理中心处理,然后计算出移动终端的估计位置。这类定位方法有基于 Cell–ID 和时间提前量(TA)的方法、上行链路信号到达时间(TOA)方法、上行链路信号到达时间差(TDOA)方法以及上行链路信号到达角度(AOA)方法等[1]。这些解决方案需要对现有网络做部分改进,即可兼容现有移动终端。

CELL–ID 定位是根据终端所在小区标识 CELL–ID 来定位的。在蜂窝移动通信系统中,HLR(home location register)、VLR(visiting location register)数据库中有移动终端所在蜂窝小区的小区标识,小区切换后及时更新。定位平台根据小区标识和覆盖范围对移动终端进行定位。主要优点是方便、简捷、容易实现,无需对移动网络进行修改,对终端也没有任何要求;响应时间短,整个定位过程 1s 左右;覆盖范围广。缺点是定位精度差(平均几百米至千米),精度取决于基站或扇区大小、精度受基站数据准确性的影响。在郊区和农村基站分布少,定位精度更差。[2]

GSM/GPRS 系统中可以用作定位的另一个参数是时间提前量(TA),UMTS 系统中与之对应的是回路测量时间(Round Trip Time,RTT)。TA 和 RTT 两者皆是利用基站传送到手机的时间补偿(Time Offset)来测量 BTS 与手机之间的距离,分析移动台所在的区域。TA 以比特为单位,1bit 相当于 550 米的距离;RTT 以比特为单位,WCDMA 3.84M 码片速率下,1bit 相当于 20 米的距离;TD–SCDMA 1.28M 码片速率下,1bit 相当于 60 米的距离。把 CELL–ID 和 TA/RTT 结合在一起是一种简单又经济的方法。所有终端都可使用这种方法定位,这是其一大优点。但这种技术的定位精度取决于小区大小和周围的环境,通常只能用于粗略定位[3]。

NMR(Network Measurement Report)也称 E–CGI(Enhanced Cell Global Identifica-

---

[1][2] 罗枝花,王晓平. 混合定位技术的应用与探讨[J]. 数据通信,2011.
[3] 阎啸天,于蓉蓉,武威. 无线网络定位技术[EB/OL]. [2003–10–31]. labs.chinamobile.com mblog712208_82886.doc.

tion），从本质讲是一种具有自主和指纹定位两种模式的技术。这种技术是对 CELL – ID 以及 CELL – ID + TA/RTT 的增强。NMR 指纹定位离线学习阶段，终端在确定位置的样本点处对各相邻小区的信号强度进行采集和记录，并将样本点处服务小区 Cell ID、各相邻小区信号强度和对应精确位置归档；进入在线定位阶段，终端实时测量和收集相邻小区的 NMR 数据并上报网络侧数据库，查询与所检测信号强度最为接近的样本点的位置，作为最终定位结果❶。

上行链路信号到达时间方法（TOA）是由基站测量移动终端信号到达的时间。该方法要求至少有三个基站参与测量，每个基站增加一个位置测量单元 LMU，LMU 测量终端发出的接入突发脉冲或常规突发脉冲的到达时刻。LMU 可以和 BTS 结合在一起，也可分开放置。由于每个 BTS 的地理位置是已知的，因此可以利用球面三角算出移动终端的位置。上行链路信号到达时间差（TDOA）方法测量的是移动终端发射的信号到达不同 BTS 的传输时间差，而不是单纯的传输时间。TOA 定位需要终端和参与定位的 LMU 之间精确同步，而 TDOA 通常只需参与定位的 BTS 间同步即可。另外，这两种定位还要求在所有基站上安装 LMU，因此成本较高。❷

OTDOA（Observed Time Difference of Arrival）定位技术通过移动终端测量不同基站的下行导频信号的到达时刻 TOA（Time of Arrival）实现定位，其定位精度较高，定位范围为 100m ~ 200m，但对时间基准的依赖性较强，同时受多径干扰的影响也较大。OTDOA 定位响应时间比 CELL – ID 略长，大约要 10s。❸

智能天线基站通过阵列天线测出移动台到达无线电波信号的入射角，从而构成基站到移动台的径向连线，两条连线的交点即为待定位移动台的位置。这种定位方法需要在每个小区基站处放置 4 ~ 12 组天线阵列，这些天线一起工作，从而确定移动台发送信号相对于基站的角度。

上行链路信号到达角度（AOA）通常用来确定一个二维位置。AOA 方法在障碍物较少的地区可以获得较高的定位精度，但在障碍物较多的环境中，由于无线传输存在多径效应，则误差增大。移动台距离基站较远时，定位角度的微小偏差会导致定位距离的较大误差。另外，AOA 技术必须使用智能方向天线。❹

（2）基于移动终端的定位

基于移动终端的定位也称前向链路定位。其定位过程是由移动终端根据接收到的多个基站发射信号携带的某种与移动终端位置有关的特征信息（如场强、传播时间、时间差等）来确定其与各基站之间的几何位置关系，再根据有关算法对其自身位置进行定位估计。这类定位方法有用于 GSM 蜂窝网络中的下行链路增强观测时差定位方法（E – OTD）、用于 WCDMA 蜂窝网络中的下行链路空闲周期观测到达时间差定位方法（OTDA – IPDL）、用于 CDMA2000 的 AFLT 定位等。❺

下行链路增强观测时差定位方法（E – OTD）只能用于 GSM/GPRS 网络，使用这

---

❶❷❹ 阎啸天，于蓉蓉，武威. 无线网络定位技术 [EB/OL]. [2003 – 10 – 31]. labs.chinamobile.com-mblog712208_ 82886. doc.

❸❺ 罗枝花，王晓平. 混合定位技术的应用与探讨 [J]. 数据通信，2011.

种技术需要在网络中的多个基站上放置位置测量单元（Location Measuremnet Unit，LMU）作为参考点。每个参考点都有一个精确的定时源。E-OTD 的运作方式是以移动终端测量来自至少 3 个 LMU 的信号，根据各 LMU 到达移动终端的时间差值所产生的交叉双曲线可以计算出移动台的位置。E-OTD 方案可以提供比 CELL-ID 高得多的定位精度——在 50 米到 125 米之间。但是它的定位响应速度较慢，往往需要约 5 秒的时间。另外，它需要对移动终端软件进行更新，这意味着现存的移动用户无法通过该技术获得基于位置的服务。

AFLT 三角定位法通过测量来自三个基站信号的时间差，确定手机在位于围绕任意两个基站的一个特定的双曲线上，多个双曲线的交点即为手机的位置。

终端测量导频相位偏移，分辨率达到 1/16 个码片精度（合 15.26 米），定位服务器判断导频来自邻近的哪个基站（基站位置保存在基站数据库中），然后利用 CDMA 手机接收到不同基站发出的信号到达该手机的时间差，通过算法计算出经纬度。❶

其他蜂窝电话网络如 GSM/GPRS 也有类似的自定位技术，但由于 CDMA 是唯一全网同步（通过 GPS）网络，CDMA 网络的同步特性具有实施三角定位的优势，因此定位精度最高。在能够收到多个来自不同方位基站的信号时定位精度较高，在基站覆盖稀疏地区（如郊区、覆盖较差的室内）等或基站间夹角太小的位置定位效果较差。定位精度中等（平均几百米），精度受基站密度、基站数据准确性、多路径、无线信号环境等的影响。❷

移动通信中复杂的信道环境使得在诸多基于测量信号特征参量的无线定位方法中，仅靠一种基本定位算法很难取得最佳定位精度，而通过利用一种或几种不同定位算法对不同测量参数进行数据融合，可以进一步提高定位精度。具体讲是利用 T(D)OA、AOA（可含 GPS）等多种特征参量测量值通过不同的定位算法对其进行求解得到位置估计，再根据不同的融合准则、利用各自的冗余信息、通过一定的规则进行筛选与融合，得到最终位置。❸

实现数据融合技术的关键是确定切实可行的准则和判决门限，在这方面需要结合课题的实际情况、在一定的实测数据基础上建立合理的实验模型，进行大量的计算机仿真。目前，综合或融合各种定位方法的测量数据，利用各种测量数据或冗余测量信息得到比任何单一方法都好的定位精度，是目前蜂窝移动定位技术中比较好的折中方案。❹

8.1.1.2　AGPS 定位技术

AGPS（Assisted-GPS）是将以 GPS、GLONASS、GALILEO、北斗等为代表的卫星定位系统，与移动无线网络结合的混合型定位技术。AGPS 将终端的工作简化，由网络侧的 AGPS 定位服务器与终端相互配合完成定位工作。与 GPS 相比，卫星扫描及定位

---

❶❷ 罗枝花，王晓平. 混合定位技术的应用与探讨［J］. 数据通信，2011.
❸❹ 阎啸天，于蓉蓉，武威. 无线网络定位技术［EB/OL］.［2003-10-31］. labs.chinamobile.com-mblog712208_82886.doc.

运算等最为繁重的工作从终端一侧转移到网络一侧，由 AGPS 定位服务器完成，而终端设备仅需将其所在基站信息及 GPS 信号信息等传送给定位服务器。❶

（1）AGPS 基本工作原理

AGPS 定位终端首先将本身的基站地址通过网络传输到 AGPS 定位服务器。AGPS 服务器根据该终端的概略位置传输与该位置相关的 GPS 辅助信息（包含 GPS 的星历和方位俯仰角等）。该终端的 AGPS 模块根据辅助信息（以提升 GPS 信号的第一锁定时间 TTFF 能力）接收 GPS 原始信号。终端在接收到 GPS 原始信号后解调信号，计算自身到卫星的伪距（伪距为受各种 GPS 误差影响的距离），并将有关信息通过网络传输到 AGPS 定位服务器。服务器根据传来的 GPS 伪距信息和来自其他定位设备（如差分 GPS 基准站等）的辅助信息完成对 GPS 信息的处理，并估算该终端的位置。最后，AGPS 定位服务器将该手机的位置通过网络传输到定位终端或应用平台。整体流程如图 8 – 1❷所示。

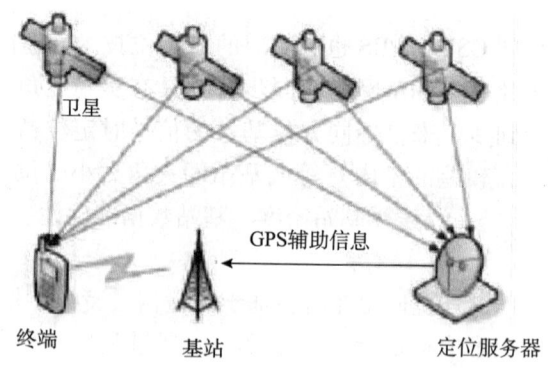

图 8 – 1　AGP 基本工作原理

（2）AGPS 的分类

根据定位方式的不同，AGPS 可以分为自主定位（GPS standalone）模式、移动终端辅助定位（MS – assisted，MSA）模式、基于移动终端的定位（MS – based，MSB）模式，详见表 8 – 1。MSA 模式指的是终端从定位服务器取得辅助数据并将粗略的卫星接收信号测量结果发回给定位服务器，由定位服务器来进行位置计算。MSA 模式主要用于紧急事件的定位、以及非连续的、非实时的应用，如兴趣点查询、找朋友、位置广告等。而 MSB 模式则是移动终端根据定位服务器发送的辅助数据完成位置计算的工作，适用于快速连续的定位应用，如人/车跟踪、手机导航等，主要用于商业服务❸。

---

❶❷　刘政，安旭东，张维伟. AGPS 技术及测试标准［J］. 现代电信科技，2012.
❸　罗枝花，王晓平. 混合定位技术的应用与探讨［J］. 数据通信，2011.

表 8-1　AGPS 三种定位模式

定位模式	定位服务器	终　　端
MS-based（MSB）	提供 GPS 辅助数据	完成 GPS 信号测量和计算，返回结果
MS-assisted（MSA）	提供 GPS 辅助数据，计算位置	完成 GPS 信号测量，不计算
Standalone	不需要	测量计算自行完成

借助 AGPS 定位服务器强大的运算能力，相比于传统 GPS，终端设备首次定位所需时间大大加快❶。在冷启动情况下，AGPS 定位响应时间为 10～30 秒；正常工作状态下，响应时间为 3～10 秒，但与之前的 CELL-ID 和 E-OTD 等定位技术相比，AGPS 定位方法的响应时间稍长❷。此外，AGPS 定位在网络侧改动少、网络不需增加其他设备、投资较少、定位精度高（理论上可达 5～10 米），对于终端系统资源的要求也大大降低，无论是缩小终端设备的体积还是延长电池的使用时间，都起到了很大的作用。AGPS 也有其缺点：在无法接受移动网络信号的地方，如地下停车场、地铁、地下商场等，则无法定位，或定位误差很大。室内定位效果不好，这也是传统 GPS 定位的弱点。AGPS 定位技术通过事先获取卫星星历延长每个码的延迟时间来提高信号的灵敏度，因此这种 AGPS 定位技术需要在终端内集成 GPS 接收机，并需相应软件支持，从而增加移动台的成本和功耗。

8.1.1.3　伪卫星定位技术

伪卫星（Pseudolite）技术是利用卫星信号生成器和发射器构成的。位于地面或空中的伪卫星主要由接收机发射机和天线等部分组成。简单地讲，伪卫星就是设置在地面或空中的卫星。它发射类似于 GPS 的信号来提高局部地区的导航性能。即使在某个卫星受损或其他原因造成卫星几何结构不良时，仍能提供良好的导航性能。甚至当导航卫星系统不能正常使用时，伪卫星还可以完全代替导航卫星单独进行定位导航，实现伪卫星的单独组网布局定位❸。

GPS 伪卫星定位系统是一个模拟 GPS 定位系统的区域定位系统，基本理论和研究方法都源于 GPS，可用 4 颗或 4 颗以上的 GPS 伪卫星作为信号源来模拟 GPS 系统中的卫星。采用独立的坐标系和时间标准，可利用 GPS 接收机接收信号并提取伪距载波相位等相关信息，能够给区域范围内定位并提高此区域内的定位精度❹。

出于结构复杂程度和成本的考虑，伪卫星发射器一般设计为单频。而由于设计理念及功能的不同，伪卫星可以有很多种类型。其中较为常见的主要有简单式伪卫星（Simple Pseudolite）、脉冲式伪卫星（Pulsed Pseudolite）和同步式伪卫星（Synchrolite）等❺。

伪卫星可以与 GPS 以多种模式组成系统进行定位和导航，从原理上来讲，伪卫星

---

❶　罗枝花，王晓平．混合定位技术的应用与探讨［J］．数据通信，2011．
❷　阎啸天，于蓉蓉，武威．无线网络定位技术［EB/OL］．［2003-10-31］．labs.chinamobile.com-mblog712208_82886.doc.
❸❹　王亚宾，等．伪卫星室内导航定位系统研究和设计［J］．计算机测量与控制，2013．
❺　［EB/OL］．［2013-10-31］．http：//baike.baidu.com/view/1009062.htm.

也可以完全替代 GPS 卫星而进行独立定位。伪卫星一个显著的特点就是其高度角很低，且信号无须通过电离层。通过利用这种低高度角卫星，GPS 和伪卫星组合后能够有效地改善几何图形结构，提高垂直方向的定位精度。在某些特殊场合，伪卫星甚至可以完全取代空中的 GPS，而进行单独定位。伪卫星定位的基本原理仍是利用 GPS 相对定位中的"双差"方法，其可靠性和精度除了取决于硬件设备之外，也与伪卫星的几何图形配置密切相关❶。

8.1.1.4 广域室内外定位技术小结

上述蜂窝网络定位与 AGPS 技术的各类定位方法已经在不同蜂窝网络中被标准化。3GPP 对于 GSM 网络选择了基于 CELL – ID 和时间提前量、上行 TOA、下行链路增强观测时差定位方法 E – OTD、辅助 GPS（AGPS）等方案，而为 WCDMA 网络选择了基于 CELL – ID、下行链路空闲周期观测到达时间差定位方法 OTDOA – IPDL、AGPS 等方法。GSM 网络中与定位相关的标准包括 3GPPTS09.02 和 3GPPTS03.71，3G 网络中还有 3GPPTS25.331 系列规范对位置服务系统的架构和相关定位流程进行了规定。下面对几种主要移动网络定位方法和其性能进行了比较，见表 8 – 2。而上述的伪卫星技术也更多地与 GPS 系统相结合以提供更加精确的定位。

表 8 – 2 蜂窝网络定位与 APGS 技术对比

定位技术	精度水平（m）	冷启速度（s）	适用网络环境	备注
CELL – ID	100 ~ 3000	1 ~ 3	不限	精度受制于扇区大小，鲁棒性较差
CELL – ID + TA	550	1 ~ 5	GSM/GPRS	精度较 CELL – ID 有所改进，但需要添加 LMU（/3BTS），建设成本高
CELL – ID + RTT	20 ~ 60	1 ~ 5	UMTS（WCDMA，TD – SCDMA）	精度较 CELL – ID 有较大改进，但需要添加 LMU（/3BTS），建设成本高
上行 TDOA	50 ~ 150	5 ~ 10	GSM/WCDMA/TD – SCDMA	GSM/TD – SCDMA 需增加 LMU，LMU 与 SMLC 之间接口私有
E – OTD	50 ~ 300	5 ~ 10	GSM	需添加 LMU（/3BTS），建设成本高
智能天线	逊于 AGPS，优于传统三角定位	5 ~ 10	不限	网络侧需 MIMO 支持，只需单个基站，T（D）OA/AOA 测量，或统计学习多径信号参数与用户位置间关系
AOA	50 ~ 500	1 ~ 5	不限	MSC 支持 Lg 接口，定向天线支持 AOA 测量，受环境影响较大，用于配合其他方法

❶ [EB/OL]. [2013 – 10 – 31]. http：//baike.baidu.com/view/1009062.htm.

续表

定位技术	精度水平（m）	冷启速度（s）	适用网络环境	备注
指纹（NMR、模式匹配）	50～300	5～10	不限	控制平面需支持 Lupc 接口，需要大量离线训练数据，或使用路径模型计算距离
数据融合	优于传统测时、测角定位	5～10	测量数据（TOA/TDOA/AOA）或系统级（GPS+CDMA）融合	需结合多种定位技术和设备，以提供 T（D）OA/AOA 等测量支持
AGPS	信号好，5～200	5～20	不限	开阔区域定位精度/准确度最高，室内、密集地区定位情况较差

8.1.2 局域室内定位技术

局域的室内外定位技术主要有：无线定位技术和其他定位技术。

8.1.2.1 短距离无线通信定位技术

无线定位技术是指利用各种无线信号对目标进行定位的技术。由于不同频段的无线信号，在同一环境中也表现出不相同的传播效应。室内无线环境复杂，无线信号功率小，传播会受到障碍物阻挡产生误差影响，定位难度较大。针对不同的室内定位需求、室内定位环境和硬件设施成本、结合不同的短距离无线通信定位技术，许多学者与机构研究开发了各种基于不同无线信号的短距离无线定位系统，例如激光、超声波、红外线、WLAN、射频无线标签 RFID、蓝牙 Bluetooth、UWB、ZigBee 技术等。❶

（1）WLAN 技术与 WiFi

无线局域网（WLAN）技术是一种在 20 世纪末发展起来的高速无线通信技术，现在应用最广泛的技术标准是 IEEE 802.11b 和 IEEE 802.11g。WLAN 具有部署方便、高速通信的特点，目前在笔记本电脑、手机等通信设备上得到广泛应用。无线保真 WiFi（Wireless Fidelity）实质上是一种商业认证，具有 WiFi 认证的产品符合 IEEE 802.11b 无线网络规范❷。基于 WLAN 的室内定位主要采用信号强度定位技术，其中，信号强度定位技术比较主流的算法主要分为传播模型法和指纹法。

传播模型法根据 AP 发送到终端的信号强度 RSSI，运用无线信号衰减模型来计算出终端至各个 AP 的距离，再利用距离三角算法，算出终端的位置。指纹法分为两个阶段：离线采集和在线测试。离线阶段采集各个参考点的 WiFi 热点的 RSSI（Received

---

❶ 张凡，陈典铖，杨杰. 浅析室内定位原理及应用 [J]. 移动通信，2013.
❷ [EB/OL]. [2013-10-31]. http://zhidao.baidu.com/question/7542183.html.

Signal Strengthindicator）和 MAC 地址等信息，存储到数据库中。在线阶段是将测试点测到的信号和 MAC 地址与数据库已有指纹信号做匹配，寻找到最相似的参考点作为终端位置。WiFi 定位支持室内定位，符合城市应用环境，楼群人口密集处比 GPS 定位好。WiFi 定位的半径可达 100 米，办公室、整栋大楼中也可使用。厂商进入该领域的门槛比较低，厂商只要在机场、车站、咖啡店、图书馆等人员较密集的地方设置"热点"，并通过高速线路接入互联网。缺点是单点覆盖范围小，约 0.03 平方千米。

国外 RADAR[1]、Ekahau、Skyhook、Navizon 都成功部署了 WiFi 定位系统，如在校园、医院、公司得到广泛应用。微软开发的 RADAR 系统是最早的基于 WiFi 网络的定位系统。它采用射频指纹匹配方法，从指纹库中查找最接近的 K 个邻居，取它们坐标的平均作为坐标估计。室内定位系统基于 RSSI 信号的统计特性，采用贝叶斯公式，通过计算目标位置的后验概率分布，来进行定位。WiFi 绘图的精确度大约在 1 米至 20 米的范围内。国内大多也采用了包括 WiFi 定位在内的混合定位：GPS + CELL + WiFi 定位。其信号图覆盖全国 115 个城市，城区达到 95% 覆盖率。定位时间 1s 内，定位流量 0.5k，耗电也非常小。

（2）ZigBee 技术和蓝牙（Bluetooth）技术

ZigBee 是一种新兴的短距离、低速率无线网络技术，它介于射频识别和蓝牙之间，也可以用于室内定位。它有自己的无线电标准，在数千个微小的传感器之间相互协调通信以实现定位。这些传感器只需要很少的能量，以接力的方式通过无线电波将数据从一个传感器传到另一个传感器，所以它们的通信效率非常高[2]。

ZigBee 技术具有以下主要特点：数据传输速率低，只有 10kb/s ~ 250kb/s，专注于低传输应用。功耗低，在低耗电待机模式下，两节普通干电池可以使用 6 个月到 2 年。成本低，因为 ZigBee 数据传输速率低，协议简单，所以大大降低了成本，且 ZigBee 协议免收专利费。网络容量大，每个 ZigBee 设备可以与另外 254 台设备相连接。优良的网络拓扑能力，ZigBee 具有星、树和丛网络结构能力。ZigBee 设备实际上具有无线网络自愈能力，能简单覆盖广阔范围。工作频段灵活，使用的频带分别为 2.4GHz（全球）、868MHz（欧洲）及 915MHz（美国），均为免执照频段。[3]

ZigBee 技术和蓝牙（Bluetooth）技术类似于 WiFi。ZigBee 技术已经应用于无线传感器网络覆盖较好的区域，如矿井环境。蓝牙技术主要应用于小区域定位，例如礼堂和仓库。这三种类型的技术可以联合使用以提高定位精度和鲁棒性。

（3）红外线技术

红外线室内定位系统主要由三个部分组成：待定位标签、固定位置的传感器和定位服务器。待定位标签具有红外线发射能力，在每 15 秒钟或在被要求的情况下发射带有唯一标示号的红外线信号。定位服务器通过传感器收集这些数据，并采用近似法估

---

[1] Bahl P, Padmanabhan V N. RADAR：An inbuilding RF based user location and tracking system. Proceedings of the 19th annual joint conference of the IEEE computer and communications societies（INFOCOM 2000）. Tel Aviv, Israel, 2000, 775 – 784.

[2][3] 刘宇杰，陈宏刚. ZigBee 无线定位技术的优化［J］. 无线互联科技, 2013（2）.

计用户位置，即认为待定标签的位置就是接收到其信号的传感器位置。区域内所有标签的定位结果通过定位服务器相关数据接口在应用程序上显示。红外线室内定位系统原理如图8-2所示❶：

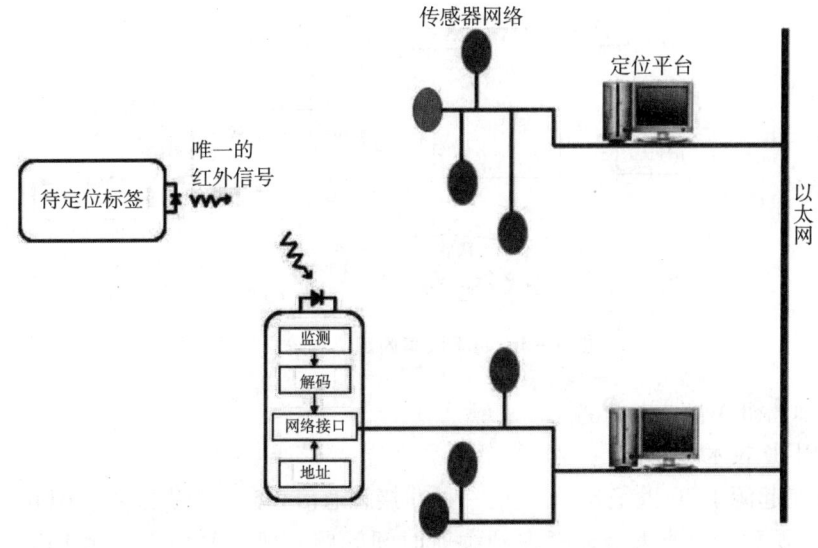

图8-2 红外线室内定位系统原理

由于红外线很容易受到直射日光和荧光灯干扰，系统的稳定性有待增强。同时，受到红外线的穿透性差的影响，标签传播的有效范围在数米之内，系统精度一般在房间大小的级别❷。

（4）超声波技术

基于超声波定位的系统，利用超声波和射频信号的到达时间差（TDOA）来测量两点间距离，再用三边定位方法计算节点的位置。该系统主要由两部分构成：待定位接收机和已知位置的信标节点。信标节点被固定在建筑物内，每个信标节点拥有唯一的识别码。当待定位接收机处于系统覆盖区域内时，向附近的信标节点发出定位请求信号，信标节点收到信号后，同时反馈一个超声波脉冲及带有自身位置信息的射频信号。接收机根据两种信号的到达时间差来计算与信标节点间的距离。通过测量接收机与至少3个信标节点的距离，根据已知信标坐标和三边定位方法计算出用户位置❸。超声波室内定位系统的原理如图8-3所示：

各信标之间的射频信号和超声波脉冲容易发生叠加混淆，接收机可能将来自不同信标的射频信号和超声波脉冲匹配，引起错误距离计算，从而得出错误的定位结果。为此，超声波室内定位系统采取信号发射延迟机制，信标节点在发射前先监听一段时间T，若其间没有接收到其他信标节点的信号，才开始尝试发射。时间段T由超声波信号传播到可能的最大射程确定，以避免出现异常状态。基于超声波的室内定位系统主

---

❶❷❸ 张凡，陈典铖，杨杰. 浅析室内定位原理及应用[J]. 移动通信，2013.

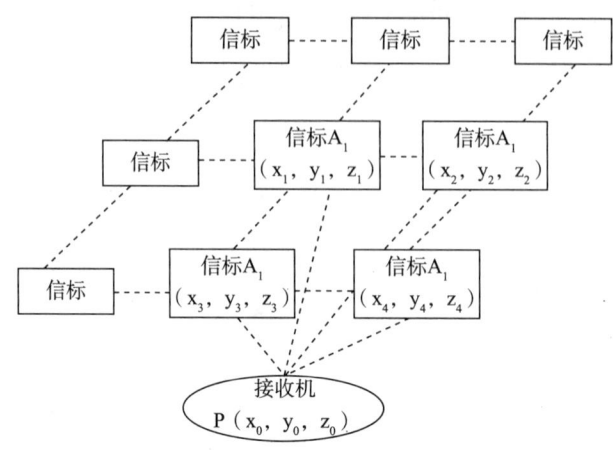

图8-3 超声波室内定位系统原理

要有 Cricket❶ 和 Active Bat❷。

（5）RFID 技术

RFID 是起源于 20 世纪 80 年代的一种非接触通信和自动识别技术。RFID 射频识别技术分为有源和无源两大类，考虑到续航时间问题，现一般采用无源 RFID。现有的 RFID 产品按工作频率主要分为三大类❸：

低频段：工作频率在 120KHz 至 134KHz 之间，该频段信号能够穿透除了金属以外的任意材料的物品而不降低它的读取距离。主要应用在汽车防盗和无钥匙开门系统中。

高频段：工作频率在 13.56MHz 附近，读卡器和标签之间利用近距离磁场耦合的方式进行通信。标签感应读卡器发出的磁场信号，并通过感应磁场传递信息，其工作距离可以达到 1 米。主要应用为二代身份证防伪和门禁系统。

超高频段：工作频率在 433MHz 至 960MHz 之间，其工作原理为反向散射调制技术。作用距离较远，无源标签的读取距离可达 10 米以上，有源标签可以达 80 米。主要应用为高速公路收费和航空包裹管理。

基于 RFID 的室内定位系统采用基于信号强度分析，检测待定位标签和读卡器之间信号强度，再由已知标签和读卡器之间信号强度，解算出待定位标签的位置。系统主要由三部分组成：RFID 标签、读卡器和在标签和读卡器之间的微型天线。读卡器发出固定频率的电磁场，当标签处于电磁场范围内便获得能量并上电复位。此时处于休眠状态的标签被激活并将识别码等信息调制至载波经卡内天线发射出去，供读卡器处理识别。RFID 室内定位系统组成如图 8-4 所示。

---

❶ Nissanka B. Priyantha, Anit Chakraborty, H Balakrishnan. The cricket location support system, Proc 6th ann intl conf mobile computing and networking (Mobicom 00), New York：ACM Press, 2000：32-43.

❷ Andy Harter, Andy Hopper, Pete Steggles, et al, The anatomy of a context aware application, In Proceedings of the 5th annual ACM/IEEE international conference on mobile computing and networking (mobicom 1999). Seattle, USA：ACM Press, 1999, 59-68.

❸ 张凡，陈典铖，杨杰. 浅析室内定位原理及应用 [J]. 移动通信，2013.

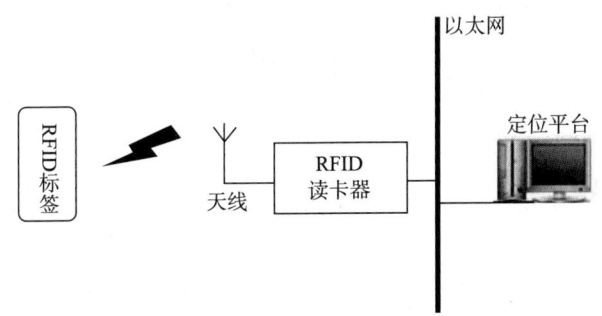

图 8-4 RFID 室内定位系统组成

系统采用已知位置参考标签辅助定位，已知坐标位置的参考标签作为定位系统的参考点。系统还包括一个由读卡器和参考标签组成的传感器网络和用于用户设备与互联网间通信的无线网络。定位的结果通过 RF code 提供的 API 在监视界面上显示。

其中，读卡器的工作范围是 150 英尺，如果增加特殊天线，覆盖范围可达 1000 英尺。当待定位标签处于检测范围内时，读卡器读取待定位标签和参考标签的识别码信息和信号强度信息。通过信号强度与距离的关系，采用 KNN 算法，确定待定位标签位置❶。

基于 RFID 的室内定位系统的典型代表是 LANDMARC❷ 和 SpotOn❸ 室内定位系统。

(6) UWB 技术

UWB（Ultra – Wide – Band）超宽带技术是一种不用载波，而利用纳秒至微微秒级的非正弦波窄脉冲传输数据的无线通信技术。现使用频段为 3.1GHz ~ 10.6GHz 和低于 41dB 的发射功率。与蓝牙和 WLAN 等带宽相对较窄的传统无线通信技术不同，UWB 在超宽的频带上发送一系列非常窄的低功率脉冲。UWB 的数据速率可达几十 Mbit/s 到几百 Mbit/s。UWB 室内定位技术具有抗干扰性强、低发射功率、可全数字化实现、保密性好等优点，特别适合应用在室内定位技术中，因此，UWB 技术近年来成为无线定位技术的热点。其主要不足在于：UWB 系统的使用远远少于 WiFi、Zigbee 或 RFID 系统，对于移动用户来说其很难变得流行。另外，由于发射功率过小，限制了其传输距离，其在定位时的成本远大于 WiFi、Zigbee 和 RFID❹。

UWB 室内定位系统采用 TDOA 和 AOA 混合定位方法进行高精度定位。一个 UWB 室内定位系统包括三部分：活动标签，该标签由电池供电工作，且带有数据存储器，能够发射带识别码的 UWB 信号进行定位；传感器，作为位置固定的信标节点接收并计算从标签发射出来的信号；软件平台，能够获取、分析所有位置信息并传输信息给用

---

❶❹ 张凡，陈典铖，杨杰. 浅析室内定位原理及应用 [J]. 移动通信，2013.
❷ Lionel M. Ni, Yunhao Liu, Yiu Cho Lau, et al. LANDMARC：indoor location sensing using aetive RFID [C]. Proceedings of the first IEEE international conferenee. 2003：407 – 415.
❸ Jeffrey Hightower, Roy Want, Gaetano Borriello. SpotON：an indoor 3D location sensing technology based on RF signal strength. UW CSE 2000 – 02 – 02 [C]. Seattle, WA, USA：University of Washington, 2000.

户❶。UWB 室内定位系统原理如图 8-5 所示。

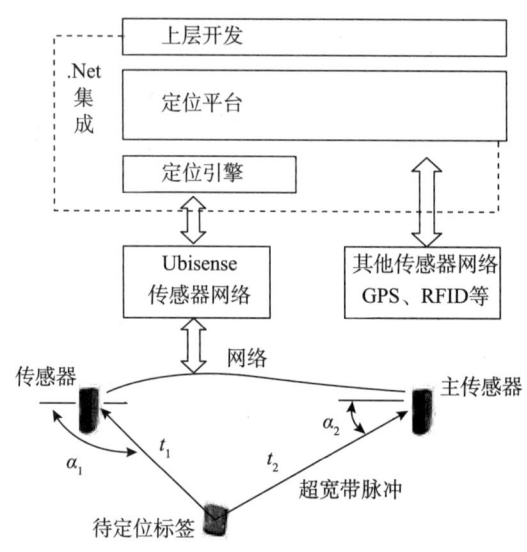

图 8-5　UWB 室内定位系统原理

在系统中，标签发射极短的 UWB 脉冲信号，包含 UWB 天线阵列的传感器接收此信号，并根据信号到达的时间差和到达角度计算出标签的精确位置。传感器按照蜂窝单元的组织形式布置。每个定位单元中，主传感器配合其他传感器工作，并负责与标签进行通信。可以根据需覆盖的范围进行附加传感器的添加。通过这种类似移动通信网络中的单元组合，定位系统可以做到大面积的区域覆盖。同时，标签与传感器之间支持双向标准射频通信，允许动态改变标签的更新率，使得交互式应用成为可能。传感器通过以太网或无线局域网，可以将标签位置发送到定位引擎。定位引擎将数据进行综合，通过定位平台软件，实现可视化处理。❷

每个传感器独立测定 UWB 信号的到达方向角 AOA；而到达时间差 TDOA 则由一对传感器来测定。目前，单个传感器就能较为准确地测得标签位置，两个传感器能够测出精密的 3D 位置信息。如果两个传感器进一步通过时间同步线连接起来，采用 TDOA 和 AOA 混合定位方式，3D 定位精度将达到 15 厘米。基于 UWB 的室内定位系统有 Ubisense 7000❸ 和 Zebra 公司生产的 Dart UWB 室内定位系统❹。

8.1.2.2　其他定位技术

（1）地球磁场定位技术

这是一种以环境磁场为基础的室内定位技术。研究表明一些动物如刺龙虾不仅能探测地磁场方向，还能根据它们感知所在地的地磁场轻微异常，获得自身位置的信息。同样，现代建筑坚固的水泥钢筋结构也有着独特的、变化的三维环境磁场，这种磁场

---

❶❷　张凡，陈典铖，杨杰. 浅析室内定位原理及应用［J］. 移动通信，2013．
❸　Gezici S, Tian Z, Giannakis G B, et al. Location via ultrawideband radios［J］. IEEE signal processing mag, 2005, 22（4）: 70-86.

可用于在很小的空间尺度内定位。每栋建筑，其楼层、走廊都会对地磁场产生不同的干扰，检测这种干扰就能识别其位置并生成地图。目前芬兰的科学家已利用这一技术成立了商业公司 IndoorAtlas，并提出了自己的室内解决方案，定位精度可达到 0.1~2 米。该方案仅要求用户的智能手机内置磁场感应传感器实现室内定位。而对于提供室内定位程序的开发人员来说，则提供了工具箱，包含楼层设计、地图制作和使用公司应用程序接口的程序生成器，以方便他们创造丰富多彩的各类应用。

（2）其他定位技术

此外，还有一些其他的定位技术，比如计算机视觉识别定位技术、压力传感器定位技术、根据已有地标及运动轨迹来推算位置的技术、电视信号定位技术等。

计算机视觉识别定位技术有很多种类，但是都要求跟踪目标之间是可视的，无法同时进行数量比较大的目标跟踪，且探测器成本、计算复杂度较高，限制了其应用范围。利用压力传感器等定位技术需要铺设成本较高，决定了使用范围的局限性。

8.1.3 混合室内外定位技术

由于上述的移动网络定位技术需要确保接收机从不同的基站接收到不少于 3 个定位信号，因此在基站信号覆盖不足的区域，必须要提供室内补充定位。考虑到网络构建的成本，将移动网络与短距离无线定位技术相结合的混合定位技术成为必然的趋势。移动网络主要用于城市里定位信号的大范围覆盖。短距离无线定位则主要应用于两种地方作为信号覆盖的补充，一种地方就是在 WiFi、WSN、蓝牙、RFID 以及其他短距离无线通信信号覆盖良好的主要建筑物中，另一种地方在于基站较少的郊区主要地点（例如，油田和矿井）。

目前的混合定位技术主要有高通的 GPSOne 技术，以及 GPS+WiFi、GPS+GPSOne、GPS+短距离无线通信、蜂窝网络+短距离无线通信等多种组合的混合定位技术等。

其中，GPSOne 技术是高通/SnapTrack 公司提供的一种基于 IS-801.1 协议标准的定位技术，它基于 TCP/IP 网络，提供了一种在移动终端和位置定位实体（PDE）之间进行信令交互，从而达到定位目的的解决方案。该方案同时支持 A-GPS、AFLT、小区 ID 多种定位技术，是一种高效、灵活、使用面广的方案。它将两种定位技术（AGPS 和三角定位）结合，在这两种定位技术均无法使用的环境中自动切换到 CELL-ID 定位方式。GPSOne 混合定位定位方式的选择：天空视线好、农村、郊区、市区大部分地方，采用 AGPS 定位；GPS 信号不够，建筑物密集市区、室内靠窗，采用 AGPS+AFLT 定位；室内、地下区域、停车场等无卫星信号地区，采用 AFLT 定位；AFLT 不能定位时、导频信号少，采用混合 CELL-ID；仅能收到一个导频信号时采用 CELL-ID 定位。

目前美国高通公司已推出了内嵌混合定位技术的支持 IS-95 网络的 MSM3300 芯片和支持 1X 网络的 MSM5100 芯片，定位精度室外达到 10 米，室内达到 25 米。

8.2 专利申请态势分析

8.2.1 技术发展历程

经检索，截至 2013 年 9 月 20 日，全球涉及无缝室内外定位技术的专利申请共计 2541 项，图 8-6 是无缝室内外定位技术全球和中国专利申请量及申请人数量统计图。数据显示，1990～2011 年涉及无缝室内外定位技术的专利申请量呈现增长的态势[1]。

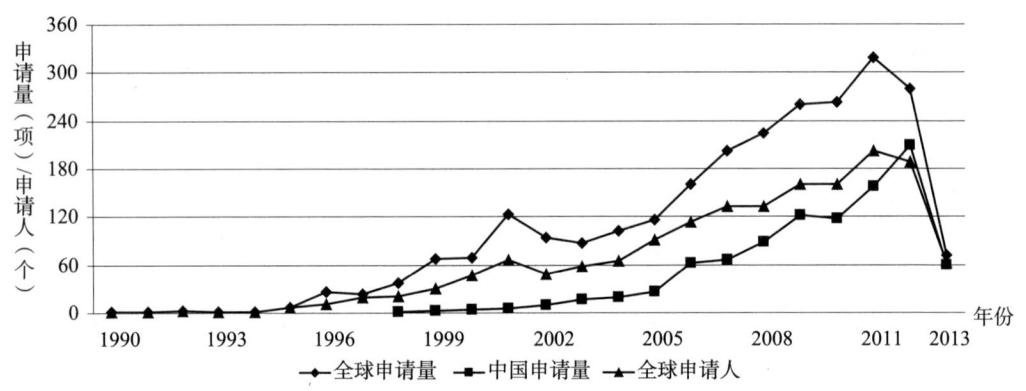

图 8-6 全球申请量/申请人及中国申请量统计

8.2.1.1 全球无缝室内外定位技术发展历程

全球无缝室内外定位技术发展历程大致经历以下三个阶段。

（1）技术萌芽期（1990～2000 年）

随着 20 世纪 80 年代 GPS 定位技术的发展，人们发现单独使用 GPS 系统进行定位存在定位精度不足和应用范围的限制，于是在 1990～2000 年，各大公司开始尝试使用多种定位技术的组合来进行定位，由于处于研发起步阶段，因此申请量较低。美国联邦通信委员会（FCC）1996 年 10 月颁布的 E911 法令，要求所有的蜂窝无线通信网运营商在手机用户发出紧急呼叫时，向公共安全应答点提供该手机的号码和位置。这项法令的颁布大大促进了无线通信定位技术发展，该技术领域的专利申请量开始增长。

（2）技术发展期（2001～2005 年）

在该时期，申请量在 2001 年达到 123 项的小高峰，再看 2001 年申请人数量也有相

---

[1] 由于发明专利申请自申请日（有优先权的，自优先权日）起 18 个月（主动要求提前公开的除外）才能被公布，实用新型专利申请在授权后才能获得公布（即其公布日的滞后程度取决于审查周期的长短），而 PCT 专利申请可能自申请日起 30 个月甚至更长时间之后才进入到国家阶段（导致其相对应的国家公布时间更晚），因此在实际数据中会出现 2012 年之后的专利申请量比实际申请量少的情况，反映到本报告中的各技术申请量年度变化的趋势图中，自 2012 年之后出现较为明显的下降。

应的爆发，这与许多公司抢在 E911 法令实施前抢滩圈地密切相关。不仅许多小公司纷纷提交专利，通信巨头高通公司在 2001 年所提交的 GPS 和移动网络混合申请也高达 16 项，充分说明了 E911 法令对于推定定位技术发展的巨大作用。所申请的定位技术不仅有 GPS 与移动网络混合定位技术，各种室内定位技术也纷纷出现。2002～2005 年，在此阶段，由于各种混合定位技术发展的相对成熟，也未出现新的技术增长点或经济、政策刺激，申请量出现了徘徊和调整。

（3）技术成熟期（2006 年至今）❶

自 2006 年起，由于前期中国联通、中国移动纷纷开始提供手机 LBS 业务，中国的定位技术申请量自 2006 年起有了较大增长，全球申请量也有了较大回升，从此申请量连年快速增长，但申请人的数量增速相对较缓，尤其是 2007 年之后，申请人缓慢的增长速度与申请量的快速增长形成了反差，显示出了室内外定位技术已经进入相对成熟期。

8.2.1.2 中国无缝室内外定位技术发展历程

如图 8-6 所示，1990～2000 年，虽然国外定位技术的研发已经掀起了一个小高潮，但我国关于定位技术的研发和专利申请还处于空窗期。这一时期国外来华申请数量以及我国相关技术的研发都较少。随着国内 LBS 服务需求的发展，中国联通、中国移动纷纷开始提供手机 LBS 业务，2005 年 4 月中兴通讯与高通公司签订 GPSOne 定位技术全球转让协议❷，并且国外公司对中国市场重视程度逐渐提高，国外来华申请专利的数量也有所增加，2006 年中国的申请量开始迅猛增长，并持续至今。无缝室内外定位中国发明专利按年份的法律状态分布如表 8-3 所示。

8.2.2 专利布局

（1）全球专利布局分析

图 8-7 示出涉及无缝室内外定位技术的专利申请在全球的专利布局情况。如图所示，美国的专利申请量达到 869 项，居无缝室内外定位技术全球申请量之首，占全球总量的 34%，显示出美国是该领域的最大专利布局地区；排名第二位的是中国，专利申请量达到 591 项（另有实用新型 380 件），占全球总量的 37%；排名第三、第四位的是韩国和日本，专利申请量分别为 196 和 183 项，各占全球总量的 9%；欧盟的专利申请量为 59 项，约占全球总量的 3%。可以看出，在无缝室内外定位技术方面，美国在该领域具有传统的技术优势，日、韩由于定位技术的应用起步较早，发展成熟，申请量也不容小觑，我国在该领域也具有一定的专利布局。

---

❶ 受申请后 18 月公开期限的影响，无缝室内外定位技术的统计数据截止到 2011 年 12 月 31 日，未体现 2012 年的数据。

❷ 2005～1006 年移动定位业务（LBS）综合研究报告［EB/OL］.［2013-11-30］. www.3see.com/charge-reports/2006/08/21/118850.html

表 8-3 1996~2013 年室内外定位中国发明专利年代法律状态分布

单位：件

年份	公开						授权						有效					
	国内		国外		小计		国内		国外		小计		国内		国外		小计	
	数量	构成	数量	构成	数量	构成	数量	构成	数量	构成	数量	构成	数量	构成	数量	构成	数量	构成
1996	0	0.0%	7	1.4%	7	0.6%	0	0.0%	6	2.8%	6	1.7%	0	0.0%	6	3.0%	6	1.8%
1997	0	0.0%	6	1.2%	6	0.6%	0	0.0%	3	1.4%	3	0.8%	0	0.0%	3	1.5%	3	0.9%
1998	1	0.2%	4	0.8%	5	0.5%	0	0.0%	3	1.4%	3	0.8%	0	0.0%	3	1.5%	3	0.9%
1999	1	0.2%	33	6.8%	34	3.2%	1	0.7%	24	11.1%	25	7.0%	1	0.8%	24	11.9%	25	7.6%
2000	1	0.2%	15	3.1%	16	1.5%	0	0.0%	10	4.6%	10	2.8%	0	0.0%	9	4.5%	9	2.7%
2001	4	0.7%	28	5.7%	32	3.0%	1	0.7%	24	11.1%	25	7.0%	1	0.8%	21	10.4%	22	6.7%
2002	6	1.0%	30	6.2%	36	3.3%	3	2.1%	21	9.7%	24	6.7%	2	1.6%	19	9.5%	21	6.4%
2003	12	2.0%	26	5.3%	38	3.5%	7	4.9%	21	9.7%	28	7.8%	2	1.6%	17	8.5%	19	5.8%
2004	15	2.5%	34	7.0%	49	4.5%	10	7.0%	21	9.7%	31	8.6%	7	5.5%	19	9.5%	26	7.9%
2005	19	3.2%	27	5.5%	46	4.3%	4	2.8%	16	7.4%	20	5.6%	3	2.4%	14	7.0%	17	5.2%
2006	43	7.3%	29	6.0%	72	6.7%	16	11.2%	19	8.8%	35	9.7%	13	10.2%	18	9.0%	31	9.5%
2007	43	7.3%	43	8.8%	86	8.0%	16	11.2%	25	11.6%	41	11.4%	14	11.0%	25	12.4%	39	11.9%
2008	51	8.6%	42	8.6%	93	8.6%	19	13.3%	16	7.4%	35	9.7%	19	15.0%	16	8.0%	35	10.7%
2009	75	12.7%	59	12.1%	134	12.4%	31	21.7%	4	1.9%	35	9.7%	30	23.6%	4	2.0%	34	10.4%
2010	70	11.8%	39	8.0%	109	10.1%	17	11.9%	2	0.9%	19	5.3%	17	13.4%	2	1.0%	19	5.8%
2011	89	15.1%	55	11.3%	144	13.4%	16	11.2%	1	0.5%	17	4.7%	16	12.6%	1	0.5%	17	5.2%
2012	118	20.0%	7	1.4%	125	11.6%	2	1.4%	0	0.0%	2	0.6%	2	1.6%	0	0.0%	2	0.6%
2013	43	7.3%	3	0.6%	46	4.3%	0	0.0%	0	0.0%	0	0.0%	0	0.0%	0	0.0%	0	0.0%
总计	591	100.0%	487	100.0%	1078	100.0%	143	100.0%	216	100.0%	359	100.0%	127	100.0%	201	100.0%	328	100.0%

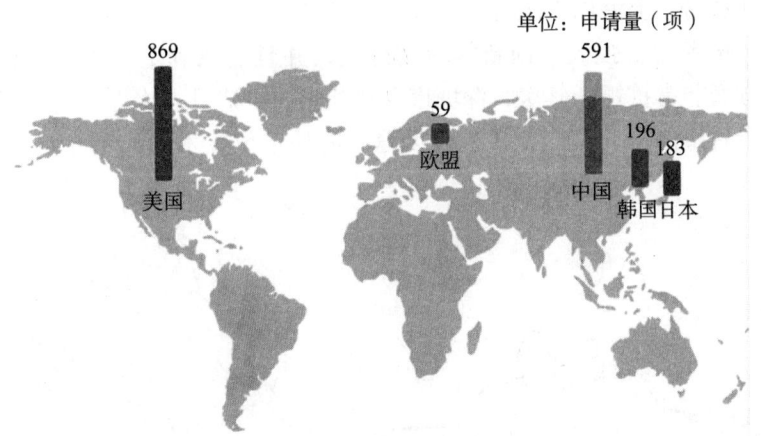

图 8-7　全球专利申请排名前五位的国家/地区布局图

（2）中国专利布局分析

图 8-8 示出了在中国申请的主要申请国的发明专利申请量、授权量和有效量的对比情况。由图可知，中国申请的主要来源国是美国、日本、韩国、瑞典和芬兰。从申请量、授权量和有效量来看，美国、韩国、芬兰和瑞典在中国申请的有效率在 40% 左右，而日本的有效率均在 50% 左右，可见这些国家或地区一是对中国市场比较重视；二是技术确有先进之处、撰写质量高，授权范围稳定；三是专利策略清晰，并注重专利池的布局和专利的保护。

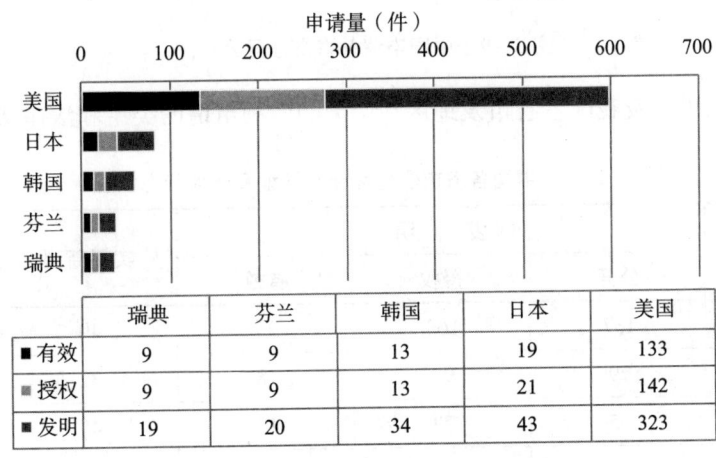

	瑞典	芬兰	韩国	日本	美国
■ 有效	9	9	13	19	133
■ 授权	9	9	13	21	142
■ 发明	19	20	34	43	323

图 8-8　在中国申请的主要来源国发明专利申请状态

图 8-9 示出涉及无缝室内外定位技术的专利申请在中国的区域分布情况。可以看出，无缝室内外定位技术的研发和生产主要集中在沿海地区，沿海地区与内陆地区相比有明显的区位优势。四川省则领先于其他内陆省份，这是由于位于四川的科研院校和生产厂家也有不少，例如电子科技大学、重庆邮电大学和成都亿盟恒信科技有限公司等，从而也有一定的申请量。具体来看，北京的申请量最高，以 20% 的申请量占比

遥遥领先其他省份；上海以 12% 的申请量占比位居第二。这与北京和上海的通信领域的企业较多、技术力量强大、创新能力高有关，并且北京和上海的企业法律意识强，在专利布局方面非常重视。其次，深圳市和江苏省的申请量占比也都达到了 10% 左右，体现了这两个省市的申请人也非常重视无缝室内外定位技术的专利布局。而其余省市的申请数量较少，未形成有效的专利布局。

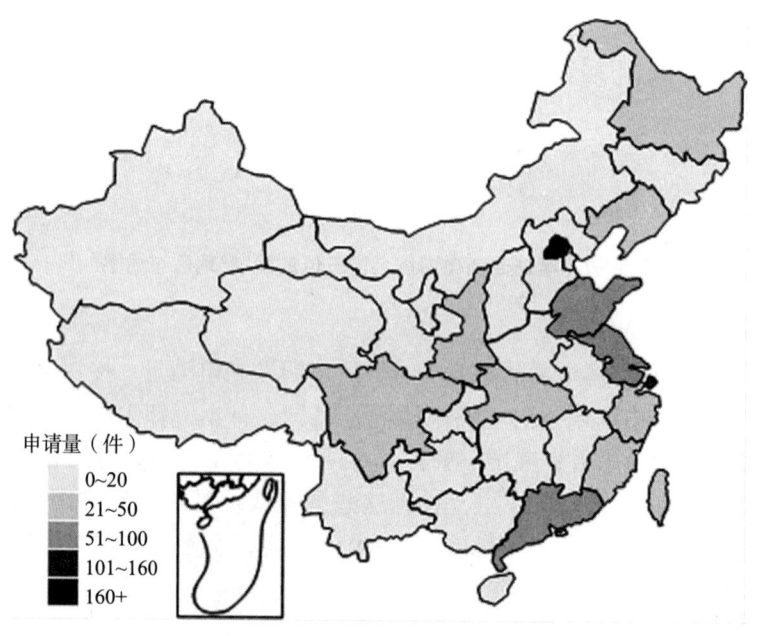

图 8-9　中国申请各省市地区分布图

表 8-4 示出涉及我国各省市及地区在中国的专利申请的类型和法律状态情况。

表 8-4　中国各省市及地区专利类型及法律状态情况　　　　单位：件

省市及地区	发明			实用新型	总　计
	公开	授权	有效		
北京	137	163	26	49	186
上海	79	97	18	32	111
深圳	55	72	17	45	100
江苏	71	84	13	24	95
广东	37	47	10	36	73
四川	29	33	4	29	58
山东	14	15	1	31	45
浙江	24	27	3	20	44
福建	21	29	8	16	37

续表

省市及地区	发明			实用新型	总 计
	公开	授权	有效		
黑龙江	26	36	10	6	32
湖北	15	20	5	14	29
台湾	18	20	2	8	26
陕西	12	15	3	10	22
天津	12	15	3	9	21
辽宁	11	12	1	9	20
湖南	8	10	2	5	13
河南	2	2	0	10	12
河北	2	2	0	9	11
安徽	2	2	0	6	8
吉林	4	4	0	3	7
广西	2	2	0	3	5
江西	4	4	0	0	4
香港	4	5	1	0	4
甘肃	0	0	0	2	2
宁波	0	0	0	2	2
云南	0	0	0	2	2
新疆	1	1	0	0	1
贵州	1	1	0	0	1
总计	591	718	127	380	971

图 8-10 示出了在中国申请的国内主要省市的发明专利申请量、授权量和有效量的对比情况。由图可知，北京、上海、江苏和广东的授权率在 22% 左右，深圳的授权率相对较高在 33%。有效率方面，广东最高，为 73%，其次是深圳，为 67%，其他三个省市有效量在 47% 左右。这显示出在集中了大批科研院校和生产企业的上述五个省市，专利申请的质量比国外公司仍有提升的空间，但授权专利的保有方面与国外公司相差不大，显示出了这些省市对已授权专利的重视。这就说明在及时申请专利之外，还需要制定好专利策略、提高专利撰写水平，使获得授权的专利能够有效，从而构建稳定的专利布局。

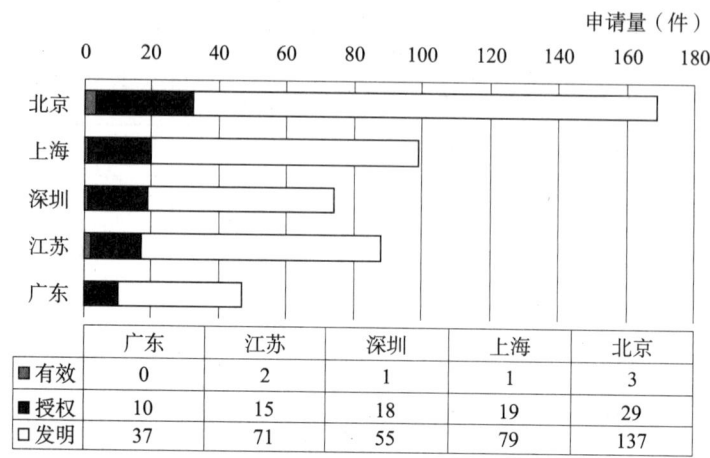

图 8-10 在中国申请的国内主要省市发明专利申请状态

8.2.3 主要技术构成

(1) 技术分支的划分及其含义

按照前述的主要室内外定位技术,将无缝室内外定位划分为 10 个技术分支。各技术分支的划分及其含义如表 8-5 所示。

表 8-5 无缝室内外定位技术划分及其含义说明

分支	进一步细分	含义
短距无线通信定位	短距无线通信定位	采用 NFC、RFID、UWB、WLAN、WPAN、蓝牙、Zigbee、WiFi、超声波、射频、电磁波、电磁波+超声、短距无线通信+气压计、毫米波、红外线、激光、可见光、声波、无线短距通信等常见短距无线通信技术及其组合进行定位
GPS+短距无线通信定位	GPS+短距无线通信定位	采用 GPS+常用短距无线定位技术及其组合进行定位
蜂窝网络+其他	蜂窝网络+其他定位技术如短距无线通信定位技术	CDMA
		CDMA+PCELL
		CDMA+指纹
		TDOA
		TD-SCDMA
		GSM
		蜂窝网络+WLAN
		室内 OFDM

续表

分　支	进一步细分	涵　义
其他定位	磁场定位	磁场
	惯性传感器	惯性传感器
	广播+移动网络定位	广播+移动网络定位
	广播定位	广播网络、广播基站定位
	放射测量	放射测量定位
	气压计	采用气压计进行高度定位
GPS+蜂窝网络+其他	GPS+蜂窝网络+CELL-ID定位	GPSOne
	GPS+蜂窝网络+短距无线通信定位	采用GPS+蜂窝网络+NFC、WLAN、WiFi、超声波、蓝牙、红外线、Zigbee等常用短距无线定位技术及其组合进行定位
	GPS+蜂窝网络定位	GPS+北斗+蜂窝网络
		GPS+蜂窝网络
		GPS+3G
		GPS+GSM
GPS+其他定位	GPS+广播定位	GPS+广播
	GPS+其他定位	GPS+惯性+气压
		GPS+流媒体
		GPS+气压计
		GPS+其他定位技术及其组合
无线传感器定位	无线传感器定位	无线传感器
电视定位	电视定位	GPS+电视
		GPS+广播
		电视+WiFi
		电视与移动终端互换位置信息
图像识别定位	图像识别定位	通过相机等获得图像，利用GPS或无线通信技术，通过对图像的识别进行定位
伪卫星定位	伪卫星定位	中继信号GPS定位
		网络定位系统（NPS）定位
		伪卫星基站定位

（2）各技术分支全球申请年代分布

图 8-11 示出了上述技术分支的全球申请量年度分布情况。可以看出，各技术分支处于不同的发展阶段。如技术分支"GPS+蜂窝网络+其他"的申请量最多，其从 1996 年开始申请量就明显增长，在 2008～2010 年度达到最大值，2011 年申请量趋于稳定，显示这项技术处于成熟期。而"短距无线通信"技术分支从 2002 年起申请量有了快速增长，显示该技术自此时起达到了研发高峰，显示该项技术处于快速发展期。再看"电视定位"技术分支，其申请高峰出现在 1999～2004 年，自此之后申请量迅速减少，显示该项技术处于停滞期。

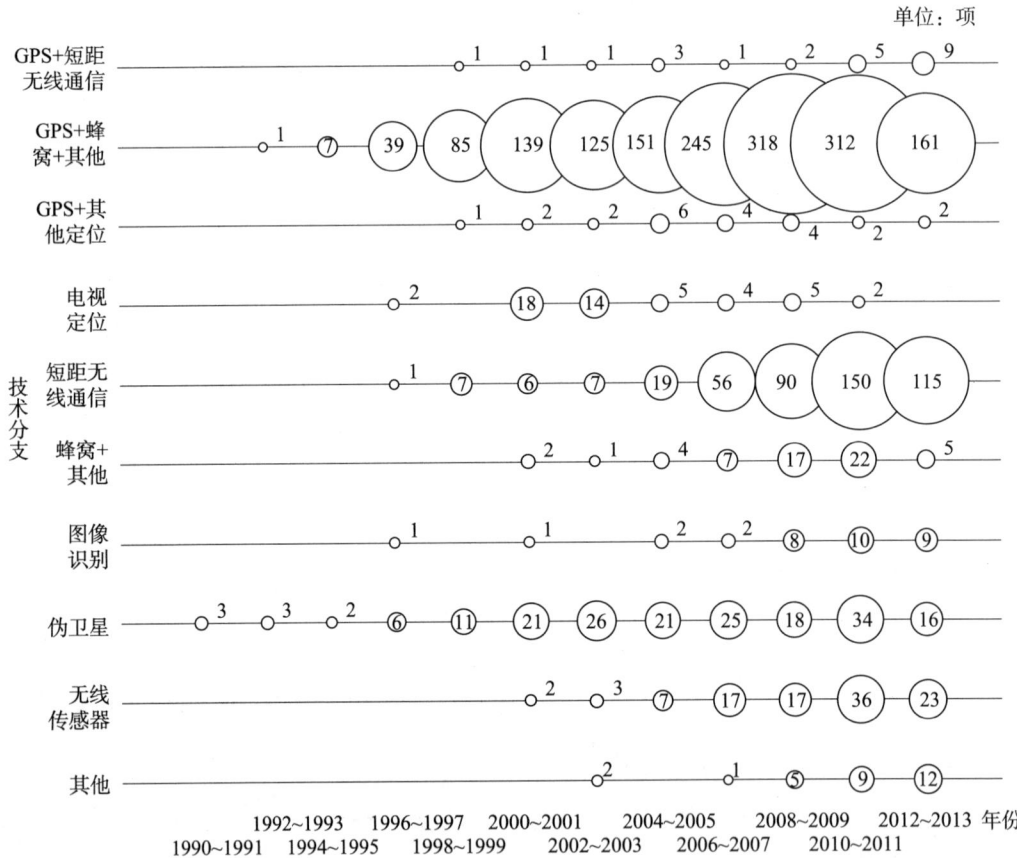

图 8-11　各技术分支全球申请年代分布图

此外，从各项技术的申请绝对数量来看，"短距无线通信""GPS+蜂窝网络+其他"和"无线传感器"是近期研究的技术热点，尤其是"短距无线通信"技术，申请增量率超过"GPS+蜂窝网络+其他"，居于首位，表明业界各家公司在此技术上申请和布局最多。

（3）各技术分支中国申请年代分布

图 8-12 是各技术分支申请量中国年代分布图，可以看出，与全球不同，中国自 1996 年才开始有涉及无缝室内外定位的专利申请。其余分布规律与全球申请量分布大

体相同。除了"短距无线通信""无线传感器"是近期研究的技术热点外,"伪卫星"技术和"蜂窝网络＋其他"的专利申请也持续增加且数量显示出我国研发机构对这两项技术仍保有研发热情。

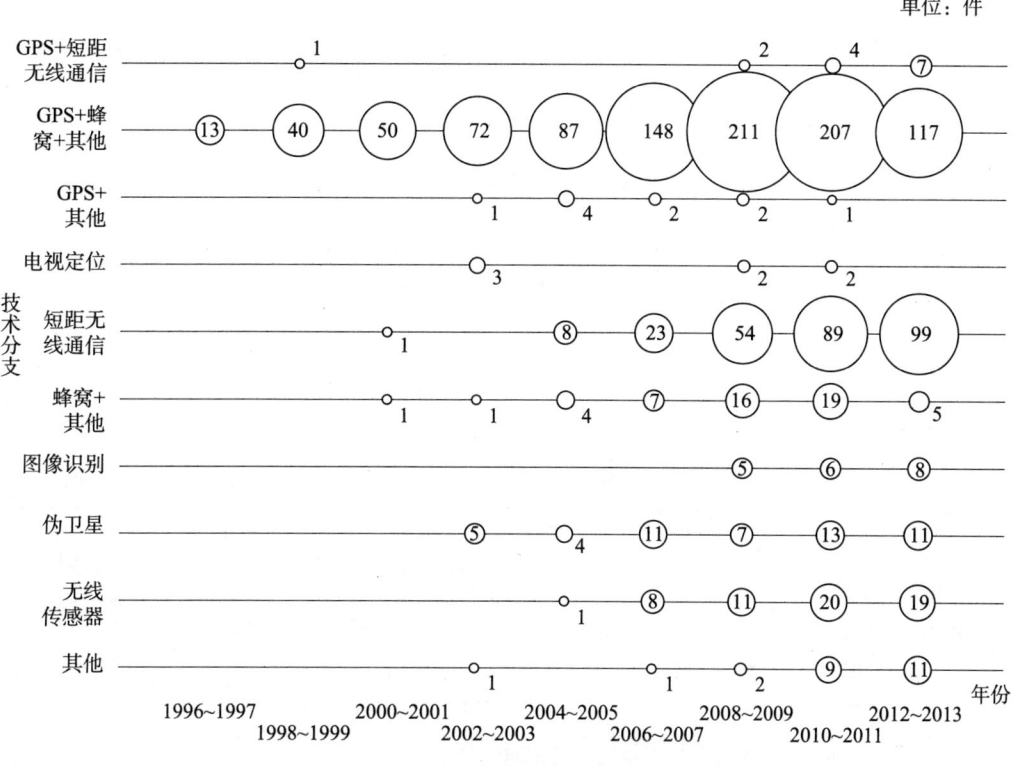

图 8－12　各技术分支中国申请年代图

1996～2013 年各技术分支中国发明专利的法律状态如表 8－6 所示。

表 8－6　1996～2013 年室内外定位各技术分支中国发明专利法律状态　　单位：件

	公开			授权			有效		
	国内	国外	小计	国内	国外	小计	国内	国外	小计
GPS＋短距无线通信定位	9	4	13	0	3	3		3	3
GPS＋蜂窝网络＋其他	274	365	639	75	183	258	63	168	231
GPS＋其他定位	6	5	11	2	2	4	2	2	4
电视定位	3	4	7	1	0	1	1	—	1
短距无线通信定位	189	34	223	47	6	53	46	6	52
蜂窝网络＋其他	19	33	52	3	5	8	2	5	7
其他定位	14	7	21	2	1	3	2	1	3

续表

	公 开			授 权			有 效		
	国内	国外	小计	国内	国外	小计	国内	国外	小计
图像识别定位	13	2	15	1	0	1	1	0	1
伪卫星定位	30	17	47	8	10	18	7	10	17
无线传感器定位	34	16	50	4	6	10	3	6	9
总计	591	487	1078	143	216	359	127	201	328

(4) 全球主要国家或地区技术分支分布情况

表8-7示出了全球主要国家或地区的技术分支分布情况，可以看出：美国、中国、日本、韩国四个国家在所有的技术分支都具有专利布局，而以欧盟为代表的其他主要国家或地区则主要在"GPS+蜂窝网络+其他"技术分支进行了专利布局。

表8-7 全球主要国家技术分支分布情况　　　　　　　　单位：项

主要国家和地区	GPS+短距无线通信定位	GPS+蜂窝网络+其他	GPS+其他定位	电视定位	短距无线通信定位	蜂窝网络+其他	其他定位	图像识别定位	伪卫星定位	无线传感器定位	总计
中国（含中国台湾地区）	10	580	7	3	240	20	17	17	34	43	971
美国	3	597	8	44	84	27	4	6	70	26	869
韩国	1	70	1	0	62	3	1	6	33	19	196
日本	6	95	5	0	37	1	3	3	23	10	183
欧洲	0	44	0	1	4	0	0	0	9	1	59
德国	0	33	0	0	2	0	0	0	2	0	37
澳大利亚	1	24	0	1	0	0	0	0	6	0	32

(5) 中国主要省市技术分支分布情况

表8-8示出了中国主要省市的技术分支分布情况，可以看出：大部分省市都在"GPS+蜂窝网络+其他"和"短距无线通信"技术分支具有专利布局，申请量排在前五位的省市在7个以上的技术分支有专利布局。

表 8-8 中国主要省市技术分支分布情况　　　　　　　　　　　单位：件

省市	GPS+蜂窝网络+其他	短距无线通信定位	伪卫星定位	无线传感器定位	电视定位	蜂窝网络+其他	图像识别定位	其他定位	GPS+其他定位	GPS+短距无线通信定位	总计
北京	89	52	11	12	—	6	4	6	2	4	186
上海	61	34	8	3	—	2	—	2	1	—	111
深圳	80	14	2	1	1	1	—	1	—	—	100
江苏	50	21	2	8	—	3	5	2	1	3	95
广东	42	22	1	1	—	3	2	—	—	—	73
四川	36	14	2	1	1	2	1	—	1	—	58
山东	28	10	—	3	—	—	2	2	—	—	45
浙江	26	9	—	7	—	—	1	1	—	—	44
福建	32	4	—	—	—	—	—	—	—	1	37
黑龙江	12	17	—	1	—	—	—	—	—	2	32

8.2.4　重要申请人

（1）全球申请主要申请人

图 8-13 是无缝室内外定位技术的专利全球申请和在中国申请主要申请人排名情况。如图所示，在全球，排名第一位的高通股份有限公司的专利申请量为 254 项，这也与该公司在无缝室内外定位领域的地位相一致，显示出该公司对无缝室内外定位技术的专利布局非常重视；排在第二位的是真实定位公司，申请量 83 项；排名第三位的是三星电子，申请量为 56 项；排名第四位的是施耐普特拉克（Snaptrack）[1]；第五位至十位的申请人为爱立信、摩托罗拉公司、罗瑟姆公司、天宝公司、中国科学院和美国博通，他们的申请量都在 20～40 件，说明这些公司对无缝室内外定位技术的专利布局也都比较重视，并且其中爱立信公司、摩托罗拉公司、美国博通都是重要的电信厂商，这也显示出了电信企业进军无缝室内外定位技术这个巨大市场的前瞻性布局。此外，在第十至二十名的国外主要申请人还有诺基亚公司、SIRF 公司等，且申请数量都不多，说明该领域进入门槛较低，竞争非常激烈，各大公司都在抓紧进行专利布局。

---

[1] 虽然施耐普特拉克公司已被高通公司并购，但出于分析的需要，这里将施耐普特拉克公司的申请单列出来。

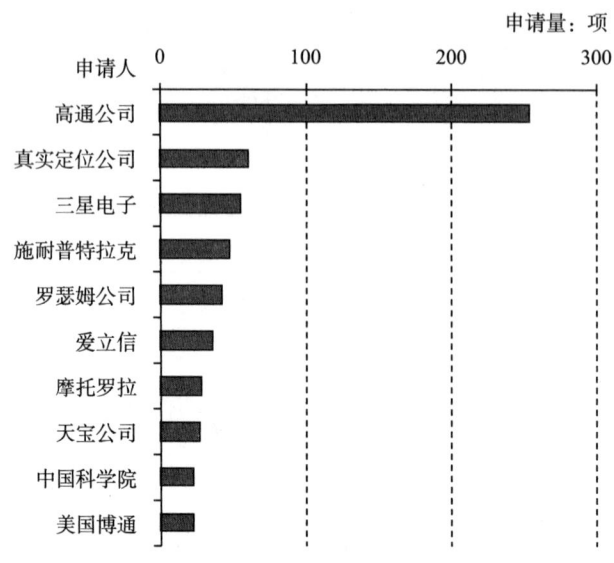

图 8-13　全球申请主要申请人

由全球主要申请人的申请量分布图 8-14 可以看出，高通公司、真实定位公司申请量在近些年保持快速增长，说明高通公司、真实定位公司近年在持续布局室内外定位领域。而施耐普特拉克公司则由于在 2000 年被高通公司并购，此后较少以施耐普特拉克公司的名义申请专利；罗瑟姆公司、天宝公司在室内外定位领域的申请自 2010 年起处于停滞状态，后续会对罗瑟姆公司进行深入分析。

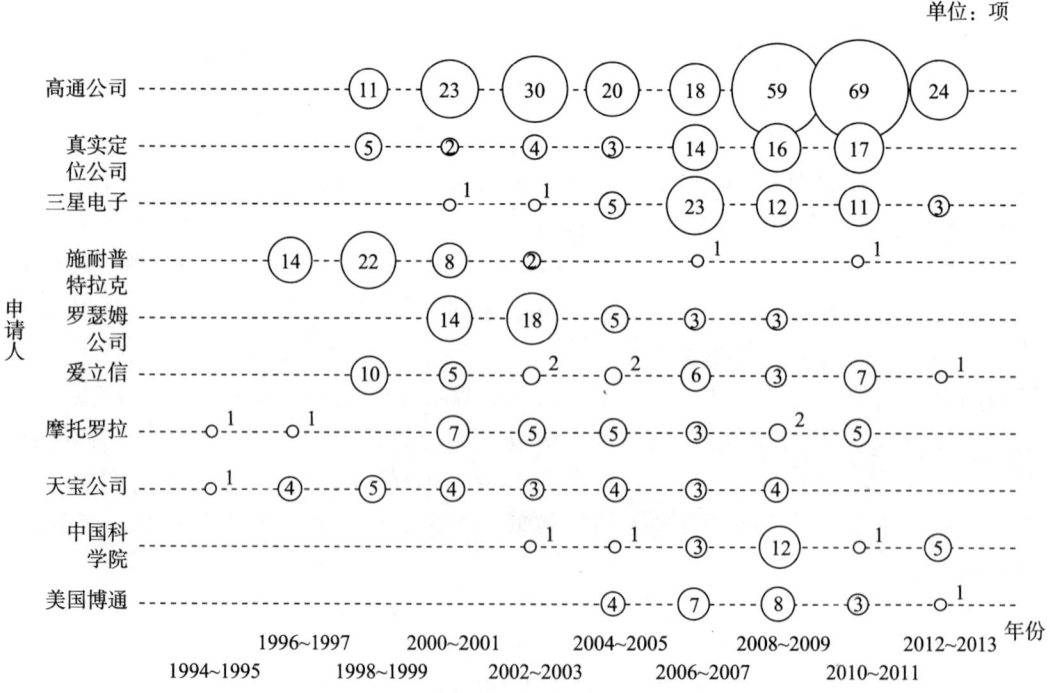

图 8-14　全球主要申请人申请量年代分布

由全球主要申请人技术分布图 8-15 可知，高通公司、真实定位公司的申请主要集中在"GPS+蜂窝网络+其他"和"蜂窝网络+其他"技术分支；施耐普特拉克公司的申请全部在"GPS+蜂窝网络+其他"技术分支；罗瑟姆公司的申请基本集中在"电视定位"技术分支；中国科学院的申请最多的是"伪卫星"技术分支，其次是"GPS+蜂窝网络+其他"技术分支；爱立信、摩托罗拉和博通三家电信企业的申请也重点集中于"GPS+蜂窝网络+其他"技术分支，其中爱立信还有一些"蜂窝网络"的专利申请。

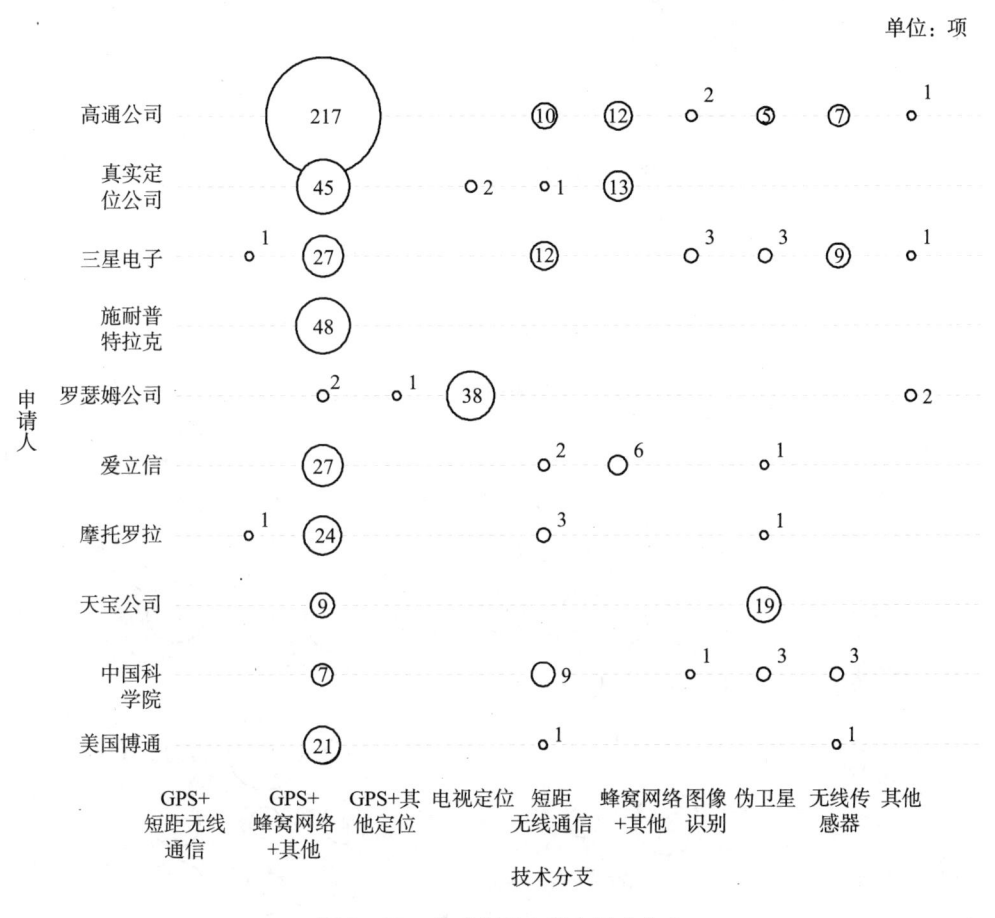

图 8-15　全球主要申请人技术分布

（2）中国申请主要申请人

参见图 8-16 可知，中国专利申请的前十名主要申请人，第一名和第二名仍然是高通和真实定位公司，第三名则变为中国科学院，而在全球居第七和第八的罗瑟姆公司和天宝公司则不在中国专利申请的前十名之列。由图看出，我国国内的主要申请人以各大高校和科研院所为主，说明我国在室内外定位方面的研究还是主要以研发为主，应用为辅，产业链下游的专利布局较为不足。

由中国专利申请的主要申请人的申请量年代分布图 8-17 可以看出，高通公司、真实定位公司申请量在近些年保持快速增长，说明它们在 2013 年仍持续在室内外定位领域布局。而施耐普特拉克公司则由于在 2000 年被高通公司并购，此后较少以施耐普特拉克公司的名义申请专利，而中国科学院、北京邮电大学、摩托罗拉在室内外定位领域的申请量处于萎缩状态。

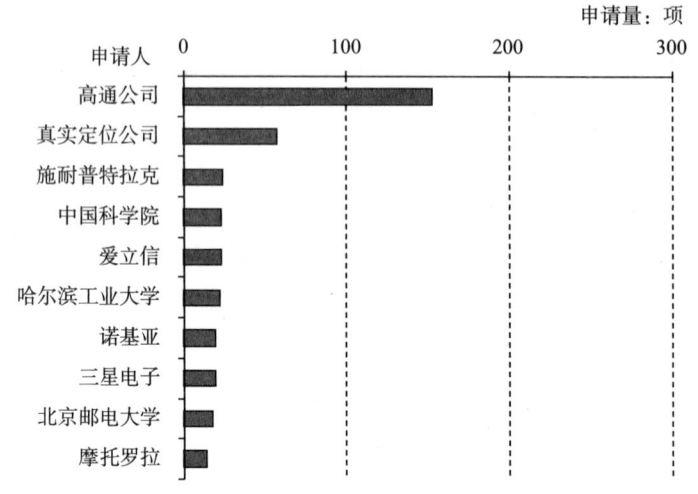

图 8-16 中国专利申请主要申请人

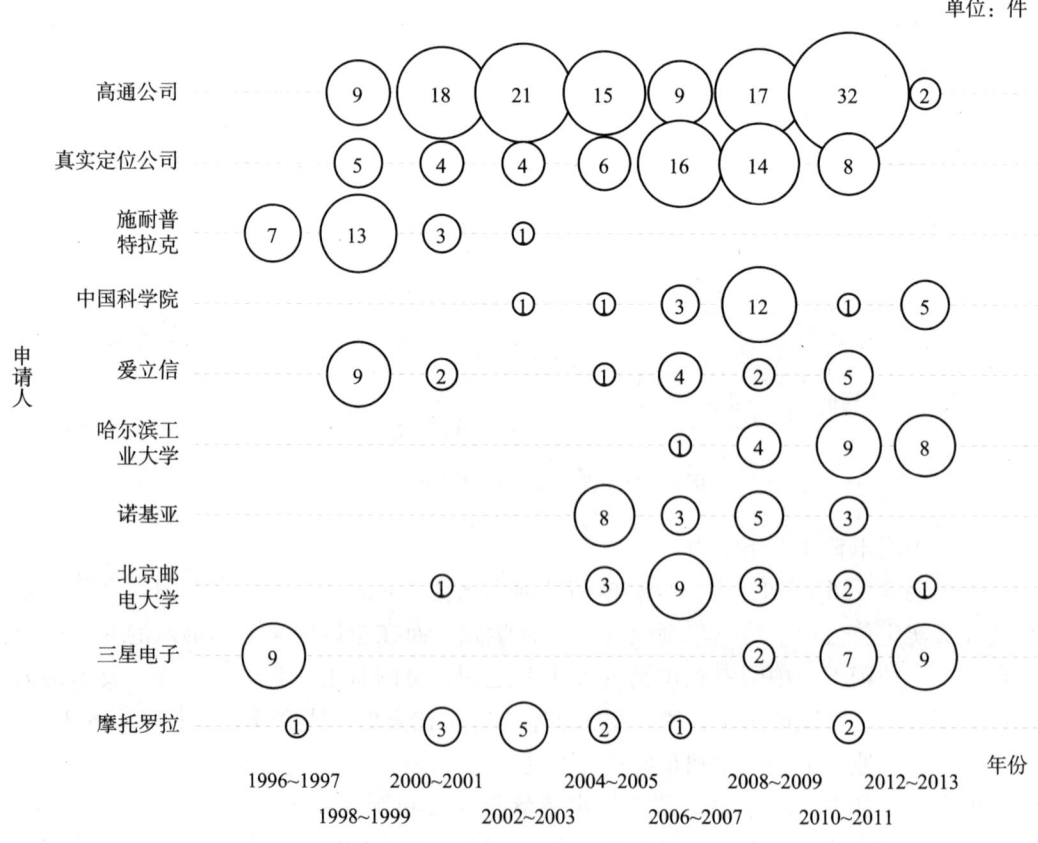

图 8-17 中国专利申请主要申请人申请量年代分布图

由中国专利申请的主要申请人技术分布图 8-18 可知，高通公司、真实定位公司的申请主要集中在"GPS+蜂窝网络+其他"技术分支；施耐普特拉克的申请全部在"GPS+蜂窝网络+其他"技术分支；中国科学院的申请最多的是"短距离无线通信"技术分支，其次是"GPS+蜂窝网络+其他"技术分支；爱立信、摩托罗拉、诺基亚三家电信企业的申请也重点集中于"GPS+蜂窝网络+其他"技术分支，其中爱立信还有一些"蜂窝网络+其他"的专利申请。

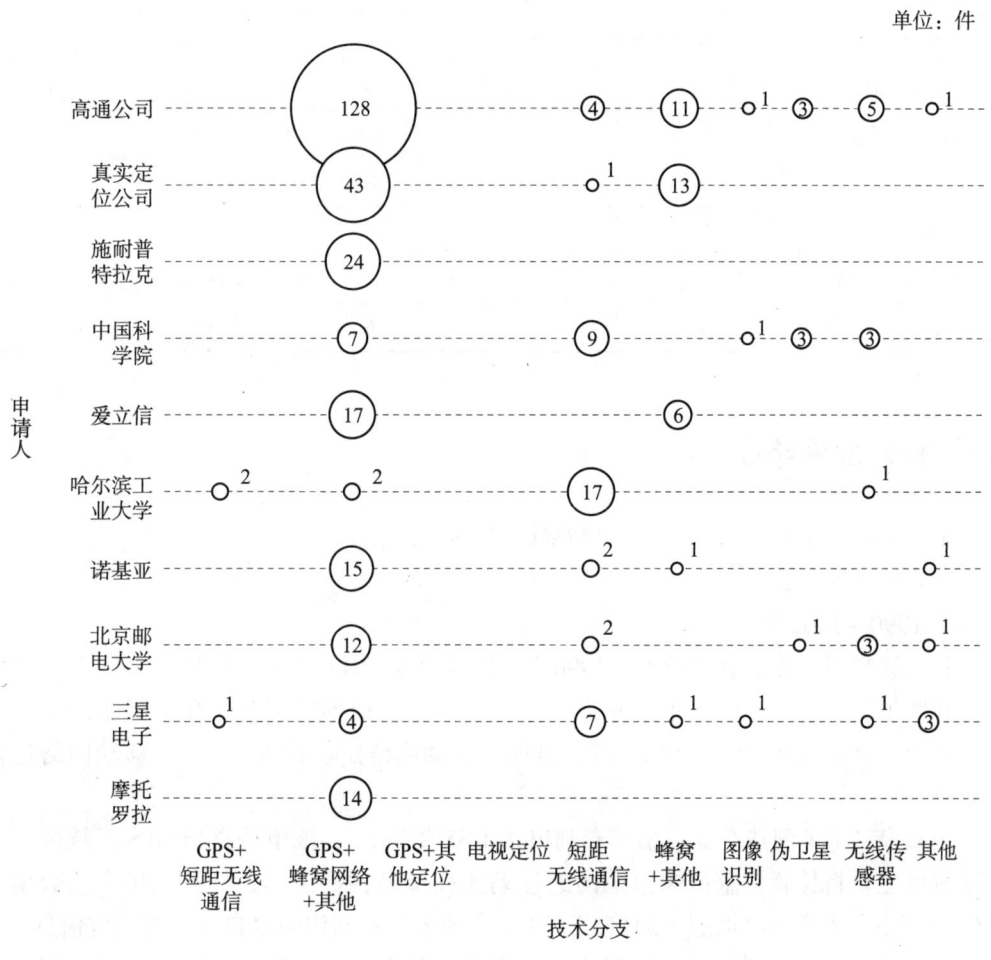

图 8-18 中国专利申请主要申请人技术分布图

由中国专利申请的主要申请人专利申请状况表 8-9 可知，专利申请的前十位的申请人基本不申请实用新型。国外申请人的专利有效量和有效率明显高于国内申请人，例如真实定位公司的专利有效率比中国科学院高 14%，而专利有效量比中国科学院多 33 件。再如，北京邮电大学的申请量为 17 件，而授权量和有效率仅为 2 件。这反映出国内申请人的专利撰写质量与国外申请人仍有差距，还需要进一步提高撰写水平。

表8-9 中国主要申请人专利申请状况表　　　　　　　　　　　　　　单位：件

申请人	专利				实用新型
	申请量	授权量	有效量	有效率	
高通公司	100	53	49	92%	0
真实定位公司	26	31	31	100%	0
施耐普特拉克	2	22	22	100%	0
中国科学院	13	8	8	100%	2
爱立信	14	9	9	100%	0
哈尔滨工业大学	12	10	10	100%	0
诺基亚	11	8	8	100%	0
三星电子株式会社	11	8	8	100%	0
北京邮电大学	15	2	2	100%	1
摩托罗拉	8	6	6	100%	0

8.3 技术发展路线

无缝室内外定位技术的技术发展路线如图8-19所示。

（1）GPS+蜂窝技术的发展

① 1990~2000年

美国联邦通信委员会（FCC）1996年10月颁发E911法令，欧洲、日本等也随即积极开展了关于商用定位技术的研究。这项法令极大地推动了基于移动网络的定位技术的发展。例如在90年代后期，相继出现了移动网络定位技术、GPS+移动网络定位技术等。

1992年，ITT制造企业提出了专利申请US5726893A。该申请是指GPS系统的多个地球轨道卫星将位置信息传输给地面的移动无线基站，提供单独的源卫星定位数据广播信道和一个或多个电话服务通信信道辅助移动无线基站访问来自卫星的定位信息。

1999年，施耐普特拉克公司提出了专利申请WO9936795A1。该申请是指AGPS定位技术，当通信收发装置通信收发装置通过通信链路以高功率发送数据时，向卫星定位系统接收机发送控制信号。

1998年高通公司则开始研发GPS+蜂窝定位技术，所涉及的专利申请有US6429815B1、US6199045B1、CN1375062A等。

1999年高通公司申请了专利US6429815B1（已授权），使用来自位置已经确定的无线通信装置的信息来确定GPS卫星的搜索大小和中心。所述信息包括确定哪个无线基站对于无线通信装置是本地的，并且确定每个基站与无线通信系统之间的距离。该专利的系统框图如图8-20所示。

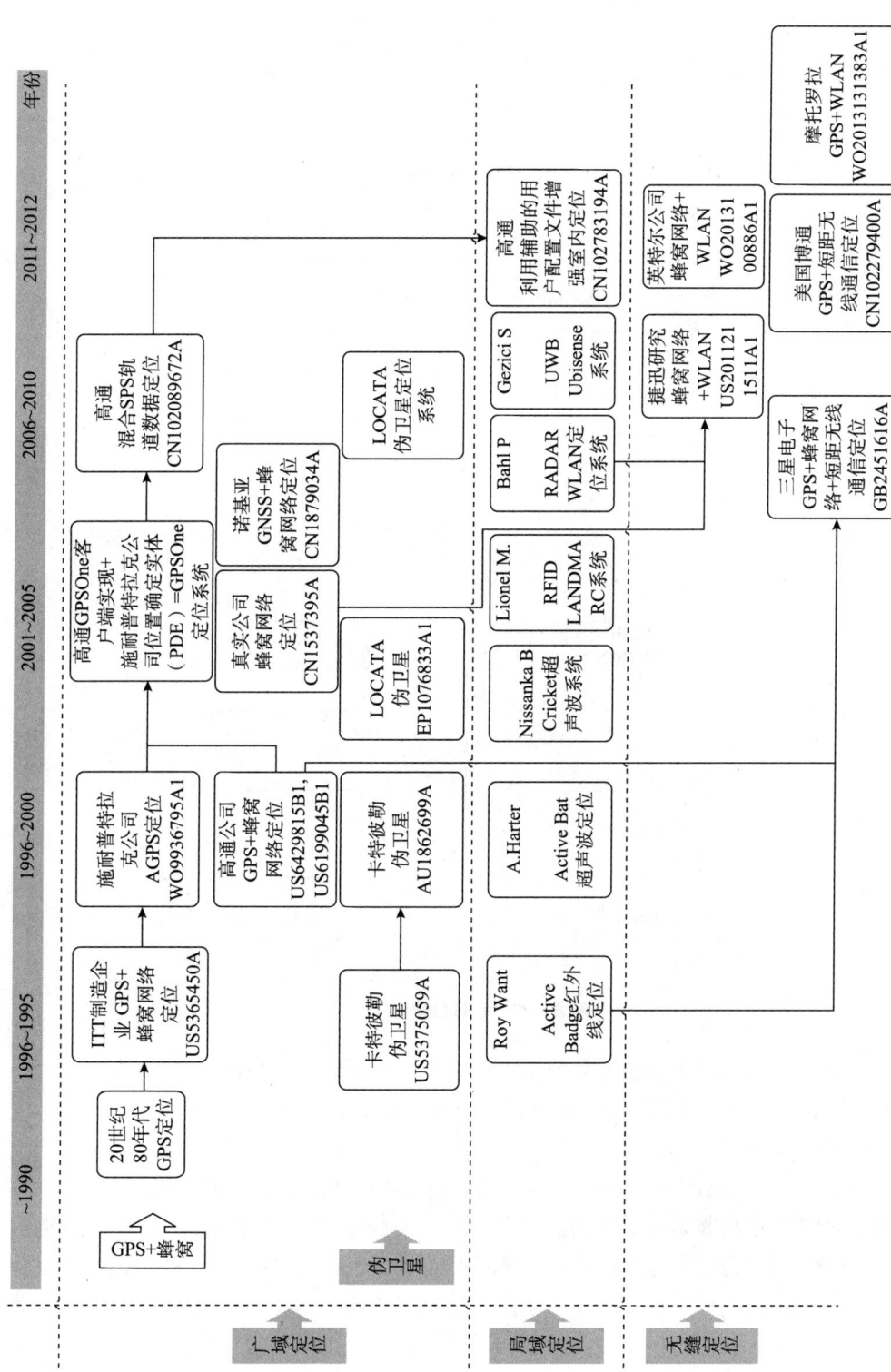

图 8-19 无缝室内外定位技术的技术发展路线图

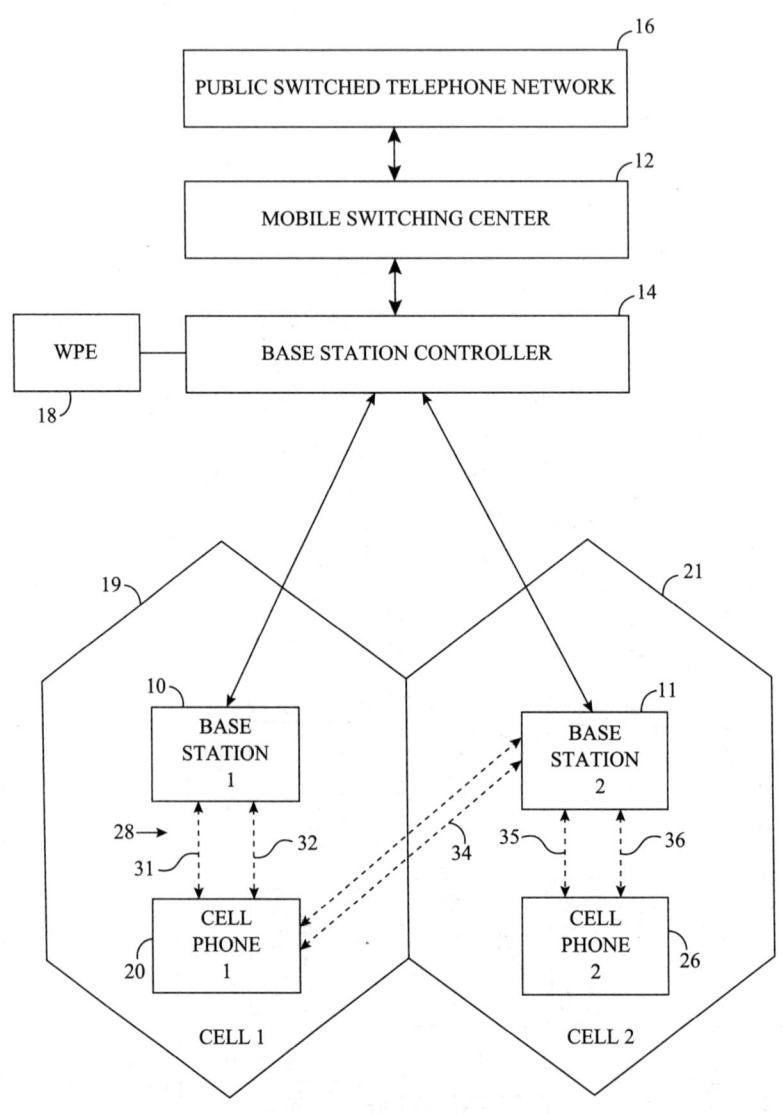

图 8 – 20　US6429815B1

2000 年，高通公司申请了专利 US6199045B1（已授权），使用蜂窝电话网络、GPS 系统和 CELL – ID 确定精确位置。该专利附图如图 8 – 21 所示。

② 2001 ~ 2005 年

2000 年春，为符合 E911 即将在 2001 年实施的要求，高通并购了施耐普特拉克，将其无线 AGPS 专利技术并入高通的用于 CDMA 蜂窝和个人通信服务 PCS 网络的 GPSOne 系统、移动站芯片集和软件集中[1]，从而为 GPSOne 和真实定位公司技术的更多商业发展和应用铺平了道路。高通 GPSOne 客户端实现和施耐普特拉克位置确定实体

---

[1] M. L. Grabb and J. E. Hershey：Regarding Intellectual Property Evaluation and Direction，page 2，paragraph 2. 2001.

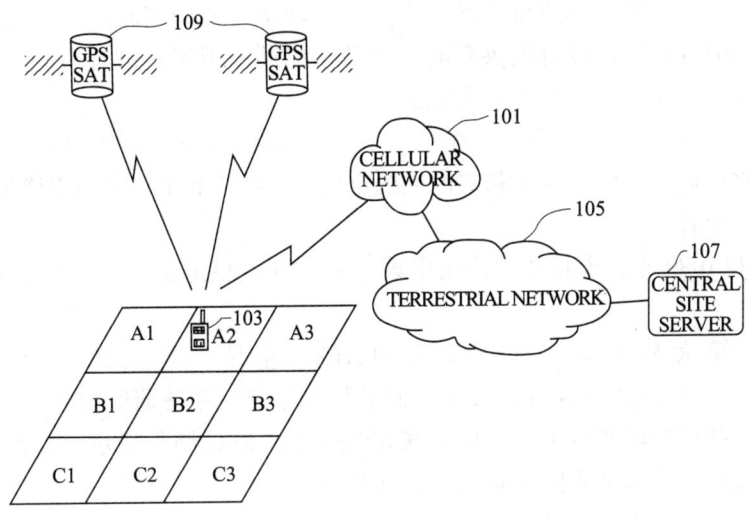

图 8 – 21　US6199045B1

（PDE）成为 GPSOne 端对端定位系统的两种主要部件❶。以高通公司和真实定位公司雄厚的专利池为基石，2001 年 4 月，第一台具有 GPSOne 功能的用于个人安全应用的移动终端由日本的 Secom 投入使用❸，随后多个大型无线经营商也跟进了高通/施耐普特拉克的 GPSOne 客户端/服务器技术，如日本的 KDDI，韩国的 SKT 和 KTF，美国的 Verizon 无线等。

而其他公司也没有停止自己的技术研发脚步，纷纷申请了基于蜂窝网络或 GNSS + 蜂窝网络定位的专利。例如：

2002 年，真实定位公司申请了专利 CN1537395A，使用蜂窝网络定位 TDOA 和 FDOA 技术，以基于移动协助网络提高无线定位系统精度。

2004 年，诺基亚申请了专利 CN101048671A，要求保护一种用于通过测量以确定至少第一定位站与装置之间的距离和确定至少第二定位站与装置之间的距离来确定装置的位置的方法和系统。至少一个测量为装置的位置定义几何面。所述第一定位站和第二定位站属于不同的系统。这些测量用于选择几何模型，该模型至多包括二次曲面，所选择的几何模型被简化以减少二次曲面的数量，测量结果被插入所简化的几何模型，以及通过求解所简化的几何模型而确定装置的位置。

③ 2006 年至今

GPS + 蜂窝定位技术自身进一步发展，如高通于 2009 年申请的专利 CN102089672A，使用卫星轨道数据的混合组合来确定其位置（或速度）：移动站在确定锁定时将来自一个卫星的预测轨道数据与来自另一卫星的实时轨道数据相组合；可对同一或不同卫星系统中的卫星作出组合；移动站可在一个时段使用卫星的实时轨道数据，并在另一时

---

❶❸ Z. Biacs, G. Marshall, M. Moeglein, W. Riley: The Qualcomm/SnapTrack Wireless – Assisted GPS Hybrid Positioning System and Results from Initial Commercial Deployments, http://citeseerx.ist.psu.edu/viewdoc/download?doi = 10.1.1.200.4439&rep = rep1&type = pdf.

段使用相同卫星的预测轨道数据。另一方面，移动站可使用实时轨道数据来校正预测轨道数据中的时钟偏离；可对提供实时轨道数据的同一卫星、或者对同一或不同卫星系统中的不同卫星作出对时钟偏离的校正。

此外，随着2000年以来室内无线定位技术如短距离无线通信技术的快速发展，许多公司开始将广域无线定位技术和室内无线定位技术结合起来，后续将详细介绍。

（2）伪卫星技术

1995年和1999年，卡特彼勒公司申请了有关伪卫星定位技术的申请US5375059A和AU1862699A；

1998年，澳大利亚洛克达公司（LOCATA）申请了有关伪卫星定位技术的EP1076833A1，并于2011年8月公布了他们的伪卫星定位系统研究成果。2012年12月在美国白沙导弹试验场测试了Locata系统定位性能，测试结果显示该系统在军用环境下的定位精度达到：水平方向6厘米，垂直15厘米。

（3）局域定位技术的发展

① 1990~2000年

1992年出现了以红外线技术定位的Active Badge❶系统，其是剑桥大学AT&T实验室开发的第一个室内定位传感系统，并被认为是第一个室内标记感测（Badge Sensing）原型系统。其工作原理为每个人身上携带一个微型的红外发射器，该发射器每10~15秒发射一个独特的身份信息代码，覆盖在建筑物内的红外接收站网络会接收到这些红外发射器发出的信号而进行定位。❷

1999年，AT&T实验室又开发了比Active Badge系统定位更加精确的Active Bat系统❸，其采用超声波时间——飞行变更（alteration）技术进行定位❹。

② 2000~2012年

2000年以来，由于WLAN、WSN、RFID等短距离无线通信技术的爆发，各种局部室内定位技术相继出现，其精度可达到米级。如2000年的RADAR WLAN系统❺和Cricket超声波系统❻，2003年的RFID LANDMARC系统❼，2005年的UWB Ubisense系

---

❶ Roy Want, Andy Hopper, Veronica Falcao, et al. The active badge location system, ACM Transactions on information systems, 1992, 10（1）：91-102.

❷ 曹世华. 室内定位技术和系统的研究进展 [J]. 计算机系统应用, 2013.

❸ Andy Harter, Andy Hopper, Pete Steggles, et al. The anatomy of a context aware application, In Proceedings of the 5th annual ACM/IEEE international conference on mobile computing and networking（mobicom 1999）. Seattle, USA: ACM Press, 1999, 59-68.

❹ M. Akhlaq: Context Fusion in Location - Aware Pervasive Applications, 4th International Workshop on Frontiers of Information Technology（FIT06）, Islamabad, Pakistan, December 20-21, 2006, 第3.2节.

❺ Bahl P, Padmanabhan V N. RADAR: An inbuilding RF based user location and tracking system. Proceedings of the 19th annual joint conference of the IEEE computer and communications societies（INFOCOM 2000）. Tel Aviv, Israel, 2000, 775-784.

❻ Nissanka B. Priyantha, Anit Chakraborty, H Balakrishnan. The cricket location support system, Proc 6th ann intl conf mobile computing and networking（Mobicom 00）, New York: ACM Press, 2000, 32-43.

❼ Lionel M. Ni, Yunhao Liu, Yiu Cho Lau, et al. LANDMARC: indoor location sensing using aetive RFID [C]. Proceedings of the first IEEE international conferenee, 2003, 407-415.

统等。

（4）无缝定位的发展

随着计算机、通信技术的迅猛发展，出现了多种广域、局域技术相结合的无缝定位技术，例如：蜂窝网络+短距无线通信定位技术、GPS+短距无线通信定位技术等。

① 蜂窝网络+短距无线通信定位技术

2010年，捷迅研究公司提交了US8195251B2的申请，采用了蜂窝网络+WLAN技术，通过监测WLAN信号和蜂窝信号的强度改变，从而发现移动终端在室内外环境中的跃迁。判断为室内环境时减小蜂窝信号的强度，在WLAN覆盖范围内则增加连接扫描的频次。

2011年，英特尔公司提交了WO2013100886A1的申请，其采用了蜂窝网络+WLAN技术。

② GPS+蜂窝网络+短距无线通信定位技术

2007年三星电子株式会社提交了GB2451616A的申请，其采用了自动切换多种辅助定位装置如卫星信号接收机、红外线或短距离射频收发机等的开关来减少能源消耗，检测位置或移动的类型而改变预设的参数。

③ GPS+短距无线通信定位技术

2011年美国博通公司提交了CN102279400A的申请，要求保护一种通信系统和方法，该方法包括：能用GNSS的移动装置从第一区域移动到第二区域，且在第一区域内GNSS信号的质量和/或水平高于特定的阈值，在第二区域内GNSS信号的质量和/或水平低于所述特定的阈值，能用GNSS的移动装置在第二区域根据在第一区域前GNSS测量值确定自身位置。能用GNSS的移动装置在第一区域使用所计算的GNSS测量值确定能用GNSS的移动装置的位置。能用GNSS的移动装置在第二区域使用第一区域的最当前GNSS测量值确定能用GNSS的移动装置的位置。使用诸如摄像传感器、光敏传感器、声音传感器和/或位置传感器的传感器来改善能用GNSS的移动装置在第二区域的位置。

2011年，摩托罗拉公司提交了WO2013131383A1的申请，采用了GPS+WLAN技术。

由此可见如何在广域环境中进行无缝室内外定位，并且提高定位精度已经成为将来的发展热点。

8.4 重要申请人

8.4.1 高通公司

（1）申请量趋势

高通公司申请量如图8-22所示。如图所示，其申请量发展趋势基本与全球无缝室内外定位技术的发展趋势吻合，同样也经历了萌芽期、发展期和成熟期。只是在

2010年的申请量急剧下降，2011年又迅速回升，推测其是受到了2008年金融危机的影响，只是这种影响反映在申请量的变化上是有所滞后的。

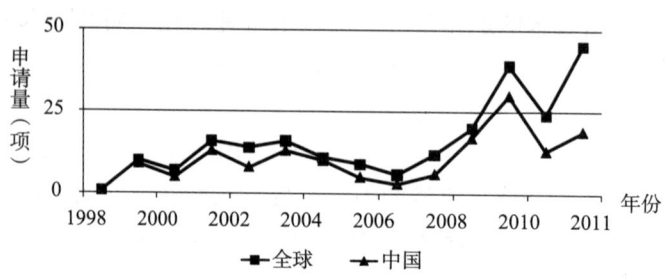

图8-22 高通公司申请趋势图

（2）高通公司技术分支年代分布

如图8-23所示，高通公司的专利布局主要集中于"GPS+蜂窝网络+其他""短距离无线通信""无线传感器"技术分支的申请量急剧增加，显示出高通公司技术研发重点的转移。这表明在未来一段时间，高通仍将对"GPS+蜂窝网络+其他"技术进行研究，但研究热点已经逐步转移到"短距离无线通信""无线传感器"或其组合技术。

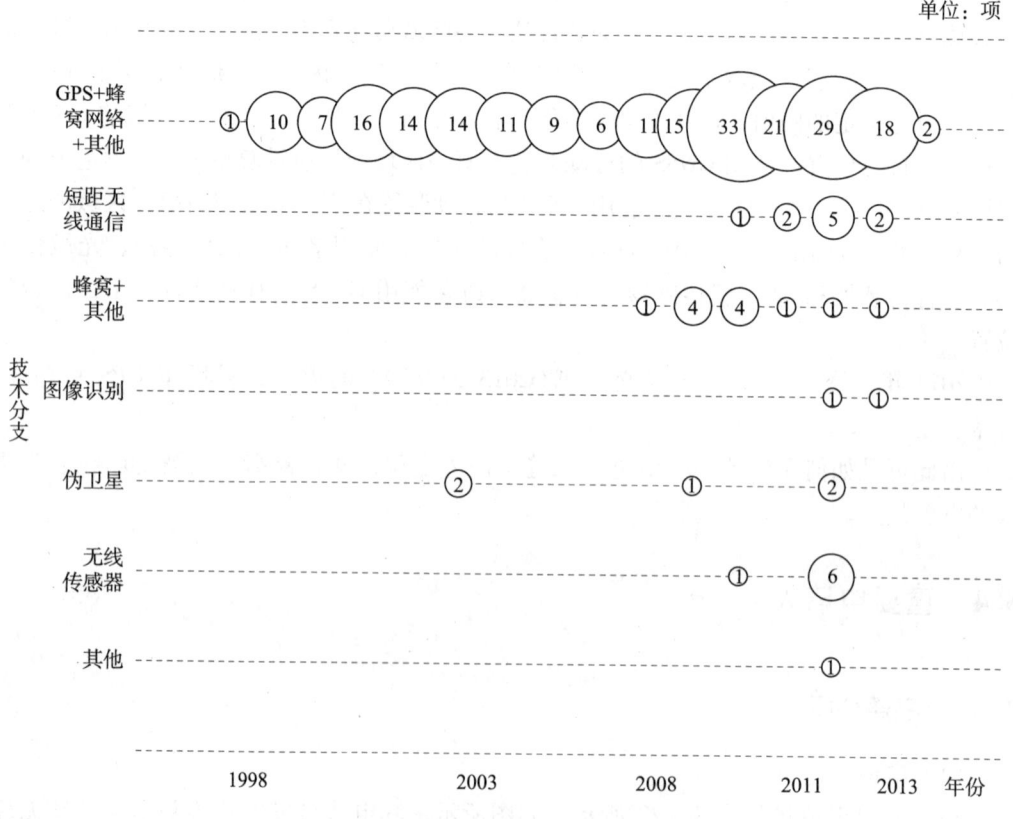

图8-23 高通公司技术分支年代分布图

8.4.2 罗瑟姆公司

如上所述，在无缝室内外定位的全球专利申请中，罗瑟姆公司位列全球第五，如图 8-24 数据显示，其在 2001 年和 2002 年申请量较多，而 2009 年之后没有新的申请出现。

如表 8-10 所示，罗瑟姆公司在定位领域中的主要研究方向为电视定位技术。

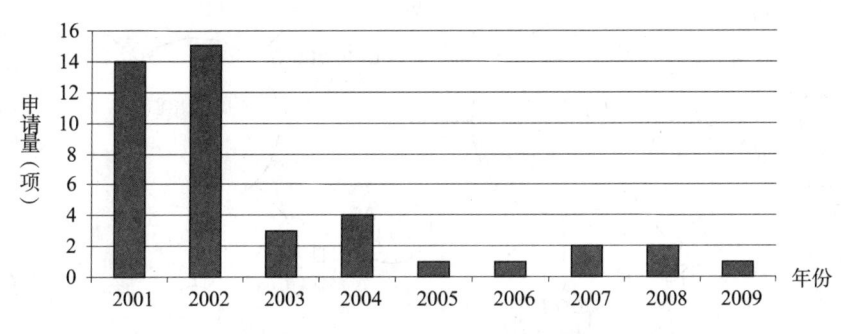

图 8-24 罗瑟姆公司年度申请量

表 8-10 罗瑟姆公司主要研究方向　　　　　　　　　　　　　　　　单位：项

申请人	GPS+蜂窝网络+其他	GPS+其他定位	电视定位	其他定位	总计
罗瑟姆公司	2	1	38	2	43

罗瑟姆公司由 GPS 的奠基人 J.J. 小施皮尔克（SPILKER James J JR）博士[1]和高精度导航系统专家拉比诺维茨（RABINOWITZ Matthew）博士所创建，其创建的唯一目的就是为了在 GPS 无法提供可靠定位的室内和城市区域提供可靠、精准的定位技术。J.J. 小施皮尔克博士和拉比诺维茨博士深刻了解 GPS 的内在局限性，并创建了罗瑟姆公司以克服这些局限性。J.J. 小施皮尔克博士的 GPS 共同奠基者 Bradford Parkinson 博士是罗瑟姆众多技术顾问中的一员。

自 2001 年起，J.J. 小施皮尔克在罗瑟姆公司以发明人的身份提起了电视定位技术专利申请，所述申请是使用多种类型的电视信号如数字信号、模拟信号、移动广播信号等进行定位和定时，以及组合使用 GPS 和电视信号、蜂窝网络等进行定位和定时，还包括以电视信号为 AGPS 提供精密定时协助的技术。

在这些申请中，发明团队有：发明团队核心人物 J.J. 小施皮尔克和 M. 拉比诺维茨（RABINOWITZ M），以及 J.K. 奥穆拉、LEE A OPSHAUG G、M.D. 皮尔斯、DO J、RUBIN D、FURMAN S BURGESS D、SAMRA H、SABIN M J、SOILKER J J、D. 克莱布特里、J. 韦伯斯基、GOTWISNER D、S. 卡尔森、D. 达伦、ER J J、FLAMMER G、D. 塞维格尼、J.K. 大村等。研发团队的研发合作模式如图 8-25 所示。

---

[1] 参见附录部分：卫星导航信号格式方面的专利分析。

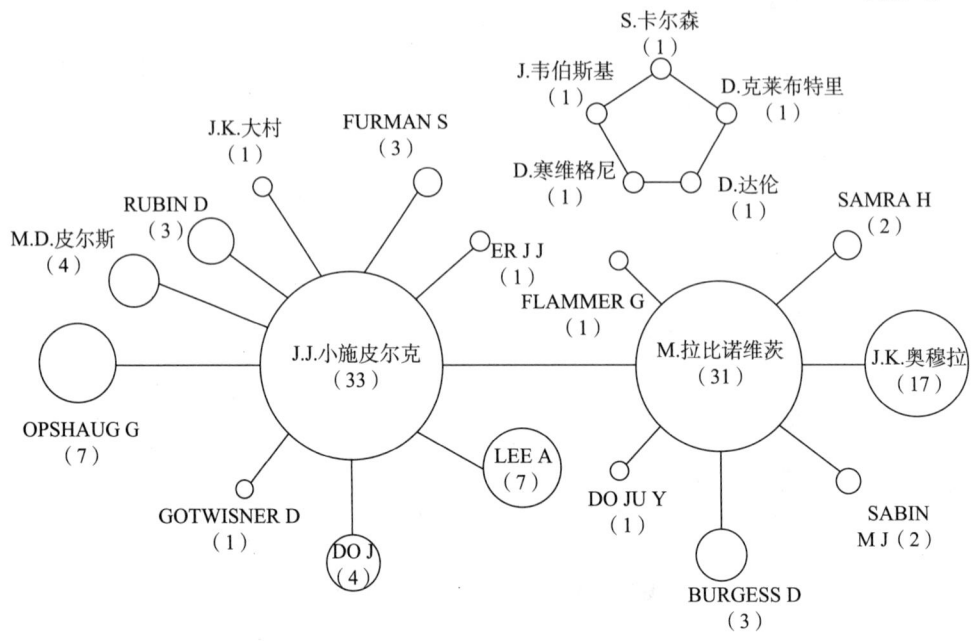

图 8-25 罗瑟姆公司研发团队

罗瑟姆公司在 2001 年和 2002 年出现了定位技术专利申请数量爆发性增长，在 2002 年之后，J. J. 小施皮尔克及其研发团队只提交了零星的定位技术专利申请，2009 年之后罗瑟姆公司没有提交专利申请，这表明罗瑟姆公司实际上已经暂停了相关研发或研发未有进一步的进展。

这些已有的定位技术专利仍然给罗瑟姆公司带来巨大的经济收益，在 2007 年，凭借这些专利，罗瑟姆公司与天宝公司合作开拓韩国手机市场[1]。

2010 年 3 月 1 日，Rosum 公司宣布推出 ALLOY™，这是一款革命性的供室内和城市环境使用的位置和同步解决方案。ALLOY™ 芯片由该公司与合作伙伴思亚诺共同开发，后者为领先的手机、笔记本、PND 以及其他移动设备移动数字电视接收器芯片供应商。该方案利用广播电视信号提供精确的频率、时间和位置信息。ALLOY™ 客户端将 ALLOY™ 芯片和一个高灵敏度的 A-GPS 芯片组合到一个紧密耦合的混合 TV-GPS 解决方案中，该方案能够在所有类型的环境下工作：农村、城郊、城区和室内。与 GPS 相比，广播电视信号的功率裕度强 100000 倍，并且能够使定位和同步能力深入到建筑物和城市环境内部。

2011 年，罗瑟姆公司的电视定位专利被定位技术领域的第二大申请人真实定位公

---

[1] Trimble and Rosum Team to Address Mobile Device Market in South Korea. [EB/OL]. [2013-11-30]. http://investor.trimble.com/releasedetail.cfm?releaseID=236661.

司收购❶。虽然电视定位技术分支不是定位领域的研发热点，但罗瑟姆公司的经历或许能够更好地说明专利背后所隐藏的价值。表 8-11 为罗瑟姆公司所申请的专利列表。

表 8-11　罗瑟姆公司专利申请列表

序号	公开号	要　　点	在该国法律状态
1	US2011263269A1	用于无线移动电话系统的定位和时间确定，具有基于测量无线卫星定位信号和无线电视信号而为装置提供时钟控制信号的时间模块	驳回
2	US7471244B2	用于用户终端如移动电话的基于数字电视（DTV）信号的位置确定装置，确定 DTV 信号发送器和用户终端之间的伪距，DTV 发送器的定位和时钟偏移	授权
3	US2007182633A1	用户终端，例如无线电话位置确定装置，具有确定参考时钟和发射时钟时间的时间偏差的监测单元，和用于基于偏差确定终端位置的处理器	授权
4	US2011025561A1	用于确定例如汽车的位置的装置，具有基于伪距和美国电视标准委员会移动/手持发送器的位置确定用户终端的位置的定位模块	未决
5	US6879286B2	基于伪距和广播模拟电视信号的发射器的定位确定用户终端位置的方法，用户终端位置包括相关的模拟电视信号和参考信号	授权
6	US7372405B2	用户终端，例如无线电话位置确定装置，具有接收具有分散导频信号的复用信号的接收机，和用于基于偏差确定终端位置的处理器	授权
7	US6917328B2	全球定位系统接收机例如移动电话，包括处理器，其接受再基带频率操作的信号并将信号转换为定位信息	授权
8	US2003052822A1	基于伪距和广播模拟电视信号的发射器的定位确定用户终端位置的方法，用户终端位置包括相关的模拟电视信号和参考信号	授权
9	US6753812B2	用户终端位置确定方法，包括确定用户终端与数字电视发射器质检的位置，和发射机的位置以找到用户终端的位置	授权
10	US2005030229A1	用于例如蜂窝电话的伪数字电视发射机，具有信号发生器以产生具有半字段的定位信号，用户终端基于定位信号获得其位置	授权

---

❶ TruePosition 收购 Rosum 的知识产权．[EB/OL]．[2013-11-30]．http：//www.netbarcn.net/html/2011/IP_law_0910?24303.html．

续表

序号	公开号	要点	在该国法律状态
11	US6970132B2	接收机,例如计算机,具有处理器,用于基于伪距和数字电视信号发射机的位置确定接收机的定位,并选择与一个或多个基于发射机位置的定位有关的数据部分	授权
12	CN1582401A	使用综合服务数字广播地面(ISDB-T)广播电视信号的定位	视撤
13	CN1547671A	使用广播电视信号和移动电话信号的位置测定	视撤
14	CN1575422A	基于使用广播数字电视信号定位的导航服务	视撤
15	CN1585903A	利用重影消除基准电视信号的位置定位	视撤
16	CN1568434A	利用广播模拟电视信号的定位	视撤
17	CN1586073A	利用数字电视广播信号提供GPS辅助信息	视撤
18	US7042396B2	用于用户重点的位置确定装置,包括伪距单元,用于基于信号的已知成分确定用户终端和数字音频广播信号之间的伪距	授权
19	US2003174090A1	使用电视广播发射器的位置检测,其使用发生器产生包括电视信号已知成分的伪信号	授权
20	EP1366375A2	使用广播数字电视信号的位置定位,用于定位需要不改变蜂窝基站的例如蜂窝电话、个人数字助手等	视撤
21	US6961020B2	用户终端位置确定方法,包括具有预设的参考信号的相关模拟电视信号一产生伪距,并基于伪距和信号发射器的位置确定用户终端的位置	授权
22	US2004150559A1	用于蜂窝电话的位置确定系统,具有发射器发送的广播数字电视信号,基于伪距和发射机的位置确定用户终端的位置	授权
23	US20020159478A	用户终端位置确定方法,包括基于预定的伪距和电视信号发射器的位置和全球定位卫星确定用户终端的位置	授权
24	WO2004077813A2	用于蜂窝电话的位置定位和数据发射器,其具有信号发生器,产生包括特殊量段的半字段对,每个特殊量段包括特定的片	未决
25	US7792156B1	用于提供ATSC发射器识别器信号以确定移动装置的位置的装置,其具有码发生器以形成发射器识别块,其包括循环扩展的伪招生码和扩展的Gold码	授权
26	GB2426648A	发送由包括TV信号的距离信号组成的频率信号并基于由距离信号确定的伪距产生自检测输出的位置定位装置	授权
27	US8102317B2	用于位置识别系统的用户终端,包括测量电路,获得所接收的无线信号的一个或多个特征得测量值	授权

续表

序号	公开号	要　点	在该国法律状态
28	US2003085841A1	用户终端位置确定方法，包括接收广播电视和移动电话信号，并基于伪距和发射机和基站的位置确定终端的位置	授权
29	US2004207556A1	用于确定用户终端例如移动电话的位置的方法，包括基于广播电视和移动电话信号，以及信号发射机和基站的位置确定用户终端的位置	授权
30	US2004073914A1	用于无线基站的精确时间传送装置，具有接收包括同步信号的电视信号的前端，所述同步信号呈现由卫星信号导出的精确定时信息	驳回
31	WO2004077088A3	用于确定用户终端，例如汽车的位置的参考信号产生方法，包括识别旁瓣产生矩阵，并获得参考信号以最小化矩阵和参考信号的产生	授权
32	US2004165066A1	用于美国电视标准委员会的数字电视信号的符号时钟信号恢复装置，具有根据带通滤波器的输出产生符号时钟信号的锁相环	授权
33	US2006064725A1	用于在移动接收机估计电视信号的导频频率的方法，包括使用导频信号和基带版本为每个时移段计算相位校正项目和校正相应段的相位	驳回
34	US2006061691A1	用于在例如汽车中使用的宽带电视波形相关峰值确定方法，包括估计为段间隔估计段相位改变，并计算相位校正段间隔以形成等式	授权
35	US2007131079A1	用于例如在计算机中使用的宽航道伪距测量装置，具有音调发生器，其包括用于分离频谱成分滤波器和基于分离的频谱元件产生音调的方形元件	授权
36	US7737893B1	用于单频网络的用户装置例如个人数字助理，定位装置，具有在每个到达组中选择最早的相关峰值作为领导相关峰值的选择电路	授权
37	US2009070847A1	用于发射机的调制器的定位装置，具有距离时间片插入器，用于将距离时间片插入到传送流中	驳回
38	US2003201932A1	用于卫星定位系统的信息提供装置，具有发送数字电视信号至接收机的发射器，和将数据电视信号中的数据段以编码字替换的包复用器	授权
39	EP1452009A2	使用广播数字电视信号基于位置定位的导航服务提供方法	视撤
40	US2009175379A1	用于例如移动电话的位置确定传送基站识别装置，具有插入伪噪声序列至数字音频广播传输帧的空符号中的插入模块	驳回
41	CN1500349A	使用广播数字电视信号的健壮的数据传输	视撤
42	CN101601251A	定义协调定时网络中的层-1配置	视撤

8.5 重要专利

表 8-12 为无缝室内外组合定位技术相关的引用频次在 100 以上的重点专利列表。

表 8-12 重点专利列表

序号	申请人	公开号	要点	被引频次
1	卡特彼勒	US5375059A	用于自动车辆的车辆定位方法,包括导出来自 GPS 卫星或伪卫星的估计,和来自惯性相关单元和车辆里程表的估计,合并二者以精确定位	101
2	施耐普特拉克	CN1307684A	操作卫星定位系统接收机的方法和装置	101
3	真实定位公司	CN1696731A	无线定位系统的校准	105
4	真实定位公司	CN1333876A	无线定位系统的校准	105
5	森萨塔科技公司	US6246376B1	无线定位和方向指示系统,用于基于卫星目标定位,基于当前算法导出用于遥控指示器的相关距离和方向数据	106
6	导航系统公司(NAVSYS CORP)	CA2105846A1	飞行器的 GPS 靠近和着陆系统——合成来自卫星的相位一致测量—形成差分载波局里方案	107
7	真实定位公司	CN1535543A	无线定位系统中的呼叫信息的监测	113
8	真实定位公司	CN1537395A	在无线定位系统中估计 TDOA 和 FDOA 的改进方法	113
9	真实定位公司	CN1448009A	用于提高紧急呼叫精确性的修改的传输方法	114
10	埃技术公司	CN1233376A	使用地理位置数据的通信系统	115
11	真实定位公司	CN1333877A	无线定位系统的带宽合成	117
12	施耐普特拉克	CN1306619A	确定卫星定位系统中的时间的方法和装置	122
13	天宝公司	US5936572A	便携混合 ID 定位确定 LD 装置,用于在室内或室外建筑和结构的无线 LD 单元和室外 LD 单元确定移动用户的位置	123
14	阿瓦雅技术有限公司	CA2288475A1	用于移动用户装置的触发定位提醒装置,例如个人数字助理、无线通信装置,其中用户被警示与特定位置相关的所要求的动作	125

续表

序号	申请人	公开号	要点	被引频次
15	施耐普特拉克	CN1307683A	卫星定位参照系统与方法	126
16	北极星无线公司	US6782265B2	使用无线通信系统的移动无线单元的 RF 指纹的定位确定	145
17	施耐普特拉克	WO9714055A1	使用具有快照 GPS 接收机的定位传感器收集、处理卫星信号并计算伪距以确定移动目标的位置，例如海洋哺乳动物	146
18	因特里根特科技公司	GB2405279A	车祸阻止方法，例如小汽车、火车，包括确定其他车辆是否出现对主车辆的碰撞未写，并且相应地产生车辆控制信号以控制车辆	157
19	LEMELSON J H	US6275773B1	用于车辆的计算机控制的碰撞避免和警示方法，包括从车辆动力追踪位置识别和计算车辆的不一致导出模式	162
20	LEMELSON J H	US2002022927A1	用于车辆的计算机控制的碰撞避免和警示方法，包括接收不同的 GPS 信号，所述 GPS 信号包括用于 GPS 信号的传播延迟误差校正信号和伪随机信号	182
21	蒂莫西·J. 内尔	CN1434925A	个人位置检测系统	220
22	施耐普特拉克	CN1325492A	获取卫星定位系统信号的方法和装置	232
23	矢量链路公司（VECTORLINK INC）	US5959577A	用于监控运动和使用数据网络例如互联网向车辆传送航行相关信息的车辆定位系统	232
24	施耐普特拉克	CN1246934A	基于卫星定位系统的时间测量方法以及相应的设备和系统	236
25	瑟浮	US2002116124A1	用于使用无线网络的定位系统，其包括 GPS 接收机，可选地在用于确定蜂窝电话的位置的独立模式和自动模式间切换	237
26	施耐普特拉克	CN101025439A	用于卫星定位系统（SPS）信号测量值处理的方法和装置	242
27	施耐普特拉克	US5884214A	用于固定到身体上的全球定位系统接收机——具有用于在封锁条件下接收伪随机序列并进行处理的第二电路	247

续表

序号	申请人	公开号	要　　点	被引频次
28	施耐普特拉克	CN1310802A	采用无线通信信号进行的卫星定位系统扩充	263
29	施耐普特拉克	WO9956144A1	卫星定位系统的基于互联网的定位信息发布装置，例如 GPS	268
30	查克比姆公司（TRACBEAM LLC）	US2010234045A1	用于在无线电信系统中定位无线移动基站的方法，所述无线电信系统包括具有使用无线传输获得的无线信号测量对应部分的激活估计器	292
31	施耐普特拉克	CN1928584A	使用共享电路的合成 GPS 定位系统及通信系统	292
32	施耐普特拉克	WO9733382A1	用于全球定位卫星接收机的遥控单元位置确定方法，在遥控单元接收多个卫星的卫星历书信息，并使用由历书导出的多普勒信息计算位置信息	318
33	施耐普特拉克	JP2010145413A	通过蜂窝通信系统的 GPS 时间确定方法——包括提供 GPS 数据的移动单元和为解决移动定位的 GPS 服务器定时的通信系统	319
34	高通公司	WO9808314A1	用于移动通信和为移动单元提供数据的位置确定装置——其在移动单元具有电路用于从信号源例如 GPS 卫星确定当前的位置数据，并通过陆上网络设置具有中心位置服务器的无线链路以获得响应数据	332
35	探空气球无线公司	CN102100058AA	通过选择最佳 WLAN–PS 方案使用混合卫星和 WLAN 定位系统确定定位的方法和系统	343
36	ITT 制造企业	US5726893A	用于移动无线基站的全球定位系统——使用基于地球的在移动单元和多频道卫星接收机之间的数据链路以提供用于移动数据的定位数据	354
37	施耐普特拉克	CN1487306A	处理 GPS 信号的 GPS 接收机及方法	736

第 9 章　GNSS 在智能手机中的应用

9.1　简　　介

GNSS 在智能手机上的应用主要体现为基于位置的服务（Location Based Service，LBS）上。LBS 是指通过电信移动运营商的无线电通信网络或外部定位方式，获取移动终端用户的位置信息，在地理信息系统（Geographic Information System，GIS）平台的支持下，为用户提供相应服务的一种增值业务。[1] 从图 9-1 可以看出，其包括两层含义：首先是确定移动终端或用户所在的地理位置；其次是提供与位置相关的各类信息服务。常见的定位技术可归纳为四类：第一类为传统 GPS；第二类为将传统 GPS 与无线通信网络结合，称为 A-GPS 定位技术；第三类为依靠无线通信网络本身的资源进行定位而无须 GPS，如利用 Cell ID、增强型 Cell ID 等；第四类将第二类与第三类混合使用，称为混合型定位技术，如 GPSOne 定位技术。目前，比较流行的移动定位技术是 A-GPS 技术和混合型定位技术。由此可见，LBS 不限于 GPS 相关的定位技术，不限于手机，例如，还可以是利用 Cell ID 的定位技术，应用在车载终端上等。

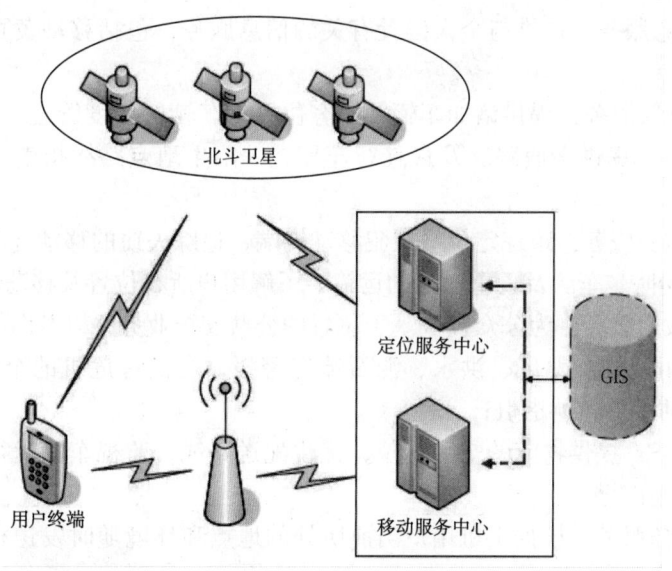

图 9-1　LBS 系统组成

---

[1] 创投时报. LBS：是工具而非模式［EB/OL］.［2013-10-20］. http://www.ctsbw.com/research/2013/0623/2189.html.

A－GPS 基本思想是通过在卫星信号接收效果较好的位置上设置若干参考 GPS 接收机，并利用 A－GPS 服务器通过与终端的交互获得终端的粗位置，然后通过移动网络将该终端需要的星历和时钟等辅助数据发送给终端，由终端进行 GPS 定位测量。测量结束后，终端可自行计算位置结果或者将测量结果发回到 A－GPS 服务器，A－GPS 服务器进行计算并将结果发回终端。同时后台服务提供商（SP）可获取位置信息供其他服务应用。

GPSOne 的基本原理是首先利用无线网络辅助 GPS 定位；在 GPS 卫星视线被全部/部分阻挡的情况下全部/辅助采用 CDMA 三角定位技术进行辅助定位。

GIS 是一种特定的十分重要的空间信息系统。它是在计算机硬、软件系统支持下，对整个或部分地球表层（包括大气层）空间中的有关地理分布数据进行采集、储存、管理、运算、分析、显示和描述的技术系统。

本章分析和研究的 GNSS 在智能手机中的应用针对涉及 GNSS 的定位技术的第一类、第二类定位技术。

9.1.1 常见 GNSS 在智能手机中的应用

当前，LBS 已广泛应用在军事、交通、医疗、物流等民生领域当中，而随着各大互联网巨头的加入，LBS 将结合团购、微博、支付等技术，向手机电子商务平台方向演进。随着 3G 网络以及智能终端的普及和 LBS 技术的发展，人们对基于地理位置的服务有了更多社交化、娱乐化、生活化的需求。

LBS 主要有如下应用：

① 个人信息服务：提供与个人位置有关的信息服务，包括移动黄页、附近信息提供等服务；

② 交通/导航服务：提供诸如车辆及旅客位置、车辆的调度管理、监测交通状况、疏导交通等服务，提供交通路况及最佳行车路线、陌生地点路线指南、旅游景点路线的查找等；

③ 跟踪/监测服务：跟踪定位嫌疑犯移动终端，追踪失窃的移动终端和巨额话费移动终端，监测船队、车队及贵重物品的运输，了解用户所在位置及移动情况；

④ 安全/救助服务：为公众提供基于位置的公共安全业务，以及向特定的地理位置范围内的移动用户发布飓风、洪水、泥石流等警报，提供有危机的个体的准确位置，提供有效快速的紧急救助指引；

⑤ 物流服务：提供物流的空间定位，优化配送路线，监视车辆运行轨迹，追求配送资源的最大利用率；

⑥ 移动商务服务：根据手机用户当前所处的地点和环境随时发送相应的商业信息和广告；

⑦ 位置计费服务：提供与位置有关的计费服务。

9.1.2 GNSS 在智能手机中的应用未来发展趋势

未来 LBS 业务的发展趋势是：

(1) 信息娱乐将更加复杂化、趣味化、准确化

高精度定位信息将更加实用化，同时游戏、聊天、交友、聚会、社区、博客等，将通过 WAP、JAVA/BREW 等形式，提供更加丰富的互动服务。

(2) 行业应用前景广阔

与传统行业融合也将是 LBS 业务的重要发展方向。基于位置的服务将会促进物流、交通、安全、城市规划、农林渔等众多传统产业的精确信息化管理，衍生价值无限。运营商将会充分与传统产业开展合作，全面打造和扶持基于 LBS 的融合性行业应用，促进 LBS 产业价值链的多元化，拓宽行业市场容量。

(3) 贴近生活，更加实用化

在海外，位置服务的最大市场是跟踪、导航服务，今后在位置导航、路线导航、交通导航、紧急求助等方面将涌现出大批新业务，活跃在安全救援、交通、旅游等贴近大众生活的行业。

(4) 与商务的结合更加紧密

基于位置的定向广告推送，为用户提供随时随身的服务。

9.2 专利申请态势

9.2.1 技术发展路线图

定位技术已经存在了几十年的时间，但由于安全和成本的原因并没有进行商用化，真正意义上的 LBS 业务仅有十余年的发展历史。在 1993 年的一件绑架案中由于美国警方无法确定被害者呼救的移动电话的位置而酿成惨剧促使美国联邦通信委员会（FCC）在 1996 年于全美强制推行了 E911 法案，要求构建一个在任何时间和地点都能通过无线信号追踪到用户位置的公共安全网络。E911 法案使运营商具备了确定顾客位置的能力，为基于位置的服务开展奠定了基础。因此，可以将其看作 LBS 业务的鼻祖。在美国，这一服务被称为 WLS（Wireless Location Service）。

如图 9-2 所示，在此后的一段时间，各运营商均推出了导航定位业务，而后又出现了一批和旅游相结合的提供位置服务的网站，但一直没有获得有效成果。

在美国，Sprint PCS 和 Verizon 分别在 2001 年 10 月和 2001 年 12 月推出了基于 GPSOne 技术的定位业务，并且通过该技术来满足 FCC 对 E911 第二阶段的要求；据调查，大约 2/3 的美国用户愿意每月支付费用来获得引导驾驶的方向和位置信息；在市场的驱动下，在 E911 方面处于领先地位的 Sprint PCS 在 2004 年 9 月推出了 LBS 商用服务。在日本，2001 年 4 月，日本知名保安公司 SECOM 成功推出了第一个具备 GPSOne 技术、能实现追踪功能的设备。该设备运行在 KDDI 的网络中，能在任何情况下准确定位呼叫个人、物体或车辆的位置。2001 年 12 月，KDDI 推出第一个商业化位置服务，用 GPSOne 技术提供高精度的定位服务，基于高通 MS-GPS 系统开发的 EZNaviWalk 步行导航应用在日本市场大获成功，成为 KDDI 与 NTTDoCoMo 竞争的重要应用。

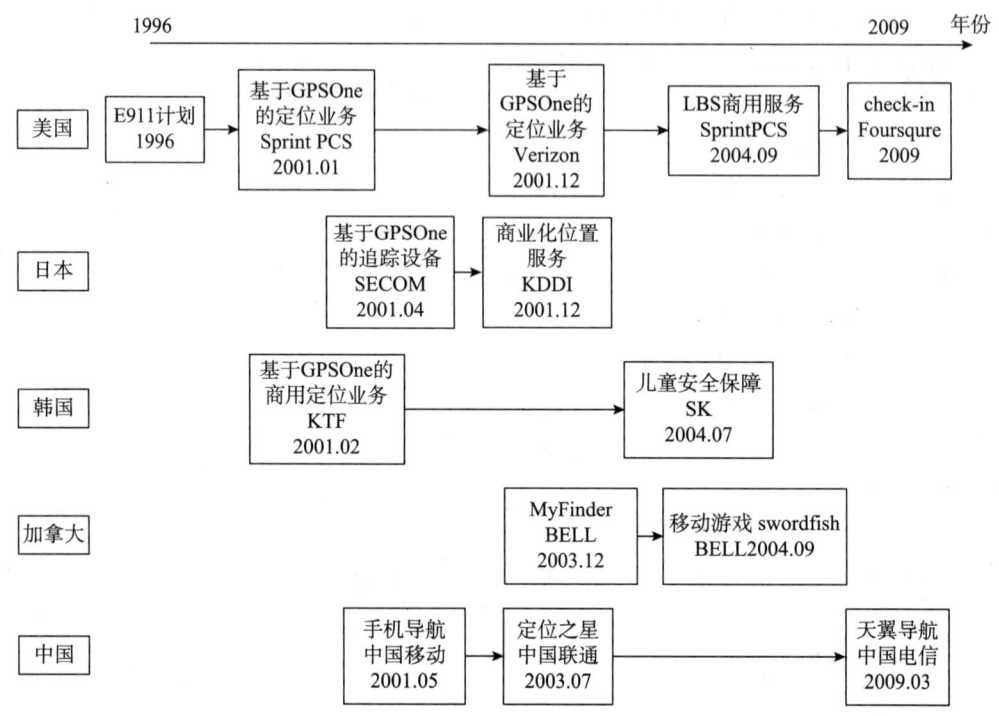

图 9-2 GNSS 在智能手机中的应用技术发展路线

NTTDoCoMo 在 i-mode 套餐中提供了 i-Area 业务，但仅限于日常信息服务。在韩国，在 LBS 业务创新方面，走在世界最前端的是韩国移动运营商 KTF。KTF 于 2002 年 2 月利用 GPSOne 技术成为韩国首家在全国范围内通过移动通信网络向用户提供商用移动定位业务的公司。2004 年 7 月，韩国最大的移动运营商 SK 电讯推出全球首项保障儿童安全的网络定位服务——i-Kids，用来确认孩子当前的位置和活动路径，一旦孩子的活动超出设置的范围，就会自动发出报警短信。在加拿大，贝尔（Bell）移动公司可谓 LBS 业务的市场领袖，其率先推出了基于位置的娱乐、信息、求助等服务。2003 年 12 月，Bell 移动的 MyFinder 业务已占尽市场先机；2004 年 9 月，Bell 移动发布全球首款基于 GPS 的移动游戏 swordfish，利用移动定位技术，把地球微缩成了一个可测量的鱼塘。在欧洲，运营商应用 LBS 的技术已经相当丰富，服务主要是定位与导航业务，但市场表现平平。一方面，欧洲运营商的业务内容比较单调，缺乏变化；另一方面，欧洲用户对 3G 数据业务的冷淡也抑制了 LBS 业务的发展。

在中国，电信运营商最先开始提供手机导航位置服务。中国移动于 2001 年 5 月推出基于"移动梦网"的位置服务业务，并且于 2006 年更名为"手机导航"；中国联通曾于 2003 年 7 月推出基于 CDMA 网络的位置服务业务，品牌为"定位之星"，在 2008 年电信企业重组，中国电信在接手 CDMA 网络后，于 2009 年 3 月推出"手机导航"业务并于 2010 年 6 月更名为"天翼导航"；2004 年，以凯立德、高德为代表的电子地图提供商，以导航犬为代表的便携式导航终端供应商，以谷歌、百度为代表的互联网服务提供商都争先恐后地参与了手机导航领域的市场竞争。但是由于技术和应用模式的原因，直到 2009 年之前由于受到定位精度、移动网传输速率等方面的限制，LBS 的内容主要集中在移动定位与移动导航等方面，服务功能比较单一，发展缓慢，没有引起太多重视。2009 年 Foursquare 的出现改变了这一局面。Foursquare 是 2009 年 3 月成立于美国的一家 LBS 网站，它设计独特的签到（check in）模式吸引了大量的用户参与。在该模式下用户通过手机定位功能在特定的位置签到，即可获得相应虚拟的奖章或者实体商家优惠券，并可以同好友分享自己的位置。该模式开创了 LBS 与营销相结合的先河。LBS 业务在 2009 年迎来高速发展的时期，传统手机业巨头纷纷与导航电子地图商合作，致力于大力开发手机导航市场。各大手机厂商也开始了新一轮的布局，例如，2008 年，诺基亚公司收购德国软件公司 Gate5 之后，继续耗巨资 81 亿美元收购欧美市场上最大的导航地图供应商 NAVTEQ。同时，摩托罗拉、HTC、三星、索爱等多家手机厂商纷纷在其多款产品中预装导航功能。

鉴于 Foursquare 的成功，其他公司也开始着手进入该业务领域。Google、Latitude、Gowall、Layar 以及 Loopt 等都是其竞争对手，美国社交网站 Facebook 也进入了地理位置共享业务领域。随着开展这项业务的企业逐渐增多，LBS 已经成为移动互联网业务一个新的增长点。

复制 Foursquare 的模式——嘀咕网、切客网、街旁网、贝多、图钉、冒泡网等都是典型的代表。各大门户、搜索、社交网站以及运营商也凭借自身的实力在谋划 LBS 战略。网易和新浪已经开始试水，主打 LBS 加博客、微博和资讯。人人网和腾讯开始内测应用，主打 LBS 加真实的人际关系和互动。百度和谷歌也开始布局，主打 LBS 下的垂直搜索和地图服务。大众点评和团购网也已经开始整合商家以及相关评价的位置信息。移动和联通也开始酝酿在过去导航和查询业务上附加增值服务。

9.2.2 全球专利申请态势

图 9 – 3 为 GNSS 在智能手机中的应用的全球和中国申请量趋势图。从 1990 年开始出现这方面的申请，在 1996 年以前，全球申请量增长缓慢，截至 1996 年，全球申请只有 20 件。虽然 2009 年 Foursquare 的出现使 LBS 业务迎来了快速发展的时期，但是，由于涉及应用上的技术通常只是概念性的技术，受创新高度的影响，申请量的增速并没有发生显著的变化。截至目前，全球申请总量达到 3209 项，中国申请总量达到 1302 项。

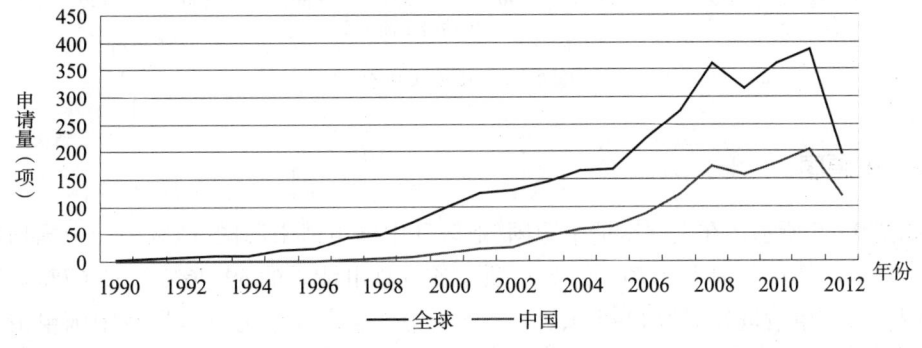

图 9 – 3 申请量趋势

9.2.3 申请人

图9-4示出了分别在全球申请和中国申请中排名前十位的申请人。在全球申请中，排名前十位的申请人的申请总量为705项，占总申请量的21.97%。排名前十位的申请人中有7个为国外公司，其中高通公司以118项位居第一，占总申请量的3.68%。在中国申请中，排名前十位的申请人的申请总量为432项，占总申请量的41.86%。排名前十位的申请人中有3个为国外公司，其中位居第一的同样为高通公司，其拥有98项申请，占总申请量的9.5%。在全球申请和中国申请中均占据申请量优势的国外申请人有高通、诺基亚、三星等，但是没有出现申请量处于显著优势的申请人。

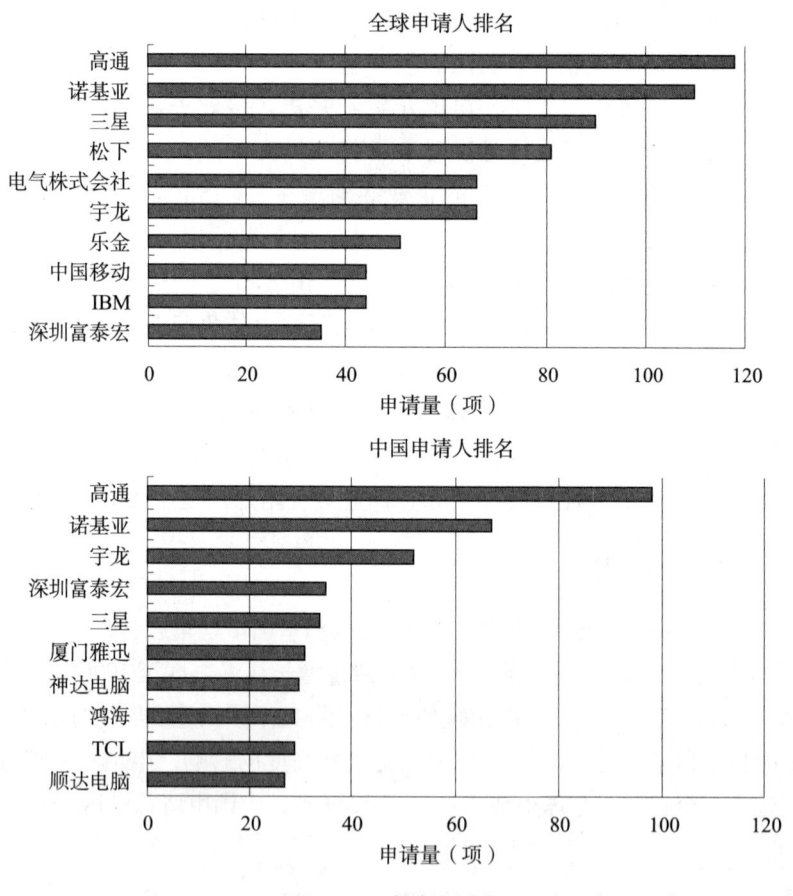

图9-4 申请人排名

9.2.4 来源国

如图9-5所示，在全球申请来源国/地区和中国申请来源国/地区中，中国均排在第一，对应申请量分别为1276项、829项，各占总申请量的39.76%、63.67%。其次为美国，对应申请量分别为1145项、172项。中、美之间申请量差异在中国申请来源国上表现得比较明显。

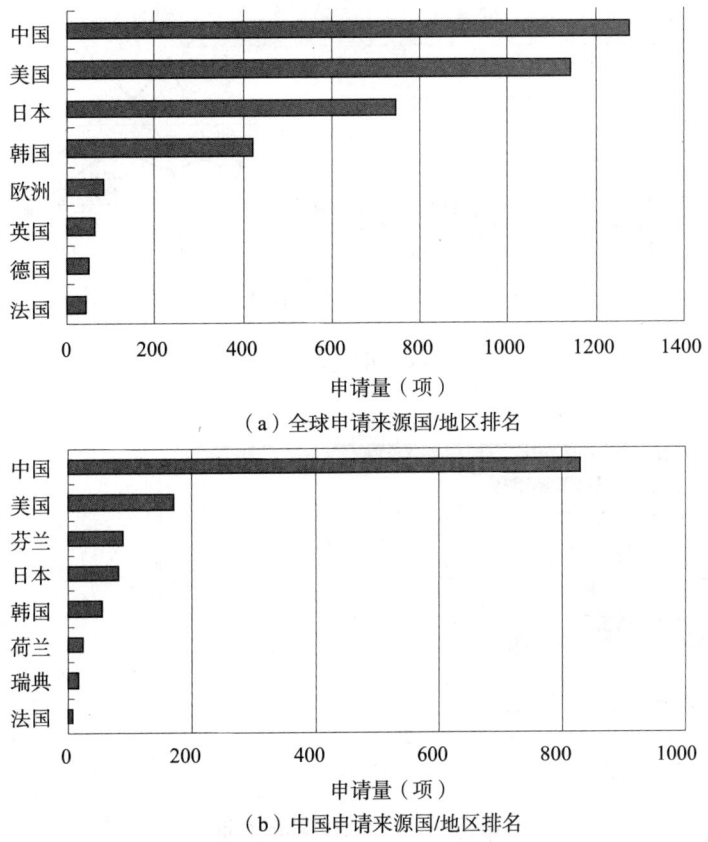

(a) 全球申请来源国/地区排名

(b) 中国申请来源国/地区排名

图 9-5　申请来源国/地区排名

9.2.5　中国专利申请态势

中国申请中，中国申请人和国外申请人的逐年申请量如图 9-6 所示。在 2005 年以前，国外申请人提交中国申请的申请量一直大于中国申请人提交中国申请的申请量。2005 年之后，中国申请人的申请量增长迅速，而国外申请人的申请量则较为平稳，甚至在 2009 年之后出现减少。这是由于这方面的申请多属于概念性的技术，大部分技术思想很早就已出现。近些年的申请大多只是应用场景和技术细节上的丰富，国外申请人对于这样的申请并不十分积极。毕竟，这样的申请的授权可能性和稳定性相对较低。相反，中国申请人则提交了大量这方面的申请。

图 9-7 为中国申请的地区分布，可以看出，排名前三位的依次为广东、北京、上海，其中最为活跃的是广东，申请量为 394 项，占总申请量的 30.26%，远远超出北京 121 项的申请量。来自广东的主要申请人有宇龙通信、欧珀移动、惠州 TCL、顺达电脑等。来自北京的申请人相对分散，包括中国移动、中国电信、乐金中国研发中心等。来自上海的主要申请人有上海华勤、中国移动上海有限公司等。

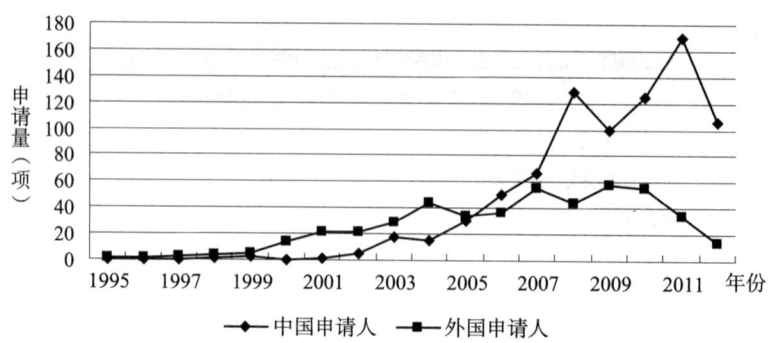

图 9-6 中国申请趋势

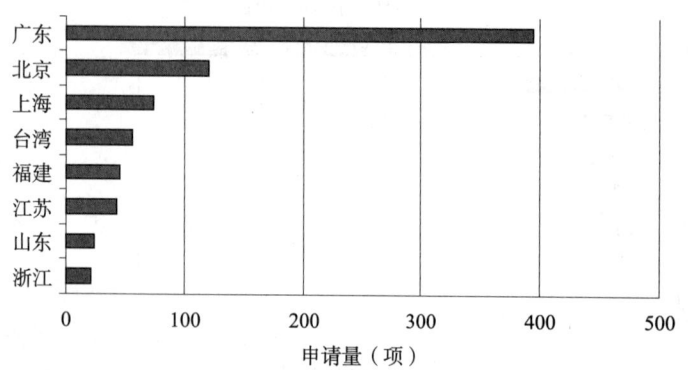

图 9-7 中国申请地区分布

如图 9-8 所示，在中国申请中，有 1292 项为发明，140 项为实用新型，发明申请占总申请量的 90.2%。实用新型的申请人基本为国内申请人，分布比较分散，申请量最多的为上海华勤。

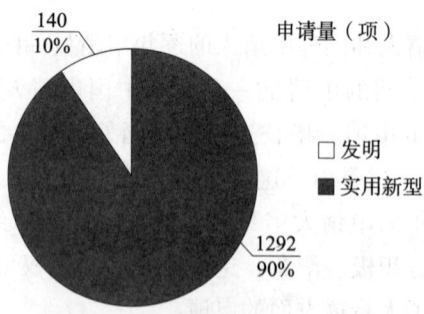

图 9-8 中国申请类型分析

如图 9-9 所示，在中国申请中，处于公开状态的申请有 987 项，包括 701 项未审查申请、286 项视撤和驳回的申请。经过授权的申请有 851 项，其中有 448 项权利已终止，有 403 项处于有效状态。

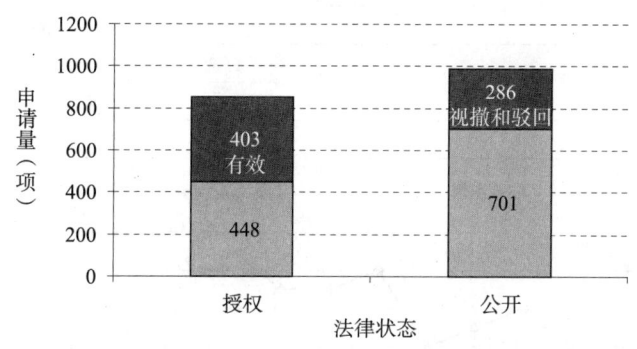

图 9-9　中国申请法律状态分析

如图 9-10 所示，在中国申请中，有效发明专利有 300 项。有效专利中，排名前三位的均为国外申请人，依次为诺基亚、高通、三星，分别拥有专利 24 项、22 项、14 项；其次为中国申请人雅迅、富泰宏，分别拥有专利 11 项、10 项。

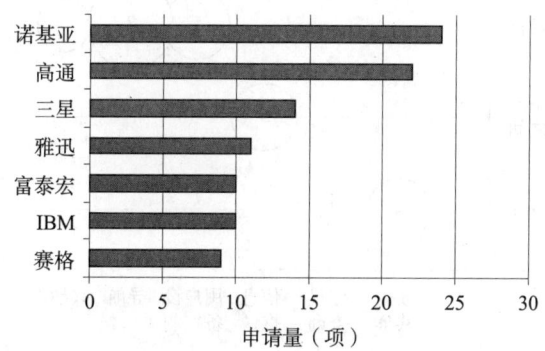

图 9-10　有效发明专利中申请人排名

9.2.6　国外重要申请人

如图 9-11 所示，在中国，排名前三位的国外申请人依次为高通、诺基亚、三星。早在 1999 年，高通即提交相关申请。申请量在 2009 年达到最多，为 17 项。目前已授权专利达到 23 项，其中，有效专利有 22 项；未授权申请有 95 项，其中，有 6 项已视撤或驳回。

如图 9-12 所示，高通在中国提交的申请的技术点包括：数据共享、位置查询、信息推送、用户设备控制、导航、兴趣点相关。其中，最多的为导航，例如，采集路况、最优路径规划、避开报警地点、关联路径与天气等；其次为用户设备控制和信息推送。用户设备控制包括控制用户设备的背景光、设置用户设备的时区、通话时启动定位功能等。信息推送包括广告、排名、天气预报等。数据共享包括使用蓝牙链路传递位置数据、显示对方位置等。关于兴趣点，则涉及发现附近好友等。位置查询则针对监视场景。

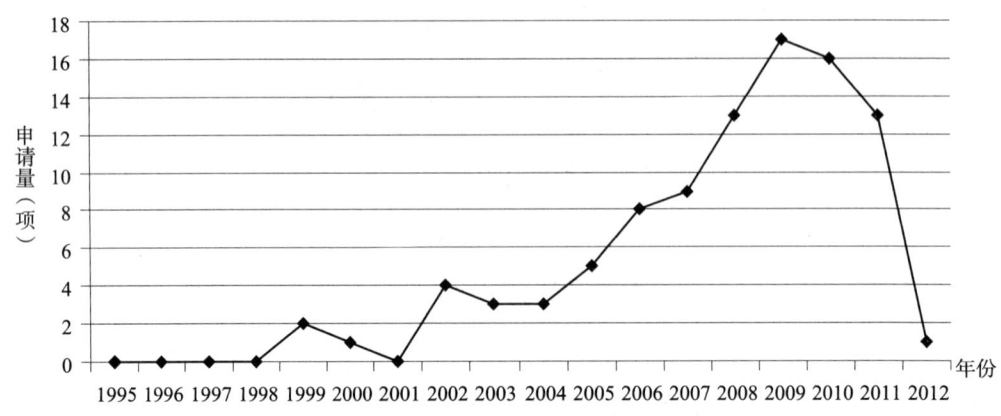

图9-11 高通中国申请趋势

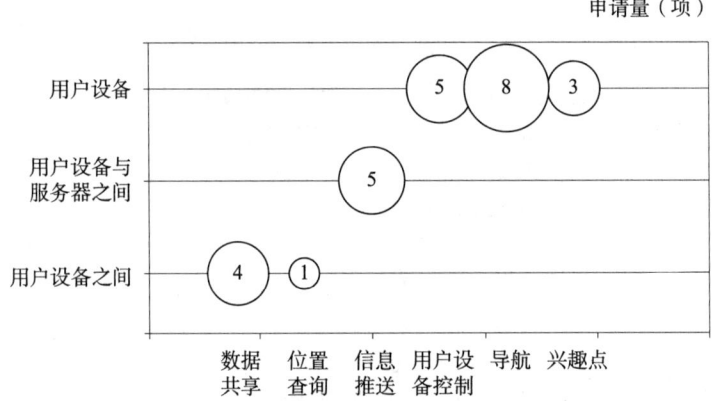

图9-12 高通中国申请主要技术功效

9.2.7 国内重要申请人

9.2.7.1 前三名国内申请人

如图9-13所示,自2007年开始,宇龙通信公司开始提交相关申请,2011年的申请量最多,达到20项。截至目前,该公司申请总量为61项,其中授权为8项,视撤和驳回为13项。此外,宇龙通信公司在此方面仅有2项PCT申请,没有发现其向国外提交申请。

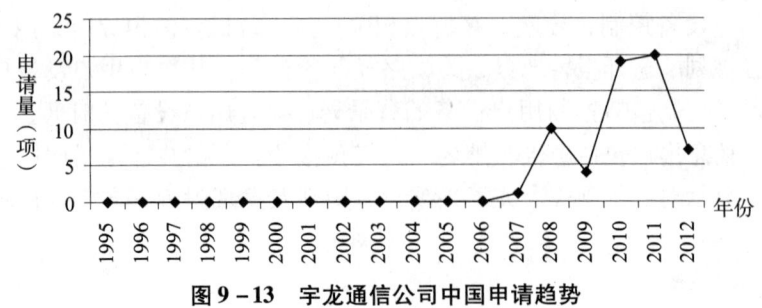

图9-13 宇龙通信公司中国申请趋势

如图 9-14 所示，宇龙通信公司的相关申请涉及信息推送、导航、数据共享、位置提醒、位置查询、终端功能控制、距离计算。其中，信息推送方面的申请最多，例如推送应用程序、资讯、地点介绍信息、与当地相关的词汇、天气预报、有关将到达的目的地的信息等。导航包括路线规划、三维导航、地图、红绿灯提醒等。数据共享方面的申请包括通话前显示被叫位置、互助导航等。位置提醒则包括漫游时提醒在漫游地的联系人的位置。功能控制则包括配置用户设备的壁纸、铃声、控制其显示、保护用户设备中的信息等。位置查询方面的申请通常用于监控、监护、跟踪。

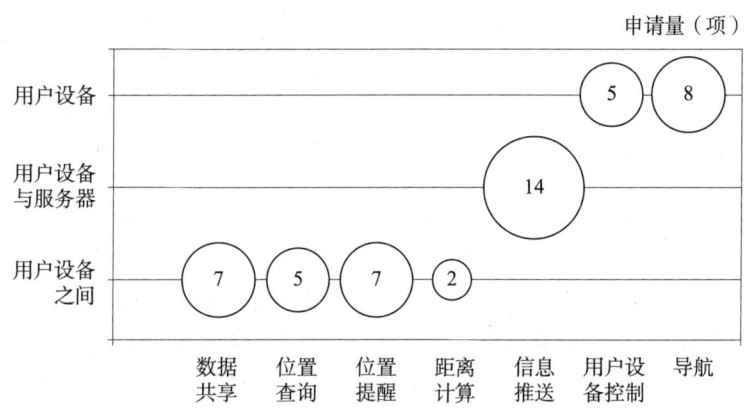

图 9-14　宇龙通信公司中国申请主要技术功效

9.2.7.2　其他典型公司中国申请分析

谷歌公司的相关中国申请有 3 项，涉及基于地理位置选择语音识别中使用的语法、基于设备之间的接近度来向设备发送提醒消息、按照熟悉区域和非熟悉区域而采用不同的安全规则。

雅马哈株式会社的相关中国申请有 5 项，目前处于有效的专利有 2 项，涉及使用位置信息计算麦加方向使得天线方向与麦加方向一致、根据位置切换来电乐曲。其他申请涉及根据位置确定对应语言的翻译语言。

英特尔公司的相关中国申请有 4 项，目前处于有效的专利有 2 项，涉及基于位置增强本地词典（考虑本地方言）、基于位置决定是否启动应用。其他申请涉及限制性地获得地理位置、基于位置限制用户设备的功能。

阿尔卡特公司的相关中国申请有 2 项，目前处于有效的专利有 1 项，涉及用于用户之间的会面的导航。其他申请涉及儿童监护。来自阿尔卡特朗讯公司的相关中国申请有 5 项，均处于公开状态，涉及依据被叫与固定终端的距离来控制是否转移呼叫、紧急通信、跟踪和监控等。

艾利森公司的相关中国专利有 1 项，涉及根据位置来进行呼叫管理。

没有发现真实定位公司、SIRF 公司在此方面的中国申请。

9.2.8　重点专利

在中国专利中，引用频次在 50 次以上的有效专利如表 9-1 所示，共有 13 项专利，其中诺基亚拥有量最多,为4项。申请人均为知名国外公司,申请日均在2005年以前。出现最早的为澳大利亚的Q通讯系统有限公司的1件专利。可见,国外公司在十几年前便开始重点专利的布局。

引用频次在100次以上的全球申请如表9-2所示。

表9-1 引用频次在50次以上的专利列表

公开号	申请日	申请人	标题	引用频次
CN1493064	20010228	国际商业机器公司	用于完成组成员位置接近驱动的活动的方法和系统	62
CN1315004	19980826	艾利森公司	用于在具有GPS接收机的无线电话机中节省电源的系统和方法	54
CN1207192	19951109	Q通讯系统有限公司	触发事件的方法	58
CN1574984	20030603	三星电子株式会社	用于在导航系统中下载和显示关于全球定位信息的图像的装置和方法	67
CN1689349	20021001	美商内数位科技公司	无线移动单元通信中以位置为基础的方法及系统	126
CN1526064	20001110	摩托罗拉公司	提供位置信息的装置和方法	74
CN1449500	20000630	诺基亚公司	定位方法及设备	50
CN1622576	20031126	日本电气株式会社	移动终端和使用该移动终端的安全遥控系统和方法	50
CN1436431	20000519	诺基亚西门子网络有限公司	位置信息服务系统和方法	66
CN1868202	20031006	诺基亚公司	用于自动更新移动网络日志(博客)以反映移动终端活动的方法和设备	90
CN1799271	20030303	诺基亚公司	为用户提供与位置相关的服务的方法	51
CN101049034	20040831	高通股份有限公司	用于定向广告的基于位置的服务(LBS)系统和方法	51
CN101073274	20040512	谷歌公司	用于移动设备的基于位置的社会软件	52

表 9-2 引用频次在 100 次以上的全球申请列表

公开号	申请日	申请人	同族	标题	引用频次
EP809117	19960523	太阳微系统公司	US, JP	通过无线电话通信发送位置数据的紧急定位设备	118
WO9845823	19970408	Webraska Mobile	ES, FR, US, EP, DE, CA, JP	用作导航辅助的交互式处理及其实现方法	124
EP1008946	19981208	朗讯	US, CA, JP, MX	用于移动用户设备的位置触发的提醒装置	125
WO200003364	19970620	American Calcar	US, EP, KR, AU, JP, DE	全球定位系统中使用的个人通信设备	150
WO200221864	20000908	Confine Inc	EP, DE, AU, US	取决于位置的用户匹配系统	152
EP703463	19960327	AT&T	JP, US	用于查询位置相关信息的无线信息系统	160
US5389934	19930621	Business Edge Group	无	便携式定位系统	174
WO200176150	20000330	Verizon	EP, AU, US	健康照顾辅助方法	181
US5546445	19930507	SYCORD LIMITED	无	使用移动位置信息的蜂窝电话系统呼叫管理	189
US5712899	19980127	PACE H	无	用于给出地理位置信息和语音通信的移动通信系统	192
WO9724005	19951212	DIMINO MICHAEL	US, AU	蜂窝电话和基于GPS的车辆跟踪系统	237
WO9313618	19911226	SYGNET COMMUNICATIONS	US, AU	使用卫星确定移动单元位置的蜂窝网络	297
WO9808314	19960815	高通公司	US	用于移动通信的位置确定设备	332
EP528090	19900727	CAE-LINK CORP	JP, US, AU, KR, CA	蜂窝和卫星定位系统	523

9.3 侵权与诉讼

关于 LBS 的专利侵权与诉讼大多发生在美国，其中涉及 GNSS 技术的 LBS 侵权与诉讼情况如图 9-15 所示。原告通常在美国地方法院提起诉讼，或是向美国国际贸易委员会（ITC）申请"337 调查"。从图中可以看出，近几年专利侵权与诉讼的案件迅速增长。原告涉及产品制造商、专利授权公司、软件开发商、非专利实施实体 NPE 等，例如：Procon GPS 是来自美国田纳西州的 GPS 定位系统的制造商；Omega Patents 隶属于 Omega 集团；Wireless Mobile Devices 总部位于美国得州，为专利授权公司；美商 Earthcomber 的业务内容为手机应用软件开发，主要产品为导航软件；Novel Point 公司于 2010 年 1 月 3 日成立于得州，公司主要管理者 Gautham Bodepudi 毕业于伊利诺利州大学电子工程学系，并在芝加哥大学法学院取得法律博士学位（J. D.），后来在 Foley & Lardner LLP 事务所中执业，Novel Point 公司是一家主要以发起专利诉讼作为获利手段的公司，即所谓的 NPE。被告涉及营销商、运营商、服务业公司等，例如：Elitetrak 曾与 Procon GPS 有过合作关系，后研发并销售自有品牌的 GPS 产品；Verizon 和 AT&T 都是美国著名的电信运营商；EPES 是一家历史悠久的运输公司，主要业务是为客户提供物流运输服务。原告和被告基本覆盖了 GPS 在智能手机上的应用的各个环节所涉及的主体。

表 9-3 列出了这些侵权纠纷中所涉及的专利的概况。其中，原告 Wireless Mobile Devices 所主张的专利的专利权人为 Telecommunication Systems，原告 Novel Point 所主张的专利的专利权人为 EVANS W W。这些专利涉及导航、人身安全、追踪、位置查询、定位显示等方面，基本涉及 LBS 的全部方面，可见，在大多 LBS 应用场景下均存在重点专利。通常，涉及 LBS 方面的专利由于与应用相关，很多涉及概念性的技术，所以其方案呈现出技术方案简单的特点。而对于概念性的技术，由于其创新高度和专利稳定性等因素，原本不太容易引起太多专利纠纷。但实际上，这里列出的专利中，存在若干权利要求方案简单、范围大的情况。例如，US7856315B2 的权利要求 1 的方案为：一种用于使用移动通信设备来提供实时语音使能的路由方法，该方法包括：发送实时位置信息和目标信息到网络服务器，实时位置信息指示移动通信设备的实时位置，目标信息包括目标地址和目标标识中的一个；从网络服务器接收用于从移动通信设备的实时位置到目标的行程的路由信息；路由信息包括：在移动通信设备的实时位置和目标之间行进的机动信息，以及用于按照机动信息来生成语音导航提示的语音信息，语音信息不包括已经驻留在移动通信设备中的至少一个语音文件。该方案基本采用语音导航原理性的记载。由此可见，在 GNSS 在智能手机中的应用方面，依然需要警惕潜在的重要专利。

第9章 GNSS 在智能手机中的应用

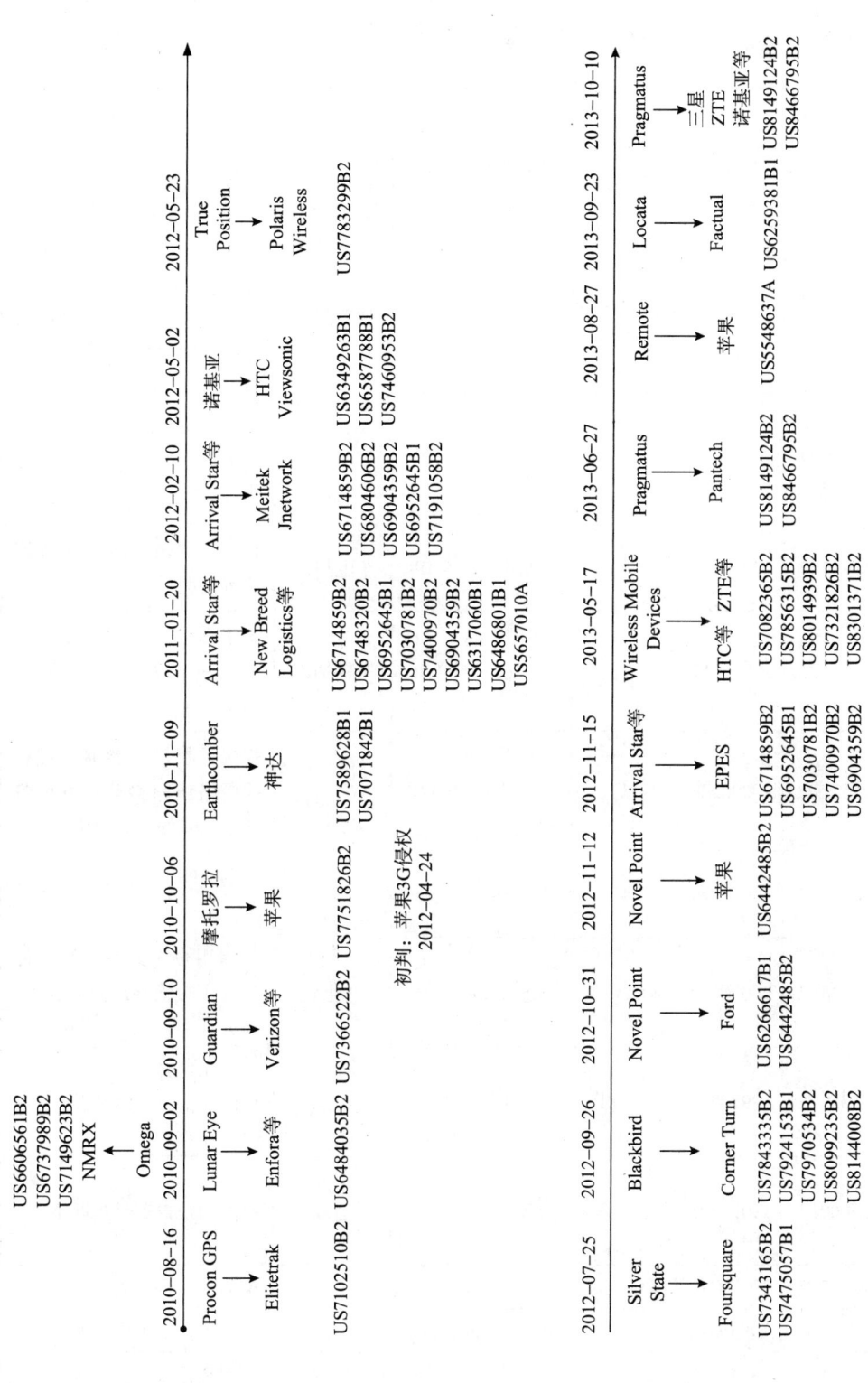

图 9-15 GNSS 在智能手机中的应用侵权与诉讼时间表

表 9-3 侵权纠纷所涉及的专利概况

涉案专利	优先权日	同族	原告	引用频次	用途	技术要点
US7102510B2	20030603	WO, CN, MX, CA	Procon	32	位置跟踪（移动资产）	在可移动的物体上装置GPS零件，透过无线传输的方式即可确实掌握相关位置
US6484035B2	19981207	WO, AU	Lunar Eye	22	位置追踪	经过使用者的操作，送出目前使用者所在的地点，可触发的位置报告
US7149623B2	20000517	无	Omega	7	车辆追踪	大于预定时间激活或者重复方式激活时发送报警指示
US6737989B2	20000517	无	Omega	19	车辆追踪	超出位置范围时发送车辆位置信息
US6606561B2	20000517	无	Omega	5	车辆追踪	大于预定时间激活或者重复方式激活时发送报警指示
US7366522B2	20000228	无	Guardian	60	位置或路径追踪	仅仅授权用户能够通过有线网络访问移动计算设备或接近其的对象的位置
US7751826B2	20021024	无	Motorola	25	安全	控制GPS电路的激活和去激活
US7589628B1	20020627	WO, AU	Earthcomber	91	个性化导航	采用用户偏好和简档，使得仅通知感兴趣的人、事、地方
US6714859B2	19930518	EP, WO, CA, BR, AU	Arrival Star	301	追踪	检测和报告车辆接近
US6317060B1	19990301	BR, AU, JP, MX, CA, WO	Arrival Star	58	追踪	检测和报告车辆接近
US6952645B1	19970310	WO, AU	Arrival Star	43	追踪	检测和报告车辆接近
US5657010A	19930518	无	Arrival Star	53	追踪	检测和报告车辆接近
US6486801B1	19930518	无	Arrival Star	51	追踪	检测和报告车辆接近

续表

涉案专利	优先权日	同族	原告	引用频次	用途	技术要点
US7030781B2	19930518	无	Arrival Star	4	追踪	提前通知车辆延迟
US6952645B1	19970310	AU，WO	Arrival Star	43	追踪	车辆状态报告，提前通知激活
US6349263B1	20000410	无	Nokia	23	定位显示	指南针确定方向，GPS确定位置
US6587788B1	20000712	无	Nokia	2	定位显示	指南针确定方向，GPS确定位置
US7460953B2	20040630	EP，JP	Nokia	45	定位显示	提供路线上某一处的具有近似360度的视角的图像
US7783299B2	19990108	AU，CN，CA，GB，JP，KR，ES，DE，WO，IN，MX，EP，BRPI，IL	True position	85	服务触发	监测信令链路，进而触发位置服务
US7343165B2	20000411	DE，KR，WO，EP，JP，AU	Silver State	25	联系人信息提供	基于位置和偏好信息推送信息
US7843335B2	20070313	无	Blackbird	6	资产跟踪	激活或去激活GPS网络或SATCOM网络，通过SATCOM网络将位置信息发送给计算设备
US8144008B2	20070313	无	Blackbird	1	资产跟踪	激活或去激活GPS网络或SATCOM网络，通过SATCOM网络将位置信息发送给计算设备
US8099235B2	20060824	无	Blackbird	0	资产跟踪	激活或去激活GPS网络或SATCOM网络，通过SATCOM网络将位置信息发送给计算设备
US7970534B2	20060814	无	Blackbird	15	资产跟踪	激活或去激活GPS网络或SATCOM网络，通过SATCOM网络将位置信息发送给计算设备

续表

涉案专利	优先权日	同族	原告	引用频次	用途	技术要点
US7924153B1	20070313	无	Blackbird	0	资产跟踪	激活或去激活GPS网络或SATCOM网络，通过SATCOM网络将位置信息发送给计算设备
US6266617B1	19990610	无	Novel Point	4	车辆定位、碰撞通知	激活或去激活GPS网络或SATCOM网络，通过SATCOM网络将位置信息发送给计算设备
US6442485B2	19990610	无	Novel Point	26	车辆定位、碰撞通知	导航位置与导航位置记录匹配时对应碰撞事件
US7082365B2	20010816	无	Wireless Mobile Devices	140	兴趣点	使用者搜寻附近的兴趣点，例如餐厅或娱乐等功能
US8301371B2	20010816	WO, EP, AU, IN, BRPI	Wireless Mobile Devices	5	兴趣点	使用者搜寻附近的兴趣点，例如餐厅或娱乐等功能
US8014939B2	20010816	无	Wireless Mobile Devices	14	兴趣点	使用者搜寻附近的兴趣点，例如餐厅或娱乐等功能
US7321826B2	20010816	无	Wireless Mobile Devices	23	兴趣点	使用者搜寻附近的兴趣点，例如餐厅或娱乐等功能
US7856315B2	20041001	无	Wireless Mobile Devices	3	语音导航	网络服务器发送路由信息和导航语音提示给移动通信设备
US8149124B2	19970121	WO, EP, AU	Pragmatus	143	人身安全与跟踪	将便携式信令单元的位置提供给通过网络连接到计算机的显示器
US5548637A	19930909	无	Remote	128	对象查询	通过电话系统提供位置给主叫
US6259381B1	19951109	CN, EP, DE, NZ, JP, KR, AU, ES, WO	Locata	58	事件触发	当在重叠区域时，可触发任意来自重叠的预定区域的事件

分析原告在 GNSS 在智能手机中的应用方面的专利申请，结果如图 9-16 所示。可以看出，发起专利战的公司中，部分公司只有 1 项这方面的专利，10 项以下的公司有 8 家，10 项到 20 项之间的公司有 7 家，而像 Nokia 这样的巨头则拥有 100 余项专利。可见，重要专利并非仅仅掌握在拥有绝对专利数量优势的公司，某些公司虽然仅仅拥有 1 项专利，同样能够发起专利战。

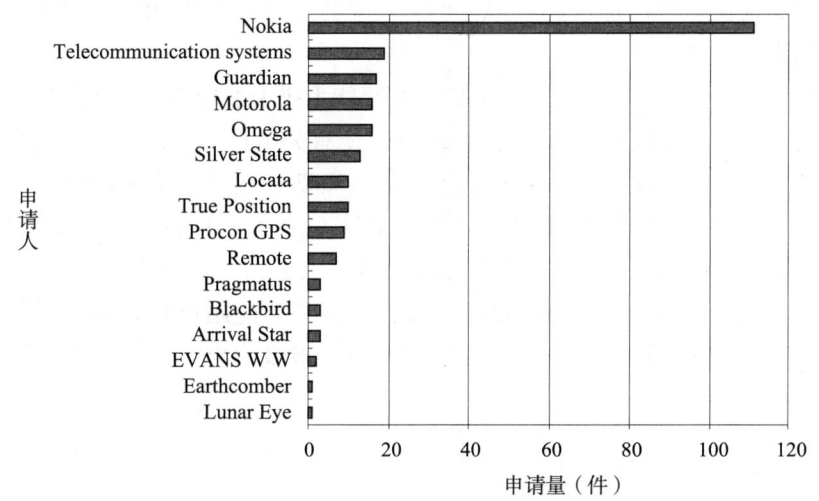

图 9-16　原告在 GNSS 在智能手机中的应用方面的专利申请量分布

考虑这些申请的同族分布，图 9-17 示出了原告在 GNSS 在智能手机中的应用方面的专利申请区域分布。排名在前五位的依次为美国、欧洲、中国、日本和韩国，总量在 30 件以上的还有澳大利亚和加拿大。根据申请量区域分布情况，对于中国公司，无论在国内还是国外，都应当注意这些潜在的重要专利。

图 9-17　原告在 GNSS 在智能手机中的应用方面的专利申请区域分布

在国内，同样发生了侵权纠纷。2013 年 3 月，一家名叫创博亚太科技有限公司的企业，将腾讯公司告上了法庭。理由是腾讯公司旗下的微信侵害了自己公司的发明专利权。公开资料显示，创博亚太公司的母公司创博亚太投资控股有限公司已经于两年前在美国纳斯达克上市，公司的业务包括为电信运营商提供应用平台以及移动支付解决方案。据创博亚太公司介绍，腾讯公司出品的微信，涉嫌侵犯该公司的一项技术专利。这项专利名叫"提供与位置信息相关联的在线黄页电话簿的系统和方法"，是创博亚太创始人侯万春于2009年5月21日申请的发明，并在2011年7月2日获得专利权。双方争议的焦点在于微信提供的"附近的人""公众账号"等功能。作为回应，腾讯提起了专利无效宣告请求。

在这场纠纷中，"附近的人"涉及GPS在智能手机上的应用。考虑发明的实质，在专利分析的过程中，发现IBM公司早在2005年便有关于在无线设备中利用GPS搜索附近的企业的专利申请。此后，Facebook公司也于2007年提交了相关申请，名为"自动定位基于社交网络的成员的系统与方法"；申请人尼泰士·拉特纳卡也于2007年提交了相关申请，名为"自动下载和存储联系信息到个人通信设备的系统和方法"。无论这场无效官司的最终结果如何，都反映出国外公司在具体应用场景方面的研究与申请往往早于中国公司。随着智能手机App的层出不穷，涉及GNSS方面的App纠纷必然会日益增多。

第10章 天宝（Trimble）公司

天宝公司是高精度卫星定位领域的龙头企业，该公司在 GNSS 定位领域中的专利申请量是全球最多的，在中国的申请量仅次于美国本土的申请量。本章以天宝公司的全部专利申请为样本空间，分析了包括申请量、涉及技术、核心专利等多方面的信息状况，在此基础上获得该公司的整体技术发展路线和其在 GNSS 定位技术上的发展路线图。此外，还分析了发明人团队和公司的并购与发展历程，从中梳理出了下一步 GNSS 定位技术的发展方向，对国内 GNSS 接收机厂商的发展具有一定的借鉴意义。

10.1 公司简介[1]

1978 年，Charlie Trimble 和来自 Hewlett – Packard 公司的另外两位合作伙伴，在硅谷古老的 Los Altos 戏院创建了天宝公司。

从刚诞生的时候起，天宝公司就致力于开发定位和导航产品。最初，这家刚刚起步的新公司针对海洋导航市场开发自己的产品。与此同时，全球定位系统作为一种军民两用技术正在美国崭露头角。在天宝公司创建的同一年，第一颗 GPS 卫星 NavStar 发射成功。

Charlie Trimble 对于这种基于空间的定位系统产生了浓厚的兴趣，因为当 GPS 部署完成时，将至少包含 24 颗在轨定位卫星，从而有可能以极高的精度测定地球上任何一点的位置。由于认识到这种独特的新技术拥有改变世界建模方式的巨大潜力，Charlie 和其他合伙人为公司确立的目标，就是全力开发尚未成熟的 GPS 技术。于是天宝公司从 Hewlett – Packard 公司手中购买了新兴的 GPS 技术。

通过集中资源开发创新产品、充分利用并扩展 GPS 能力，天宝公司在 GPS 商业化应用中独领风骚。它将 GPS 应用扩展到传统的测绘和导航市场，并重新定义并复活了高度依赖于定位技术的测绘和导航市场。随着 GPS 技术与无线通信等技术的结合，市场上将会出现许多以定位信息为中心的机遇。

1982 年，天宝公司抓住美国政府刚刚发射成功 GPS 卫星这个机遇，开始了 GPS 产品工程化的进程。1984 年，天宝公司推出了世界上第一个商业化的、基于 GPS 技术的科学研究和海洋地质测绘产品。该产品主要供近海平台上的石油钻井队使用。这种产品很快在海员中广泛使用。它利用 GPS 定位信息，可精确地确定目标点的位置，实时地计算出舰船速度，由此增强了舰船在各个目标点之间的导航性能。

---

[1] 资料来源：www.trimble.com。

在 1984~1988 年，天宝公司不仅大大扩展了自己的科研应用产品系列，而且在海洋导航市场上取得了长足进展。接下来的两年，是天宝公司爆炸性增长扩张的两年。凭借自己的首创技术，天宝公司在全球获得了 700 多项专利。天宝公司依靠 GPS 和其他技术的进步，使 GPS 成为商业化市场中不可或缺的技术。同时天宝公司还通过并购其他公司的方式，顺利打入了其他的商业化应用市场。1990 年，天宝公司成为第一家公开上市的 GPS 公司，天宝产品线成为 GPS 专用产品线。天宝公司继续进行技术创新。例如，它率先实现了 GPS 技术和通信技术的完美融合，不仅可以使用户能够对地球表面的任何位置进行精确定位，而且能够同时共享信息。还有天宝公司的 Inmarsat – C GPS 系统，它能够使长距离运输的卡车和舰船随时与总部基地保持联系，共享到达时间的预报信息，精确地协调同期的货物移交情况。

经过几十年的发展，天宝公司目前共有 3600 多名员工，分布在全球 18 个国家。天宝公司的产品主要应用在以下几个领域：测绘、汽车导航、工程建设、机械控制、资产跟踪、农业生产、无线通信平台以及通信基础设施等方面。

1998 年 6 月，天宝公司在中国北京成立了第一家代表处，直接为中国用户提供 GPS 产品和服务。随着中国经济的迅速发展，天宝公司在中国市场上快速成长，逐步成为行业中较具实力的领导者之一。2005 年，天宝公司在上海设立了亚太区培训、支持与服务中心，并于 2007 年在中国创办了首座制造工厂。

2011 年，天宝公司在西安设立了中国研发中心。该研发中心负责把天宝公司现有的商用产品和技术进行本地化，以及开发新的解决方案。

10.2 全球专利态势

在 GNSS 定位技术方面，天宝公司的专利申请量几乎占据了 GNSS 定位技术领域全球总申请量的 1/4，这与其在卫星导航产业中的地位是相匹配的。下面将详细分析天宝公司的全球专利态势，包括申请量和目标国家。

10.2.1 申请量

我们对天宝公司截至 2013 年 6 月公开的 1013 篇专利文献进行了技术标引。图 10 – 1 中"标引后申请量"表示 GNSS 定位技术的申请量。"进中国国家阶段申请量"表示 GNSS 定位技术在中国内地的申请量。显然，图 10 – 1 中重叠柱状表示申请量重叠的部分。从图 10 – 1 可以明显看出，在 2000 年之前，GNSS 定位技术方面的专利申请量占其总申请量的 80%。这说明在 2000 年之前，天宝公司的研发团队主要专注于 GNSS 定位技术的研发。

针对 GNSS 定位技术而言，该技术的专利申请主要集中在 2000 年之前，并在 1997 年达到年申请量的一个峰值。这与我们在卫星导航高精度定位技术领域的分析结果是一致的。在 1990~2000 年，以相关技术和 RTK 技术为代表的 GNSS 定位技术的研究取得了重大突破。因此，与之相关的专利申请量也出现迅速增长。尤其是在 1997 年前后，以相关技术来消除多径效应的技术发展达到高峰，与之相对应的年专利申请量也达到最大值。可见，天宝公司在 GNSS 定位技术上的专利申请量的变化情况与卫星定位技术的发展趋势是一致的。

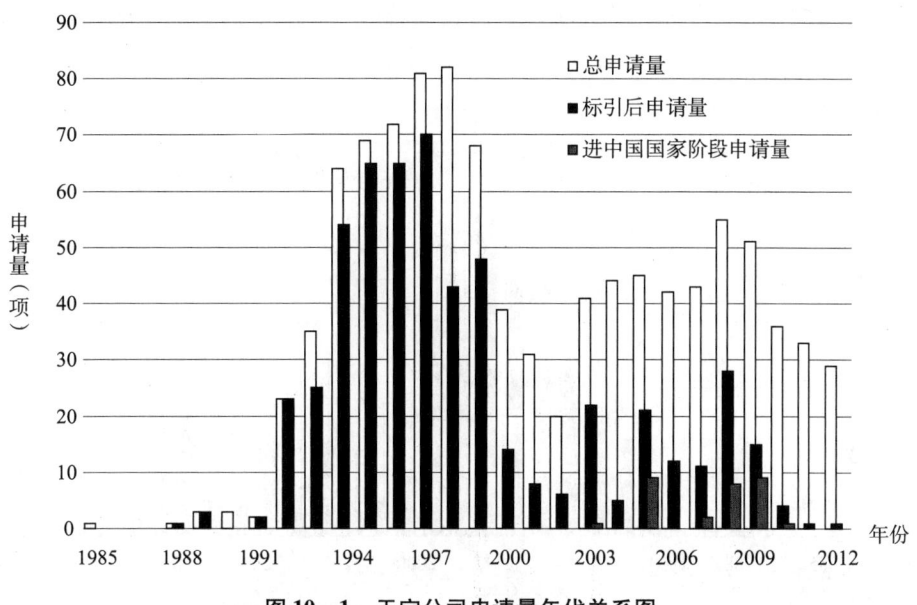

图 10-1　天宝公司申请量年代关系图

在 1984~2000 年，天宝公司不仅扩展了科研应用产品系列，还在导航市场上取得了长足进展。1990 年，诺瓦泰公司提出了窄相关技术，这使 GNSS 定位技术进入了相关器技术的理论突破期。该时期各个公司和科研院所都对以相关器技术为代表的基带处理技术进行大量研发，各种改进方法非常多，与之相应的基带处理方面的专利申请也非常多。天宝公司也不例外，作为卫星接收机的专业生产厂商，从 1991 年到 2000 年，天宝公司的专利申请量也进入一个小高潮，并在 1997 年达到最高值。

2000 年之后，天宝公司在 GNSS 定位技术上面的申请量有所减少，尤其是在 2001~2002 年，专利申请量减少得最多。从技术层面来讲，由于相关器技术的成功突破和逐渐发展成熟，GNSS 定位技术需要找寻新的技术突破点。可以说，2001~2002 年是新技术的酝酿期。2003 年之后，天宝公司的专利申请量又开始慢慢增长。通过分析发现，这与天宝公司开始深入研发网络 RTK 技术和将高精度的卫星定位技术应用至其他领域的发展策略有着密切关系。

2000 年之后，为了扩大市场，突破技术限制，天宝公司可以说在走着一条并购与合作之路。为了拓展在高精度 GNSS 专业市场的业务，天宝公司相继在全球并购了建筑、农业、GIS、机械控制、移动与现场员工管理、先进设备等领域的技术先进企业，也与多家行业领先企业进行合作。直到目前，并购策略在天宝公司的发展战略中一直扮演着非常重要的角色。作为一种发展机制，并购的目的是在新的市场空间建立桥头堡，填补产品线空白，或者向解决方案中融合新技术，开拓更广的应用领域。

图 10-2 中，"总申请量"表示 GNSS 定位技术领域全球的申请量，"天宝公司申

请量"表示天宝公司在 GNSS 定位技术上的申请量。从图中可以更直观地了解天宝公司 GNSS 定位技术的占比情况，以及其在全球 GNSS 定位技术发展中的地位。从图中可以看出，天宝公司的专利申请数量很大，这与前面对申请人情况的分析是相一致的。另外，天宝公司的专利申请量与全球 GNSS 定位领域的专利总申请量的变化趋势基本一致的。这表明，天宝公司不仅在专利申请量上占据优势，而且在 GNSS 定位技术上的研发也一直与世界保持同步。

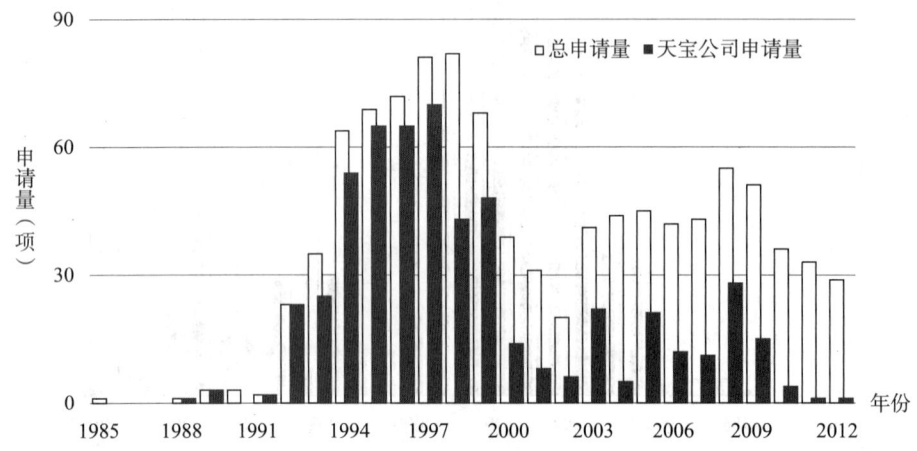

图 10-2　天宝 GNSS 定位技术专利申请总量与 GNSS 定位技术领域全球申请量比较

10.2.2　目标国/地区

天宝公司作为一家美国公司，在 GNSS 定位技术的研发上具有先天优势。因此，它在美国本土的专利申请量最多是很自然的，图 10-3 也可以证明这一点。天宝公司在美国的专利申请数量占有绝对优势，其对美国市场的重视程度可见一斑。事实证明，天宝公司在美国高精度 GNSS 定位市场具有绝对优势。

从进入国家或地区的专利申请数量来看，天宝公司进入中国的专利申请量仅次于美国本土申请量，这非常直观地说明天宝公司非常重视中国市场。但是，天宝公司并非从早期就开始重视中国市场。天宝公司从 2004 年才开始在中国进行专利申请，短短几年的时间该公司在中国的申请量已经超过德国、欧洲、日本等国家或地区，这应当引起国内 GNSS 领域的申请人的关注。对于一家发展非常成功的国际化大型商业公司来说，利益驱动是其在中国进行大量专利布局的最大动力。天宝公司最近几年在中国进行如此大量的专利申请，说明天宝公司非常看好中国 GNSS 定位市场的发展前景，而且已经开始了针对性的专利布局。这是中国政府和企业需要特别重视的地方。另外，天宝公司在德国和欧洲的专利申请量紧随中国之后，而且在数量上非常接近，这表明欧洲也是其非常重视的市场。图中显示，天宝公司在日本的申请量远小于中国和欧洲。我们再结合市场大小来看，与中国和欧洲这样庞大的市场相比，在相对较小的日本市场上布局如此数量的专利，这说明天宝对日本的重视程度并不亚于中国和欧洲。

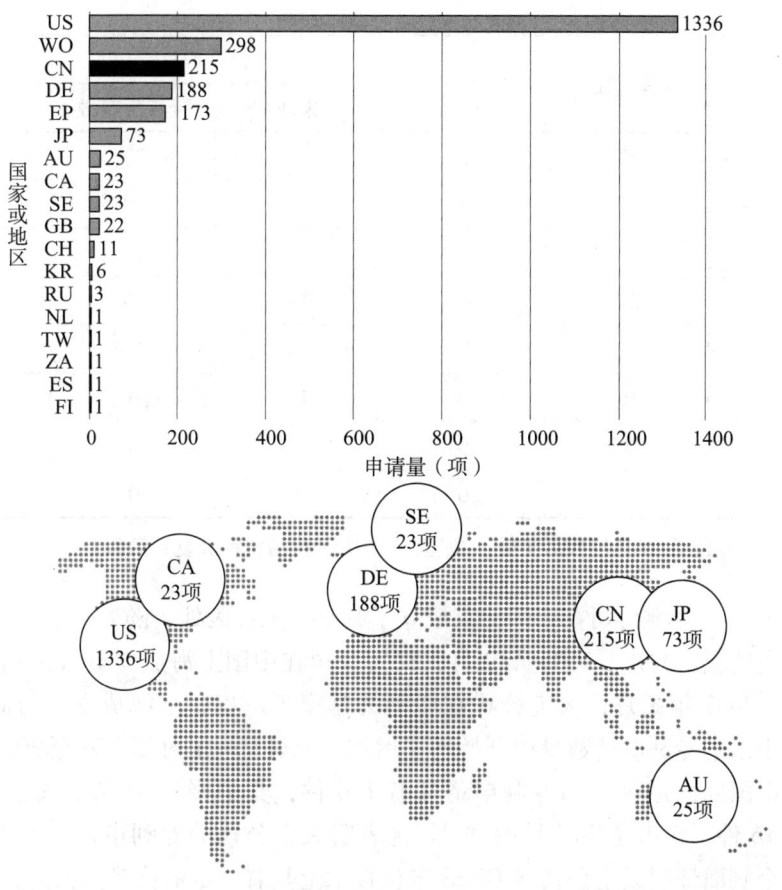

图 10-3 天宝公司进入国家或地区比较

10.3 中国专利态势

根据表 10-1 的"申请年"和"总数"两栏列出的信息，也可以看出天宝公司在中国针对 GNSS 定位技术的专利申请情况。虽然天宝公司在高精度专业接收机市场一直占据主导地位，但在 2004 年之前天宝公司并没有在中国申请专利。从 2004 年在中国进行申请开始，天宝公司的专利申请量一直在迅速增长。这表明天宝公司从只关注销售产品进入到同时注重专利保护，与中国开始建设北斗卫星导航系统有着密切的关系。

表 10-1 进入中国申请情况　　　　　　　　　　单位：件

申请年	总数	法律状态			
		授权	未决	授权后有效	失效
2004	7	6	1	6	0
2005	28	19	0	19	9

续表

申请年	总数	法律状态			
		授权	未决	授权后有效	失效
2006	28	23	2	23	3
2007	23	19	2	19	2
2008	19	14	4	14	1
2009	24	10	13	10	1
2010	22	7	15	7	0
2011	16	0	16	0	0
2012	8	0	8	0	0
2013	1	0	1	0	0

注：表中的"无效"包括授权后无效、视撤，"未决"包括实审和复审阶段。

1998年6月，天宝公司在中国北京成立了其第一家代表处。随着经济的迅速发展，中国市场快速地成长起来。2005年9月，天宝公司在中国上海成立亚太区培训、支援与服务中心。2007年8月，天宝公司在中国的首家工厂也在上海成立。与此相应的，天宝公司在中国的专利申请数量也开始迅速增加。从表10-1可知，截至2013年6月，天宝公司在中国的已经公开的专利申请共有176件，其中授权98件，占总申请量的56%；失效16件，仅占总申请量的9%。这表明天宝公司的专利申请有效性非常高。这也从另一个侧面证明天宝公司在GNSS定位技术上具有一定的优势。另外，从表中也可以看出，失效的专利申请的数量是逐年降低的，与之相对应的，授权率是逐年增加的。另外，天宝公司在中国的专利申请所涉及的技术绝大部分是GNSS定位技术和测绘技术，这说明天宝公司并不是仅依靠专利数量来占据市场，而是将其核心业务对应的核心技术在中国进行专利布局。这是国内申请人需要特别注意的。

北斗导航定位技术与GPS定位的原理基本上是相同的，尤其是中国政府对北斗导航定位系统的重视以及大力的应用推广，导致天宝公司前所未有地重视中国市场。需要引起中国卫星导航企业重视的是，国外公司为了更好地巩固市场，通常通过知识产权尤其是专利策略来对自己的技术和市场进行保护。现阶段，天宝公司正在加大在中国的专利布局，这给国内企业发出了警告。实际上，无论是诺瓦泰公司还是天宝公司，抑或是导航定位及相关领域的其他国外公司，目前基本上都在抓紧针对中国的专利布局。这对国内企业，尤其是北斗技术的推广应用来说是一个非常关键的问题，迫切需要引起全方位的重视。

10.4 整体技术态势

课题组对天宝公司截至2013年6月公开的1013篇专利进行逐篇阅读，然后按照它们涉及的技术领域分别进行技术标引，以便我们更好地分析该公司的技术发展情况。同时，希望我们的分析能够对我国政府和卫星导航定位领域的企业在 GNSS 的发展策略和方向的把握上有所帮助。

如图 10-4 所示，按照专利所涉及技术领域和用途，所有专利申请分成测绘、导航、农业、建筑、机械、天线、无线通信、授时与同步、GIS、软件、射频前端、地震勘查、RFID、军用、集成电路、公共安全、电源和矿业共计 18 个技术领域。显然，天宝公司的技术涉及很多领域。因为本章着重对 GNSS 定位技术进行分析，所以把天线和射频前端单独列为一类。

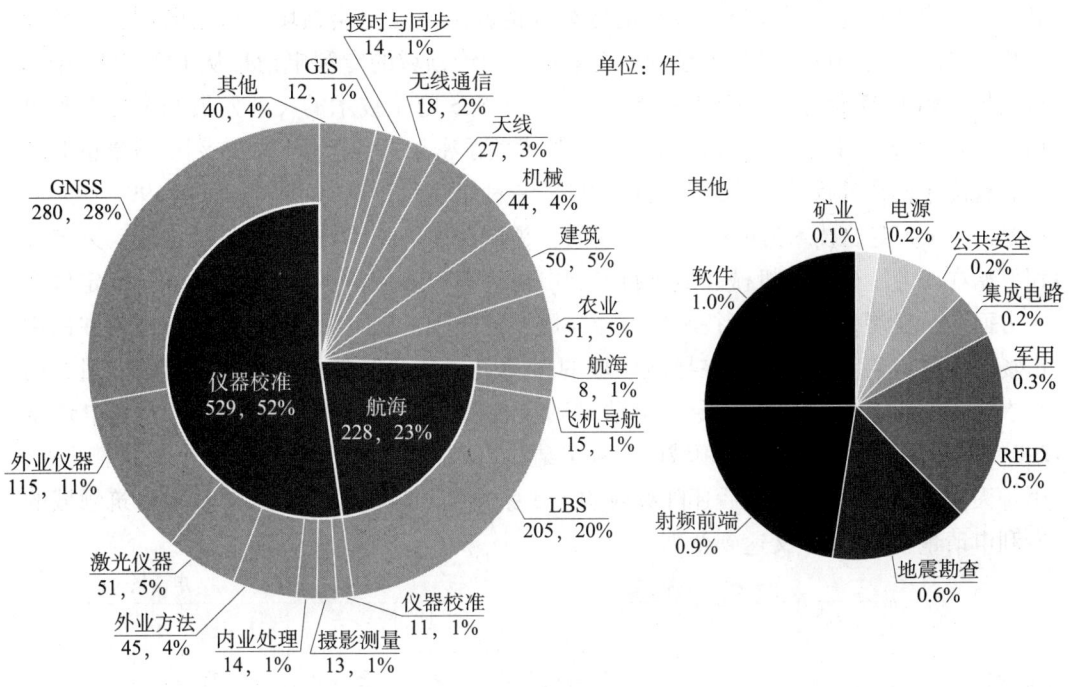

图 10-4 天宝申请内容分类

10.4.1 五大领域

天宝公司专利申请量最大的依次是测绘、导航、农业、建筑和机械五大领域。作为一家以测绘行业起家的企业，天宝公司的所有专利申请中与测绘相关的专利申请占 52.2%，可见测绘一直是该公司的主业。

除了测绘行业，与 GNSS 定位技术紧密相关的导航技术方面的专利申请占总申请量的 22.5%。这里的"导航"包括针对车辆或移动设备的基于位置的服务（Location Based Service，LBS）技术、针对飞机的飞机导航和针对船只的航海。在"导航"中，大部分涉及 LBS 技术，占总申请量的 20.2%，占"导航"的 90%。单独面向飞机导航和航海的专利申请则比较少，这也反映出 LBS 应用是目前导航领域研发的重点。

此外，天宝公司还分别在农业、建筑、机械等领域进行了很多专利申请。农业、建筑、机械三个领域的专利申请数量差不多，分别占总申请量的5%、4.9%和4.3%。天宝公司对这三个领域重视的原因在于：首先，GNSS定位技术应用于农业领域即精细农业已经成为农业领域的一个研发热点，而建筑行业与测绘行业的关系一向密切；其次，利用GNSS定位技术控制机器也是机械领域的一个研发热点。天宝公司在农业、建筑、机械等行业的专利申请情况说明天宝公司的一种发展思路，即以定位技术为核心，扩展定位技术的应用领域，借此向别的技术领域进军，扩大其市场占用份额，从而达到公司发展壮大的目的。

图10-5示出了天宝公司的五大领域即测绘、导航、农业、建筑、机械每年的专利申请量变化情况。天宝公司最早的专利申请就出现在测绘领域，这也印证了前面的分析，说明该公司确实是从测绘领域起家的。测绘领域的专利申请量从1991年开始迅速增加，到1997年达到一个小的高峰，这与GNSS定位技术的飞速发展和全球专利申请情况相吻合。与此同时，与GNSS定位技术关系密切的导航领域的专利申请量也非常多，远高于同期的农业、建筑和机械领域的专利申请量。这说明该公司在1997年之前还是以GNSS定位技术为依托进行发展的，领域跨度并不大。在1997年之后，天宝公司开始在农业、建筑、机械领域进行专利申请，表明该公司不再仅局限在GNSS定位技术方面进行发展，而是逐渐往其他专业应用领域进行扩展。随着GNSS定位技术在民用市场的发展，天宝公司每年在导航领域的专利申请量都保持一个相对稳定的数量，而在农业、建筑、机械领域的专利申请量则呈现阶段性增长。机械领域的专利申请从2004年开始逐渐增多，建筑领域的专利申请在2002年和2008年有两个小高峰。此外，由于天宝公司在2009年之后还陆续收购了3家建筑领域的公司，因此其在建筑领域的专利申请量在2012年又达到新高。

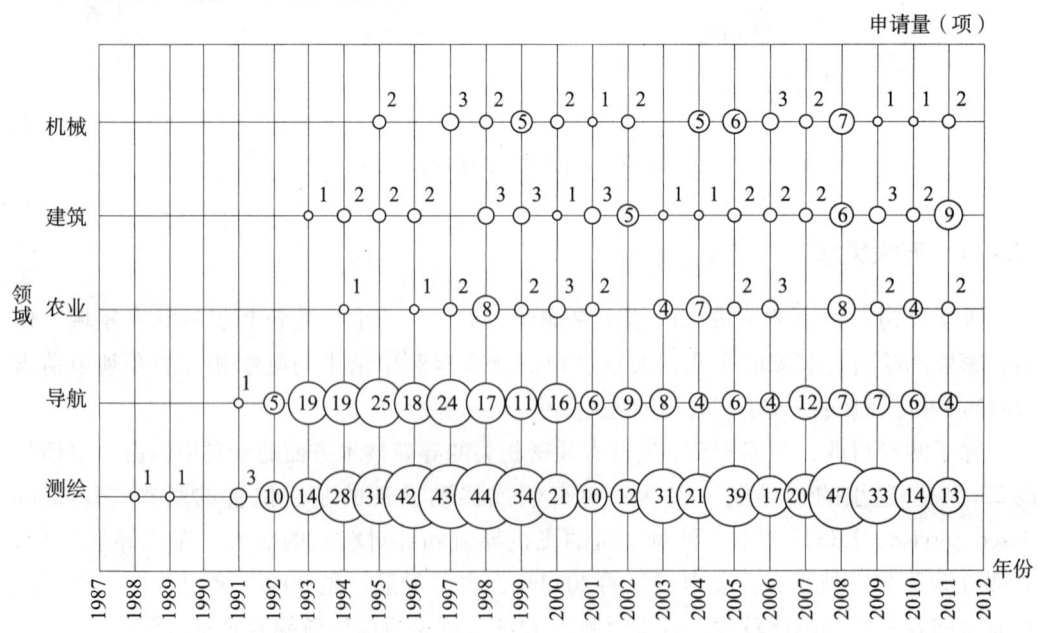

图10-5　天宝公司各技术分支年代申请量统计

众所周知，美国有很多大型农场，农业机械化程度高，而定位是解决实现农业机械自动移动的基础性难题和完成其他任务的前提。因此，随着 GNSS 定位技术的发展，定位精度的不断提高，利用 GNSS 定位技术进行精细农业作业逐渐成为发达国家农业生产市场的发展方向。顺应这种技术发展潮流，天宝公司在 1994 年就开始将 GPS 定位技术应用于精细农业技术生产中。天宝公司在农业领域的专利申请量在 1998 年达到第一个小高峰。随后，这方面的专利申请量基本保持稳定。但是，在 2008 年收购了专业生产播种机的 TRU 公司之后，天宝公司在农业领域的专利申请量在这一年达到另一个小高峰。

图 10-5 中的数据发展变化的原因，一方面是由于天宝公司在 2000 年之后并购了一些农业、建筑和机械控制领域的公司，另一方面也显示了天宝公司的技术发展趋势，即在保持 GNSS 定位技术市场领先地位的同时不断开拓新的应用市场。

可见，虽然天宝公司仍以 GNSS 定位技术为主要研发方向，但其在导航、农业、机械、建筑等 GNSS 定位技术的相关应用领域的技术投入一直在持续增加。这说明天宝公司并不是单一的发展模式，而是在保持测绘技术（包括 GNSS 定位技术）的领先地位的同时不断增加其外围应用市场的比重，不断引领和开发以定位技术为中心的解决方案，保持 GNSS 定位技术前沿的市场领先地位。

对于测绘、导航、农业、建筑和机械五大领域的具体技术细节将在下面几节进行详细介绍。

10.4.2 无线通信

"无线通信"涉及数据无线传输技术，它对 RTK 技术的影响较大。

在 20 世纪 90 年代，RTK 的理论模型已经提出，但并没有大规模投入实际应用，这是由于数据链的可靠性和实用性限制了其发展。传统 GPS RTK 技术是采用 PDL（Positioning Data Lind）电台完成基准站与流动站之间的数据传输。但是该技术传输距离近，存在很大的局限性。首先，PDL 电台必须使用电瓶作为无线电波发射电源，设备沉重，携带不便，所以，在架设基准站时尽量选择车辆容易到达的区域。其次，所采用的无线电波容易受到干扰，且电波信号在传播过程中极易受到天气、气压、地形等多方面因素影响，使得 GPS RTK 在利用 PDL 电台进行数据传输的作业范围受到很大的影响。一般平原地区在 10 千米左右，山区在 4~5 千米，在地势低洼地区很可能接收不到信号；在城市中，由于楼宇林立，无线电波环境复杂，也容易接收不到信号。这些因素都极大地限制了 GPS RTK 的作业效率。再次，在长线路测量作业中，由于"同一直线段内的桩位，宜采用同一基准站进行放样测量"，因此需要频繁支站，以满足规程要求。随着无线通信技术的发展，近几年出现了使用诸如 CDMA 等无线通信方式与 PDL 电台形成优劣互补的无线数据链，以保证当 PDL 电台无法稳定有效传输数据时不影响正常工作。所以，天宝公司在无线通信方面也进行了一些技术研发工作，申请了一些专利，包括涉及传输数据保密（如 2004 年申请的 US7668562B1）、从基站发送数据的方法（如 2008 年申请的 US8200238B2）、发送涉及地理数据的 XML 文件的方法

（如 2000 年申请的 US7590681B1）、用于测绘应用的数据通信方法（如 2004 年申请的 US7580389B2）等（见图 10-6）。

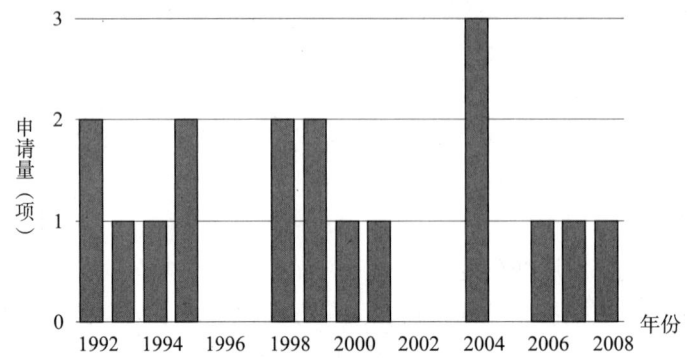

图 10-6 天宝公司申请中无线通信分支年代申请量统计

10.4.3 授时与同步

与时间服务有关的专利申请以"授时与同步"来表示（见图 10-7）。

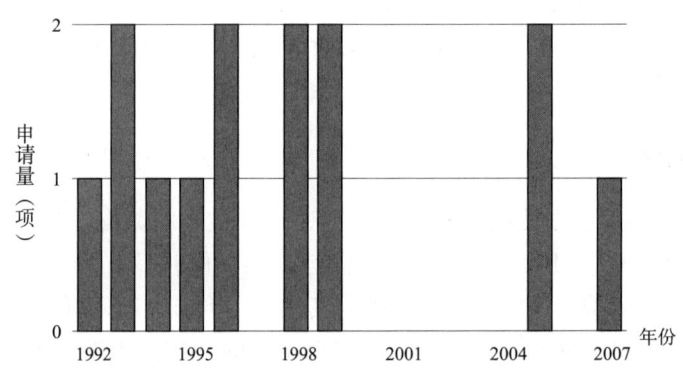

图 10-7 天宝公司申请中授时与同步分支年代申请量统计

利用导航卫星进行授时，可以达到传统测量工具及控制手段所不能达到的精度。这种卫星授时技术可以为航海航空、陆上交通、科学考察、地理测量、设备巡检、系统控制等方面提供精确的时间服务。GPS、GLONASS、GALILEO 和我国的北斗都可以进行授时服务。由于美国率先把 GPS 卫星开放，并在全球范围内免费使用，所以利用 GPS 进行授时服务的研究开始最早，也最成熟。民用领域利用廉价的 GPS 接收机就能方便地获取 GPS 提供的时间信息。这种时间信息一般以两种形式输出：一是秒脉冲信号（Pulse Per Second，PPS），它与 UTC 的同步误差小于 1 微秒；二是经过 TTL/CMOS 电平或 RS232 口输出的与 PPS 相对应的绝对时间码。这种时间在世界上任何地方都能可靠地接收到。这种全新的时钟同步方式具有精度高、范围大、不需要通信信道联络、不受地理和气候条件限制等诸多优点。由于目前 GPS 接收机的造价越来越低，而且集成程度也越来越高，因此使用 GPS 卫星进行授时已经成为当前使用最普遍的主动式的高精确度授时方法。截至2010年,使用GPS卫星的单信道C/A码来进行授时的精确程度可达9.5ns,使用多信道C/A码来进行授时的精确程度接近2.7ns,使用P码进行授时的精度可达到2.7ns,而使用P码和载波相位联合授时的精度则可以达到0.7ns~1ns。相关专利申请涉及多种时间服务方面,包括测绘区域的主客户端的数据同步(如2007年申请的US7917654B2)、确定GPS系统时钟时间的方法(如2005年申请的US7348921B2)、数据采集系统的数据包标签确定方法(如1998年的US6574244B1)、GPS接收机时间与无线通信系统时间保持同步(如1998年的US6483856B1)等。

10.4.4 GIS

图10-8为天宝公司涉及地理信息系统(Geographics Information System,GIS)的专利申请统计。

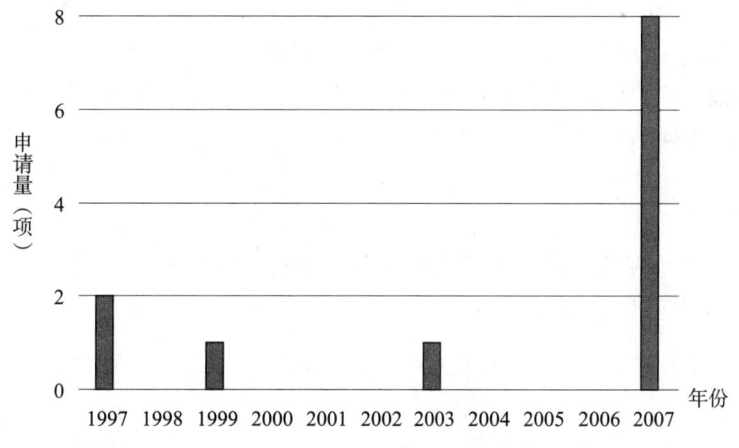

图10-8 天宝公司申请中GIS分支年代申请量统计

GIS是在计算机软硬件系统支持下,具有对地球表面(包括大气层)空间中和地理分布有关的数据进行采集、存储、管理、运算、分析、显示和描述等功能的一种空间分析技术。近年来,GIS在计算机科学、数学、测绘科学、地理学等诸多学科快速发展的拉动下得到迅猛发展。目前研究的热点包括三维GIS(3DGIS)、移动GIS、嵌入式GIS(Embedded GIS)等。

三维GIS关键技术有:三维GIS数据获取、三维GIS数据管理、完整三维空间数据模型与数据结构、三维GIS数据可视化与分析、三维GIS空间建模等。

移动GIS与导航服务具有紧密的关系。移动GIS的研究开始于20世纪90年代初期,将互联网上的海量信息与GIS强大的数据分析和处理功能有机结合提供基于位置的服务(LBS),即用户能够获得基于位置信息的信息获取、信息交换、信息共享和信息发布等服务。移动GIS是一个集GIS、GPS和移动通信(GSM、GPRS、CDM)于一体的系统。相对于传统的GIS,移动GIS具有以下特点:①无线通信能够与移动GIS的各种移动终端进行交互,可以随时随地进行移动;②能够及时响应用户提出的请求、使用环境的变化,并实时处理信息;③对位置信息的依赖性较强;④移动终端具有多样性。

嵌入式GIS是在嵌入式计算机系统上构建的、集成了地理信息功能的一种高度浓缩、高度精简的GIS软件系统。嵌入式GIS一般由硬件系统、地理信息软件以及操作系统构成。"可裁剪性"是嵌入式GIS的最大特点,即可以通过对数据类别、数据格式以及功能进行裁剪,从而既可以节省系统容量,又能够提高系统运行速度。因此,节省存储量是嵌入式GIS设计与开发必须遵循的基本原则。一个完整的嵌入式GIS应该具备三方面的基本功能:①对地图进行显示、缩放、漫游等基本的地图操作功能;②根据需求进行图层的打开、关闭、隐藏等操作;③结合具体应用的查询、检索、分析以及导航等功能。

天宝公司在GIS方面的专利申请大多涉及地理信息数据的分析、采集和管理,如地理信息系统数据收集网络(如2007年申请的US8022145B2)、地理信息系统数据字典管理方法(如2007年申请的US8095149B2)、通过无线通信网络发送地理位置的数据字典给移动装置的地理信息系统(如2007年申请的US8081987B2)、地理信息系统中的数据采集装置(如1999年申请的US6097337A)、地理信息系统分析方法(如1997年申请的US6075541A)等。

10.4.5 软件

"软件"涉及处理地图或多媒体信息的各种计算机程序方法。图10-9为天宝公司在软件分支历年申请量统计图。

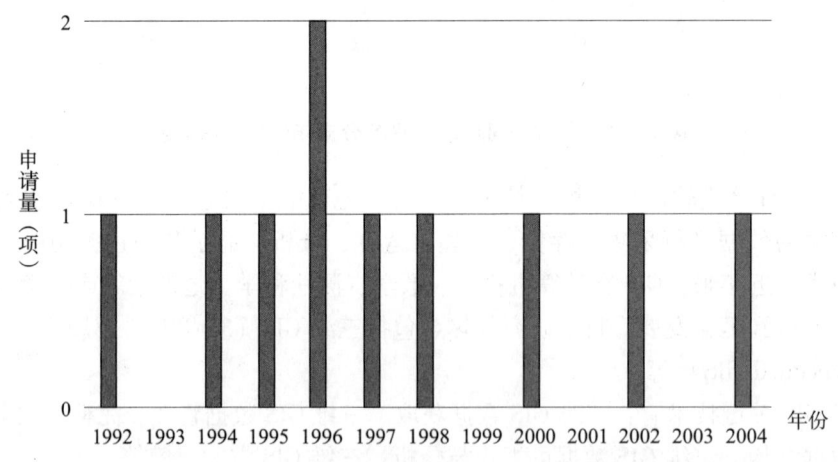

图10-9 天宝公司申请中软件分支年代申请量统计

天宝公司在处理地图数据或处理导航数据中的多媒体信息时会涉及导航软件方法,比如掌上电脑中的数据文件管理方法(包括数据存储、编辑、替换等操作)(如2000年的US6742079B1)、用于家庭音乐或视频的电子媒体传送方法(如2002年的US7316033B2等,以及与音乐公共广播公司(MUSIC PUBLIC BROADCASTING INC)等的联合申请)、移动导航系统中地图数据库信息的产生方法(包括在可移植文件格式文件中如何压缩地图图像和超文本信息等)(如1995年的US6336074B1)、在计算机用户界面上如何进行地图信息的交互（如 1998 年的 US6016142A）、移动脚本驱动显示和信息格式化系统（如 1994 年的 US5852825A）等。

10.4.6 地震勘查、RFID 等

"地震勘查"涉及利用 GNSS 定位技术进行地震监测、地壳运动监测等的技术。常规大地测量学的局限性导致采集数据的空间和时间尺度以及精度等方面无法满足现今地球动力学研究的需要，而以 GPS 为代表的现代空间大地测量技术能够大空间、短时间尺度、高精度地监测全球板块运动和区域地壳形变。随着 GPS 相对定位精度的逐步提高，其逐步成为全球地壳运动研究的主要手段，而应用 GPS 观测资料研究地壳运动与形变也成为地学研究的重要发展方向。GPS 定位技术已成为世界主要国家和地区用来监测火山地震、构造地震、全球板块运动，尤其是板块边界地区的重要手段。GPS 在地震学中的应用可归纳为两个学科，一是地震大地测量学（Earthquake Geodesy），二是 GPS 地震学（GPS Seismology）。前者利用 GPS 等技术手段来研究长周期的地球形变现象，进一步分析形变特征与地震孕育、发生之间的关系；后者是利用 GPS 接收机作为实时监测地壳运动的地震仪，通过高频 GPS 的单历元处理，监测地震的同震瞬时形变过程。

天宝公司在这一方面的专利技术主要是将 GNSS 技术与地震勘测技术相结合，涉及用于地震勘测的组件测试方法（如 1999 年申请的 US6658362B1）、地震勘测中噪声估计方法（如 1999 年申请的 US6366857B1、2002 年申请的 US6665619B2 等），震源监测（如 1999 年的 WO0116622A1）、地震勘测中的数据采集方法（如 1998 年的 US6226601B1）等多个方面（见图 10-10）。

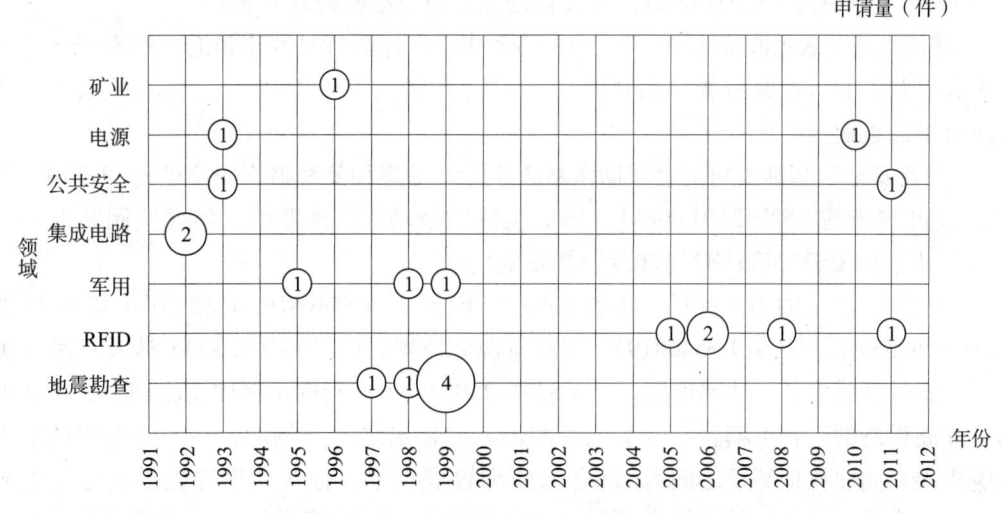

图 10-10 天宝公司申请中地震勘查、RFID、军用、集成电路等申请变化

RFID 涉及无线电射频识别（Radio Frequency Identification，RFID）相关技术。RFID 是一种无线射频识别技术，其隶属于自动识别技术。该项技术运用无线电信号识

别特定目标并读写相关数据。通常情况下，RFID 包括标签、阅读器及天线三部分。

标签作为 RFID 系统的基础，由耦合元件和芯片共同组成。每个标签具有唯一的电子编码，附着在物体上标识目标对象。依据能量来源可将标签划分为被动式标签、半被动式标签及主动式标签；依据工作频率可将标准划分为微波（2.45GHz~5.8GHz）标签、低频（30kHz~300kHz）标签、高频（3MHz~30MHz）标签及超高频（300MHz~968MHz）标签。

阅读器是指辅助读取标签信息的相关设备。阅读器作为 RFID 系统的信息控制和处理中间模块，由收发模块、耦合模块、控制模块及接口单元共同组成。一般情况下，阅读器和应用器之间以半双工通信方式实现信息交换。同时，阅读器在 RFID 系统中承担着采集、处理、分析及传送物体识别信息的管理职能。

天线承担在阅读器和标签之间传递射频信号的职能。

RFID 技术的工作原理是：当标签进入磁场后，由接收解读器自动发出射频信号，之后借助感应电流将储存在芯片中的信息发送，解读器接收到发来的信息后对其解码，然后传递至中央信息系统并进行数据处理。

天宝公司在 RFID 方面的专利申请包括使用 RFID 标签确定火车站钢轨倾斜角度（如 2011 年申请的 US2013060520A1）、RFID 系统中电力供应（如 2008 年申请的 US8196831B2）、使用 RFID 系统进行库存分类（如 2006 年申请的 US8022814B2）、用于商店中的 RFID 操作方法（如 2005 年申请的 US7898391B2）等。

"军用"表示涉及军事应用的专利申请，共涉及 3 件专利申请（分别是 1995 年申请的 US6404801B1，涉及在军事应用中的编码卫星信号观测方法；1998 年申请的 US6366599B1，涉及在 GPS 接收机中通过确定接收信号的特征来接收信号位置的方法；以及 1999 年申请的 US6031488A，涉及精密位置服务信号处理方法）。

"集成电路"表示涉及具体电路元件的专利申请，包括 1992 年申请的 US5187450A（涉及集成电路中的压控振荡器）和同样在 1992 年申请的 US5268064A（涉及接收机印刷电路板中的覆铜箔的膜）。

"公共安全"指涉及可能会威胁多数人生命、健康和公私财产安全的专利申请，包括 2011 年申请的 US2012191349A1（涉及监测垃圾场沼气泄漏的天然气监测装置）和 2003 年申请的 US7584353B2（涉及网络安全）。

"电源"方面的专利申请包括 1993 年申请的 US5408193A 和 2010 年申请的 US2011260539A1。其中 US5408193A 涉及电源滤波器；US2011260539A1 涉及一种开关模式电源的高效率备用功率电路。在 US2011260539A1 专利的示例性实施例中，耦合电路和储能设备的组合可耦合在开关电源的输入和输出之间（例如，在开关电源的输入和输出端口的非接地端子之间）。耦合电路配置成在不将输入功率源提供给开关电源时，将来自储能设备的功率耦合到开关电源的输入，且在提供输入功率源时任选地将来自输入功率源的功率耦合到储能设备。

"矿业"方面的专利申请有 1996 年申请的 US5950140A，涉及在矿区中选择的位置处使用 GPS 接收机，以提供实际位置信息，进行矿区数字化。

10.5 核心业务

天宝公司的核心技术是 GNSS 定位技术，与之相对应的 GNSS 业务是天宝公司最核心的业务。围绕 GNSS 定位技术，天宝公司积极扩展各专业市场，尤其在测绘、导航、农业、建筑和机械这五大领域申请了大量专利。下面对天宝公司的 GNSS 定位技术及其在测绘、导航、农业、建筑和机械这五大领域的专利申请进行详细分析。

10.5.1 GNSS 定位技术

虽然 GNSS 定位技术属于测绘领域的范畴，但天宝公司的主流产品都是围绕 GNSS 定位技术进行的，所以我们将 GNSS 定位技术从测绘一节中独立出来进行分析。

课题组根据定位原理把 GNSS 定位技术分为基带、RTK、AGPS、DGPS 和 VRS 五个技术分支。基带处理技术是针对单独接收机的，RTK、AGPS、DGPS 和 VRS 则属于多个接收机联合的定位技术。虽然从 DGPS 最广泛的含义上来说，RTK 和 VRS 都属于 DGPS 的范畴，VRS 属于网络 RTK 的范畴，但是，由于天宝公司的技术优势主要在 RTK 解算和自己提出的 VRS 技术上，所以课题组把 RTK 和 VRS 单独分出来。图 10-11 的 DGPS 表示非实时的差分解算，VRS 代表网络 RTK。AGPS 即辅助 GPS，包括以通信技术或其他技术为辅助手段来进行定位的技术。AGPS 是在卫星信号不好或其他因素导致单独依靠卫星定位出现困难时使用别的技术来帮助获取位置的技术。

如图 10-11 所示，天宝公司 52.1% 的专利申请是针对单独接收机的基带处理技术，其余的则分别属于 RTK、AGPS、DGPS 和 VRS 技术。这是由于与使用多个接收机联合定位（如 DGPS、RTK 等）或辅助卫星定位技术相比，单点定位的精度仍不太高，因此，RTK 等技术的专利申请量与面向一个接收机的基带处理技术的专利申请量基本相当。图中 17.7% 的专利申请是涉及 VRS 技术的。这说明天宝公司在网络 RTK 方面的专利申请量比较多，同时也表明天宝公司在该技术分支上占据一定的优势。

另外，从基带处理技术的细分图中可以看出，缩短定位时间即如何快速解算出位置和抗多路径效应方面的专利申请量比较多。与诺瓦泰公司特别专注抗多路径的相关技术不同，天宝公司在 GNSS 技术上的研发重点是多元的，不只包括基带处理技术的如何抗多路径、如何提高解算速度、多频多模、信号去噪等方面，还包括 RTK、DGPS 等多方面。这与天宝公司专利申请量和其市场地位是相符合的。天宝公司同时还跟随 GNSS 技术的发展潮流，从单星座接收机技术发展到多频多模接收技术，从两台接收机 DGPS 定位技术发展到多台接收机构成网络 RTK 进行定位的技术。

如图 10-12 所示，单纯对 GNSS 技术的各技术分支的逐年专利申请量进行统计，可以明显看出 GNSS 技术中各个技术分支的年代-申请量的变化情况。

基带处理技术每年都有申请，但是 1992～1999 年的申请量是最多的，尤其是在 1993～1997 年，每年的专利申请量都超过 10 件。在 1996 年和 1997 年每年都高达 19 件。这再次证明 1992～1997 年确实是基带处理技术的大发展时期。虽然 1997 年之后天

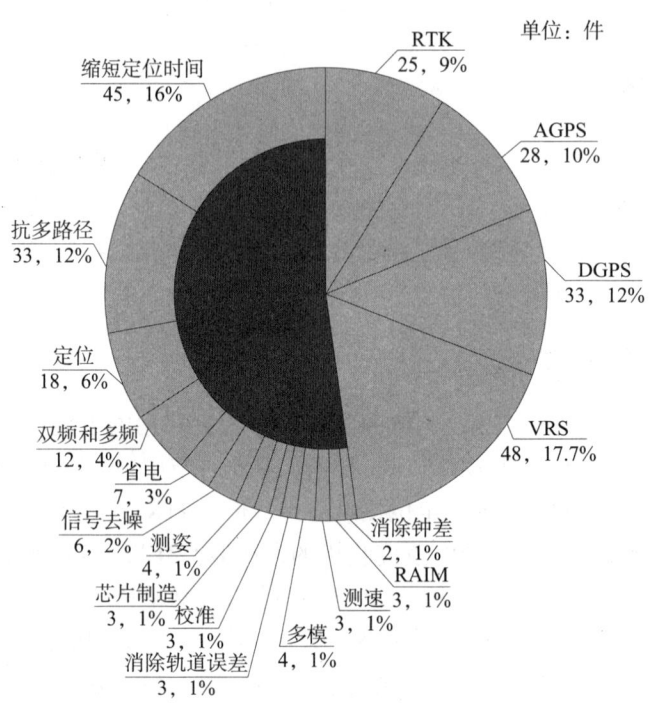

图 10-11　GNSS 技术分支

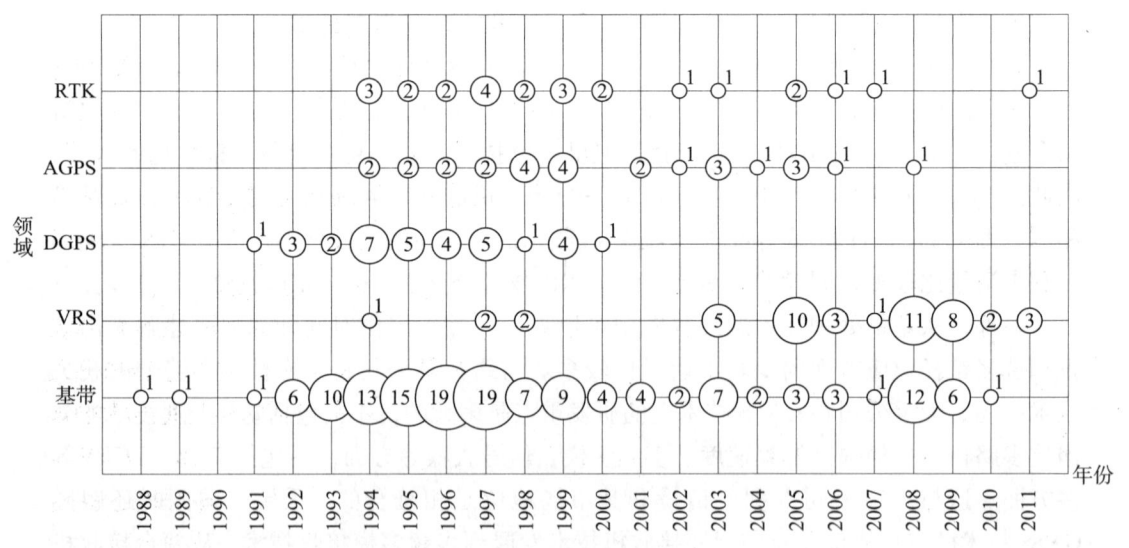

图 10-12　GNSS 各技术分支申请量年代变化情况

宝公司在基带处理技术方面每年的专利申请量基本上都不超过 10 件,但是,专利申请并没有中断,而是每年都持续不断地进行申请。这说明天宝公司并没有因为网络 RTK 技术的发展而放弃基带处理技术的研发,仍然在努力提高单点定位的计算精度问题,这与当前 GNSS 技术在民用导航领域的大规模应用是密不可分的。对于民用市场来说,除了 AGPS 技术就是单点定位技术,而 AGPS 技术又通常会涉及诸如通信基站等别的方面的问题，不如单点定位使用起来简单。因此，为了适应民用导航市场的发展，天宝公司仍然致力于基带处理技术的研发，期望在民用导航市场占据一席之地。

在 AGPS（即辅助 GPS 技术）方面，天宝公司从 1994 年开始进行专利申请，在 1994~1999 年，每年的专利申请量都差不多。但 2000 年之后，专利申请量开始逐渐减少，直到 2009 年，天宝公司已经停止了这方面的专利申请。这说明天宝公司已经逐渐放弃了这方面的研发工作。

天宝公司 DGPS、RTK 和 VRS 专利申请量的变化则与 GNSS 技术从 DGPS 逐渐发展到 RTK 又发展到网络 RTK 的趋势是相一致的。其涉及 DGPS 技术的专利申请到 2000 年停止，之后则让位于 RTK。而随着 VRS 技术的发展，其涉及 RTK 技术的专利申请又从 2003 年让位于以 VRS 技术为代表的网络 RTK 技术。各技术分支专利申请量的变化恰恰印证了 GNSS 技术发展的大趋势。

基带处理技术就是为了消除各种卫星传播中的误差和钟差的影响，以更高精度、更低功耗、更迅速地解算出位置、速度、姿态等信息的技术。如图 10-13 所示，基带处理技术各技术分支专利申请量的变化可以帮助我们理解基带处理技术的技术发展趋势。结合 GNSS 技术分支图，如何缩短定位时间和抗多路径效应方面的专利申请量是最多的。而从时间上来说，缩短定位时间方面的专利申请是每年都有，而且基本上比其

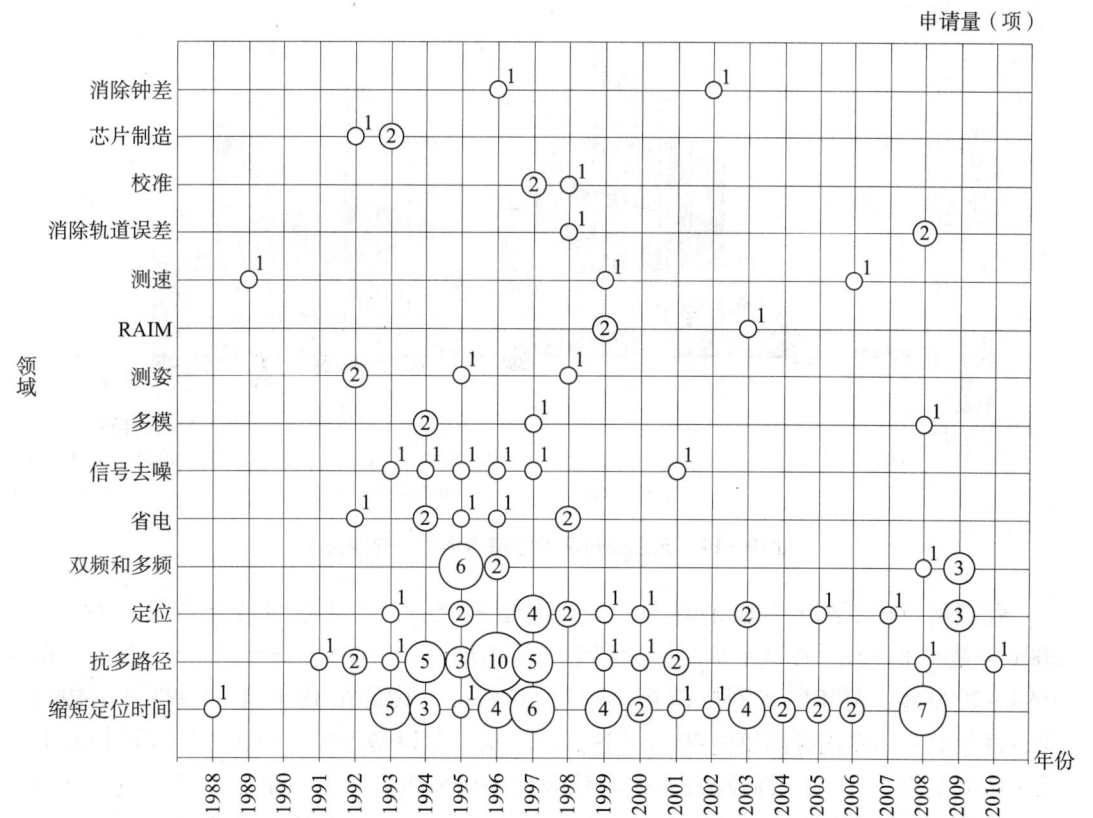

图 10-13　基带处理各技术分支申请量年代变化

他各技术分支都要多。可见如何提高解算速度一直是基带处理技术的一个重要研发方向。而抗多路径效应的专利申请量在1992~1997年最多，正好印证了这个期间是抗多路径效应技术的快速发展时期。此后虽然在抗多路径效应上仍有申请，但申请量已经越来越少，甚至在2001~2007年没有进行这方面的专利申请。这表明抗多路径效应技术经过20世纪90年代的快速研发之后，在2000年之后进入成熟和瓶颈期。另外，在20世纪90年代，接收机的电池消耗也是个大问题。因此，这个时期的专利申请也涉及省电技术。随着微电子技术的发展，基带处理芯片体积越来越小，功能越来越强大，而功耗越来越小，对如何节省功率这方面的技术研究就逐渐退化了。近几年，随着多卫星定位系统的发射和建立，多频多模的基带处理技术逐渐成为GNSS技术的研发热点。比如2009年，天宝公司仅在多频和定位技术领域进行了专利申请。根据上述的分析可知，基带处理技术的研发重点已逐渐转入提高运算速度和多频多模的处理上来。

10.5.2 GNSS 与测绘

由前面分析可知，天宝公司在测绘领域的专利申请是最多的。天宝公司的第一件专利申请就是测绘领域的申请（US4847862A，GPS码接收机）。从图10-14历年的申请量变化图也可以看出，从1988年开始，天宝公司每年都在测绘领域进行专利申请。

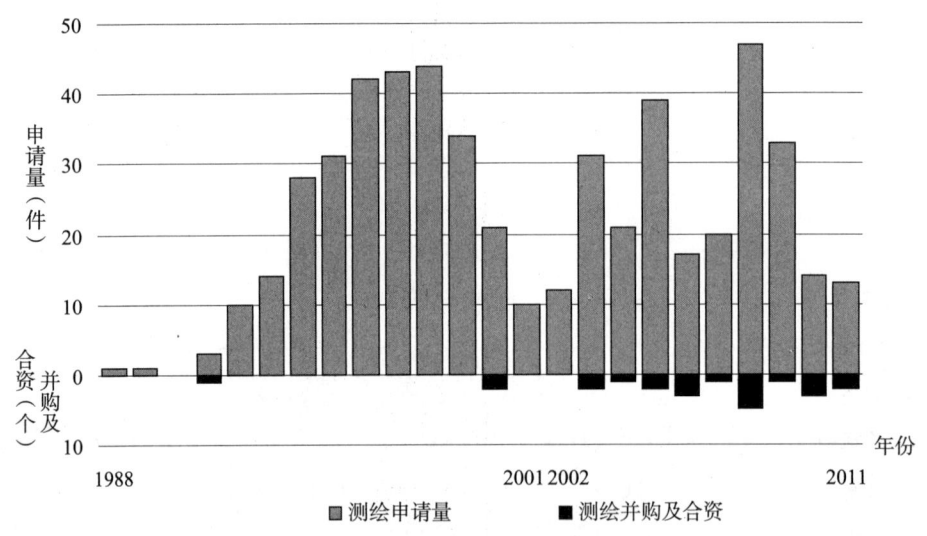

图10-14 天宝公司测绘领域申请量与并购关系

我们可以按照两个阶段来看天宝公司测绘领域的专利申请量变化情况。1988~2001年是一个阶段。在这个阶段，专利申请量出现了一个明显的峰值变化。其中，在1994~2000年，每年的专利申请量都超过20件，尤其是在1996年、1997年、1998年，每年的专利申请量都超过40件。这说明，这个阶段是天宝公司在测绘领域技术上投入精力最多的时间，而测绘技术也是该公司的研发重点。对于企业尤其是国外公司来说，专利是与实际产品相结合的，因此这也表明，在这个阶段，测绘产品是天宝的重点产品。

在2001年，专利申请量出现明显的减少，仅有10件，说明测绘技术的研发陷入了一个瓶颈期。但从2002年开始，测绘领域的专利申请量又开始增多，甚至在2008年达到47件。这说明天宝公司很快就度过了瓶颈期，技术上出现了创造性的变化。这与该公司从2000年开始不断并购测绘领域的其他相关企业的发展策略是密不可分的。

从图10-14可知，自2003年开始，天宝公司每年都要并购测绘领域的一些企业。这些企业从不同方面完善了天宝公司在测绘领域的生产线和研发技术点。

从2000年开始，天宝公司敏感地意识到GNSS定位技术的发展已经比较成熟，而且单纯依靠卫星进行高精度定位是不够的。GNSS定位技术受以下因素限制：导航信号功率谱密度很低，信号十分微弱，极易遭受干扰，也难以克服干扰；在城市高楼密布地段、山涧、峡谷、沟壑等地区信号被遮挡时，定位精度也会受到影响，甚至不能实现导航定位，同样也难以用于室内定位。这些不足与缺失，限制了GNSS定位系统的某些应用，也限制了它的价值和影响力。因此，天宝公司开始逐渐收购一些激光、惯性导航系统的企业或与这些企业进行技术合作，从而为市场提供高精度定位产品，继续在测绘市场占据领先地位。比如，天宝公司在2000年并购了Spectra Precision Group和Tripod Data Systems（TDS），获得了与GPS互补的定位技术资源和面向土地测量、建筑等市场的数据采集软件。这两次并购是天宝公司发展战略目标的重要组成部分，改变了天宝公司单纯依靠卫星定位的研发方向。Spectra Precision Group增强了天宝公司在激光等光学仪器上的研发实力，并带入了大量专利，如US6263004B1（1997年，激光仪器）、2000年并购之后申请的US6381006B1（通过激光波束时间标签的三角测量进行空间定位）和US6643004B2（通过激光定位和定向用于测绘和建筑中的通信装置）。再如天宝公司在2003年并购的MENSI有限公司，填补了天宝公司在三维扫描产品上的技术空白，丰富了天宝公司的GNSS定位技术。并购之后于2006年提出专利申请US7583365B2（使用可控光束扫描装置和控制器的扫描装置和方法）。

如图10-15所示，在测绘领域的专利申请中，"GNSS"表示与卫星定位相关的专利申请，占测绘领域总专利申请量的52.9%，说明卫星定位技术是测绘领域的主要研

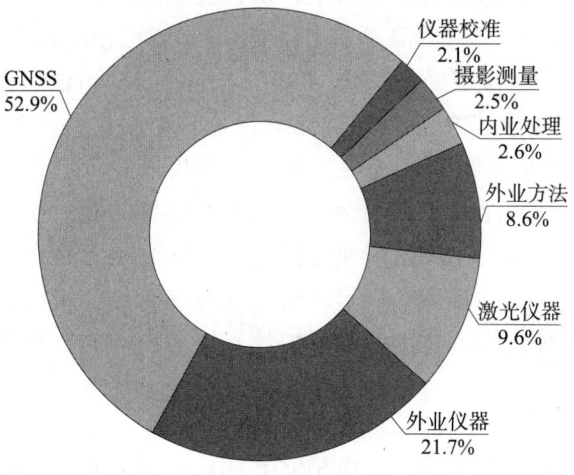

图10-15　天宝公司测绘领域各分支占比

发方向。除此分支之外，还包括外业仪器、激光仪器、外业方法、内业处理、摄影测量和仪器校准，分别占测绘领域总专利申请量的 21.7%、9.6%、8.6%、2.6%、2.5%和2.1%。这说明天宝公司在测绘行业的各个技术分支都没有落后。前述已经分析了 GNSS 定位技术，本小节只分析外业仪器、激光仪器、外业方法、内业处理、摄影测量和仪器校准这几个技术分支的专利申请情况。

（1）外业仪器

外业仪器包括水准仪、全站仪、经纬仪、测地靶等测绘行业常用野外作业仪器。

水准仪是以仪器的水平视准线作为基准线，进行高差测量的计量器具。水准仪在使用时与水准标尺配套使用。水准仪广泛用于大地水准测量、地形变测量、各种工程水准测量与大型精密机械安装调整时的测量。水准仪尽管有不同的类型，但其基本结构和工作原理是相似的。根据不同准确度和结构类型，水准仪分为水准管式水准仪、自动安平水准仪和电子水准仪。水准管式水准仪由望远镜、水准管和基座三个主要部分组成。支架的旋转轴插入基座中，转动基座下面的三个底脚螺旋，可使支架上的圆水准器的气泡居中，使支架面大致呈水平。望远镜和水准管连成一体，转动微倾螺旋可使望远镜相对于支架作上、下微倾。当水准管气泡居中时，望远镜视准线呈水平，便可对水准标尺进行读数。自动安平水准仪是指在一定的竖轴倾斜范围内，利用补偿器自动获取视线水平时对水准标尺进行读数的水准仪。它用自动安平补偿器代替管状水准器。在仪器微倾时，补偿器受重力作用而相对于望远镜筒移动，使视线水平时标尺上的正确读数通过补偿器后仍落在水平十字丝上。自动安平的补偿可通过悬吊十字丝或在物镜筒至十字丝之间的光路中安置一个补偿器或在常规水准仪的物镜前安装单独的补偿附件等途径实现。电子水准仪又称数字水准仪。自 20 世纪 90 年代起，它是在自动安平水准仪的基础上发展起来的。电子水准仪采用条码水准标尺，具有测量速度快、读数客观、准确度高、测量结果计算机处理等特点，很快得到广泛的应用。目前电子水准仪的望远镜照准水准标尺和调焦仍需目视进行。在人工照准和调焦后，水准标尺条码一方面被成像在望远镜分划板上，供目视观测；另一方面通过望远镜的分光镜，水准标尺条码又被成像在 CCD 器具上，使 CCD 产生光电流，实现数字化。

全站仪在测绘仪器领域已经有 60 多年的历史。目前全站仪已经广泛地应用于测绘生产实践中，成为测绘生产单位最为常见的仪器。全站仪是一种可以同时进行角度（水平角、竖直角）测量、距离（斜距、平距）和高差测量，由机械、光学、电子元件组合而成的测量仪器。全站仪集测距仪、电子经纬仪的优点于一身，属于光电测量仪器。只要一次安置，智能化全站仪便可以完成在该测站上所有的测量工作，具有自动记录、测量作业效率高的特点。目前比较先进的智能化全站仪在通信上具有双路传输的功能，既可由计算机输入数据，也可由计算机导出数据，并且以存储卡或者存储器等实现记录数据。

天宝公司的相关专利申请包括 US6076266A（1996 年，经纬仪）、US6035254A（1997 年，GPS 辅助的全站仪）、US6185055B1（1998 年，360 度的反射棱镜）、US2012124850A1（2010 年，用于测地仪器的测地靶）、US7946044B2（2009 年，倾斜

仪)、US2012140203A1（2009年，距离测量光学装置）、US2012013736A1（2009年，用于确定点的角度和位置的方法和系统）等。

（2）激光仪器

激光仪器主要指激光测距仪、二维和三维激光扫描仪等仪器。三维激光扫描仪是目前发展的重点。

与其他测距技术相比，激光具有角分辨力高、抗干扰能力强、可以避免微波贴近地面的多路径效应和地物干扰问题、天线尺寸小、质量轻、结构小巧和安装调整方便等优点。激光测距仪是目前高精度测距最理想的仪器之一。由于以上各方面的原因，激光测距在测量领域得到青睐，并被迅速推广应用。激光测距仪按其测距路程范围可以分为三类：适用于低空等控制测量及其各种工程测量的短程激光测距仪，它的测程是5千米以内；适用于大地控制测量、地震预报观测等的中程或者中长程激光测距仪，它的测程是5~15千米；还有一种是远程及超远程激光测距仪，一般用于导弹、人造地球卫星、月球等空间目标的距离测量。天宝公司的激光测距仪主要涉及前两类，如2011年的US2013050676A1和2010年的US2012203502A1（激光测距仪）、2009年的US2011090481A1（多波长激光接收机）、2008年的US2012194889A1（激光发射器）、2007年的US7587832B2（旋转的激光发射器）等。

三维激光扫描技术是一种建立在测量学科、仪器光电子学科、图形图像处理等多种学科基础上的综合性技术。三维激光扫描仪可以快速高效地获取测量目标的三维影像数据，作为一种新兴的测绘技术在各个领域的运用越来越深入。它可以快速、高精度、非接触式获取研究对象表面空间三维数据，其独特的空间数据采集方式使其具有多方面的技术优势。

三维激光扫描技术具有以下特点：①数据采样率高。传统的测绘仪器，如经纬仪、全站仪等，很难采集高密度、高分辨率的海量点云数据。三维激光扫描仪的脉冲激光在数秒内可以采集上千个点。相位激光扫描仪可以采获更大的信息量，每秒可以达到上万点，突破了单点模式，可以获得更多的物体空间信息。②精确度高。传统的摄影测量是根据像控点的坐标来建立模型上各点的坐标，因此点位测量精度和像控点的精度和位置密切相关。激光扫描测量获得的测点精度不但高于摄影测量中的解析点，而且精度分布均匀。此外，激光扫描还可以避免表面近似误差的问题。③受外界影响小。传统摄影测量在夜晚无法进行，因此只可在白天进行作业操作。三维激光测量法通过自身发射的激光回波信号获取所测目标物的数据信息，因此不受空间和时间的约束，延长了测量时间和测量领域。此外，传统测量对温度也有较高的要求，使工作不能连续进行。④非接触测量。三维激光不需要反射棱镜，可以直接采集物体表面的三维数据。这种非接触扫描目标的测量方法能够完成危险目标和环境数据的采集，这是传统测量方法无法完成的。⑤数字化采集，兼容性好。三维激光扫描技术直接采集具有全数字特征的数字信号，为后期的输出以及处理提供了方便。用户界面经过后期处理可以使其与其他常用软件实现互换和共享。⑥受约束低。传统摄影测量要在适宜的角度和位置进行测量，并且需要对影响照片的数据进行处理后再生成立体模型。采用三维激光扫描则移动比较方便，相对灵活，完成对点云数据的拼接处理后，建立三维模型。⑦可与 GPS 系统、外置数码相机配合使用。GPS 定位系统扩大了三维激光扫描的应用领域，解决了更多工程上的难题。位置数码相机加强了三维激光扫描仪的扫描功能，帮助获得更全面的信息数据。

天宝公司涉及三维激光扫描技术的专利申请有 2011 年的 US2012198711A1（三维激光扫描仪）。

天宝公司的 MENSlSl0、GS100、GX3D、VX 空间测站仪都是当前扫描仪的主流产品。

（3）外业方法

外业方法包括如何采集数据、如何通过操作外业仪器和激光仪器进行测绘作业等方法。内业处理则包括如何进行数据处理、如何根据处理后的数据制作地图等内业作业方法。外业和内业通常是结合在一起共同完成一项测绘作业。以数字化绘图作业来说，采用的就是内外业一体化模式来进行工程绘图工作。内外一体化模式作为实施外业数据采集的一种方式，主要采用全站仪、电子手簿等主要绘图设备。内外一体化模式具有一测多用的特点。所谓一测多用是小比例尺地形图与大比例尺地形图二者之间是一种包含与被包含的关系，在运用数字化绘图技术实施绘图时，只要先对大比例尺地形图的具体范围加以明确，从而在此基础上，对小比例尺地形图的具体范围加以补充，从而同时满足工程建设过程中不同工种对不同比例尺地形图的需求。这种一测多用的特点是数字化测绘技术高效便捷的集中体现。另外，数字化绘图技术具有准确性高的特点。内外一体化模式主要通过全站仪自动设定三维地理坐标的方式，在施工现场进行外业数据采集。这种自动化的测量采集，消除了人为采集数据信息的误差，极大地提高了所采集的数据信息的真实性和准确性。自动化的采集节省了人工采集的多道工序，提高了外业数据采集的工作效率，降低了数据采集人员的工作强度。天宝公司涉及这方面的专利申请如 2011 年的 US2012166137A1（位置测量系统）、2009 年的 US8188912B1（提供定位仪器位置坐标精度的方法）、2008 年的 US2011007154A1（确定目标坐标的方法）、2007 年的 US8190401B2（计算机系统的道路模型产生方法）、1999 年的 US6628308B1（提供图形符号的测绘图显示方法）等。

（4）摄影测量

"摄影测量"一词的英文是 photogrammetry。它源于三个英文单词：light（光线）、writing（记录）和 measurement（量测），即将来自目标物体反射的光线通过某种方式进行记录，然后基于记录的结果（像片或影像）进行量测和解译。因此，摄影测量学的基本含义是基于像片的量测和解译。

传统的摄影测量学是利用光学摄影机摄影的像片，研究和确定被摄物体的形状、大小、位置、性质和相互关系的一门科学和技术。它研究的内容涉及被摄物体的影像获取方法、影像信息的记录和存储方法、基于单张或多张像片的信息提取方法、数据的处理与传输、产品的表达与应用等方面的理论、设备和技术。

摄影测量的特点之一是在像片上进行量测和解译，无需接触被测目标物体本身，因而很少受自然和环境条件的限制。而且，像片及其各种类型影像均是客观目标物体的真实反映，影像信息丰富、逼真，人们可以从中获得被研究目标物体的大量几何信息和物理信息。由于现代电子技术、通信技术和航天技术等的飞速发展，摄影测量学科领域的研究对象和应用范围不断扩大。可以这样说，只要目标物体能够被摄影成像，就都可以使用摄影测量技术以解决某一方面的问题。这些被摄物体可以是固体的、液体的，也可以是气体的；可以是静态的，也可以是动态的；可以是微小的（电子显微镜下放大几千倍的细胞），也可以是巨大的（宇宙星体）。这些灵活性使得摄影测量学成为多领域广泛应用的一种测量手段和数据采集与分析的方法。由于具有非接触传感的特点，20 世纪 60 年代初，从侧重于影像解译和应用角度，又提出了"遥感"一词。随着摄影测量的发展，摄影测量和遥感之间的界限越来越模糊，因此，在 1988 年国际摄影测量与遥感学会给出定义："摄影测量和遥感乃是对非接触传感器系统获得的影像及其数字表达进行记录、量测和解译，从而获得自然物体和环境的可靠信息的一门工艺、科学和技术。"因此，这里标识的"摄影测量"的概念包括摄影测量和遥感。

天宝公司涉及摄影测量技术的专利申请包括 2010 年的 US8363928B1（确定地球坐标系统中绝对方位的方法，包括确定摄影测量坐标系至地球坐标系统的转换）、优先权为 2009 年的 US2013002807A1（基于 360 度全景图像的角度测量）、优先权为 2008 年的 US2012163656A1（基于图像的追踪平台坐标的方法）等。

（5）仪器校准

仪器校准包括对各种测绘仪器的校准或校正，包括对全站仪、经纬仪等的横轴、竖轴、视准轴的校准，对中器的校正，仪器周期误差的检定等。天宝公司涉及仪器校准技术的专利申请包括 2009 年的 US8035553B2（进行站点校准的方法）、优先权为 2008 年的 US2011023578A1（全战仪校准方法）、2006 年的 US8049780B2（光学仪器中校准误差的校正）、2005 年的 US7440090B2（用于对激光束进行光学校正的方法和设备）等。

（6）各技术分支的发展趋势

测绘领域各个技术分支的申请量每年都在变化。从图 10-16 可知，GNSS 技术领域的申请量变化趋势与测绘领域申请量变化趋势是一致的。这说明 GNSS 技术一直是天宝公司研发的重点。不过在 2010 年之后，GNSS 领域的申请开始逐渐减少，而测绘方面的各种测绘仪器、测绘方法的申请量开始增加。这表明 GNSS 技术进入瓶颈期之后，天宝公司开始重视测绘领域的其他定位技术的研发。这些定位技术的研发主要通过并购和合作来进行。以激光仪器为例，天宝公司在 2003 年收购 MENSI 有限公司来填补其在三维扫描技术上的空白，又在 2005 年收购 Apache 公司来进一步扩展天宝的激光产品组合，涉及该领域的专利申请有 2007 年申请的 US7409312B2（使用 GPS 接收器提供二维位置数据的有高度修正的手持式激光探测器）。再比如，2009 年天宝公司在摄影测量上的申请量达到最多，这与其 2007 年收购 INPHO 公司是密不可分的。天宝公司通过这次收购填补了其在摄影测量和数字表面建模技术上的空白，使其可以更好地进军地球空间信息领域。

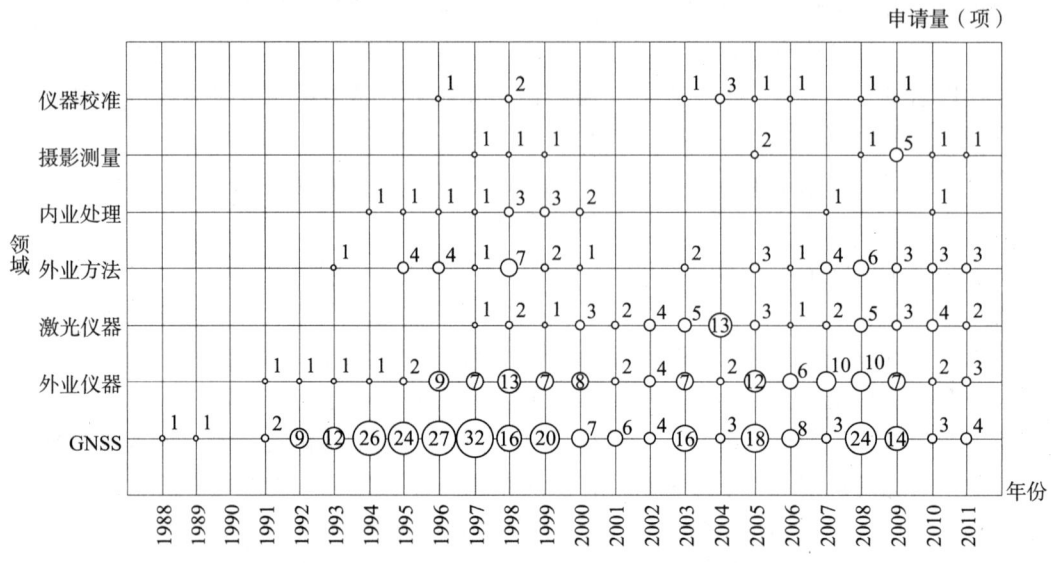

图 10-16　天宝公司测绘领域各分支的年代申请量变化

10.5.3　GNSS 与导航

本小节所述"导航"包括应用于各种交通工具的导航和移动设备的导航。

导航与人们的出行密切相关，导航领域是卫星定位技术最早的应用领域。因此，导航领域的申请量变化趋势与 GNSS 定位技术的发展趋势是相一致的。世界上第一套车辆监控系统是由天宝公司在 1990 年研制开发的 Vtrack 车辆监控跟踪系统。与之相对应的，天宝公司从 1991 年开始在导航领域进行专利申请。1993 年天宝公司在导航领域的专利申请量猛增到 19 件。从图 10-17 也可看出，1993~2000 年天宝公司在导航领域的专利申请量是最多的。这与当时卫星定位技术的飞速发展是分不开的。在 2000 年之后，虽然每年申请量与之前相比有所下降，但总量仍保持稳定。

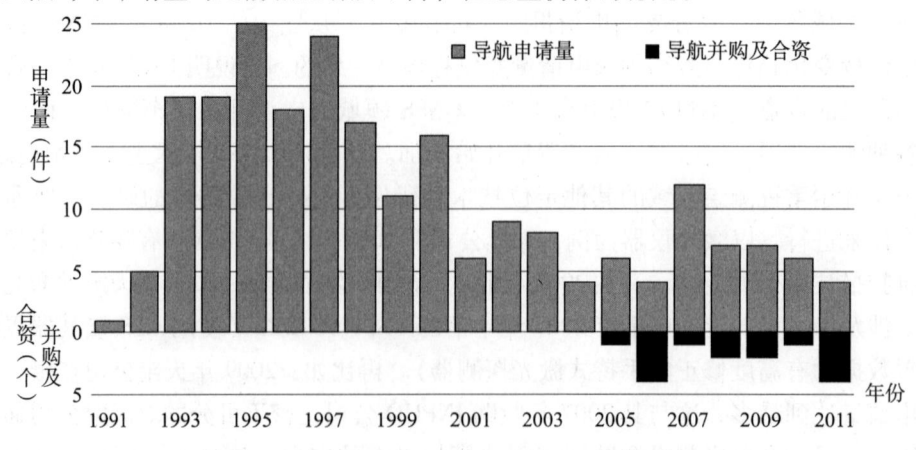

图 10-17　天宝公司导航领域申请量与并购变化

2001 年 4 月，天宝公司组建了移动解决方案事业部，旨在向移动工作场所提供基于互联网的定位服务。这种新的功能，允许天宝公司充分利用其现有的无线业务能力，提供完整的端到端车队管理解决方案，同时着重拓展启用移动定位设备的新兴市场。可见，在 2000 年之后，天宝公司越来越重视导航领域。

天宝公司从 2005 年开始不断并购导航相关企业。这使得天宝公司在导航领域的研发力量得到很大提升，导航领域的申请量开始慢慢增加。这些导航相关企业大部分都是涉及移动装置位置服务方面的公司，使得天宝公司进一步确定了其在位置服务方面的领先地位。比如 2005 年收购美国的 MobileTech Solutions 公司（MTS），这次收购增强了天宝公司在车辆监控服务方面的实力。2006 年分别收购美国的 Advanced Public Safety 公司（APS）和加拿大的 Visual Statement 公司，（这两家公司都是移动装置导航监控方面的软件企业）增强了天宝公司在位置监控方面的技术力量。

图 10 - 18 显示了天宝公司在导航领域中，89.9% 的专利申请是基于位置的服务 (LBS) 方面的专利申请。单独面向航空导航和航海的专利申请则相对较少，分别占导航领域专利总申请量的 3.5% 和 6.6%。这反映出 LBS 应用是目前导航领域的研发重点。

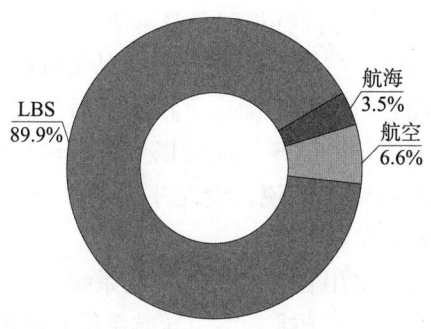

图 10 - 18　天宝公司导航领域专利分类

10.5.3.1　航海

以 GPS 为代表的卫星定位系统在航海上有着广泛的应用，包括船舶航行、海上交管、海洋测量、石油勘探、远洋捕捞、浮标建立、海底管道和电缆铺设、海岛和暗礁定位、船舶进出港引航等方面。今天的航海已经十分依赖以 GPS 为代表的卫星导航系统。无论是大洋航行、船舶转向，还是记录船位、推算船位、对时、拨钟，甚至抛锚都使用 GPS，以至于曾出现 GPS 坏了，船长不开船的情况，可见 GPS 在船舶航海中的重要性。GPS 的出现改变了航海的许多观念。以抛锚为例，以前是靠船员经验选定锚位直接抛锚；现在是先选好锚位，量出锚位经纬度，朝着锚位开去，GPS 显示进入锚位，抛锚。

在进出港时，由于有限的航道和有限的时间，尤其是船只交会的时候，使用 DGPS 可以保证导航的精度，避免船只搁浅和碰撞。应用 DGPS 导航进出港时，必须考虑建立以下功能：①增加港口水域图显示系统；②统一地心坐标和数据处理系统；③预置航线和航路；④计算偏航值；⑤控制水深；⑥记录存储；⑦监视系统，经过卫星或发信机将船位实时发送到调度监控室,从调度监控室的监视屏上查看船舶进出港的情景。利用 DGPS 进行船舶进出港口管理是具有极大吸引力的。这种系统有以下优点:可以在地形图上显示出高精度定位的本船位置,能根据需要选择不同的比例尺显示;直观方便,引航员能准确知道自己的位置和航行趋势;全天候,在能见度很低的雾天条件下仍能正常工作,这是过去目视导标引航所不及的。

GPS 还可以帮助测量船舶航速、船舶旋回半径、船舶舵角提前量、船舶航向稳定性和惯性,利用 DGPS 校准计程仪等助航仪器,不但精度高,而且速度快。用 GPS 实时给出船舶的平面位置,同时记录计程仪和罗经的读数。通过计算机可以求出两点间的距离和方位,以此校准计程仪和罗经。这种校准方法精度高,距离误差小于 0.1%,航向误差小于 5 分。

天宝公司的相关专利申请包括 US6326916B1(1998 年,利用 GPS 确定船舶位置)、US6018818A(1995 年,使用 DGPS 进行水平面校正)、US5686924A(1995 年,厘米精度 GPS 导航系统)等。

10.5.3.2 航空

在航空方面,以 GPS 为代表的卫星定位系统在飞机进场着陆、飞行导航、空中加油、空中准确投掷、空中交管等方面都得到了普遍使用。

当飞机在机场跑道着陆时,最基本的要求是确保飞机相互间的安全距离。利用卫星导航精确定位与测速的优势,可实时确定飞机的瞬时位置,有效减小飞机之间的安全距离。甚至在大雾天气情况下,GPS 导航可以实现自动盲降,极大提高飞行安全和机场运营效率。就我国目前的情况来说,将北斗卫星导航系统与其他系统有效结合,将为航空运输提供更多的安全保障。

民航导航系统分为单一、主用和辅助三类导航系统。单一导航系统必须完全满足精度、完好性、可用性和连续性的要求;主用导航系统必须满足精度、完好性的要求,不必满足可用性、连续性的要求;辅助导航系统必须满足精度、完好性的要求,对可用性、连续性不作要求,辅助系统必须与主用系统联合使用。总的来说,从洋区、航路到终端区以及非精密进近、精密进近到着陆阶段,对系统精度、完好性及其他性能的要求是逐渐提高的。因此,除精度外,完好性是民航导航系统必须满足的性能,其次才是可用性和连续性。

完好性是指当 GPS 系统的定位误差超过允许限值时,GPS 系统可以在规定的时间内进行报警的功能。如果导航系统没有完好性能力,那么将会给民航运行安全带来极大影响。例如,非精密进近阶段的报警时间要求为 10 秒。这 10 秒时间是留给飞机在进近失败后进行复飞使用的,若不能及时告警就有可能造成严重的飞行事故。目前 GPS 的精度可以达到目前陆基导航系统的水平,完全可以满足飞机航路、进离场及非精密进近阶段飞行的相关性能要求。因此,民航在应用 GPS 卫星导航时,最主要的就是确保其在使用过程中的完好性。所以,GPS 系统应用于民航时必须要进行必要的完好性增强。

目前,已有多种增强 GPS 系统完好性的方法和途径,其中机载增强技术中的接收机自主完好性监测 RAIM（Receiver Autonomous Integrity Monitoring）技术具备对卫星故障反应迅速、完全自主、无需外界干预、费用低、全球范围内均可用等多种优点，在民航中得到了广泛的应用。RAIM 技术是包含在 GPS 接收机中的一种算法。它使用 GPS 卫星的冗余信息，对多个导航解算进行一致性检验，以实现 GPS 系统的完好性监测。但 RAIM 技术只有在接收机视界内有 5 颗以上几何分布较好的卫星时才能正常工作，因此机载 RAIM 在某些时间和地点是无法使用的，即存在"RAIM 空洞"问题。如果 RAIM 不可用，机载设备就不能保证 GPS 定位结果的完好性，民航运行安全仍将受到严重影响。

天宝公司针对以上这些技术点进行研究，涉及航空导航技术的相关专利申请包括 US6847893B1（2003 年，针对飞机的 RAIM）、US2009093959A1（2007 年，用于飞机的实时高精度定位和定向系统）、US7283090B2（2003 年，用于航空的标准和精确定位服务协作操作系统）等。

10.5.3.3 LBS

导航领域中涉及 LBS 的专利申请量是最多的。

20 世纪 90 年代末期，随着移动通信业的迅猛发展，手机用户数量不断扩大和增长，从而在世界范围内形成了巨大的移动通信市场，产生了不可估量的潜在经济效益。同时，人们对导航定位技术的要求也日益迫切，希望能够出现使用小终端的、高精度、多功能的定位服务，以满足不同领域、不同场合的定位需求。在这样的背景下，美国联邦通信委员会（Federal Communications Commission，FCC）于 1996 年颁布了 E911 法案，要求所有美国境内的手机制造商与运营商必须于 2001 年 10 月 1 日之前为手机用户提供精度在 125 米以内的定位服务。FCC 又在 1999 年对精度提出了新的要求。FCC 的这些举措大大促进了无线通信定位技术及其相关服务业的发展。欧洲、日本等也随即积极开展关于商用定位技术的研究。于是，由此产生了基于位置服务（Location Based Service，LBS）的概念，旨在利用手机定位技术向广大移动通信用户提供与坐标位置相关的多样化服务。

近年来，全球移动通信用户数量进一步迅猛增长，除传统手机之外的智能手机、PC、PDA（Personal Digital Assistant，个人数字助理）、POS 机等小型移动终端设备迅速得到使用和普及，为商用位置服务提供了更加广阔的市场前景。于是，在政府强制性要求与市场需求的共同驱动下，移动定位技术在全球范围内取得了重大进展和突破，迅速掀起了一个 LBS 研究和开发热潮。

如图 10-19 所示，一个完整的 LBS 系统是由用户移动终端、通信网络、定位系统、服务管理中心四部分组成。

用户移动终端是用户发送位置服务请求和接收所需信息的工具。它可以是手机、PDA、车载导航设备或便携式电脑。它是用户与 LBS 交互的窗口。因此，它具有简单、易用的特点和较高的可靠性。具体要求就是有良好的通信端口、友好的用户界面、完善的输入方式（键盘输入、手写板输入、语音控制输入）及完善的图形显示能力等。

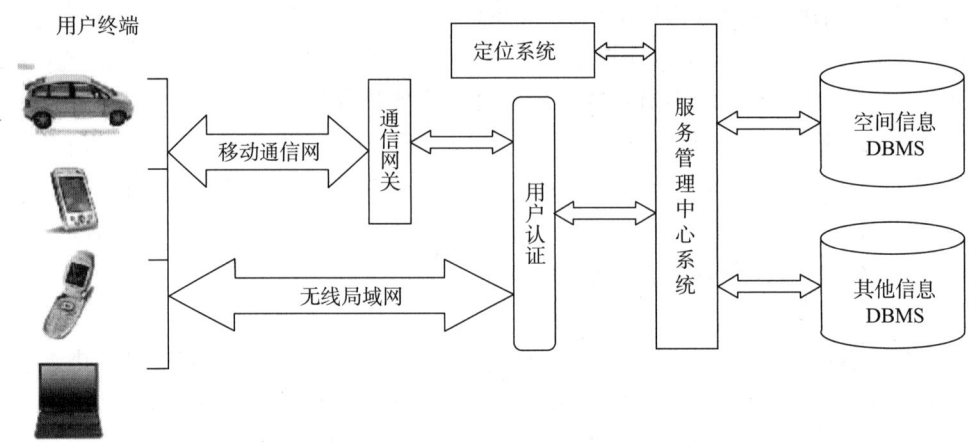

图 10-19 LBS 结构示意图

通信网络是连接用户终端和服务管理中心的通道。目前，LBS 可以使用两种网络：一种是基于移动通信的无线通信网络，可以选择的有 GSM、CDMA、GPRS 和 CDPD 等；另一种是基于互联网的有线或无线局域网。前者的优点是覆盖范围广，但是数据传输速率小；后者有较高的数据传输速率，但是需专用的线路或由通信网络接入。

定位系统是 LBS 得以实现的前提。它包括三种定位方法：一是通信基站网络定位；二是基于 GPS 的精确定位；三是混合模式定位。不同的定位方式提供不同精度的位置信息。服务管理中心是基于位置服务的核心，负责与用户移动终端的信息交互。它与定位服务器、非位置信息提供商等分系统的网络互联，完成各种信息的分类、记录和转发以及分系统之间业务信息的流动，并对整个网络进行监控。

用户终端是用户与 LBS 运营商交互的接口。移动通信网或无线互联网是用户请求和服务信息传送的通道。定位系统是 LBS 的关键。服务管理中心是对用户请求进行响应，提取有用地理和服务信息，反馈给用户的平台。四者相互联系，缺一不可。

目前，LBS 相关业务主要包括：车载导航服务、个人问询服务、紧急求救服务、物流管理、商业求助服务等，主要覆盖在室外环境。这些服务均已逐步普及和使用，为人们的工作和生活提供了巨大的便利。随着 LBS 定位技术的继续发展和进步，其业务领域必将进一步地延伸与拓展。

可见，LBS 的概念最早是随着互联网技术和通信技术的飞速发展而提出的。随着技术的发展，LBS 的概念逐渐扩大。现在 LBS 泛指各种基于位置信息来提供的服务。因此，本小节根据 LBS 最广泛的含义把它分为车辆导航、位置监控、位置服务、资产管理、油耗管理和旅游服务。车辆导航指专门应用于车辆的车辆导航技术，而位置监控和位置服务的主体则是移动设备。

从图 10-20 可知，天宝公司涉及 LBS 应用的专利申请中，44.4% 的专利申请是专门应用于车辆的车辆导航技术。应用于移动设备上的位置监控和位置服务的占比分别是32.7%和17.1%。LBS应用中的资产管理、油耗管理和旅游服务占比相对前三者比较少，分别为3.4%、1.5%和0.9%。

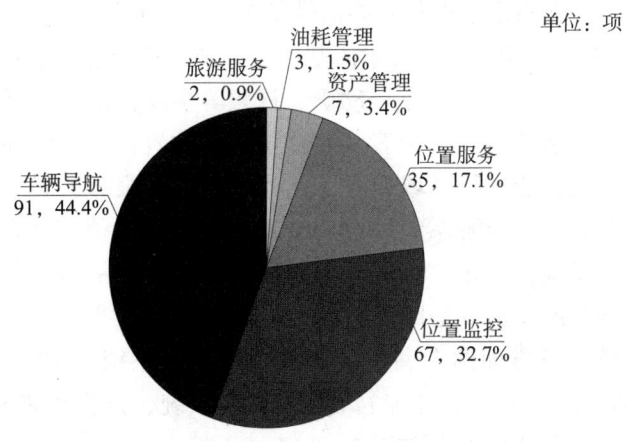

图10-20 天宝公司LBS技术分类

（1）旅游服务

旅游行业是一个具有开发潜力和发展活力的产业，其发展势头已在迅速崛起，目前已成为世界最大的投资产业。旅游的形式有两种：跟团旅游和自助旅游。随着游客增加和旅游方便性等多种元素的影响，游客对导航提出了更高的需求。而传统的跟团旅游方式相对单一，不能满足游客的各种要求。游客更喜欢灵活的、有个性的旅游方式。因此，有更多的人喜欢自助旅游。但是在自助旅游中，游客的所有问题都要靠自己解决，比如吃饭、坐车、天气预报、景点知识等。在没有导游介绍景点知识的情况下，游客花了大量的时间和金钱，却没有享受到自助游乐趣，这是非常遗憾的。在行程中一旦考虑不周，整个行程都会受到影响，甚至在遇到危险等情况下也不知如何发出求救信号。因此，游客对自助旅游提出了更高的要求。用户要求导游系统信息准确、生动、形象和丰富，而且旅游时能够为游客方便导航，通过人机交互，展现给游客宝贵的旅游信息。

导游系统主要经历了以下几种形式的发展：

① 基于触摸屏方式的导游系统。游客通过点击触摸屏来查看旅游景点的信息介绍。导游系统是通过触摸屏和处理器提供全方位、多样化的多媒体信息来呈现旅游信息的。触摸屏不易携带而且只适用于室内景点，如毛泽东故居便安装了触摸屏导游系统。一些旅游区的宾馆为了方便地介绍当前旅游景点，也安装了导游系统。每台触摸屏导游系统只能供一个游客使用。用户需要主动使用触摸屏才能获取景点信息是其最大的缺点。

② 电子手工自动导游系统。游客在使用时必须携带GPS接收机。当游客靠近某一景点时，需要手动按下解说功能键或主动检测发送机来获取语音解说。该系统提供多种语言解说，并同时提供智能搜索服务。虽然游客获得了一定的自主性，但是由于只能够在某个景点使用，具有区域的局限性。

③ GPS 导游系统。游客手持带有接收器的终端，导游系统会自动搜索到游客的当前位置，并能够实时开启景点解说功能。这种导游系统只需要给每个游客配备一个手持终端就可以了，不必在每个景点都安装信号发送器，大大降低了导游系统的成本。

④ 智能导游系统。在 GPS 定位技术的基础上，结合移动通信的定位技术、人工智能技术和蓝牙技术，通过音频、文字、动画、视频等多媒体信息显示方式，形成智能化的自主导游系统。该系统可以为游客实时提供当前位置；还能够在达到景点时，自动启动解说功能；并且还能进行区域搜索，查找所需要的服务、娱乐设施。智能系统可以与游客进行双向交互。导游系统可以为游客自动提供各种信息介绍，同时游客也可向系统提出各种信息服务要求。智能导游系统为游客提供最短路径检索、景点多媒体信息介绍以及其他功能服务，是比较完善的导游系统。

天宝公司在旅游服务方面的专利申请涉及 GPS 导游系统、智能导游系统等方面，如 US2006089793A1（2004 年，用于旅行管理功能的系统、方法和装置）、US5406491A（1993 年，使用卫星的旅游路径导航方法）。

（2）油耗管理

"油耗管理"涉及对车辆、船舶和飞机等各种交通工具的油耗监控管理。

车辆的油耗大小可以反映出该车运行技术状况及整车安全、经济性能。油料费用和行车过路费用是车辆最大可压缩费用之一。经过精确统计分析，将人机要素紧密结合、动态管理，既可以实现对驾驶员自身的行车约束，又可以及时安排车辆的大小维修、规范驾驶员的安全经济行车行为、降低生产维护成本。

采用 GPS 监控技术建立的油耗和行车费用管理系统，对企业控制油耗和行车费用、加强车辆科学管理，具有明显的效果。采用基于 GPS 监控技术的管理系统，革新了现有车辆管理的技术手段，增强了车辆运营数据的分析挖掘，达到节约服务成本、提高车辆运行效率的目的。

针对车辆油耗监控来说，主要有以下几类用户对 GPS 远程监控终端有需求：

① 贷款车辆：对贷款售出车辆进行远程监控，防止出现信贷风险。

② 集团客户：利用 GPS 系统对司机驾驶行为进行监控，对车辆油耗、超速情况、行驶路线等进行统计和分析，帮助企业更好地对车队进行管理。例如公交公司、出租车公司、物流企业、汽车租赁公司等。

③ 整车企业：为最终客户提供增值服务，拉动整车销售。例如大众、通用这类小型客车企业和金龙这种大型客车企业。

④ 零散需求：对车辆进行远程试验数据跟踪，对车辆行驶情况、油耗等进行分析。

船舶行业是能源消耗的主要行业之一，而且船舶行业以消耗成品油为主，其油品消耗量约占全社会油品消耗量的 30%。因此，加强交通行业节能减排工作具有重要意义。基于 GPS 的船舶油耗自动监控系统采用了 GPS 技术，在提供连续、高精度船位的同时利用 GPS 的定位还可以监控船舶在不同航段的油耗。

天宝公司在油耗管理方面的专利申请主要涉及针对车辆的油耗管理系统，如 US2013054107A1（2011 年，计算车辆油耗量的系统）、US5913917A（1997 年，车辆耗油量估计方法）等。

（3）资产管理

"资产管理"涉及对交通运输中的资产进行远程监管。

随着社会、经济以及城市交通的快速发展，交通运输的智能化、可在途监控等已经成为广受关注的主题。目前，随着装备业务分工越来越专业化、明细化，越来越多的工程采用装备租赁的办法来降低成本。这就涉及资产所有方对资产的准确实时远程监管问题。这通常涉及以GPS为代表的卫星定位技术、无线通信技术和GIS技术的应用。这些技术可以有效地应用在物流运输跟踪与监控、出租车监控与调度、私家车防盗预警、海关货物转关运输监管、高价值分散性流动资产管理等领域。同时，随着车辆租赁行业的快速发展，汽车租赁公司对车辆资产的统一、高效的管理需求也越来越迫切。

以图10-21所示的资产远程跟踪与监管系统架构为例❶。它通常是一个实现资产远程监控以及近实时跟踪的数据整合和应用的平台。系统由监控中心、车载终端（包括GPS车载终端和资产状态多传感信息监测终端）以及GPRS等各种远程数据传输手段三部分组成。系统基于GPS车辆终端以及资产状态多传感信息监测终端，采集资产本身的状态、地理位置等信息，通过GPRS实现对资产的远程监测与跟踪监管。该系统能够有效解决设备资产的远程实时跟踪监管问题。

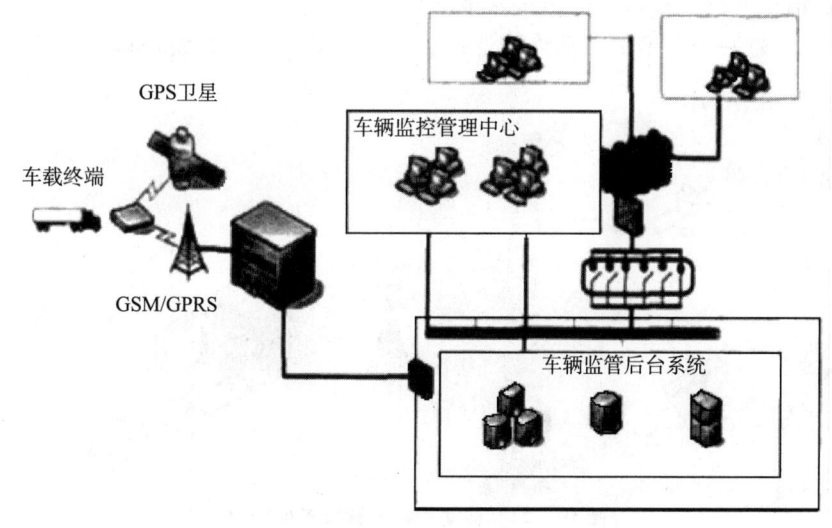

图10-21 资产远程跟踪与监控系统架构

监控中心是整个监控系统的操作、维护、处理、统计、分析以及监管中心。它由数据库系统、GPRS通信软件、GIS软件、业务管理软件、GPS数据分析统计软件和网管监测软件等部分组成。监控中心负责与车载终端的信息通信和备案，提供GIS人机

---

❶ 樊璠，周受钦，曹广忠，何振威. 一种基于GIS的资产远程跟踪监管系统［J］. 微计算机信息，2009（25，11-1）：147-149，196.

界面，满足监控调度统计等管理需求。同时它对整个网络的状况进行监控管理，是用户对车辆进行实时监控的接口。

车载终端包括 GPS、GPRS 模块、监测终端等部分。终端接收 GPS 定位信号、车辆状态检测信息、车载设备的信息以及各传感器信息，通过 GPRS 信道与总监控中心进行双向数据传输，同时响应监控中心的数据指令对终端设备进行控制和监测。

监控中心与车载终端通过 GPRS 进行通信，完成运输车辆与危化品的实时监控与管理。通信网络的技术核心是在 GSM 网络中传送分组数据业务。它实现了用户数据与无线网络资源的最佳结合，实现了基于 IP 协议的数据透明传输。

天宝公司在资产管理方面的专利主要涉及车辆、船舶等运输资产的监控管理，如 US2013021175A1（2009 年，用于跟踪车队资产的方法）、US2012199648A1（2009 年，跟踪集装箱的方法）、US2010265061A1（2009 年，跟踪消费品的方法）、US8255358B2（2006 年，资产管理系统中的资产管理信息提供方法）等。

（4）位置服务

此处的"位置服务"是指基于移动终端的定位技术。首先由终端接收 GPS 卫星的信号获得相应的位置信息，然后再获得与位置相关的各类信息服务。这些服务包括休闲娱乐型、生活服务型、社交型和商业型，例如签到服务、周边生活服务的搜索、优惠信息推送服务等。除了涉及卫星定位技术以外，它还涉及移动定位、无线通信、互联网、地理信息系统、数据库等诸多领域的技术。

图 10-22 是一个典型的移动终端位置服务系统架构。该系统由客户的移动终端和服务中心平台组成。

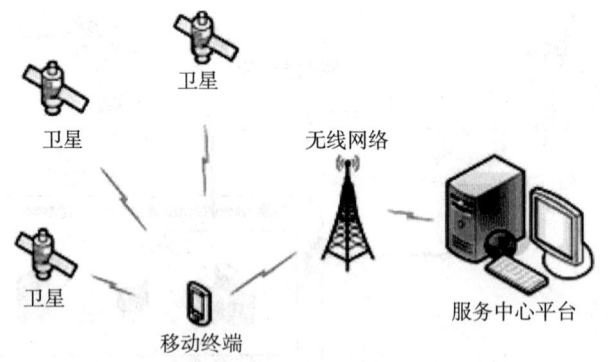

图 10-22 移动终端位置服务架构

移动终端可由 GPS 模块、无线通信模块和微处理器三大部分组成。其中 GPS 模块负责确定用户位置；无线通信模块用于用户向服务中心发送请求和接收服务中心的反馈信息。微处理器主要负责判断用户需求的服务类型，并将其发送给无线通信模块。此外，微处理器还负责处理服务中心的服务信息，并将这些信息反馈给用户。

服务中心平台可基于数据库进行开发，具有位置查询、周边信息查询、最优路径分析等功能。

当用户发出请求时,移动终端首先判断用户请求的服务种类,然后向服务平台发出服务请求。请求通过无线网络最终传送给服务中心平台。服务中心平台首先进行服务种类的判断,然后从用户请求中提取出位置信息进行处理,如进行最短路径分析、获取周边重要地物信息以及其他服务等;然后再将分析后的结果综合成为服务信息,最终发送给移动终端。用户可以通过移动终端的显示得到服务平台的反馈信息。

天宝公司涉及基于移动终端的定位技术的典型专利申请包括 US5528248A(1994年,用于把位置显示为地图上的图标的个人数字定位装置)、US5877724A(1997年,GPS 和手机系统的分享组合处理器)、US6674849B1(2000年,手机中的行进方向产生方法)、US8306551B2(2007年,当移动电子装置的速度超过限值时,限制移动电子装置功能的系统)等。

(5)位置监控

移动装置定位监控信息服务是 LBS 的应用之一。图 10-23 为一种车载监控系统架构图。

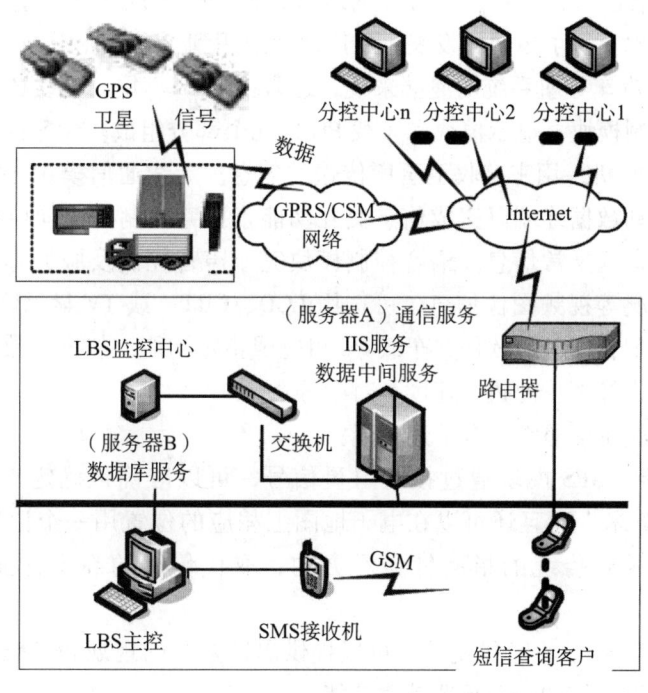

图 10-23 车辆监控系统架构

车载终端上的 GPS 接收机接收坐标。通信模块将车辆的位置、状态等信息由 GPRS 网络发送到分布在各个地区的通信服务器。通信服务器负责转发、解析并存储来自各终端和中心服务器的双向信息。中心服务器完成通信服务器与各监控终端的连接,把移动目标显示在电子地图上,并将数据存入数据库。在中心服务器端与分布在各服务区的远程监控终端采用 C/S 模式，监控信息服务中心的 Web Server 服务器端与 Web 浏览客户端采用 B/S 模式。这样监控信息服务中心将命令信息发送到车载终端的同时，还以 Web 方式把交通信息发送到各类终端。

天宝公司在位置监控方面代表性的专利申请有 US5418537A（1992 年，车辆位置监控系统）、US6141610A（1998 年，商业车辆监控方法）、US7050907B1（2002 年，基于确定的电子装置的地理位置与预定区域的比较结果的电子装置的控制方法）、US7634380B2（2006 年，识别地理参照物的方法、系统和装置）、US8125529B2（2009 年，视觉追踪和定位系统）等。

（6）车辆导航

从 20 世纪 90 年代开始，随着 GPS 定位技术的发展，出现了使用以 GPS 为代表的卫星定位技术进行车辆导航、车辆监控、汽车防盗等方面的应用。美国作为一个汽车大国，很早就开始遭受交通拥堵、交通事故等交通问题的困扰，因此，美国使用 GPS 技术进行车辆导航方面的应用研究是与 GPS 定位技术的研究同步进行的。20 世纪 90 年代后期是车辆定位监控系统市场的整顿、巩固、充实、提高时期。从 2000 年开始，随着 GPRS 无线通信技术的成熟、完善和网络覆盖面积的不断扩大，基于 GIS 与 GPS 的车辆定位监控技术获得了更快的发展，并广泛地应用到各个行业中。

就当前 GPS 汽车导航系统的终端来说，通常由 GPS 模块、无线通信模块、报警控制模块、语音控制模块、显示模块和车载 PC 这几个部分组成。GPS 模块是安装到车辆上的小型 GPS 接收机，用来接收卫星所传送的信息。无线通信模块通常采用车载无线电话、电台或移动数据终端以完成信息交互功能。报警控制模块向监控中心网络发出报警讯号，通报车辆异常信息。语音控制模块完成声音控制及服务等功能。显示模块用来显示位置路况等视频图像信息，可选用 LCD、CRT、或 TV 显示。车载 PC 整合处理各功能模块。配合相应的软件，车载 PC 可完成指定功能，如进行数据处理以计算出所在位置的经度、纬度、海拔、速度和时间等。

GPS 汽车导航系统通常具有下述功能：

① 定位功能。GPS 模块通过接收卫星信号，可以准确地确定汽车所在的位置，位置误差小于 10 米。而且还可以在电子地图上相应的位置用一个记号标记出来。同时，GPS 还可以取代传统的指南针显示方向，取代传统的高度计显示海拔高度等信息。

② 导航功能。GPS 汽车导航系统可以提供出行路线的规划和导航的功能。规划出行路线是汽车导航系统的一项重要辅助功能。

③ 转向语音提示功能。车辆只要遇到前方路口或者转弯，车载 GPS 语音系统就会发出提示用户转向等语音提示。这样可以避免车主走弯路。它能够提供全程语音提示，驾车者无须观察显示界面就能实现导航的全过程，使得行车更加安全舒适。

④ 增加兴趣点功能。由于我国大部分城市都处于建设阶段，随时随地都有可能冒出新的建筑物，因此，电子地图的更新也成为众多消费者关心的问题。在遇到一些电子地图上没有的目标点时，该功能可将该点或者新路线增加到地图上。这些新增的兴

趣点，与地图上原有的任何一个点一样，均可套用进电子地图查阅等功能中。

⑤ 测速。通过 GPS 对卫星信号的接收计算，可以测算出汽车行驶的具体速度，比一般的里程表准确很多。

⑥ 显示航迹。如果去一个陌生的地方，去的时候有人带路，回来时怎么办？使用带有航迹记录功能的 GPS，可以记录下用户车辆行驶经过的路线。它的精度小于 10 米，甚至能显示两个车道的区别。因此，在回来时，用户可以启动它的返程功能让它领着自己沿着来时的路线顺利返回。

⑦ 信息查询。GPS 汽车导航系统还可以为用户提供主要物标，如旅游景点、宾馆、医院等。用户能够在电子地图上根据需要进行查询。

近年来国内外对运用 GPS、GIS 技术来实现车辆的定位监控导航和跟踪监控等功能开展了许多的研究工作。目前，日本的车辆导航仪最具规模，美国则在车辆监控方面做了大量实验，我国大量的开发应用热点也集中在监控调度系统上。随着 GIS、GPRS 等相关技术的不断发展，车辆跟踪监控系统也在不断地更新换代。

天宝公司将 GPS 与通信单元结合起来应用于多种领域。它是最早从事车辆监控调度系统方面的公司之一。1995 年开发的 Messenger 系统将天宝公司的六通道 GPS 接收机与公用蜂窝网联接起来，并在船只管理市场中居领导地位。

天宝公司在车辆导航方面的专利申请非常多，代表性的专利申请有 US5311197A（1993 年，紧急状态下指示车辆位置的事件激活报告装置）、US5699255A（1995 年，具有基站发送地图信息的车辆导航系统）、US6611755B1（1999 年，通过通信网络报告移动位置和方向信息的车队管理信息系统）、US7363154B2（2005 年，车辆控制系统）、US8103438B2（2008 年，用于站点的自动交通导向方法）等。

(7) LBS 各技术分支发展趋势

单纯从 LBS 各技术分支的专利申请量占比来说，天宝公司涉及车辆导航的专利申请占比最大。这与美国是汽车拥有大国的地位相符。车辆导航也是 GNSS 技术最早在导航领域的应用分支之一。位置监控和位置服务是 LBS 的重要应用分支，其专利申请量仅低于车辆导航。

再结合天宝公司专利申请量随年代的变化（见图 10-24），涉及位置服务和位置监控的专利申请量之和在 1996 年之前比涉及车辆导航的专利申请量要多，可见天宝公司很早就开始了针对移动设备的研究。2002 年之后，天宝公司涉及位置服务和位置监控的专利申请量之和再次超过涉及车辆导航的专利申请量，说明天宝公司越来越重视针对移动设备的各种位置服务的研发。这与 2002 年之后通信技术和互联网技术的飞速发展是分不开的。就每一技术分支来看，LBS 的各技术分支中涉及车辆导航方面的专利申请量在 2001 年之前最多，2001~2006 年涉及位置监控方面的专利申请量最多，从 2007 年开始，车辆导航和位置监控的专利申请量都很多。由此可以分析出天宝公司在 LBS 方面的研发方向和趋势。随着定位精度的日益提高，车辆导航和对个人位置的监控这两方面是研发的重点。

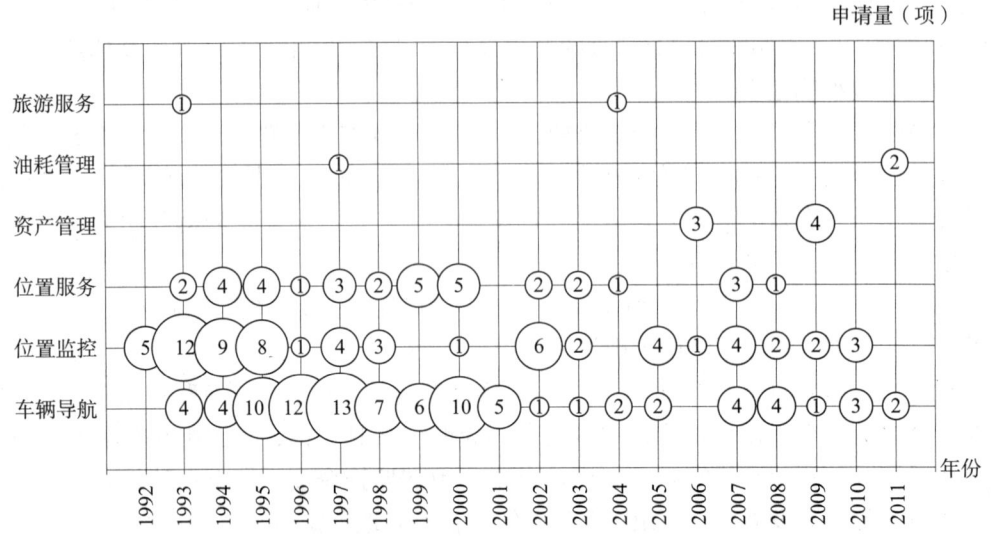

图 10-24　天宝公司 LBS 各技术分支申请量年代变化情况

10.5.3.4　导航发展趋势

导航领域的申请分为航海、飞机导航和 LBS 三类。图 10-25 列出了天宝公司在这三个分支上每年的专利申请量的变化。

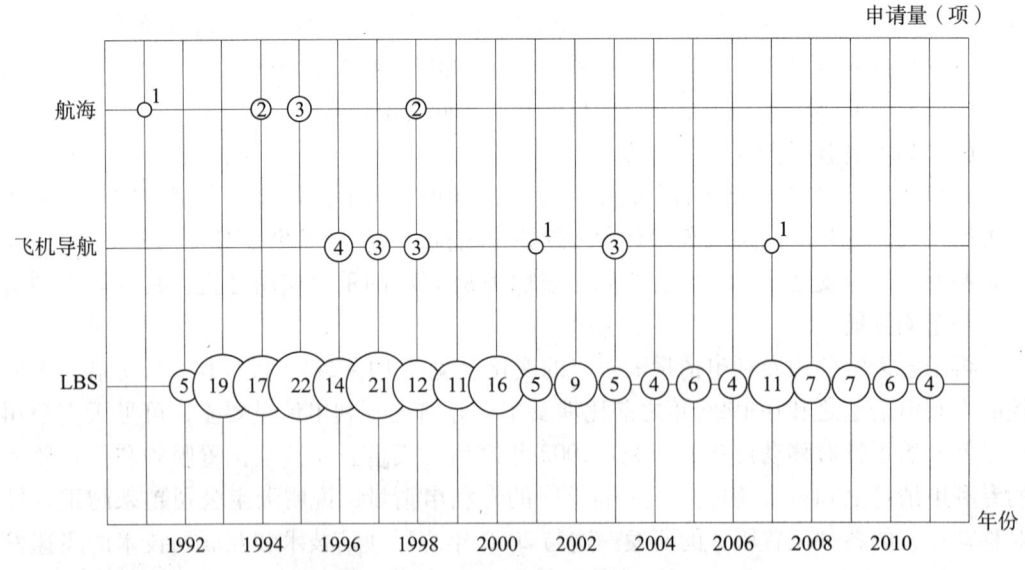

图 10-25　导航各技术分支申请量年代变化情况

航海是 GNSS 定位技术在导航领域的最早应用方向。随着 GNSS 定位技术的发展，定位精度不断提高，GNSS 定位技术在导航领域的应用已不再局限于海上，而是逐渐向飞机、汽车和个人扩展。图 10-25 明显揭示了这一发展趋势。航海分支的专利申请量逐渐减少，而应用于汽车和个人的 LBS 技术分支的专利申请量越来越多。这说明导航领域中 LBS 应用已经成为发展重点。

10.5.4　GNSS 与农业

利用 GNSS 定位技术，配合遥感技术和地理信息系统可以把实时数据采集和准确的位置信息结合起来。这些技术可以应用于精细农业中的耕作计划、野外制图、土壤取样、拖拉机引导、作物监测、变动率应用（比如可变深度的耕地、可变的灌溉、可变的施肥、可变的灭草等）、收益作图等，从而能够监测农作物产量分布、土壤成分和性质分布，做到合理施肥、播种和喷洒农药、节约费用、降低成本，达到增加产量、提高效益的目的。

GNSS 定位技术在农业的应用包括：

① 拖拉机导航。农民显然不能使他们的拖拉机自动驾驶，但是如果农民在犁地的时候使用 GPS 记录系统，那么拖拉机则可以程式化地跟随同样的线路进行耕作、施肥、虫害防治、收割。对拖拉机线路进行规划可以节省很多费用。

② 土壤养分分布调查。在播种之前，可用一种适用于在农田中运行的采样车辆按一定的要求在农田中采集土壤样品。车辆上配置有 GPS 接收机和计算机，计算机中配置地理信息系统软件。采集样品时，GPS 接收机把样品采集点的位置精确地测定出来，将其输入计算机。计算机依据地理信息系统将采样点标定，绘出一幅土壤样品点位分布图。

③ 产量制图。在联合收割机上配置计算机、产量监视器和 GPS 接收机，这就构成了作物产量监视系统。对不同的农作物需配备不同的监视器。例如，当收割玉米时，监视玉米产量的监视器记录下玉米所结穗数和产量，同时 GPS 接收机记录下收割该株玉米所处位置，通过计算机最终绘制出一幅关于每块土地产量的产量分布图。通过和土壤养分含量分布图的综合分析，可以找出影响作物产量的相关因素，从而进行具体的田间施肥等管理工作。

④ 农田监测。虫害、杂草对于作物的侵袭分布是不一致的，农民巡查庄稼的时候可以用 GPS 记录虫害、杂草侵袭区域的位置，在用装备 GPS 导航的飞机进行喷雾治理虫害问题的时候可以准确地只针对问题区域而不是对所有农田进行治理。这样的结果不但可以节省时间、燃料、杀虫剂，而且可以使作物少受化学药剂的污染。

⑤ 控制化肥数量。由于农田的土地性质不同，因此要求施加的肥料品种和数量也不相同，但是利用 GIS 和 GPS 技术可有效地解决这一问题。首先，利用空中摄影或土地采样方法区别不同土地类型及对施肥的要求，利用 GIS 技术绘制土地施肥图；然后在作业时利用 GPS 进行精密定位，严格按照已设计好的土地施肥图和标准进行施肥，真正做到按需施肥和肥尽其用。

⑥ 播种、施肥、除草。利用飞机进行播种、施肥、除草等工作，作业费用昂贵。如果合理地布设航线和准确地引导飞机，将大大节省飞机作业的费用。在具体应用中，利用 GPS 差分定位技术可以使飞机在喷洒化肥和除草剂时减少横向重叠，节省化肥和除草剂用量，避免过量影响农作物生长；还可以减少转弯重叠，避免浪费，节省资源。

对于夜间喷施,更有其优越性。因为夜间蒸发和漂移损失小。另外夜间植物气孔是张开的,更容易吸收除草剂和肥料,提高除草和施肥效率。依靠差分 GPS 进行精密导航,引导农机具进行夜间喷施和田间作业,可以节省大量的农药和化肥。

随着 GNSS 定位技术的发展,利用 GNSS 定位技术进行精细农业作业逐渐成为发达国家农业生产市场的发展方向。GNSS 定位技术在农业领域中的应用不仅仅是大面积种植,在小面积的农田特别是在格网种植的小面积内,应用小型自动化设备,配合差分 GPS 导航设备、电子监测和控制电路,也能够满足科学种田的需要。

如图 10 - 26 所示,天宝公司在 1994 年就开始将 GPS 定位技术应用于精细农业技术生产中,并在 1998 年达到专利申请量的第一个小高峰,随后的专利申请量基本保持稳定。在 2008 年收购了专业生产播种机的 TRU 公司之后,2008 年的申请量又达到一个小高峰。

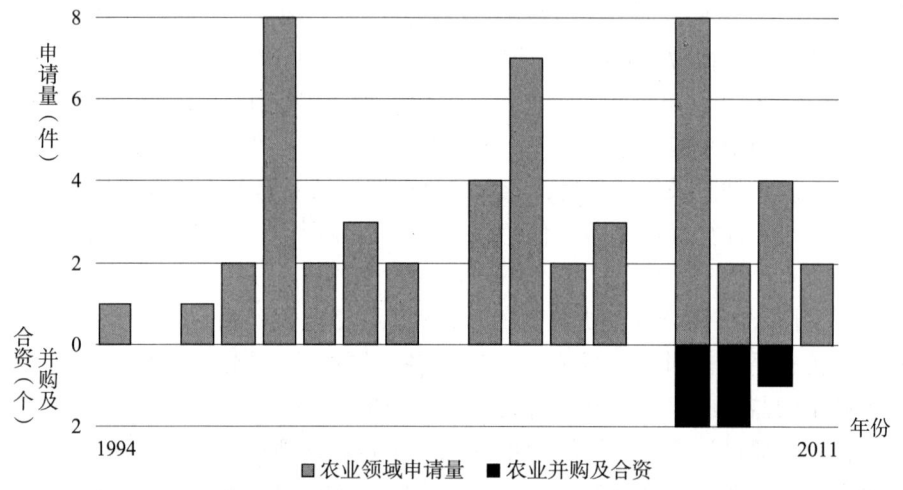

图 10 - 26　天宝公司农业领域申请量与并购

天宝公司在农业领域的代表性专利申请包括 US5838277A(1994 年,农业控制系统)、US6199000B1(1998 年,可提供实时精度定位信息的农业车辆)、US7054731B1(2003 年,农业机械引导装置)、US8401744B2(2008 年,配置拖拉机引导控制器的方法)等。

10.5.5　GNSS 与建筑

在建筑全过程中,测绘阶段是非常重要的一个环节,是决定工程能否顺利实施的关键。在建筑工程中,在施工放样基础上引入 GNSS 技术辅助测量已成为以后建筑测绘的主要发展方向。利用 GNSS 技术不仅可以弥补传统测绘方式的缺陷,还能缩短测绘周期、节省测绘人员的工作量、增加测绘工作的信息化水平。

针对高层建筑来说,对建筑施工的要求较高,在测量时受环境影响大。比如对于平面轴线的控制难度很大,在高程传递和建筑构件的安装过程中也比较困难。而凭借 GPS 可以迅速从宏观掌握高层建筑的有关参数,还能对建筑物的摆幅、垂直度等相关数据进行动态监测，有效满足建筑物的观测质量。与此同时，在具体的测绘工程中，可以配合全站仪对施工点进行放样。与全站仪的有机结合使用，可以进一步提高工作效率、减小误差、保证测绘精度。最后，可以配合激光测距技术，进行测绘结果的核实，避免人为疏忽造成的疏漏。

针对道路工程来说，以 GPS 为代表的 GNSS 定位技术以其定位精度高、观测自动化、不需测站间通视及网型与精度关系不大的优点，已成为道路施工测量、建筑物施工测量等建筑领域施工中的主要技术手段之一。道路工程一般由桥梁工程、路基工程、沟涵排水工程、隧道工程等附属工程组成，构造繁杂，施工里程一般较长，施工测量任务烦琐。GPS 定位技术可以用于绘制大比例尺地形图、控制测量、线路横断面测量和纵断面测量、道路施工放样测量、道路工程施工变形观测等各个方面。

如图 10-27 所示，由于 GPS 测量技术与常规测量技术相比具有施工速度快、精度高、方便布网等优势，所以天宝公司从 1993 年就开始在建筑领域申请专利。天宝公司分别在 2006 年、2009 年、2010 年、2011 年收购了多家建筑工程公司，提升了技术实力，专利申请量也开始逐渐增加。2011 年专利申请量达到新高。比如天宝公司通过在 2006 年收购 XYZ Solutions 公司和 Meridian Systems 公司来提升其在建筑物三维显示和建筑施工管理方面的技术实力。

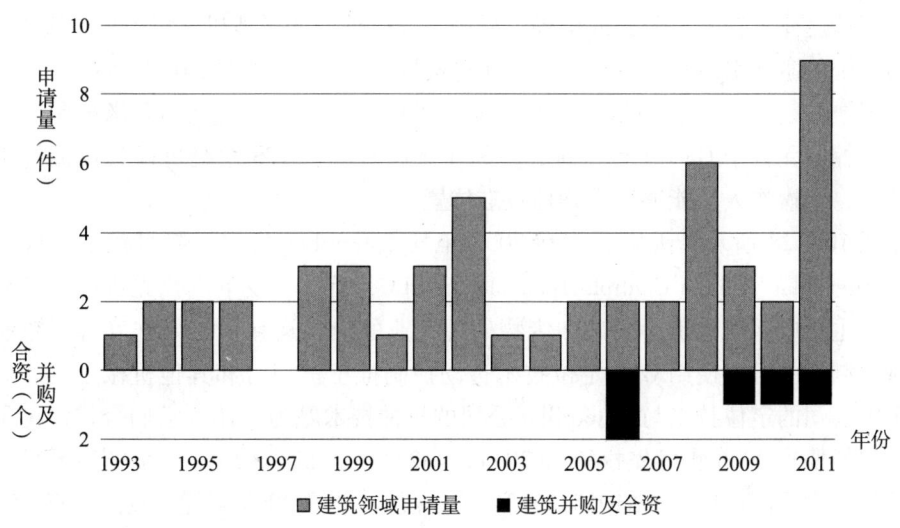

图 10-27　天宝公司建筑领域申请量与并购

天宝公司在建筑领域中的代表性专利申请包括 US6304210B1（1993 年，用于测绘和建筑的目标点定位系统）、US6934629B1（1996 年，用于大型建筑的精确定位装置）、US6052181A（1998 年，多激光高度参考系统）、US6299934B1（1999 年，在 GPS 喷漆器中的地理绘图模式产生方法）、EP1573271B1（2002 年，道路施工的测绘系统）、US2010221067A1（2009 年，动力水泥机器）等。

10.5.6 GNSS 与机械

天宝公司在机械领域的专利申请主要涉及工程机械中的机械引导系统和 3D 控制系统。

1996 年，厘米级精度 GPS 技术开始用于施工领域的机械引导中。用于土石方施工机械 3D GPS 技术能够引导机械定位并控制路面平整度。

使用 3D GPS 控制系统，可以把工程设计数据直接输入机载计算机，自动生成三维数字模型（Digital Terrain Model，DTM）。机载计算机实时比较工程机械铲刀的当前位置和设计数据，并输出校正控制信号至控制设备，对机械的铲刀进行控制。这样施工机械只需要 1 或 2 次往返施工，即可达到设计位置。这种以绝对坐标 X、Y、Z 为基准的全新控制方式，摒弃了测量、打桩、放样等传统工序，一次性解决了高程控制、平整度控制、坡度控制等问题，节省了大量的现场测量工作，把工程机械操作手从繁重的整平工作中解放出来，使他们可以专注于驾驶。这样大大提高了施工现场的安全性。3D GPS 控制技术使传统意义上的工程施工进入到数字化施工的新纪元。

3D 控制系统由定位设备、通信设备、机载计算机、控制设备组成。定位设备由 GPS 或 TPS（自动全站仪）组成。根据定位设备的不同，3D 控制系统可以分为 3D GPS 控制系统和 3D TPS 控制系统，分别适用于不同精度要求的工程。3D GPS 控制系统主要用于土方或矿山工程用工程机械，如推土机、平地机、挖掘机等；3D TPS 控制系统主要用于精度要求较高的公路或机场工程用工程机械，如平地机、摊铺机、铣刨机等。

与传统的激光引导系统相比，GPS 配置机械可以在基站周围 10 千米的范围内工作（根据无线电覆盖范围），而激光控制平整的机械系统只能工作在 100 米范围内。一个基站可以控制无数个 GPS 机械系统，更易于工程管理。GPS 系统可以为机械提供三维定位信息，使操作人员能够更准确地找准位置。

如图 10 – 28 所示，天宝公司在 2002 年与 Caterpillar 公司一起组建了一家合资企业——Caterpillar Trimble Controls Technologies LLC，旨在开发下一代先进的电子制导控制产品，主要应用于建筑、采矿和废物处理行业的土方运输机械。这家合资企业开发的机械控制产品可以使用 GPS 定位技术自动控制推土机刀刃和其他机械工具。这次合作将天宝公司的定位技术与 Caterpillar 公司的机械技术融为一体。它们合作申请了多项专利，包括要求 2006 年优先权的 EP2054555A2（挖掘机 3D 综合式激光和无线电定位引导系统，中国同族申请 CN101535573B 已授权）、要求 2005 年优先权的 US7245999B2（具有基于定位而自启动的施工设备和用于施工设备的方法，中国同族申请 CN100582981A 已授权）、要求 1997 年优先权的 US7139662B2（器械位置测定方法和系统，中国同族申请 CN1906362A 已驳回）。

天宝公司在该领域的代表性专利申请包括 US5862501A（1995 年，附着在露天采矿机械上的引导控制系统）、US6447240B1（1997 年，用于挖掘机勺斗的定向装置）、US6324455B1（1998 年，具有通信系统的平土机）、US7313476B2（2002 年，控制可移动物体的方法和系统）、US7552539B2（2005 年，如铣床的机械元件位置和方位监控方法）、US8091256B2（2008 年，装载机高度控制系统）等。

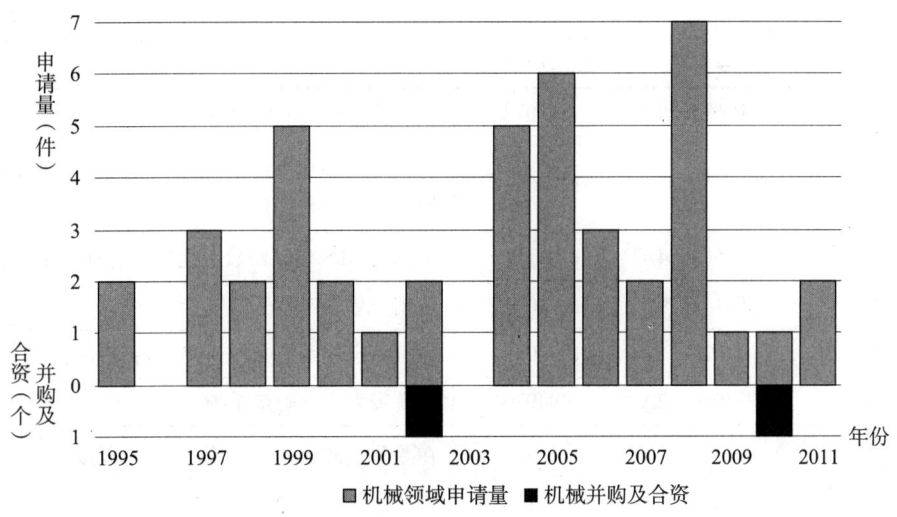

图 10 - 28 天宝公司机械领域申请量和并购

10.6 技术发展路线

天宝公司的专利申请具有数量多、涉及技术分支多的特点，与之相对应的重点专利和技术也非常多。课题组根据专利涉及技术领域对其重点专利和技术进行了整理，进而清楚地梳理出天宝公司的技术发展路线。

10.6.1 重点专利

重点专利最简单的筛选方法是根据"专利被引频次"。课题组分别根据年代和被引用频次设定筛选条件，引用频次筛选条件的设定随年代向前推进而降低。在对天宝公司的 GNSS 领域重要专利的筛选过程中，从表 10 - 2 可以看出，引用频次超过 120 次的专利申请共有 14 项。这 14 项全部是 2000 年之前的申请。考虑到卫星定位技术从 1990 年开始至今也只有 20 多年的发展时间，因此对于 1995 年之前的重点专利可以主要依靠被引用频次进行评估，而对于 1995 年之后的重点专利的筛选仅依靠被引用频次进行筛选是不可靠的。考虑到卫星定位产品的高度市场化，技术的发展与市场应用密不可分，因此课题组首先分析了天宝公司的主要产品，然后把产品分析结果和被引用频次统计结果结合起来获取重要专利。

表 10 - 2　天宝公司被引用频次大于 120 次的专利

被引用频次	专利号	最早申请日	名　　称
293	US5323322A	19920305	网络 DGPS 系统
273	US5592173A	19940718	具有低功耗的 GPS 接收机
209	US5663735A	19960520	在卫星接收机中改善首次定位时间

续表

被引用频次	专利号	最早申请日	名称
192	EP0635728A	19930722	GPS 接收机的卫星搜索方法
167	US5420593A	19930409	在初始捕获和再次捕获 GPS 信号的加速码相关搜索的方法和装置
141	US5504684A	19931210	单芯片 GPS 接收器数字化信号处理和微处理器
138	US5148179A	19910627	使用卫星确定差分位置
132	WO9428434A1	19930521	在卫星定位系统中的快速卫星信号捕获
128	US5936572A	19940204	可携带多位置确定系统
127	US5296861A	19921113	在差分载波姿态测量系统中的直接整数搜索的最大似然估计的方法和装置
126	WO9518978A1	19940103	载波相位 DGPS 改正网络
124	US5854605A	19960705	提升首次定位时间的 GPS 接收机
123	US5347286A	19920213	基于 GPS 姿态信息的自动天线定位系统
122	US6122506A	19980504	GSM 移动电话和 GPS 接收机的组合

根据前文所述的产品分析和被引用频次的统计结果，课题组得到了天宝公司各技术分支的重要专利，如表 10-3 所示。表中专利号后面的数字表示被引用频次。

表 10-3 天宝公司历年在各技术分支重要专利

年 份	航海/ 被引用频次	飞机导航/ 被引用频次	LBS/ 被引用频次	建筑/ 被引用频次
1991	US5202829A/288			
1992	US5450344A/118		US5418537A/299 （位置监控）	
1993			US5311197A/193 （车辆导航）	US6304210B1/20
1994			US5528248A/276 （位置服务）	US5465493A/11
1995	US5686924A/35		US5699255A/149 （车辆导航）	US5610818A/13
1996		US5820080A/41	US5938721A/377 （车辆导航）	US5883817A/21
1997		US6064335A/44	US5877724A206 （位置服务）	

续表

年　份	航海/ 被引用频次	飞机导航/ 被引用频次	LBS/ 被引用频次	建筑/ 被引用频次
1998	US6140957A/39	US5952961A/31	US6141610A/88 （位置监控）	US6052181A/25
1999			US6611755B1/164 （车辆导航）	US6299934B1/32
2000			US6674849B1/31 （位置服务）	
2001		US6675095B1/48	US6553313B1/24 （车辆导航）	US7287336B1/2
2002			US7050907B1/31 （位置监控）	EP1573271A1/11
2003		US6847893B1/20	US7359713B1/12 （位置监控）	
2004			US7574290B2/6 （车辆导航）	US6954999B1/15
2005			US7363154B2/6 （车辆导航）	US7245999B2/2
2006			US7634380B2/7 （位置监控）	EP2054555A2/2
2007			US8306551B2/6 （位置服务）	US8144000B2/0
2008			US8103438B2/3 （车辆导航）	US2010129152A1/1
2009			US8125529B2/2 （位置监控）	US2010221067A1/1
2010			GB2482068B/0 （位置监控）	US2012136475A1/0
2011				US2012323534A1/0
2012				US2012331061A1/0

续表

年份	农业/ 被引用频次	地震/ 被引用频次	授时与同步/ 被引用频次	机械/ 被引用频次	公共安全/ 被引用频次
1991					
1992					
1993			US5510797A/89		
1994	US5838277A/36		US5479351A/37		
1995			US5642285A/108	US5862501A/21	
1996	US5791294A/28		US5815539A/30		
1997	US5987383A/56	US5978313A/28		US6447240B1/5	
1998	US6199000B1/121	US6226601B1/53	US6483856B1/13	US6324455B1/20	
1999	US6243649B1/20		US6199170B1/26	US6253160B1/14	
2000	US6424295B1/11	WO0116622A1/8		US6466134B1/10	
2001	US6549849B2/3			US6530721B2/0	
2002				US7313476B2/13	
2003	US7054731B1/13				US7584353B2/12
2004	US7363132B2/8			US7161254B1/14	
2005	US7860628B2/13		US7365681B2/4	US7168174B2/12	
2006	US7661516B2/4			US7266467B1/4	
2007			US7917654B2/0	US7576690B2/2	
2008	US8401744B2/2			US8091256B2/1	
2009	US8275516B2/1			US8224518B2/1	
2010	US2011278381A1/0			US2011187548A1/1	
2011	US2012200697A1/0			US2013019674A1/0	
2012					US2012191349A1/0

续表

年份	RFID/ 被引用频次	矿业/ 被引用频次	软件/ 被引用频次	无线通信/ 被引用频次
1991				
1992			US5357527A/18	US5313457A/96
1993				US5412660A/136
1994			US5852825A/33	US6038444A/42
1995			US6336074B1/17	US5678182A/37
1996		US5950140A	US5761456A/18	
1997			US5832493A/69	
1998			US6016142A/76	US6307505B1/13
1999				US6795410B1/3
2000			US6742079B1/4	US7590681B1/6
2001				US7983419B2/16
2002			US7316033B2/36	
2003				
2004			US7570761B2/11	US7287154B1/2
2005	US7898391B2/16			
2006	US8081063B2/0			US7613468B2/0
2007				WO2009025501A2/0
2008				US8200238B2/0
2009	US8196831B2/3			
2010				
2011	US2013060520A1/0			
2012				

使用同样的方法，课题组得出天宝公司 GNSS 领域的重要专利，如表 10-4 所示。表中专利号后面的数字表示被引用频次。

表10-4 GNSS各技术分支重要专利引用关系

年份	AGPS/被引用频次	DGPS/被引用频次	RTK/被引用频次	VRS/被引用频次	基带/被引用频次
1990					US4970523A/43（测速）
1991		US5148179A/138			US5202694A/27（抗多路径）
1992		US5323322A/293			US5296861A/127（测姿）
1993		US5450448A/45			US5402347A/192（缩短定位时间）
1994	US5936572A/128	US5477458A/126	US5519620A/67		US5592173A/273（省电）
1995	US6369755B1/19	US6009551A/58	US5610614A/17		US5917444A/117（缩短定位时间）
1996	US5748144A/5	US5928306A/30	US5841026A/28		US5663735A/209（缩短定位时间）
1997	US6091358A/20	US5877725A/88	US5936573A/29	US6324473B1/53	US5907578A/36（抗多路径）
1998	US6122506A/122	US6392589B1/4	US6127968A/26	US6229478B1/47	US6298083B1/32（省电）
1999	US6198432B1/20	US6373429B1/12	US6512928B1/12		US6191731B1/37（测速）
2000		US6490524B1/10	US6799116B2/19		US6888879B1/24（抗多路径）
2001	US6473032B1/23				US6898234B1/9（抗多路径）
2002	US7783423B2/3		US6985104B2/0		US6879913B1/5（消除钟差）
2003	US7580794B2/3		US6879283B1/10	US7432853B2/26	US7161977B1/6（缩短定位时间）
2004	US7271766B2/7			US7711480B2/2	US7362795B1/3（定位）

续表

年份	AGPS/被引用频次	DGPS/被引用频次	RTK/被引用频次	VRS/被引用频次	基带/被引用频次
2005	US7283091B1/6		US7079075B1/6	US7868820B2/30	US7541975B2/3（定位）
2006	US7589671B2/3		US7515100B2/1	US7755542B2/17	US7706976B1/1（定位）
2007			US2010141515A1/11		US2010253575A1/14（定位）
2008	US2012229262A1/0				US2011140959A1/11（缩短定位时间）
2009			US2012162007A1/6		
2010			US2012154215A1/4		
2011					
2012			WO2012128979A		

10.6.2 技术路线

基于以上对天宝公司的重要专利及其专利申请和技术状况的分析，课题组构建出天宝公司在 GNSS 技术的应用领域的技术发展图。详见图 10-29（见文前彩色插图第 6 页）所示。

由图 10-29 可见，天宝公司以 GPS 接收机起家，然后逐渐扩大 GPS 接收机的应用领域，其始终坚持以 GNSS 定位技术为公司研发和发展的核心，不断丰富定位手段，提高定位精度。在定位精度得到明显提高之后，天宝公司开始不断地把高精度定位技术向导航、建筑、农业、机械等应用领域进行扩展。

10.7　GNSS 核心技术

GNSS 产品是天宝公司的核心产品，与之相对应的 GNSS 定位技术是天宝公司的核心技术。天宝公司正是依靠其在 GNSS 定位领域的技术优势逐渐成长为卫星导航定位领域的龙头企业。

10.7.1 GNSS 核心技术

多年来天宝公司一直致力于高精度连续运行基准站 GPS 设备的研制工作。天宝公司的 GNSS 设备在世界范围内广泛应用于地震板块运动监测、沉降变形监测、气象观测等高精度应用领域。VRS 虚拟参考站技术的出现更使固定 GPS 观测网具有提供多种服务的能力，使 GPS 网内的交通、测绘、环保、市政、勘探、管线等所有需要定位的用户得到服务，大大提高了网络利用率和城市管理水平。

天宝公司的技术发展可以说是沿着 DGPS—RTK—CORS（网络 RTK）这一路线进行的。目前出现的伪卫星技术，从本质上来说是差分 GPS（DGPS）的特殊方案。虚拟参考站 VRS 是目前网络 RTK 的一种主要技术实现方法。天宝公司采用 VRS 技术的产品占领了全球大部分市场。比如，我国很多勘探设计院购买的天宝公司的 GPSNET 软件，就是采用了 VRS 技术。

VRS 技术是天宝公司在 1997 年提出的一种网络 RTK 技术，并已申请专利 US6324473B1 进行保护。下面对 VRS 技术进行简单介绍。

RTK 技术在应用中主要受到以下限制：①用户需要架设本地的参考站；②误差随距离增长；③误差增长使流动站和参考站距离受到限制（<15km）；④可靠性和可行性随距离降低。

VRS 技术的出现克服了以上的局限性。它使一个地区的所有测绘工作成为一个有机的整体，结束了以前 GPS 作业单打独斗的局面。同时，它大大扩展了 RTK 的作业范围，使 GPS 的应用更广泛，精度和可靠性进一步提高，使从前许多 GPS 无法完成的任务得以完成。最重要的是，在具备上述优点的同时，建立 GPS 网络的成本反而会极大地降低。天宝公司首先在 1997 年对 VRS 技术进行专利申请。然后经过 3 年时间的系统测试，天宝公司于 2000 年正式推出了采用 VRS 技术的产品。

VRS 系统包括三个部分：控制中心、固定站和用户部分。

控制中心是整个系统的核心。它既是通信控制中心，也是数据处理中心。它通过通信线（如光缆、ISDN、电话线等）与所有的固定参考站通信，通过无线网络（GSM、CDMA、GPRS）与移动用户通信，并由计算机实时控制整个系统的运行，所以控制中心的软件 GPS - NET 既是数据处理软件，也是系统管理软件。固定参考站是固定的 GPS 接收系统，分布在整个网络中。一个 VRS 网络可包括无数个站，但最少要 3 个站。站与站之间的距离可达 70 千米（传统高精度 GPS 网络，站间距离不过 10~20 千米）。固定站与控制中心之间有通信线相连，数据实时传送到控制中心。用户部分就是用户的接收机加上无线通信的调制解调器。根据不同需求，接收机可以放置在不同的载体上，如汽车、飞机、农业机器、挖掘机等。当然测量用户也可以把它背在肩上。接收机通过无线网络将自己的初始位置发给控制中心，并接收中心的差分信号，生成厘米级的位置信息。

相对于传统的 RTK，VRS 中的各个固定参考站将所有的原始数据发送给控制中心，而不是直接将未经改正的原始信息传输给用户。它通过与流动站距离最近的几个固定参考站之间的基线计算各项误差，采用一定的算法来大幅削弱这些误差造成的影响。流动站在工作之前，先通过 GSM、GPRS、CDMA 等通信手段向主控中心发送一个 NMEAGGA 格式的概略坐标。主控中心收到这个位置信息后，根据用户所处的位置自动选择一组最佳的参考站，然后根据这些参考站传回的观测信息整体改正 GPS 的轨道误差、电离层和对流层以及大气折射等引起的误差，再通过 NTRIP 协议以 RTCM 的格式将高精度的差分信号发送给流动站。这个差分信号产生的效果相当于在流动站附近建立了一个虚拟的参考基站。流动站根据主控中心回传来的改正信息，实时地差分解算得到精确的点定位，如图 10 – 30 所示。

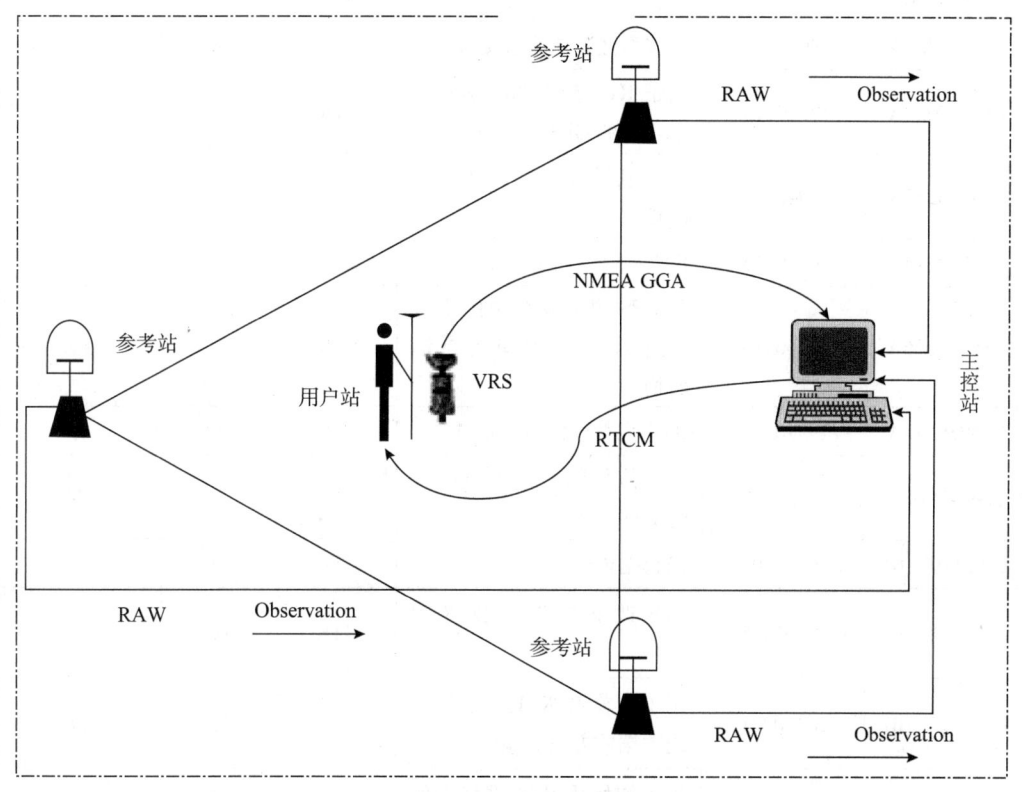

图 10 – 30　VRS 技术构架

VRS 技术大大降低了 GPS 网络建设的费用，用户无须再架设自己的基准站。相对于传统的 RTK 技术，提高了精度。在 VRS 网络控制范围内，精度始终在 ±1～2 厘米。费用的降低、覆盖范围的扩大，尤其是定位精度的提高，使得 VRS 技术广泛地应用在城市规划、市政建设、交通管理、机械控制、气象、环保、农业以及所有在室外进行的勘测工作中。

10.7.2　GNSS 重点专利

课题组以列表的形式把天宝公司在 GNSS 技术领域的重点专利列出来，如表 10 – 5 所示。

表10-5 天宝公司在 GNSS 技术领域的重点专利

专利号	最早优先权日	发明名称	技术分支	被引频次	是否进入中国
US5148179A	19910627	使用卫星确定差分位置	DGPS	138	否
US5323322A	19920305	网络 DGPS 系统	DGPS	293	否
US5477458A	19940103	载波相位 DGPS 改正网络	DGPS	126	否
US6009551A	19950505	通过卫星接收机的伪距和距离改正的最优化	DGPS	58	否
US5928306A	19960822	自动 DGPS 的方法和系统	DGPS	30	否
US5877725A	19970306	广域增强系统改进接收机	DGPS	88	否
US5519620A	19940218	用于 RTK 测量和控制的厘米精度的 GPS 接收机	RTK	67	否
US5495257A	19940719	用于卫星移动站的逆差分改正	RTK	45	否
US5610614A	19950913	RTK 初始化测试系统	RTK	28	否
US5841026A	19960515	在 GPS 测量系统中的实时操作和后处理间的自动转换	RTK	28	否
US5936573A	19970707	RTK 完整性监测和估计	RTK	29	否
US6127968A	19980128	使用信号频率接收机的实时 RTK 定位系统	RTK	26	否
US6512928B1	19990309	慢数据传输	RTK	12	否
US6799116B2	20001215	GPS 改正方法，装置和信号	RTK	19	否
US6879283B1	20030221	用于传输 RTK 卫星定位系统数据的方法和系统	RTK	10	否
US7515100B2	20061027	用于初始化 RTK 网络操作的方法和系统	RTK	6	否
US6324473B1	19970804	使用网络采集、处理和分发 DGPS 信息的方法和装置	VRS	53	否
US6229478B1	19981105	类似实时 DGPS 网络和服务系统	VRS	47	否
US7432852B2	20031028	三个或更多载波的 GNSS 信号的模糊度估计	VRS	26	否
US7868820B2	20050909	电离层建模装置和方法	VRS	30	是（授权）
US7755542B2	20060307	GNSS 信号处理方法和装置	VRS	17	否

续表

专利号	最早优先权日	发明名称	技术分支	被引频次	是否进入中国
US5936572A	19940204	可携带多位置确定系统	AGPS	128	否
US6122506A	19980504	GSM 移动电话和 GPS 接收机的组合	AGPS	122	否
US5402450A	19920122	信号时间同步器	基带（抗多路径）	111	否
US5296861A	19921113	在差分载波姿态测量系统中的直接整数搜索的最大似然估计的方法和装置	基带（测姿）	127	否
US5402347A	19930722	GPS 接收机的卫星搜索方法	基带（缩短定位时间）	192	否
US5420593A	19930409	在初始捕获和再次捕获 GPS 信号的加速码相关搜索的方法和装置	基带（缩短定位时间）	167	否
US5504684A	19931210	单芯片 GPS 接收器数字化信号处理和微处理器	基带（芯片制造）	141	否
US5592173A	19940718	具有低功耗的 GPS 接收机	基带（省电）	273	否
US5917444A	19951120	在卫星接收机中减小首次定位时间	基带（缩短）	117	否
US5663735A	19960520	在卫星接收机中改善首次定位时间	基带（缩短定位时间）	209	否
US5923287A	19970401	联合 GPS/GLONASS 卫星定位系统接收机	基带（多模）	35	否

10.7.3 GNSS 技术路线

根据对天宝公司在 GNSS 技术领域的重点专利、技术和对应的产品的分析，可得到图 10-31（见文前彩色插图第 7 页）所示的天宝公司在 GNSS 定位领域的技术路线图。该图印证了前文对天宝公司在 GNSS 技术分支申请量年代变化情况的分析。

10.8 发明人团队

天宝公司申请了一千多项发明专利。他们的研发团队在卫星定位技术、导航应用等方面都作了很多研究。下面根据专利涉及的技术领域来分别分析天宝公司的研发团队。这样可以更有针对性地关注该公司在每一技术分支的发展趋势。

10.8.1 测绘和 GNSS 定位技术

根据前面的分析，卫星定位技术是测绘技术的一个重要组成部分。与此相对应地，天宝公司测绘领域的许多主要研发人员也同时是其卫星定位技术领域的主要研发人员。

图 10-32 示出了天宝公司测绘领域申请量排名前 10 位的发明人，图 10-33 示出了天宝公司 GNSS 定位技术的申请量排名前 10 位的发明人。由两图所示，有 7 位主要发明人是相同的，分别是 Talbot、Vollath、Lennen、Janky、Loomis、Allison、Schipper。

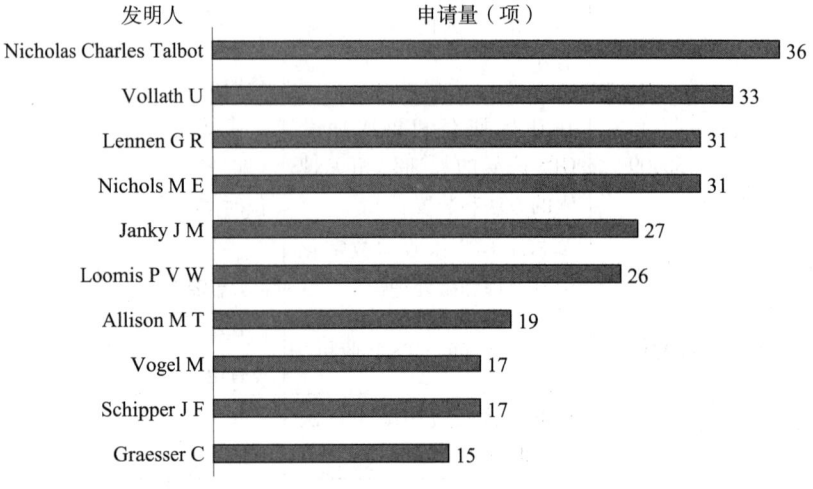

图 10-32　天宝公司测绘领域重要发明人

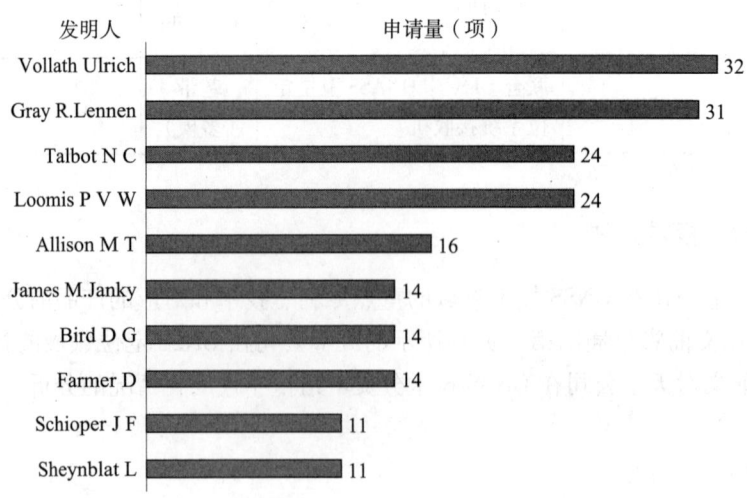

图 10-33　天宝公司 GNSS 定位技术的重要发明人

测绘领域申请量最多的发明人 Nicholas Charles Talbot，澳大利亚人。他的申请主要集中在激光仪器、外业方法以及 VRS 技术上，如 2008 年申请的涉及建筑工程的激光发射器的 US2012194889A1、2009 年申请的涉及 GNSS 测量方法和设备的 US2011285587A1。

天宝公司卫星定位技术领域的重要发明团队中以 Vollath Ulrich 和 Gray R. Lennen 的申请量最多。

Vollath Ulrich（U. 沃尔拉特），德国人，曾在 HHK 公司工作。他在 2008 年 HHK 被天宝公司并购后进入天宝公司，现任天宝公司的基础设施部总经理。近几年他的申请量较大，并且是天宝公司在中国申请量最多的发明人。他的申请主要涉及 VRS 技术。如在 2010 年与 Nicholas Charles Talbot 一起申请的 US8237609B2，涉及 GNSS 接收机的定位方法。

Gray R. Lennen，美国人，很早就开始进行卫星接收机的研发工作。他早在 1990 年就发表了期刊文章《GPS C/A 码接收机》。在他的发明申请中他均作为第一发明人。他的申请主要涉及基带方面的理论和技术创新。如 2007 年申请的 US7664207B2，通过以低信噪比解码 GPS 卫星信号来提高定位解算的速度。

其余重要发明人的申请包括 Loomis P V W 和 Sheynblat L 一起提出的 1992 年优先权的 US5323322A（网络 DGPS 系统）、Loomis P V W 在 1994 年申请的 US5477458A（载波相位 DGPS 改正网络）、Sheynblat L 在 1995 年申请的 US6009551A（通过卫星接收机的伪距和距离改正的最优化）、Allison M T、Nichols M E 和 Talbot N C 一起申请的 1994 年优先权的 US5519620A（用于 RTK 测量和控制的厘米精度的 GPS 接收机）、Loomis P V W 申请的 1994 年优先权的 US5495257A（用于卫星移动站的逆差分改正）、Allison M T、Griffioen P 和 Talbot N C 一起申请的 1995 年优先权的 US5610614A（RTK 初始化测试系统）、Allison M T、Kirk G R、Skoog P N 和 Viney I 一起在 1996 年申请的 US5841026A（在 GPS 测量系统中的实时操作和后处理间的自动转换）；Anderson A E 和 Janky J M 一起在 1999 年申请的 US6512928B1（慢数据传输）、Bird D 和 Longaker H L 一起在 2003 年申请的 US6879283B1（用于传输 RTK 卫星定位系统数据的方法和系统）。

10.8.2 导 航

因为卫星定位技术在导航领域应用最早、最广泛，所以天宝公司导航领域的重要发明人与卫星定位技术的重要发明人也有重合。如图 10-34 所示，天宝公司导航领域申请量排名前 10 位的发明人中的 James M. Janky、Schipper、Loomis 同样也是其卫星定位技术中的重要研发人员。这也证明了导航领域与卫星定位技术的紧密关系。

其中，James M. Janky 在卫星定位技术上申请了 14 项专利、在导航技术上申请了 42 项专利，说明他在导航技术上处于天宝公司领头人的地位。他的申请涉及车辆导航、位置监控和位置服务，如 1996 年申请的 US5938721（基于个人数字辅助的定位）。

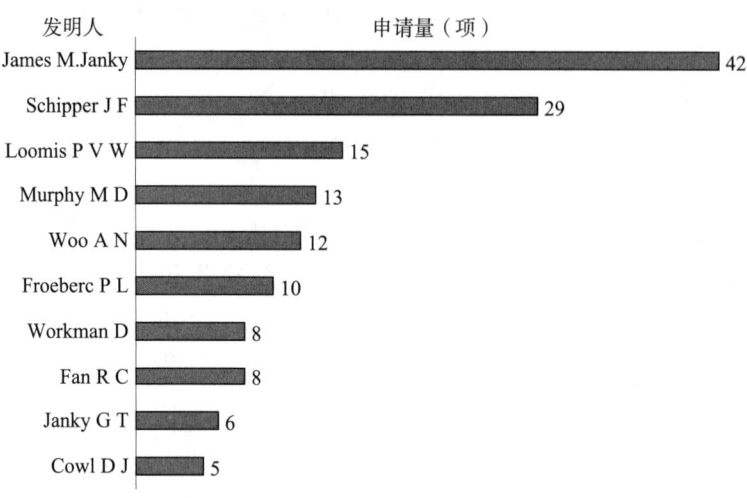

图 10-34　天宝公司导航领域的重要发明人

10.8.3　农　业

天宝公司农业领域的重要发明人与卫星定位技术的重要发明人完全不同,说明农业领域的研发团队是一个独立的团队。这也表明天宝公司在农业领域的申请只是将成熟的卫星定位领域的技术应用于农业生产中,很少针对卫星定位技术本身进行改进。

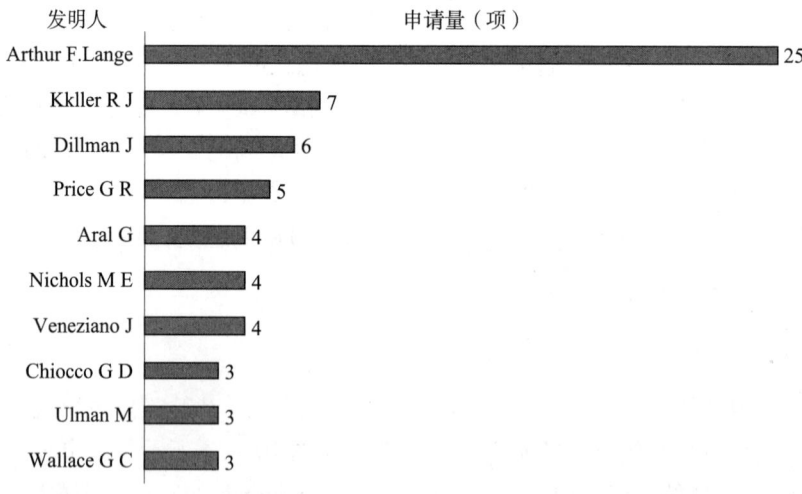

图 10-35　天宝公司农业领域的重要发明人

Arthur F. Lange,美国人,是天宝公司农业领域的主要研发人员。目前他仍主要从事这方面的研究工作。他在农业领域的专利申请量远高于其他人。比较重要的申请如1998 年申请的 US6199000B1(使用 RTKGPS 系统的精细农业的方法和装置)。这项专利的被引用率是 121,是农业领域中最高的。

10.8.4 建　　筑

与农业领域相似，天宝公司建筑领域的重要发明人也与其卫星定位技术的重要发明人完全不同，说明天宝公司在建筑方面的重要研发团队与卫星定位技术的研发团队是相互独立的。

如图10-36所示，从申请数量来看，天宝公司建筑领域申请量排名前10位的发明人之间的差别并不是特别大。申请量最多的是新西兰人Mark Nichols。他现任天宝公司的采矿、建筑和农业部门总经理。他涉及的重要专利包括US6304210B1（目标点定位系统）、US7245999B2（具有基于定位而自启动的施工设备和用于施工设备的方法）等。

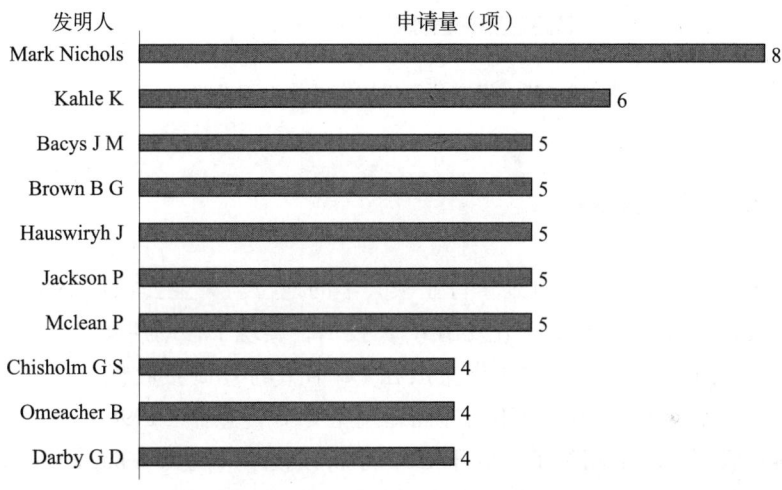

图10-36　天宝公司建筑领域的重要发明人

10.8.5 机　　械

在天宝公司机械领域申请量排名前10位的发明人中，Mark Nichols同时也是建筑领域的重要发明人，Nicholas Charles Talbot同时也是卫星定位技术的重要发明人。这说明天宝公司机械领域的研发团队与其建筑和卫星定位技术的研发团队有重叠，表现在专利申请的内容上则是机械领域技术与建筑和卫星定位技术都有交叉。例如Nicholas Charles Talbot和Mark Nichols曾一起在1997年申请了US5862501A（涉及移动机械的引导控制系统）。

申请量最多的发明人是美国人Richard Piekutowski。他涉及的重要专利主要是US6447240B1（用于挖掘机斗铲的定向系统）、US7168174B2（采矿机械的机械元件位置和方向监控系统）和US8091256B2（装载机高度控制系统）。

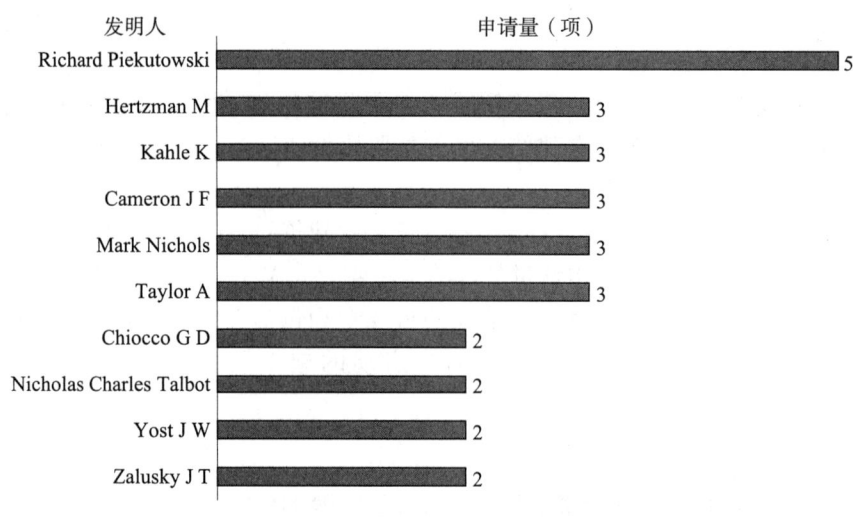

图 10-37　天宝公司机械领域的重要发明人

10.9　公司并购与发展

天宝公司在接收机方面一直处于行业领头羊的地位。天宝公司从 1982 年开始研发基于 GPS 的产品和技术。1992 年开发出 RTK 技术，实现了移动期间 GPS 数据的瞬时更新。1994 年开发出全世界第一款可以集成在 PC 卡上的 GPS 接收机。1995 年又第一个推出适合于笔记本电脑和 PDA 使用的即插即用型 GPS 传感器。1998 年率先将 GPS 和蜂窝通信技术集成到一块电路板上，并于 1999 年将该技术应用到 Seiko Epson 公司的定位通信设备上。这是世界上第一套组合式通信设备，集 PDA、手机、个人导航仪、数码相机四项功能于一身。2000 年开发出一种新的 GPS 架构，即 FirstGPS 技术——采用主机产品的 CPU 来实现 GPS 功能。这样就使 GPS 技术可以集成到越来越多的产品中。随着用户需求的提高及市场向多种专业应用方面的推广，用户需要更灵活、精度更高的 GPS 技术。

2000 年之后天宝并购了包括测绘、导航、机械、农业等多个领域的多家公司，一方面增加了技术实力，另一方面也丰富了产品线、扩大了市场。也就是说，天宝公司以卫星定位技术为核心，以增强定位实力为发展主线，把高精度的位置服务扩展到了各个应用领域。

10.9.1　整体发展

天宝公司在 2000 年之后，可以说是一直致力于企业的并购与合作。除了测绘、导航、农业、建筑和机械五大领域的并购与合作之外，还并购了一些电力、软件、地震等领域的公司，来提升其在其他领域的技术实力。另外，为了快速占领除美国之外的国家的市场，分别与日本的 Nikon（尼康）、中国的中铁二院等进行合作。图 10-38 是天宝公司的并购合作清单。

第 10 章 天宝（Trimble）公司

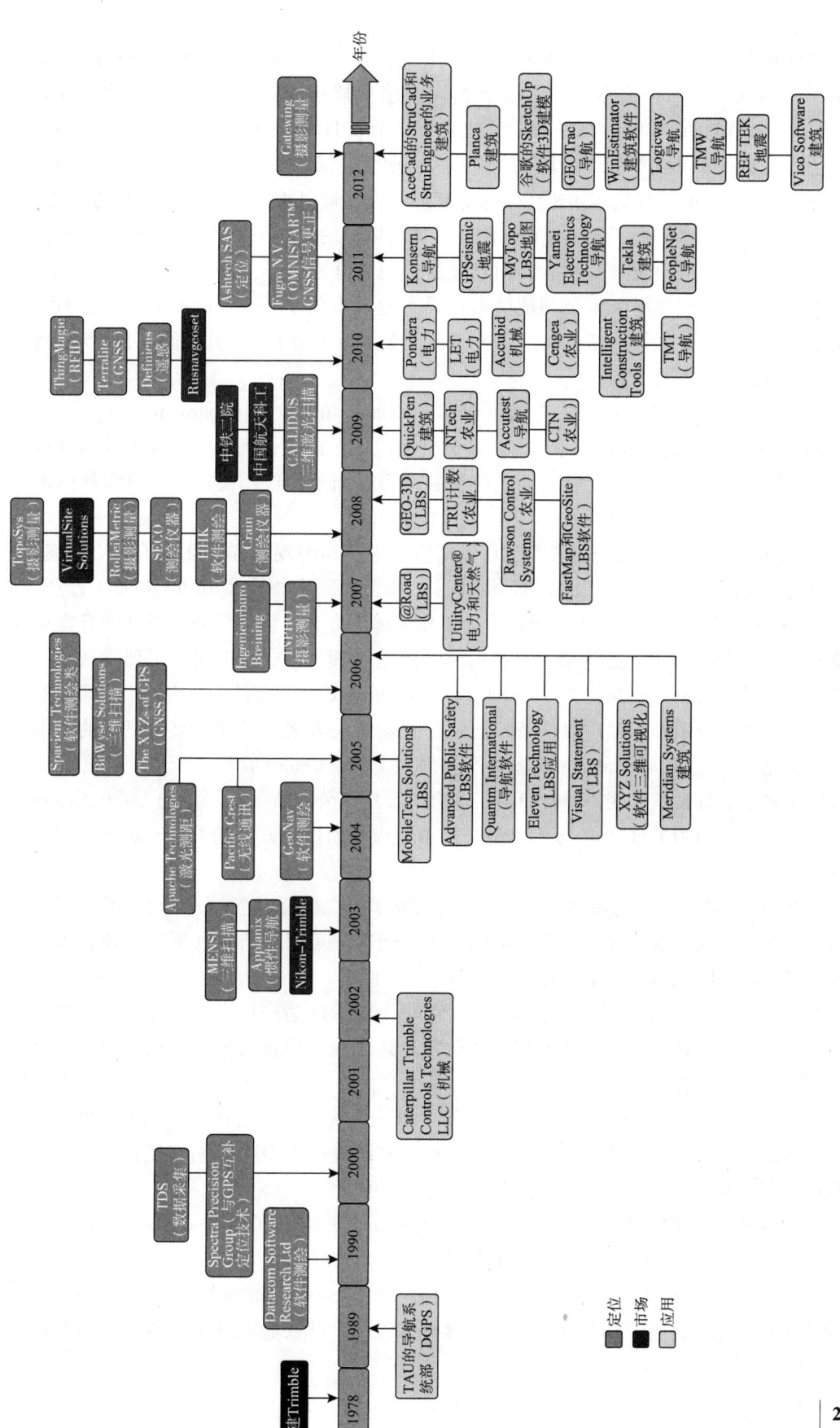

图 10-38 天宝公司并购图

2003年3月，天宝公司与Nikon公司在日本组建了一家双方各占50%股份的合资企业——Nikon-Trimble有限公司，主要面向测绘仪器市场。这家公司还承担Nikon Geotecs有限公司在日本的运行任务。这家合资企业在日本不仅经销Nikon测绘产品，而且经销天宝公司测绘产品，其中包括GPS和自动全站仪。在日本以外的国际市场上，天宝公司变成了Nikon测绘与建筑产品的专有经销商。通过地理扩张和市场渗透方式，这家合资企业进一步扩大了天宝公司在测绘仪器领域里的市场份额。Nikon仪器不仅拓宽了天宝公司测绘与建筑产品组合，而且能使公司更好地进军俄罗斯、东欧、印度和中国的新兴市场。它使得天宝公司能够向世界各地现有的Nikon用户销售自己的GPS和全站仪技术。除此之外，新公司还提升了天宝公司在日本的市场份额，而日本依然是测绘仪器的一个主要市场。

2007年9月，天宝公司成功并购了德国Kirchheim的Ingenieurburo Breining公司。Breining是一家定制化现场数据采集和内业软件解决方案的提供商，主要面向德国测量与地籍市场。这次并购使得天宝公司能够更好地满足当地的应用需求，可以为德国市场提供定制化的测量解决方案。

2007年11月，为了在公用事业市场上增强天宝公司的现场和移动员工解决方案，天宝公司从美国亚拉巴马州Huntsville私营的UAI公司手中收购了Utility Center资产。Utility Center软件可以提供内容广泛的成套工作流解决方案，能够使公用事业的日常业务操作完全自动化：从业务管理、资产清单、断电管理、作业订单跟踪，到遵从性管理报告和现场地图更新，都能实现自动化。收购Utility Center软件，使得天宝公司能够向电力和天然气公用事业客户提供特定行业的现场解决方案。借助一整套坚固的数据采集和移动计算设备、TerraSync现场资产软件和Utility Center软件，天宝公司客户可以使许多复杂的日常操作变得非常简单。电力与天然气公用事业市场用的Utility Center软件，与天宝公司为了自来水/废水处理公用事业市场而设计开发的Fieldport软件可以实现优势互补。

2008年10月，天宝公司和卡特彼勒公司成立了第二家合资企业。新公司整合了两家母公司在产品设计及软件开发等领域的技术，使客户可以更有效和更安全地管理他们的设备车队、降低运营成本、提高生产率。

2010年1月，天宝公司收购了Pondera公司。Pondera为高压电力传输和配电线路工程提供选址、设计、优化和维护的服务软件。此次收购使得天宝公司在电力公用事业行业占有了战略主动权。

2010年3月，天宝公司收购了LET系统。LET系统是国际公认的公用事业事件和停电管理系统（OMS）解决方案的领导者。LET系统提供了OMS，网络建模，客户接触和电、气、水和废水处理行业的移动人力资源管理软件。

2010年6月，天宝和俄罗斯空间系统在俄罗斯合资组建了Rusnavgeoset公司。双方各拥有50%的股份。此次合作的目的是进入俄罗斯市场。

2011年3月，天宝公司收购了软件公司梅斯塔Konsern。梅斯塔Konsern是挪威最大的公路和高速公路建设以及相关运营和维护承包商。此次收购帮助天宝公司顺利打入了北欧市场。

2011年5月，为了扩大其在地震勘查行业的市场，天宝公司收购了Dynamic Survey Solutions。GPSeismic软件用于处理和管理数据。地球物理承包商、地震调查公司、石油公司等都使用该软件。

2012年4月，天宝公司收购了比利时的Gatewing。该公司是摄影和快速地形测绘应用轻型无人飞行器（UAV）的提供商。此次收购扩大了天宝公司的测量解决方案的平台。

2012年10月，天宝公司收购了Refraction Technology（REF TEK），它主营地震传感器和高频数据记录系统。REF TEK提供地震仪、地震记录仪、运动记录仪、加速度计以及为政府、科研等监测机构的地震和地震工程系统的软件。它可用于减轻地震灾害，应急响应和预警评估，施工规范和土地使用规划，以及石油、天然气和采矿勘探。此次收购补充了天宝公司在基础科学研究和监控应用方面的能力。

10.9.2　测绘领域

测绘领域的产品是天宝公司的主要产品。天宝公司一直以增强定位实力为发展主线，不断并购相关公司，丰富其定位手段。其并购路线如图10-39所示。

1990年，天宝公司并购了新西兰的Datacom Software Research公司。这次并购不仅使天宝公司在拓展市场方面取得新的进展，而且使该公司能够提供新的测绘软件产品。这次收购还加强了天宝公司的研发实力，使得天宝公司在收购的第二年即1991年在测绘领域的申请量开始增多，其提出了涉及DGPS的US5148179A和抗多路径的US5202694A。

2000年，天宝公司成功并购了Spectra Precision Group。这是一家业内领先的定位解决方案提供商，主要面向建筑、测量、农业市场。通过这次并购活动，天宝公司获得了意义重大的、与GPS互补的定位技术资源，其中包括激光和其他光学定位设备。同年，天宝公司还成功并购了Tripod Data Systems（TDS）。这是一家业内领先的数据采集软件和硬件开发商，主要面向土地测量、建筑和GIS市场。这两次并购是天宝公司发展战略目标的重要组成部分，改变了天宝公司单纯依靠卫星定位的研发方向。Spectra Precision Group增强了天宝公司在激光等光学仪器上的研发实力，并带入了大量专利。比如：1997年的US6263004B1（激光仪器），2000年并购之后申请的US6381006B1（通过激光波束时间标签的三角测量进行空间定位）和US6643004B2（通过激光定位和定向用于测绘和建筑中的通信装置）。

2000年之后，天宝公司根据卫星定位技术的发展状况，并购了大量涉及光学仪器、惯性导航、定位软件等可补充定位手段的公司。

2003年6月，天宝公司成功并购了加拿大安大略省Applanix公司。这是一家业内领先的惯性导航系统（INS）和GPS技术系统集成开发商。这次并购，不仅扩展了天宝公司的技术资源，而且提升了未来定位产品的功能和坚固性。这次并购的焦点在于测绘和建筑产品线。INS技术增强后的GPS产品不仅可以改善卫星跟踪能力，

图 10-39　天宝公司测绘领域并购关系

而且可以加快重新捕获速度，从而实现精确 RTK 定位。这些优势在 GPS 卫星信号受到阻挡的情况下显得特别重要，特别是在高楼林立的市区和树木繁茂的林区，优势更加明显。这次收购补充了天宝公司在辅助卫星定位方面的实力，尤其是在卫星信号受到阻挡的情况下辅助定位的技术实力，如 US6834234B2（2001 年，辅助惯性导航系统）。

2003 年 12 月，天宝公司成功并购了法国的 MENSI 有限公司。这是一家业内领先的陆地三维扫描技术开发商。在天宝公司其他定位技术的基础上增加三维扫描技术，既可以加速新产品的开发，又使得天宝公司能够在现有的测绘、工程和建筑市场上进一步提升工作效率和生产能力。与其他工具相比，三维扫描技术使得用户能够采集和使用更多数量的三维数据。这次并购填补了天宝公司在三维扫描产品上的空白，丰富了天宝公司的定位技术，如 US7583365B2（2006 年，使用可控光束扫描装置和控制器的扫描装置和方法）。

2004 年 7 月，天宝公司成功并购了德国 Wunstorf 的 GeoNav 公司。这是一家定制化现场数据采集解决方案提供商，主要面向欧洲地籍测量市场。增加 GeoNav 的软件资源、技术专长和产品，不仅可以使天宝公司更好地满足当地的应用需求，而且可以向欧洲市场提供定制化的测量解决方案。GeoNav 的软件产品套件可以和天宝公司完整的测绘系统产品线天衣无缝地一起工作，其中包括 GPS 移动站、基站和光学全站仪。它们也能提供对于精确实时测量结果的获取、处理和显示功能。这次并购增加了天宝公司在测绘领域的软件处理方面的实力。

2005 年 1 月，为了进一步扩展自己的无线通信能力，天宝公司成功并购了美国加利福尼亚州 Santa Clara 的 Pacific Crest 公司。Pacific Crest 是一家业内领先的无线数据通信系统提供商，主要面向定位和环境监测应用。Pacific Crest 高质量的无线电调制解调器，可以提供提升 GPS 精度所必需的数据链路。这次并购充分利用无线通信优势提升精度性能，比如 RTK 测量和土方运输操作的建筑机械控制。

2005 年 4 月，天宝公司成功并购了美国俄亥俄州的 Apache Technologies 公司。Apache Technologies 主要负责设计、制造和经销专业的激光产品，面向建筑水准和对齐应用。这次并购进一步扩展了天宝公司的激光产品组合，主要应用于手持式激光探测器、入门级机械显示控制系统，如 US7409312B2（2007 年，使用 GPS 接收器提供二维位置数据的有高度修正的手持式激光探测器）。

2006 年，天宝公司先后成功收购了美国的 The XYZs of GPS 公司、BitWyse Solutions 公司和 Spacient Technologies 公司。这三家公司分别涉及全球导航卫星系统参考站完整性监视与动态定位软件、三维数据扫描软件和绘图软件。The XYZs of GPS 主要开发实时全球导航卫星系统参考站完整性监视与动态定位软件，面向米级、分米级和厘米级精度应用。收购 The XYZs of GPS 的知识产权，进一步扩展了天宝公司基础设施解决方案的产品组合。它提供的软件增强了差分 GNSS 改正系统，可以帮助导航、测绘、土木工程、水文地理学、制图与 GIS、科学研究等海洋应用。BitWyse Solutions 是一家业内领先的数据管理公司，主要经营工程与建筑工厂设计中的二维和三维应用软件。收购 BitWyse Solutions 公司资产，进一步扩展了天宝公司三维扫描解决方案的产品组合，使其在能源、加工处理、生产工厂等垂直市场上可以提供特定应用的软件功能。这些市场正在越来越多地使用三维扫描数据，创建竣工图纸，验证建筑设计规范，提升工作效率。

2007 年 2 月，天宝公司成功并购了德国斯图加特的 INPHO 公司。INPHO 是摄影测量和数字表面建模的行业领袖，主要面向航空测量、制图和遥感应用。INPHO 产品的用户主要是服务性公司，通过摄影测量和激光雷达采集地球空间数据，向政府部门提供地球空间信息。摄影测量功能使得天宝公司增添了新的业务领域，可以更好地进军地球空间信息行业，而天宝公司原先的业务重点是基于地面或地球的定位解决方案。这次并购使得天宝公司在摄影测量方面的申请量在 2009 年达到最多。

2008 年，天宝公司又先后收购了 Crain、HHK、SECO、RolleMeric 和 TopoSys。其中，Crain 公司是一家地球空间信息学、测量、测绘、建筑等行业的配件的制造商。Crain 的产品线包括三脚架、两脚架、测量标尺、棱镜、GPS 杆等测量和定位仪器。这次并购补充了天宝公司在测绘仪器配件上的实力。HHK 是一家德国公司，主营地籍调查方面的软件解决方案。2008 年 7 月,天宝公司收购了位于加利福尼亚的 SECO 制造公司。这次收购是对 Crain 收购的补充。因为 SECO 原是 Crain 公司供货商,主营金属配件产品的研发、制造和加工,同时更侧重于聚合物和复合材料为基础的产品。此外,天宝公司也可以利用 SECO 和 Crain 在世界各地的分销渠道,进一步扩大其市场占有率。2008 年 10 月,天宝公司收购 RolleiMetric 公司。RolleiMetric 是空中成像和地面近景摄影测量相机系统的领先供应商。天宝公司通过 RolleiMetric 航空工业相机(AIC)与航空测绘系统的技术和它们在用户中已经建立起的良好声誉,达到有效补充空间成像方面技术的目的。2008 年 11 月天宝收购了德国的 TopoSys 公司。TopoSys 主营包括激光雷达和空中摄像机的空中数据收集系统。这次并购扩展了天宝公司在摄影测量方面的实力。

2009 年 1 月,天宝公司收购了德国的 CALLIDUS 精密系统有限公司。CALLIDUS 是一家针对工业市场的三维激光扫描技术公司。CALLIDUS 的产品提高了天宝公司在高精度和中精度的 3D 扫描技术组合。

2010 年 6 月,天宝公司收购 Definiens 公司的地球科学业务。该业务包括地理信息遥感影像分析软件 eCognition。该软件可以处理所有常见的数据源,如中高分辨率卫星、高分辨率航拍、激光扫描仪、雷达和高光谱数据。这次收购拓宽了天宝公司的地理空间技术。2010 年 10 月,天宝公司收购 Terralite 的资产 Novariant 的定位解决方案。Terralite XPS 技术是一种可扩展的基础设施,产生的信号可以进行实时定位,以加强现有的 GPS 覆盖。该技术使用基于地面的传输站网络广播一个专有的信号到一个或多个移动 GPS + XPS 接收机。这次并购可以使装备 GPS 的设备,如钻机、推土机、铲和拖运卡车,在传统的 GPS 卫星信号可能会受到妨碍或无法获得连续实时定位信息的地方具备定位能力。还是在 2010 年 10 月,天宝公司收购了 ThingMagic 公司。ThingMagic 公司是一家射频识别(RFID)技术公司。此次收购扩大了天宝公司的定位技术组合。

2011 年 3 月,天宝公司从 Fugro N V 收购了与 OMNISTAR GNSS 信号更正业务相关的部门。此次收购显著扩大了天宝公司为农业、建筑、测绘与地理信息系统等应用提供全球陆基校正服务的能力。2011 年 4 月,天宝收购了 Ashtech SAS 公司。此次收购扩大了天宝公司光谱精仪的解决方案组合。

10.9.3 导航领域

天宝公司很早就开始导航产品的研发。早在 2001 年 4 月,天宝公司就组建了移动解决方案事业部,旨在向移动工作场所提供基于互联网的定位服务。这种新的功能允许天宝公司充分利用其现有的无线业务能力,提供完整的端到端车队管理解决方案,同时着重拓展启用定位移动设备的新兴市场。

天宝公司从 2005 年开始大规模并购导航产业的相关企业或与之进行合作。具体并购路线如图 10-40 所示。

2005 年 10 月,为了更好地增强现场员工管理,天宝公司成功并购了美国得克萨斯

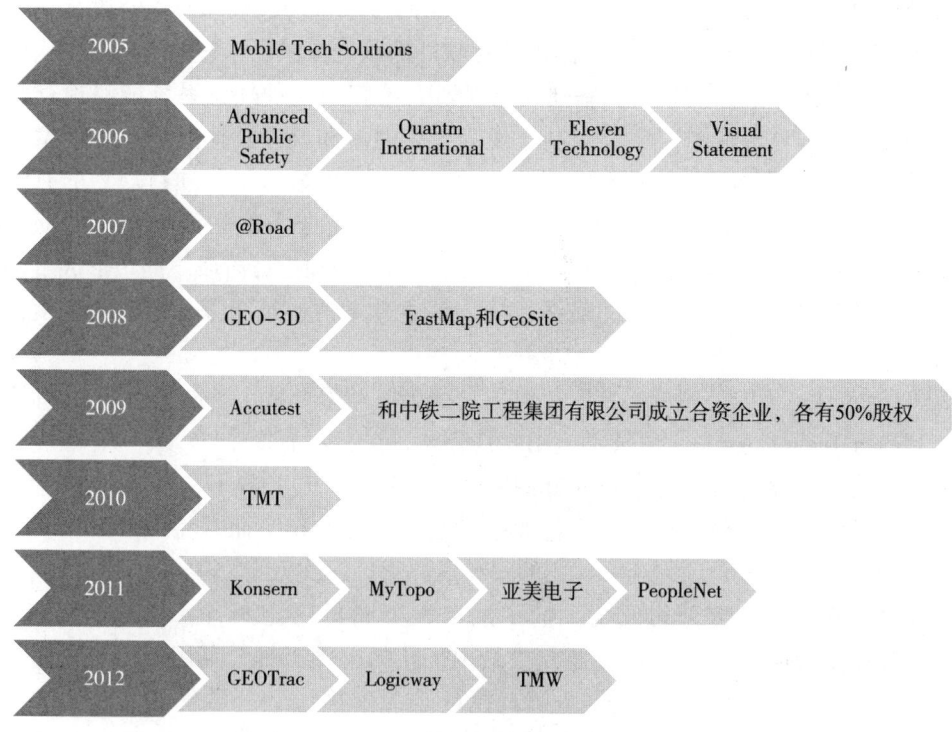

图 10-40 天宝公司导航领域并购关系

州达拉斯的 MobileTech Solutions 公司（MTS）。MTS 不仅可以提供现场员工自动化管理解决方案，而且在店铺直送（DSD）行业占据领先的市场地位。目前在 DSD 行业大约拥有 200000 台车辆。MTS 解决方案可以自动向零售商店销售和发送大批量消费产品，例如烘烤食品、饮料、奶制品、冷冻食品。它通过手持移动计算设备，向移动的现场员工提供实时信息，从而改进客户服务水平，做到交货准时、计价精确。这种交钥匙方式的解决方案，包括多种移动硬件和软件，可以与供应商现有的企业资源计划（ERP）软件系统天衣无缝地集成在一起。通过这次并购，天宝公司可以将高度集成的车队管理和移动计算解决方案提交给 DSD 行业。

2006 年 1 月，天宝公司成功并购了美国佛罗里达州 Deerfield Beach 的 Advanced Public Safety 公司（APS）。APS 是一家业内领先的软件开发公司，主要开发执法部门、消防救援部门和公共安全部门使用的移动和手持软件产品。APS 软件通过车载计算机和手持式移动计算设备向警察提供实时信息，从而提高精度、改进安全性、提升工作效率。APS 软件可以和公共安全部门的计算机辅助派遣（CAD）、犯罪数据库和档案管理系统天衣无缝地集成在一起。除此之外，APS 还可以向消防救援人员提供多种软件解决方案、帮助完成勘察报告和急救医疗报告，以及测量和车辆自动定位（AVL）应用。通过并购 APS，天宝公司可以充分利用 Tripod Data Systems 的坚固型移动计算设备和天宝 Mobile Solutions 的车队管理系统，向公共安全行业提供完整的移动资源解决方案。

2006 年 4 月，天宝公司成功并购了澳大利亚的 Quantm International 公司及其分公司 Quantm 有限公司。Quantm 是运输路由优化软件的领先提供商。它的软件主要应用于公路、铁路、管道、运河的规划。基础设施规划人员使用这种软件系统能够检查和选择路由通道，使得建设成本、环境限制、规避现有地形和遵守法律义务诸多因素同时得到优化。对于建议的路由进行改进后的解决方案，可以显著降低项目规划的时间和成本。Quantm 软件生成的运输路由调整功能，使得天宝公司的联合作业（Connected Construction Site）战略如虎添翼，在运输项目的规划阶段和设计阶段之间，形成了一种更加紧密的连接环节。联合作业的最终目标，是通过增强建筑流程信息的集成度，提升工作效率。

2006 年 5 月，天宝公司成功并购了美国马萨诸塞州 Cambridge 的 Eleven Technology 公司。Eleven Technology 是一家移动应用软件公司，在大众消费品（CPG）行业拥有领先的市场地位和技术优势。通过并购 Mobile Tech Solutions 和 Eleven Technology，天宝公司不仅进一步确立了自己在这一垂直行业市场上的领先地位，而且将自己的移动员工和车队管理应用软件融合到完全一体化的移动资源管理解决方案之中。

2006 年 10 月，天宝公司成功并购了加拿大英属哥伦比亚省 Kamloops 的 Visual Statement 公司。Visual Statement 主要提供最现代化的软件工具，可用于犯罪与碰撞事故的调查、分析、重构，同时提供全国范围的企业解决方案，供公共安全部门进行申报和分析使用。该公司在移动解决方案业务领域增加的投资，可以对天宝公司向移动员工提供高效率解决方案的业务发展战略提供强有力的支持。并购 Visual Statement，可以与天宝子公司 Advanced Public Safety（APS）形成优势互补关系。APS 与 Visual Statement 的完美组合，可以向整个美洲的公共安全部门提供内容广泛的全套解决方案。

2007 年 2 月，天宝公司成功并购了美国加利福尼亚州 Fremont 公开出售的 @ Road 公司。该并购增加了在天宝公司移动解决方案（TMS）领域的投资，同时增强了在该领域的发展战略。并购 @ Road 奠定了天宝公司在提供移动资源管理（MRM）解决方案领域的市场领袖地位。除了拥有业内领先的技术之外，@ Road 还深入开发行业专门技术，在 MRM 解决方案范围内具备强大的现场服务管理能力，可以轻松应对各行各业面临的挑战。应用领域包括交通运输、物流配送、远程通信、电缆、现场服务、公用事业、设备管理和公共工程。这次并购可以与天宝公司现有的专门技术形成优势互补，更好地为建筑供应、店铺直送、公共安全和公用事业行业提供服务。

2008 年 1 月，天宝公司收购了加拿大蒙特利尔的 GEO－3D 公司。GEO－3D 是路边基础设施资产清查解决方案的领导者。GEO－3D 的地理参考土地摄像系统迅速记录图像和定位的信息，编目路边的基础设施，如路牌、护栏、路灯杆及其他资产。路边资产库存管理自动化，交通和公用事业机构可以用以在基础设施的整个生命周期中提高生产率。这次并购增强了天宝公司的车辆导航技术实力。2008 年 12 月，天宝公司收购 FastMap 和 GeoSite 的软件资产。天宝公司收购了包括软件开发、专业服务和商务开发团队，提高了 GIS 软件服务的能力。

2009 年，天宝公司收购了英国的 Accutest 工程解决方案有限公司。在汽车行业中，Accutest 的车辆诊断和远程信息处理技术具有一定的优势。这次收购扩大了天宝公司为各种轻型和长途货运车队提供管理、监控等导航服务的能力。在 2009 年 5 月，天宝公司和中国航天科工信息技术研究院签署了一项最终协议，在中国成立一家合资企业，双方各拥有 50% 的股权。此次合资瞄准的是中国的北斗卫星系统的应用市场。天宝公司希望借此机会能抢先占据中国市场。不过由于各种原因导致该合作不了了之。另外，在 2009 年 11 月，天宝公司与中铁二院合资成立中铁天宝数字工程有限责任公司，双方各拥有 50% 的股权，致力于数字化铁路解决方案。

2010 年 12 月，天宝公司收购移动 Telematics 公司的塔塔汽车零部件有限公司（TMT）。TMT 在印度的远程信息处理解决方案和移动资源管理（MRM）服务市场占据领先地位。此次收购扩大了天宝公司的 MRM 解决方案组合，使天宝公司能够更好地占据印度市场。

2011 年，天宝公司先后收购了 Konsern 公司、MyTopo 公司、亚美电子和 Peoplenet 公司。MyTopo 是为户外运动爱好者提供印刷和数字地图的领先供应商。此次收购扩大了天宝公司在移动位置服务的能力。2011 年 6 月，天宝公司收购了亚美电子技术有限公司。亚美电子制造用于防盗的 GPS 监控和跟踪产品、基于 RFID 技术的智能钥匙产品以及车载诊断系统等汽车电子产品。亚美电子的客户包括吉利、丰田物流、广州的日野汽车等。此次收购使得天宝公司能够更好地占有亚太市场。为了继续扩大交通运输和物流市场的占有率，天宝公司在 2011 年 8 月收购了 PeopleNet 公司。PeopleNet 是北美车队管理集成板载计算和移动通信系统的领先供应商。这次并购进一步扩大了天宝公司在国际交通运输市场的占有率。

2012 年 6 月，天宝公司收购了在石油和天然气行业中进行无线车队管理和工人安全监控的 GEOTrac 公司。此次并购使得天宝公司可以把收购的 PeopleNet 的交通行业的技术应用于北美石油和天然气产业。为了继续扩大在交通运输方面的技术实力，天宝公司在 2012 年 9 月收购了荷兰的软件生产商 Logicway。Logicway 的软件提高了天宝公司在车队跟踪、监控关键性能指标等方面的技术。2012 年 10 月，天宝公司收购 TMW Systems 公司。该公司也是运输和物流产业中的一家软件供应商，其交通软件平台是运输组织的一个中心枢纽，负责核心业务管理，数据存储和分析，关键业务流程自动化。

10.9.4 农业领域

卫星定位技术是现代精准农业的一个重要技术构成。天宝公司早在 1994 年就开始将 GPS 定位技术应用于精准农业技术中。为了进一步增加技术实力，天宝公司在 2008 年、2009 年、2010 年这三年时间里分别并购了 5 家农业机械领域的公司。并购路线如图 10-41 所示。

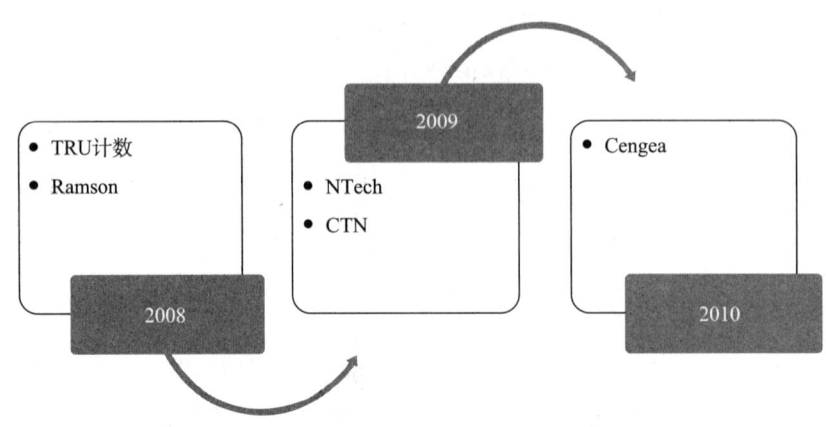

图 10-41　天宝公司农业领域并购关系

2008 年 10 月，天宝公司收购了专业生产播种机的 TRU 计数（TRU Count）公司。TRU 计数使用 GPS 或手动控制器来控制空气离合器以避免农民过度种植种子，节省投入成本。2008 年 12 月，天宝公司收购了 Rawson 控制系统。Rawson 为农业装备产业制造液压和电子控制产品，包括播种机驱动器和控制器、变量施肥控制器、机械遥控电动控制阀和减速器。Rawson 的产品与天宝公司的卫星定位技术进行了完美的结合，通过 GPS 来控制控制器的操作进行辅助转向，可让种植者选择如何引导、监测、控制和自动化农机。

2009 年 6 月，天宝公司收购了 NTech 公司。NTech 公司是农作物传感技术的领先供应商，可以通过控制氮、除草剂和其他作物投入帮助农民降低成本和对环境的影响。此次收购进一步扩展了天宝公司在农业领域的应用。

2009 年 7 月，天宝公司收购 CTN 数据服务公司。该公司主营复杂农场工程软件的开发。农场工程为农民和农业服务的专业提供了集成的办公和移动软件解决方案。农场的工程软件可以自动捕捉现场的事件数据，在驾驶室内的显示器或掌上电脑上下载、保存记录。该软件还可跟踪农机作业，包括车辆监控、作物管理、人员配备、现场测绘、化学品和肥料管理、成本核算以及畜群管理等。此次收购增强了天宝公司在精细农业方面的实力。

2010 年 9 月，天宝公司收购了 Cengea 解决方案公司。Cengea 是一家为林业、农业和自然资源行业提供运营管理的公司。Cengea 的林业企业软件解决方案可管理如木材、纸张和其他森林产品的生产原料的整个价值链，包括最初的项目规划工作调度、成长、收获、交付相关的经营活动、跟踪货物、付款、库存管理和实时报告，运营数据可以整合地图及其他空间数据。此次收购把天宝公司的卫星定位技术与 Cengea 的林业管理系统进行了完美的结合。在林业企业的生产管理中，以更快的速度收集准确的业务信息、管理和分析信息，可以帮助企业更好地决策并优化运营活动，以提高生产力、效率和安全性。

10.9.5 建筑领域

天宝公司是一家以测绘技术起家的公司，建筑领域是测绘技术最主要的应用领域。因此，天宝公司在不断补充其定位手段的同时也开始大规模并购建筑领域的公司（见图 10-42）。

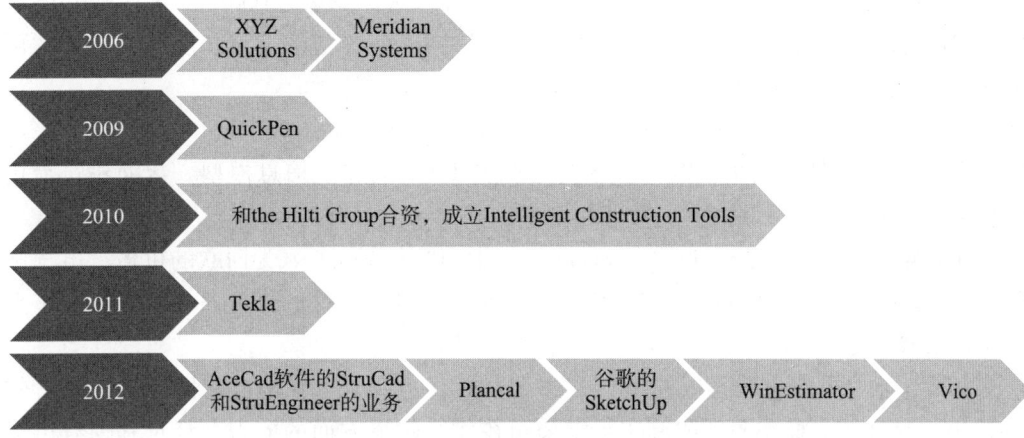

图 10-42 天宝公司建筑领域并购关系

2006 年 10 月，天宝公司成功并购了美国乔治亚州 Alpharetta 的 XYZ Solutions 公司。XYZ Solutions 主要提供实时、交互、三维智能软件，可用于管理建筑工程项目的空间位置关系。XYZ Solutions 软件可以将不同来源的数据变换成能够付诸行动的信息。在决策过程中利用这些信息，可以使工程技术人员和建筑专业人员减少返工、提升工作效率。XYZ Solutions 的三维软件包，允许用户结合多种定位技术对空间信息建模，在基于互联网的协作环境中随时随地直观地"查看"建筑工地现场或资产。在交互环境下，可以将决策支持指导方针或业务规则集成到解决方案集合中，实际上能够实时地对项目"假设"背景建模。这样不仅可以增加客户的知情权，而且能够提升赢利能力。并购 XYZ Solutions，可以使天宝公司联合作业（Connected Construction Site）战略增添三维可视化元素。

2006 年 11 月，天宝公司成功并购了美国加利福尼亚州 Folsom 的 Meridian Systems 公司。Meridian Systems 是建筑工程项目管理技术公认的市场领袖，主要面向建筑业主和结构工程建筑（AEC）市场。Meridian Systems 主要提供企业项目管理和生命周期软件，面向房地产、建筑和其他物理基础设施项目。建筑业主、建筑承包商、工程建设公司和政府部门，使用 Meridian 技术，不仅可以降低建筑资金成本，而且可以提升项目工作效率。并购 Meridian Systems 使得天宝公司联合作业（Connected Construction Site）战略增添企业生命周期管理软件元素。

2009 年 3 月，天宝公司收购了 QuickPen 公司。QuickPen 是用于供暖、通风和空调、机械建设和水暖行业的建筑信息建模（BIM）软件的供应商。QuickPen 的三维计算机辅助设计（CAD）软件可以迅速生成详细的暖通空调管道和管道模型。此次收购使天宝公司可以为机械和暖通空调承包商提供完整的现场解决方案。

2010年9月，天宝公司和Hilti集团组建了Intelligent Construction Tools有限责任公司。双方各拥有50%的股份。该公司专注于利用两家公司的技术开发建筑行业的测量解决方案。

2011年7月，天宝公司完成对Tekla公司的收购。Tekla是在建筑行业的建筑信息模型（BIM）软件的供应商，其客户遍布全球，有5000多家。Tekla的BIM软件解决方案与天宝公司的建筑估算技术进行集成。此外，Tekla的基础设施和能源解决方案可以补充天宝公司公用事业和市政的解决方案组合。

2012年1月，天宝公司为了扩大其建设解决方案的StruCad和StruEngineer的业务，收购了AceCad软件。此次收购，可以充分扩展Tekla的建筑信息模型，帮助建筑承包商进行详细的自动化项目估算、管理和建模。

2012年1月，天宝公司收购了Plancal公司。Plancal是一家为西欧的机械、电气和管道及采暖、通风和空调行业提供3D CAD/CAE和ERP软件的供应商。此次收购扩大了天宝公司在暖通空调领域的市场。

2012年6月，天宝公司收购了谷歌的SketchUp。SketchUp是目前世界上最流行的3D建模工具之一。此次收购提高了天宝公司在建筑建模方面的能力，延长其现有市场的应用，包括地籍、重型民用、建筑和建筑行业。

2012年8月，天宝公司收购了WinEstimator公司。WinEstimator主营建设成本估算和成本建模软件。并购后的产品线提供了一整套解决方案，让建设者和资本项目业主能够快速准确地应对评估过程的所有阶段。

2012年11月，天宝公司收购了Vico公司。Vico主营5D虚拟施工软件和咨询服务。此次收购完善了天宝公司针对建筑施工整个流程的信息管理能力，为提高复杂的建筑施工项目成本管理水平和优化调度提供了平台。

10.9.6 机械领域

天宝公司在机械领域的并购与合作主要是针对工程机械领域。具体并购路线如图10-43所示。

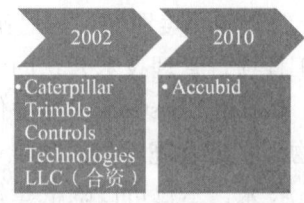

图10-43 天宝公司机械领域并购关系

2002年4月，天宝公司与Caterpillar公司一起组建了一家合资企业——Caterpillar Trimble Controls Technologies LLC，旨在开发下一代先进的电子制导控制产品。这种产品主要应用于建筑、采矿和废物处理行业的土方运输机械。这家合资企业开发的机械控制产品，使用与精确定位技术完美结合的现场设计信息，自动控制推土机刀刃和其他机械工具。这种业内领先的机械控制技术将天宝公司定位技术与通过并购 Spectra Precision 获得的先进功能完美地融为一体。这家合资企业是天宝公司和 Caterpillar 的专有提供商，使用两家公司独立的经销渠道，销售、经销、支持和服务企业的产品。Caterpillar 提供的产品带有工厂安装选项，而天宝公司继续强调对来自 Caterpillar 和其他设备制造商的土方运输机械提供产品的售后服务。

2010 年 8 月，天宝公司收购了 Accubid 公司。Accubid 主营电气和机械承包商的项目管理和服务管理软件。此次并购拓宽了天宝公司在建筑自动化机械、电气和管道施工中的项目估算、管理和建模的能力。

10.9.7 启　　示

从天宝公司的发展历史可以看出：在过去的若干年里，并购在天宝公司的发展战略中一直扮演着非常重要的角色。并购作为一种发展机制，一直帮助天宝公司在新的市场空间建立桥头堡。例如，在天宝公司与 Nikon 的合作中，其更重视的是通过 Nikon 抢占部分市场，如日本、俄罗斯、东欧、印度和中国。而对北美和欧洲公司的并购与合作，其更看重的是填补产品线空白，或者向解决方案中增添新技术。这说明天宝公司的每一次并购都是非常具有战略性的并购。每一次并购既达到了扩大公司规模的目的，又进一步增强了该公司的技术实力，增加了其核心竞争力。天宝公司的发展情况可以给国内正在发展中的 GNSS 业内的企业提供很好的借鉴意义，即：企业发展的思路要非常明确；在并购或合资中要始终围绕着自己最有技术优势的方面，实现企业之间的优势互补，从而达到提高本公司的核心竞争力的目的。

第 11 章 诺瓦泰（NovAtel）公司

诺瓦泰公司的 OEM 板通过其领先技术占据了大部分高精度专业市场。本章首先分析了诺瓦泰公司在全球和中国的专利申请态势、技术发展状态、核心技术以及重要研发人员，然后又分析了该公司的并购发展情况。本章内容不仅可以帮助我们更好地理解 GNSS 定位技术的发展历程，而且也可以为国内 GNSS 接收机厂商的发展方向提供借鉴。

11.1 公司简介[1]

诺瓦泰公司是瑞典 Hexagon 集团的子公司，与欧洲的徕卡公司是兄弟子公司。诺瓦泰公司是目前精密全球导航卫星系统及其子系统领域中处于领先地位的产品与技术供应商，生产高质量的 OEM 板、接收机、天线等产品。这些产品都已集成到全世界高精度的定位应用中。这些应用涉及测绘、地理信息系统、精密农业机械导航、港口自动化、采矿、授时和海事等行业领域。诺瓦泰公司的参考接收机也是如美国、日本、欧洲、中国、印度等国家和地区的航空地面网的核心设备。

诺瓦泰公司于 1978 年成立。该公司从 20 世纪 90 年代以来一直致力于高精度 GNSS 产品的研发和制造，依靠核心技术占据高精度定位市场。目前拥有 350 多名员工。

诺瓦泰公司的主要产品包括 OEM^{TM} 系列板卡和 GNSS 接收机。最新板卡为 OEM6 系列板卡。该公司的板卡提供了高质量的 GNSS 性能和许多关键特性，包括 GLONASS 量测和定位、GPS 现代化、API 功能等。已经开发出来的 AdVance^{TM} RTK 产品更是增强了 OEMV 系列的性能。它可以提供快速的初始化时间和长距离可用基线的定位精度。

天线类型包括：GPS－701/702－GG、GPS－704X、GPS－700 系列 L－band 天线。诺瓦泰公司的天线产品性能优异、可靠性高，专用于提高诺瓦泰精密定位接收机的性能。部分天线型号使用了风火轮技术（Pinwheel）以快速消除多路径效应。

处理软件包括 Waypoint 后处理和实时处理软件。

诺瓦泰公司的 GPS＋系列产品利用辅助定位技术来提高定位性能。实际上几乎所有的诺瓦泰接收机都支持如 WAAS 的增强系统。某些特定的接收机还支持 L 波段信号接收功能。

在某些环境下仅仅使用 GPS 定位具有困难，为此，诺瓦泰公司开发出 SPAN^{TM} 的技术——紧耦合的 GPS/INS 组合导航技术，提供连续的位置和姿态参数。为了支持 SPAN

---

[1] 资料来源：www.novatel.com。

技术，诺瓦泰公司提供 Waypoint™ 产品组的 GPS/惯导后处理软件。

除了 OEM 板卡生产线之外，诺瓦泰公司还致力于开发和支持建设基于卫星的增强系统（SBAS）的 GPS 导航接收机，包括美国的 WAAS、欧洲的 EGNOS、日本的 MSAS、中国的北斗以及最近印度的 Gagan 系统。这类接收机均采用了诺瓦泰公司的窄相关技术、MEDLL 多路径消除技术和信号质量监控技术。同时，这类接收机还能够接收和处理 WAASL1/L5GEO 和 GPSL1/L2/L5 信号。另外，诺瓦泰公司承揽了欧洲空间局 Galileo 系统的部分开发工作，包括 L1/E5a 接收机原型的设计。

中国北斗星通导航技术股份有限公司是诺瓦泰公司在中国的唯一代理商和战略合作伙伴。

11.2 全球专利态势

诺瓦泰公司一直致力于高精度 GNSS 产品的研发和制造。下面从申请量和目标国家两个角度对诺瓦泰公司的全球专利态势进行分析。

11.2.1 申请量

在 GNSS 定位技术领域，诺瓦泰公司的总申请量并不大。诺瓦泰公司在美国的申请量仅占据美国 GNSS 技术领域总申请量的 3%。但是，诺瓦泰公司的 Patrick Fenton 和 Albert J. Van Dierendonck 研发团队对接收机关键技术进行了大量研发，申请了 GNSS 定位技术领域的多个核心专利。图 11-1 中，"总申请量"表示诺瓦泰公司每一年的专利申请量，"GNSS"表示每一年在 GNSS 方面的申请量，"GNSS 进入中国"表示进入中国的在 GNSS 技术方面的申请量。

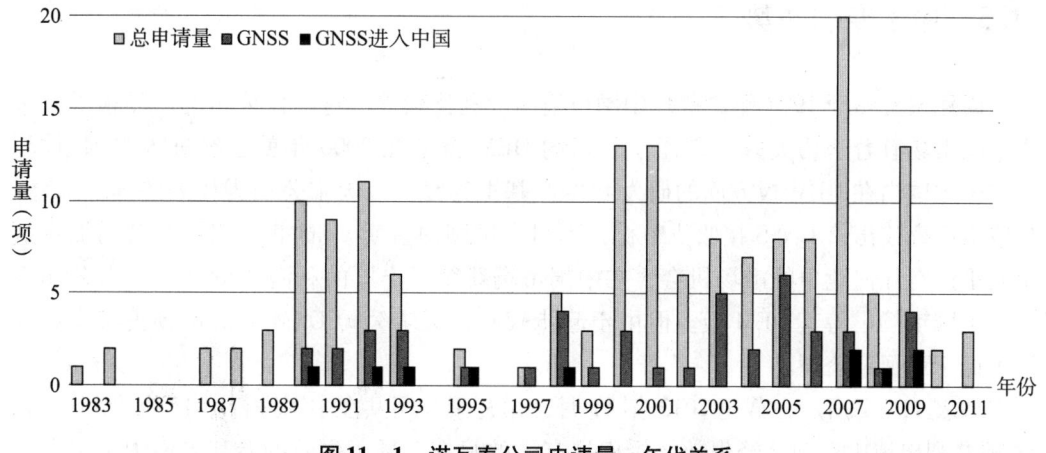

图 11-1 诺瓦泰公司申请量—年代关系

诺瓦泰公司最初是一家通信公司，因此该公司不仅限于研究 GNSS 定位技术。从图 11-1 可明显看出，诺瓦泰公司在 GNSS 定位技术方面的申请量一般占据该公司总申请量的一半左右。诺瓦泰公司的 GNSS 产品包括天线、OEM 板以及在 OEM 板基础上进行封装得到的 GNSS 接收机。可见，诺瓦泰公司的产品核心正是 OEM 板。这一核心产品使得诺瓦泰公司的研发关注点主要在基带处理技术上。

诺瓦泰公司从 1990 年开始对 GNSS 定位技术进行研发。在 1990~2000 年申请量出现几个小高峰。这与诺瓦泰公司主要专注于对相关器技术的改进研究有关。因为经过近 10 年的发展，相关器技术已经相对成熟，再进一步改进的难度比较大，因此 2001 年和 2002 年申请量较少。从 2003 年开始，诺瓦泰公司的研发重点开始逐渐从相关器技术转移到网络 RTK 和 GNSS 定位技术与授时、农业等领域的应用上。

11.2.2 目标国家

对于企业来说，尤其是国外企业来说，专利与商业利益是紧密关联的。企业在哪个国家和地区申请的专利越多，说明这个企业越重视哪个市场。对于 GNSS 定位市场来说，正如前面所分析的，美国在 GNSS 定位技术上具有绝对技术优势。这就使得任何一家 GNSS 接收机企业只要在美国市场上占据一席之地，就可以很方便地进入其他国家或地区的市场。

从图 11-2（见文前彩色插图第 8 页）可以明显看出，诺瓦泰公司在美国的申请量是最大的。可见诺瓦泰公司最重视美国市场，希望可以把自己在技术上的优势转变成实际的商业利润，通过在美国市场占据一席之地来轻松地进入其他国家和地区的 GNSS 定位市场。诺瓦泰公司是一家加拿大公司，因此其在加拿大的申请量在各国申请量排名中排第二位。诺瓦泰公司在欧洲的专利申请量与其在加拿大的申请数量非常接近，说明诺瓦泰公司也非常重视欧洲市场。另外，诺瓦泰公司也没有忽视亚洲市场。比如为了在亚洲占据一定市场，诺瓦泰公司在日本申请了相当数量的专利。

11.3 中国专利态势

诺瓦泰公司于 1998 年之前在中国申请的专利比较多。这与该公司的产品很早就进入中国市场有着密切关系。诺瓦泰公司的 OEM 板早在 2000 年就已经进入中国市场。当时中国国内在 OEM 板方面的研发和生产基本为零。以天宝公司为代表的国外 GNSS 接收机厂商仅出售 GNSS 接收机整机，不对中国国内售卖 OEM 板。诺瓦泰公司抓住这个几乎没有任何竞争的市场机会，在中国市场获得了丰厚的利润。2009 年天宝公司开始对中国市场出售其 OEM 板。但由于起步较晚，天宝公司 OEM 板的市场占有率和利润远低于诺瓦泰公司。

如表 11-1 所示，截至 2013 年 11 月，诺瓦泰公司共在中国进行了 13 项专利申请。13 项专利申请中 5 项已经失效，授权且有效的只有 2 项。失效的专利申请中申请号为 93102392 的专利虽然曾经被授权，但已经过了 20 年保护期限。该专利涉及一种动态地调节提前与滞后相关器之间的时延间隔来补偿多路径失真的伪随机噪声测距接收机。该技术正是诺瓦泰公司的窄相关技术。我国国内企业可以利用这些失效专利的内容来改进自己的产品。

表 11-1 诺瓦泰公司在中国申请的专利法律状态

申请号	发明名称	授权	未决	有效	失效
93102392	动态地调节提前与滞后相关器之间的时延间隔来补偿多路径失真的伪随机噪声测距接收机	是	—	—	是
94192920	利用多个相关器延时间隔补偿多径失真的伪随机噪声测距接收机	—	—	—	是
94120183	信号处理的方法与装置	—	—	—	是
94101079	用于蜂窝电话的有线接口	—	—	—	是
96191598	双频全球定位系统	是	—	是	—
99805669	表征在圆极化信号中的多径干扰的方法和设备	—	—	—	是
200880115646	用于经由网络确定位置的系统	—	是	—	—
200880114445	用于经由网络分发精确时间和频率的系统和方法	是	—	是	—
200880018100	包括数字通信子系统的 GNSS 接收器和天线系统	—	是	—	—
200980118340	利用机会信号和辅助信息来减少首次定位时间的 GNSS 接收器	—	是	—	—
201080060480	使用低成本单频 GNSS 接收器的厘米级定位	—	是	—	—
201080052646	短基线和超短基线相位图	—	是	—	—
201080051221	用于表面贴装振动敏感装置的减振和热隔离系统	—	是	—	—

注：表中的"无效"包括专利被驳回、视为撤回和未缴费导致的失效状态；"未决"包括专利进入实质审和复审阶段。

目前处于授权保护中的申请共有 2 项。申请号 96191598 的专利涉及一种双频 GPS 接收机。它使用 L1 和 L2 频段接收 GPS 信号进行定位。申请号为 200880114445 的专利涉及一种通过无线电信号或电视信号经由网络分发精确时间和频率的系统和方法，属于 GNSS 授时的技术领域。利用由一个或更多个具有已知位置的本地发射机发送的机会信号经由网络分发精确的时间和/或频率的系统包括：具有与例如 GNSS 或 UTC 时间的基准时标同步时钟的基站接收机，基站接收机保存机会信号的样本序列并且用所计算出的广播时间来对该序列进行时间标记。远程接收机保存机会信号的样本，并且将该序列与所保存样本相关联。远程接收机计算所保存的与该序列相对应的样本的发送时间，确定时间偏移量为在远程接收机处计算出的广播时间和在基站接收机处计算出的广播时间的差，并且确定相对于基站接收机的时间偏移量。基站接收机还可代替地锁相到机会信号并且以预定间隔确定机会信号的积分后的载波频率的相位测量，并且将相位信息提供到远程接收机。也锁相到同一机会信号的远程接收机使用相位测量信息，通过基于在基站接收机和远程接收机处进行的相位测量的变化率确定频率误差，并从而将它的时钟锁频到基站接收机时钟。

11.4 技术发展态势

诺瓦泰公司的专利申请涉及 GNSS 定位技术、通信设备、天线等技术领域，本节对诺瓦泰公司的所有专利申请从技术构成、专利布局上进行详细分析，从而得出该公司的技术发展历程、重点专利和技术路线图。

11.4.1 技术构成

我们对截至 2013 年 6 月公开的诺瓦泰公司的所有专利申请进行技术梳理及分析，并按照技术内容分成图 11-3 所示的通信、无线网络、GNSS 和天线等几类。

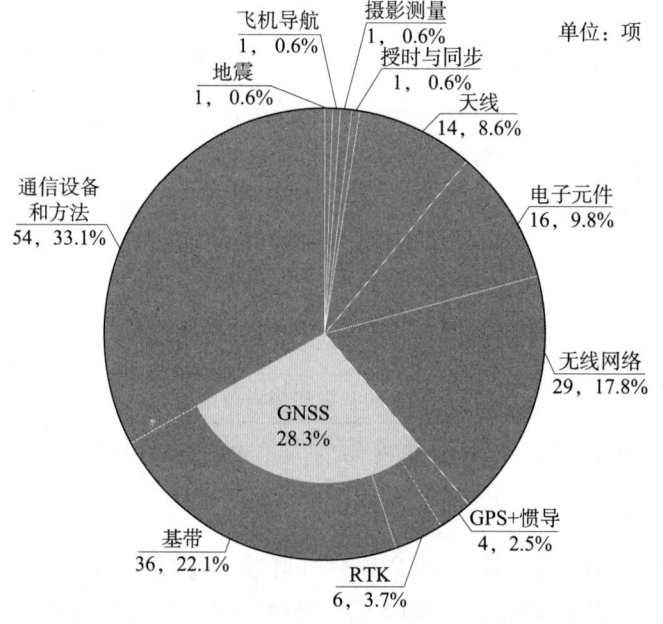

图 11-3 诺瓦泰公司申请技术占比图

一个完整的 GNSS 接收机包括天线和 OEM 板。因为本节重点分析 GNSS 定位技术，因此在图 11-3 中把对应 OEM 板卡的 GNSS 定位技术和天线分成了两类。图 11-3 中的天线和 GNSS 合起来能完整地表明诺瓦泰公司在 GNSS 接收机领域的申请量占比情况。显然，与通信设备和方法、无线网络等技术领域的申请量相比，GNSS 接收机方面的申请量占该公司总申请量的比例是最大的。这说明诺瓦泰公司的研发主线是 GNSS 接收机，进而说明 GNSS 接收机才是诺瓦泰公司的主要产品。图 11-3 中把 GNSS 定位技术分为三类：一类是 GPS+惯导。它表示 GNSS 与微机电系统（Micro-Electro-Mechanical System，MEMS）的组合。MEMS 包括陀螺仪、加速度仪、指南针、气压计等微机电系统。一类是 RTK。它包括网络 RTK 技术。一类是基带，表示基带处理技术。

诺瓦泰公司与 GNSS 定位技术相关的专利申请占据总申请量的 28%，其中 21% 涉及基带处理。这说明基带处理技术确实是诺瓦泰公司在 GNSS 定位技术方面研发的核心。这一情况与 OEM 板是该公司的主要产品是相对应的。

11.4.2 专利布局

诺瓦泰公司最早是一家通信公司。如图 11-4 所示，1983 年，诺瓦泰公司的第一件专利申请涉及通信设备和方法。

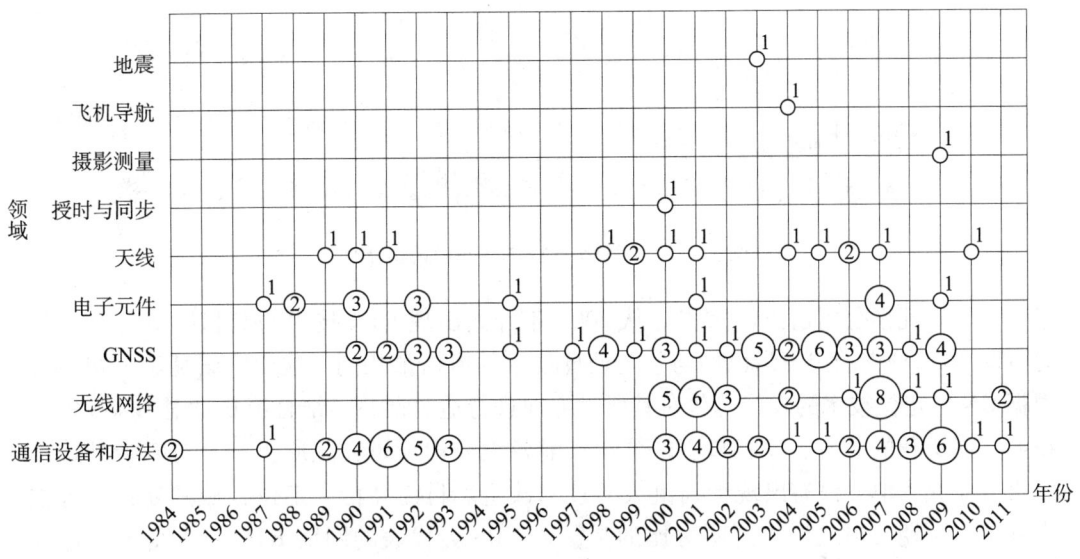

图 11-4　诺瓦泰公司申请量年代

由于公司发展策略的调整，在 1994~1999 年没有继续在通信方面申请专利。从 2000 年才重新开始在通信和无线网络方面进行专利申请。如图 11-4 所示，在 2000~2002 年三年间，诺瓦泰公司在通信和无线网络方面的申请量都比 GNSS 定位技术和天线方面的申请量大。这说明诺瓦泰公司那段时间在 GNSS 定位技术方面的研发陷入瓶颈，转而开发别的产品。从 2003 年开始，GNSS 定位技术方面的专利申请又开始增多，这与该公司在 2003 年提出的一项有代表性的相关技术（Vision 相关）是有密切关系的。如图 11-4 所示，对于 GNSS 定位技术来说，从 1990 年至今，诺瓦泰公司几乎每年都会在 GNSS 定位技术方面进行专利申请。这说明 GNSS 定位技术一直是诺瓦泰公司的研发技术主线。

为了更清楚地了解诺瓦泰公司在 GNSS 定位技术上的研发历程，我们来分析每个技术分支在每一年的申请量变化图。从图 11-5 可以分析出诺瓦泰公司在 GNSS 定位技术上的研发方向。

如图 11-5 所示，在 GNSS 三个技术分支中，"GPS+惯导"的申请量最少，这表明"GPS+惯导"这一技术分支不是他们公司的研发重点。基带处理技术方面则几乎每年都有申请，甚至在 2005 年其申请量还达到一个小高峰，这进一步证明基带处理技

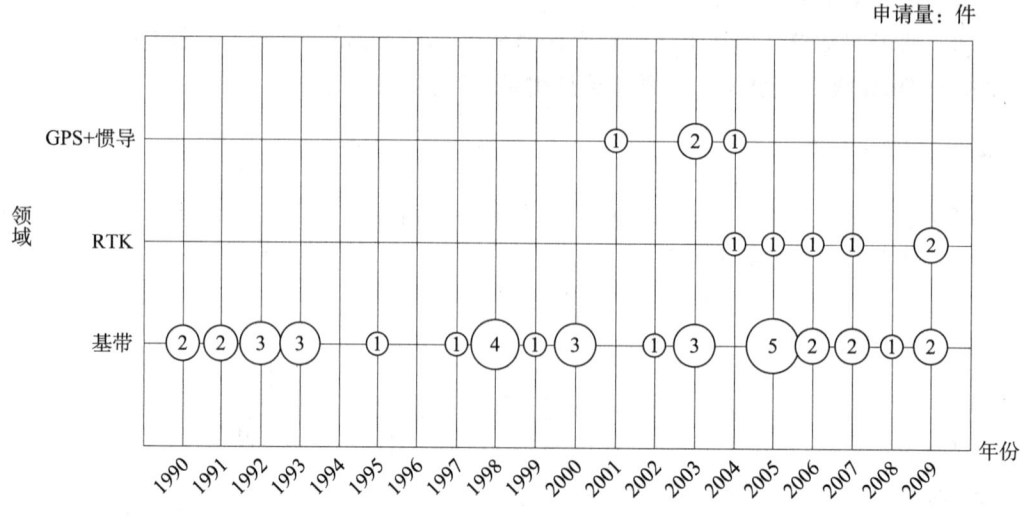

图 11-5 GNSS 各技术分支申请量年代

术一直是诺瓦泰公司研发的重点。从 2004 年开始出现 RTK 技术的专利申请。2009 年时 RTK 技术分支的申请量已经与基带处理技术的申请量相同。这说明诺瓦泰公司一直根据 GNSS 定位技术的发展趋势对其研发方向进行适时调整。结合第 6 章对 GNSS 定位技术发展历程的分析,我们知道,虽然目前各大公司和研究院所仍一直对基带处理技术进行研究,但并没有出现特别重大的技术改进。目前高精度定位领域的基带处理技术处于瓶颈期。与之形成鲜明对比的是,以 VRS 为代表的网络 RTK 技术得到快速发展,相关产品也在市场上得到广泛应用。在这种情况下,诺瓦泰公司适时调整自己的研发方向,从 2004 年开始对网络 RTK 技术进行研究。并且,涉及网络 RTK 技术的专利申请量逐年增多。

11.4.3 技术发展历程

通过对诺瓦泰公司的专利申请进行分析,我们把诺瓦泰公司的技术发展历程分成三个阶段。

(1) 第一阶段:1990~1997 年

第一阶段,诺瓦泰公司的主要研究方向是基带处理技术。技术核心是使用相关器技术来消除多径效应。

1990 年诺瓦泰公司首先提出了窄相关技术(Narrow Correlator)。利用此项专利技术不仅使 GNSS 接收机测距精度得到提高,也明显改善了接收机的抗多径能力。它被认为是第一个基于 GNSS 接收机硬件结构的多径抑制方法,并于 1992 年成功应用在新型的诺瓦泰 GPS1001 接收机中。这种方法在多径和噪声存在的情况下可以有效地降低跟踪误差,减少定位误差。相比宽相关,它对中等长度延迟的多径有较好的抑制作用。此项技术表明对于 0.1 个码片相关器间隔的 C/A 码接收机的性能可以和 P 码接收机性能相当,如果器件的性能和资源允许,还可以提高接收机的性能。但是,它的缺点是占用的资源很大，对处理器的运算和处理能力要求较高。

1992 年诺瓦泰公司又在窄相关技术的基础上提出了多径消除技术（Multipath Elimination Technology，MET），又称为 ELS 技术（Early Late Slope）。它不仅能提供高精度的测量数据，也能用于导航信号质量的监测，给出整个相关函数的采样。该技术在充分利用窄相关器优势的基础上，采用四个相关器，利用相关峰两侧的坡度实现对伪码的跟踪。它给出了基于相关函数形状的方法来对多径进行抑制，并在 GNSS 接收机中进行了测试。结果显示，在进行差分定位时，同标准的窄相关器接收机相比，可以降低 20%~30%的多径误差。但是为了得到好的结果需要很多多径模型的参数，因此计算量较大，对接收机来说计算负担重。该专利技术成功应用于 OEM2 GPS Card 中。

1995 年，诺瓦泰公司提出了多径参数估计延时锁相环（Multipath Estimation Delay Lock Loop，MEDLL）技术并成功应用于该公司的广域增强系统（WAAS）接收机中。MEDLL 是建立在统计理论基础上的一种抗多径技术。MEDLL 采用多个相关器得到相关函数的多个采样值，然后根据最大似然准则进行迭代计算。在迭代计算的过程中，MEDLL 将多径信号考虑在内，利用并行通道的窄相关采样，估计出直接信号和多径信号的幅度、延迟和相位，分析延迟最小的信号，认为是直接信号，其他较大延迟的信号认为是多径信号分量被消除。由于需要处理的信息较多，因此 MEDLL 技术的实时性较差，这就决定了 MEDLL 只能应用于多径变化较为缓慢的场合。如 GNSS 系统监测站中的监测接收机等。

1997 年，诺瓦泰提出了微脉冲相关法（Pulse Aperture Correlator，PAC）。它是通过补偿相关三角形的不对称性来实现的一种窄相关技术。它在码延迟锁定环路中采用五个相关器，包括两个超前相关器、一个即时相关器和两个滞后相关器。通过计算相关函数形状的斜率，得到相关函数的补偿因子，控制硬件电路校正相关三角形不对称造成的影响，达到减小延迟锁定环（Delay Lock Loop，DLL）环路误差的目的。该专利成功应用于 OEM4 GPS Card 中。

（2）第二阶段：1998~2003 年

在此期间，诺瓦泰公司除了继续在相关器技术上保持领先地位之外，还研究通过使用 DGPS 技术、卫星分布质量图等技术来消除各种误差，估计整周模糊度，提高定位精度。比如，根据 GPS 和 GLONASS 卫星信号来估计接收机钟差，从而获取周跳，提高定位精度。特别要指出的是，在 2003 年，在窄带相关技术基础上，提出了 Vision Correlator 技术。Vision Correlator 技术由多径减轻技术（Multipath Mitigation Technology，MMT）发展而来。该技术通过在时域上观察 C/A 码跳变期间射频信号的特点，达到抑制多径信号的目的。该专利成功应用于 OEMV 系列产品中。

（3）第三阶段：2004 年~

在此期间，诺瓦泰公司除了继续在基带处理技术上进行研究之外，也开始在网络 RTK 方面进行研发。比如，将基站和多个移动站接收的定位数据发送至一个数据处理中心，中心批处理数据获得多个改正数，将改正数发送至移动站，以帮助移动站准确定位。同时，该公司也开始在时间同步、农业等 GNSS 定位技术相关应用领域进行研发。

从上述对诺瓦泰公司技术发展历程的简单分析可知,技术的发展是与该公司产品的发展是一一对应的。只要技术上有了突破,必然会首先应用到本公司的产品上。表 11-2 列出诺瓦泰公司代表性专利与产品的对应关系。

表 11-2 诺瓦泰公司 GNSS 核心技术与产品对应

年 份	代表性专利	对应产品及其上市时间
1990	US5101416A(窄相关技术)	GPS1001 接收机,1992 年
1992	US5414729A(MET 技术)	OEM2 GPS Card
1995	US5692008A(MEDLL 技术)	GNSS 监测接收机
1997	US6243409B1(PAC 相关)	OEM4 GPS Card
2003	US7738536B2(Vision 相关)	OEMV GPS Card

11.4.4 重点专利

为了获取诺瓦泰公司的核心技术,我们对该公司历年来在 GNSS 定位技术的所有专利的被引用频次进行分析。根据被引用频次在表 11-3 中列出每一年被引用最多的专利号。表 11-3 中专利号后的数字为被引用频次。

表 11-3 诺瓦泰公司 GNSS 技术领域重要专利

年 份 \ 技术分支/频次	GPS+惯导/被引用频次	RTK/被引用频次	基带/被引用频次
1990			US5101416A/205
1991			US5282228A/65
1992			US5414729A/212
1993			US5615232A/30
1994			
1995			EP0796437B1/1
1996			
1997			US6243409B1/10
1998			US6128557A/18
1999			US6608998B1/14
2000			US6541950B2/19
2001			EP1290468B1/14

续表

年份\技术分支/频次	GPS+惯导/被引用频次	RTK/被引用频次	基带/被引用频次
2002	EP1399757A1/28		US6664923B1/11
2003	CA2511000C/25		US7738536B2/8
2004	EP1668381A1/11	JP5027658B2/0	
2005		CA2622145A1/3	US7460615B2/16
2006		US7656349B2/3	US7885317B2/3
2007		US8085201B2/0	US8055288B2/1
2008			EP2291675A1/0
2009			EP2488892A1/0
2010		CA2784617A1/0	
2011		US8400352B2/0	

一般来说，一项专利被引用次数越多，说明它越重要。按照这个原则，从表11-3可以明显看出，1990年的US5101416A和1992年的US5414729A是最重要的。因为它们的被引用频次分别是205次和212次，远远高于其他专利。US5101416A和US5414729A涉及的技术分别是窄相关和MET，正是诺瓦泰公司最具有代表的两项相关器技术。这说明根据被引用次数来确定专利是否重要是有一定道理的。但被引用次数显然会受到时间因素的影响，因为年代早的专利显然会比年代晚的专利的被引用的几率高一些。因此，并不能仅靠被引用次数来确定核心专利。

如果去掉时间因素的影响，即对同一时间的不同技术分支之间的被引用次数进行比较，就可以得出不同技术分支重要性的比较结果。以2005年为例。2005年，涉及RTK技术的CA2622145A1被引用次数为3次，而涉及基带处理技术的US7460615B2被引用次数为16次，这说明诺瓦泰公司的基带处理技术上确实比其他两个技术分支更有优势，从2004年开始该公司才在RTK方面进行专利申请。从被引用频次的比较上可以明显看出，诺瓦泰公司在RTK技术方面并不占据太多优势。基带处理方面的专利的被引用率高，表明该公司一直在这个技术分支上处于技术领先地位。再结合申请量来分析，"GPS+惯导"代表的GNSS和MEMS的组合定位技术的申请量是最少的，但其被引用率却比RTK方面的专利高。说明诺瓦泰公司虽然在这方面的申请量少但却有一定的技术实力。结合诺瓦泰公司的产品来分析，诺瓦泰公司开发出一种叫做SPAN的技术——紧耦合的GPS/INS组合导航系统，在市场上反响很好。虽然诺瓦泰公司在RTK方面的申请起步较晚，但申请量却逐年增加，说明该公司正在逐渐加强这方面的技术研发，这也是该公司顺应GNSS定位技术发展潮流的一个表现。

11.4.5 技术路线图

为了更清楚地了解诺瓦泰公司的技术发展过程，我们把诺瓦泰公司涉及 GNSS 定位技术的专利申请按照具体技术内容分为相关技术、双频、整周模糊度解算、双模、卡尔曼滤波、网络 RTK 等方面。其中，相关技术方面的专利无疑是数量多、也最具有代表性的，包括窄相关、MET、MEDLL、PAC 相关和 Vision Correlator 技术。图 11-6 列出了比较有代表性的专利号并简单标明它们涉及的技术内容，可以帮助我们更好地理解该公司的技术演进情况。

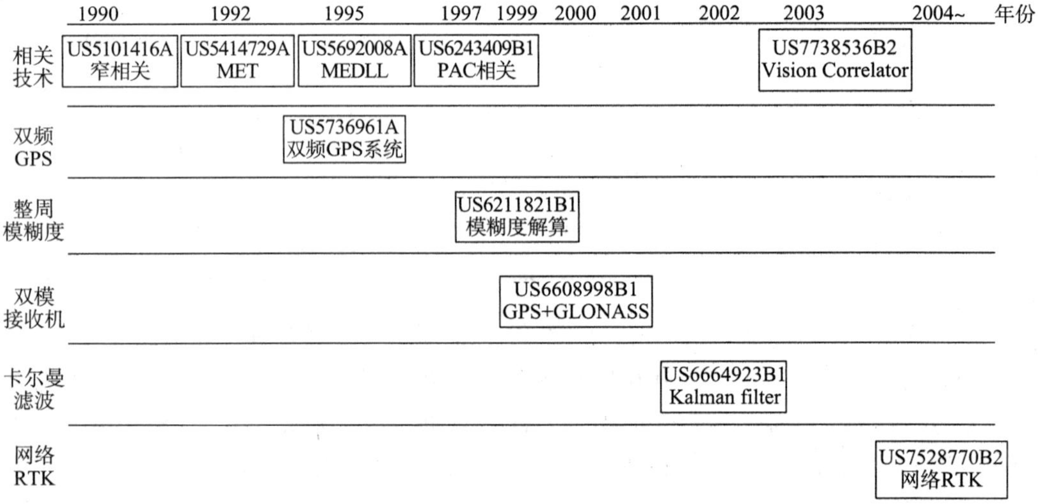

年份	1990	1992	1995	1997	1999	2000	2001	2002	2003	2004~
相关技术	US5101416A 窄相关	US5414729A MET	US5692008A MEDLL	US6243409B1 PAC相关					US7738536B2 Vision Correlator	
双频GPS			US5736961A 双频GPS系统							
整周模糊度				US6211821B1 模糊度解算						
双模接收机					US6608998B1 GPS+GLONASS					
卡尔曼滤波							US6664923B1 Kalman filter			
网络RTK									US7528770B2 网络RTK	

图 11-6 诺瓦泰公司技术路线演进图

11.5 核心技术

从被引用率和申请量的分析可知，诺瓦泰公司的核心技术是利用相关器技术来抑制多路径误差。窄相关、MET、MEDLL、PAC 相关和 Vision Correlator 技术是其中最重要的，也是同时期最领先的技术。

（1）窄相关技术（US5101416A）

解决的技术问题：

在高精度导航应用中必须改正和消除多路径效应，而当时的 GPS 接收机都采用固定的相关间距 T/2，此值相当于 C/A 码片长（=293.2m）的一半。这种 DLL 的测量误差为：

$$\sigma_{C/A} = \pm D \left[\frac{B_L}{2C/N_0} \left(1 + \frac{2}{C/N_0 \cdot T} \right) \right]^{0.5}$$

式中，$\sigma_{C/A}$ 为 C/A 码的测量误差；D 为码片长；C/N_0 为载波噪声比；B_L 为 DLL 带宽；T 为积分时间常数。

技术方案：

窄相关处理原理如图 11-7 所示。通过调整本地输出码时钟实现 E-L 相关器间隔的缩短。该窄相关延迟锁相环采用了可变相关长度相关器，根据分频常数 N 的选取（从 1 变化到 10），其相关长度从 1.0 个码片宽度减小到 0.1 个码片宽度。

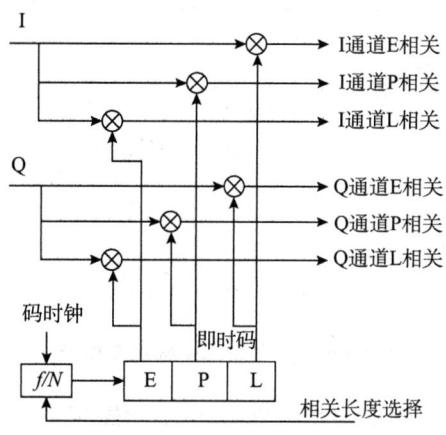

图 11-7　窄相干技术原理图

下面的两个图（图 11-8、图 11-9）分别是是多径信号延迟 0.7 码片时长，相关器间隔分别为 0.5 和 0.2 时的鉴相曲线。当相关器间隔为 0.2 码片时长时，多径信号并没有影响到鉴相曲线调整区间的线性。而当相关器间隔为 0.5 码片时，多径信号明显影响到了鉴相曲线的线性调整区间（-0.5 ~ +0.5 码片时长），使直线变形。

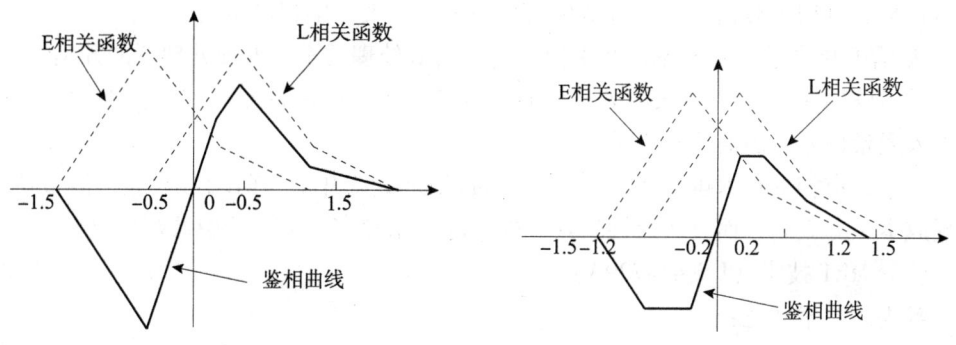

图 11-8　相关器间隔 0.5 码片时的鉴相曲线图　　**图 11-9　相关器间隔 0.2 码片时的鉴相曲线图**

图 11-10 是 E-L 间隔分别为 1.0 和 0.1 个码片时长（Tc）的跟踪误差包络。可以看出，缩短相关器间隔对减小多径误差的效果很明显。

有益效果：

对于只采用 C/A 码定位的 GPS 系统来说，缩短相关长度具有非常明显的效果。在噪声和多径干扰的条件下，能有效降低码跟踪误差。根据多径干扰对鉴相曲线的影响分析，当多径相对时延大于 $1+d/2$ 时（d 为 E-L 相关器间隔），采用窄相关技术的 d 值比采用常规 DLL 要小得多。在常规 DLL 处理中，相关长度为 1.0Tc、时延小于 1.5Tc

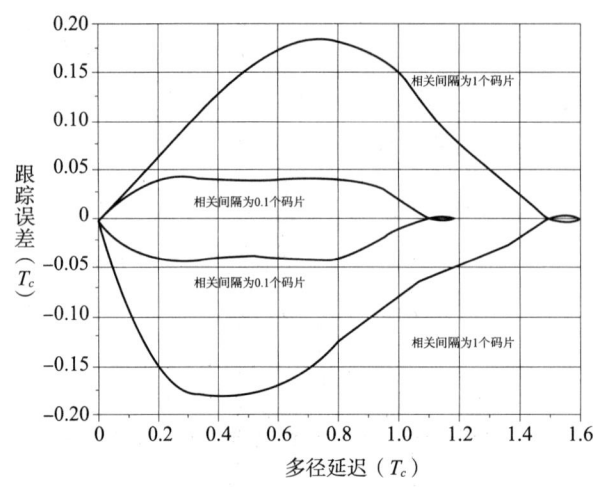

图 11-10 窄相关跟踪误差包络

的多径信号都会造成干扰。如果窄相关器的相关间隔为宽相关设计标准 1.0 个码片间隔的 1/10，则只有时延小于 1.05 个码片间隔的多径才会造成干扰，在消除多径误差性能方面将改善 10 倍。此外，窄相关的 E-L 码相距很小，它们的噪声具有相关性，而常规 DLL 的 E-L 码噪声在时域上是统计独立的，因此噪声也能被抑制。窄相关的鉴相曲线受多径影响发生扭曲的程度明显降低。

缩短相关器 E-L 间隔也有明显的缺点：

① 在进行相关处理前，要求系统具有更宽的带宽。理论上，自相关峰呈尖锐型，带宽越窄，自相关峰越平坦，对鉴相曲线的影响越大，鉴相灵敏度越低；

② 需要更高的采样速率以及更快的数字信号处理技术，增加处理器的开销；

③ 窄相关技术要求更大的处理带宽，与普通的 2MHz 带宽相比，会伴随更多的噪声混入通带信号，因而接收机更容易受到 RF 干扰。

总之，窄相关技术虽占用一些接收机资源如 CPU 开销和前端带宽等，但整体来说实现成本不算太高，而且实时性较好。故它的应用较广，多用于中低端接收机。

（2）MET 技术（US5414729A）

解决的技术问题：

使用窄相关技术在进行相关处理前，要求系统具有更宽的带宽。接收机更容易受到 RF 干扰。

技术方案：

MET 技术全称多径消除技术，也称作"E-L 斜率技术"。多径效应使得码相关函数不再是关于峰值左右对称的，即峰值两侧主瓣的坡度不同。MET 技术在峰值两侧各增加一个相关器，如此即可得到峰值两侧的坡度统计，进而得到更精确的相关峰的位置估计。

该技术使用 4 个相关器，利用相关器对相关函数采样，确定相关函数峰值两侧的斜率，利用两边的斜率来测量伪距。如图 11-11 所示，过 E_1、E_2 的直线与过 L_1、L_2 直线的交点正是相关函数的峰值点，用来确定码跟踪误差，再用此误差补偿跟踪环路的反馈量。

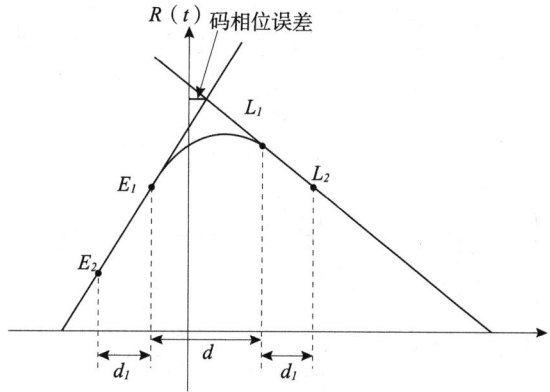

图 11-11　E-L 斜率技术原理图

当 E_1 与 L_1 输出值的间距为 d，E_1、E_2 和 L_1、L_2 输出值的间距为 d_1 时，MET 的鉴相函数为

$$D(\tau) = \frac{(R_{E1} - R_{L1}) - \dfrac{d}{2}(S_E + S_L)}{S_L - S_E}$$

式中，$S_E = (R_{E1} - R_{E2})/d_1$ 为相关峰的左斜率，$S_L = (R_{L2} - R_{L1})/d_1$ 为相关峰的右斜率，$D(\tau)$ 为鉴相器反馈调整量，R_{E1} 为相关器 E_1 输出值，R_{L1} 为相关器 L_1 输出值。MET 的跟踪误差为：

$$\tau_{MET} = \frac{\left(\dfrac{d}{d_1}\tau_m - \dfrac{d^2}{2d_1^2} - d\right)a\cos(\theta_m - \theta)}{\left[\dfrac{ad}{d_1}\cos(\theta_m - \theta) - 2\cos\theta\right]}$$

式中，τ_m 和 θ_m 分别为多径延迟和多径信号的载波相位，a 为幅值，θ 为本地载波相位。

有益效果：

对于中等长度时延的多径信号（$0.1T < \Delta\tau < T$），采用 MET 技术的跟踪误差可比采用窄相关技术时下降 30%~70%，如图 11-12 所示。图 11-12 中的仿真结果均是在信号通道等效双边带宽为 8 倍伪码码率且接收信号中只存在一路多径信号时得出的。在多径时延大于 T 时的拖尾是由相关函数的旁瓣造成的。

（3）MEDLL 技术（US5692008A）

解决的技术问题：

消除多路径引起的误差。

技术方案：

MEDLL 方法采用多相关器接收机得到相关函数的多个（一般多于 10 个）采样值（见图 11-13），然后根据最大似然估计准则，即以估计的均方误差 $L(\hat{a}, \hat{\tau}_i, \Phi =$

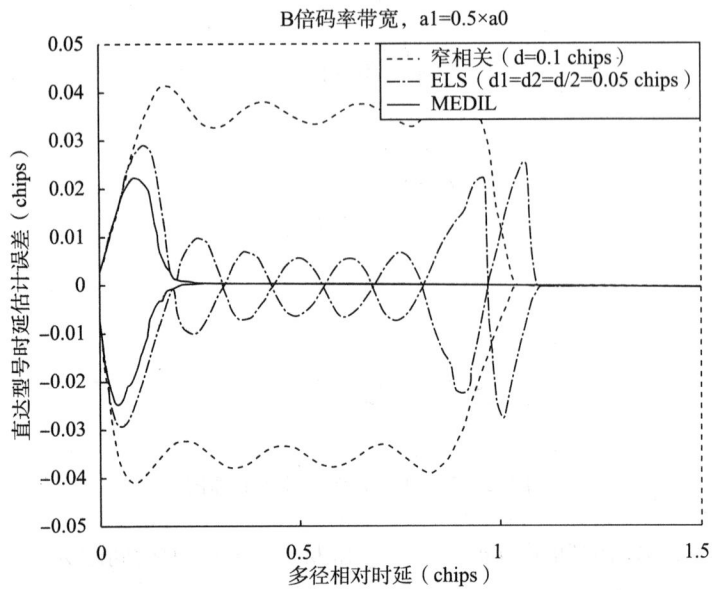

图 11-12　窄相关、MET 和 MEDLL 技术性能比较（忽略噪声影响）

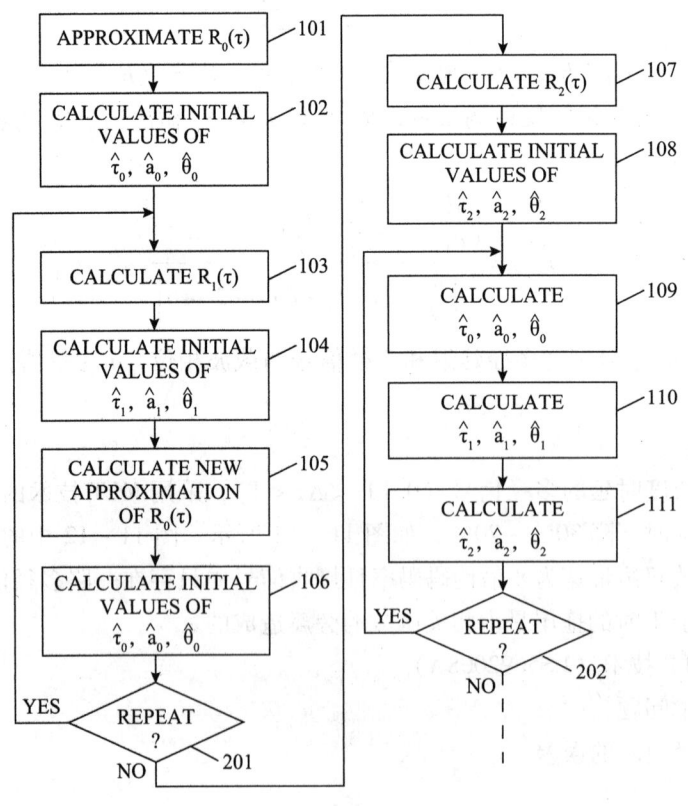

图 11-13　MEDLL 算法流程

$\int_{t-T}^{t} [r(t) - q(t)]^2 dt$ 最小为准则,得到接收信号的估计:

$$q(t) = \sum_{i=0}^{m} \hat{a}_i p(t - \hat{\tau}_i) \cos(\omega_0 t + \hat{\Phi}_i)$$

上式中,m 是对接收信号中的多径信号数目的估计。为避免处理时间过长,可以人为地限定 m 的值。在实际测量环境中,尽管任何时候都会有多个多径信号,但其中只有一两个占主导地位的较强的多径信号影响较为严重。因此,一般取 $m=3$ 或 $m=4$ 较为合适。

有益效果:

对于相对延时大于 0.1T 的多径信号,采用 MEDLL 技术可完全消除其所带来的跟踪误差。这要得益于多相关器技术使我们获得了更多相关函数的信息。当多径相对延时小于 0.1T 时,需结合其他方法,例如使用可以抗多径的接收天线,才能达到较好效果。

由于需处理的信息量较多,MEDLL 实时性较弱,例如仅相关数据的获取就需至少 1s 的平滑。这就决定其只能应用于多径变化较缓慢的场合,如 WAAS 系统的监测站中。另外,MEDLL 技术可用于监测接收环境中的多径情况,即作为"多径环境测量仪"。

(4) PAC 相关(US6243409B1)

解决的技术问题:

US5101416A 提出的窄相关技术不能无限度减小相关器间隔,为了更好地消除多路径效应,诺瓦泰公司提出了以窄相关器为基础的 PAC(Pulse Aperture Correlator)技术。

技术方案:

PAC 技术是通过补偿相关三角形的不对称性来实现的一种窄相关技术(见图 11 – 14)。

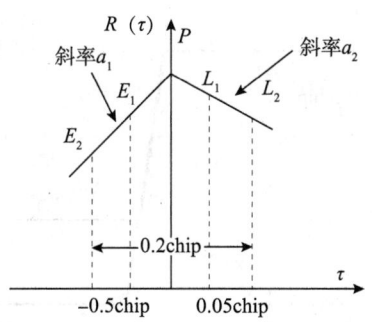

图 11 – 14 两路超前和两路滞后相关器的示意图

码跟踪环使用两个超前相关器、一个即时相关器和两个滞后相关器,相关器之间延迟 0.05chip。图 11 – 14 是两路超前和两路滞后相关器的示意图,$R(\tau)$ 是复信号和本地 C/A 码的互相关函数,假定相关之前的信号带宽是无限的:

$$a_1 = \frac{R_{E1} - R_{E2}}{d/2}, \quad a_2 = \frac{R_{L2} - R_{L1}}{d/2}$$

R_{E1} 是相关器 E_1 的输出。R_{E2} 是相关器 E_2 的输出。R_{L1} 是相关器 L_1 的输出。R_{L2} 是相关器 L_2 的输出。d 为相关器间距。引入补偿因子 w：$w = a_1 + a_2$。如果不存在多路径信号，即 $a_1 = -a_2$，补偿因子等于 0。如果存在多路径信号相关三角形不对称，则 $w \neq 0$。由于采用的是窄相关器，所以直线 $L_{E1}E_2$ 的斜率和 $L_{E1}P$ 的斜率应该是近似相等的，直线 LPL_1 的斜率和 LL_1L_2 的斜率也应该是近似相等的。正是利用这种性质，补偿因子可以用来补偿 RL_1 的值，消除多路径信号对相关三角形的不对称影响。用补偿因子补偿后的相关值 R'_{L1} 可以用公式 $R'_{L1} - R_{L1} - w \cdot d/2$ 计算。

使用超前减滞后算法 DLL 鉴相器的鉴相函数变为

$$D(\varepsilon) = R_{E1} - R'_{L1} = R_{E1} - (R_{L1} - w \cdot d/2)$$
$$= R_{E1} - R_{L1} + (R_{E1} - R_{E2} + R_{L2} - R_{L1})$$
$$= 2(R_{E1} - R_{L1}) - (R_{E2} - R_{L2})$$

PAC 鉴相函数可以看做是两组超前减滞后窄相关器的线性函数，可以通过这两组窄相关器的相关函数来推导 PAC 鉴相函数。延迟大于相关函数的有效区域多路径信号不会对相关函数起作用，也就是延迟小于相关函数的有效区域多路径信号才会引起鉴相误差。PAC 鉴相器是两组窄相关器相关函数的线性函数，可以消除更多的多路径信号，图 11 - 15 是无限带宽时相关器间距分别为 0.1chip 和 0.2chip 的鉴相器输出（超前减滞后）。

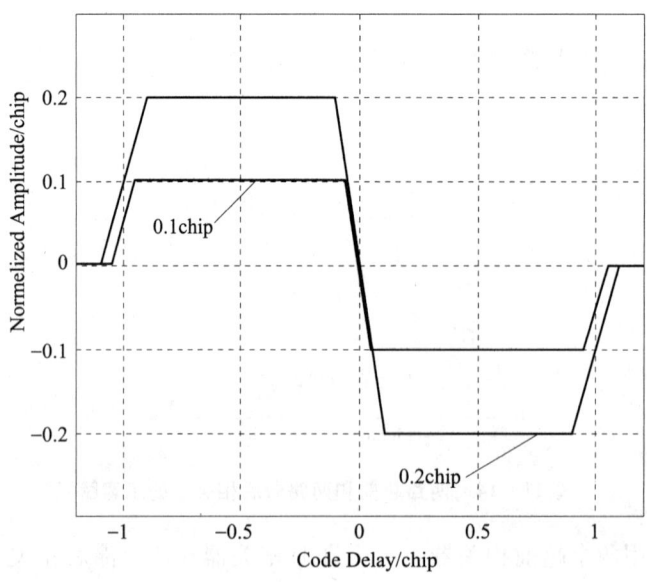

图 11 - 15　相关器间距为 0.1chip 和 0.2chip 的超前减滞后鉴相器输出

虽然 PAC 鉴相器没有消除所有的多路径干扰，但是和普通的窄相关器比较，性能还是有很大提高。使用 PAC 的跟踪环路，伪距测量精度同标准的宽相关器相比可以提高 4 倍，同窄相关器相比可以提高 2 倍。

（5）Vision 相关器（US7738536B2）

解决的技术问题：

消除多路径效应。

技术方案：

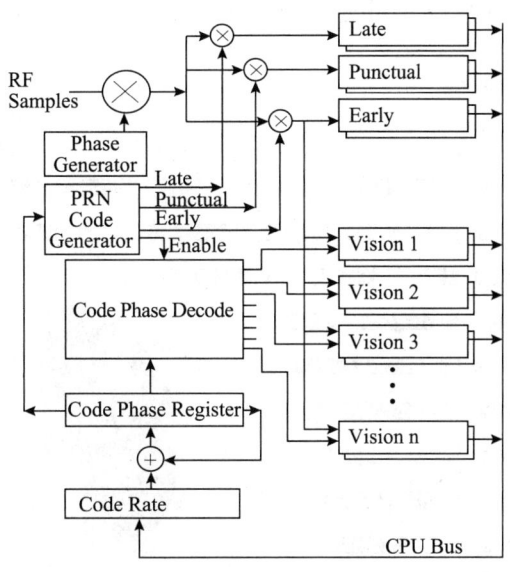

图 11 – 16　Vision Correlator

Vision Correlator 技术是在多径消除技术（Multipath Mitigation Technology，MMT）的基础上提出的。MMT 是通过高分辨率得到与接收信号有关的脉冲信息，从而估计直达信号和多径信号。MMT 方法对于伪码和载波相位测距方法都可以达到理论极限值。而 Vision Correlator 技术则是通过在时域上观察 C/A 码跳变期间射频信号的特点，以达到抑制多径信号的目的。其原理见图 11 – 16 所示。

有益效果：

该技术比以前的多径抑制技术在检测和消除多径信号方面都有明显的改进。但它需要大量的硬件资源来采样 C/A 码数据跳变时的射频信号，并需要复杂的计算来优化估算直达信号和多径信号参数。

11.6　重要研发人员

发明人是专利技术发展的主要推动力量。通过之前对诺瓦泰公司的专利申请进行的研究，我们找到了在 GNSS 定位技术上以 Albert J. Van Dierendonck 和 Patrick Fenton 为首的研发团队。

11.6.1 研发团队

Albert J. Van Dierendonck 和 Patrick Fenton 研发团队对接收机关键技术进行了大量研发，申请了 GNSS 定位技术领域的多个核心专利。

如图 11-17 所示，Patrick Fenton 的申请最多，占了总申请量的 1/3，说明他确实是诺瓦泰公司最重要的研发人员。经统计，Albert J. Van Dierendonck 的申请数量仅占据总申请量的 7%。这是因为 Albert J. Van Dierendonck 仅是诺瓦泰公司的技术顾问，而 Fenton 一直在该公司进行研发工作，所以二者在专利申请数量上有这么大的差异。

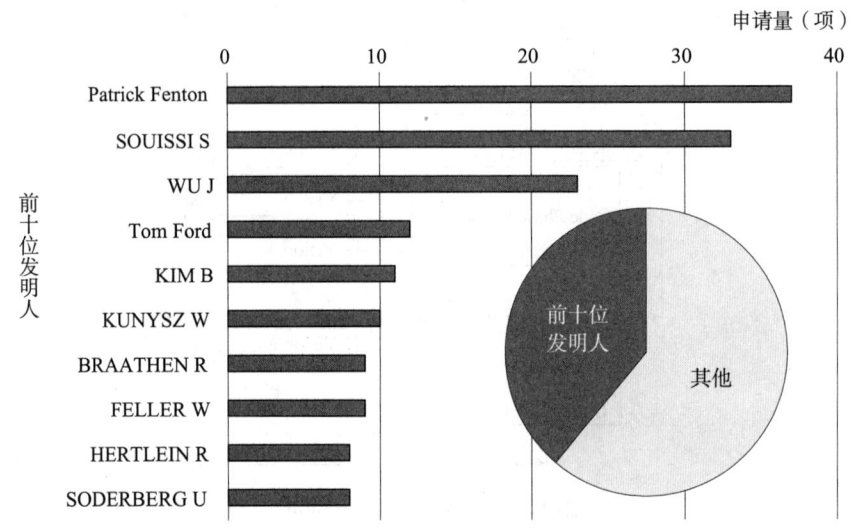

图 11-17 重要发明人申请量分布

诺瓦泰公司中以 Patrick Fenton 为核心的研发团队在相关技术、双频 GPS、整周模糊度解算、卡尔曼滤波和网络 RTK 等方面都有申请，比如涉及相关技术的 US5101416A 和 US5390207A。

Patrick Fenton 是诺瓦泰公司的现任副总裁和首席技术总监。他在 1989 年加入诺瓦泰公司，开始了从事 GNSS 技术的研发工作。他在 2002 年 1 月被任命为首席技术总监，并在 2003 年 4 月成为公司总裁。Fenton 提出了在 GNSS 行业具有标志性的窄相关技术，这项技术使得定位精度提高了 5 倍，并将其成功应用于诺瓦泰的 GPS1001 接收机中。由于该项发明，他被美国导航学会（the Institute of Navigation，ION）授予"更好的定位器捕获奖"。Fenton 是 ION 的资深会员，曾担任 ION'98 技术讲座，主持或共同主持了许多 ION 会议的技术会议。他一直专注于 GNSS 定位技术，相继提出了 MET、PAC 相关、Vision 相关等技术以及网络 RTK 技术。

Albert J. Van Dierendonck 是 IEEE 院士并入住美国空军 GPS 名人堂，是卫星导航定位系统久负盛名的专家，已经从美国导航学会获得了无数的奖项：布尔卡奖（2 次）、开普勒奖、瑟罗奖。他指导了诺瓦泰公司的很多核心专利。

Tom Ford 是诺瓦泰公司的 GNSS 专家。他在 Sheltech 和 Nortech 调查中致力于惯性 GPS 技术的研究，是诺瓦泰公司的 GNSS 定位技术研发团队的成员之一。他开发了许多跟踪、定位和确定偏位角的核心技术。

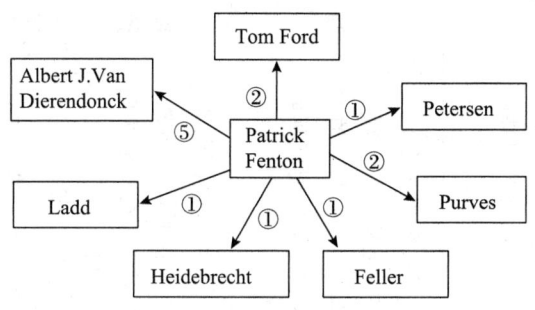

图 11 – 18　重要发明人关系

Patrick Fenton 与 Albert J. Van Dierendonck 共同申请了 5 项专利，全部是相关器的核心技术专利。传统的 GPS 接收机测距精度不高、抗多径能力不强，以 Patrick Fenton 为核心的研发团队针对这一问题循序渐进地提出了窄相关技术、MET 技术、MEDLL 技术、PAC 技术及 Vision Correlator 技术。利用窄相关技术不仅使 GNSS 接收机测距精度得到提高，也明显改善了接收机的抗多径能力；利用 MET 技术降低了多径误差；MEDLL 技术可完全消除相对延时大于 0.1T 的多径信号所带来的跟踪误差；利用 PAC 技术减小了 DLL 环路误差；利用 Vision Correlator 技术抑制多径信号。

11.6.2　研发团队涉及的专利

表 11 – 4 列出了诺瓦泰公司的研发团队申请的重要专利。如表 11 – 4 所述，诺瓦泰公司的研发团队在提出 Vision Correlator 技术之后，逐渐把研发重点转移到网络 RTK 方面。

以 Patrick Fenton 为核心的研发团队所申请的重要专利都具有同族专利，在美国、加拿大、欧洲和日本等国家和地区进行了专利布局。例如涉及双频 GPS 的 US5736961A，在 9 个国家和地区都进行了申请。而且该研发团队所申请的重要专利的同族专利申请时间跨度较大，部分达到 6~9 年之久，例如涉及 PAC 技术的专利申请 US6243409B1、涉及 Vision Correlator 技术的专利申请 US2004208236A1、涉及双频 GPS 的专利申请 US5736961A、涉及网络 RTK 的专利申请 US2001035840A1 和 US2005033519A1。有些甚至达到 11~13 年之久，例如涉及窄相关技术的专利申请 US5101416A 和 US5390207A。由此可见，该研发团队具有很强的研发持续性。

表11-4 诺瓦泰公司研发团队重要专利

最早申请号	最早优先权日	申请人	同族数	同族申请时间跨度	进入国家数	发明人	技术手段	技术功效
US19900619316A	19901128	诺瓦泰通信公司	8	19920331至20050209	5	Fenton FORD T J NG K K K	窄相关技术：采用多个载波和编码同步电路，动态调整提前与自相关器、滞后相关器之间的时间延迟间隔	使GPS接收机测距精度得到提高
US19900619316A	19901128	诺瓦泰通信公司	16	19930725至20040406	8	Fenton Dierendonck FORD T J PATRICK ALBERT	窄相关技术：采用多个载波和编码同步电路，动态调整提前与自相关器、滞后相关器之间的时间延迟间隔	抑制多径干扰
US19920825665	19920124	诺瓦泰通信公司	6	19950509至20001024	6	Fenton	MET技术：采样取电路，多个载波和代码同步电路，多个相关器，并在峰值两侧各增加一个相关器	降低跟踪误差，消除多径干扰
US19930157476A	19931124	诺瓦泰公司	6	19950524至19971125	5	VAN NEE D J R	MEDLL技术：利用减化的多径相关函数	可完全消除相对延时大于0.1T的多径信号所带来的跟踪误差
US19950540076A	19951006	诺瓦泰公司 诺瓦泰通信公司	12	19970430至20030812	9	Fenton Petersen	双频GPS：使用在L1频段和L2频段接收的GPS测距信号	基本消除电离层时延误差对点位坐标的影响，更精确地进行位置定位

续表

最早申请号	最早优先权日	申请人	同族数	同族申请时间跨度	进入国家数	发明人	技术手段	技术功效
US19970892871A	19970715	诺瓦泰公司	9	19990115至20061016	6	Fenton Dierendonck	PAC技术：使用PAC的跟踪环路，采用窄相关器、空PRN编码相关	伪距测量精度提高，消除多路径信号对相关三角形的不对称影响
US19980138932	19980824	诺瓦泰公司	10	20000302至20060411	8	Fenton Dierendonck	采用分离C/A码	最小化DLL信号误差
US19980100560P	19980916	诺瓦泰公司	1	20010403	1	FORD T J	利用载波模糊度	去除多路径
US19980100747P	19980917	诺瓦泰公司	3	20000330至20010213	3	Fenton CANNON M E RAY J K	采用参考天线和多个自闭合二级天线	降低静态载波相位多径影响
US19980154924A	19980917	诺瓦泰公司	3	20000330至20010711	3	Fenton KUNYSZ W	利用GPS	确定旋转车辆的位置和偏位角
US20000178116P	20000126	诺瓦泰公司 Fenton	2	20011004至20020903	1	Fenton	利用接收机	产生时间信号
US20000202744P	20000508	诺瓦泰公司	10	20011101至20100720	6	Fenton REID D PURVES G	网络RTK：利用多个固定参考站、GPS信号、中央处理工具	对移动GPS用户进行精确定位
US20020253161A	20020924	诺瓦泰公司	4	20031216至20100429	3	FORD T J	Kalman滤波	消除来自系统模型的系统动态影响

续表

最早申请号	最早优先权日	申请人	同族数	同族申请时间跨度	进入国家数	发明人	技术手段	技术功效
US20030462973P	20030415	诺瓦泰公司	11	20041021 至 20110825	6	Fenton	Vision Correlator 技术：在时域上观察 C/A 码跳变期间的射频信号	抑制多径信号
US20030488124P	20030717	诺瓦泰公司	29	20050127 至 20120509	6	Fenton Heidebrecht	网络 RTK：利用 GPS 接收机	测量地震
US20030500804P	20030905	诺瓦泰公司 M	9	20050317 至 20121107	6	FORD TJ HAMILTON J BOBYE M	利用惯性测量	提供精确、无干扰的导航信息
US20040588099P	20040715	诺瓦泰公司	10	20060119 至 20130219	7	FORD TJ KENNEDY S	网络 RTK：基站、多个移动站	精确定位
US20050104058A	20050412	诺瓦泰公司	3	20061012 至 20081202	2	Fenton KUNYSZ W	采用取样电路、多个载波和码同步电路、形成具有可动态调节时间间隔的延时锁定环路的多个数字自相关器	减小较低频率的 C/A 码类型的、出现多路径衰落的跟踪误差
US20050226174F	20050914	诺瓦泰公司	2	20070315 至 20100615	1	Fenton	采用前相关滤波器	确定精确定时
US20050718091P	20050916	诺瓦泰公司	7	20070322 至 20120310	4	Fenton Feller PURVES G	采用一组累加器、前相关滤波器，将 PRN 码的上升边缘相关联	补偿相位延迟，提高定位精度
US20060787428P	20060330	诺瓦泰公司	7	20071011 至 20120417	4	Fenton Feller	网络 RTK：采用固定基站、接收机	提高微弱信号传播环境中的定位精度

续表

最早申请号	最早优先权日	申请人	同族数	同族申请时间跨度	进入国家数	发明人	技术手段	技术功效
US20060810121P	20060601	诺瓦泰公司	5	20071206 至 20110208	4	Fenton	利用 ALTBOC 信号中的组合或所有码	提供接收机定位精度
US20070941437P	20070601	诺瓦泰公司	6	20081204 至 20100702	6	Fenton	利用数字通信子系统传输 GNSS 信号对应的数字信号	克服了传统传输电缆的传输延迟
US20070985036P	20071102	诺瓦泰公司	7	20090507 至 20111108	6	Fenton LADD J	通过基于基站接收机和远程接收机处进行的相位测量的变化率确定频率误差，并将它的时钟锁频到基站接收机时钟	在远程位置提供定位和频率信息
US20070987523P	20071113	诺瓦泰公司	7	20090514 至 20111227	6	Fenton LADD J	基站接收机经由通信网络向远程接收机提供时间标记后的信号，远程接收机确定其位置和时钟偏移量	精确定位置
US20080055189P	20080522	诺瓦泰公司	7	20091126 至 20110721	7	Fenton LADD J	利用现有辐射机会信号的特性来减少首次定位时间，利用历书和电池备用日期和时间确定可见卫星	减小与振荡器频率和相位相关联的不确定度，减小与多普勒效应相关联的不确定度
US20090579460A	20091015	诺瓦泰公司	5	20110421 至 20130304	5	Fenton	利用天线结构、相位地图	更快速定位，修正超短基线上的两个短距天线之间的本地射频效应

续表

最早申请号	最早优先权日	申请人	同族数	同族申请时间跨度	进入国家数	发明人	技术手段	技术功效
US20090579481A	20091015	诺瓦泰公司	6	20110421 至 20130304	6	Fenton	确定传入的 GNSS 卫星信号相对于天线阵列的入射角并且计算各个天线对之间的期望载波相位差，计算各个天线对之间的所测量的载波相位差，使用期望的以及所测量的载波相位差来确定载波相位差误差	修正与各个天线处的多径信号相关联的相位失真和与接收机操作有关的基线上的两个超短基线之间的天线之间距天线之间的本地射频效应
US20090257492P	20091103	诺瓦泰公司	8	20110505 至 20130321	7	Fenton	整周模糊度解算：使用与超过预定阈值的信号功率相关联的双差载波周期模糊度，将整数载波相位测量，将捕获到单解并使用解算流动站 GNSS 接收机的载波相位测量的位置精度的位置确定到厘米以内	将流动站 GNSS 接收器的位置确定到厘米以内的精度
WO2010CA01749	20091217	诺瓦泰公司	3	20110623 至 20121024	3	Fenton Feller	基站、接收机、发射机	提高获得卫星信号的速度和灵敏性

11.7 公司并购情况

诺瓦泰公司在以 GNSS 核心技术为发展主线的同时，不断并购与之相关的业务公司。在 2010 年之后与多家农业机械公司构建战略合作伙伴关系，说明该公司在 GNSS 定位技术日渐成熟之后开始向精细农业的专业应用领域发展。其收购与合作发展见图 11-19 所示。

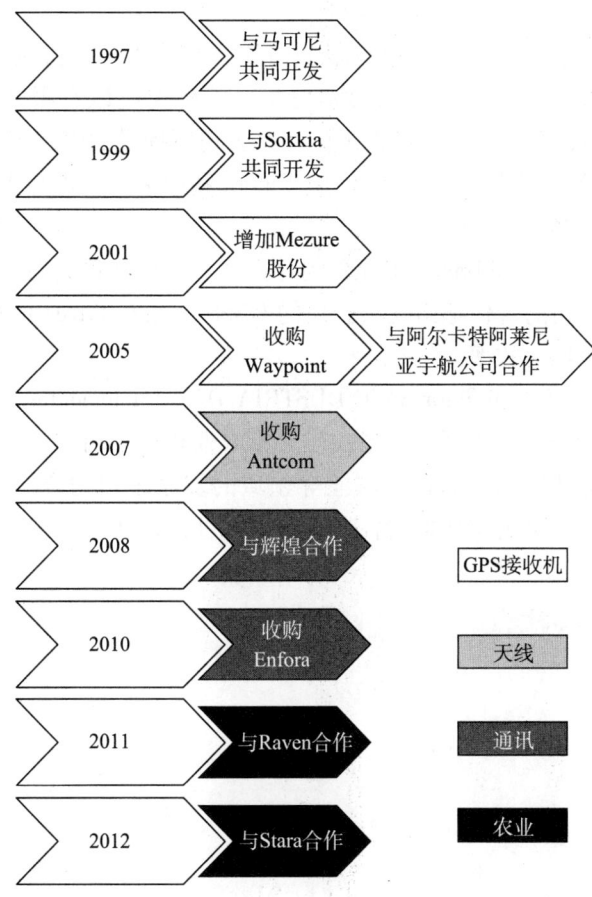

图 11-19　诺瓦泰公司的收购与合作发展图

1997 年，诺瓦泰公司与加拿大马可尼公司形成了一个联盟，共同开发用于航空应用中的高性能的 GPS 接收机认证。1998 年，马可尼公司收购加拿大诺瓦泰公司股份总数的约 58%，加强了诺瓦泰公司的航空业务增长和整体市场竞争力。

1999 年，诺瓦泰公司和索佳公司（Sokkia Co. Ltd）形成了共同拥有的名为 Point 的公司。该公司主要为客户提供先进的测量解决方案，面向测绘、地理信息系统、建筑和机器控制市场。

2001 年，诺瓦泰公司增加了在 Mezure 公司的股份。Mezure 主要面向于变形监测市场。

2005年，诺瓦泰公司收购了Waypoint公司。Waypoint是精确定位的软件公司，处理GPS和GPS/惯性系统数据来产生实时地理位置。

2005年，与意大利的阿尔卡特阿莱尼亚宇航公司组成合作伙伴。它们共同开发伽利略接收机链的参考接收机。

2007年，诺瓦泰公司收购了Antcom公司。Antcom公司是一家为军用和太空、陆地以及航空无线通信市场的商业客户专门设计、开发和制造天线和微波产品的通信公司。

2008年，诺瓦泰公司和辉煌电讯有限公司签署了技术合作协议，针对高精度应用提供定时和时间同步解决方案。诺瓦泰公司获得了辉煌电讯有限公司的完整的NTP、PTP/IEEE 1588产品，有效拓宽和扩大了诺瓦泰公司所提供的整体解决方案。

2010年，诺瓦泰公司收购Enfora公司。Enfora利用无线技术与M2M通信方法提供情报资产管理解决方案。

2011年，诺瓦泰公司和Raven工业公司建立战略合作伙伴关系。Raven公司是一家农业机械公司。两公司的合作把诺瓦泰公司的GNSS产品与Raven的精细农业产品线融合，进一步提高农机作业效率。

2012年，诺瓦泰公司和Stara SA INDUSTRIA DE：Implementos AGRICOLAS（斯塔拉）建立新的战略合作伙伴关系。斯塔拉是一家农业机械公司。

从诺瓦泰公司近几年来与通信、农业等领域的多家公司的合作不难看出，诺瓦泰公司正逐渐把成熟的卫星定位技术向各个应用领域进行扩展。

第 12 章　SiRF 公司

在对 GNSS 市场特点进行分析时，通常从高精度 GNSS 市场即专业应用市场和消费类市场两个方面进行。前面我们以 GNSS 专业市场的重要企业天宝公司和诺瓦泰公司为入口，对他们的专利、技术、核心业务以及在中国的专利申请态势和法律状态等进行了分析，对国内企业在技术研发、市场开拓等方面都具有非常大的借鉴意义。

本章选择了极具代表性的、曾经是消费类市场重要领头羊的 SiRF 公司作为研究对象，对其全球专利申请态势、在中国的专利布局、技术研发路线、重要产品以及市场策略进行详细的分析，并在此基础上，对消费类市场技术和产品的未来发展趋势进行了预测。在对 SiRF 公司的产品和技术进行分析时，我们结合了政策导向、市场需求等因素的影响。在对 SiRF 公司的发展策略方面进行分析时，我们从并购、合作和知识产权的交叉许可以及与产业联盟的合作等方面分别进行了说明，以期为国内相关企业如何抓住市场机会，如何进行有效的技术、市场等合作提供一定的借鉴作用。

12.1　公司简介[1]

美国 SiRF 科技有限责任公司（以下称"SiRF 公司"）成立于 1995 年，总部设于美国加利福尼亚州的圣荷西市。SiRF 公司是在美国纳斯达克证券交易中心挂牌的公开发行公司，它的销售及研发中心分布全球。

SiRF 公司提供 GPS 芯片集以及相应的软件产品，其产量占全球 GPS 芯片出货量的 70%，是全球最大的 GPS 芯片供应商。目前仅在中国台湾地区就有超过 100 家的公司采用 SiRF 公司的芯片开发相应的 GPS 产品，例如中国大陆市场流行的使用 SiRF 芯片的 GPS 模块厂商鼎天、环天、常天、丽台（简称"三天一台"），还有来自韩国的三星、JCom 等。

SiRF 公司所推出的产品包括消费类电子产品所使用的定位芯片。SiRF 公司将卫星定位技术整合到汽车导航、卫星导航、手机、PDA 以及卫星导航的外围产品上；在商业上的用途，包括卫星追踪系统以及船队管理系统。SiRF 公司产品可运用的范围相当广泛，包括汽车导航、消费类电子产品、移动运算及无线通信等电子产品。在智能手机方面，Motorola、美国惠普、多普达、神达、宇达电通等主要中高档 GPS 手机厂商均采用 SiRF 芯片。

2009 年 2 月，蓝牙设备厂商 CSR（Cambridge Silicon Radio）公司宣布以 1.32 亿美

---

[1] 资料来源：www.gpsbaby.com.

元现金以及为 SiRF 公司股东增发 27% 股票的方式收购 SiRF 公司。至此，SiRF 公司终结了其作为独立公司的命运。CSR 公司是位于英国剑桥的一家 Fabless 半导体制造商，成立于 1998 年。它是从 Cambridge Consultants 分离出来而成立的，2004 年在伦敦证券交易所挂牌上市，其主要产品线为单芯片的蓝牙芯片和 GPS 芯片。CSR 公司是目前最大的蓝牙芯片全球供应商，占大约 50% 的市场份额，同时还提供 WiFi 和 VoIP 解决方案。2005 年，CSR 公司收购 Clear Voice Capture（CVC）领域的领军者 Clarity Technologies 公司，同年又收购 3G 无线技术公司 UbiNetics。2007 年收购瑞典的 GPS 软件公司 NordNav 以及剑桥的另一家与 Motorola 有合作的软件公司 CPS。业界当年对 CSR 公司收购 SiRF 公司的市场预测是，CSR 公司可能要推出集蓝牙、WiFi、GPS 等功能于一体的整合芯片，以进一步缩小 GPS 导航芯片的生产成本与功耗，同时为手机硬件提供新的选择。合并之后，CSR 公司推出的一系列 SiRFprima、SiRFatlas 等产品证明了市场的这个预测。

12.2　全球专利态势

随着技术的改进和政府的推进（如美国取消 SA），卫星导航定位精度得到大幅度的提高，使得卫星导航的应用领域进一步扩大。而在消费类市场，市场的实际需求是各申请人（企业）另外需要重视并解决的问题。消费类卫星导航产品所面临的问题主要体现在定位速度、电池续航能力、信号捕获灵敏度、室内外连续定位等实际应用问题。作为以消费类卫星导航产品为主的 SiRF 公司，也是以上述消费者亟待解决的问题为技术研发的重点，力求自己的产品满足广大市场的需求。

12.2.1　申请量

经统计，SiRF 公司在全球的专利总申请量为 322 件（统计时间截至 2013 年 6 月 25 日）。与其他 GNSS 领域的重要申请人相比，它的总申请量并不大。指定中国的申请量总计 34 件，仅占其总申请量的 10% 左右。图 12 - 1 是 SiRF 公司的总申请量与指定中国申请量的比较图，图中重叠的部分的含义为在总申请量中包括指定中国申请量。

从图 12 - 1 可以看出，SiRF 公司在中国的专利布局状况与其在全球的总申请量的变化趋势一致，总申请量和指定中国申请量两个指标都显示出 SiRF 公司的专利申请量出现过一个明显的峰值。以全球总申请量的变化图为参考，这个峰值出现在 2000 年。为什么会在这个时间出现这峰值呢？我们从 SiRF 公司的整个发展历程入手就可以解开这个谜团。2001 年，SiRF 公司并购 Conexant 公司的 GPS 部门。在这个并购事件中，Conexant 公司给 SiRF 公司带来其在重要技术如弱信号捕获、快速定位和省电等领域的专利技术，这些专利技术成为 SiRF 公司未来长期的发展基础。在接下来 SiRF 公司与 Conextant 公司合作推出的 SiRFstarIII 芯片中，SiRF 公司成功地将这些技术应用其中。这使得 SiRF 公司在 GNSS 消费类市场中的地位逐步建立。之后的数年 SiRF 公司基本上是在对并购 Conexant 公司所获的技术进行消化和吸收，相继推出多个 SiRFstar 系列产

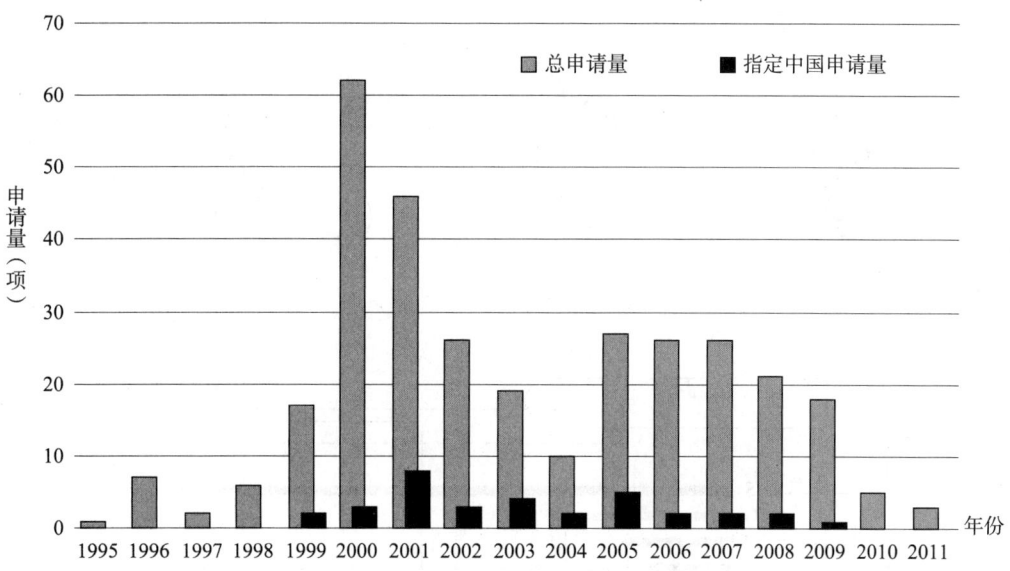

图 12-1　SiRF 公司总申请量/指定中国申请量-年代关系

品，逐步巩固了其在消费类 GNSS 市场的地位。另一个申请量较多的时期出现在 2005~2009 年。在下面分析 SiRF 公司的合作并购事件中我们发现，在这个期间，SiRF 公司的并购合作事件非常频繁。在并购合作的同时引进了相关企业的专利技术导致申请量明显增长。图 12-1 还显示出，大概从 2008 年开始，SiRF 的申请量出现了明显的下滑。这不仅仅是由于金融危机的影响。在这一年，SiRF 公司出现了决定其命运的关键事件，即其与 Broadcom 公司的专利纠纷。这个事件影响了 SiRF 公司对技术和市场的关注。在漫长的应诉和反诉过程中，SiRF 公司的精力和财力大受其挫，最后以被 CSR 公司收购画上句号。

被 CSR 公司收购之后的 SiRF 公司虽然还是专注于 GNSS 消费类市场，但是随着各种市场需求的不断提出，其单纯依靠 GNSS 的定位技术的发展受到了限制。为了迎合市场需求，SiRF 公司逐步成为 CSR 公司多传感器网络技术的一个分支。从 SiRF 公司的发展历程我们也可以看到，跟随市场变化，不断寻找新的市场空间是企业在发展过程中时刻都需要考虑的问题。

12.2.2　目标国/地区

我们研究了 SiRF 公司的专利在全球的分布情况。从图 12-2 可以直观地看到，SiRF 公司的专利申请进入美国的最多。经统计，总量 322 项专利申请中，有 311 项进入了美国，其次为欧洲和日本。

从图 12-2 中我们还发现一个与通常情况不同的现象：SiRF 公司在韩国（KR）和中国台湾地区（TW）的布局量也是比较可观的。我们在分析其他申请人的专利在全球布局的情况时，通常排在前几位的都是美国、欧洲、日本和中国，进入到韩国尤其是中国台湾地区的比例并不大。而 SiRF 公司所呈现出来的是不同的情况。从 SiRF 公司及

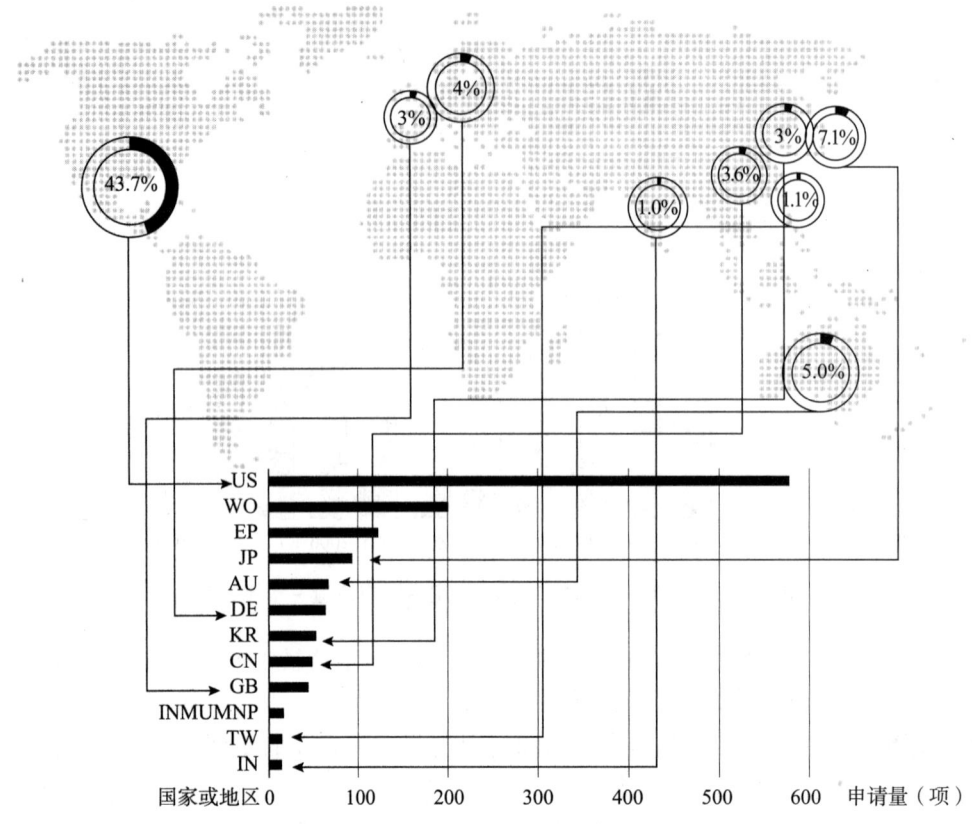

图 12-2 SiRF 专利申请在全球的布局情况

其产品特点的角度进行可以发现，SiRF 公司向市场推出的产品是导航芯片。它的应用领域主要专注于消费类市场，尤其是集成于智能手机等便携式通信终端的应用。目前市场上智能手机的发展势头正猛，在其上集成定位导航功能基本上已经成为智能手机的标配。韩国三星、中国台湾宏达（HTC）、美国惠普、Motorola、多普达等主要手机厂商均采用 SiRF 芯片。另外，SiRF 公司在中国台湾有多家 GPS 模块厂商，如鼎天、环天、常天和丽台等。这些都是 SiRF 公司在美国、韩国和中国台湾的专利布局数量较多的原因所在。当然，中国作为最大的新兴市场，仍然是各申请人争相抢占的地盘。因此，他们一直都比较看重在中国大陆的专利布局。

12.3 中国专利态势

SiRF 公司的产品主要集中在 GNSS 定位导航的消费类领域。通常情况下，各大企业非常重视中国市场，相应地也非常重视在中国的专利布局。图 12-3 是 SiRF 公司专利申请在中国的布局情况。

从图 12-3 中可以看到两个峰值，一个是在 2001 年，另一个是在 2005 年。从其发展历程来看，在 2001 年，SiRF 公司并购了科胜讯，这为其带来一个快速的专利申请量

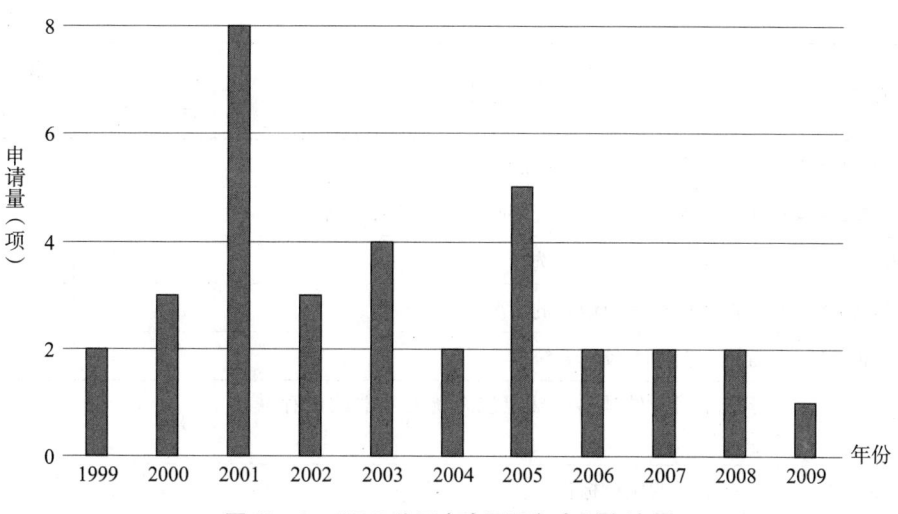

图 12-3 SiRF 公司在中国历年专利申请量

的增长；而 2005 年是 SiRF 公司合作与并购开始活跃的时候，在其进行一系列的合作并购的同时，知识产权的合作也是非常突出的，这同样为其带来专利申请量的快速增长。虽然 SiRF 公司在中国布局了数十件专利，而且还在快速地增加，但是，国内的相关企业应该重视这些专利申请的法律状态，以便在遇到专利纠纷时能够采取适当的应对措施。表 12-1 列出了当前进入中国的 SiRF 公司专利申请的法律状态。

表 12-1 SiRF 中国专利申请法律状态

申请号	发明名称	法律状态			
		有效	无效	未决	授权
02800376	GPS 接收机装置及其数据存储装置		是		是
02807470	定位方法和装置		是		是
02824675	用于低功率运行期间全球定位系统信号获取的校准实时时钟		是		是
03815936	用于在 DSSS 系统中使用相变计数检测干扰信号的方法与设备	是			是
03815942	卫星定位系统中的辅助		是		
03819137	用于全球定位系统的接口		是		是
200410085911	半自动跟踪定位通信系统			是	
200480002444	具有可编程时钟的串行射频至基带接口		是		
200480017286	用于实时钟的电力不足检测的方法及设备	是			是
200480026829	卫星定位系统中的海拔高度辅助		是		
200480028456	部分历年收集系统		是		

续表

申请号	发明名称	法律状态			
		有效	无效	未决	授权
200480028478	卫星定位系统中的功耗控制			是	
200480033134	用于多功能卫星定位系统接收器的方法和系统		是		是
200580033675	卫星定位辅助通信系统选择		是		
200580038628	在不使用广播星历信息的情况下确定位置	是			是
200580040256	基准振荡器频率校正系统		是		
200610163517	基于数字信号处理器全球定位系统处理器的内存减少方法	是			是
200680009126	使用后处理的定位标记		是		
200680009392	用于经过网络提供基于位置的服务的系统和方法	是			是
200680018594	用末端用户无线电终端同步无线电网络		是		
200680026597	辅助位置通信系统	是			是
200680031586	具有通用数字接口的全球定位系统前端			是	
200680051168	用于辅助全球定位系统广播定位的网络系统			是	
200680053597	无助室内全球定位系统接收机	是			是
200780036726	根据小区交集的基于小区 ID 的定位			是	
200780044605	在不使用当前广播星历的情况下确定位置的设备和方法	是			是
200880018239	改善的卫星时钟预测			是	
200880025429	无定时信息的导航定位	是			是
200910217180	用于在定位系统中弱数据位同步的方法和装置			是	
200910249089	用于在定位系统中弱数据帧同步的方法和装置		是		
97195840	扩频接收方法、导航方法和操作接收机的方法	是			是
00812804	用于跟踪目标位置的导航系统和方法		是		
00817124	增强处理弱扩展频谱信号能力的强信号消除方法		是		
01806202	定位方法和装置		是		
02816018	扩频接收机结构及其方法			是	
02816019	数据消息比特同步和本地时间校正方法及结构		是		
201080014167	用于在微功率模式中操作 GPS 设备的系统和方法			是	

注：表中的"无效"包括驳回、视撤、失效。"未决"包括进入实审和复审阶段。"授权"和"无效"均为"是"的表示授权后又因费用终止而无效，"授权"和"有效"均为"是"的表示授权后一直处于有效的法律状态。

从表 12-1 中可以获知，在进入中国的总计 37 件专利申请中，已经有 18 件专利申请为无效状态。目前处于有效状态的有 10 件，未决状态的有 9 件，而且不排除未决状态的申请在后期将会进入无效的法律状态。需要提醒国内企业的是，在与国外企业进行知识产权合作时，不仅要看对方提供合作的专利的数量和质量，更重要的是，当对方将专利按照数量进行"折价"合作时，国内企业一定要关注所涉专利的法律状态。因为无效状态的专利技术属于已经进入公有领域，所有人都可以免费使用。

12.4 技术发展态势

在消费类卫星导航定位领域，除了定位精度之外，消费类市场的实际需求是另外需要解决的问题。在这个领域，通常用户希望定位的速度快一些，电池的续航时间长一些，信号捕获的灵敏度高一些，在通过隧道或者高楼密林的城市街区时仍能够及时顺畅地定位导航。用户还希望随着通信及互联网技术的发展，卫星导航技术能够与其他技术结合，为消费者提供更多的选择和享受等。通过对 SiRF 公司历年来申请专利的技术进行分析之后，课题组勾勒出其主要技术构成、相关专利技术的布局以及重点专利等。SiRF 公司在定位速度、电池管理、弱信号捕获能力等方面，满足了市场的上述需求。由于 SiRF 公司技术上的优势，其产品长期占有可观的市场份额。

12.4.1 技术构成

图 12-4 是 SiRF 公司的专利技术分布情况。在 322 件总申请量中，涉及接收机技术的占 46%，涉及位置服务的占 48%。这两类技术是 SiRF 公司主营业务涉及的核心技术。随着市场需求的不断变化，多信息融合技术逐步发展，出现了涉及多传感器的组合导航技术，以及与多媒体、网络、视频等相结合以迎合中高端用户需求的综合技术。

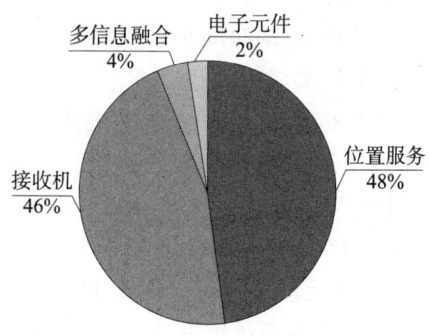

图 12-4 SiRF 公司专利技术分布

卫星定位导航领域的专业技术人员一直在致力于 GNSS 接收机性能的改进工作。而对 GNSS 接收机来说，其性能指标体现在哪些方面呢？下面以 GPS 接收机为例说明一下 GNSS 接收机的主要技术指标，以及 SiRF 公司典型产品的相关性能指数。

虽然 GPS 接收机的种类繁多，但是，一般的 GPS 接收机通常具有下面几个主要的技术指标：

（1）接收机的跟踪通道数。通常是 12 个跟踪通道或更多，它表示 GPS 接收机可以同时并行接收 GPS 卫星颗数的能力。SiRFstarIII 可具有 20 个卫星通道，最新的 SiRFstarV 已经具有 52 个卫星通道。

（2）接收跟踪信号的种类。民用接收机仅接收 L1 C/A 码信号；军用接收机有只接收 L1 C/A 和 P（Y）码信号的，但大多数还同时接收 L2 P（Y）码信号。SiRF 公司的产品主要是应用在消费类导航终端上，因此其属于民用产品，其仅接收 L1 C/A 码信号。

（3）测量定位精度。包括如 GPS 标准定位服务空间信号的水平位置精度垂直位置精度等。它受接收机本身的系统误差和多径反射等的影响。由于 SiRF 产品主要为民用，因此通常仅考虑水平定位精度。SiRFstarIII 的水平定位精度平均为 10m，在有 WASS 辅助的情况下水平定位精度平均为 5m。SiRFstarV 的水平定位精度小于 2.5m。

（4）时间同步精度。表示接收机通过测量定位后，输出的时间同步脉冲信号与 UTC 时的同步精度。

（5）位置数据更新率。一步每秒 1~10 次，高动态 GPS 接收机的更新率要高一些。

（6）首次定位时间。指接收机从开始加电到首次得到满足定位精度要求的定位结果过程所占的时间。分以下三种情况：

① 当接收机中没用保存正确的历书时叫冷启动。条件是：首次定位时间小于 1.5 分钟。当接收机在不加电或不接收 GPS 信号的情况下，运输距离超过 1000 公里；或者 GPS 接收机连续 7 天以上设备不加电工作或不接收信号之后。SiRFstarIII 的冷启动时间平均为 38 秒，SiRFstarV 的冷启动时间平均小于 35 秒。

② 当接收机中保存有正确历书数据时的启动叫做温启动。条件是：首次定位时间小于 45 秒。当设备正常工作情况下，发生掉电或关机 4 小时以上，但少于 7 天；或设备在正常工作情况下，发生 GPS 信号中断 4 小时以上，但少于 7 天。SiRFstarIII 的温启动时间平均为 35 秒，SiRFstarV 的温启动时间小于 30 秒。

③ 当设备在正常工作状况下，关机时间小于 4 小时或发生 GPS 信号中断小于 4 小时。接收机存有有效星历，叫做热启动。恢复正常工作后一般 15 秒以内即可定位。SiRFstarIII 的热启动时间平均为 1 秒，SiRFstarV 的热启动时间平均小于 1 秒。

（7）接收机能捕获的最小卫星信号的功率，叫做接收机捕获灵敏度；接收机能跟踪的最小卫星信号的功率，叫做接收机跟踪灵敏度。由于使用多相关器的结果，民用 GPS 接收机的捕获与跟踪灵敏度已无法分开。SiRFstarIII 的跟踪灵敏度达 −159dBm，捕获灵敏度达 −144dBm。SiRFstarV 的跟踪灵敏度达 −165dBm，捕获灵敏度达 −147dBm。

其他相关技术指标还包括：输入或输出接口、工作电源要求、环境要求、可靠性指标和维修性指标等。它们共同体现了接收机的整体性能。

12.4.2 专利布局

SiRF 公司成立于 1995 年。这一年也属于 GPS 技术从军用转到民用的初始阶段。

1996 年美国总统下令关闭 SA，为发展民用 GPS 技术提供了政策上的支持。图 12-5 是对 SiRF 公司专利技术所涉及的主要技术方向的分析统计。

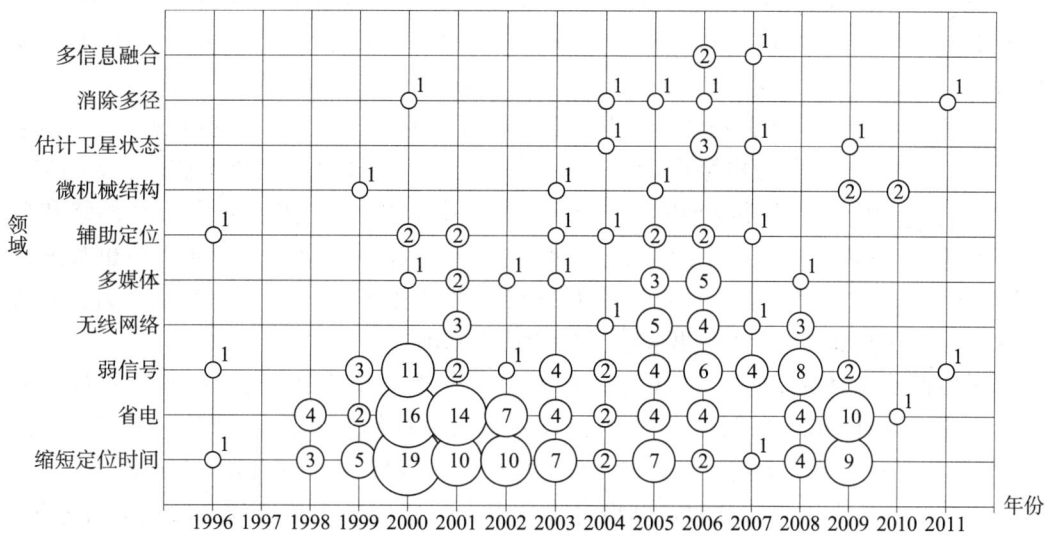

图 12-5　SiRF 公司主要技术分布

从图 12-5 可看出，1996 年 SiRF 公司就拥有了自己的专利。这说明 SiRF 公司从成立之初就十分重视专利策略。最初的几件专利技术主要涉及缩短定位时间、弱信号捕获和辅助定位方面，而这几项技术一直是消费类定位导航设备关注的技术点。在随后的几年里，SiRF 公司所关注的重点一直集中在这几项技术上，直到 1999 年，其申请的专利都是涉及缩短定位时间和弱信号捕获技术，也就是定位导航接收机的快速定位和信号捕获灵敏度技术。这两项技术，尤其是灵敏度技术，直到现在还是 SiRF 公司领先于其他竞争对手的关键技术。

1999 年之后，SiRF 公司更加重视其在缩短定位时间和弱信号捕获方面的技术研发，同时也开始关注省电方面的技术。"省电"可以增加移动手持终端的电池续航时间，也一直是手持定位终端用户非常关注的一点。

2000 年前后，涉及这三项技术的申请呈现突破性增长。从 SiRF 公司的发展路线可以了解到，SiRF 公司在 2001 年并购了 Conexant 公司的 GPS 部门，在合约条件下获得其资产和知识产权。这其中涉及 8 项专利，主要集中在信号探测器、改善弱信号捕获灵敏度和降低捕获时间等方面。这些专利不仅加强了 SiRF 公司全球定位技术研发团队的核心技术，更大大提高了 SiRF 公司在迅速成长的消费类市场上的地位，为 SiRF 公司未来的发展奠定了关键的技术基础。

弱信号捕获、省电和缩短定位时间是 SiRF 公司持续不断研发的技术。这三项技术也是消费类定位导航终端持续不断提高要求的所在。可以说，正是因为 SiRF 公司抓住了消费者的需求，开发了满足市场要求的产品，并使其产品性能遥遥领先于其他竞争对手，才使得其在消费类导航市场中的地位越发巩固。

"市场是一只无形的手"，它在悄悄地左右技术的发展方向。随着移动通信技术的发展，辅助定位技术也获得了长足的发展。虽然 SiRF 公司在成立之初就关注了这项技术，但由于各方面相关技术还不成熟，在随后的几年里辅助定位技术并不是 SiRF 公司的重点发展对象。直到 2000 年前后，SiRF 公司在辅助定位技术上重新开始了稳步发展。

2005 年前后，SiRF 公司开始重视在无线网络和多媒体技术方面的研发。这一年它还并购了瑞典的 RF 集成电路设计公司 Kisel。此时，Kisel 已经完成了蓝牙、WiMAX、WLAN、WCDMA、UMB 和 GSM/PCS/DCS 等领域中的设计。不仅这些与无线网络和多媒体有关的技术被 SiRF 公司全部获得，而且 Kisel 的全部 19 名相关技术人员也都加入 SiRF 公司。这大大提高了 SiRF 公司在 GPS 接收机射频前端集成电路的设计能力，并为其将产品应用到移动通信终端积累了坚实的技术基础。

随着消费者对室内外无缝定位需求的提出，从 2006 年开始，SiRF 公司（更确切地应为 CSR，此时 SiRF 公司已经被并购为 CSR 公司的一个子公司，为了统一起见还是称为 SiRF 公司）开始注重信息融合技术和微机械结构（MEMS）在移动导航定位技术中的应用。广义地来讲，信息融合是指将来自多个传感器或多源的观测信息进行分析、综合处理，从而得出决策和估计任务所需的信息的处理过程。在卫星定位导航中，信息融合主要体现在将来自移动站、传感器如陀螺仪等的测量信息与来自卫星的信息进行综合处理分析，从而对终端用户进行导航定位的过程。它其主要应用在组合导航系统中。微机械结构包括陀螺仪、加速度仪、指南针、气压计、自适应巡航（ACC）、平衡位置技术、位置或航迹推算（PDR）技术等。本节将微机械结构与信息融合技术分开，主要是由于市场消费者对室内定位的要求日渐提高，单一依赖 WiFi 技术进行室内定位的技术手段会使得室内定位方案存在很大的不确定性，而且随着室内活动距离的增加还会使误差积累。而将来自 MEMS 传感器的信息与 GNSS、PDR 和 WiFi 等结合在一起进行位置推算，这个误差比率大概为活动距离的 5%，这使得定位更加准确。同时，SiRF 公司也在致力于 GNSS 技术的软件解决方案。市场现状和预期都验证了将多技术集成于单一芯片和导航技术由硬变软的趋势。

12.4.3 重点专利

在确定重点专利技术时，我们不仅仅以引用频次作为参考，同时还考虑该专利技术的持续时间（即该专利技术最早的同族至最晚同族的时间段），并且还要与本领域的技术专家们咨询探讨确定该专利技术在 GNSS 导航领域中的重要程度，综合判断之后得出重要专利。从表 12-2 中各专利技术的特点来看，SiRF 公司在消费类 GNSS 导航定位领域所关注的技术主要分布在通过各种技术手段提高接收机捕获灵敏度、省电和辅助定位技术。这与我们对各技术分支的统计结果是吻合的。

表 12-2 各技术领域重点专利

专利号	持续期间	引用频次	技术特点
US6198765B1	1997~2012	48	通过相关运算，对多径跟踪和干扰的校正
US6389291B1	2002~2012	118	通过校正接收机针对频率，提高弱信号捕获能力
US7091904B2	2003~2011	20	用于移动导航定位终端，辅助定位技术
US6282231B1	2001~2011	35	消除强信号，提高弱信号捕获能力
US6775319B2	2003~2011	20	提供有效的扩频信号搜索，减少门/半导体数目，降低功耗
US6297771B1	2000~2011	26	信号探测器，提高弱信号捕获的灵敏度
US6304216B1	2000~2009	31	
US6850557B1	2001~2008	21	

12.5 技术发展路线

随着技术的不断改进，SiRF 公司的产品也在不断更新。图 12-6 是 SiRF 公司的技术路线图，其中列出了 SiRF 公司各系列产品发布时间及它们的主要功能和相应的专利号。我们都知道，SiRF 公司的芯片由一块射频集成电路、一块基带数字信号处理电路和标准嵌入式 GPS 软件构成。射频电路用于检测和处理 GPS 射频信号；数字信号处理电路用于处理中频信号；标准嵌入式 GPS 软件用于搜索和跟踪 GPS 卫星信号，并根据这项信号求解用户位置坐标和速度。SiRF 公司芯片的主要市场是无线手持设备、汽车、便携式计算设备以及一些专业用户。1996 年，SiRF 公司研制出第一代 GPS 芯片，称为 SiRFstarI architecture。

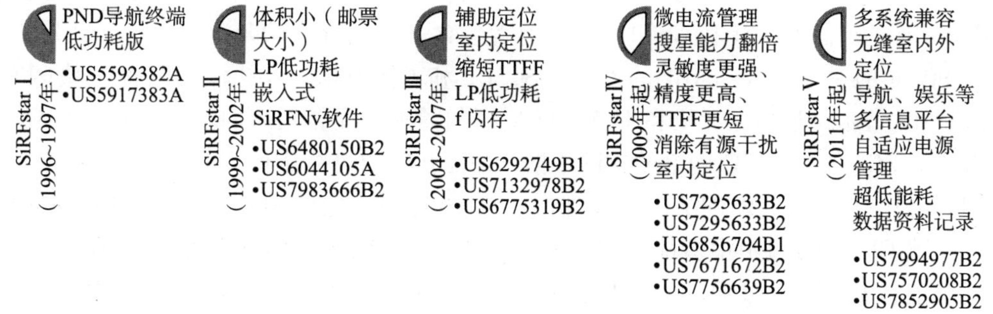

SiRFstar I（1996~1997年）
PND导航终端低功耗版
- US5592382A
- US5917383A

SiRFstar II（1999~2002年）
体积小（邮票大小）
LP低功耗
嵌入式
SiRFNv软件
- US6480150B2
- US6044105A
- US7983666B2

SiRFstar III（2004~2007年）
辅助定位
室内定位
缩短TTFF
LP低功耗
f闪存
- US6292749B1
- US7132978B2
- US6775319B2

SiRFstar IV（2009年起）
微电流管理
搜星能力翻倍
灵敏度更强、
精度更高、
TTFF更短
消除有源干扰
室内定位
- US7295633B2
- US7295633B2
- US6856794B1
- US7671672B2
- US7756639B2

SiRFstar V（2011年起）
多系统兼容
无缝室内外定位
导航、娱乐等
多信息平台
自适应电源管理
超低能耗
数据资料记录
- US7994977B2
- US7570208B2
- US7852905B2

图 12-6 SiRF 公司技术线路

1996 年 10 月，美国联邦通信委员会（FCC）颁发 E911 法令，要求所有的蜂窝无线通信网运营商在手机用户发出紧急呼叫（E911）时应向应急调度中心提供该手机的号码和位置。FCC 的这项命令反映的是用户对时间和空间信息日益增长的需求，也是为了弥补无线通信服务无法提供地址信息的缺陷。据统计，25%的无线手机用户在发出报警时，会因为不能准确地描述他所在的位置而得不到及时的帮助。根据FCC对蜂窝网运营商手机定位所要求的进度和精度，在进度的第Ⅰ阶段，也就是1998年4月之前，要求提供手机号码和手机所在的蜂窝和扇区的位置。第Ⅱ阶段分几步完成，2001年10月1日之前，要求提供手机号码，并对定位精度提出了要求：基于手机的定位方式67%能够达到50米的定位精度，95%能够达到150米的定位精度；对基于网络的定位方式来说，67%达到100米的定位精度，而95%达到300米的定位精度。❶

为了满足FCC命令所提出的要求，1999年，SiRF公司研制出第二代芯片结构SiRFstarⅡ，并在此基础上推出首款芯片产品SiRFstarⅡe；2002年推出SiRFstarⅡe/LP和SiRFstarⅡt芯片产品。SiRFstarⅡe/LP是SiRFstarⅡe的低功耗版，SiRFstarⅡe/LP的最大电流只有60mA，在TricklePower模式下电流只有20mA。SiRFstarⅡt为在某些有处理器的系统上集成GPS功能提高了嵌入式解决方案。SiRFstarⅡt需要分享系统的处理器和内存才可使用，由系统的处理器运行SiRFNav软件。SiRFstarⅡ有1920个并行相关器，缩短了首次定位时间（TTFF），冷启动灵敏度为-142dBm。SiRFstarⅡ单星（SingleSat）导航技术使自动导航系统即使在只能捕捉到一颗卫星的情况下也能持续更新位置数据。这完全摆脱了传统的接收机需要至少3～4颗可见星的要求。密林锁定（FoliageLock）技术使SiRFstar即使在茂密的森林中也可持续接收到卫星信号，而且即使信号强度小于初始值的10%也可以检测到，大大提高了信号捕获灵敏度，从而保证了定位的可靠性。SiRFstarⅡ的低功耗和嵌入式解决方案，使得其能够更好地集成在手机终端上，为无线通信运营商满足FCC的要求提供了更优的选择。TricklePower电源管理技术将GPS接收机在持续位置更新应用中的功耗由1W降至150mW以下，而且不需要增加任何外部器件。Push–to–Fix技术则使位置查询应用中的功耗降至15mW以下。功耗的大大降低使其产品应用在移动通信设备中的前景更加广阔。

2004年2月SiRF公司推出第三代芯片结构SiRFstarⅢ；2005年2月，推出基于SiRFstarⅢ的产品GSC3f和GSC3，其中前者包含一块闪存；2006年11月，SiRF公司推出90nm的基于SiRFstarⅢ的产品GSC3LT和GSC3Lti，其中后者包含一块闪存。SiRFstarⅢ技术用于满足无线和手持LBS应用的需求。配合相应的软件，SiRFstarⅢ能接收来自2G、2.5G、3G网络的辅助数据，并能在室内进行定位。SiRFstarⅢ有等效于超过20万个相关器的硬件结构，从而进一步缩短了首次定位时间。2005年推出的最新非独立式GPS接收机中很多都采用了这一芯片。图12–7所列出的是SiRFStar系列产品的功能特点，SiRF公司的第一代产品到第三代产品都保持着（图12–7中列出的）这些技术特点，并持续进行着技术改进。

---

❶ 李跃. 导航与定位［M］. 2版. 北京：国防工业出版社，2008.7：481–488.

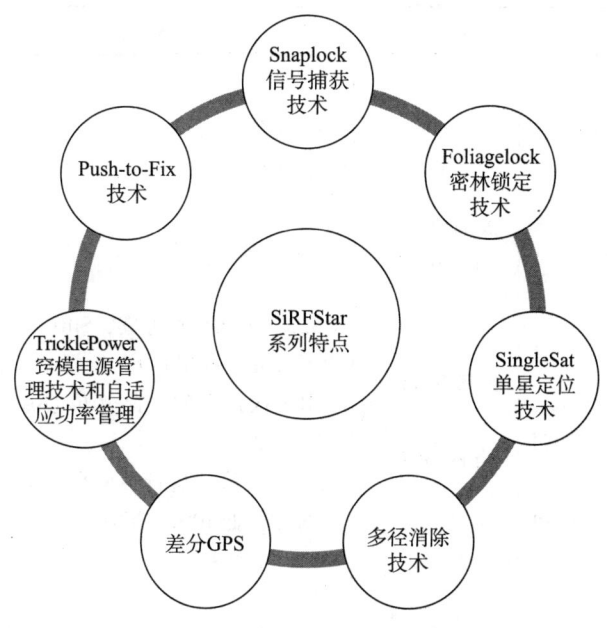

图 12-7 SiRFStar 系列产品功能

被 CSR 公司并购之后，SiRF 公司又相继推出 SiRFstarIV 和 SiRFstarV 芯片架构。SiRFstarIV 全新的位置感知架构采用 SiRF 公司自有的自我辅助式微功率 GPS 技术，使得消费类定位终端在不浪费电池电力和无需网络辅助的情况下，具备更持久的位置感知能力。同步推出的基于 SiRFstarIV 的 GSD4t 接收机为手机和其他小型装置提供了定位功能。SiRFstarIV 公司历年产品系列及相关专利信息如表 12-3 所示。

表 12-3 SiRF 公司历年产品系列及相关专利

产品型号	推出时间	性能优势	涉及的专利技术
SiRFstarI	1996 年	PND 导航终端	US5592382 A
SiRFstarI/LX（车载导航）	1997 年底	低功耗版	US5917383 A
SiRFstarIIe	1999 年	体积小（邮票大小）	US6480150 B2
SiRFstarIIe/LP	2002 年	LP 低功耗	US6044105 A
SiRFstarIIt（嵌入式）	2002 年	嵌入式，SiRFNav 软件	US7983666 B2

续表

产品型号	推出时间	性能优势	涉及的专利技术
SiRFstarIII SiRFstarIII GSC3e/LPx & GSC3f/LPx & GSC3e/LPa SiRFstarIII GSC3LT & GSC3Lti SiRFstarIII GSD3tw 3大产品线： 基于 Flash 的 GSC3e/LP，通用 PND、消费电子和手机； 基于 ROM 的 GSC3LT 和 GSD3，面向手机进行了优化	2004年2月 2005年2月 2006年11月 2007年初	辅助定位 室内定位 缩短 TTFF LP 低功耗 f 闪存 GSD3：半软半硬方案，SiRF 第一款将基带、模拟和 RF 集成在一个 CMOS 裸片上的产品（单芯片方案） 部分导航软件运行在 CPU 上，系统成本降低 10%~20% 体积小，功耗低	US6292749 B1 US7132978 B2 US6775319 B2
SiRFstarIV GSD4t（手机） SiRFstarIV GSD4e（汽车） 在不消耗电池、无需网络辅助的情况下，保持持续定位	2009年	微电流管理 搜星能力翻倍 灵敏度更强、精度更高、TTFF 更短 消除有源干扰 室内定位 智能 MEMS 传感器支持 航迹推算	US7295633 B2 US7295633 B2 US6856794 B1 US7671672 B2 US7756639 B2
1. SiRFstarV 架构和 SiRFusion 平台 2. SiRFPrimaII（车载高端）	2011年 2011年	多系统兼容 无缝室内外定位（WiFi、蓝牙、MEMS 传感器等云服务多信息融合） 导航、娱乐等多信息平台（3D、多媒体、触控） 自适应电源管理（根据环境和运动状态） 超低能耗 数据资料记录（Data logging）	US7994977 B2 US7570208 B2 US7852905 B2 US7869948 B2 US7568670 B2 US7979207 B2 US8086405 B2 US7800535 B2 GB2473933 B US7555661 B2 US8134502 B2 US2011275341A1 US7634025 B2

续表

产品型号	推出时间	性能优势	涉及的专利技术
软件产品 1. SiRFDRive 2. SiRFLoc Client 3. SiRFLoc Server 4. SiRFSoft 5. SiRFXTrac 6. CSR Synergy for Android	2010 年 2011 年	1. 与通过陀螺仪和轮转速度数据结合的推测导航系统（尤其适用于城市峡谷、隧道、停车场） 2. 首个运用于 E911 标准和 LBS 平台辅助的多模系统 3. 支持多模的 GPS 定位服务器 4. 无需 GPS 基准波段的集成电路 5. 独立高灵敏度软件系统 6. 全球首款针对 Android 平台的蓝牙低功耗产品，持续更新（即插即用，支持蓝牙、FM、WiFi、GPS）	US7979207 B2 US8086405 B2 US8144053 B2 US8260540 B2 US8164516 B2 US7634025 B2

12.6 核心技术

与高精度专业导航产品不同，消费类的导航产品面对的市场受众广泛。使用便捷、定位速度、精度、能耗等是消费类导航产品用户比较关心的问题。我们在对市场需求、技术发展以及相关政策影响等进行分析的基础上，对 SiRF 公司的全部专利申请进行了技术上的标引。然后，考虑某技术分支上专利申请的数量、技术持续和更新的情况等因素，获知扩频接收机、省电、快速定位等是 SiRF 公司的重要技术。这也是消费类导航产品共同的关键技术点。

12.6.1 扩频接收机

所谓扩频技术，是指通过注入一个更高频率的信号，将发送的基带信息扩展得到一个更宽频带内的射频通信系统，即发射信号的能量被扩展到一个更宽的频带内，使其看起来如同噪声一样，接收端通过相关接收，将信号恢复到信息带宽的一种技术。而应用扩频技术的接收机，称为扩频接收机。扩频技术具有高度的抗窄带干扰能力。GPS 卫星在 L1 和 L2 两个载波上发送两个直接序列扩频信号，即 GPS 信号是一种扩频信号。相应地，地面接收机也即为扩频接收机。

WO9740398 A2 所记载的专利技术实际上囊括了 GPS 接收机的全部关键技术。它可以称为是一个大而全的专利申请。其中的主要技术包括：数字采样、滤波、存储、捕获、跟踪、同步、相关等及其应用领域，如车载导航、地图数据存储与显示等。下面对该专利进行如下介绍。

解决的技术问题：

视野范围内少于 3~4 颗星的情况下，尤其是单星情况下的车载导航问题，以及多径问题。具体地说，包含多径或反射信号的所有各信号的直接处理经常会恶化接收机所执行的处理，如相关处理。对 GPS 接收机来说，由于信号发射机设置在具有复杂轨道的多个卫星上，其位置是经常变化的，因此，仅仅通过信号传输时间、路径最短和信号幅度无法鉴别出直接路径信号。而且常规的对接处理技术复杂且可能引入误差。其中还涉及降低接收机功耗的问题。

技术方案：

当视野范围内的星少于 3~4 颗时，如果需要连续导航，可以利用来自其他源的数据来使 GPS 得到增强。这个增强数据的来源可以包括来自外部传感器如陀螺仪、加速度仪、角度、速度传感器等的数据、地图数据以及待导航车辆所处的物理环境信息。图 12-8 是较低卫星可见性期间改善导航性能的车载导航系统框图。

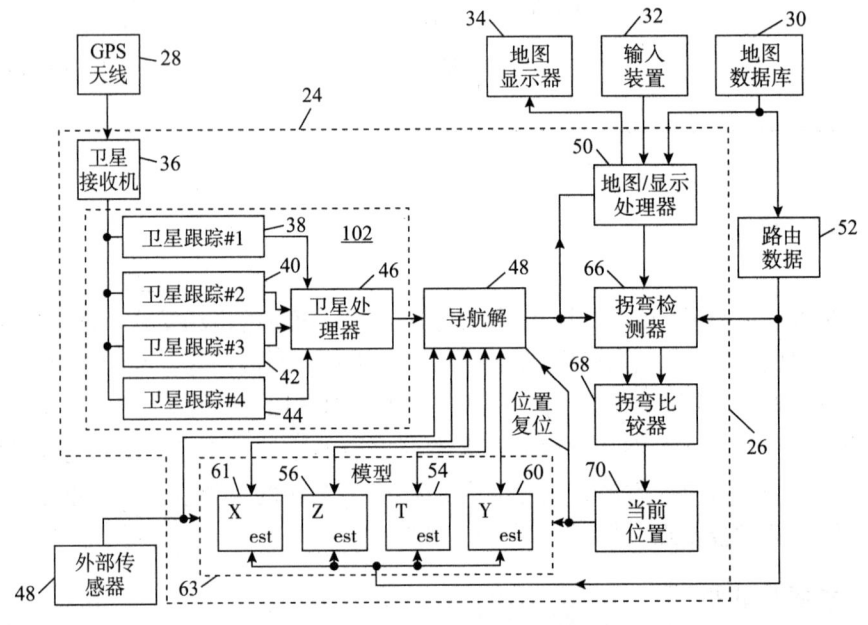

图 12-8 改善的车载导航系统框图

对于多径效应，将本地产生码的模型的前期、即时和后期版本与从 GPS 卫星接收的信号相关，调节即时版本的延迟来跟踪所选卫星。当所选卫星不可利用时，维持该延迟的预测值，将多个不同本地产生码的前期版本与来自每个卫星的信号进行相关，产生相关结果，将多个不同本地产生码的后期版本与来自每个卫星的信号进行相关，产生相关结果，通过选择产生高于预定阈值的最大相关结果的版本作为卫星新码的即时版本，从而重新捕获以前不可利用的所选卫星。

具体地说，由于多径信号会引起残余码跟踪，当接收到内部产生的码时，利用产生的相关函数与在没用多径失真情况下所期望的相关函数的模型进行比较，检测多径和直接路径信号的符合信号的相关函数的失真。在确定了该相关函数失真的情况下，如果多径信号比直接路径信号弱，则接收的信号之间的干扰产生相关函数的可预测失真。如果多径信号的载波相位相对于直接路径信号的载波相位存在 0°到 90°的偏移，则各信号趋于导致相关函数变宽而相互加强。而如果这个偏移在90°到180°，则各信号趋于导致相关函数变窄而相互抵消。

如图12-9所示，中间部分是在不存在多径干扰的情况下，直接路径相关函数226的形状，从前期的-1码片的延迟或时间偏移约一个C/A码片的宽度，到后期+1码片的延迟或时间偏移一个C/A码片的宽度。把直接路径接收的卫星信号与在直接路径信号上出现的C/A码调制的复制进行相关的结果，在中间原点给出直接路径相关函数226的峰值230，以表示达到的实际时间或零码相位，将峰值230作为正确的码相位，

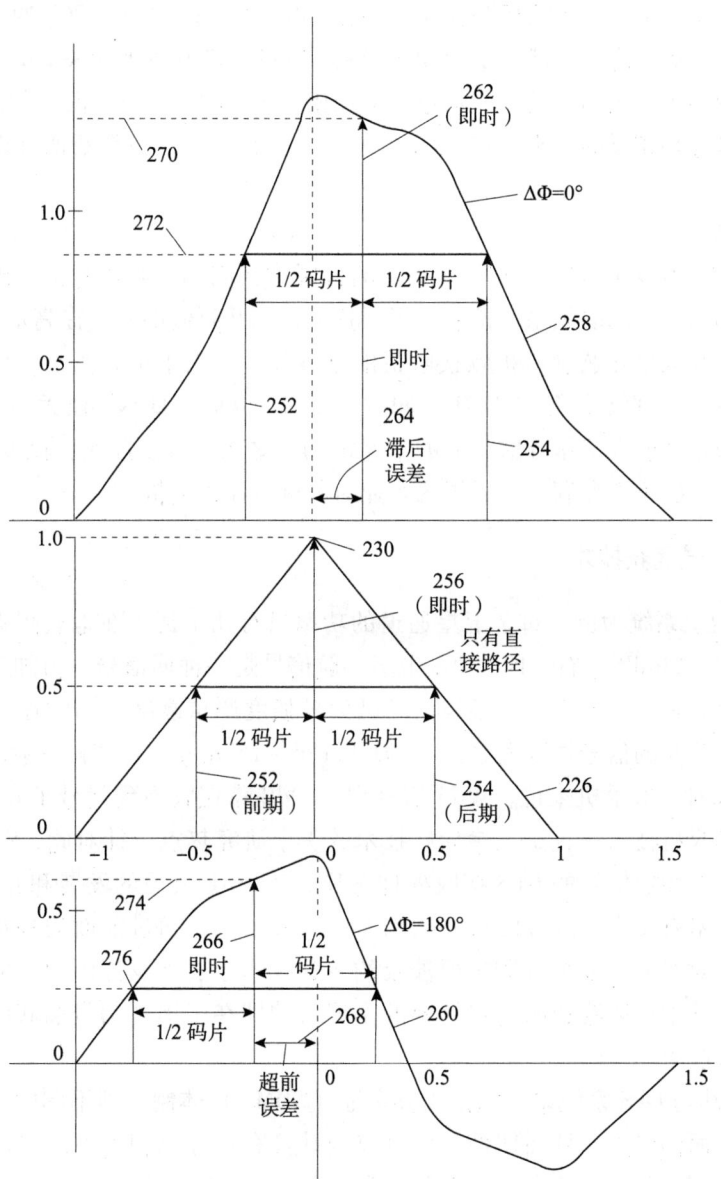

图12-9　无多径干扰情况下的直接路径信号的相关结果图，以及出现0°和180°载波相位差为的多径信号而产生失真的相关结果图

即 PN 码组从一颗具体卫星到达接收机的时间。跟踪前期和后期直接的时间偏移的中点，对于滞后多径相关函数 258，滞后即时相关 262 在时间上从直接路径即时相关 256 偏移多径增强干扰滞后误差 264，也就是说，滞后即时相关 262 从直接路径信号到达的实际时间偏移正或者滞后延迟时间。对于超前多径相关函数 260，超前即时相关 266 在时间上从直接路径即时相关函数 256 偏移多径抵消干扰超前误差 268，也就是说，多径抵消超前误差 268 从直接路径信号到达的实际时间偏移负或者超前滞后延迟时间。另外，可以根据多径干扰前期、即时和后期相关结果幅度之间的关系来确定误差的符号。

如图 12-9 所示，对于滞后多径相关函数 258，滞后即时相关 262 的幅度比直接路径即时相关 256 的幅度大，滞后多径相关函数 258 的前期和后期相关 252 和 254 的幅度也比直接路径相关函数 226 的大。将超前多径相关函数 260 与直接路径相关函数 226 相比，它们的符号是相反的。据此可以检测多径干扰的存在，并判断偏移误差的符号和幅度。

有益效果：

利用多传感器技术，解决了车载导航的盲区推算问题。利用超前、即时、滞后相关函数峰值和幅度之间的关系，检测多径干扰的存在并降低误差，提高定位精度。

该专利涉及卫星导航领域扩频接收机的基本技术。以申请日为准，该技术相关专利申请从 1996 年一直延续到 2007 年，同时在美国、欧洲、日本、澳大利亚、中国进行了申请，遍布全球所有卫星导航产品的重要市场。这几点可以证明，该专利是 SiRF 公司与接收机有关的重点专利，值得国内企业对其进行深入剖析。

12.6.2 弱信号捕获技术

以 GPS 卫星系统为例，每个卫星通道的功率只有几十瓦。在地表附近，卫星导航信号的强度在 −130dB 左右，即 GNSS 卫星导航信号是一种弱信号。再加上达到地面后的环境如城市、森林、室内等的影响，卫星信号强度严重衰减，同时还可能存在多径信号的影响，此时的信号强度大概在 −150dBm 至 −160dBm。这使得一般的接收机根本无法工作（如对一般手机来说，WiFi 信号到 −80dB 就接收不到信号了）。因此，弱信号条件下的接收机技术一直是卫星导航技术的一个研究热点。针对此，SiRF 公司推出了一系列的针对微弱信号的 GPS 接收处理芯片。从 SiRF 公司的发展和并购历程来看，弱信号捕获技术有相当一部分源自并购的 Conexant 公司。通过前面的分析我们可以粗略地获知，在对 Conexant 的并购中所涉及的专利技术主要涉及探测器、相关器和电源管理等技术，其中探测器和相关器技术的主要目的即在于提高信号捕获的灵敏度，即弱信号的捕获能力。

GNSS 尤其是 GPS 系统采用的是码分多址（CDMA）体制。即不同的卫星所用的伪码是唯一的，而伪码是一种周期性的、可复制并具有良好自相关性的二进制伪随机序列。因此，利用伪码优良的自相关性和可重复特性，可以对扩频信号进行相关（相乘）接收，这可极大地改善接收信号的信噪比。尤其是伪码速率很高时，对 C/A 码和 P(Y) 码而言，其改善程度可达 40dB 至 50dB。因此，自相关技术也是提高接收机弱信号捕获能力的重要技术。SiRF 公司通过相关器和探测器技术来提高接收机的捕获性能。而通过探测器技术来提高弱信号的捕获灵敏度，归根结底，也是通过相关运算达到这个目的。

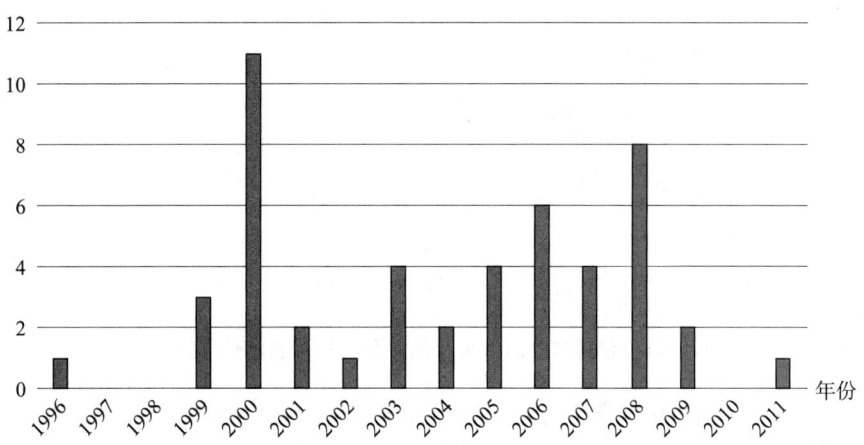

图 12-10 SiRF 涉及弱信号技术的历年申请量

从图 12-10 来看，SiRF 公司涉及提高弱信号捕获能力即接收机灵敏度的专利申请共计 49 项。其中 2000 年的申请有 11 项，其中大部分源自并购的 Conexant 公司。并且 Conexant 公司的 20 位关键技术人员的加入大大增强了 SiRF 公司全球定位技术研发团队的核心技术能力。尤其是在弱信号捕获方面，奠定了随后 SiRF 公司在提高接收机灵敏度方面的技术基础，更提供了技术发展的持续动力。2000 年之后，SiRF 公司一直在弱信号捕获方面进行研发，并连续稳定地在这个技术方向进行专利布局。对 SiRF 公司来说，其中关键的核心专利包括：US06297771 B，US06304216 B，US06351486 B，US06606349 B，US06850557 B 等，它们主要涉及信号探测和相关技术。这些专利仍处于有效阶段。

对图 12-11 的说明：

图 12-11 是一种使用相关分析、以提高弱信号捕获能力的信号探测器。其将取样以时间来分割成片段，该片段的长度可以是非一致性长度的；然后，将各片段分析结果组合起来进行相关分析，从而获得更好的信噪比。

解决的技术问题：

GPS 接收机对接收信号的有限部分进行采样，然后再进行处理。如移动电话中内置的 GPS 接收机的采样窗必须限制在未通话状态期间，这会限制采样周期的大小和次数，带来由于有限的采样窗的影响导致信噪比不足以探测卫星信号。这更使得在弱信号条件下难以捕获到信号，而导致接收机停止工作。

技术方案：

图 12-11 所示的信号探测器，其接收依时间长度分割的可能是非均匀长度的信号片段，该信号可能包括想要的但是受到杂波干扰的信号，产生多个想要信号的假设信号，接收该多个假设信号和信号片段。然后，生成表示接收片段与假设信号之间的相

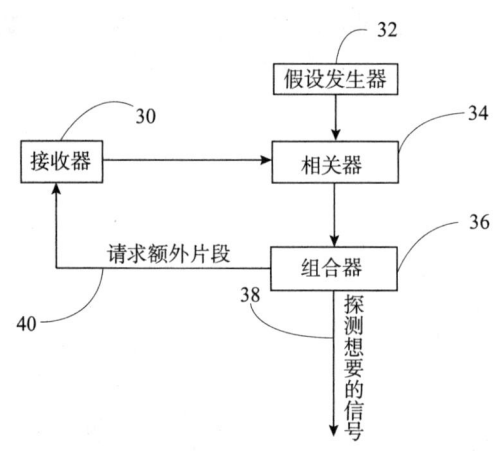

图 12-11　使用非一致性及分离片段相关分析的信号探测器

关性的相关信息。将该相关信息与累积相关信息进行组合,该累积相关信息是先前接收的片段的累积相关信息。信息组合后,判断次累积相关信息是否足以用来探测想要信号的参数。如果是,则输出表示可以探测到想要信号的参数;如果不是,则输出表示还需要更多的片段。然后重复前面的相关、组合和判断过程,直到探测到想要信号的参数或者探测超时。

其中,片段的相关阵列按照 PN 码假设和多普勒频移假设来分组。因此,每一个分组对应特定的 PN 码假设和多普勒频移的组合。针对具体的 GPS 卫星,持续进行这个组合过程,直到由该卫星得到符合要求的信噪比的启动值。使用不同片段之间码相位差异的算法,即使其真实的码相位未知,也能够通过组合不同的采样片段来推导出相关阵列。

有益效果:

随着消费类导航定位产品的小型化发展,用户对接收机灵敏度即弱信号捕获能力日益关注。上述的非均匀性接收器采样长度技术的应用,使得 GNSS 导航定位功能与便携式通信终端如手机等的集成应用得到迅速普及。另外,这项技术还允许信息获取开始时的任意偏移,这在语音通信和 GNSS 基本应用上是十分重要的。可变的开始时间允许对任一 GNSS 卫星信号进行采样,而不论它们的码相位是否相对。多重信息获取的组合方式允许信噪比得到逐步提高,在加入每一个增量之后,可测试该阵列是否可用来进行信号探测,并且可以省略成功获取之后的处理。在 GNSS 接收机上配置信号探测器,大大提高了接收机弱信号的捕获能力,促进了消费类便携导航设备的发展。

12.6.3　省电技术

SiRF 公司的产品首先是面对广大消费类市场的。因此,针对消费类市场的需求,SiRF 公司需要寻求各种方式来满足。其中,进行电源管理以降低功耗,或者称之为省电技术,是 GNSS 导航定位市场亟待解决的问题之一。在手机上集成 GNSS 导航定位功能是目前通信、导航技术发展的大趋势，并且目前已经在市场上得到广泛普及。尤其是 1997 年 12 月美国 FCC 针对基于手机的定位方式发布备忘录和意见之后，更加促进了在手持通信终端中加入 GPS 定位功能的发展。但在手机中加入 GPS 功能模块会使手机能耗增加，由此导致电池的续航时间缩短。这使得手机用户不仅不欢迎加入 GPS 功能，而且还会担心遇到由于电池消耗太快而无法完成导航定位功能的问题。因此，减小因为 GPS 接收机功能的加入而带来的能耗是普及便携式 GNSS 导航定位终端亟待解决的问题。

可以通过多种途径来达到省电以延长电池续航时间的目的。例如，通过提供有效的辅助信息，包括星历、概略位置、频率和时间，将首次定位时间（TTFF）减至最小的方式降低功耗；通过电源管理，在每次定位之间的时期内使 GNSS 接收机处于低功耗状态等。SiRF 公司关于省电技术的专利申请共计 72 件，它们涉及多种技术手段来达到省电的目的。对于集成了 GNSS 功能的移动手机来说，GNSS 功能的耗电大概占手机电池耗电的一半。如果 GNSS 信号受到遮挡，那么 TTFF 会加长，这会导致更大的耗电量。在 GNSS 接收机处于跟踪状态时，其各组成部分的耗能情况如表 12 - 4 所示。

表 12 - 4 跟踪状态下 GNSS 接收机各组成部分耗能情况

元 件	电压（V）	电流（mA）	消耗功率（mV）
低噪声放大器	2.7	8	21.6
下变频与中放	2.7	15	40.5
A/D 变换器	1.8	2	3.6
基带 ASIC	1.2	15	18.0
ARM CPU	1.2	2.5	3.0

从表 12 - 4 中可以看出，在跟踪状态下，射频（RF）部分消耗了大部分的能量，因此，在手机每次定位时，尽量减小其 RF 部分的工作时间是节能的主要方向。在强信号条件下（如信噪比大于 39dB），GNSS 接收机每次定位的典型时序如图 12 - 12 所示：

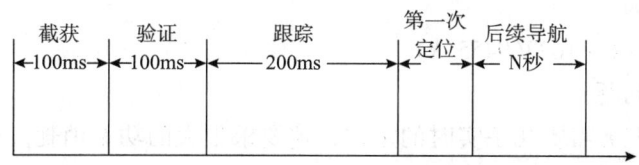

图 12 - 12 GNSS 接收机每次定位的典型时序

而在网络辅助条件下，信号截获能够在 100ms 内完成，此后经过一个验证过程，使虚假截获概率下降，也需要 100ms，随后的跟踪过程，为了使测量值的误差达到稳态，需要 200ms，最后才可进行导航解算。由图 12-12 可以发现，在完成跟踪之后，由于已经有足够的测量值，可以把射频这部分关掉，而让其余部分继续工作，以解算出最后的导航定位信息。此时，每次定位时射频部分仅工作 500ms，基带 ASIC 工作 800ms，而 ARM CPU 工作 2000ms，这样既满足了导航定位的需要，又尽量降低了能量消耗。而这些能耗并不是手机 GNSS 能耗的全部，如果手机电池电压为 3.6V，要分别转换的 GNSS 各部分所要求的 2.7V、1.8V 和 1.2V，其间还存在转换损耗。因此，手机每次定位 GNSS 各部分的能耗如表 12-5 所示。

表 12-5 定位状态下 GNSS 接收机各组成部分耗能情况

元件	IC 功耗（mW）	工作时间（ms）	电池转换系数	能耗（mJ）
低噪声放大器	21.6	500	1.33	14.4
下变频与中放	40.5	500	1.33	26.9
A/D 变换器	3.6	500	2.0	3.6
基带 ASIC	18.0	8000	1.11	16.0
ARM CPU	3.0	2000	1.11	6.66
总计				67.56

根据表 12-5 所示，可以针对性地采取新技术使手机 GNSS 定位时各部分的工作时间减小，从而降低每次定位的能耗。SiRF 公司在降低 GNSS 接收机能耗领域进行了持续深入的技术探索，提出了一系列的降低能耗达到省电目的的解决方案。虽然缩短定位时间同样可以达到省电的目的，但在本报告中，我们将快速定位即缩短定位时间进行了单独分析。因此，排除缩短定位时间涉及的专利之后，SiRF 公司涉及省电的专利申请共计 72 件（如果加上缩短定位时间，这个数据达 150 多件），占 SiRF 公司总专利数量的 20% 多。

图 12-13 是 SiRF 在省电技术领域历年的专利申请情况。从省电专利申请的绝对数量和相对数量来看，该技术一直 SiRF 公司重点发展的领域。SiRF 公司在省电方面也是从上面分析的几个技术方向如功率控制、辅助信息和时间控制等方向进行研发，来达到降低能耗的目的。

功率控制器（CN 102369455 A）

解决的技术问题：

基于位置的服务需要几乎实时的定位，这要求很大的功率消耗。虽然这些定位可以被细化，但是，目前的 GNSS 接收机不具有在不消耗电压的条件下连续工作的能力，一直的解决方法通常利用功率循环模式。但这些循环模式方法不使用静态假设和/或室内假设来判断如何使用或解释循环内进行的测量，而是让 GNSS 接收器返回全功率操作，能耗没有得到有效控制。

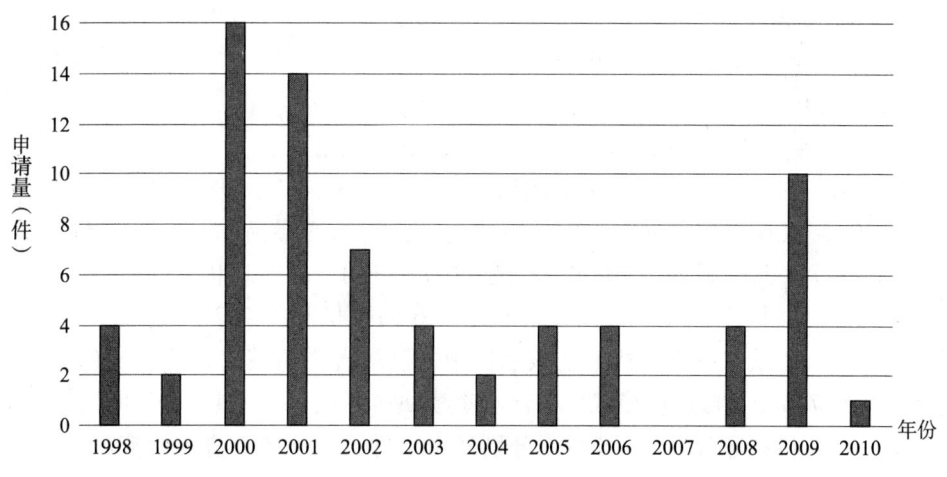

图 12-13 SiRF 公司涉及省电技术的历年申请量

技术方案：

利用具备微功率模式（MPM）的功率控制器的系统架构，如图12-14所示，对多个GNSS子系统部分选择性地进行供电，达到控制能耗的目的。这些GNSS子系统包括射频RF子系统、基带子系统、处理器子系统等。具备GPS功能的无线设备可以操作在多个功率状态中。每个功率状态是多个主要操作模式可以采用的硬件条件，主要操作模式包括连续模式、涓流供电模式、微功率模式（MPM）和自适应模式。多个功率状态包括全功率状态、待机状态、休眠状态和关机状态。

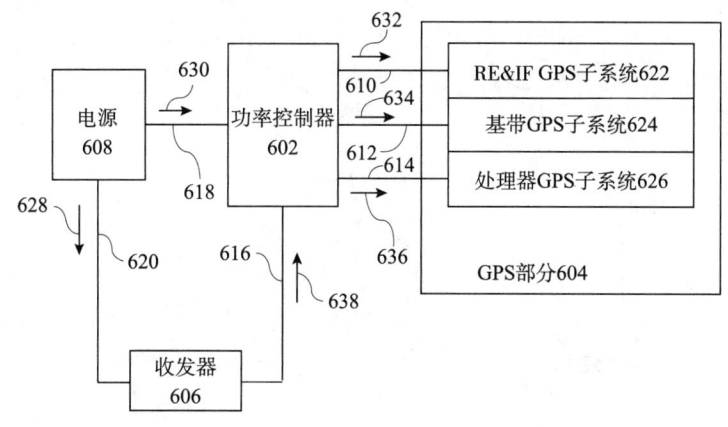

图 12-14 使用功率控制器选择性地对 GNSS 部分供电的终端实现方式

在这些状态中，待机状态可以被循环的功率包括涓流功率模式、自适应模式和MPM的所有主要模式利用。然而，如果涓流功率的占空比足够低，例如，系统以1%的时间操作且以99%的时间休眠，则涓流功率模式还可以使用休眠状态。

主要操作模式之下是三种主要基本的操作模式：①获取模式，是在通过搜索且同步针对特定GPS卫星的接收GPS信号的本地基准而获取卫星信号的操作模式，包括确定GPS信号的导航数据位的载波频率、相位、码频率和相位以及时间对准；②跟踪模式,包括跟踪接收的GPS信号的载波和码,使得进行GPS卫星的距离和距离速率测量且解调制下行链路数据;③损伤处理模式,诸如连续波(CW)和互相关干扰的干扰信号的杂乱信号被去除。

图12-15是自适应模式的实现方式下三种不同供电状态(关机状态、休眠状态、待机状态)和三种主要操作模式(连续模式、涓流功率模式、MPM)之间的转变。在关机状态702,从GPS部分604去除所有供电,使得所有导航信息丢失。当恢复供电时,系统转变714到休眠状态704以等待硬件激励开启。在休眠状态704中,系统处于任意持续状况。如果系统关闭,则系统转变716回关机状态702。然而,当系统开启时,它将进入718缺省应用模式,在该示例中,该缺省应用模式是连续操作模式708。转向待机状态706,当自适应模式、涓流功率模块710或MPM 712处于其关闭周期时,系统一般进入待机状态706。系统可以分别经由事件720和722进入涓流功率模式710或MPM 712。另外,涓流功率模式710和MPM 712可以使系统分别经由事件724和726进入待机状态706。正常地,系统响应于信号通知"开"周期开始的实时时钟(RTC)警报而退出待机状态706以进入涓流功率模块710或MPM712。如果系统关闭,则系统转变721到关机状态702。

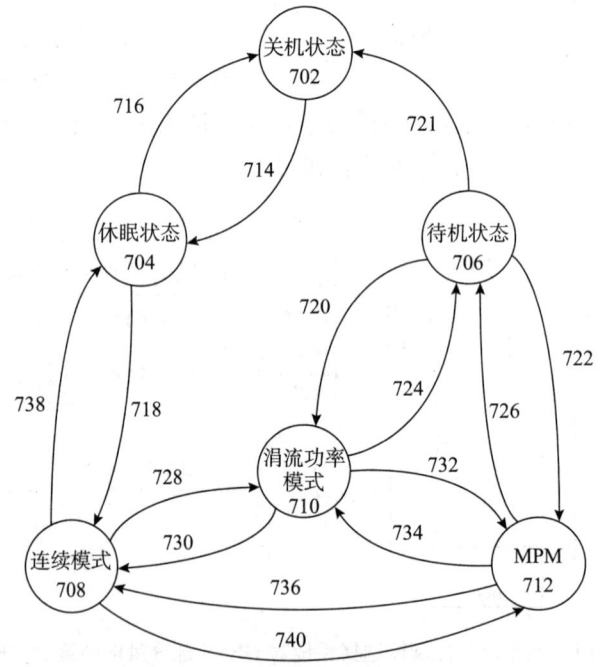

图12-15 自适应模式下三种功率状态和主要操作模式直接的转变

系统利用MPM的操作,减小了每次定位的能耗,改善了TTFF,并且能够减小或消除用于在无需设备的弱信号环境或室内环境中以低功率、高概率进行连续定位的数据辅助的需要。它通过管理时间和频率不确定度以减小对于位同步或帧同步的需要来实现降低能耗的目的。

12.6.4 快速定位技术

快速定位技术与弱信号捕获技术和省电技术实际上并不是相互孤立的，它们之间存在相辅相成的关系。如果接收机的信号捕获灵敏度高，那么其捕获时间相应会降低，从而提高定位速度。而定位速度的提高，尤其是初次定位时间（TTFF）的降低，可以大大降低 GNSS 接收机各模块的功耗，相应地接收机的能耗也降低，由此达到省电的目的。

对于消费类的手持 GNSS 终端，尤其是与移动通信终端集成于一体的智能终端来说，定位的实时性要求很高。这是因为如车载导航定位终端在应用时通常车辆处于高速行驶状态，假如定位导航存在 1 秒的延时，那么车辆在这个期间将可能已经行进了 20 米左右。车辆可能在这个 20 米的距离中错过关键的道路选择时机。这给用户带来很大的不便。因此，尽可能地缩短定位时间就显得非常重要，采用多种技术手段来达到快速定位的目的。首先，对于消费类手持导航定位终端来说，通常 GNSS 接收机嵌入在其他的移动通信终端上，此时可以通过辅助定位技术来实现。其次，随着集成电路制造工艺的发展，可以选择高速处理芯片来实现数据处理功能。

在快速定位技术方面，SiRF 公司的专利申请量有 80 件，占其总申请量的 20% 以上，这说明快速定位技术仍然是 SiRF 公司稳固其消费类市场地位的重要技术手段。如图 12 – 16 所示。

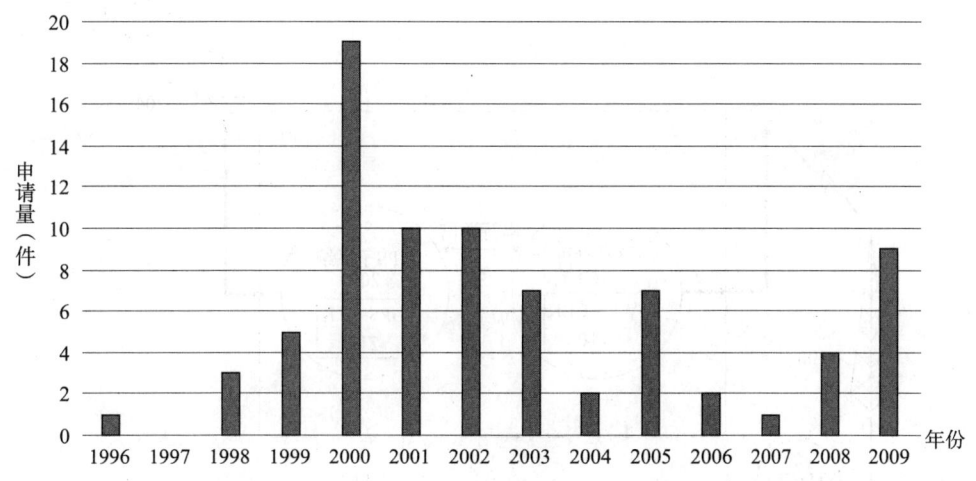

图 12 – 16　SiRF 公司涉及快速定位技术的历年申请量

辅助定位（CN 1685244 A）
解决的技术问题：

由于 GPS 接收机的时钟（GPS – CLK）与 GPS 卫星时钟之间存在偏差，这会导致 GPS 接收机的结果获取时间即首次定位时间 TTFF 的获取时间延长。对于许多的应用来说，如 E911，GPS 接收机必须要在开机后的短时间内提供定位方案。但是，由于接收机时钟 GPS – CLK 在开机后的前几分钟期间可具有大的频率漂移，导致 TTFF 性能的显著恶化，首次定位时间会延迟数十秒，并且甚至可能导致弱信号环境中无法导航定位。另外，由于传输或者接收机误差的存在，接收机需要从系统自身获得推算表数据，并且还得要求较强的卫星信号。这些问题的存在都可能导致较高的 TTFF 时间，致使导航定位终端无法快速定位。

技术方案：

图 12-17 是位于无线设备内的 GPS 系统实现。移动终端上的 GPS 接收机经常出现无法接收到足够强的卫星信号或者没有足够数量可用的卫星信号的情况，这些问题导致初始定位时间 TTFF 的延长，因此无法及时推算移动终端的位置。但是，移动终端仍然可以与基站进行通信，利用基站时钟 BS – CLK（或者称为标准时钟 STD – CLK）与原子钟同步，即基站时钟比 GPS 接收机的时钟 GPS – CLK 和无线通信时钟 WPS – CLK 都更加精确，属于高度精确的时钟。在进行 GPS 导航定位处理出现上述信号弱或者星数不够的情况下，先将 GPS – CLK 时钟与基站时钟 BS – CLK 时钟同步，计算其与 BS – CLK 的偏差 GPS – STD – OFFSET；然后，GPS 接收机利用这个偏差 GPS – STD – OFFSET 来获取来自卫星的 GPS 信号，这样可以达到减小初始定位时间 TTFF，从而加快定位解算速度。来自基站的时钟信息即是"辅助的 GPS 信息"，利用这个辅助信息来加快定位速度是缩短定位时间的有效手段之一。利用来自外部无线通信网络的辅助信息进行快速定位的流程如图 12-18 所示。

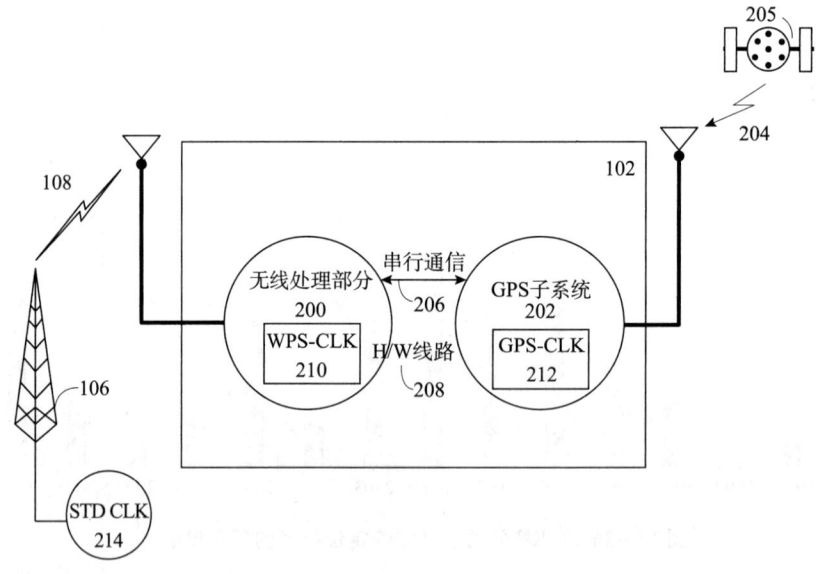

图 12-17 位于无线设备内的 GPS 系统实现

技术效果：

在不增加电路复杂度和不显著改变现有硬件结构的前提下，以动态方式降低 TTFF 和提高定位精度，快速准确地进行定位导航处理。

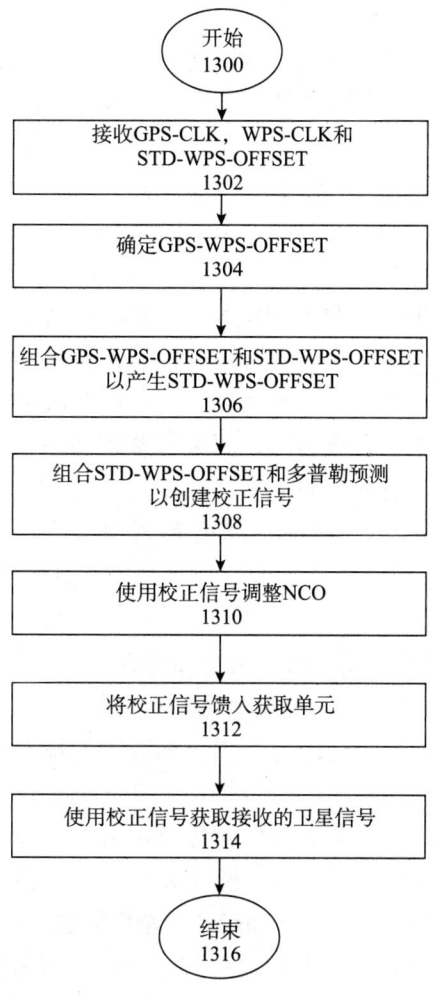

图 12-18 使用网络辅助信息的定位流程

12.6.5 室内外无缝定位技术[1]

自美国 1958 年开始筹建第一代卫星导航定位系统（海军导航卫星系统）并投入应用以来，卫星导航定位技术发展迅速。各国各地区都已经或正在筹建自己的卫星导航定位系统，同时基于卫星导航的定位应用也已渗入到人们生活的方方面面。随着生活水平的提高，人们对位置信息服务中的定位精度和可用性等要求也越来越高。为了保证各种场景下定位技术、定位算法、定位精度和覆盖范围的平滑过渡和无缝连接，无缝定位技术应运而生。无缝定位技术是指在人类活动的地表、地下、室内、室外等环境下，能够联合采用不同定位技术以达到对各种定位应用场景的无缝覆盖，同时保证各种场景下定位技术、定位算法、定位精度和覆盖范围的平滑过渡和无缝连接。泛在

---

[1] 李跃. 导航与定位 [M]. 2 版. 北京：国防工业出版社，2008：490-497.

计算对应的泛在定位技术，其相对于无缝定位技术而言，覆盖的范围偏向于城市和室内空间。集成定位技术是指两种或者两种以上不同的定位传感器或方法的集成，如GPS和INS两种不同传感器之间的集成，或者GPS和电子地图辅助定位两种不同方法之间的集成。覆盖的范围可以是外层空间或者某一特定环境。

无缝定位的关键技术包括定位的框架、软硬件和定位算法。其中，框架和软硬件包括多传感器网络基础设施、统一的坐标系和时间系统以及通信设施的保障。无缝定位的算法主要是针对多种无线定位技术（GPS、WLAN、ZigBee和UWB等）中多源定位观测量（RSSI、TOA、TDOA和Cell2ID等）以及其他类型的定位传感器（加速度和高度计等）的定位观测量构建统一的融合定位模型，包括多技术共用模式下的自动切换、选择、集成以及平稳过渡等相关技术的研究；针对城市和室内复杂非视线传播环境下对各种无线信号定位产生影响的误差源进行鉴别和消除技术；以及在定位解算过程中需要运用到的数据处理技术，如最小二乘算法、各种滤波技术以及相位模糊度解算等。具体可分为以下几类：①测时、测距和测信号强度相关的定位算法（TOA、TDOA和RSSI等）；②非无线定位传感器定位算法（航迹推测、加速度和高度计等）；③NLOS环境下各种误差源鉴别和消除算法（多路径消除技术、NLOS环境下的无线信道建模）；④定位解算与精度评定算法（最小二乘算法、滤波技术、模糊度解算、精度评定等）；⑤无缝定位算法（不同定位技术的无缝融合与集成算法）。

然而，由于接收设备和信号传输等原因，无缝定位技术的实现还面临一些亟待解决的问题。比如难以依靠单一的无线定位技术实现无缝定位，各种定位信号无法同时覆盖不同定位场景，非视距环境下无线电波传输受限，以及不同定位技术联合定位时的空间坐标系和时间坐标系统一等问题。除了定位精度、覆盖范围、可用性、坐标系统一等问题，组合定位系统还涉及电源和隐私安全等问题。

由于GPS定位技术易受遮挡，WiFi定位技术定位精度有限，且室外大区域范围内由于无WiFi信号或者WiFi信号弱而无法实现定位服务，故单独采用哪一个都无法确保定位服务的时空连续性。因此，目前出现的无缝室内外定位技术包括了结合GPS和WiFi优势的基于GPS和WiFi的组合定位系统。

不仅仅是WiFi技术，随着地面移动网、无线局域网、传感器网（如陀螺仪、加速度仪、高度计等MEMS技术）等网络技术的迅速发展，这些网络在室内的信号质量和强度都远远优于卫星导航系统在室内的信号质量和强度，甚至优于卫星导航系统在室外的信号质量和强度。因此，利用卫星导航系统与地面移动网络的信息融合技术，是实现室内外无缝定位的有效途径。典型的室内外定位技术主要有超声波传感器定位系统（如ActiveBat、Cricket）、红外传感器定位系统（如ActiveBadge）、嵌入式压力传感器定位系统（如SmartFloor）、电磁场定位系统（如AURORA）、计算机视觉定位系统、移动通信网络定位系统（如gpsOne）、射频识定位系统（如SpotON）、WLAN定位系统（如RADAR、Ekahau）、电视信号定位系统（如Rosum）、GPS（HSGPS、AGPS）和IndoorGPS（伪卫星、转发器）、超宽带定位系统（如Ubisense）。SiRF公司非常重视无缝定位技术的研发。特别是SiRF公司主要面向消费类市场的终端用户。他们对室内外无缝定位的需求是非常强烈的。在满足用户基本需求的基础上，SiRF 公司针对不同的市场要求研发出相应的室内定位技术。

无助室内定位（CN101410725A）

解决的问题：

特别针对丛林、室内等多径反射环境下，在不借助外部服务器或者网络帮助的情况下，以单机模式跟踪和重新获取微弱的 GPS 卫星信号。

采用的技术方案：

GPS 接收机最初获取并锁定 GPS 卫星信号以计算室外的接收机位置。然后该 GPS 接收机跟踪至少一个卫星信号，以维持用于 GPS 信号快速获取的参数。具体的处理流程如图 12-19 所示。

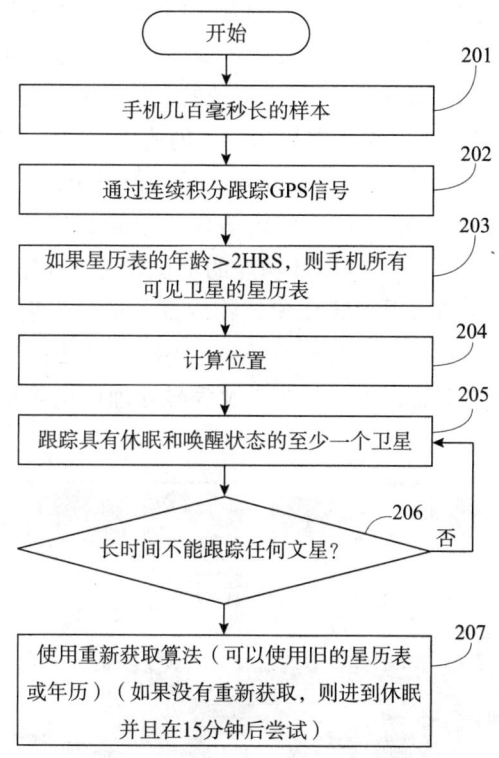

图 12-19 无助室内定位 GPS 信号获取和跟踪流程

在步骤 201 中，将如 120 毫秒长的信号样本的大量相关的 1 毫秒样本收集并存储，这些存储的样本将用于步骤 202 的长相关积分中以获取 GPS 信号。如果在步骤 202 中 GPS 信号不能获取，则接收机可以进入休眠模式，并且在一定的时间延迟如 15 分钟之后唤醒并尝试获取新的星历表。如果存储的星历表超过一定的时间如 2 小时，则在步骤 203 中重新收集并存储每个可见卫星的星历表，一旦获取并跟踪了足够数量的卫星，在步骤 204 中，接收机的位置即可被计算并存储。然后，在步骤 205 中进入至少一个卫星跟踪模式，在这个模式中，接收机跟踪至少一个卫星信号并在休眠模式和唤醒模式之间切换以省电。在步骤 206 中，如果接收机在至少一个卫星跟踪模式中退出休眠模式后长时间不能跟踪任何卫星,则在步骤 207 中接收机尝试使用存储在接收机中的旧的星历表或年历来重新获取信号,如果不能重新获取信号,则接收机可以进入休眠例如 15 分钟,并再次尝试。除此之外,接收机还可以搜索从地平线出现的新卫星,接收机利用存储的星历表获取新卫星的信息。而当星历表不能下载或者过期时,可以通过预测星历表的值获取更好的近似值。

技术效果:

此项技术不仅能够在室内环境下跟踪非常微弱的卫星信号,而且接收机自动地进入休眠状态并周期性地唤醒,达到了省电的目的。

除了上面介绍的无缝定位技术之外,各国也在研发各具特色的室内定位技术。如我国的"羲和系统",是基于协同实时精密定位技术(CRP)构建的广域室内外高精度定位导航系统。它瞄准的是解决卫星导航全方位服务到手机用户的"最后一公里"问题,能够提高全空域、全时域无缝的导航定位服务,具备室外亚米级、室内优于 3 米的在线位置服务能力。"羲和系统"与北斗系统的衔接,将加速推动北斗的应用与产业化进程,可以极大地扩充导航应用范围和深度,创造更大的市场空间。

日本推出的 IMES(Indoor MEssaging System)定位系统,是一种通过一些预置在室内的信号发射器、移动设备中经过修改的内嵌固件以及相应的信息服务器,共同组成的一个无缝的室内定位系统。具有 IMES 功能的定位设备,在室外信号强的地方正常使用 GPS 卫星定位,在室内则利用安装在建筑物内部的信号发射器进行定位。虽然在信号内容上与 GPS 卫星所发射的信号有些许不同,但信号结构方式是一致的。所以,手机等 GPS 信号接收设备并不需要更改天线以及信号处理模块等接收系统。IMES 系统应用简图见图 12-20。

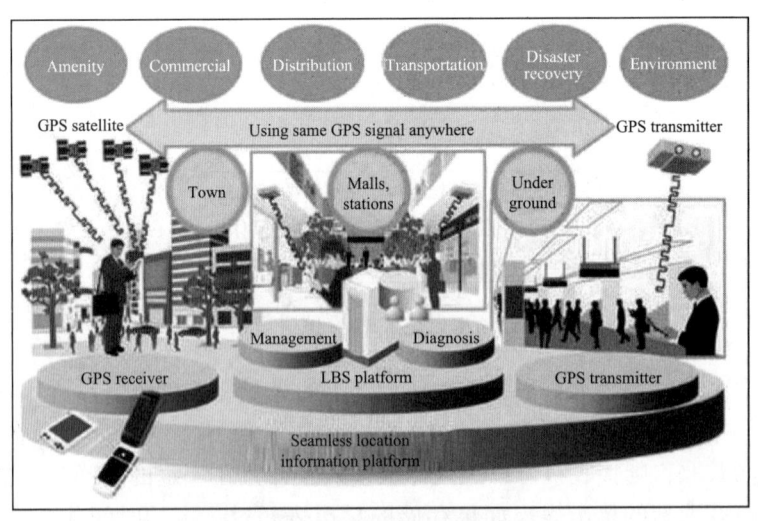

图 12-20 日本 IMES 系统应用简图[1]

---

[1] 日本推 IMES 定位系统,室内定位也精确 [EB/OL]. [2009-05-20].

12.7 重要研发人员

在前面对 SiRF 公司的并购、重点专利和技术分析时，我们发现，并购 Conexant 公司时共涉及 8 项专利（不计同族）。其中，有 4 项专利技术涉及弱信号捕获和快速定位。这 4 项专利的发明人均为 Steven A. Gronemeyer。据此初步判断 Steven A. Gronemeyer 应为 SiRF 公司的核心技术人员。通过对 SiRF 公司所有专利申请进行的统计分析证明了我们的判断。在 SiRF 所有专利申请中，以 Steven A. Gronemeyer 为发明人的申请量位居第二位，另一个来自 Conexant 公司的发明人 Underbrink Paul A 也在前 10 位。这再次证明并购 Conexant 公司是 SiRF 公司发展尤其是技术发展的关键性举措。

2001 年，SiRF 公司并购 Conexant 公司的 GPS 部门。在这个并购事件中，Conexant 公司不仅仅给 SiRF 公司带来重要技术领域的专利，同时还带来了关键的 20 位技术人员。这 20 位关键技术人员称为 SiRF 公司未来技术发展的中坚力量。表现尤其突出的是 Steven A. Gronemeyer 和 Underbrink Paul A。从图 12-21 中可以直观地看出二位在重要发明人中的地位。

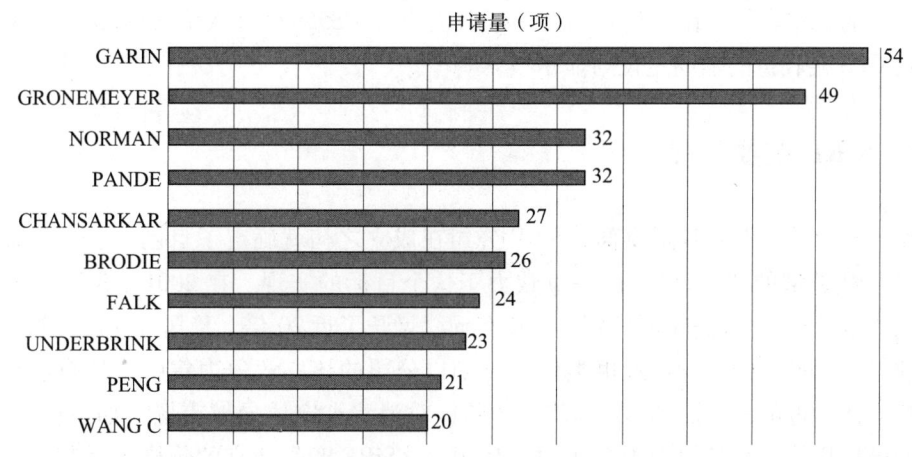

图 12-21　经初步检索统计的主要发明人及其发明数量

1965~1973 年，Steven A. Gronemeyer 在威斯康星-麦迪逊大学学习，并最终获得电子工程专业博士学位，之后进入美国的罗克韦尔国际公司，在那里工作了 25 年。

罗克韦尔国际公司服务于美国的航空航天部门。自 1978 年发射 GPS 导航卫星以来，GPS 第 Ⅰ、Ⅱ 和 ⅡA 批次的卫星共计 40 颗，均是由罗克韦尔公司制造（20 颗 ⅡR 批次卫星由洛克希德·马丁公司制造，波音公司于 1996 年收购了罗克韦尔的航空航天和防务业务，制造更先进的 33 颗 ⅡF 批次卫星）。另外，美国空军曾经提出过 621-B 以每星群 4 到 5 颗卫星组成 3 至 4 个星群的计划。该计划以伪随机码（PRN）为基础传播卫星测距信号，当信号密度低于环境噪声的 1% 时也能将其检测出来。伪随机码的成功运用是 GPS 系统得以取得成功的一个重要基础。而 1973 年美国国防部将海空军的方案合而为一所建立的国防导航卫星系统 GNSS 即是 GPS 的正式源头。也就是在这一年，

Steven A. Gronemeyer 加入罗克韦尔国际公司❶。

在学习和工作期间，Steven A. Gronemeyer 积累了丰富的信号处理、半导体、系统工程和 IC 等多方面的经验，尤其是对信号强度大大低于环境噪声时的检测技术，也就是 GNSS 接收机上应用的提高信号捕获灵敏度的探测器技术（弱信号捕获技术）。1999 年，Steven A. Gronemeyer 加入 Conexant 公司，主要负责 GPS 部门的技术研发。2001 年，Conexant 被 SiRF 公司并购，他负责的 GPS 部门整个都加入了 SiRF 公司。2009 年 SiRF 公司被 CSR 公司并购，他在 CSR 公司服务 3 年后，于 2012 年加入三星半导体公司。可以说，Steven A. Gronemeyer 见证了整个 GPS 技术的发展历程。从图 12-21 中可以看到，与其有关的发明专利申请共 49 项。这 49 项专利技术涉及的都是消费类市场非常关注的技术问题，如弱信号捕获、低功耗、快速捕获、时钟同步等问题。每次技术的改进都为 SiRF 产品带来显著的性能优势。而且，Steven A. Gronemeyer 并不是单兵作战，他所带领的团队成长出非常优秀的技术专家，并持续地为 SiRF 公司带来先进的技术创新，如排在第 8 位 Underbrink Paul A。

实际上，SiRF 公司与罗克韦尔公司的合作并不是从并购 Conexant 公司才开始的，在对 SiRF 公司的专利进行分析时我们发现，SiRF 公司在成立之初就与罗克韦尔公司有过技术上的合作。他们在专利方面有两个共同申请 US5592382 A 和 US6531982 B1，主要涉及 GPS 接收机的辅助定位与显示技术。

12.8 SiRF 主要产品

作为专业的导航芯片提供商，SiRF 公司在成立之初就确定了自己的发展目标：成为 GPS 应用领域的"Intel"。他一直致力于这个目标的实现。在 2001～2006 年，SiRF 产品销售额从 1500 万美元增长到 2.5 亿美元，增长了近 20 倍，稳居导航芯片提供商龙头的地位。而且他的经营模式也类似于 Intel，公司的核心竞争力集中在导航芯片与知识产权方面，也就是所谓的 IC 与 IP。产品针对消费类定位导航市场，如手机、手表、汽车导航应用等。与其他同类企业的产品相比，SiRF 产品便宜的价格也是其极具竞争力的一面。SiRF 产品的生成、封装与测试由代工完成，其主要代工厂商包括韩国三星、美国 IBM、ST（意法半导体）、中国台湾 TSMC、中国大陆 SST 和新加坡 StatsChipPac 等。分布于世界各地的代工厂商也影响了 SiRF 公司的专利布局。❷

基于自己的发展目标和市场定位，SiRF 公司在不同时期推出了适应市场需求的多种产品，主要包括基于 IC 的 GPS 解决方案 SiRFstar、SiRFprima 和 SiRFatlas 等芯片组系列，以及软件 GPS 方案 SiRFLoc、SiRFInstantFix、SiRFDRive 和 CSR Synergy for Android、CSR Positioning Centre 等系列。

1996 年 SiRF 公司研制出第一代 GPS 芯片结构，称为 SiRFstarI architecture。1999 年

---

❶ 资料来源：www.facebook.com.
❷ 资料来源：wenku.baidu.com.

SiRF 公司研制出第二代芯片结构 SiRFstarII。2004 年 SiRF 公司推出了第三代芯片结构 SiRFstarIII。2009 年推出 SiRFstarIV 定位架构，其结合了独特的自助式 SiRFaware 及微电源 GPS 技术，使消费设备在没有消耗电池和网络辅助的情况下始终保持定位状态。2011 年，为了强化其在移动和汽车定位市场的领先地位，CSR 公司发布了下一代 SiRFstarV 架构、SiRFprimaII SoC 汽车娱乐信息平台和 SiRFusion 端对端定位平台，将定位技术提升到了新的水平，极大地改善了大量移动室内室外定位应用程序的用户体验以及主流消费者的汽车导航体验。

下面，对目前市场上仍在广泛应用的 SiRF 主流产品做一下介绍。

12.8.1　SiRFstarIII

2004 年 2 月，SiRF 公司推出了第三代芯片架构 SiRFstarIII。该产品使得民用 GPS 芯片在性能方面登上了一个顶峰，灵敏度比以前的产品大为提升。这一芯片通过采用 20 万次/频率的相关器（Correlators）提高了灵敏度，冷开机/暖开机/热开机的时间分别达到 42s/38s/8s，可同时追踪 20 个卫星信道，进一步缩短了首次定位时间。SiRFstarIII 技术用于满足无线和手持 LBS 应用的需求，配合相应的软件，SiRFstarIII 能接收来自 2G、2.5G、3G 网络的辅助数据，并能在室内进行定位。

2005 年 2 月，SiRF 推出基于 SiRFstarIII 的产品 GSC3f 和 GSC3，其中前者包含一块闪存。2006 年 11 月，SiRF 推出 90nm 的基于 SiRFstarIII 的产品 GSC3LT 和 GSC3Lti，其中后者包含一块闪存。定位模块一直是国内外车载导航的主力定位搭配，从 GPS 民用普及以来 SiRFstarIII 可以算是比较成功的一款定位芯片，即便是到现在为止许多国内外主流品牌 GPS 产品仍旧选择 SiRFstarIII 作为定位模块的标准配置。这可能得益于该产品在满足用户需求的良好性能基础上的低廉的价格和较广的市场普及率。

SiRFStarIII GSD3 是 SiRF 公司第一款将所有同时处理 GPS 和辅助 GPS 所必需的基带、模拟和 RF 电路集成在一个 CMOS 裸片上的产品。过去的器件采用将分立的 CMOS 基带和硅锗射频裸片放置在同一个封装中的方式。经过集成，GSD3t 采用了 4mm×4mm×0.68mm TFNGA 封装。相比之下，SiRF 公司原有的 6mm×4mm 和 6mm×6mm 封装要大很多。这一芯片在比 SiRF 公司已有的芯片更低的功耗下，提供更好的 GPS 灵敏度。虽然 SiRF 公司还没有测量这一芯片的追踪极限，但 GSD3t 可以在 -160dBm 下获取信号，并在低于这一水平下追踪信号。而以前的芯片可以在大约 -158dBm 下获取信号。

SiRF 公司的 GPS 芯片可分为 SiRFstarIII 和 SiRFInstant 两大架构。SiRFstarIII 是 SiRF 公司的旗舰产品，有超过 20 万个相关器件，速度和灵敏度都非常好，属于高性能架构，面向非常广泛的应用。SiRFInstant GSCi-5000 是 SiRF 从 MOTO 收购而得，主要面向大批量中端手机用户，它的性能比 SiRFstarIII 稍差，但尺寸和成本非常小。

SiRFstarIII 包括三大产品线，基于 Flash 的 GSC3e/LP 系列比较通用，可以用于便携导航设备（PND）、消费电子和智能手机等；基于 ROM 的 GSC3LT 和 GSD3 系列则面向手机进行了优化。基于增强的蓝牙基带内核的 SiRFLink1 使面向 GPS 和蓝牙复制片内片外资源的要求最小化，从而削减了系统级成本。

GPS 芯片组供应商开始提供融合 SiRFStar GPS 技术及增值无线连接性的产品，取代用于 GPS 和蓝牙的分立 IC。该单芯片解决方案拥有完整 GPS 导航方案和兼容蓝牙 1.2 的通信接口。该方案利用了瑞典 Kisel Microelectronics 公司的 RF IC 设计能力及班加罗尔 Impulsesoft 的蓝牙专长。该芯片采用功率管理技术，基带功能采用 90nmCMOS，射频功能采用 0.18nmSiGe 技术。165 引脚多芯片模组封装，6mm × 8mm × 12mm。从 SiRFStartIII 所具备的性能优势我们可以知道，SiRFStarIII 中采用了低功耗技术、超高的弱信号捕获灵敏度技术、快速捕获技术以及改进的 IC 工艺技术等。SiRFStarIII 是 2004 年前后推出的产品。从 SiRF 公司的发展历程来看，在 2001 年，SiRF 并购了 Conexant 公司。Conexant 公司在低功耗、高灵敏度、信号探测和快速捕获等方面具有独到的技术优势。这些技术体现在 SiRF 公司并购的同时所获得的专利技术上，如 US6650879 B1 涉及时钟控制技术，使用该技术可提高定位精度和降低定位时间；US6850557 B1、US6304216 B1 涉及信号探测器技术，该技术可改善弱信号捕获灵敏度；US6351486 B1、US6606349 B1 涉及相关器技术，该技术可加快捕获时间，提高信号捕获灵敏度和定位精度；US6448925 B1 中所涉及的技术主要用于改善由于温度变化而引起的时钟漂移，它可以提高信号捕获的灵敏度和定位精度；US6496145 B2、US6044105 A 主要涉及快速捕获和降低功耗技术。这些专利均在美国、日本、欧洲等重要国家和地区进行了布局。可以说，SiRFStarIII 是 SiRF 公司在并购 Conexant 公司之后，对其获得的新技术进行消化和吸收之后推出的一款集多方技术优势的产品。它一经推出即吸引了各方眼球，并迅速占领了 GPS 消费产品领域的大部分市场，成为 GPS 消费类产品发展史上具有关键意义的经典产品。

12.8.2　SiRFstarIV

SiRFstarIV 是 SiRF 公司于 2009 年推出的一款产品。它具有突破性的定位架构，结合独特的自助式 SiRFaware 及微电源 GPS 技术，使消费设备在没有消耗电池和网络辅助的情况下始终保持定位状态。这对手持导航终端用户来说是一个非常强烈的需求。CSR 同时还推出了首款基于 SiRFstarIV 技术的产品——GSD4t 接收器。该接收器为用户提供一种高级解决方案，使移动电话和其他受空间和电源限制的设备更强健，以满足用户对实时监控的需求。

如图 12-22 所示，SiRFstarIV 架构的核心由一个高性能 GPS 定位引擎 GSD4t 中的 SiRFstarIV Receiver、智能化位置传感器接口 SiRFstarIV Host Interface、适应型微电源管理器和有源干扰抑制器组成。SiRFstarIV 取得突破性进展的关键是 GPS 接收器能够始终保持"比热启动更好"的状态。不需要始终保持开启状态，也不必耗费电池电量就可以实现快速定位。到目前为止，为了节约电力，移动设备的设计者们被迫在不使用 GPS 接收器时将其完全关闭，这就导致了当定位应用需要快速确定新位置时启动迟缓。通过集成多种创新技术，独特的 SiRFaware 克服了这一障碍，不论有无网络辅助，仅仅消耗 50～500 微安培的电流。

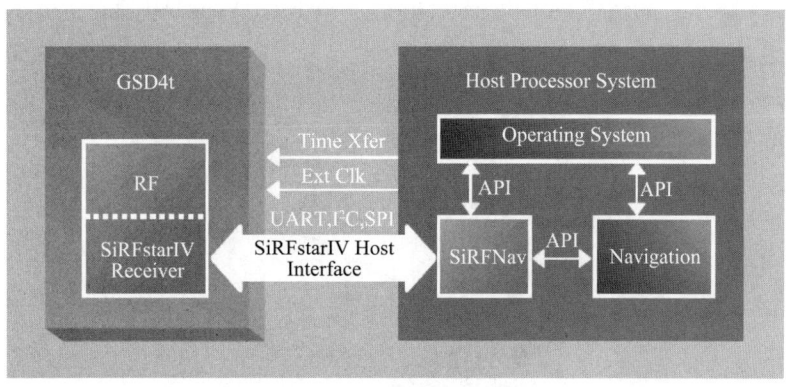

图 12 – 22　SiRFstarIV 架构❶

　　图 12 – 23 是 SiRFstarIV GSD4t 的模块图。SiRFstarIV GSD4t 是 SiRFstarIV 架构的首款产品，其具有单一供电电压、功耗低、简易的射频匹配和小尺寸封装等特点，使得 SiRF 的 GPS 接收器更加便于设计者将其应用到更多的产品中。主 CPU 运行导航数据库，GSD4t 解决方案包含执行主 CPU 上运行 SiRFHost 软件的 GSD4t 硬件执行机构，其上集成了射频前端和 SiRFstarIV 接收机功能，内部的卫星信号跟踪引擎提供高精度的 GPS 测量，数据缓冲和队列管理使得 GSD4t 主接口可在低时钟速率下运行。GSD4t 主机平台，专为移动电话和其他对空间及电源敏感的消费设备而设计。GSD4t 接收器具有行业领先性能，具备 – 160dBm 导航、– 163dBm 跟踪灵敏度，以及对 E911 和 3GPP 出色的通过率。在没有网络辅助的条件下，能够完全维持额定的 – 160dBm 捕获灵敏度。GSD4t 接收器是低功耗冠军，仅仅需要 8 毫瓦 1Hz 的微电流模式即可运行，低于行业基准 SiRFstarIII 2.5 倍。

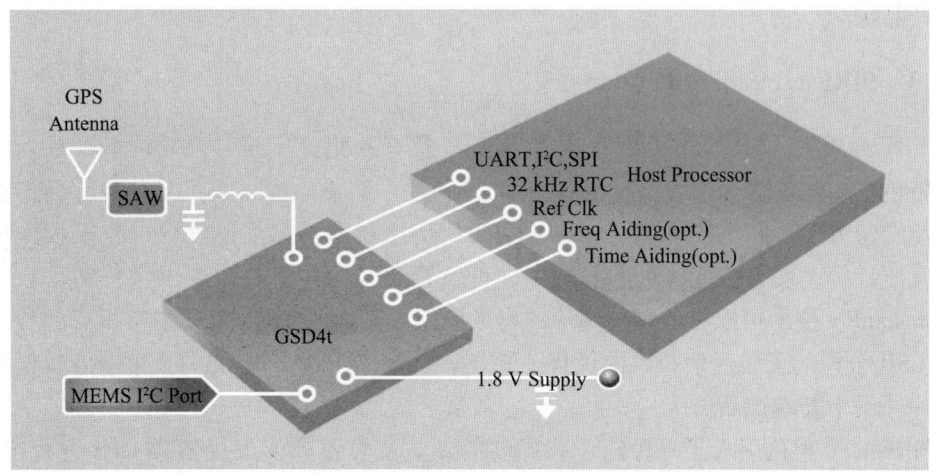

图 12 – 23　SiRFstarIV GSD4t 模块❷

---

❶❷　图片来源：www.csr.com.

图12-24显示：与传统的 GPS 技术相比，SiRFstarIV GSD4t 在启动时间和功耗上的优势明显。

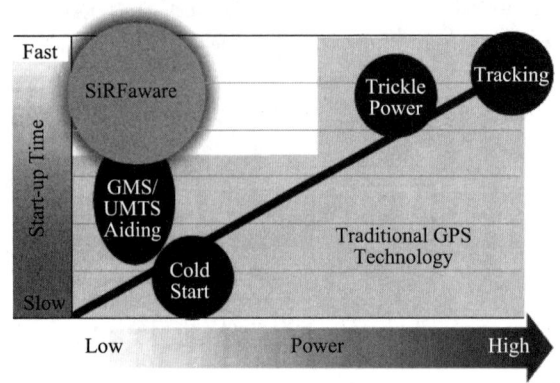

图12-24　SiRFstarIV GSD4t 与传统的 GPS 技术在启动时间和功耗上的比较❶

SiRFstarIV 是 SiRF 公司被 CSR 公司收购之后推出的第一款产品。虽然其背后的东家变成了 CSR 公司，但是，SiRFstarIV 还是基于之前 SiRF 公司积累的技术而推出的产品。从上面的分析可以看到，SiRFstarIV 具有的技术优势主要包括以下几个方面：微电源管理技术，它能够确保定位终端在非常低的功耗下正常工作；有源干扰抑制技术，能够提高弱卫星信号的捕获能力，提高接收机灵敏度；数据管理技术，提高数据处理速度和能力，同样也可以达到降低能耗和定位时间的目的，以及改进的 IC 制造工艺。在 IC 制造工艺方面，SiRF 公司在 2005 年并购了瑞典 RF 集成电路设计公司 Kisel。Kisel 在 RF、模拟和混合信号集成电路设计方面具有丰富的经验。这次收购使 SiRF 公司在 IC 制造工艺方面尤其是射频芯片制造方面得到了长足的改进，并应用在SiRFStarIV系列产品中。

12.8.3　SiRFstarV 和 SiRFusion

SiRFStarV 是 CSR 公司于 2011 年推出的一款具备组合定位导航功能的产品。它的技术特色主要体现在 SiRF 产品一贯具备的低功耗、高灵敏度、快速定位等方面。在组合导航定位方面，它集成了微机械结构（MEMS）技术，如加速度仪、陀螺仪、指南针、气压计等，使得位置解决方案能够进行位置感知，并极大改善了定位精度。它独有的 InstanFix 技术可以有效延伸星历的有效期间。集成了 SiRF 公司多年积累的传统技术和 CSR 公司的无线通信技术的优势，SiRFStarV 是向市场推出的一款集图像、位置服务于一体的中高端产品。

SiRFstarV 架构引入了一种定位和导航的新方法。不同于仅仅依靠 GPS 进行定位，SiRFstarV 架构从多种技术中收集实时信息。这些技术包括 GPS、伽利略、格洛纳斯和北斗卫星、如蜂窝网和 WiFi 的多种射频系统以及如加速计、陀螺仪和指南针的多种

---

❶ 图片来源：www.csr.com.

MEMS 传感器。然后 SiRFstarV 架构使用 SiRFusion 平台将这些实时信息与星历表数据、绘图、蜂窝基站、WiFi 接入点位置数据以及其他基于云服务的辅助信息结合在一起。通过融合所有这些数据，SiRFstarV 架构能够为室内和室外使用者提供精准的定位和导航，将定位和导航技术提升到了新的高度。如果 SiRFstarIV 是 CSR 的主力尖兵的话，那么 SiRFstarV 可以说是一个充满活力的新兵。

图 12-25 是 SiRFstarV 5e 的模块图。它具有如下优势：出色的电源管理功能，只需非常低的能耗即可使得 GNSS 接收机近乎连续地处于热启动状态；本地或者服务器生成和捕获星历预测数据，并可预测 3 天到 1 个月的星历数据，进一步提高了接收机的灵敏度和性能。

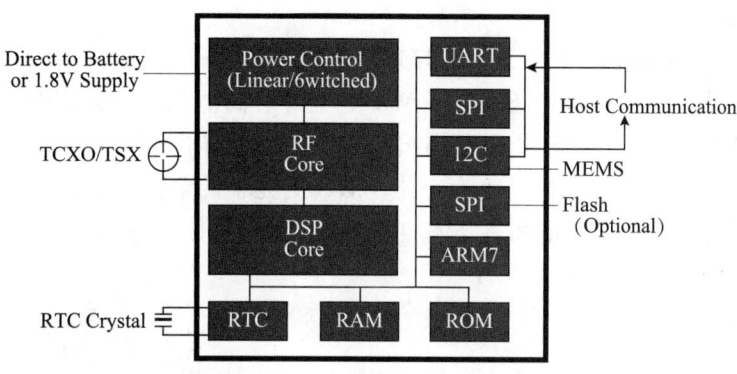

图 12-25　SiRFstarV 5e 模块❶

SiRFusion 是一款突破性的创新技术，旨在增强支持室内外定位和导航应用程序的用户体验。SiRFusion 的自学式、端对端定位平台"融合"了多种射频信号和传感输入，能够连续提供极为可靠和精准的位置信息。当使用者穿越不同的国家、城市、社区、公园、购物广场、会议中心、机场、火车站或其他大型建筑物时，使用 SiRFstarV 和 SiRFusion 的移动产品将能够实现室内和室外导航的无缝转换，帮助他们能够继续使用大量基于位置的服务和应用程序。与其他需要昂贵的人工测量来建立和维护的室内 WiFi 射频定位数据库系统不同，SiRFusion 平台能够通过使用人群源技术不断进行数据库自动更新。

无论是局部搜索、社交网络、移动推广或是智能移动助手，定位正在迅速发展成为一种必要的功能，使信息能够从云服务器传递给正在移动的用户。无论用户身处何方，室内或室外，在开车或是在散步，更精准和更可靠的定位对于提升大量应用领域的用户体验而言都是至关重要的。通过 SiRFstarV 架构和 SiRFusion 平台，无论是在室内还是室外，都可以将近乎无缝的定位和导航体验带给消费者。

12.8.4　SiRFprima

3D 地图的热火使人们对 Prima 的关注度燃烧起来。SiRFprimaII 为主流汽车市场带

---

❶ 图片来源：www.csr.com。

来了非凡的导航和娱乐信息系统特性，它整合了一个多重 GNSS 定位引擎，支持 GPS、伽利略、格洛纳斯和北斗卫星，改善导航系统在信号受到遮挡环境中的性能表现。结合 SiRFDRive 航位推算软件，无论驾驶者是在密集的城市峡谷、隧道，还是在多层停车场之中，SiRFprimaII 都能为其带来无缝的导航体验。SiRFprimaII 强大的全新 3D 图像和视频加速器、ARM Cortex – A9 应用处理器以及其他主要组成部分将为主流消费者带来终极的导航和娱乐体验。SiRFprimaII 的图像和多媒体能力的设计目的同样是将全新的概念，如将增强现实技术带给主流汽车市场。车载 SiRFprimaII SoC 丰富的多媒体功能、触控用户界面和强大的计算能力，结合 CSR 的连接和音频技术，帮助 OEM 生产商和 ODM 生产商将自己有限的资源集中在一具有竞争力的价位创造高差异化、性能丰富的导航和娱乐系统。

图 12 – 26 是 SiRFprimaII 处理器的接口示意图。从图 12 – 26 可以看出，除 GNSS 定位导航功能之外，SiRFprimaII 还集成了 WiFi、蓝牙、高清显示、数字电视、相机等功能。从这里还可以看出，CSR 公司所推出的这一产品同样代表着卫星定位导航领域的变化趋势：GPS 芯片和主芯片集成为一体，形成更完整的解决方案；与多媒体技术结合，尤其是其中还集成了图形和多媒体加速器，使得用户体验更加丰富、流畅。

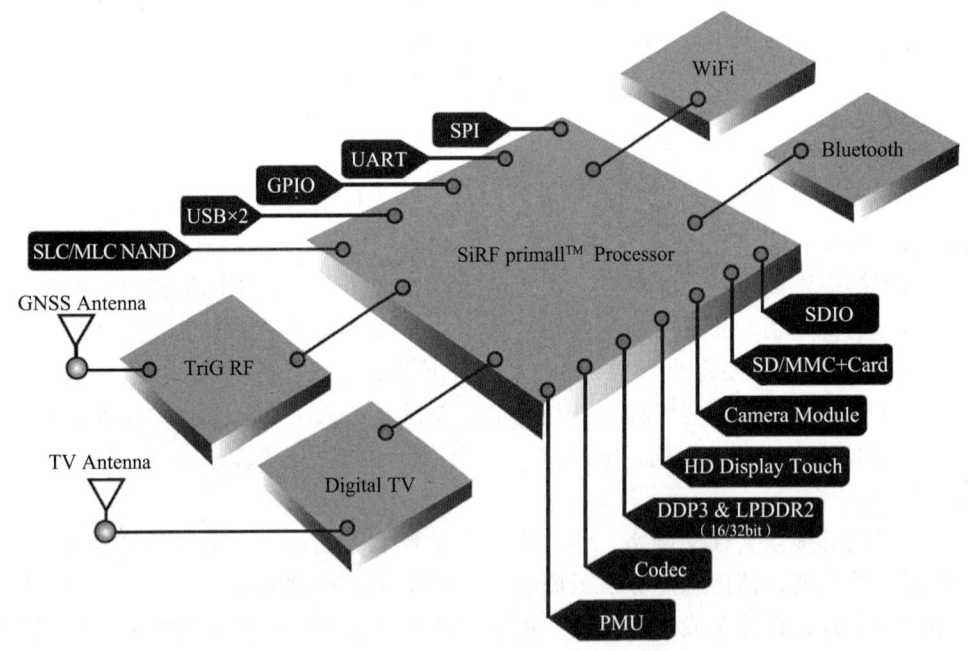

图 12 – 26　SiRFprimaII 处理器的接口❶

从图 12 – 27 可以看出，SiRFprimaII 包括 ARM11 核心处理器和 64 通道高灵敏度 GNSS 引擎，具有更强劲的搜星能力和更精准的定位导航。ARM11 系列微处理器是 ARM 公司近年推出的新一代 RISC 处理器，和以前的 ARM 内核不同，它由 8 级流水线

❶　图片来源：www.csr.com。

组成，比以前的 ARM 内核提高了至少 40% 的吞吐量。8 级流水线可以同时执行 8 条指令，并可以运行更复杂的地图数据，缩短路径解算时间。集成硬件 2D/3D 图像加速引擎，支持 OpenGL ES1.1 三维绘图语言，地图纹理增强传输及光影效果。3D 图像加速引擎可以通俗地理解为电脑的独立显卡，在运行 3D 模型图片时表现得更漂亮更流畅。有了 3D 硬件加速后，不需要占系统缓存，因此能够保证机器高速顺利运行。SiRFPrima 采用了 PowerVRMBX 3D 绘图加速器和 PowerVR MVED1 影片编译码加速器，像素填充率 350MPixel/秒，支持 OpenGLES1.1，支持到 1024×768 分辨率。支持 OpenGL 语言意味着导航地图将进入三维立体的新时代。其中集成的硬件视频解码器引擎 HD Media Decoder，支持 D1 标准分辨率的 H.264、MPEG1、MPEG2、MPEG4、WMV9，能够播放高清视频，1000 万像素的 JPEG 静态图像和更好的摄像头拍摄功能，为用户带来高质量的视频享受和照片导航功能。先进的内存控制器 Advanced Memory Controller 支持 Mobile – SDR、Mobile – DDR 和 DDR 等多种内存芯片，使得成本更容易控制，而且将来的产品更加方便轻薄。另外，PrimaII 还包括高速的 USB2.0 端口，支持 SDIO、WiFi、蓝牙及数字电视等，具有强大的兼容性与扩展性能。有人称 SiRFPrima 是为真正的 3D 导航而生。

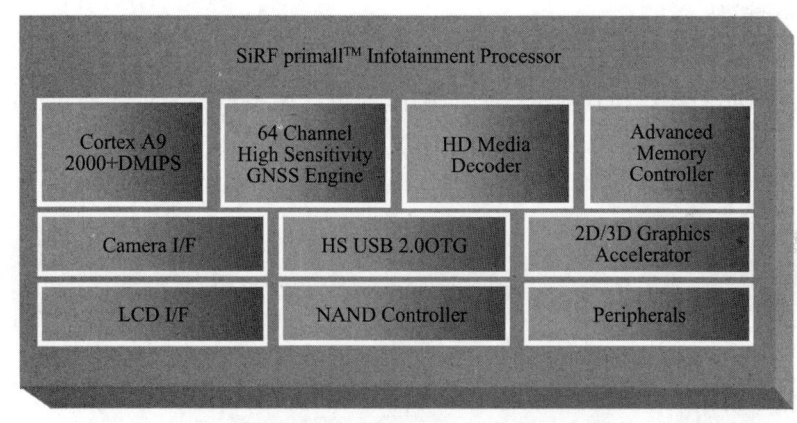

图 12 – 27　SiRFprimaII 处理器功能模块❶

就地图导航的发展趋势来看，尤其是随着硬件技术的更新和提高，未来的导航地图肯定是 3D 立体的天下。而 3D 地图复杂的建模和渲染需要大量复杂的运算，这些都需要更强劲的 CPU 来处理，即对系统硬件配置有着极高的要求，需要更加强劲的硬件平台和显示驱动部分。基于 Prima 内核的 GPS 有着超强的运算能力和 3D 硬件加速处理模块，可以游刃有余地应对日益复杂化 3D 地图画面，获得更加流畅的操作响应和画面显示。高端的车载及便携式 GPS 导航设备需要一款在保证高速、高质量 GPS 定位和导航功能的前提下，还可以提供足够的运算能力来满足这样一些新功能：精细的、令人眼前一亮的三维照片质量导航显示（复杂三维渲染）、高端的多媒体功能、无线上网功

---

❶　图片来源：www.csr.com。

能、低功耗的芯片平台。我们可以预测，SiRFprima 为全 3D 导航地图的应用提供了基础平台，它将在高端车载及便携导航市场上大显身手。

12.8.5 软件解决方案

"GPS 接收方案由硬变软"是卫星定位导航在大众消费类市场的另一个发展趋势。在并购 SiRF 公司之后，CSR 公司积极地将蓝牙和 GPS 两个技术的优势进行互补，开发出多种基于 CSR 蓝牙芯片和 SiRF 公司车载导航及便携设备的解决方案，为用户提供了多种选择。目前手机及平板电脑等便携设备的架构，已随着一种特别针对连接功能而设计的子系统的出现发生了变化。CSR 公司已经敏锐地嗅到了这个变化趋势，并在整体策略上主导着这个领域。目前，CSR 公司已经在连接中心（Connectivity Centre）这个子系统的发展上扮演着主导角色。

下面简单介绍一下 CSR 公司的 GNSS 软件解决方案的最新产品。

（1）SiRFLoc Client

SiRFLoc Client 是能够在任何地方都有最佳表现性能的无线定位软件解决方案。基于出色的 SiRFstar 定位技术，SiRFLoc Client 是世界上首个运用于 E911 规定和 LBS 平台辅助 GPS 的多模技术。

如图 12-28 所示，基于 SiRFstar 芯片的产品，SiRFLoc Client 软件解决方案能够兼容 SiRFLoc Server 服务器和其他符合兼容标准的位置服务器（Standards-complient Location Server）。基于 SiRFLoc Client 的软件解决方案可广泛地应用于车辆监控调度、故障救援、物流等方面，并能够根据用户需求，指定针对专门客户的软件系统。

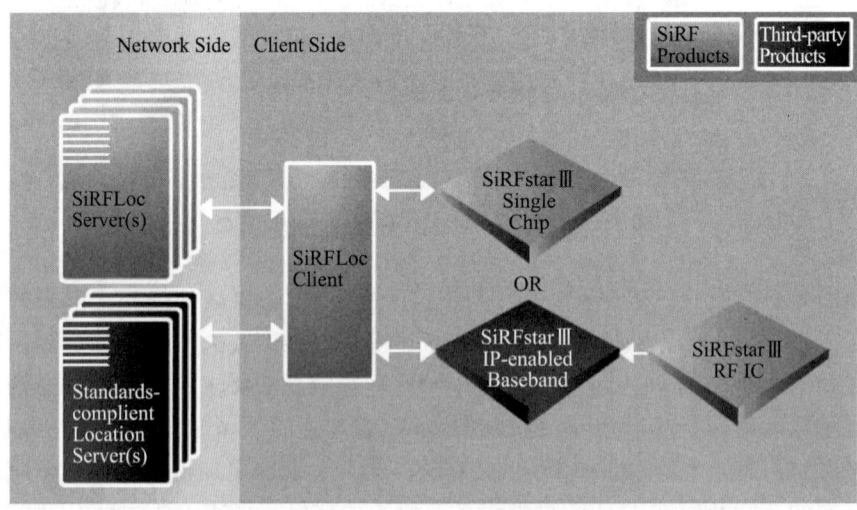

图 12-28　SiRFLoc Client 的系统结构❶

---

❶ 图片来源：www.csr.com.

（2）CSR Synergy for Android

为了迎合越来越多 Android 用户的需求，CSR 公司开发出了集蓝牙、FM、WiFi、GPS 等功能于一体的 CSR Synergy 软件解决方案。CSR Synergy 是一个即插即用的多天线软件平台，为基于 Android 的终端产品更加快速方便地开发具有丰富功能的多种产品。

除了上面介绍的 SiRFstar、SiRFprima 系列的芯片和软件产品外，CSR 公司还推出了 SiRFatlas、SiRFdrive，支持 Android 系统的 SiRF Synergy 系列芯片，以及 SiRFInstant-Fix、SiRFDrive、CSR Positioning Center 等软件解决方案。依靠 CSR 强大的蓝牙、WiFi 等短距离无线网络技术和 SiRF 的定位导航技术，CSR 公司为消费者提供了更具丰富体验的移动和车载定位解决方案。

12.8.6　SiRF 公司产品的特点

上面逐系列地对 SiRF 公司的典型产品进行了分析。随着技术的发展，为了满足市场需要，以及响应政府提出的政策性要求，更是为了在市场竞争中保持领先地位，SiRF 公司一直持续不断地进行着技术上的更新，并将自己的技术优势发扬光大，表 12-6 是 SiRF 产品主要共同特性列表。

表 12-6　SiRF 产品主要共同性能及相关专利

SiRFStar 系列特点	功　　能	用　　处
SnapLock 信号捕获技术 EP1817604 B1 US8164516 B2	从有遮挡地区走出时快速捕获卫星信号	在遮挡环境下提供更多的定位结构
FoliageLock 密林锁定技术 US6606349 B1 US6282231 B1 US6680695 B2 US7106786 B2	跟踪弱信号（比正常信号信噪比低 20dB）	改善信号可利用性，在信号衰减严重的地方也可定位
SingleSat 单星定位技术 US6292749 B1 US7132978 B2 US7295633 B2 US7994977 B2	在短暂的仅能收到一颗卫星信号的情况下进行定位	在信号阻塞的地区也可定位，尤其适用于车载导航
多径消除技术 US6606349 B1 US6680695 B2 US7030814 B2 US7356445 B2	减小 GPS 的多径反射带来的误差	提高城市环境下的定位精确度

续表

SiRFStar 系列特点	功　能	用　处
差分 GPS US6198765 B1 US6304216 B1 US8094758 B2	用差分 GPS 信号纠正标准 GPS 信号的误差	使 GPS 定位准确度提高到 5m
TricklePower 窍模电源管理技术和自适应功率管理 US7573422 B2 US7555661 B2 US8185083 B2	在 1s 内有 800ms 的时间接收机不工作，仅仅有 200ms 的时间用于重捕、跟踪和定位	功耗几乎变成以前的 20%，增加使用时间（消费类导航产品的基本要求）
Push–to–Fix 技术 US7148844 B2	周期（大约 30 分钟）更新星历和修正时钟，给一次定位结果	工作在不想频繁给出定位结果的情况下，节省功耗

上面所列出的这些技术是 SiRF 产品共同的技术特点，也是他一直领先于市场其他竞争对手的优势所在。作为消费类导航产品企业，SiRF 公司一直从市场的实际需求出发，并积极响应政府要求（如美国 FCC 对基于手机的定位方式的要求），致力于产品的技术和性能的改进。随着技术的发展，单纯的 GPS 芯片产品的市场受众在缩小，市场对 GPS 技术与无线 WiFi、蓝牙、多媒体技术等的结合的需求在增加。为此，SiRF 公司也在通过并购、合作等多种方式更新自己的技术，并开发出满足市场需求的产品，如近几年推出的 SiRFprima、CSR Synergy for Android 等产品即是综合多技术的、功能更加丰富的中高端产品。

12.8.7　下一代的移动车载定位技术

基于 CSR 公司的蓝牙技术和 SiRF 公司的定位技术，CSR 公司开发出集成更多技术、使用户体验更加丰富的位置服务产品。基于领先的技术与日渐丰富的市场需求，CSR 公司主导着下一代车载导航系统的发展。下一代的定位导航领域正在发生着这样的变化：在汽车市场，用户希望在楼宇林立的城市中仍能具备更好的导航性能，并能够获得实时内容的连接性，更安全的链接需求逐渐体现出来。在便携式移动定位导航市场，定位的需求多于导航，用户需要更好的室内外定位效果、室内导航能力，以及与内容和服务相关的服务质量。同时，用户对电池续航能力的要求也逐渐提高，希望支持"Always on"定位。

总之，用户需要随时可用的定位技术和更加丰富的导航体验。基于此，CSR 公司最近发布了专为主流消费者和企业设计的两款全新的定位平台。移动定位平台 SiRFstarV + SiRFusion，它能够丰富消费者的移动定位和导航体验。汽车导航和娱乐信息平台 SiRFprimaII + SiRFDrive，它能够丰富消费者的汽车导航体验。两个平台都能够提供"无缝定位"的体验。

图 12 – 29 是 SiRFstarV + SiRFusion 的下一代移动定位平台解决方案。

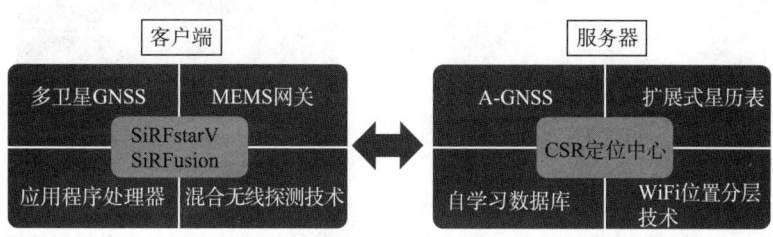

图 12 – 29　基于 **SiRFstarV + SiRFusion** 的下一代移动定位平台解决方案❶

图 12 – 30 是基于 SiRFstarV + SiRFusion 的移动定位平台示意图。

图 12 – 30　基于 **SiRFstarV + SiRFusion** 的移动定位平台示意图❷

图 12 – 31 是基于 SiRFprimaII + SiRFDrive 的车载导航端对端解决方案的系统框图。

---

❶❷　郑元更. 下一代定位与导航系统 [EB/OL]. [2013 – 10 – 31]. www.docin.com.

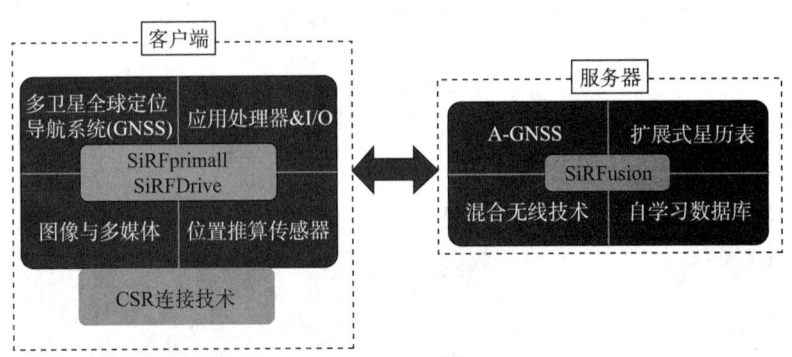

图 12-31　基于 SiRFprimaII + SiRFDrive 的车载导航端对端解决方案的系统框图❶

图 12-32 是基于 SiRFprimaII + SiRFDrive 平台的下一代汽车导航平台的示意图。该平台可用于 WinCE、Android、Linux 系统，集成了 CSR 的蓝牙、WiFi 和音频解决方案，再加上 Prima 的 3D 处理功能，使消费者的体验更加丰富。

图 12-32　下一代汽车导航平台❷

在室内定位部分，如果仅使用 WiFi 技术，当在室内失去 GPS 信号时，WiFi 接入点的位置将被用来判断大致方位，这个方位的更新时间大概为每 20 秒一次。但是，由于仅仅依赖于单一技术手段，室内定位方案存在很大的不确定性。既便一旦回到户外即可重新获得更加准确的 GPS 定位信息以减少不确定性，但对消费者来说室内活动距离的加长会使误差累积。上面的两个平台都对信息进行融合，这些信息包括来自 GNSS、PDR 和 WiFi 等的信息。一旦在室内失去 GPS 信号，MEMS 传感器输出端口将随着用户

---

❶❷　郑元更．下一代定位与导航系统［EB/OL］．［2013-10-31］．www.docin.com.

的移动进行位置推算。位置推算的误差比率大概为活动距离的 5%，也就是当活动距离为 200 米时，误差仅为 10 米。更高的精度使得对 WiFi 接入点的定位更加准确。

12.9　SiRF 公司发展策略

SiRF 公司从成立之日起就致力于 GPS 导航芯片的研发和创新。随着多信息融合技术的出现，SiRF 公司也在逐步将 GPS 技术与其他诸如移动通信、蓝牙、WiFi 等技术进行整合，以开发出成本更低、效率更高的基于 SiRF 芯片的软件解决方案。市场现状和预期都验证了将多技术集成于单一芯片的趋势以及 GPS 导航定位技术由硬变软的趋势。在 SiRF 公司的发展过程中，为了更好地将 GPS 技术与其他技术进行结合、取长补短，SiRF 公司与其他技术特长的公司进行了多方面的合作或并购，参见图 12 - 33 所示。SiRF 公司与多家公司进行过技术上的合作，以下进行逐个介绍和分析。

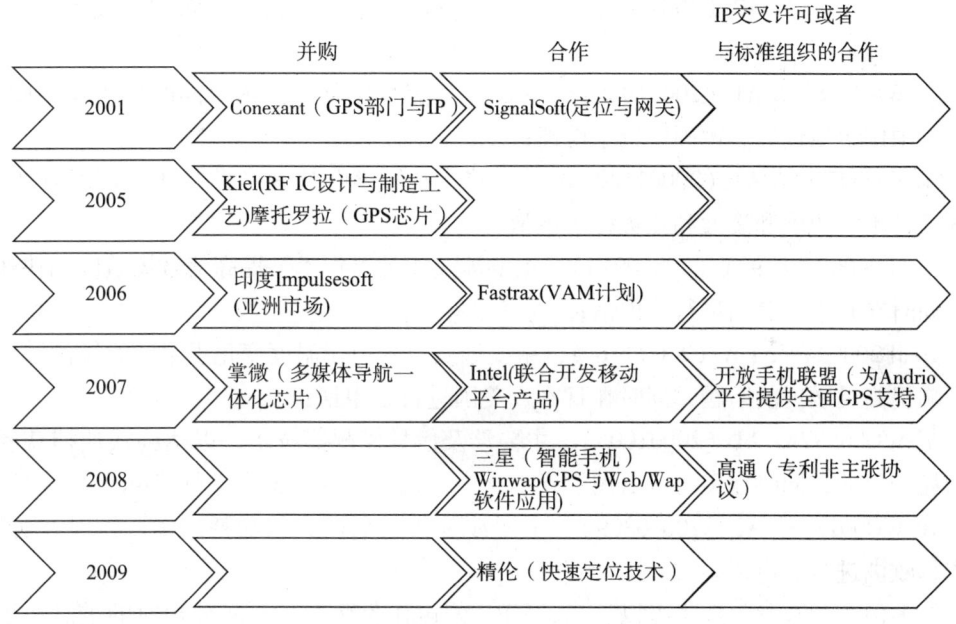

图 12 - 33　SiRF 公司合作或并购路线路

12.9.1　SiRF 的并购

（1）SiRF 公司并购 Conexant 公司 GPS 部门

2001 年，SiRF 公司与通信应用半导体系统解决方案供应商 Conexant 系统公司宣布签订一个决定性的合约，SiRF 公司将获得 Conexant 公司的 GPS 部门的资产和知识产权（IP）。在合约条件下，Conexant 公司的 GPS 资产知识产权（IP），将以 SiRF 公司的股票作为交换将归属于目前未上市的 SiRF 公司。Conexant 公司将获得 SiRF 公司某些 GPS 技术的权利，而且 Conexant 公司将保有开发 GPS 技术在移动通信应用上的权利。这场并购的关键是20位Conexant雇员的加入，他们的加入加强了SiRF公司全球定位技术研发团队的核心技术，提高了SiRF公司在迅速成长的GPS消费性及汽车市场上的地位。经初步检索与分析，与Conexant公司的合作中涉及8项专利（不计同族专利数），主要集中在信号探测器、提高信噪比、改善弱信号捕获灵敏度和降低捕获时间等方面。SiRF公司在与Conextant公司合作后推出的SiRFstarIII芯片，具有前所未有的超高捕获灵敏度。这在很大程度上要归功于与Conexant公司的合作。这些专利基本上全部在2000年之后申请，一直延续到2011年。说明SiRF公司非常重视此类技术的程度。这项技术属于该公司的重要专利。

下面是SiRF公司在并购Conexant公司涉及的专利（共8项）及其概况（以最早公开日期为准）：

① WO0179878 A2（20011025），主要涉及移动终端时钟控制技术，同时在美国、欧洲、日本、德国进行了申请；

② WO0179877 A2（20011025），主要涉及信号探测器技术，同时在美国、欧洲、日本、德国进行了申请；

③ WO0058746 A1（20001005），主要涉及信号探测器技术，同时在美国、欧洲、日本、中国台湾地区、德国进行了申请；

④ WO0071056 A1（20001130），主要涉及相关器、快速捕获技术，同时在美国、欧洲、日本、德国和澳大利亚进行了申请；

⑤ JP2000252879 A（20000914），主要涉及相关器技术，提高信号灵敏度和快速捕获，同时在日本、美国进行了申请；

⑥ JP2000249754 A（20000914），主要涉及改善由于温度变化引起的时钟漂移，进而影响提高灵敏度的问题，同时在日本、美国进行了申请；

⑦ WO0058745 A1（20001005），主要涉及信号探测器技术，以达到快速捕获和降低功耗的目的，同时在美国、欧洲、日本、中国台湾地区、德国进行了申请；

⑧ WO0013332 A1（20000309），主要涉及快速捕获和低功耗技术，同时在美国、日本、欧洲进行了申请。

从上面专利涉及的技术可以看出，SiRF公司在收购Conexant公司时的重点在于提高信号灵敏度方面，这也是SiRF产品在后来遥遥领先于其他同行的优势所在。可以说，SiRF公司的这一举措使其牢牢把握住了技术关键，并奠定了其在GPS领域的领先地位。

（2）SiRF公司并购Kisel公司

2005年4月，SiRF公司收购瑞典RF集成电路设计公司Kisel Microlectronics AB公司。Kisel公司成立于1999年末，创始人是爱立信的RF芯片设计师，Kisel公司在射频、模拟和混合信号集成电路设计方面具有丰富的经验，该公司从事利用硅锗BiCMOS、纯双极（pure bipolar）和CMOS等各种工艺的射频开发工作，在被SiRF公司收购之前已经完成在蓝牙、WiMAX、WLAN、WCDMA、UWB和GSM/PCS/DCS等领域中的一些设计。Kisel公司的全部19名技术人员也同时加入SiRF公司，这极大地提高了 SiRF 公司的射频集成电路设计能力。SiRF 公司对 Kisel 公司的并购主要集中在射频芯片制造方面，随着移动导航终端的普及，芯片的小型化和高集成化将一直是芯片制造工艺持续改进的焦点，而且，与基带处理模块一样，射频前端一直是卫星导航接收机的基本组成部分。

（3）SiRF 公司收购摩托罗拉公司 GPS 业务

2005 年 6 月，SiRF 公司收购了摩托罗拉公司的 GPS 芯片业务。通过此次收购，SiRF 公司不仅成为可优先向摩托罗拉供应 GPS 技术的供应商，更重要的是将在现有产品线中增加面向摩托罗拉车载信息服务（Telematics）的 IC "MG2000"，以及面向手机的 IC "MG4x00（Instant GPS）"等。另外，还获得了摩托罗拉公司当时正在开发中的 IC 的所有权。经初步的检索分析，此次并购涉及摩托罗拉公司的 6 项专利，主要涉及在无线手持定位终端领域提高弱信号捕获能力以及数据管理等方面的技术。

此次收购，SiRF 公司不仅仅获得了摩托罗拉公司的技术，更重要的是，推动了 SiRF 公司将 GPS 功能与移动通信终端的通信功能的一体化，并获得了摩托罗拉公司手机业务所涉及的市场。

下面是 SiRF 公司在此项并购时涉及的 6 项专利及其概况（以最早公开日期为准）：

① US2004013170 A1（20040122），主要涉及通过阈值比较确定无线通信信号的有效性的技术，无需额外的硬件即可在现有接收机上实现，同时在美国、澳大利亚、欧洲、中国、德国进行了申请；

② US2002113734 A1（20020822），主要涉及集成了 GPS 接收机的移动通信终端的存储器和处理器技术，同时在美国、中国台湾地区、欧洲、中国、德国进行了申请；

③ WO03017518 A1（20030227），主要涉及缩小芯片体积、降低功耗等技术，使其更便于集成于移动通信终端，同时在美国、欧洲、澳大利亚、巴西、中国、印度进行了申请；

④ WO03017503 A2（20030227），与上面的 WO03017518 A1 相同，主要涉及缩小芯片体积、降低功耗等技术，使其更便于集成于移动通信终端，同时在美国、欧洲、澳大利亚、巴西、中国大陆、印度、中国台湾地区、日本进行了申请；

⑤ WO0049737 A1（20000824），主要涉及集成了 GPS 接收机的移动通信终端的弱信号捕获和快速定位技术，并能够降低功耗，同时在美国和日本进行了申请；

⑥ JP10048324 A（19980220），主要涉及降低周期脉冲的噪声、稳频技术，同时在日本、美国、韩国进行了申请。

由上述专利所涉及的技术可以看出，SiRF 公司在收购摩托罗拉公司 GPS 相关业务时关注的主要是其与移动手持设备密切相关的技术，如芯片体积及其集成度、功耗和噪声抑制或者弱信号捕获等方面。此次并购使其将 GPS 定位技术与移动通信终端的集合向前迈出了关键性的一步。

（4）SiRF 公司收购印度蓝牙公司

2006 年 2 月，SiRF 公司收购班加罗尔 Impulsesoft 的蓝牙专长，旨在扩展亚洲业务市场。Impulsesoft 成立于 1999 年，是蓝牙特殊兴趣小组（Bluetooth Special Interest

Group）的准会员，在被 SiRF 公司收购之前拥有 55 名员工。该公司的软件主要用于手机、汽车和消费产品之中，包括 naviPlay、蓝牙立体声适配器和 iPod 的遥控。SiRF 在印度还有一个由 25 人组成的 VLSI 设计中心，此次收购使 Impulsesoft 成为 SiRF 公司的全资子公司，成为 SiRF 公司在印度的第二个据点，Impulsesoft 为 SiRF 公司在亚洲和欧洲的营销活动提供支持。这次收购使 SiRF 公司的单芯片解决方案拥有完整的 GPS 导航方案和兼容蓝牙的通信接口，同时也增强了 SiRF 公司提供支持增值型嵌入式软件解决方案的能力，与其 GPS 芯片组解决方案互补。

相对于技术，在收购 Impulsesoft 时，SiRF 公司更关注的是 Impulsesoft 产品所涉及的亚欧市场，尤其是亚洲市场。通过此次收购，SiRF 公司不仅仅完善了单芯片 GPS 导航解决方案，更使得其产品方便快捷地进入原 Impulsesoft 的应用市场。

（5）SiRF 公司收购掌微科技（Centrality）

2007 年 6 月，SiRF 公司又宣布以 2.83 亿美元收购多媒体导航一体化芯片供应商掌微科技（Centrality Communications），正式推广 SiRF 公司的软件 GPS 方案，以此来占领低端的 GPS 导航市场。掌微科技成立于 1999 年，开发出了一系列 SoC 产品，向移动设备提供导航和多媒体功能。

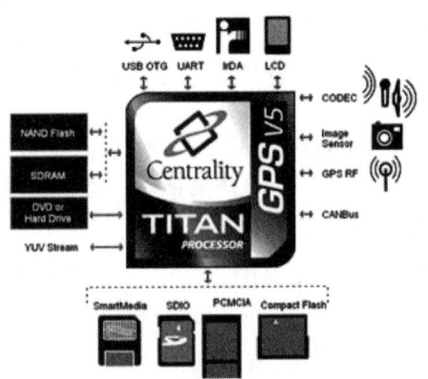

图 12-34　掌微主推多媒体和 GPS 一体化的 SoC❶

与 SiRF、Atmel、Global Locate 等厂商的 GPS 芯片方案不同的是，掌微科技开发的一种软件 GPS 方案，即将 GPS 基带和后端主芯片（多媒体应用处理器）集成，只需加上 GPS RF 前端，就可以形成 GPS 接收方案。掌微科技的多媒体导航芯片基于其专有的双核处理器架构，片上集成了 GPS、DSP、图形和多媒体加速器，可以显著降低 PND 或 PMP GPS 的成本，并减少相应的体积及功耗。

主芯片厂商涉足 GPS 方案，与主芯片和 GPS 芯片更紧密集成、"GPS 接收方案由硬变软"这种趋势是相互促进的。目前将 GPS 功能集成进手机等手持设备有三种方式：一是全硬件方案，GPS 接收芯片中集成了 GPS 射频前端、GPS 基带（GPS 核和

---

❶ 国际电子商情. SiRF 巨资收购掌微 GPS 芯片产业呈现两大变化［EB/OL］.［2007-06-26］. www.esmchina.com.

ARM7CPU）等，全部 GPS 软件和导航算法都运行在 GPS 芯片上，GPS 接收功能与后端主芯片完全独立，主芯片只需运行 GPS 导航软件和地图；二是半软半硬方案，GPS 接收芯片集成了射频前端和相关器 ASIC（GPS 核），NMEA 等一些非时间关键（non-timecritical）的软件运行在主芯片上，因此 GPS 基带上的 ARM7 核可以省去；三是软件 GPS 方案，GPS 信号处理要么由运行在主芯片上的软件完成，要么将 GPS 硬核集成到主芯片中，GPS 接收芯片只需 GPS 射频前端，无需独立的 GPS 基带。从全硬到软件 GPS 方案，整体功耗、体积和系统成本越来越低，但开发时间和所需要主芯片资源越多，适合越来越大的应用。从长远来看，GPS 基带和主芯片集成的软件 GPS 是最终的发展趋势，SiRF 公司收购掌微，也是为了布局软件 GPS 市场。掌微的多功能 SoC 平台技术可以使 SiRF 公司的产品实现差异化，尤其是 SiRF 公司正在利用增值产品来满足便携导航、汽车和消费市场的新兴需求。

下面是 SiRF 公司在收购掌微科技时涉及的 6 项专利及其概况（以最早公开日期为准）：

① US2007222764 A1（20070927），主要涉及软件 GPS 解决方案，尤其是车载导航的地图触摸屏显示技术，目前该专利技术除申请了 PCT 之外，仅在美国进行了申请；

② US2006251173 A1（20061109），其技术用于减少门数量和整体硬件需求，改善接收机性能和电源效率，目前该专利技术除申请了 PCT 之外，仅在美国进行了申请；

③ WO2007076541 A2（20070705），主要涉及导航接收机从睡眠状态唤醒后的信号快速捕获，降低晶振由于温度变化引起的频率改变，目前该专利技术除申请了 PCT 之外，仅在美国进行了申请；

④ WO2007076539 A2（20070705），主要涉及导航接收机从睡眠状态唤醒后的信号快速捕获，并在室内外状态下都能够快速捕获信号，以达到省电和提高灵敏度的目的，同时在美国、欧洲、中国进行了申请；

⑤ WO2007044196 A2（20070419），主要涉及降低运算量的技术，以达到快速和省电的目的，同时在美国、欧洲和日本进行了申请；

⑥ US2007046536 A1（20070301），主要涉及弱信号捕获技术，以提高接收机灵敏度，同时在美国、欧洲和韩国进行了申请。

由上述专利涉及的技术可以看出，SiRF 公司在收购掌微科技时更多关注的是其技术，除了掌微科技的软件 GPS 解决方案之外，其还关注掌微科技在 GPS 射频前端的信号处理技术，使 SiRF 公司的芯片产品在信号捕获灵敏度和节约电量方面更加领先其他公司的产品。

（6）CSR 公司收购 SiRF 公司

2000~2008 年，SiRF 公司一直在合作、收购中不断壮大自己，一路走来所向披靡，一桩接一桩的大手笔合作和收购使其不仅仅在技术上占尽优势，更在市场上占尽先机，GPS 综合业务得到飞速发展。SiRF 公司一直是各 PND 厂商的芯片供应商，全球绝大多数的 PND 厂商都选择 SiRF 芯片解决方案，并且在市场占有方面处于绝对优势，其他芯片解决方案的供应商对 SiRF 公司来说可以用微不足道来形容。但是，应了那句

"风水轮流转",2008 年 Broadcom(博通)的全资子公司 GlobalLocate 公司起诉 SiRF 公司侵犯了该公司的 6 项 GPS 相关专利。2009 年 1 月,美国国际贸易委员会(ITC)最终裁决认定了该侵权成立。除了向 ITC 起诉 SiRF 公司侵权外,Broadcom 公司还起诉 SiRF 公司的有关多媒体处理器和 GPS 接收机侵犯了其 4 项专利。

在与 Broadcom 公司漫长的应诉过程中,SiRF 公司本身也大受其挫,最后在 2009 年被蓝牙公司 CSR 以 1.36 亿美元现金 + 股票的方式抄底价收购,要知道,2007 年还是意气勃发的 SiRF 公司为了获得软件 GPS 技术以 2.83 亿美元买下掌微科技。如图 12 - 35 所示,CSR 并购 SiRF 开启 GNSS 市场的新思路,CSR 一步步地推出了集蓝牙、WiFi、GPS 等功能于一体的整合芯片,曾经耀眼的 GPS 正在逐渐褪色成多种无线技术大集成中的一个。CSR 公司则主要设计蓝牙芯片,该公司计划整合蓝牙、WiFi 和 FM 无线功能,其产品支持 802.11n 移动应用。两家公司在合并之后,CSR 公司将会研发具备蓝牙、WiFi、GPS 功能于一体的超级芯片(SiRFprima 芯片系列即实现了这些功能)。在芯片整合之后,产品的价格和功耗均会降低。收购之后总部仍继续设置在英国剑桥。这似乎也在说明纯 GPS 芯片公司的式微,随着 CMOS 工艺的进展和结构设计的改进,为了缩小芯片尺寸降低 BOM 成本,集成多种无线 RF 已经成为趋势。CSR 公司畅想未来 3C 产品将环绕着"Connectivity Center"这样的概念发展,这个概念结合了蓝牙、FM 发射与接收、嵌入式 WiFi、GPS 以及其他日益茁壮的短距离无线技术。CSR 公司为此推出了一系列"Connectivity Center"产品和 Synergy 系统软件,包含了广泛的易于集成的技术,包括蓝牙、GPS、WiFi、FM、音频处理和包括宽带和 NFC 在内的未来技术。

图 12 - 35　CSR 公司并购 SiRF 公司开启 GNSS 市场的新思路

12.9.2　SiRF 公司的合作

每个公司在发展过程中都会进行不断的合作与并购,这是市场中常见的商业行为,SiRF 公司也不例外。为了保持其在市场中的竞争地位,SiRF 公司在发展过程中与多家公司进行了技术、市场等多方面的合作,并适时地并购关键技术公司,逐步巩固其市场地位和技术优势,图 12 - 36 是 SiRF 公司历年的合作事件。

从图 12 - 36 可以看出,其每次合作的目的与内容都不尽相同。例如,与 Singnal-

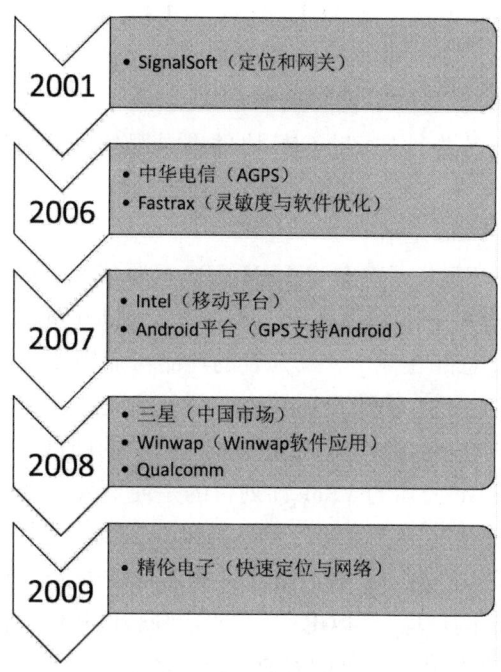

图 12-36 SiRF 历年合作图

Soft 的合作，主要关注的是其将 SiRFstar GPS 移动器件与 SingnalSoft 的无线定位服务平台软件的结合，这个结合不仅为运营商提供多种无线网络的端到端的定位方案选择，也为 SiRF 公司的产品打开更广阔的应用市场。与 Fastrax 的合作与和 SingnalSoft 的合作目的与内容类似，为客户提供强有力的技术组合。与中华电信以及精伦的合作主要关注的是其市场，而与 Intel、Android、三星及高通的合作，更可以看做是一种类似"大树下面好乘凉"的行为。Intel、Android 联盟、三星及高通是电子通信领域的传统和目前市场风头最强劲的企业和组织，与这些企业的合作可以达到开拓 SiRF 公司的市场，并能够将其技术快速普及甚至成为行业标准，这是非常快速有效的途径。与 Winwap 的合作也是在 GPS 服务有硬变软的大趋势下的明智举措。下面对每次合作进行详细的分析说明。

（1）SiRF 公司与 SignalSoft 的合作

2001 年，SiRF 公司与 SignalSoft 结成战略合作伙伴，为全球无线用户提供端至端的定位服务平台。双方达成协议，将 SiRF 公司的 SiRFstar GPS 移动器件和 SignalSoft 的无线定位服务平台软件的主要产品——"定位管理器"相结合，开发定位和网关工具，令无线网络运营商可以为其用户提供完善的定位服务。SignalSoft 的"定位管理器"是一个多功能软件，无线网络运营商可用其管理多项定位技术。定位管理器"是开放式的软件方案，它可作为定位技术与 SignalSoft 的无线定位服务应用和第三方应用之间的接口。"定位管理器"可与包含 SiRF 服务器技术的网络元件连接，也可与使用 SiRF 公司的 GPS 技术的移动器件连接，为运营商提供 CDMA、TDMA、GSM 或 AMPS 无线网络的端至端定位方案。

(2) SiRF 公司与中华电信策略联盟，建 A – GPS 平台

2006 年 3 月，中华电信宣布与 SiRF 公司共同合作，推出 AGPS 平台，旨在提供更精准、快速、省电的 AGPS 定位平台。该平台主要供应给安保行业，如其之前推出的 mini Bond 随身保镖，拟提供个人行动 GPS 协助查寻服务。可用于学童、老人、医院病人管理等方面。

(3) SiRF 公司与 Fastrax 合作

2006 年 6 月 13 日 SiRF 公司宣布与 OEM GPS 接收机和应用开发软件供应商 Fastrax 合作，以加强 SiRF 公司的全球增值生产商（Value Added Manufacturer，VAM）计划。Fastrax 成立于 1999 年，总部在芬兰，其开发的产品行业领先，可为客户提供 OME GPS 接收模块、OEM GPS 接收机、软件开发系统、GPS 接收芯片和工程服务等。Fastrax 的 GNSS 技术方案具有开放性界面，具有功耗极低和最少的硬件设计等特点，可在极端恶劣的环境下持续工作。SiRF 公司的 VAM 计划目的是使更大范围的客户在自己的 GPS 研发中不需投入太多资源的情况下快速地将 GPS 技术集成到产品中去。SiRFstarIII GSC3 芯片具有行业领先的 TTFF 和超高的捕获灵敏度；而 Fastrax 能够提供产品、服务和必需的支持，还可根据客户特定的环境，为 GPS 接收机定制软件和优化性能。SiRF 公司的性能领导地位和 Fastrax 的软件优化和定制能力的组合，将为客户创造非常强有力的组合。

(4) SiRF 公司为 Android 平台提供全面 GPS 支持

2007 年 11 月 5 日，由来自诸多领域的领先技术和无线公司所组成的"开放手机联盟"联合宣布开发首个为移动终端打造的真正开放和完整的 Android 平台。Google、高通公司以及 T – Mobile、HTC、摩托罗拉和其他公司携手通过"开放手机联盟"集合来自不同国家的技术以及手机行业领导厂商的努力共同开发 Android 平台。"开放手机联盟"由 34 家公司组成，旨在开发可显著降低开发和分销移动终端与服务成本的技术。Android 平台是朝这个方向发展迈出的第一步，它是一种由操作系统、中间件、用户友好界面和应用软件组成的全面整合的移动"软件栈"。

基于 Android 系统的广泛应用，2007 年 12 月，SiRF 公司宣布将为 Google 的 Android 操作系统提供全面 GPS 支持。其支持的方式不仅仅是简单的提供 GPS 芯片，而是完全的 End – to – End 式合作。不仅可以在开车时进行导航，或在 Google Maps 中定位，也能使用户拍下带有地理位置信息的照片传送到互联网上。

(5) SiRF 公司与三星的合作

SiRF 公司为 Android 平台提供全面的 GPS 支持，在很大程度上提高了与各大移动通信终端厂商合作的可能性。2008 年，SiRF 公司宣布与三星合作，旨在力推中国市场的 GPS 服务，而且在随后三星的 SGH – i728 手机中配备了低功耗的 SiRFstar 第三代芯片。中国是全球最大的手机市场，而三星已为支持这个活跃的市场打造了一个卓越的导航手机平台，二者的合作属于技术与市场的相互分享。2008 年的北京夏季奥运会也为通信导航终端供应商提供了一个更好的契机。

(6) SiRF 公司与 Winwap 的合作，提供 GPS 客户软件应用

2008 年 6 月，Winwap 宣布与 SiRF 公司展开合作，针对 SiRF 客户提供 Winwap 的

软件应用,包括 Wimwap 浏览器、MMS 客户端以及 Unified Inbox。Winwap 应用针对微软基于 WinCE 的平台提供,能够为 SiRF 及其客户提供技术支撑和持续开发并保持最新的应用。SiRF 公司使用其具有针对连接设备的整合 GPS 新款 SoC,向客户推广 Winwap 的应用,就导航及 Web/Wap 浏览等智能电话应用提供定位性能。二者的合作顺应了 GPS 服务由硬变软的大趋势。

(7) SiRF 公司与精伦的合作,引进 Instant FixII 快速定位技术

精伦电子是率先与 SiRF 公司进行合作的国内 GPS 厂商,2009 年 4 月,其引入了 SiRF 公司最新开发的 SiRFInstantFixII 快速定位技术,极大地提高导航电脑的启动定位速度,而且无需额外的网络连接支持。

图 12-37 是引进 SiRF 公司快速定位技术定位时间的比较图。SiRF 公司的 SiRFInstantFixII 快速定位技术通过独立计算来预测 GPS 卫星的运行轨迹,从而在启动过程中省略对 GPS 卫星星历数据的接收步骤,通过定位接受过程的简化来达到快速定位的目的。该快速定位技术目前最快可以做到 1 秒完成启动定位。

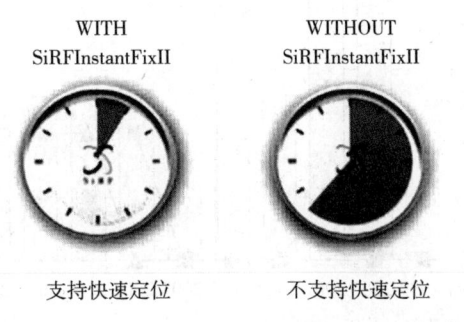

图 12-37 支持/不支持快速定位时间比较❶

与合作相同,并购行为是另一种可以直接获得对方技术和市场的行为。SiRF 公司在发展过程中进行了多次并购,其中不乏一些非常关键、能够奠定其技术地位的并购行为。图 12-38 是 SiRF 公司的历年并购图。

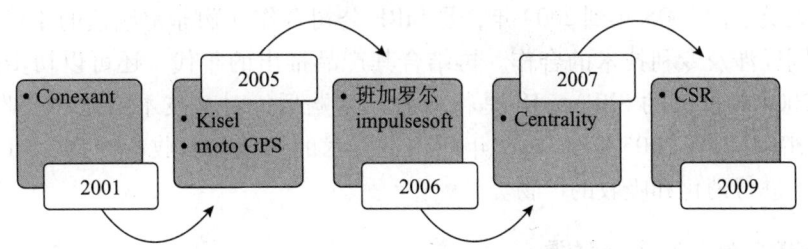

图 12-38 SiRF 公司历年并购图

在每次并购中,SiRF 公司所关心的无外乎技术和市场,从历次并购来看,技术是其更加关注的点。尤其是 2001 年并购科胜讯的行为,使其获得了足以让其在随后的多

---

❶ 图片来源:auto.21cn.com.

年中一直占有领先地位的信号探测技术、弱信号捕获和快速捕获技术以及低功耗技术。并购 Kisel 公司使其获得了先进的 IC 制造工艺以及射频技术。收购摩托罗拉公司的 GPS 业务，使其同时获得了摩托罗拉公司的相关技术，同时获得了摩托罗拉手机业务所涉及的市场，使 SiRF 公司将其 GPS 定位技术与移动通信终端的结合迈出关键性的一步。收购印度的蓝牙公司 Impulsesoft，SiRF 公司主要关注的是其亚欧市场，尤其是亚洲市场，为其产品进入亚欧市场提供了便捷的通道。但每次并购带给 SiRF 公司的到底是什么，后面我们会对此进行详细的分析说明。

图 12-39 是 SiRF 公司的合作并购事件与其总申请量之间的变化比较图。

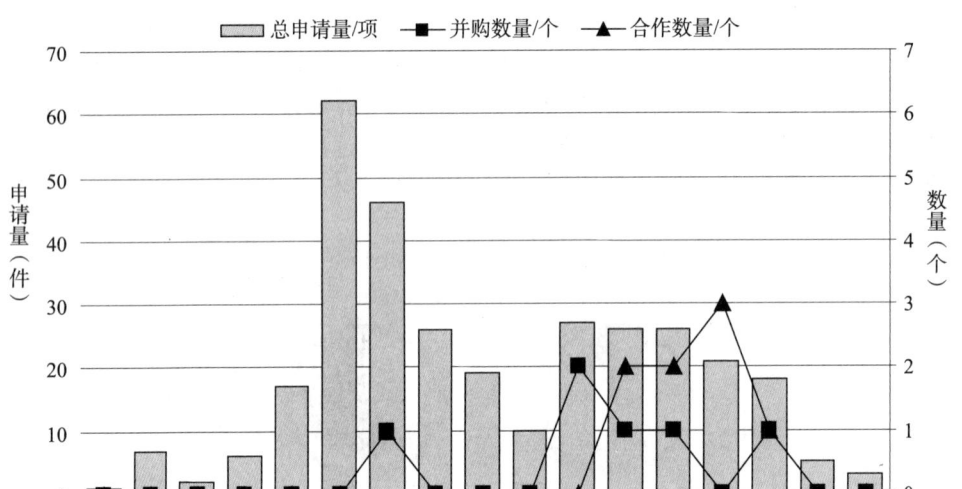

图 12-39　SiRF 公司合作并购与总申请量变化比较

从图 12-39 可以看出，在 2000 年前后、2005 年到 2009 年，SiRF 公司的申请量比较多。在对 SiRF 公司历年的合作与并购进行分析后可以发现，每次申请量较多的时间前后都伴随着合作与并购的发生。2001 年并购了科胜讯，同时吸纳进的包括其相关专利和技术人员。而 2005 年到 2009 年，是 SiRF 公司合作并购非常频繁的年代，在这个过程中，同样涉及专利技术的合作。再结合其产品推出的年代，还可以初步得出这样的结论：2004 年推出的 SiRFstarIII 是将科胜讯并购后，对其技术消化和吸收的产物；而 SiRFstarIV 是对在 2005 年到 2009 年所引进技术的消化和吸收的产物，SiRFstarV 是对掌微技术进行消化和吸收的产物。

12.9.3　SiRF 公司的行业联盟

我们都知道"大树下面好乘凉"，SiRF 公司在发展过程中也采取了这种策略。通过与产业巨头 Intel、高通等的合作，以及与其作用不亚于标准组织的行业联盟的合作，为自己产品的发展开拓了更加广阔的市场。

（1）SiRF 公司与 Intel 的合作

2007 年 7 月，SiRF 公司与 Intel 签署联合开发协议，瞄准移动平台。与 Intel 联合开发产品，以便未来集成到 Intel 平台上，并共同推广销售可用于移动互联网设备、手机和手持消费电子设备等的产品。双方旨在进行无线互联网联接和基于位置服务的结合，并计划在移动互联网设备和笔记本电脑上实现该功能，二者的合作将结合 WiMAX/WiFi 连接功能和定位功能的高集成方案提供给消费者。

虽然同为芯片生产商，但在业内的印象中 SiRF 公司与 Intel 绝对是风马牛不相及的，但是，二者还是在业界的吃惊中达成了合作协议。协议的出发点是"使位置以及无线服务在未来下一代移动设备上更加主流"，而从两家在各自领域的实力来看，他们完全拥有这个能力。在协议中，SiRF 公司需要拿出了一些独有技术供 Intel 使用，而两家公司更加联合开发带有定位功能的基于 Intel 内核的移动电话以及移动互联网终端等产品。也许未来，Intel 提供给手持设备的处理器内就将带有 GPS 接收功能了。对于 Intel 来说，与 SiRF 公司合作无疑直接扩展了其芯片的内涵；而对 SiRF 公司来说，有了 Intel 就等于拥有了世界最主流的平台。二者的合作可能将主导位置与无线服务的发展趋势，这也许就是我们常说的"一流厂商玩标准"。

（2）SiRF 公司与高通的协议

在消费类卫星定位导航终端市场，高通与 SiRF 公司可以说互相是对方的强有力的竞争对手。SiRF 公司曾经受到过 Broadcom 的全资子公司 GlobalLocate 的指控，并被 ITC 认定 SiRF 公司侵犯其 GPS 方面的 3 个专利；高通是世界上最大的 GPS 手持设备芯片供应商之一。该公司早在 2000 年便开始将 GPS 芯片集成到该公司用于手机的数字基带芯片中，Broadcom 公司也曾起诉高通，指其滥用专利权。在这种背景下，2008 年 10 月，SiRF 公司与高通签署了专利非主张协议，以此保护二者的 IP 组合。

（3）SiRF 公司为 Android 平台提供全面 GPS 支持

第13章　美国卫星导航领域的专利诉讼

卫星定位导航技术是20世纪90年代发展起来的新技术,经过后来10年的迅猛发展,到2000年后逐步广泛地应用到各个领域。在卫星导航定位领域中美国一直处于领先位置。技术的领先,必然带来市场的活跃,市场占有份额又会引起众多的法律纷争。本章围绕美国卫星定位导航行业的整体诉讼状况,SiRF公司、Global Locate公司和Broadcom公司之间的较量,以及E911引发的技术纠纷等内容进行分析。

13.1　美国专利侵权诉讼整体状况

从对美国卫星导航领域诉讼的整体概况到具体案件的研究,可以看到,市场竞争带来诉讼,美国联邦政策促进创新的同时也引起企业间的战争,以及影响美国诉讼结果的诉讼请求、诉讼地点、诉讼对象的选择策略等因素的重要性。了解诉讼本身又会引起企业的并购等一系列行业变化,希望由此给相关企业一些启示,在激烈的市场竞争中能够运用好合理的规则,使用专利保护自己,打击对手。

13.1.1　诉讼随年度的变化情况

通过对美国卫星导航领域诉讼案件随年度变化、诉讼发起地区变化,以及诉讼涉及的技术领域这三个方面的统计分析,得到结论:经过检索,共得到31件导航定位领域的诉讼案件。导航定位领域专利诉讼案件随年度的变化趋势,如图13-1所示。

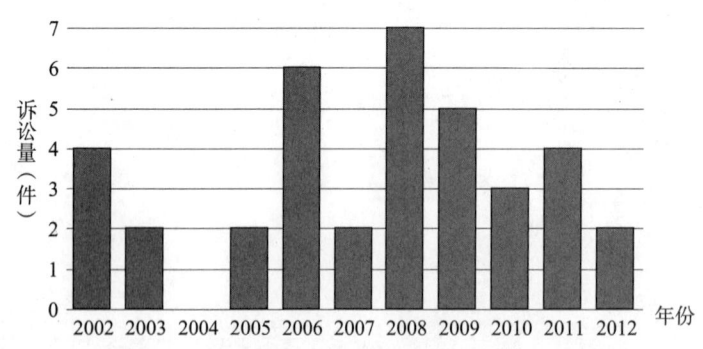

图13-1　导航定位领域专利诉讼随年度的变化趋势

从图13-1可以看出,首件与导航定位相关的诉讼发生在2002年。从2002年到2008年之间的6年时间,诉讼案件的数量波动比较大,在2008年达到峰值(7件),然后到2011年为止都在逐年下降。由于专利数据存在一定的滞后效应,所以2012年发生的2件诉讼并不是准确的结果。

经过分析，2008年之所以能够达到顶峰，是由于2008年前定位精度、网络RTK等技术的成熟标志着导航定位技术的发展到达一个新的阶段。随着市场化的普及逐步深化，有更多的企业想在这个领域中占据一定的市场份额，必然导致诉讼案件上升。

2008年以前的波动状况表明：第一，诉讼案件的上述波动情况表明导航定位技术目前还处于发展时期；第二，导航定位相关的专利还处于专利布局阶段，尚未进入诉讼高峰期。

2008年之后的下降过程，表明导航定位领域正在将重点放在开拓新的、更广阔的应用市场上，各公司以尽早占领市场份额为首要战略。

13.1.2 诉讼发起地区分布情况

图13-2是对诉讼发起地的分布情况统计数据。从中可以看出，美国的导航定位领域的诉讼比较集中地发生在三个州：加利福尼亚州、特拉华州和得克萨斯州。

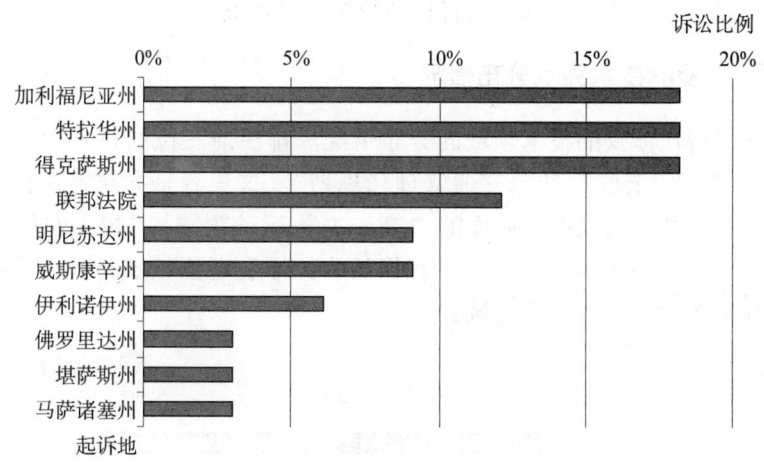

图13-2 诉讼发起地区分布图

经过研究，上述数据客观地反映了该产业在美国的发展和分布情况。以加利福尼亚州为例，位于美国西部的加州在硅谷建有专门的"GPS产业园"，吸引了美国西部导航定位技术的人才，大小公司林立。这种客观环境必然容易引起激烈的竞争。可以说，美国的加州是导航定位产业在美国的兵家必争之地。

特拉华州和得克萨斯州诉讼较多的原因主要是他们分别在导航定位方面的产品民用和工业级应用较为广泛。因此，从市场份额考虑，这两个州处于侵权诉讼的发生地的可能性较高。

大多数美国专利诉讼都发生在多个美国联邦地区法院，而并非州法院中的一个。了解特定联邦地区法院的优点和缺点以及如何可能地将案件从一个法院转移到另一个法院，是影响专利诉讼成败的一个重要战略问题。

在选择起诉和/或应诉法院时往往考虑以下四个因素：

第一是管辖权的确定。在某些联邦地区法院提起诉讼该法院必须同时对在诉讼中的问题有"标的管辖权"和诉讼中的被告有"属人管辖权"以及适当的审判地。

第二是法院对案件的排期。案件处理速度较慢或者积压严重的法院,除非有特殊的拖延审理周期的意愿之外,应当是尽量避免的选项。

第三是法院乃至法官对涉诉技术的审判经验。少数美国联邦地区法院包括在特拉华州、加利福尼亚州以及位于得克萨斯州东区的法院往往会处理电子、IT 等领域的大量的专利案件,而许多其他地区法院专利案件相对处理较少。在处理大量专利案件的法院进行诉讼的优点包括法官对案件诉讼有经验、有更多的专利在先判例,并且在审理期间更容易在律师和法官之间达成默契。

第四要考虑法院或法官的习惯和传统。法院在过去的专利案件中曾作出什么类型的判决、最终判决中的赔偿金额的多寡等,都是某一特定法院或法官的习惯和传统。例如,得克萨斯州东部地区已作出许多有利于专利持有者的决定。在某些情况下,考虑个别法官的判案记录对评估特定结果的可能性也是有帮助的,虽然在该案件被提交和地区法院选定前还不能肯定哪位法官将被分配审理此案。

13.1.3 诉讼涉及的技术领域分布情况

图 13-3 是诉讼涉及的技术领域的分布情况。排在前三位的技术领域分别是"车载导航装置"、"通用定位"和"交通管理和规划"。这三者是导航定位技术的诞生之根本。而现在处于快速增长的是后面的"高尔夫"运动领域、"精细农耕"和"移动通信"领域。经过对诉讼内容的分析,我们认为:导航定位领域的诉讼将在今后更多地出现在民用的各种消费类产品领域。

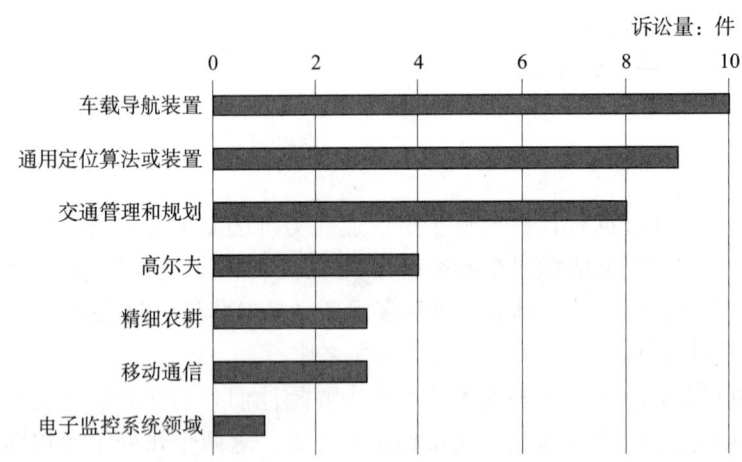

图 13-3 诉讼涉及的技术领域分布图

下面,对上述热点分布领域逐一加以分析:

在交通方面,尤其是在汽车、轮船、火车和民航等民用领域的产品研发快速发展。装设在汽车里的 GPS 不仅可以使驾驶员找到自己的位置,还能提供目的地导航和路径的规划和优化。驾驶者只要在 GPS 显示屏上输入目的地名称或者在地图上选择目的地，汽车就会立刻计算出最佳的行驶路线，避开交通拥塞路段，根据按照单行线、立交桥出入口等交通规则安全行驶。

"通用定位"是民用导航定位技术的一个主要领域。航空、登山、越野等方面应用的各类小型、便携和低功耗 GPS 产品如雨后春笋般应运而生，大大提高了人们的活动空间和安全性。

导航定位技术在"交通管理和规划"方面（例如在民航领域）取得了突出的应用。新一代空中交通管理系统突破了基于性能的航空导航，基于数据链与精确定位的航空综合监视、空管运行协同控制、民航空管信息服务平台等一批关键技术，构建了机场跑道感知系统和飞行区移动目标监控平台，发展了大型机场安全智能监测与主动防御技术。铁路、公交等智能交通运输系统为交通的通畅和科学、智能化控制提供了强有力的保障。

"高尔夫"运动领域是一个新兴的导航定位市场。由于欧美大部分球场不提供球童服务，而雇用球童费用过高，GPS 产品从 2005 年起开始进入高尔夫领域，经营者希望这些设备能为高尔夫球场和球具业带来新的盈利点。高尔夫 GPS 系统由微处理器、输入设备、存储器和显示装置组成，可通过卫星拍摄和系统储存的方式提供你想要的东西。高尔夫 GPS 最重要的功能是为球友提供某个球场的地形特征，尤其是距离果岭的距离，以避免在打球过程中花费不必要的时间。当你有一部 GPS 设备，它可以告诉你小球的落点，也能显示球道边界及果岭周围环境，提示切击到洞口的准确距离，以及沙坑和水障碍的位置等，而操作的方式却相当简单，这都会让你在球场上更加自在。不光是球友需要 GPS，球场工作者也会需要它来帮助自己全面掌握球场状况。

在以"精细农耕"为代表的农业方面，早在 1995 年，美国就在明尼苏达州的两个农场进行了精细农业技术试验，使用导航定位技术指导施肥得到的产量比传统平衡施肥的产量提高了 30% 左右，经济效益可观。

在"移动通信"领域中，导航定位技术更是随处可见。设置陀螺仪是智能手机的一个重要标志，据此结合导航定位软件应用，能够随时掌握自身所处的位置并与其他人分享。

上面的分析可以看出，导航定位技术从最初用于军事上，主要用于陆、海、空的导航，定点轰炸、舰载制导等，到如今已经在民用领域得到了更加广阔的应用。我们既应该看到该技术在海湾战争以及全球反恐中发挥过巨大的作用，还应该看到：导航定位技术已经和正在美国的民间应用中取得广泛的应用和发展，为众多的电子消费类产品提供了高附加值。越是需要服务的行业或领域，像"车载导航装置"、"通用定位"和"交通管理和规划"、"高尔夫"运动领域、"精细农耕"和"移动通信"，就越能够看到导航定位技术的身影。今后的导航定位技术的热点也必然向提供更人性化的服务的方向演变。

13.2 SiRF 公司、Global Locate 公司和 Broadcom 公司之间的较量

13.2.1 当事人简介

（1）SiRF 公司[1]

美国 SiRF 公司成立于 1995 年，总部设于美国加州的圣荷西市，在美国纳斯达克证券交易中心挂牌上市。

SiRF 公司提供 GPS 芯片集以及相应的软件产品，其产量占全球 GPS 芯片出货量的 70%，是全球最大的 GPS 芯片供应商。SiRF 公司所研发的科技已被广泛应用在包含手机、汽车导航系统、卫星导航定位、消费类电子产品等领域，其产品主要包括 SiRF star 系列 GPS 芯片。该公司于 2009 年 6 月被 CSR 公司收购。

（2）Global Locate 公司[2]

Global Locate 公司总部位于美国加州的圣何塞，是从事全球定位系统（GPS）和网络辅助 GPS（A-GPS）的半导体及软件解决方案的提供商。

Global Locate 公司拥有超过 175 项与 GPS 和 A-GPS 有关的外国专利和外国专利申请。其产品包括世界上首台采用单模商用 GPS 接收机 Hammerhead，主要采用宿主机型（host-based）架构，并被用于手机中。这意味着 GPS 导航芯片和导航软件能够共享手机等宿主内部的处理器和其他硬件资源。

该公司于 2007 年被 Broadcom 公司并购，其商标已于 2012 年被注销。

（3）TomTom 公司[3]

TomTom（Tom2，通腾导航科技，以下简称"通腾"）公司成立于 1991 年，总部位于荷兰阿姆斯特丹，在 Euronext 股票交易市场挂牌上市。

其主要产品包括 TomTom GO、TomTom XXL、TomTom VIA、TomTom XL 等系列的便携式导航设备（Portable Navigation Device，PND）。至今，TomTom 已累计在全球销售出超过 6000 万台 PND，在欧洲，每 2 个 PND 使用者中就有 1 人是使用 TomTom 产品，其受欢迎的程度可见一般，产品在北美亦拥有高达 25% 的市场占有率。

（4）Broadcom 公司[4]

Broadcom（博通）公司成立于 1991 年，总部位于美国加州的尔湾，在美国纳斯达克证券交易中心挂牌上市。

Broadcom 公司是世界上最大的无生产线半导体公司之一，年收入超过 25 亿美元，拥有 2600 多项美国专利、1200 项外国专利和 7450 项专利申请。该公司提供包括语音、视频、数据和多媒体领域的无线/有线传输在内的芯片、片上系统和软件解决方案。其

---

[1] 参考 www.gpsbaby.com 网站信息。
[2] 参考 www.global-locate.com 网站信息。
[3] 参考百度百科和 cn.tomtom.com 网站。
[4] 参考百度百科和 www.broadcom.com 网站。

明星产品包括 BCM 系列的定位芯片和定位接收机。

（5）CSR 公司❶

CSR（Cambridge Silicon Radio）公司成立于 1998 年，总部位于英国剑桥，在伦敦证券交易所挂牌上市。

CSR 公司主要产品线为单芯片的蓝牙芯片和 GPS 芯片，是目前全球最大的蓝牙芯片供应商，约占 50% 的市场份额，同时也提供 WiFi 和 VoIP 解决方案。CSR 公司在蓝牙市场上的主要竞争对手是 Broadcom 公司。CSR 公司的明星产品包括 aptX、BlueCore、CSR、IPS、COACH、SiRF star 等系列芯片和模块。

13.2.2　SiRF 公司起诉

SiRF 公司的一个主要客户——通腾公司在 2006 年 12 月将其下一代 PND 产品线"通腾 ONE"（"TT One"）所需要采用的 GPS 芯片定为从 Global Locate 公司采购。由于通腾公司在 PND 产品的市场地位和影响力，该合同订单一经宣布，SiRF 公司的股价在 2006 年 12 月 14 日急剧下跌。如图 13-4 所示，第二天，SiRF 公司就其所拥有的专利在加州地区法院发起了对 Global Locate 公司及 Global Locate 公司分销商 SBCG 公司的专利侵权诉讼（案卷号为 4:2006cv06964），要求 Global Locate 公司经济赔偿和停止侵权行为。

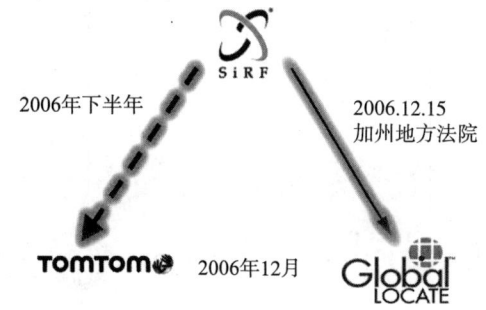

图 13-4　诉讼第一阶段示意图

涉诉专利信息列表如表 13-1 所示。

表 13-1　第一阶段涉诉专利信息表

起诉法院	专利公开号	发明名称	最早优先权日	技术分支	申请国家/地区分布
加州地区法院	US7091904B2	GPS 系统的追踪器结构	20010718	总线协议接口兼容性	澳大利亚、中国、德国、欧洲、日本、韩国、美国
	US7043363B2	基于宿主机的卫星定位系统	20021010	主机资源共享	美国

---

❶　参考 www.csr.com 网站和维基百科。

续表

起诉法院	专利公开号	发明名称	最早优先权日	技术分支	申请国家/地区分布
加州地区法院	US6850557B1	对非均匀和不相邻采样片段采用相干累积系统进行校正的信号检测器和检测方法	20000418	相干累积校正精确定位	日本、欧洲、美国
	US6636178	对非均匀和不相邻采样片段进行相关度分析的信号检测器	19990330	相关度分析精确定位	澳大利亚、欧洲、日本、中国台湾、美国

13.2.3 Global Locate 公司反诉

2007年1月8日，Global Locate 公司提起反诉讼。同时，Global Locate 公司通过 ITC 提出调查申请和诉讼。诉讼关系示意图如图 13-5 所示。

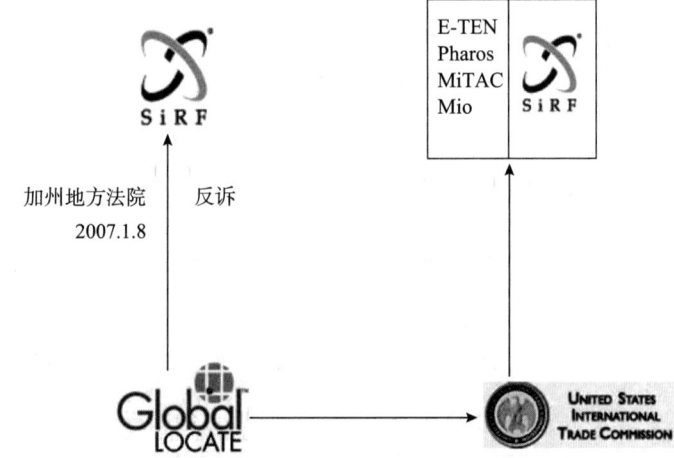

图 13-5 诉讼第二阶段示意图

涉诉专利信息列表如表 13-2 所示。

表 13-2 第二阶段涉诉专利信息表

申请调查	专利公开号	发明名称	最早优先权日	技术分支	申请国家/地区分布
ITC	US6417801B2	信号的自由时间处理方法和装置	20001117	绝对时间定位精度	欧洲、德国、韩国、日本、美国
	US6651000B2	采用简化格式、标准格式表示卫星追踪数据的卫星轨道模型分布方法	20010725	简化的数据格式星历表处理效率	澳大利亚、欧洲、美国

续表

申请调查	专利公开号	发明名称	最早优先权日	技术分支	申请国家/地区分布
ITC	US6704651B2	利用传播天文历的广域参考网定位移动接收机的方法和装置	20000713	天文历灵敏度	日本、欧洲、中国、澳大利亚、美国
	US6606346B2	计算信号相关度的方法和设备	20010518	相关度运算伪随机码灵敏度	韩国、欧洲、日本、德国、澳大利亚、美国
	US7158080B2	在远端接收机中使用长期卫星追踪数据的方法和装置	20021002	交互通信提高处理速度	日本、韩国、欧洲、澳大利亚、美国
	US6937187B2	为远端接收机定位的动态模型的生成方法和装置	20001117	绝对时间伪范围高精度	欧洲、韩国、日本、德国、美国

(1) 向法院反诉

第一起专利侵权诉讼是向 SiRF 公司发起的（美国加州地区法院，民事案卷编号为 4：06-cv-06964-SBA）。Global Locate 公司指控 SiRF 公司的下列行为导致直接和间接侵权：研发、制造并销售了某些 GPS 芯片，并声明 SiRF 公司侵犯了其 6 件专利（US6417801、US6651000、US6704651、US6606346、US7158080 和 US6937187）的专利权。涉诉的产品包括：

Star Ⅲ 系列芯片（侵犯 US6417801、US6651000、US6704651、US6937187 和 US7158080 这 5 项专利的专利权）；

Instant GPS 系列芯片（侵犯 US6606346、US6417801 和 US6937187 这 3 项专利的专利权）；

将上述芯片集成到终端用户的 GPS 设备，从而使得这些设备能够使用 GPS 设备计算绝对位置；

Sync Free Nav 软件，其被嵌入到 SiRF Star Ⅲ 芯片，用于计算 GPS 接收机的当前位置信息；

InstantFix 服务（侵犯 US6651000、US6704651 和 US7158080 的专利权）。

(2) 向 ITC 申请调查

第二起专利侵权诉讼是向 E-TEN 信息系统有限公司（简称"E-TEN"）、Pharos 科学及应用公司（简称"Pharos"）、MiTAC 国际公司（简称"MiTAC"），以及美国 Mio 技术有限公司（简称"Mio"）发起的（ITC 案号：337-TA-602）。

Global Locate 公司指控这些公司的下列行为导致直接和间接侵权：将 SiRF 公司的涉诉芯片集成到终端用户和消费类 GPS 设备中（如便携式导航设备、个人数字助理和移动电话等），以及维护中间服务器。

这 4 家公司所有包含 SiRF starⅢ 系列芯片的产品均为涉诉产品（这些产品侵犯了 US6417801、US6651000、US6704651、US6937187 和 US7158080 这 5 项专利的专利权），将包括 SiRF 系列芯片和软件的消费类设备进口到美国并在美国销售。

在这两起诉讼中，Global Locate 公司宣称 SiRF、E - TEN、Pharos、MiTAC 和 Mio 公司共侵犯了其所拥有的上述 6 件专利的 15 项专利权。SiRF 公司采取了一般的应对策略，反诉 Global Locate 公司的上述 6 件专利无效且不可执行。

2007 年 4 月 30 日，在 Global Locate 公司的请求下，ITC 发起了一项调查，目的在于确定将某些侵犯 Global Locate 公司的专利权的 GPS 设备进口到美国、销售进口、进口之后在美国范围内实施销售的行为是否违反《美国 1930 年关税法案》"337 条款"的规定。

在 ITC 的调查过程中，首先由 ITC 的行政法官（ALJ）举行了证据听证会。

诉讼案件发展至此，Global Locate 公司这个尚未上市却拥有 GPS 和 A - GPS 半导体和软件的无晶圆供应商已经吸引了来自导航定位业界越来越多的关注。Broadcom 公司找准时机，以 1.43 亿美元收购了 Global Locate 公司的大部分股权，并承诺对 Global Locate 公司的原股东和合并后的运营提供 8000 万美元的资金。收购中，Global Locate 公司的原股东购买了 300 万美元的 Broadcom 公司股权。2007 年 7 月 12 日，Broadcom 公司宣布完成了对 Global Locate 公司的收购。Global Locate 公司背后有了强有力的支援。这不仅使得 SiRF 公司在这场旷日持久的诉讼中需要面对的对手变得强大起来（实际上，SiRF 公司在 GPS 芯片市场的龙头老大地位在 2011 年被 Broadcom 公司超越），也直接加剧了 SiRF 公司赢得这场诉讼的不确定性。

如图 13 - 6 所示，诉讼进入第三阶段。2008 年 6 月 13 日，ITC 发出初步裁决，认为 SiRF 公司的美国专利 US7043363 无效且没有被 Broadcom 公司侵权。其中，ALJ 发现 SiRF 公司相对于 6 件专利均存在违反"337 条款"的行为，且 SiRF 公司侵犯 Global Locate 公司的 3 件专利的专利权。

图 13 - 6 诉讼第三阶段示意图

SiRF 等公司不服 ITC 的裁决意见而请求 ITC 委员会对 ALJ 的决定进行复审。但 ITC 拒绝了这一请求并支持了 ALJ 的初步裁决。

经过审理，2009 年 1 月 15 日，ITC 公布了自己的最终裁决，内容包括：

ITC 确认了 ALJ 的裁决，即：Global Locate 公司有资格维持 US6606346 专利。

ITC 断定 SiRF 公司侵犯了 US6651000 和 US6704651 的专利权（在此情况下，ITC 修改了 ALJ 的部分认定：SiRF 公司存在直接侵权行为；SiRF 公司对 GPS 接收机的终端用户行使了控制行为，以致侵犯 US6651000 和 US6704651 的专利权）。

ITC 确认了 ALJ 的裁决，即认定存在争议的权利要求属于可授权主题。

US6417801 和 US6937187 这两个专利有效。

总之，ITC 仅对 ALJ 的裁决进行了很小的改动，其最终裁决基本上认同了 ALJ 的裁决意见。

ITC 在公布最终裁决的同日，还发出了有限制禁止令，禁止在国外生产的、存在侵权的 GPS 设备进入美国。ITC 的最终裁决于 2009 年 3 月 16 日生效。

13.2.4 SiRF 公司上诉

以 SiRF 公司为首，包括 E‑TEN、Pharos、MiTAC 和 Mio 公司在内的多家公司之后向美国联邦巡回上诉法院提起上诉，被上诉方为 ITC，而 Broadcom 公司以及 Global Locate 公司作为中间介入者（案卷号：2009‑1262，案号：No. 2009‑1262）。上诉过程如图 13‑7 所示。

图 13‑7 SiRF 上诉过程示意图

在审理该上诉案件的过程中，存在三个焦点：

① 焦点 1：Global Locate 公司是否有要求维持 US6606346 的专利权的资格。

根据美国的判例❶，对于没有所有共同拥有者的自愿联合诉讼，共同拥有者自己的行为将缺乏维持专利权的资格。但 US6606346 这一专利的专利权人包括 Global Locate 公司和 Magellan 公司。于是，这里的焦点就是该专利的两位发明人之一的 Abraham 是否将其权利授予了其曾经效力的 Magellan 公司。

为了解决上述焦点，首先要介绍一些背景。1996 年，Abraham 在 Ashtech 公司工作并与其签署了一份职务发明协议。该协议涉及"所有在受雇期间构想的，且与 Ashtech 公司有关或有用的发明"。在随后的 1997 年，Ashtech 公司与 Magellan 公司合并。合并后，Abraham 并未再与 Magellan 签署上述职务发明。2000 年 2 月，Abraham 离开了 Magellan公司，加入了 Global Locate 公司。2001 年 5 月，Abraham 和他的共同发明人申请了 US6606346。Abraham 证实：该专利的构想诞生于其在 Magellan 公司工作期间。

了解了上述背景后，首先要判断上述职务发明协议是否是自动签署。根据美国联邦法，这一点是可以肯定的。

其次，涉及上述职务发明协议中"与 Ashtech 公司有关或有用的发明"如何理解的问题。根据加州法律，"与……有关"和"有用"都是含义不清楚的词语。对这类词语的解释可以借助于外在证据（诸如职员的工作性质等）。ITC 在调查过程中认为，没有这种证据证明其发明是与 Magellan 公司"有关"或"有用"的。

最后，关于 Global Locate 公司是否有对 Abraham 将专利权赋予 Magellan 公司的举证义务问题，ITC 认为该举证义务应由上诉人 SiRF 公司承担。而 SiRF 公司根据加州法律认为，应通过 Abraham 对未向 Magellan 公司赋予专利权举证来实现 SiRF 公司的举证义务。ITC 对此不支持。

2000 年 6 月，Magellan 公司指控 Global Locae 公司和 Abraham 本人违反商业秘密滥用。该案于 2001 年 3 月结案，Magellan 公司和 Abraham 本人都承认该专利的专利权人是 Global Locate 公司。

---

❶ DDB Techs., L. L. C. v. MLB Advanced Media, L. P., 517 F. 3d 1284, 1289（Fed. Cir. 2008）(citing Isr. Bio‑Eng'g Project v. Amgen, Inc., 475 F. 3d 1256, 1264‑65（Fed. Cir. 2007）.

综上，Global Locate 公司拥有对 US6606346 专利权的维护的权利得到了肯定。

② 焦点 2：对 US6704651 和 US6651000 的侵权判定是否正确。

ITC 认定 SiRF 公司侵犯 US6704651 的权利要求 1~2，以及 US6651000 的权利要求 1-2 和权利要求 5。

US6704651 的权利要求 1 如下：

一种接收全球定位系统（GPS）的卫星信号的方法，包括：

在第一位置接收卫星星历表；

将星历表发送到第二位置的移动式 GPS 接收机；

使用星历表处理移动式 GPS 接收机接收到的卫星信号，以降低移动式 GPS 接收机编码和频率的不确定性，改善移动式 GPS 接收机的接收灵敏度。

该专利附图如图 13-8 所示。

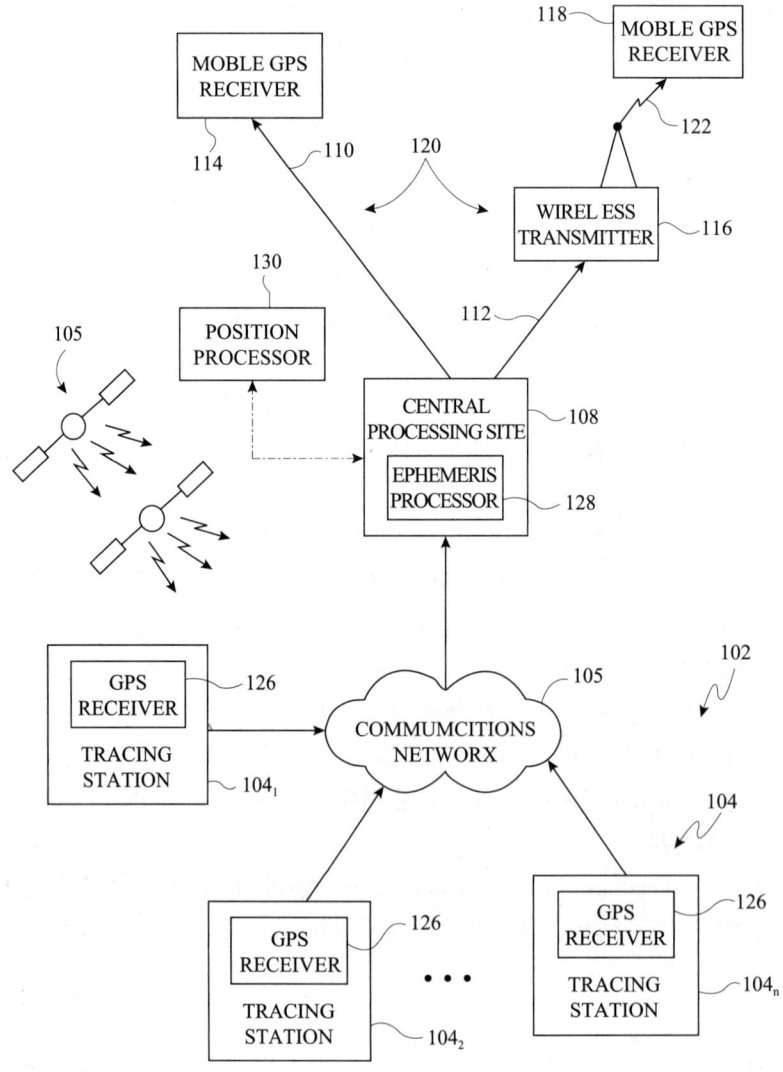

图 13-8 US6704651 的卫星信号接收方法示意图

US6651000 的权利要求 1 如下：

一种建立并发布紧凑型卫星轨道模型的方法，包括：

从至少一颗卫星和至少一个接收站接收卫星信号；从所述卫星信号解析至少卫星追踪数据的一部分，以第一格式表示所述数据；

将被格式化的数据发送到远端接收机；以及

以远端接收机支持的第二格式在远端接收机再现所述被格式化的数据。

该专利附图如图 13-9 所示。

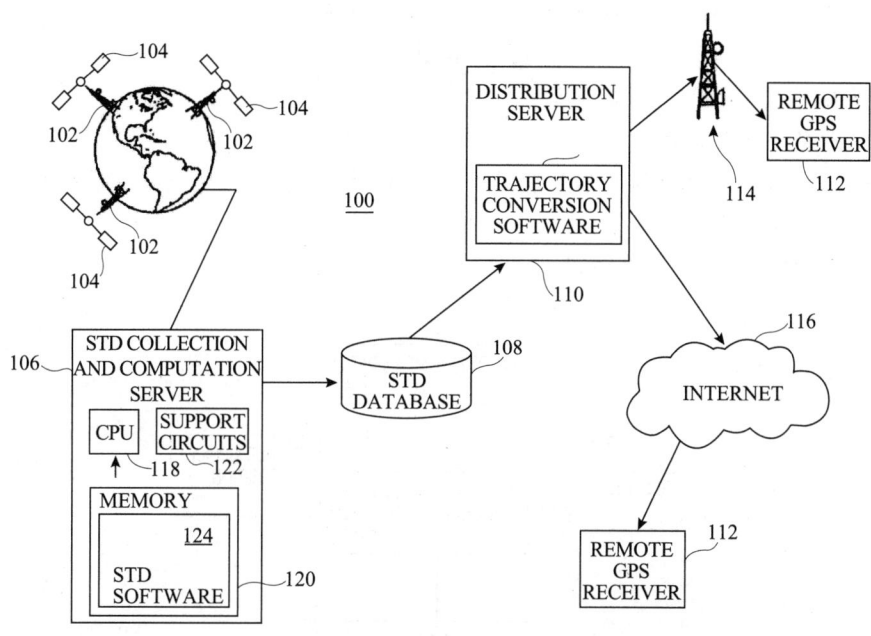

图 13-9　US6651000 的模型建立方法示意图

SiRF 公司声称：对于上述专利的侵权仅仅在 SiRF 公司的消费者和 GPS 设备的终端用户实施行为时才发生；仅当 SiRF 公司与消费者和终端用户共同侵权时，SiRF 公司才侵权；上述共同侵权不存在，因为 SiRF 公司没有控制或引导消费者或终端用户。ITC 认为存在共同侵权。

但是，根据对上述权利要求的解读，这些方法的执行仅涉及 SiRF 公司一方，不涉及其他人。因此，SiRF 存在直接侵权行为。

其中，US6704651 的权利要求 1 第二步的"发送"以及 US6651000 的权利要求 1 第三步的"发送"虽然是消费者的行为，但是，在权利要求中，上述动作引发的"转发"（forwarding）和"下载"（downloading）并不是权利要求的方法所必须的。因此，他人执行这些步骤并不能排除 SiRF 公司的直接侵权。

US6704651 的权利要求 1 第三步的"处理"以及 US6651000 的权利要求 1 第四步的"再现"虽然发生在移动式 GPS 设备中，但 SiRF 公司仅提供了芯片和 InstantFix 软件，是用户触发了上述数据的处理和 InstantFix 执行其处理功能，且这些操作需要由用户事先通过"自动更新"或"手动更新"激活。然而,这是对于权利要求的误读。"激活"并不涉及这些权利要求限定的方案,即"激活"与上述专利无关。一旦被"激活",SiRF 仍然存在"处理"和"再现"的侵权行为。

③ 焦点3:US6417801 和 US6937187 的权利要求是否为可授权主题。

SiRF 认为,US6417801 和 US6937187 的权利要求属于非可被授权主题。

US6417801 的权利要求1如下:

一种计算 GPS 接收机的绝对位置及卫星信号的绝对接收时间的方法,包括:

提供伪距,该伪距估计 GPS 接收机到多个 GPS 卫星的距离;

提供多个卫星信号的绝对接收时间的估计;

提供 GPS 接收机的位置的估计;

提供卫星星历表数据;

通过更新所述绝对时间的估计和 GPS 接收机的位置的估计,使用所述伪距计算绝对位置和绝对时间。

该专利附图如图13-10所示。

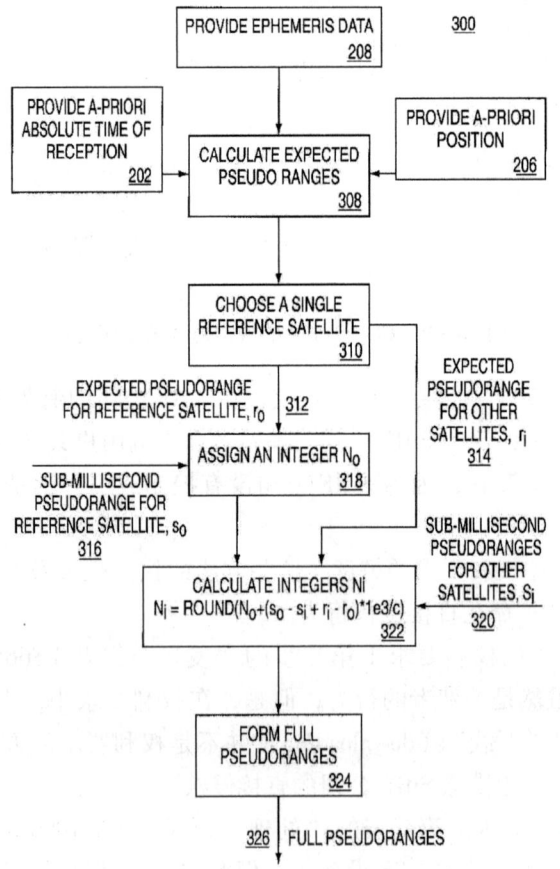

图13-10 US6417801 的绝对接收时间计算方法示意图

US6937187 的权利要求 1 如下：

一种方法，包括：

估计与卫星信号接收机有关的多个状态，该多个状态包括：时间标签错误状态，其涉及与所述卫星信号接收机有关的本地时间和与来自多颗卫星的信号有关的绝对时间；

形成与该多个状态有关的动态模型，该动态模型可操作地用于计算卫星信号接收机的位置。

该专利附图如图 13-11 所示。

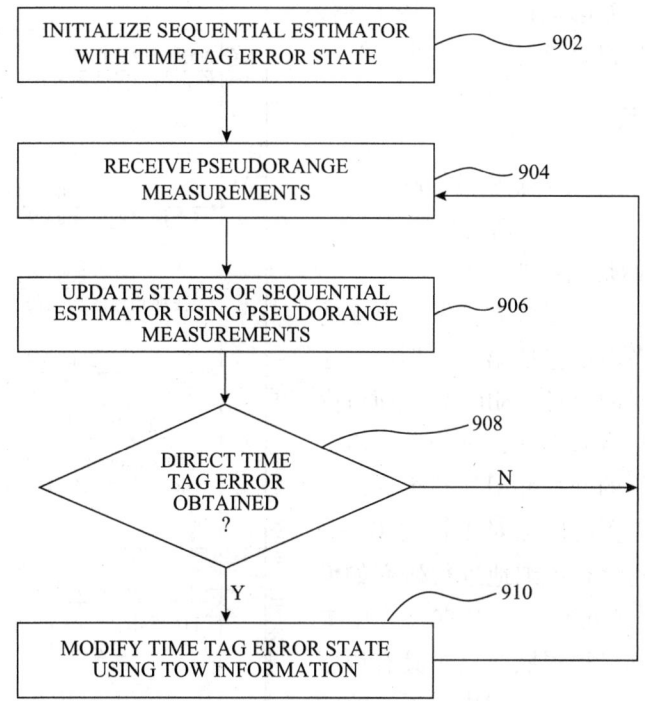

图 13-11　US6937187 的接收机位置计算方法示意图

US6937187 是 US6417801 的部分继续申请。

ALJ 认为这些方法"与特定的机器——GPS 接收机紧密联系"，因此，它们是可授权主题。在 ITC 复审之前，ALJ 通过 *In re Bilski* 案的审判充实了上述观点，请求保护的过程授权条件为下列条件之一：其与特定的机器或者装置紧密联系；其将特定物质转变为不同的状态或者物质，且这种转变要在权利要求的范围内产生积极的意义。

2009 年 3 月 16 日，SiRF 公司的上诉请求被联邦巡回上诉法院驳回。联邦巡回上诉法院认定并购前原属 Global Locate 公司的 6 件专利均有效且可执行，SiRF 公司关于这 6 件专利存在侵权行为，应当赔偿 Broadcom 公司的经济损失。

这对于在前期失掉了 TomTom 公司大笔订单的 SiRF 公司而言实乃雪上加霜。SiRF 公司与 Global Locate 公司之间的专利诉讼过程如如图 13-12 所示。

2009 年 6 月，SiRF 公司不再保有独立的公司，以 1.36 亿美元现金 + 股票的抄底价被英国无线公司 CSR 公司收购。对于 CSR 公司的客户而言，与 SiRF 公司的合并意味着 CSR 公司的连接中心产品增加了备受尊崇且应用广泛的 GPS 技术。SiRF 公司为 CSR 公司带来了强大的 GPS 和辅助 GPS（A-GPS）知识产权组合，航位推算和位置中心平台。

扩大后的 CSR 公司的集团总部设于英国剑桥，原 SiRF 公司设在加利福尼亚州圣何塞市的总部将作为 CSR 公司的美国总部。合并后的 CSR 公司将成为世界十大无晶圆半导体厂商之一。其中，世界排名前七位的手机制造商中有 6 家是 CSR 公司的客户，此外还包括位居世界前五位的个人导航设备制造商，2 家顶尖的汽车远程信息处理供应商，及其他领先的汽车和消费电子产品供应商。

13.2.5 案件启示

该案重要事件发展示意图 13-12。

纵观该案，有以下策略值得借鉴。

（1）好的开始是成功的一半

发起专利诉讼前，原告方应做好充足的准备。这里的准备不仅包括第一场诉讼，还包括对被告反诉时的应对。SiRF 公司面对商业竞争失利而主动发起诉讼，这种主动出击本应能够得到良好的开局并引导整个诉讼走向胜利，但 SiRF 公司显然对于被告 Global Locate 公司的专利没有仔细地进行研究如何反制，导致 SiRF 公司在 ITC 调查过程中提供的理由和证据均显得很肤浅且不具有说服力，并最终致使失利。在实践中，诉讼前的准备工作一般包括：查明侵权事实、收集相关证据、确定侵权行为人；估算侵权利益损失、确定侵权赔偿数额；整理证据材料、撰写诉状；最后选择管辖法院、提起专利侵权诉讼。

值得一提的是，企业应留存记录，以便为自己抗辩。例如：对产品开发过程进行留档，记录自己的产品与竞争对手的产品的区别；如果是在仿制竞争对手的产品，那就需要调查对方产品是否已获得专利保护；如果竞争对手的产品已获得专利保护，则需证明自己的产品设计的不同之处，或者证明对方

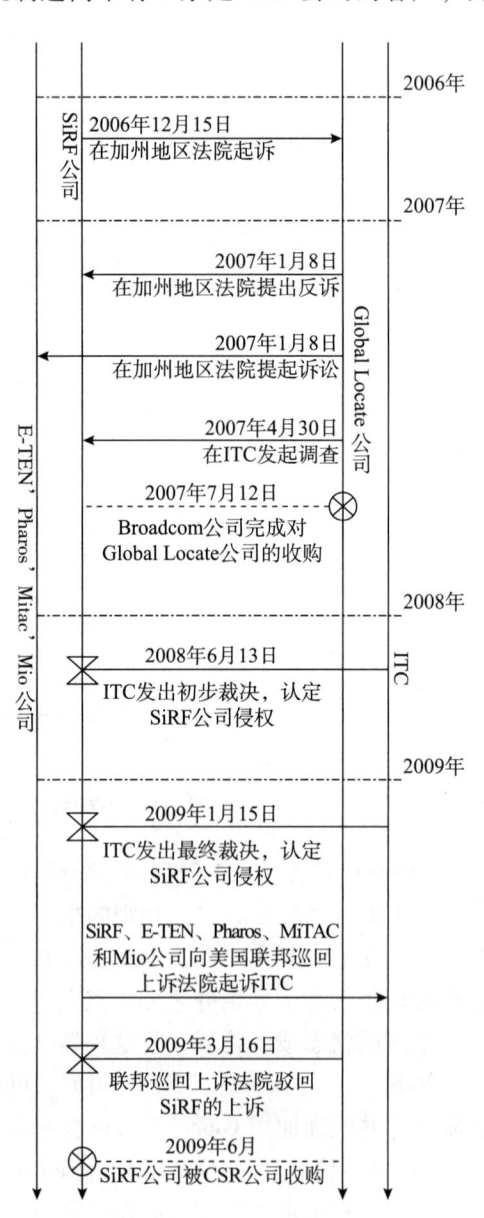

图 13-12 SiRF 公司，Global locate 公司之间的诉讼中重要事件的发展示意图

的专利无效。

（2）两面开弓，事半功倍

如果可能，尽量向被告提起多个诉讼。这不仅仅是增加了诉讼的数量，更会起到令被告手忙脚乱的良好效果。该案中，Global Locate 公司在向 SiRF 公司提起反诉的同时，还向 ITC 发起了调查申请。而这一切都是在接到 SiRF 公司的诉讼以后的半个多月的时间——其间还跨过了圣诞节——完成的。由此反映出了 Global Locate 公司对于 SiRF 公司这一迟早要面对的竞争对手，乃至同行业其他竞争对手在平时的研究和诉讼技巧的积累，因此才能面对其他公司"突如其来"的发难而"打有准备之仗"。当然，这也适合对反诉讼问题的处理。这可以说是作为企业应对专利诉讼时的最理想姿态。

此外，我们认为，企业在展开可能引起对手诉讼等发难的商业合同之前，就应当做好充分的知识产权研究调查，预防可能随后出现的知识产权诉讼。例如，我们可以这样假设：Global Locate 公司在与 TomTom 公司签订商业合同之前时，就同时有针对性地开展了对 TomTom 公司的原合作伙伴 SiRF 公司的知识产权尽职调查，这种眼光和策略值得国内广大企业和相关人员充分的借鉴。

（3）突破"逐级诉讼"观念的束缚

美国州立法院、ITC、联邦巡回上诉法院等多有允许重审的机制，诉讼方应尽可能在本级诉讼权利用尽的情况下，再向更高一级的法院提起诉讼请求。这个案例中，Global Locate 公司就是突破了一般观念中的逐级诉讼，变被动为主动，最终赢得了主导权。

美国专利权人有资格根据《美国 1930 年关税法案》的"337 条款"，向 ITC 提交知识产权侵权调查。ITC 最初是一个保护美国制造公司权利的准司法机构，但是随着时间的推移，司法要求被放宽，在美国拥有知识产权的美国之外的公司也可以提起诉讼。ITC 行政法官的裁决要依据由 6 位成员组成的委员会以及美国总统的审查意见而定。申请者可以向联邦法院起诉所有 ITC 的裁决。不同于法院，ITC 可以发出排除令，能够阻止企业的竞争对手将相似的产品进口美国市场。这些命令由美国海关在边境执行，能够阻止产品的进口。ITC 较普通法院具有的另一个显著优势便是速度。希望我国企业在诉讼维权时对这些与国内司法体制的不同之处一点给予特别关注。

（4）适当运用收购和被收购手段

Broadcom 公司在 SiRF 公司和 Global Locate 公司诉讼进行期间完成了收购，取得了 GPS 基带芯片专利并趁机进入了 GPS 市场。Global Locate 公司借此被告侵权的危机，完成了一次成功的危机公关，投入 Broadcom 公司的怀抱。

事实上，收购、并购都是专利诉讼战场上的常用战略和战术。第三方势力的介入不仅可以用较正常情况低得多的成本收购和整合自己所需的技术和资源，还可能在被收购方赢得诉讼后借此收获一笔不小的诉讼赔偿。该案中，Broadcom 公司就是得到了 SiRF 公司的大笔赔偿金并且使 SiRF 公司从此元气大伤。

此外，从另一个角度讲，收购和被收购还可以用于产生舆论声势，借此提高自己被其他大公司收购或并购的价值。现代市场竞争激烈，从正常的技术竞争和产品宣传的角度提升自己的声誉固然是必须的，但通过诉讼来赢得自身被关注度也是很有效的自我宣传手段。当然，这种做法应当是建立在自身有足够技术积累和经济实力的基础之上的，否则在残酷的竞争和前途不明朗的诉讼战场上，这无异于是"玩火自焚"。

（5）严格管理职务发明

美国专利法并未明确划分职务发明与非职务发明，其协调雇主与雇员之间就创造发明行为产生的权利和利益关系的方法主要是依契约解决。可分为以下几种情形：

① 受雇人从事特定范围的研究或发明或由雇用人提供特定资源并控制研究发明计划的发明，属雇主所有。

② 受雇人仅从事一般的发明或研究，未特别指明应发明的物品及范围，而受雇人也使用雇主资源的，除契约另有约定外，发明属雇主所有。

③ 受雇人于雇用期间内，虽使用雇主的资源，但其发明并非在其工作范围内，又无默示让与发明契约的，雇主不得主张所有权，仅得依衡平法原则主张工场权（shop right），即雇主有在其业务范围内无偿实施该发明的许可权，此项许可权不得撤销，无排他性。雇主不仅不能阻止受雇人实施此发明，也无权阻止受雇人将发明专利转让或许可他人使用。

④ 非在工作时间内，也未使用雇用人资源，完全由受雇人主导独立从事研究发明，属于受雇人。即使与雇用人业务有关的，也属之。

⑤ 离职后的发明，受雇人离职前使用雇用人的资源，于离职后完成发明的，归受雇人。如雇用人在其受雇人离职后仍续有支持提供资源的，取得工场权；如该发明主要基础为受雇人在雇用关系中取得而离职后转化为具体形式的，雇用人也得主张使用的权利。

SiRF 公司在上诉时提出 Global Locate 公司的职务发明协议的瑕疵。虽然其主张最终没有被联邦巡回上诉法院支持，但仍然给 Global Locate 公司造成了不小的麻烦。由此可知，签署职务发明协议的时候，对协议的内容要严格约定。当因公司结构调整导致协议一方发生变化时，要遵循严格的管理规范，跟踪职务发明协议的有效性，并在必要时签署。

（6）巧妙选择诉讼对象

对起诉对象的选择也是专利侵权诉讼是否成功的一个重要方面。SiRF 公司仅针对 Global Locate 公司发起诉讼，而 Global Locate 公司却在反诉时不仅在加州地方法院应诉 SiRF 公司，同时还认识到使用或销售 SiRF 公司芯片的公司同样作为侵权者，因此也对这些下游产品制造商和产品销售商提起了诉讼。但是，由于芯片涉及的产品及其生产商、经销商众多，对所有侵权者同时提起诉讼所需要的成本高昂。因此，Global Locate 公司仅针对几个大型的下游厂商提起了诉讼。总体来说，对于存在众多侵权者的案件来说，是全部同时起诉以免有些侵权者掩盖证据，还是只起诉几个侵权者以达到"敲山震虎"的目的，是要研究的问题。另外，起诉哪些侵权者会降低侵权认定难度，排除地方保护干扰均是为有效解决此问题时应当认真考虑的因素。

(7) 禁令在诉讼中的作用

在 SiRF 公司与 Global Locate 公司之间的诉讼案例中，Global Locate 公司申请对 SiRF 公司施行有限制禁止令。ITC 在随后的裁决中发出了有限制禁止令，禁止 SiRF 公司在国外生产的、存在侵权的 GPS 设备进入美国，该禁止令于 2009 年 3 月 16 日生效。

在程序上，美国法中将禁令分为永久禁令（Permanent Injunction）、初步禁令（Preliminary Injunction）和临时扣押令（Temporary Restraining Order，TRO），后两种也称有限制禁止令。一项临时扣押令是法院在审查原告是否有权获得初步禁令的听证程序中发出的禁止作出某种行为的命令，有效期一般持续到颁发初步禁令时。而初步禁令则是在最终裁决作出之前的暂时性救济，以实现成文法的规定。给予初步禁令并不意味着原告在审理过程中有权获得永久禁令，但如果原告寻求的是一项永久禁令，而最终法院也判决给予永久禁令，则该初步禁令将并入永久禁令，或该永久禁令取代了初步禁令，导致初步禁令因而被终止。

几乎所有的专利权人都非常关心诉前禁令的问题，因为诉前禁令的效力非常强，几乎所有的专利权人都希望通过诉前禁令的方式使侵权人诉前停止侵权行为。要申请诉前禁令，必须具备两个条件。首先，侵权的证据必须是确凿的、清楚的；关于侵权的判定也必须是明显和有说服力的。另外，还要有证据证明，如果不采取诉前禁令，会有无法弥补的损失。多数案件难以满足后一条件。

有相当一部分国外权利人，包括本章 SiRF 公司与 Global Locate 公司之间的案例中的 Global Locate 公司在内，都是在起诉之后，申请诉中禁令。对于诉中禁令，美国各地法院在处理上很不一致。按照现有的法律规定，是不存在诉中禁令的概念的。所以很多法院坚持认为，除了诉前禁令和判决后的永久禁令之外，是不存在诉中禁令这样一个临时措施的。

13.3　Zoltar 的艰辛维权路

本小节所涉及的 GPS 诉讼案件是关于一家公司的三个连续诉讼，该公司是一家优秀的小型发明公司"Zoltar 卫星报警系统公司"（简称"Zoltar"），该公司的发展融合了创新、诉讼、授权和坚毅。

Zoltar 是 1995 年创立的位于加州的一家小型私人公司。公司的创始人之一，Daniel Schlager 博士是一位医学博士，也是旧金山湾区急诊医师。在他从事紧急医疗之后，当他随着斯坦福生命飞行项目在加利福尼亚海岸山脉执行直升机紧急救援任务时，他发现在救生人员蹲伏于直升机上、在北加利福尼亚的上空寻找需要救助的人们通常是一件困难而且昂贵的事情。他认为，人们需要一种能够发射个人位置信息的报警系统。

Daniel Schlager 博士找到了他的高中同学，William Baringer，一位计算机科学家与通信专家。他们认为使用全球定位系统是未来的出路，即便这项系统在当时难于使用而且代价高昂，不过他们想到了解决的办法，并在 1994 年为个人报警设备提交了首份专利申请。接着他们为手机内置导航仪提交了专利申请，并在 1997 年获得了授权。

而在 Daniel Schlager 首次看到了在移动手机中采用全球定位系统技术的迫切需求时，1993 年美国发生的一起悲剧证明了 Daniel Schlager 的技术敏锐性，也给后来的无线运营商和掌握无线追踪技术的企业带来了挑战和机遇。

13.3.1　E911 法案简介

1993 年 11 月的某个星期六的 11 点 30 分，18 岁的詹尼弗·库恩在纽约市的一个购物中心的停车场内被绑架。绑架者强迫她将车开到一个不知名的地方，然后殴打并强奸了她。就在搏斗之中，库恩设法用手机拨打了 911。然而，911 的接线员只听到三声枪响，库恩就被杀害了，911 呼救中心甚至无法通过手机信号确定她的位置。后来，警方在一个小巷中发现了库恩的尸体。

有些人认为库恩的死是因为救援者不能追踪手机信号所造成的，而手机用户处于危险境地时，这项要求又显得特别紧迫，库恩的悲剧终于促使美国联邦通信委员会（FCC）在 1996 年正式通过 E911 法案（E 表示 enhanced，增强的）。E911 法案要求无线运营商们为其网络和生产出的手机配备新的追踪技术，以便及时找到处于危险中的呼叫者。

最初 FCC 决定推出 E911 法案时，其实完全不知道"定位追踪"能够有多大的作用，因为那个时候根本不存在这项技术，甚至也搞不清楚 E911 法案实施需要花多少钱，它当时只估计成本在 5.1 亿美元到 75 亿美元之间。然而，还是设置了非常严格的标准。E911 法案也得到一些组织的大力推进，这些组织主要致力于公众安全。以前人们大都用固定电话通信，这样能够比较容易地确定他们所在的位置。但是随着各类无线通信方式的增多，打破了安全网络堤防。这些组织和运营商一起，跟 FCC 讨价还价。最终，FCC 制定了 E911 法案的系统要求，而且是全国性的标准。最起码的要求是每个基站都将"翻新"，也就是说，要给基站配备新的服务器与软件，用它们来计算基站与手机之间距离。而每个基站的翻新都需要耗资 2 万美元，全美国的基站翻新就需要 25 亿美元。但是随着更精确的技术出现，一些通信公司开始关注那些基于手机的解决方案，这种新的系统主要依赖于手机与 GPS 之间的通信。

由于 E911 法案的出台，拥有技术的厂商看见了市场的需要，其中最受益的要数 GPS 手机芯片厂商。

同样，E911 法案的出台为 Zoltar 打开了一个巨大的潜在市场。Daniel Schlager 和 William Baringer 设计并建造技术原型，在 20 世纪 90 年代末将他们的技术展现给手机设备制造商，希望获得技术许可。最终，Zoltar 发现自己的想法和设计出现在了一些大公司的产品中，为了维护自己的利益，Zoltar 走进了法院。

13.3.2　Zoltar v. 高通和 SnapTrack，Inc.

案号：No. C 01-20291 JW

法院：加利福尼亚州北区联邦地区法院

法官：James Ware

原告（上诉者）：Zoltar，特拉华州的公司

被告（交叉上诉者）：高通公司和 SnapTrack，Inc.

(1) 法院简介❶

美国加利福尼亚北区联邦地区法院（引用时缩写为 N. D. Cal.）是美国 94 个、加利福尼亚州 4 个联邦地区法院之一。该法院审理后的案件需上诉至第九巡回法院，专利及《塔克法案》相关的案件需上诉至联邦巡回上诉法院。该法院总部位于旧金山，司法管辖权覆盖加利福尼亚州 15 个郡。

(2) 当事人简介❷

高通公司（Qualcomm，Inc.）：是一家美国的无线电通信技术研发公司，成立于 1985 年 7 月，公司总部驻于美国加利福尼亚州圣迭戈市。高通公司在以技术创新推动无线通信向前发展方面扮演着重要的角色，以在 CDMA 技术方面处于领先地位而闻名，而 CDMA 技术已成为世界上发展最快的无线技术。美国高通公司拥有所有 3000 多项 CDMA 及其他技术的专利及专利申请，这些标准已经被全球制定标准机构普遍采纳或建议采纳。高通公司已经向全球 125 家以上电信设备制造商发放了 CDMA 专利许可。

主要产品：骁龙（Snapdragon）是高通公司推出的高度集成的"全合一"移动处理器系列平台，覆盖入门级智能手机乃至高端智能手机、平板电脑以及下一代智能终端。骁龙以基于 ARM 架构定制的微处理器内核为基础，结合了业内领先的 3G/4G 移动宽带技术与强大的多媒体功能、3D 图形功能和 GPS 引擎。高通公司是 HTC、索尼、诺基亚、MOTO、LG 等全球品牌智能手机的主要芯片供应商。在国内，华为、中兴、联想、小米、海信、海尔等厂商的智能手机也大多采用骁龙处理器。

SnapTrack 公司（SnapTrack Inc.）：是高通公司的全资子公司。由于意识到其他公司开发的技术也有可能对自己及其授权厂商有价值，高通公司对拥有互补型技术的公司实行战略收购。2000 年，高通公司以 10 亿美元收购了 SnapTrack 公司，该公司提供了低成本、高精度的定位技术。SnapTrack 公司的创新技术也许可给了高通公司的 CDMA/WCDMA 许可厂商用于 CDMA/WCDMA 产品，同时也没有增加高通公司对 CDMA/WCDMA 产品的标准费率。

(3) 案件经过

2001 年 3 月，Zoltar 就高通公司和 SnapTrack 生产的集成芯片 MSM3300 和 MSM5100 侵权其美国专利 US5963130A、US6198390A 和 US5650770A 提起上诉。US5963130A、US5650770A 和 US6198390A 是急诊医师 Daniel Schlager 博士和 William

---

❶ 参考维基百科.

❷ 参考百度百科.

Baringer 博士共同发明的。这些专利都涉及自定位的遥控监视系统。这三项专利的摘要附图如图 13-13、图 13-14、图 13-15 所示。

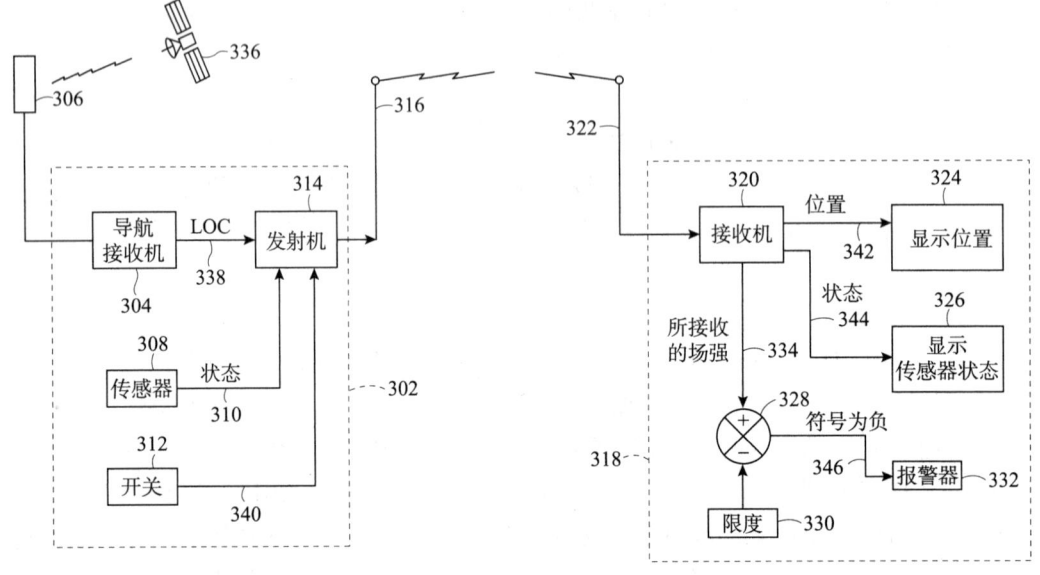

图 13-13　美国专利 US5963130A 的摘要附图

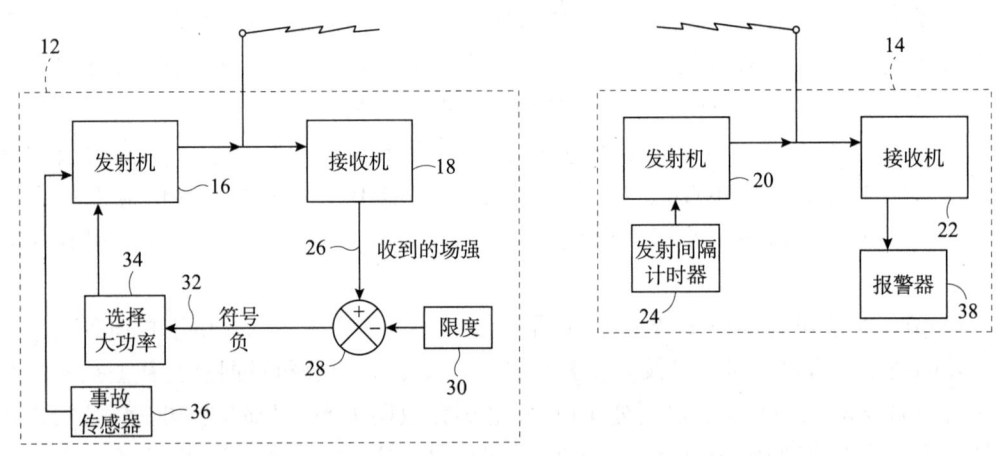

图 13-14　美国专利 US6198390A 的摘要附图

面对 Zoltar 的侵权诉讼，Snap Track 进行积极抗辩，提出反诉、无效和不可执行。2004 年初，法院开庭对该侵权诉讼进行审讯。审理时，当事人双方都进行了举证。经过陪审团的讨论，仍然有两个问题无法作出裁定：

（1）美国专利 US5650770A 的权利要求第 32 项是否不可执行；

（2）美国专利 US5963130A 的权利要求第 13 项是否不可执行；

（3）美国专利 US6198390A 的权利要求第 11 项是否不可执行；

（4）基于美国专利 US5414432A（摘要附图见图 13-16 所示），美国专利 US5963130A 的权利要求 31、32、34 和权利要求 35 是否无效；

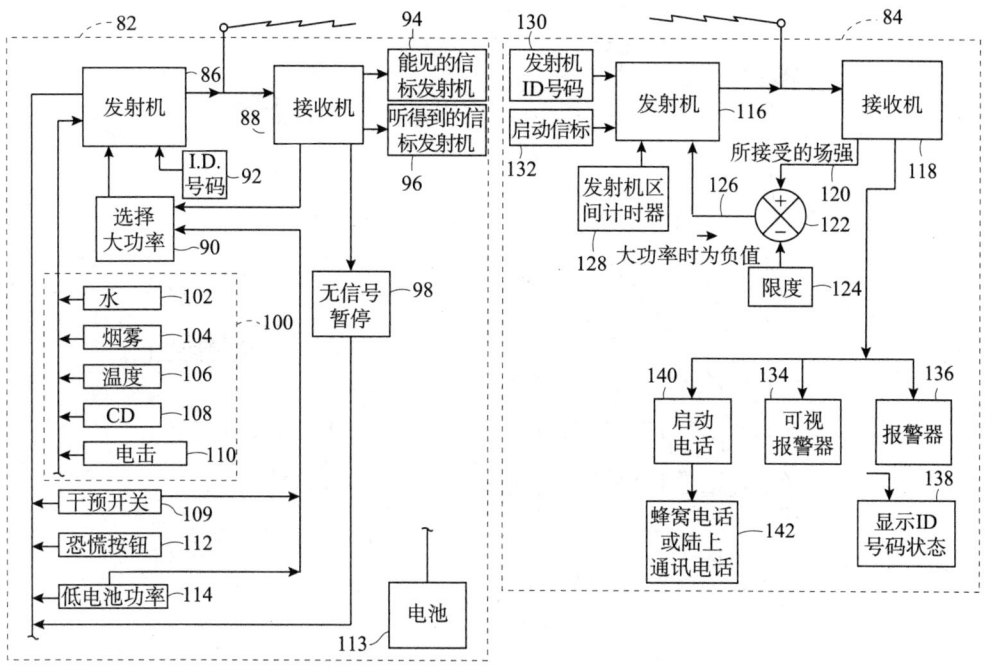

图 13-15 美国专利 US5650770A 的摘要附图

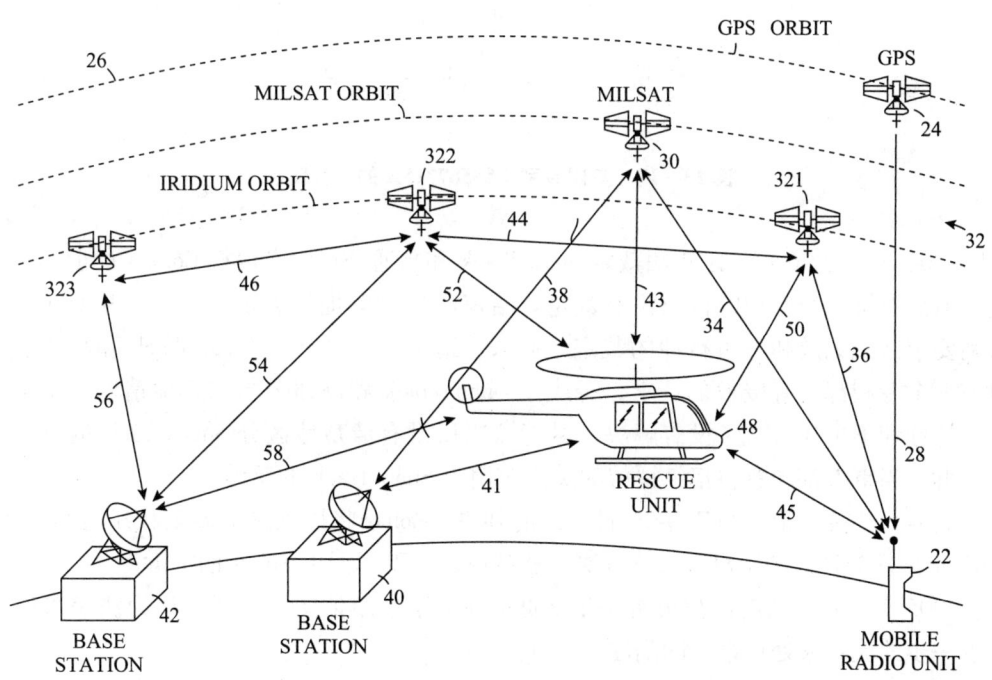

图 13-16 美国专利 US5414432A 的摘要附图

（5）基于美国专利 US5414432A 或/和美国专利 US5587715A（摘要附图如图 13-17 所示），美国专利 US5963130A 的权利要求 31、32、34 和权利要求 35 是否无效。

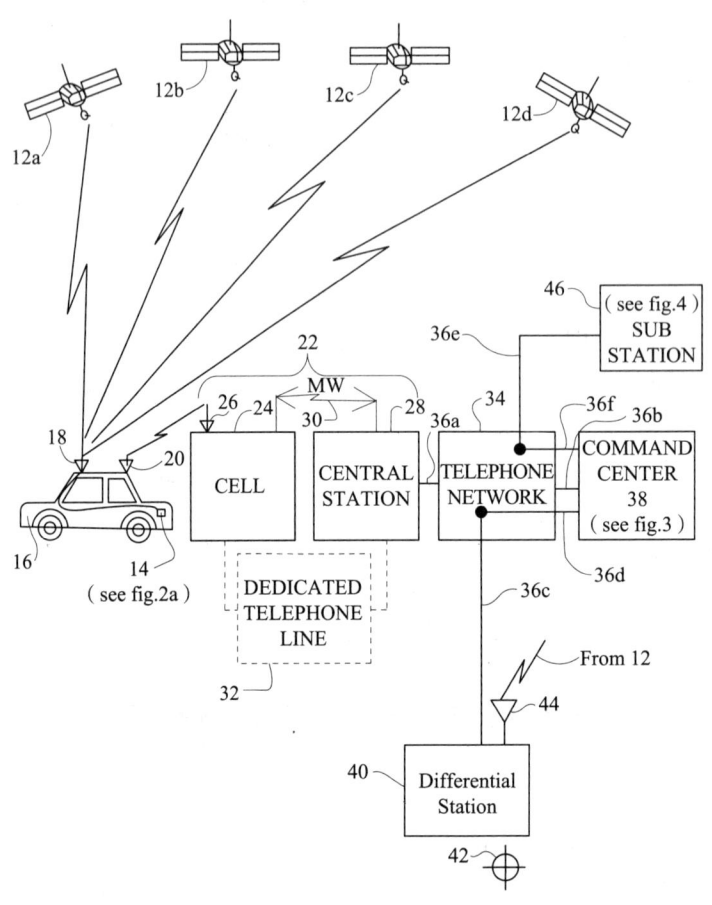

图 13-17 美国专利 US5587715A 的摘要附图

（6）结论

2004 年 7 月 26 日，陪审团裁定 Snap Track 和高通公司没有侵权 Eolotar 的前两个专利，但是对第三个专利的侵权没有裁定。陪审团也没有提供关于 Snap Track 所认为的权利要求涉及无效和不可行性的裁定。后来，地方法院授权了 Snap Track 和高通公司对该三个专利都没有侵权的请求，否决了 Snap Track 和高通公司的其他请求，留下一些有效性和不可执行事务没有解决。尽管该决议没有清楚地区分 Snap Track 的抗辩和其反诉，当事人都同意将拒绝授权的决议应用于 Snap Track 的反诉。

而后，法院登记了与 7 月 26 日一致的判决。Zoltar 将该判决上诉至联邦巡回法院。2005 年 2 月 1 日，基于没有最终判决，联邦巡回法院驳回了 Zoltar 的上诉。

2005 年 5 月，法院的裁决否决了 Zoltar 的关于判断证明的动议，认为法院可以指导进一步的流程来处理余下的问题。

2006 年 2 月 27 日，法院裁决部分否决高通公司的动议；裁定 US5963130A 有效；授权高通公司的撤销关于 US6198390A 的权利要求 11 可行的陪审团裁决的请求；对于 US5963130A 和 US5650770A，否决没有不公平的行为。

这第一个诉讼耗时 5 年，最终 Zoltar 并没有得到预期的利益。

13.3.3 Zoltar v. LG 电子移动通信公司等

该案是 Zoltar 起诉 LG 电子移动通信公司等 11 家通信公司的第二次维权。

案号：No. 2：05 – CV – 215 LED

法院：美国得克萨斯东区联邦地区法院

法官：Davis，J.

原告：Zoltar，特拉华州的公司

被告：LG 电子移动通信公司，加州公司；LG 电子公司，韩国公司；摩托罗拉公司，特拉华公司；Audiovox 通信公司，特拉华州的公司；UT 斯达康公司，特拉华州的公司；UT 斯达康个人通信公司，特拉华州的公司；三洋北美公司，特拉华公司；三洋电机株式会社，日本公司；Palmone 公司，特拉华公司；Wherify 无线公司，加州公司；斯普林特公司，堪萨斯州公司

（1）法院简介❶

得州的司法制度是全美最复杂的系统之一。不同于美国联邦政府，得克萨斯州的法官由选举结果决定，而不是由州长指派。得克萨斯州的法院分为两个系统，一个处理民事案件和未成年人的刑事案件，一个处理成年人的刑事案件。得克萨斯州也有两个最高法院：最高法院和刑事上诉法院，分别处理这两类案件。

美国得克萨斯东区联邦地区法院（引用时缩写为 E. D. Tex.）是美国 94 个、得克萨斯州 4 个联邦地区法院之一。该法院审理后的案件需上诉至第五巡回法院，专利及《塔克法案》相关的案件需上诉至联邦巡回上诉法院。该法院总部位于泰勒（得克萨斯州）。

（2）当事人简介❷

① 韩国 LG 集团：于 1947 年成立于韩国首都首尔，LG 集团目前在 171 个国家与地区建立了 300 多家海外办事机构。事业领域覆盖化学能源、电机电子、机械金属、贸易服务、金融以及公益事业、体育等六大领域。而成立于 1958 年的 LG 电子是 LG 集团最大的子公司。

② 摩托罗拉公司：成立于 1928 年，Motorola 从 20 世纪 30 年代开始作为商标使用。总部设在美国伊利诺伊州绍姆堡，位于芝加哥市郊。世界财富百强企业之一，是全球芯片制造、电子通信的领导者。经营范围：芯片制造、电子通信、手机。

③ Audiovox 美国消费电子产品集团公司：成立于 1965 年，总部位于美国纽约州。1995 年，该公司的全资子公司 Audiovox 通信公司成立。Audiovox 作为北美第四大通信产品供应商，是无线电产业的佼佼者。而消费电子品牌 Audiovox 也因此在业界驰名，在欧洲拥有不俗的地位。

---

❶ 参考维基百科。
❷ 参考百度百科。

Audiovox 集团国内和国际的分销网络销售自有品牌有 Acoustic Research（AR）、Audiovox（欧迪福斯）、RCA、Jensen、Klipsch（杰士）、Advent、Code Alarm、Invision、Prestige、Terk、Heco（德高）、Magnat（密力）、Incaar、Oehlbach、Mac Audio、Schwaiger 等。

④ UT 斯达康公司：是专门从事现代通信领域前沿技术和产品的研究、开发、生产、销售的国际化高科技通信公司。UT 斯达康成立于 1995 年，公司总部位于美国硅谷，共有十多个研发中心分布在美国、中国、印度、韩国和加拿大。同时，在全世界各地建立了广泛的分支机构，以创新并富有竞争力的产品。

⑤ 日本三洋电器集团：是一家有 60 年历史的大型企业集团，总部位于日本大阪，产品涉及显示器、手机、数码相机、机械、生物制药等众多领域。

⑥ Palmone 公司：2005 年 5 月 Palmone 公司收回了 Palm 商标的使用权同时正式更名为"Palm，Inc."，并且发布了新的徽标，并积极发展成一间纯硬件生产商。

Palm 是一种掌上电脑硬件的品牌名称，采用名为 Palm OS 的操作系统。Palm 是 PDA 的一种，一个操作系统，是三大主流移动设备操作系统之一。PDA（Personal digital assistant）是一部掌上电脑，基本结构类似电脑，是一个手持式消费类产品。

⑦ Wherify 无线公司：是无线定位家庭安全和企业通信产品和服务的开发公司。该公司的知识产权组合包括：美国政府的全球定位系统（GPS）和无线通信技术的集成；后端位置服务；Wherifone GPS 定位手机，它提供实时的位置信息，并让家庭与预青少年、老年人，或有特殊医疗需要，保持连接并相互接触。该公司已开发的个人定位系统，其中包括 Wherifone 的利用基于位置的软件（LBS）与 Wherifone 通信（手机）。Wherify 无线公司从 2001 年已经开始通过内置在手机上或者其他设备上的 GPS 技术提供类似的产品和业务。

⑧ 美国斯普林特（Sprint）公司：成立于 1938 年，前身是 1899 年创办的 Brown 电话公司，当时是堪萨斯州的一家小型地方电话公司。目前，Sprint 公司已成为全球性的通信公司，并且在美国诸多运营商中名列三甲，主要提供长途通信、本地业务和移动通信业务，Sprint 公司在全球约有 7 万名员工。公司提供全面多层次的有线和无线通信服务，带给消费者、商户、政府充分的移动性能。

(3) 案件经过

① 背景：在 2001 年 3 月，原告 Zoltar 在加州北区联邦地区法院提起诉讼，对高通公司和高通公司的全资子公司、Snap Track 公司提出专利侵权指控（以下称为"加州诉讼"）。在加州诉讼中涉及侵权问题的三项专利为美国专利 US5963130A、US5650770A 和 US6198390A。这些专利涉及利用全球定位系统卫星和芯片组和服务器的集合，找到从蜂窝式电话拨打 911 的人。

② 过程：2005 年 6 月，Zoltar 就 LG 电子移动通信、LG 电子公司、摩托罗拉公司、Audiovox 通信公司、UT 斯达康公司、UT 斯达康个人通信公司、三洋北美公司、三洋电机株式会社、Palmone 公司、Wherify 无线公司和斯普林特公司侵权其美国专利 US5963130A、US5650770A、US6198390A 和 US6518889B2（摘要附图见图 13~18）提起上诉。

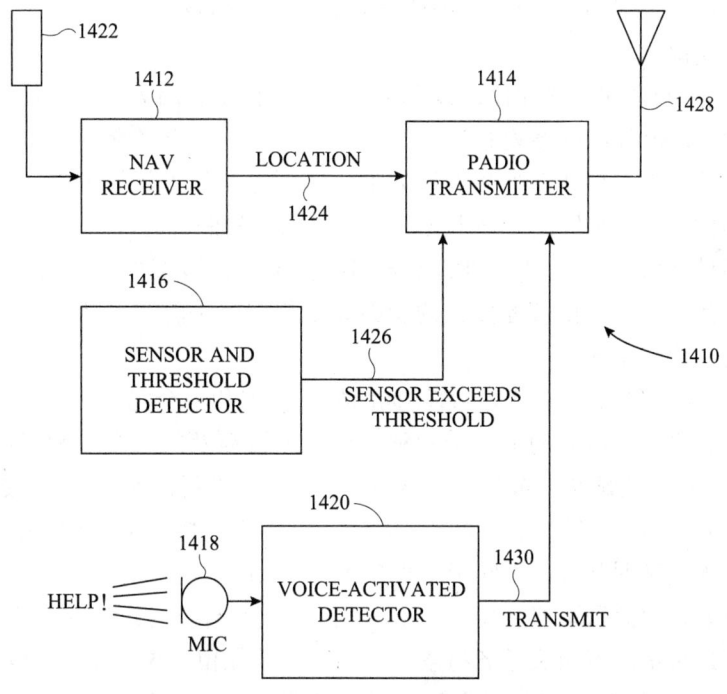

图 13-18　美国专利 US6518889B2 的摘要附图

而后，Zoltar 主动撤销了对 Wherify 无线公司的索赔。

所有的被告争论法院应当将该案件转交给加利福尼亚州北区联邦地区法院的 Ware 法官。被告认为，该案件与加利福尼亚州的诉讼涉及完全一样的技术、三个同样的专利和许多一样的权利要求项。被告认为，Ware 法官已经投入了大量的时间和精力熟知了该案件的技术。但是，Zoltar 认为该案件涉及不同的技术、不同的权利要求、不同的当事人和不同的指控产品，而不应当被转交。

③ 适用法律：根据《美国法典》(28 U. S. C) 第 28 编第 1404 (a) 条的规定，为了当事人和证人的利益和正义，联邦地区法院可以传输任何民事诉讼到它可能已提出的其他地区或部门。该法令保护了诉讼当事人、证人和公共避免不必要的麻烦和避免浪费时间、能量和金钱。

(4) 管辖权转移的因素分析

① 公共利益因素

第一，司法经济。涉及一个技术性很强的案件，如专利诉讼的案件，可能为了有利于节约司法而转移管辖。被告辩称，Ware 法官投入大量时间和资源来学习和理解相同的技术、专利和法律问题。在这种情况下，强烈赞成在这种情况下转移管辖权。在加州诉讼中，Ware 法官评论技术问题，进行了三次索赔建设诉讼，发布了三个解释超过 12 个索赔条款的索赔建议订单，考虑简易判决的动议和议案。在诉讼开始进行了三个星期的陪审团审判中他听到无效、侵权和不公平行为的论点，准备了一份 65 页的陪审团指令，并认为作为一个法律问题的议案判断。被告争辩说，该法院将有重复的大部分工作已经由 Ware 法官执行。这种情况下如果不转移该案件,这将不必要地消耗已经稀缺的司法资源。

Zoltar 认为,与加州诉讼相比,该案涉及不同的技术。因为加州诉讼仅限于高通公司的 MSM3300 和 MSM5100 系列芯片,而该案涉及使用整个蜂窝电话作为个人报警装置。被告声称,这起案件涉及加州诉讼的唯一区别是,除了新技术涉及有关语音识别的元素之外他们是完全相同的 GPS 技术。Zoltar 无论是在其简报和口头辩论中,都无法识别该两个案件所涉及的技术之间的差异问题。虽然在该案中,被告的产品是手机,而不是单个芯片,手机取得被控侵权的功能非常相似。法院并不认为这起诉讼的核心技术与加州诉讼明显不同。

此外,Zoltar 声称该案件涉及许多不同的权利要求和一个完全不同的专利,不应转移法院。而被告主张,该案的前三个专利与加州诉讼涉及的三个专利相同,而第四个专利是 US6198390A 的延续。被告主张第四个专利不引进新技术或索赔,这将是这起诉讼的核心。在其简报和口头辩论期间,Zoltar 无法确定具体的第四项专利索赔问题,在这种情况下,无法证明其明显不同于那些在加州诉讼的问题。

虽然法院总是愿意采取必要的时间和精力,以便于精通技术和专利问题,但是法院并不认为,这种情况下司法经济利益会得到很好地保留。Ware 法官已经和将要对这些专利投入大量的时间和精力。法院已经就此案件的转移和 Ware 法官进行了协商,讨论他对该案件的熟悉度和如果转移是否愿意接受该案件。重复他的努力,将是对司法资源的浪费和对司法经济损害。因此,从司法经济方面的考虑,强烈赞成将该案件转移到加州北区法院、由 Ware 法官审理。

第二,行政上的困难,疏导法院拥塞。该法院和 Ware 法官的法院的工作量是比较相似的。被告认为,该法院具有比在加州北区法院更快的时间进行审理。虽然这可能是真实的,但是 Ware 法官熟悉技术和专利问题将平衡法院案卷的权宜。因此,这个因素是中性的,不权衡赞成、或反对转移该案件。

第三,在解决争议时的本地化利益。解决该案件的争议,得克萨斯州东区也不比加利福尼亚州北部地区具有更大的局部的利益。被告销售被控侵权的手机遍及美国各地。因此,没有具体的地点在被告手机是否侵犯 Zoltar 的专利解决问题上具有主导利益。这个因素是中性的,不赞成或反对转移该案件。

第四,法庭对适用法律的熟悉度。本法院法官和 Ware 法官都非常熟悉专利侵权和其他法律与联邦法律。这个因素是中性的,既不利于也不阻止该案件的转移。

第五,法律冲突。这一行动是由联邦专利法带来的。联邦专利法是法定的,根据这些法律作出的实质性决定由联邦巡回法院在各区中巡查,以便于消除任何可能的冲突的法律问题。

② 私人利益因素

虽然法院给予应有的尊重给原告让其选择管辖法院,但是它仅仅是法院整体分析的一个组成部分。其他重要的私人利益和公共利益都有可能胜过任何给予原告的可以选择法院的尊重。

总体而言，在这种情况下，私人利益因素不明显影响此案转移分析。在复杂的专利诉讼中，涉及具有布及全国各地的设施和众多员工的大型公司时，私人利益因素往往在转移分析中具有较小的影响力。

第一，相对容易获得证据来源。被告争论，其在该案件中涉及的大多数证据存在于加利福尼亚州。Sprint 和 Palm 争论，是因为他们在他们的手机里使用了高通和 SnapTrack 的芯片而导致他们的手机涉嫌侵权，其所有的有关证据中的大多数将涉及这些公司。高通公司和 SnapTrack 是位于加利福尼亚州。此外，虽然 Sprint 公司的总部设在堪萨斯州，他认为，为了以前的加州诉讼，在加州北区 Sprint 公司已经拥有大量的文件。三洋和 LG 也认为，该案件涉及的相关文件多数位于加利福尼亚州。但是，由于复制、存储和传输数据的进步，证明来源的可获得性和位置是影响力小的转移分析。因此，这个因素只是稍微赞成转移到加州北区法院。

第二，强制程序的可用性。虽然在该案件中没有确定具有很多非缔约的证人，但是那些与高通公司和 SnapTrack 有关的证人最可能在加利福尼亚州。在加州的非缔约的证人不受该法院的传唤权限制，但受 Ware 法官的传唤权限制。因此，这个因素是赞成该案件转移到加州北区法院的。

第三，证人愿意出席的成本。被告认为，在该案件中，将被传唤做证的证人都位于加利福尼亚州。Palmone、三洋和 LG 都有总部设在加利福尼亚州，他们争辩说，将被传唤做证的他们的员工多数位于加利福尼亚州。正如上面所提到的，Sprint 公司是坐落在堪萨斯州，并承认相对于加州北区、该法院在证人出席成本方面明显更有利。

Zoltar 指出的与非缔约证人有关的便利和费用，应该相比于缔约证人的便利应该给予更大的权重。此外，Zoltar 指出，当事人尚未披露特定的非缔约的证人。被告争辩说，高通公司和 Snap Track 的员工可能会被传唤做证。虽然应当给予非缔约证人的便利以更多的权重，但是方便缔约证人仍然是分析的一部分。对于在加利福尼亚州的多数缔约和非缔约的证人而言，如果法庭设在在加利福尼亚州北部地区，而不是在得克萨斯州东区，这些证人出席的成本会减少。因此，这个因素是赞成该案件转移到加州北区法院的。

第四，所有的其他实际问题。除了上面讨论的那些，当事人没有提出分析任何其他的实际问题。

（5）结论

被告已经证明，当事人和证人的方便、重要的正义利益，特别是对于司法经济的考虑，都倾向于将该案件转移到加州北区法院，由 Ware 法官审理。

（6）案件后续

2006 年 1 月 6 日，该侵权诉讼案件在加州北区法院立案，由 Ware 法官审理（案号为 5：2006 cv00044）。2009 年 2 月，最终原告与被告庭外和解。Zoltar 获得了一笔经济赔偿。

13.3.4 Mosaid Technologies 公司 v. 索尼爱立信移动通信公司和 HTC 美国分公司

该案中，Mosaid Technologies 公司起诉索尼爱立信移动通信公司和 HTC 美国分公司，原告和被告看起来都与 Zoltar 卫星系统公司毫不相干。但是，通过下面的具体分析得出该案与 Zoltar 有着千丝万缕的联系。

案号：No. 11-598-SLR.

法院：美国特拉华联邦地区法院

法官：Sue L. Robinson

原告：MOSAID Technologies 公司

被告：索尼爱立信移动通信公司和 HTC 美国分公司

(1) 法院简介❶

美国特拉华联邦地区法院（引用时缩写为 D. Del.）是美国 94 个联邦地区法院中唯一位于特拉华州的。该法院审理后的案件需上诉至第三巡回法院，专利及《塔克法案》相关的案件需上诉至联邦巡回上诉法院。该法院的司法管辖权覆盖该州全部，法院位于威尔明顿（特拉华州）。

(2) 当事人简介❷

① MOSAID Technologies 公司（MOSAID）：成立于 1975 年位于加拿大渥太华，是一家典型的专利授权公司（NPEs）。MOSAID 专注于半导体及通信技术研发，本身不从事生产与制造，亦常与国际科技大厂存在某种合作关系，取得他们的专利权后再借由授权给其他厂商以收取权利金。在 2009 年，MOSAID 的总营收就高达 6250 万美元。MOSAID 自 2005 年以来就时常在各国发起专利诉讼，包括美光（Micron）、IBM、思科（Cisco）等国际知名厂商，以及力晶、茂德等中国台湾知名企业皆曾是 MOSAID 的目标，结果大部分是以付给 MOSAID 授权金收场。

② 索尼爱立信移动通信公司：由日本索尼公司、瑞典爱立信公司分别出资 50% 于 2001 年 10 月成立，以生产手机产品为主。2007 年后，受到市场上智能手机兴起的打压，公司生产的功能手机逐渐失去市场，公司经营一步步滑入亏损的泥沼。经过长达半年的谈判，2011 年 10 月 27 日，索尼、爱立信两家母公司达成协议，由索尼支付爱立信 10 亿 5000 万欧元（14.7 亿美元），前者从爱立信手中购得索尼爱立信。2012 年 2 月 15 日，索尼移动通信子公司成立，索尼爱立信从此寿终正寝，正式退出市场。而爱立信退出手机终端业务后，改为专注于 2G、3G 和 4G 移动通信网络以及通信市场专业服务领域。

③ HTC：即宏达国际电子股份有限公司，也简称宏达或宏达电，是一家全球知名的科技公司，主要产品为智能手机，公司总部位于中国台湾省桃园县。HTC 公司创立于 1997 年，自成立以来，该公司已经发展出强大的研发能力、开创了许多全新的设计

---

❶ 参考维基百科。

❷ 参考百度百科。

和产品的创新,并为全球电信产业的业者和经销商推出技术领先的 PDA 及智能手机产品。

(3) 案件经过

① 背景

Zoltar 不堪忍受上面两场诉讼带来的烦恼,于 2011 年 4 月,将其美国专利 US6518889B2、US5650770A 和 US6198390A 的专利权移转至 Mosaid 公司。Mosaid 公司于是打响了专利战。

② 过程

2011 年 7 月 7 日,Mosaid 公司就索尼爱立信移动通信公司和 HTC 美国分公司在美国生产和销售的手机侵权其美国专利 US6518889B2、US5650770A 和 US6198390A 提起诉讼。其中涉及的索尼爱立信移动通信公司和 HTC 美国分公司的产品有:SEMC Xperia™ X10,SEMC Xperia™ arc,SEMC Elm™,SEMC Naite™,SEMC Aspen™,SEMC Xperia™ Play Smartphone,SEMC Cedar™ Call Phone,SEMC T715™ Call Phone,SEMC Xperia™ x10 mini Call Phone,SEMC Vivaz™ pro Call Phone,SEMC W518a Call Phone,SEMC Xperia™ neo smartphone,SEMC Vivaz™ phone,HTC EVO 4G,HTC Tilt™ 2,HTC Desire™,HTC Aria™,HTC Wildfire™,HTC ThunderBolt™,HTC Freestyle™,HTC EVO Shift 4G,HTC Merge™,HTC Inspire™ 4G,HTC Arrive™,HTC Hero™,HTC OZONE™,HTC Dash™ 3G,HTC Touch Pro2,HTC XV6900,HTC Imagio™ Support,HTC DROID X2,HTC XV6800,HTC DROID ERIS,HTC Touch™ Diamond,HTC myTouch® 3G,HTC myTouch® 4G,HTC G1™,HTC G2™,HTC HD2,HTC HD7™,和 HTC myTouch® 3G Slide. 6。

2011 年 7 月 27 日,Mosaid 公司公司补充提出对其美国专利 US5963130A 的侵权诉讼。

HTC 进行积极抗辩,提出不侵权、无效、不可执行、表达或暗示许可、专利权穷竭、疏忽、自动放弃、禁止翻供和禁反言。索尼爱立信也进行积极抗辩,提出不侵权、无效、争点排除、疏忽、禁止翻供、不能标记和不可执行。

2011 年 11 月 1 日,索尼爱立信和 HTC 联合提交要求将该案件转移到加州北区法院审理的动议。

③ 适用法律

根据《美国法典》(28 U.S.C)第 28 编第 1404(a)条的规定,为了当事人和证人的利益和正义,联邦地区法院可以传输任何民事诉讼到它可能已提出的其他地区或部门。该法令保护了诉讼当事人、证人和公共避免不必要的麻烦和避免浪费时间、能量和金钱。

根据《美国法典》(28 U.S.C)第 28 编第 1404(a)条的规定,任何有关专利侵权的民事诉讼可以在被告居住的地方起诉,或者在被告发生侵权行为和具有商业正式和建筑场所的地方起诉。

(4) 转移法院的因素分析

① 公共利益因素

第一，被告认为先前转移到加州北区法院的 Zoltar 起诉 LG 电子移动通信公司等 11 家通讯公司的诉讼，曾指出的公共利益因素第二、三和四条都支持转移。

第二，被告强调"Ware 法官已经投入大量时间和资源来学习和理解相同的技术、专利和法律问题"。然而，最近 Ware 法官宣布了退休打算。因此，法庭认为该因素为中立的。

第三，被告认为法庭未对处理专利案件做好准备，原因是这里堆积了很多专利案件并且要忍受拥塞，而加州不是这种情况。本法院以前倾向于确定本法院和加州北区是否具有最快的审判日程，但是注意到当事人已经出示了审判可比较的中间时间处于两个极限之间。

第四，被告认为，HTC 主张了一许可抗辩，该许可抗辩是由加州合同法管理的和解协议出现的，特别是，该和解协议是在 Zoltar II 案中达成的。HTC 同意本法庭会公平解释根据加州法律达成的协议，但是 Ware 法官在 Zoltar I 和 Zoltar II 案件的先前经验会有利于司法经济。该因素是中立的，同时被告也承认其他公共利益因素也是中立的。

② 私人利益因素

考虑到该案件涉及不公平行为的争端，该案所涉及的专利两位发明人应该是重要的审问证人，而该两位发明人都住在加州。但是，该两位发明人都向本庭提交了执行声明，他们声明：如果有需要，为了法庭、当事人和他们自己，他们愿意并可以在任何时间到特拉华州配合辩护律师以便于提供证据。

被告还争辩，总部在加州的高通公司的员工愿意提供与该案芯片的功能有关的、以及 Zoltar v. 高通和 Zoltar v. LG 电子移动公司案的芯片与该案芯片的相似之处有关的证词。在初期，被告只有一个高通证人——其工程主管。而且也没有迹象表明，存在需要到特拉华州法庭做证的其他可能的证人。该因素是中立的，并且被告承认其他个人利益因素也是中立的。

(5) 结论

2012 年 8 月 16 日，法庭裁决驳回被告希望转移将案件到加州北区法院的动议。

截至检索日 2013 年 7 月，该案还没有新的进展。

(6) Zoltar 的未来

Zoltar 已经在法律费用上支出数百万美元，然而通过达成和解也获得了数百万美元。公司正向着盈利的方向前进。

快速增长的智能手机制造商们如 RIM、苹果、HTC 和诺基亚还未与 Zoltar 达成协议。但是 Daniel Schlager 博士并不打算起诉他们，Zoltar 将会在拍卖会上出售自己的专利，希望通过这种更加快速简单，也更加安全的方式来获得回报。

13.3.5 案件启示

(1) 诉讼方面

① 积极应诉。积极抗辩，不要放弃抗辩机会，征求尽可能多的谈判筹码。

② 选择对自己有利的法院。选择对自己有利的法院，相信后面两个诉讼被告之所以选择提交转移法院的动议，不仅仅是因为他们在法庭上所罗列的因素，可能最大的诱因是 Zoltar I 案件中认定被告没有侵权，所以之后两个诉讼案件的被告也希望在同一个法官的理解下能获得对自己有利的裁决。

（2）市场方面

① 占领先机。Zoltar 拥有着经由法庭认证的专利，这份专利对应着一块庞大的工业领域，同时还处在一个日益繁荣的知识产权市场的时代。Zoltar 手上的东西分量极重。

② 转变获利方式。做个独立发明人不容易，他们常与大企业当庭斗法，撒下大把律师费，坐等着由法官和陪审团来决定来之不易的专利权的价值。

然而情势有所改变，对专利的争夺正在从法庭走向市场。一些新成立的公司与投资集团迅速进入了这个市场，他们买卖专利，做起了中介，还搞起了拍卖，而风投资金与私募股本也将大举进入。今后专利的价值不再仅仅是由法院来决定，而是交到买卖双方的手中。

专利的背后是想法，任何能够正确反应专利价值的市场机制都能够加快专利的产业化，并增强创新思维的活力。同时，人们想要的市场是能够增进创新和减少诉讼开支的市场，而这个市场目前正在孕育当中。

13.4　卫星定位导航市场将硝烟弥漫

从上面的研究表明，诉讼较多的是与人们生活密切相关的消费类产品，消费类市场向来是以客户需求为推动力的。随着卫星定位导航技术向人们日常生活的不断渗入，尤其是集成技术的发展，手持移动终端和车载导航市场对定位导航产品的要求越来越高。GPS、蓝牙、WiFi 以及 3D 地图和多媒体等信息的融合，将极大丰富消费者的体验，越来越多实力强大的公司发现其中蕴藏着巨大的商机。它们也逐渐地进入了这个领域，并且来势汹汹。

2009 年 11 月，擅长提供免费大餐的 Google 公司推出了第一款基于 Android 2.0 的 Google 地图，该地图具有全套标准 GPS 系统。由于它直接连接至互联网，因此它显示的地图是实时更新的，包括交通路况报告、封闭路口等突发事件都可以从 Google 地图上一目了然。除了 3D 视图以外，Google 地图的用户还可以语音导航，搜索商店、餐馆等信息。Google 的用意直指手机，2013 年内置 GPS 导航功能的智能手机在 GPS 导航的市场份额将超过 70%，可见手机市场是未来 GPS 增长的重点所在。2004 年 10 月，Google 公司收购 Keyhole，Keyhole 的优势在 3D 技术，收购 Keyhole 公司使 Google 的用户拥有一个新的、功能强大的搜索工具，使用户可以看到地球上任何地点的三维图像。此举可以进一步巩固 Google 公司在搜索市场的领军地位，加强同竞争对手的竞争实力。

微软公司也不示弱，2006 年 3 月，微软收购 Vexcel 公司。Vexcel 公司是一个远程传感器制造商，它的技术可以帮助微软公司在数字地图领域与对手 Google 公司展开竞争。这一收购交易将帮助微软公司努力发布一个真实世界融入动态的数字图像，为用户提供最好的当地搜索和地图体验。

　　智能手机的开创和领导者苹果亦前仆后继地进入到这个市场。2009年7月，苹果收购Placebace。Placebase是Google地图的强有力竞争者，其重心在于提供为已有的地图增加公开和私有的数据层的API。有人称苹果此举是为了研发自己的"苹果地图"来对抗谷歌地图。

　　在可以预见的未来，集成GPS、WiFi、蓝牙、多媒体等多信息的3D导航将会引领消费类卫星导航终端的发展。各大公司的竞争将会愈演愈烈，移动导航和车载导航领域将硝烟弥漫。

第 14 章　结论与建议

14.1　全球专利申请态势

截至 2013 年 9 月 30 日，卫星导航接收机领域全球专利申请总量为 24096 项。

卫星导航接收机按技术构成主要分为接收机终端和接收机应用两大部分，申请量分别占总量的 33.5% 和 66.5%。其中接收机终端包括天线模块、前端模块以及基带模块，申请量分别占总量的 7.7%、5.3% 和 20.3%。接收机应用主要包括导航定位、导航电子地图以及基于位置的服务（LBS），申请量分别占总量的 10.7%、40.1% 和 15.9%。

从发展趋势来看，天线和前端的全球申请量现已进入平稳增长期，而基带、定位、导航电子地图和 LBS 仍处于高速增长期。

对六个主要技术分支的区域分布进行分析，天线、射频前端和基带领域，专利申请量最多的是美国，分别占总量的 41.3%、41.4% 和 38.7%，表明美国在接收机终端和芯片领域占有绝对的优势。在应用领域，导航电子地图申请量最多的是日本，占总量的 30.0%。定位和 LBS 申请量最多的是中国，分别占总量的 39.5% 和 35.6%。

卫星导航接收机领域主要专利申请人包括：7 家美国公司（高通、天宝、博世、瑟浮、摩托罗拉、通腾和博通），14 家日本公司（电装、三菱、爱信艾达、松下、阿尔派、先锋、索尼、CLABSYS、日立、NEC、丰田、歌乐、日产和富士通），4 家中国公司和单位（神达电脑（台湾地区）、中国科学院、中兴通讯和北京航天航空大学），2 家韩国公司（LG 电子和现代）。排名前 30 名的公司的申请量占总量的 33.3%。

其中高通公司在接收机终端和应用领域全面布局，综合实力排名第一。诺基亚、摩托罗拉、天宝、松下等在上述领域中均有涉及，实力不俗。还有一些公司在某些领域表现抢眼，例如导航电子地图领域的日本集团－株式会社电装、爱信艾达、阿尔派，前端领域的博通和瑟浮，定位及 LBS 领域的三星电子。

14.2　中国专利申请态势

在卫星导航领域，中国申请人专利申请量增长较快。截至 2013 年，我国发明专利公开总量为 8552 件，实用新型公开总量为 1668 件。其中，国内申请人在中国的专利公开总量（4879 件）已经超过了国外申请人在中国的专利公开总量（3673 件），国内申请人的授权量（1581 件）和有效量（1447 件）也分别超越了国外申请人的授权量（1502 件）和有效量（1428 件）。自 2006 年起，国内申请人的专利申请总量超过了国外申请人的专利申请总量。而相对于国内申请人专利申请总量的快速增长，国外申请人在中国的专利申请量则从 2006~2011 年保持了稳中有降的态势。

应用类技术分支申请量要高于技术类分支。近年来（2006~2013 年）的申请重点是：地图、无缝室内外定位、LBS 应用和基带，而天线和射频前端则平稳发展，申请量稳步增长。

天线技术分支的申请量、授权量和有效量均远远少于国外申请人，说明在天线技术领域，我国的研发热情不高；前端、基带技术分支在申请量、授权量、有效量上略高于国外申请人，说明在前端和基带领域，我国申请人在奋起直追；无缝室内外定位在申请量上略高于国外申请人，而授权量和有效量则远远低于国外申请人，说明无缝室内外定位是我国的研发热点，但实力上与国外相比仍有差距；地图、LBS 应用则在申请量上远远高于国外申请人，而授权量和有效量仅略高于国外申请人，说明地图和 LBS 应用是我国的研发热点，并且实力与国外相对来说比较接近。

卫星导航终端领域的专利申请人在地域分布上相对较为集中，主要集中在北京、深圳、上海、江苏、广东以及台湾。北京的申请人既有北京航空航天大学、清华大学、北京邮电大学等高校，又有中国科学院、中国测绘科学研究院等科研院所，以及航天恒星、北斗星通、四维图新、高德软件等上下游产品厂商。技术领域则侧重于基带和地图、定位和 LBS 应用等技术分支。江苏主要申请人以高校为主，如东南大学、南京航空航天大学等，也有侧重于地图导航的企业如神达电脑、江苏华科导航等厂商。广东虽然有高校华南理工大学进行专利申请，但主要以厂商申请为主，如神达电脑、TCL、泰斗微电子、宇龙通信等产品厂商进行专利申请，申请侧重于地图导航和 LBS 应用。其中深圳则主要以产品厂商申请为主，如中兴通讯、鸿海精密、华为、华信天线等。侧重的技术领域主要为地图导航和 LBS 应用。上海拥有上海交通大学、同济大学、复旦大学等高校，上海博泰悦臻电子、神达电脑等侧重于地图、导航的企业以及侧重于天线生产的上海海积。台湾地区在大陆申请主要以厂商申请为主，如宏达国际、联发科、英业达集团等，侧重的技术分支有天线、地图导航和 LBS 应用，显示了产业链的全面性。

从中国发明专利申请的申请量和有效量排名来看，高通股份、诺基亚、三菱电机、三星电子等企业无论是申请量还是有效量都位于前列。而中国的申请人则以科研院所和高校为主，如中国科学院、北京航空航天大学等，此外还有神达电脑等企业。中国申请人在 2006~2011 年的发明专利申请占比较高，表明近年我国企业才开始逐渐重视专利申请质量，例如神达电脑在 2006~2011 年的发明专利申请占了其全部申请量的 91.9%。

国外十大申请人中，高通公司的综合实力更高一筹，在技术和应用各个技术领域都有较为明显的优势。并且今年以来高通公司侧重于在室内外定位和 LBS 应用领域进行专利布局。相比之下，诺基亚、三星电子主要侧重于 LBS 应用领域，三菱电机、株式会社电装、爱信艾达、索尼主要侧重于地图导航领域。由此可见，日韩企业已经在应用领域全面发力，重点开始在地图导航、室内外定位和 LBS 应用等领域进行。

国内十大申请人中都没有对天线进行重点研发，中国科学院、北京航空航天大学等高校主要对基带和地图、定位进行研究，东南大学主要对基带和前端、定位进行研究。相比之下，神达电脑、鸿海精密、厦门雅讯网络、凯立德计算机等厂商主要侧重于地图和LBS应用领域，中兴通讯、华为等在基带有较高申请量，但今年来研究也转向了地图和LBS应用领域。由此可见，我国今年来的研发热点与国外申请人相同，都是侧重于地图和LBS应用。

14.3 技术分支

（1）天线

自1978年开始出现应用于卫星导航接收机领域的天线专利申请，到2012年12月31日为止，共有全球专利申请1847项，其中中国专利申请为764件。

专利申请数量处于前六位的国家或地区主要有美国、日本、中国大陆、中国台湾地区、欧盟和英国。在中国专利申请（含实用新型）中，排名前六位的来源国家和/或来源地区为中国大陆、日本、美国、中国台湾地区、瑞典和英国。在中国专利申请中，来自中国大陆的发明专利申请，公开量占比为52.8%，有效率为21%；来源国为日本的发明专利申请，公开量占比为49.6%，有效率为22.7%。

从各天线类型的申请量趋势来看，普通导航天线占据了绝大数量的份额，而测量型天线和智能天线相对较少。

从天线形态来看，全球专利申请中，普通导航天线中的平板天线占比55.3%，立体天线和组合式天线分别占了29.2%和15.4%。平板和立体天线中申请量最多的分别是微带天线和四臂螺旋天线。测量型天线中普通测量型天线如多层贴片和多臂平面螺旋占比较多，而扼流圈相对较少。智能天线中自适应调零天线相对较多，波束成形天线相对较少。

从各天线类型的各国申请量来看，测量型天线申请中我国申请的占比相对较大，占全球测量型天线申请的49%。而美国申请则是在普通导航天线和智能型天线占比较大。日本则各种类型申请的占比都较为均衡。普通导航天线中其他国家还能占有一席之地，而高精度测量型天线和智能天线则主要被美国、中国和日本所垄断。

全球申请的主要申请人前三名为苹果公司、三美电机和天宝导航。这三个公司各有侧重：苹果公司侧重于在其平板产品中嵌入GPS天线，例如使用多个天线或倒F天线或单层双贴片天线或双缝隙天线。最新的申请为多模式天线，使用开关或谐振电路实现天线模式的切换，从而在平板产品中实现导航功能。三美电机侧重于车载前装导航和专业导航，其基本上将导航天线置于鱼鳍型车载天线或单极车载天线的底座中，或者是对微带天线进行专门的改进。天宝导航则各种用途都有所涉及。

中国大陆申请的主要申请人前三名为萨恩特尔、索尼爱立信和苹果公司。苹果公司依然侧重于在其平板产品中嵌入导航天线。索尼爱立信侧重于在手机产品中集成导航天线，主要天线类型在手机内集成多个天线，倒F型天线或多层倒F型天线、缝隙天线、振子天线等。萨恩特尔公司申请的专利主要集中在四臂螺旋天线。

随着天线制造工艺的进步，在一个小型天线上同时使用多种手段以获得较为满意的各项指标和新材料天线等技术是微带天线技术发展的热点。高精度天线将是将来的研发热点，而体积较大的扼流圈天线则有望被新的技术所取代。

（2）射频前端

在射频前端领域，全球范围内，目前来自中国内地申请人的申请量排在第二位，且2000年后参与该领域专利申请的中国内地申请人数量逐年增多。由于我国的导航产业起步较晚，我国申请人在该领域的介入时间也晚于全球其他国家。尽管现在我国内地参与的申请人越来越多，但是这些申请人中相当一部分是高校和研究院所，他们的申请是否能够通过企业转化为产品还未可知。而国外申请人中企业占据主导地位。

在中国申请中，2001年以前，我国该领域的专利申请主要来自国外申请人。2002年开始，来自我国申请人的专利申请量逐渐增多，并在2006年之后，超过总申请量的一半。国外在华申请中，美国申请人的申请量最多。国内申请人中，来自北京以及广东、江苏、上海等沿海地区的申请人的申请量明显多于其他地区申请人的申请量。

国内申请人的申请量中有36%为实用新型专利申请。这一现象从技术角度，说明我国申请人的专利申请技术上的创新高度还不足。从知识产权保护意识角度，说明我国很多申请人的专利保护意识存在表面化、形式化的倾向，追求快速获得一纸授权书，而不是追求更长远更稳定的权利保护。

另外，国内申请人中申请量最多的不是企业，而是高校。这说明我国高校对射频前端技术的研究非常重视，并且取得了一定成果。但同时也说明了我国企业在射频前端研发方面还有所欠缺，我国在导航射频前端这一领域还未达到大规模产业化的程度。

（3）基带和增强系统

从申请量和专利申请的内容上来看，1998年之前的申请主要集中在基带处理上。1999~2000年，以CORS技术为代表的增强系统的申请量比较大，而在2001年之后，单纯依靠卫星进行高精度定位技术趋于成熟，整体申请量有所下降。但随后众多接收机厂商开始扩展定位技术的引用领域，比如将卫星定位技术与农业、建筑、机械等领域进行结合应用，使得近几年申请量保持稳定增长的态势。美国在该领域具有很大的技术优势，申请量最大，并且向海外申请也最多。

全球申请人排名中，前三位的申请人都是美国公司。我国在基带和增强系统方面的申请量从2005年开始迅速增加，北京、江苏、广东、上海、陕西的申请量比较大，申请人中北京航空航天大学、中国科学院和东南大学的申请量比较大。

基带处理技术中，早期多是集中在以相关器技术消除多路径误差方面，2003年之后，相关技术的发展陷入瓶颈期，基带处理技术的研发热点多集中在芯片的小尺寸、省电以及快速定位等方面。

增强系统则从RTK发展到CORS技术。2002年以后，国外网络RTK技术开始逐渐实现商品化过程，主要代表产品有美国天宝公司的GPSNET，德国Geo++公司的GNSMART和徕卡公司的SPIDERNET。其中天宝公司的VRS产品占据了大部分市场。

（4）导航电子地图

本报告对导航电子地图全球和中国专利申请的布局进行全面分析，并根据企业和专家的调研意见，针对目前最热门的地图更新和路径规划两大技术分支进行了重点分析。

导航电子地图全球申请量9883项，其中包括地图更新1716项，路径规划3036项。全球范围内，日本的申请量排名第一，为2661项，占全球申请总量的26.9%；中国排名第二，为2347项，占全球申请总量的23.8%。

在1977~2007年，申请人数量的增长趋势与申请量的增长趋势基本相同。但是2007年之后申请人数量维持稳定，基本达到饱和。经统计，在导航电子地图领域，全球排名前30的申请人申请量合计4999件，占总申请量的50.6%，其中包括19家日本公司。全球申请量前六名的申请人全部是日本公司，前10名中有8家为日本公司。这些日本公司多数本身是跨国汽车企业或者有着国际背景的汽车企业作为坚固后盾。例如，申请量全球排名第一的株式会社电装和排名第二的爱信艾达都是丰田株式会社（TOYOTA HOME KK）的汽车零部件及系统供应商，它们在该领域的优势源于其先进的导航技术，背后驱动力是日本车载导航仪非常高的市场渗透率（87%）。

中国专利申请总量共3439件，其中包括地图更新225件，路径规划1732件。国内申请人的申请量占据整个中国专利申请量的66%，国内申请人数量占申请人总量的81.6%，而国外申请人的申请量占据余下34%的份额，相对的国外申请人数量只占18.4%。在排名前十的申请人中，日本企业有6家，占据绝对优势。其余还包括一家韩国企业（LG电子），一家美国企业（通腾）和两家德国企业（博世、哈曼贝克）。涉及地图更新领域的申请量在2008~2009年达到顶峰，近年来有逐步下降的趋势。

1993~2007年，日本的申请量份额占有绝对优势。但是在2008~2012年，形势发生了变化，中国的申请量份额逐步增大，逐渐追赶上日本。同时增长的还有韩国、日本的份额在不断萎缩。但是，迄今为止，该领域的申请人前9名均为日本企业，可见日本仍在该分支领域保持绝对优势。

涉及路径规划的专利申请在2006~2011年，增长量形成井喷式增长，其申请量达到了每年200件以上。

路径规划专利申请的地区分布中，在日本的申请量最多，超过了1900项，排在第一位。在中国的申请量基本上与日本持平，达到了1700多件。美国在这个技术点上的申请量排在第三位，但数量上远远少于中国和日本。路径规划全球主要申请人排名前10位的全部都是日本的公司。在国内的申请人中，排名前10位的有4家日本企业，并且前两位株式会社电装和爱信艾达都已绝对优势统领路径规划领域，中国公司中凯立德、高德、四维图新在申请数量上基本持平。

重要申请人方面，谷歌与地理信息相关的专利总量在288项，其中包括44件中国同族。谷歌涉及应用与服务的申请量占总量的69%之多。谷歌地图的系列申请中，瓦片地图技术申请量达到27件，而采用地图预生成思想的瓦片地图技术，也逐渐成为新一代电子地图的事实标准。谷歌非常重视对于知识产权的保护，其对产品的每一次改进，背后都有一个或几个专利作为支撑。

国内相关公司在 2011 年开始推出地图产品，2013 年也已经拥有了具有一系列完整的地图功能的产品。但是在 2010 年 10 月才开始进行地图相关的专利申请，可见其在产品推出之前，没有提前进行有效的专利保护。

在地图迅猛发展的时期，国内相关公司在国外也没有进行专利布局，这对公司后续的发展和进入海外市场都是一个很大的隐患。

（5）无缝室内外定位

截至 2013 年 9 月 20 日，全球涉及无缝室内外定位技术的专利申请共计 2541 项，其中中国专利申请为 971 件。

在无缝室内外定位技术方面，欧美在该领域具有传统的技术优势，日韩由于定位技术的应用起步较早，发展成熟，申请量也不容小觑，我国在该领域也具有一定的专利布局。在中国申请的国外申请人的主要来源国/地区是美国、日本、韩国、中国台湾和芬兰。在我国，无缝室内外定位技术的研发和生产主要集中在沿海地区。具体来看，北京的申请量最高，以 20% 的申请量占比遥遥领先其他省份；上海以 12% 的申请量占比位居第二。北京、上海、江苏和广东的授权率在 22% 左右，深圳的授权率相对较高在 33%。有效率方面，广东最高，为 73%。其次是深圳，为 67%，其他三个省市有效率在 47% 左右。

技术分支"GPS + 蜂窝网络 + 其他"的申请量最多，其从 1996 年开始申请量就开始明显增长。在 2008 ~ 2010 年度达到最大值，2011 年申请量趋于稳定，显示这项技术处于成熟期。而"短距无线通信"技术分支从 2002 年起申请量有了快速增长，显示该技术自此时起进入了研发高峰，处于快速发展期。再看"电视定位"技术分支，其申请高峰出现在 1999 ~ 2004 年。自此之后申请量迅速减少，显示该项技术处于停滞期。从各项技术的申请绝对数量来看，"短距无线通信"和"GPS + 蜂窝网络 + 其他"、"无线传感器"是近期研究的技术热点。尤其是"短距无线通信"技术，申请增量率超过"GPS + 蜂窝网络 + 其他"，居于首位，表明业界各家公司在此技术上申请和布局最多。

在全球，排名第一位的高通股份有限公司的专利申请量为 254 项。这也与该公司在无缝室内外定位领域的地位相一致，显示出该公司对无缝室内外定位技术的专利布局非常重视。排在第二位的是真实定位公司，申请量为 83 项。排名第三位的是三星电子，申请量为 56 项。排名第四位的是施耐普特拉克（Snaptrack）。第五位至第十位的申请人为爱立信、摩托罗拉、罗瑟姆公司、天宝、中国科学院和美国博通，他们的申请量都在 20 ~ 40 项。其中爱立信、摩托罗拉、美国博通都是重要的电信厂商，这也显示出了电信企业进军无缝室内外定位技术这个巨大市场的前瞻布局。可见，电信厂商将越来越多地参与进无缝室内外定位技术的研发和布局。

未来用于定位的体系将基于蜂窝网络和集成的短距离无线定位技术，辅助 GNSS 在广域上实现无缝室内外定位服务。

14.4 申请人状况

（1）天宝公司

天宝公司是卫星定位产业的龙头企业，GNSS 定位技术方面的申请基本占据了天宝公司总申请量的一半，尤其是 2000 年之前，GNSS 定位技术方面的申请量占据公司总申请量的 80%。天宝公司在美国提出的申请最多，而且实际情况也是天宝公司在美国的高精度卫星定位市场中具有绝对优势。在天宝公司进入其他国家所提出的专利申请量的比较中，进入中国的申请量仅次于美国本土申请量，说明天宝公司非常重视中国市场。从 2004 年在中国进行申请开始其申请量一直在迅速增长，这和中国开始建设北斗卫星导航系统有密切关系。

按照专利所涉及技术领域和用途，可将天宝公司所有申请分成测绘、导航、农业、建筑、机械、天线、无线通信、授时与同步、GIS、软件、射频前端、地震勘探、RFID、军用、集成电路、公共安全、电源和矿业共计 18 个技术领域。申请量最大的依次是测绘、导航、农业、建筑和机械五大领域，分别占据了全部申请的 52.2%、22.5%、5%、4.9% 和 4.3%。测绘领域中 GNSS 定位技术占据总申请量的 28%，其中包括基带处理技术、RTK、AGPS、DGPS 和 VRS 技术。基带处理技术中，缩短定位时间即如何快速解算出位置和抗多路径效应方面的申请量是比较多的，目前研发重点已逐渐转入提高运算速度和多频多模的处理上来。DGPS、RTK 和 VRS 的申请量的变化则与 GNSS 技术从 DGPS 逐渐发展到 RTK 又发展到网络 RTK 的趋势是相一致的。对 DGPS 技术的申请只截止到 2000 年，之后则让位于 RTK。而随着 VRS 技术的发展，RTK 的申请量从 2003 年又让位于以 VRS 为代表的网络 RTK。各技术分支申请量的变化正好印证了 GNSS 技术发展的大趋势。导航领域中 LBS 申请最多，包括车辆导航、位置监控、位置服务、资产管理、油耗管理和旅游服务。并且在导航领域中 LBS 应用已经成为发展重点。VRS 技术（US6324473B1）是天宝公司在 1997 年提出的一种网络 RTK 技术。

测绘领域的主要研发人员中大部分都是卫星定位技术领域的研发人员。测绘领域申请量排名前 10 位的发明人，其中有 7 位也是卫星定位技术的主要发明人。卫星定位技术领域的重要发明团队中以 Vollath Ulrich 和 Gray R. Lennen 的申请量最多。2000 年之后天宝并购了包括测绘、导航、机械、农业等多个领域的多家公司，一方面增加了技术实力，另一方面也丰富了产品线增加了市场。

（2）诺瓦泰公司

诺瓦泰公司从 1990 年该公司开始对 GNSS 定位技术进行研发，一直到 2000 年出现几个小的发展高峰。这与该公司主要专注于对相关器技术的改进研究有关。而该技术到 2000 年时发展已经相对成熟，再进一步改进的难度比较大，因此，2001 年、2002 年申请量较少。从 2003 年开始，该公司的研发重点开始逐渐从相关器技术转移到网络 RTK 和 GNSS 定位技术与其他领域相关应用上，比如授时、农业等方面。该公司在 1998 年之前在中国进行的专利申请比较多。2000 年之前的申请只有 2 项还有效。诺瓦泰公司与 GNSS 定位技术相关的专利申请占据总申请量的 28%，其中 21% 是涉及基带处理的，这与 OEM 板是该公司的主要产品是相对应的。几乎每年都在基带处理技术方面进行申请，甚至在 2005 年还达到一个小高峰，进一步证明基带处理技术一直是诺瓦泰公司研发的重点。而 RTK 技术的申请则是从 2004 年开始出现的，并且在 2009 年时其申请量已经与基带处理技术的申请量相同了，表明诺瓦泰公司也是在根据 GNSS 定位技术的发展趋势对其研发方向进行适时调整。诺瓦泰公司在美国的申请量是最大的，其次是加拿大和欧洲。

诺瓦泰公司的技术可分为三个阶段。第一阶段是 1990～1997 年，其间主要研究方向是基带处理技术，其技术核心是使用相关器技术来消除多路径效应。第二阶段是 1998～2003 年，除了继续在相关器技术上保持领先地位之外，还研究通过使用 DGPS 技术、卫星分布质量图等技术来消除各种误差、估计整周模糊度、提高定位精度。第三阶段是 2004 年至今，诺瓦泰公司除了在基带处理技术上继续研究之外，在网络 RTK 方面的申请也持续增加。同时，该公司也开始在时间同步、农业等 GNSS 定位技术相关应用领域进行研发。该公司核心技术包括窄相关技术（US5101416A）、MET 技术（US5414729A）、MEDLL 技术（US5692008A）、PAC 相关（US6243409B1）和 Vision 相关（US7738536B2）。

Albert J. Van Dierendonck 和 Patrick Fenton 研发团队对接收机关键技术进行了大量研发，申请了该领域的多个核心专利。Patrick Fenton 是诺瓦泰公司的现任副总裁和首席技术总监。Albert J. Van Dierendonck 是诺瓦泰公司的顾问，是美国 IEEE 院士并入住美国空军 GPS 名人堂。诺瓦泰公司在以 GNSS 核心技术为发展主线的同时，不断并购与之相关的业务公司，并在 2010 年之后与多家农业机械公司构建战略合作伙伴关系。表明该公司在 GNSS 定位技术日渐成熟之后开始面向精密农业的专业应用。

（3）SiRF 公司

SiRF 公司是 GNSS 领域最大的芯片供应商，在接收机基带处理和增强系统方面的申请量居全球第二，产量占全球出货量的 70%，2010 年的营业额为 1.64 亿美元。从 1995 年公司成立之初就申请了专利，在 2000 年和 2005 年出现峰值，与其 2001 年和 2005 年分别并购科胜讯、Kisel 等公司带来的专利技术密不可分。SiRF 专利主要布局在美国、欧洲、日本、德国和澳大利亚等国家。

技术上，SiRF 公司主要以弱信号捕获、快速定位和省电等作为核心技术，并将这些技术发展了 10 年。从 1996～2006 年相继推出了系列产品 SiRFstarI – SiRFstarIII，占尽了市场先机。2006 年的诉讼，迫使 SiRF 公司在 2009 年被英国 CSR 公司收购，正因其强大的市场占有率，并入 CSR 公司后仍以独立品牌在原有技术的基础上继续发展。为满足手持导航终端用户的非常强烈需求，开发出使终端设备在没有消耗电池和网络辅助的情况下始终保持定位状态的技术。2011 年至今的产品融合了多种导航系统、蜂窝网、WiFi 以及 MEMS 传感器，推出 3D 地图，运用于 E911 法案和 LBS 平台辅助 GPS 的软件解决方案，以及支持 Android 系统的芯片等。

SiRF 公司非常注重与具有行业特色的公司合作或者并购，共同开发相关市场弥补自身技术力量的不足。主要合作是与 SignalSoft 和精伦电子开发快速定位服务平台、与中华电信策略联盟合作推出 AGPS 服务、与 Intel 合作使 GPS 支持 Android 系统、与三星合作为客户提供 Winwap 软件应用、与主要竞争对手高通签署非主张协议以保护两者的知识产权组合。

14.5 卫星导航领域诉讼

卫星导航行业的诉讼主要研究了美国的情况。美国是最早将卫星导航应用于民用市场的国家，技术成熟、市场庞大，诉讼纠纷多于其他国家和区域。在这些诉讼中，大多是在消费类市场产生的，如车载导航、交通管理和规则、高尔夫、精细农业和移动通信等，占总诉讼量的 86%。属于核心技术定位算法和装置的有 9 件，占总诉讼量的 14%。这表明消费类市场入门较低，技术含量不高，市场占有量大，公司间竞争比较激烈。高精度市场和核心技术研发难度较高，也有较高的市场回报率，公司间的纠纷多采取交叉许可的方式来避免费时费力的诉讼。

基于我国卫星导航领域的借鉴意义的考虑，通过以点代面的方式研究了两个具体案例：SiRF 公司的诉讼和 Zoltar 公司的诉讼。

2006 年底，SiRF 公司在失去通腾的订单后，发起了对 Global Locate 公司的诉讼，被诉方进行反诉的同时又向 ITC 控诉。"螳螂捕蝉，黄雀在后"，在这场诉讼尚未完结时，财大气粗的博通（Broadcom）公司买下 Global Locate 公司，加入战团。最终 SiRF 公司被裁定侵犯 Global Locate 公司的六项专利，同时也导致 SiRF 公司被 CSR 公司收购。

另一个典型诉讼案例是有关并不著名的 Zoltar 卫星系统公司的诉讼，Zoltar 的专利迎合了美国联邦通信委员会（FCC）1996 年通过的 E911 法案，市场价值陡增。在经历多次诉讼维权后，终于不堪忍受诉讼带来的时间和金钱的消耗，最终采用将专利出售给了专利授权公司（NPEs）以拍卖的方式获取利益。

纵观美国的专利诉讼，在公司维护专利权时，同样会面临高额的诉讼费用、漫长的诉讼时间、前途未卜的诉讼判决等境遇，即便是很有市场竞争力的公司，例如 SiRF 公司也不能摆脱知识产权争夺带来的厄运。这也许是市场行为的必然结果。

14.6 知识产权战略的意义

对于卫星导航行业来讲，亟需制定和实施知识产权战略。

（1）知识产权战略意义重大

我国现有卫星导航定位应用方向的知识产权布局（具体来说是专利布局）相对全面，但是核心专利（essential patents）层面的储备比较薄弱。

核心专利缺乏对我国北斗产业发展造成了严重的不良影响。举例来说，GPS 与伽利略信号结构专利之争，最终以英美两国的和解结束。说明核心专利对于采用不同卫星导航系统的国家的卫星导航产业具有重要价值,是积极防御、求得共赢的重要筹码。试想在现行知识产权保护体系下,如果美国没有通过外交手段与英国达成和解,美国的卫星导航接收机产业会遭受多大损失。这个案例不仅给美国相关政府部门和产业届敲响警钟,也给我们上了生动一课。通过这个案例,让我们切实看到了与研发同步的知识产权布局,对于产业生存、科学发展的重大意义。

上述案例仅仅涉及庞杂的卫星导航产业的冰山一角,知识产权纠纷与保护实际上关系到整个产业的方方面面。到 2013 年,卫星导航接收机领域的中国专利申请中,有 42.94% 的专利申请为国外申请人的专利申请,而国外申请人的专利申请的授权量已经达到 1502 件,与国内申请人的 1581 件授权量基本持平。而且导航技术起源于国外,国外申请人的前期申请的技术含金量较高,专利保护范围较为宽泛。虽然随着北斗事业的不断推进,国内申请人的专利申请的技术水平在不断提高,但是大量基础专利已经掌握在国外申请人手中。因此,从数量和质量两个方面,国外申请人在中国的专利申请都对我国北斗产业的民用化发展进程构成了威胁。

在这样的严峻形势下,北斗产业必须要制定和实施本领域的知识产权战略、积极开展专利布局,以求得未来谈判的筹码,以期实现与国外产业巨头的交叉许可。这一专利布局不仅是在国内的布局,而且应该包含在国外的布局,尤其是在潜在收费企业所在国家或主要市场范围内的专利布局。

(2) 如何制定知识产权战略

知识产权战略,简单来说,就是如何取得和保护知识产权的策略。

对于北斗产业而言,知识产权战略包含三个层面:宏观层面,是整个行业的行业知识产权战略;中间层面,是与某一或某些地区相关的区域知识产权战略;微观层面,是关系到企业自身利益的企业知识产权战略。

北斗产业的行业知识产权战略,不仅涉及北斗产业在国内的发展,更加牵涉北斗产业的相关产品和服务走出国门的过程。随着北斗产业的实用化和全球化进程的推进,国内相关企业必然会遇到卫星导航技术领域内方方面面的专利壁垒。另一方面,国内相关企业或研究机构的研发成果,也有可能被他人非法使用。为了避免或缓解上述问题,北斗产业的政府管理部门应当组织相关行业协会、代表企业或研究机构,制定行业层面的知识产权战略。而北斗产业较为集中和发达的地区的地方政府应当组织本地区或者联合其他地区的相关行业协会、代表企业或研究机构制定区域层面的知识产权战略。那些领头企业或者有长远发展眼光的企业,应当根据自身情况和所涉及领域的市场情况、技术发展状况和专利分布制定适应自身发展的企业层面的知识产权战略。

不管哪个层面的知识产权战略,制定过程基本上是一致的。前面已经提到,知识产权战略就是如何取得和保护知识产权的策略。取得知识产权涉及重点发展哪些技术领域的问题。保护知识产权包含两方面的含义:一方面是保护自己的知识产权不被侵犯,另一方面是保证自己不因侵犯他人知识产权而受到损失。由此,显而易见,制定知识产权战略的第一步应当是进行知识产权的分析。本书在给出专利分析数据的同时,也给出了专利分析的方法。在制定各个层面的知识产权战略时,可以按照本书的分析方法对专利进行分析,以了解国内外的相关技术领域专利布局情况,找出薄弱和优势环节,以便有的放矢。制定知识产权战略的第二步是根据知识产权的分析结果,制定取得和保护知识产权的策略。对于自身优势的技术领域,应当采取在全球范围内针对产品的进入国进行专利布局的策略,从而通过专利手段保证自身技术优势长期存在。对于自身薄弱的技术领域,可以采取购买、许可等多种手段来实现技术的合法取得,避免产品在进入他国时遇到知识产权侵权问题。此外,需要掌握全面保护自身知识产权成果的技巧,即采取某种方式使得他人无法通过简单改变或改造来绕开自己已经取得的知识产权。所采取的方式例如包括系列专利申请或者较为合理的权利要求保护范围。制定知识产权战略的第三步,是制定知识产权价值评估机制。对于自己准备取得和已经取得的知识产权,需要评估其价值,以便决定放弃或维持。对于需要购买或取得许可的知识产权,需要通过评估来确定是否付诸行动。

北斗产业的政府管理部门在制定行业层面的知识产权战略时,应当考虑重点扶持某些经济效益低、研发周期长的技术领域。为了扭转国外企业占据技术优势的被动局面,给国内厂商赢得技术进步的时间。通过一至两年的时间缓冲,帮助国内企业找准自身定位,发展优势技术。再通过一系列具有相当规模的政府工程,促使细分行业内的企业提升技术、整合数据资源、以具有竞争力的产品适应市场需求,全面占领北斗卫星产业的制高点。地方政府在制定区域层面的知识产权战略时,应当考虑区域内的北斗产业相关企业或研究机构的特定,强化自身优势,而非求全。建议利用优势技术领域取得的知识产权,换取薄弱环节的相关知识产权的交叉许可。同时,建议从资金上帮助和鼓励北斗产业的相关企业进行专利申请。企业在制定关乎自身发展的知识产权战略时,要有超前意识,以未来若干年的发展目标为蓝图,设计知识产权布局。

制定了知识产权战略之后,更重要的一步就是实施。为了能够真正落实知识产权战略,北斗产业的政府管理部门、地方政府和相关企业都应该设立相应的管理机构,有专人负责知识产权战略的实施。技术研发和产品生产是北斗产业的重要支柱,知识产权同样是北斗产业的重要支柱。在北斗系统走向全球化的进程中,只有重视了知识产权保护,才能顺利完成全球化。

(3)积极进行知识产权布局

北斗发展应当侧重于应用的开发,未来我国企业应加大相关地理信息应用的开发和专利布局,与国外企业争夺卫星导航产业利润最丰厚的一部分。同时,我国在卫星导航定位终端方面的布局稍显薄弱,核心专利从数量和质量都需要进一步提高;尊重知识产权,多渠道补充北斗的知识产权,在大力推动自主科研的同时,应该采取知识产权许可贸易手段,吸收国外先进技术,避免重复投入或无效投入;提高专利意识,产品保护,专利先行,不仅重视中国专利,也要重视在国外申请专利;政府和民间对于北斗发展应更多地予以关注和支持,包括政策上的倾斜,以及资金上的支持,尤其是对国内企业进入国外申请专利的费用的支持,让民族产业有一个良性的循环和可持续的发展。

14.7　政府和行业管理部门的作用

（1）政府的政策规定决定行业发展方向

政府的政策对行业发展起着重要的引导作用，美国的 GPS 系统最早应用于民用市场，得益于 1996 年美国总统下令关闭 SA 干扰，而卫星定位技术与无线运营商和手机的结合发展，美国联邦通信委员会（FCC）在 1996 年正式通过的 E911 法案起到了推波助澜的作用。我国相关政府部门针对北斗系统特定行业应用发展也制定了卫星导航产业的具体推进措施和目标，这些规划重点指出对二代北斗系统的应用市场进行培育。

（2）在政府管理部门主导下建立专利联盟

北斗产业的政府管理部门最为了解北斗产业链的整体情况，掌握着北斗产业相关企业的发展战略方向。因此，北斗产业的政府管理部门有可能组织和协调目前单打独斗的北斗产业相关企业建立专利联盟。建议北斗产业的政府管理部门将相同技术领域的企业或者相关联技术领域的企业组织起来，以一组相关的专利技术为纽带建立的专利联盟。通过使联盟内部的企业实现专利的交叉许可，或者相互优惠使用彼此的专利技术，对联盟外部共同发布联合许可声明，以抵御国外申请人在中国或国外预设的专利壁垒或者增强与国外申请人进行谈判的筹码分量。

（3）重视行业示范作用

为了尽快推进北斗产业知识产权战略的制定与实施，尽快提升行业内相关企业和研究机构的知识产权保护意识，建议北斗产业的政府管理部门与知识产权行政管理部门共同建设行业示范工程，设立行业示范单位或者行业示范园区。通过制定示范工程、示范单位或示范园区的知识产权发展策略，为北斗产业的其他企业和研究机构提供仿效对象。并且通过示范工程、示范单位或示范园区的长期运行，发现、研究和解决各类知识产权相关法律风险问题，在北斗产业的政府管理部门与知识产权行政管理部门的共同引导下，制定出预防或解决这些法律风险的规范文件，供行业内相关企业和研究机构参考。

（4）积极参与标准的制定

目前，标准已经不再是传统单纯实现互通目的的协议，专利权人通过参与标准制定的方式，把自己的专利权融合到行业标准、国家标准和国际标准中去。通过标准，专利权人可以放大自己的专利效应并获取更多的许可费，筑起更高的市场准入门槛，将其他竞争对手阻挡在市场大门之外。企业应积极参加各种标准活动制定相应的知识产权战略，使其和标准战略相互配合，在行业中掌握主动权，谋取知识产权效益的最大化。在此方面，中兴等国内大型企业走在了前列，并且通过参与标准的制定谋求了自身利益。

北斗产业相关企业应当努力积累核心专利的数量。同时，应当不断扩大专利储备规模、提高专利质量和实现专利经营。在此基础上，企业以自身基本专利为依据参与到标准的建立中。

(5) 积极推动产学研结合

从中国发明专利申请的申请量和有效量排名来看，国外的高通、诺基亚、三菱电机、三星电子等企业无论是申请量还是有效量都位于前列，而中国的申请人则以科研院所和高校为主，如中国科学院、北京航空航天大学等。由于科研院所和高校等研究机构承担了北斗重大项目的研发，因此产生了大量的知识产权。而这些知识产权向产品的转化，除了企业和研究机构、高校的自发结合之外，北斗产业的政府管理部门可以发挥重大作用，促进企业与研究机构、高校之间的合作。由于政府管理部门掌握着企业的战略发展方向，同时了解科研机构、高校所做研究的成果，因此可以促成科研机构、高校与企业的有效组合，从而使科研机构、高校的研究成果尽快转化成产品，同时帮助企业摆脱技术力量不足的困境。

14.8 企业的应对

(1) 制定企业知识产权战略，提高专利纠纷应对能力

知识产权（专利）在不同产业的发展策略中起不同的作用。对于电信行业而言，专利是行业门槛之一，公司在发展道路上必须拥有足够专利布局，或付费获得业界专利许可。北斗产业应当借鉴电信行业的发展模式，积极进行专利布局，制定知识产权战略。

根据电信行业的经验，可以看出专利具有诸多重要意义。例如，专利是与竞争对手进行交叉许可的筹码，是避免产品创新被抄袭的武器，是市场宣传的工具。对于北斗产业，专利同样具有这些重要意义。

以国内电信行业的领军企业华为为例，它将知识产权作为企业的核心能力，每年把不低于销售收入的10%用于产品研发和技术创新，以保持参与市场竞争所必须的知识产权能力。同时，华为遵守和运用国际知识产权通行规则，依照国际惯例处理知识产权事务。以积极友好的态度，通过交叉许可、商业合作等多种途径解决知识产权问题。对于长期达不成一致的知识产权争议，遵循国际惯例通过法律程序予以解决。此外，华为还实施标准专利战略，积极参与国际标准的制定，推动自有技术方案纳入标准，积累基本专利。

通过上述措施，华为通过二十多年的积累，成为国内电信行业龙头。而且，在企业跨出国门走向世界的过程中，虽然遭遇了国外竞争对手利用专利武器的围追堵截，但是并没有退缩。而是迎着枪林弹雨勇敢前行，通过努力实践知识产权战略，最终跻身世界强手之林。

(2) 研发的动力来自市场需求，依靠核心技术占据市场

通过对几个有竞争实力的公司的研究发现，每个公司的发展都有其过硬的核心技术做后盾，核心技术解决了市场上需要解决的技术难题。各个公司依靠其核心技术，例如窄相关、网络RTK、快速定位等，不断对产品进行推陈出新、占据市场，进而引领了这一行业的发展。通过研究卫星导航领域国内外专利申请情况得出，国外的专利

申请主要来源各个公司，他们的技术研发主要针对市场需求，研发成果又会有相应的产品占领市场。而国内专利申请主要来自高校和科研院所，他们的成果多数都没有及时转化成产品进入市场。诸多上市公司的专利申请不多，在一定程度上表现出其研发能力的不足。国内企业应该充分利用高校的技术优势，借鉴国外合作开拓市场的模式，相互弥补不足，把科技成果转化成现实生产力，最终依靠自有核心技术占据市场，共同发展。

（3）准确把握技术发展脉络，缩短与国外厂商在技术上的差距

我们通过分析认为，多领域的融合是未来卫星导航技术可持续发展的方向。卫星导航定位技术的发展壮大，除了依赖于空间技术的发展，还离不开地面技术的多领域融合。关键技术问题如消除多路径效应、网络 RTK 的解决和实现，离不开计算机网络、无线通信等技术。随着用户需求的提高及市场向多种专业应用方面的推广，需要更灵活、更高精度的 GNSS 技术。企业的可持续发展还要与更多的技术领域结合，开发新的功能，不断满足用户的需求，才能始终占据技术和市场的前列。

国内厂商除了可以继续在高灵敏度、快速解算等方面进行研发之外，尤其要重视多模多频处理技术的研发。因为北斗卫星导航系统的投入使用，势必会改变国内甚至是国外的卫星导航终端市场格局。当新系统已拥有 20 多颗卫星时，在大多数情况下已经能接收到六至十几颗本系统的卫星，若仍采用现有接收机和导航算法，只要求选择四颗卫星就能定位。若将接收卫星数增加到六颗以上，根据常理接收卫星数的增加对几何精度衰减因子 GDOP（Geometric Dilution of Precision）减小的影响已很小，也就是说，接收更多的卫星虽对完好性稍有益，但对提高定位精度已无补。而且多模接收会占用较多的通道，或要求增加芯片的通道数，增加选星捕获和跟踪的难度和工作量，所以如何更好地利用多个卫星系统中更多卫星数提高定位精度已成为多模卫星接收技术中正待面对的问题和攻克的关键，其中主要是捕获、跟踪、选星和定位算法的突破。国内厂商应当立足北斗市场，在国内厂商可以比国外厂商提前使用北斗系统的优势之下，在多模多频处理技术上取得一些核心技术，提前占领市场。

（4）发挥自身技术优势，积极向行业应用进行扩展

在市场需求得到满足的情况下企业如何继续进步，这个问题是每个企业都会遇到的问题。从研究可以看到，卫星导航定位领域技术经历了快速增长期、平稳期和小幅下降期等等曲折，背后的原因与其技术状况密不可分，2000 年后，当单纯的 GNSS 定位技术发展趋于成熟，市场迫切需要解决的技术问题得到解决，如何继续发展，继续占有市场份额是当时卫星导航企业面临的挑战。国外知名企业迅速调整发展思路，依靠自身优势，采取与其他行业大公司进行战略合作或并购小公司的方式开拓新的市场，从而找到了新的增长点，保持持续发展至今。这一点值得我们的企业学习借鉴。扩展市场需求对于一项技术的发展具有很大的推动作用。企业应当结合目前的技术和经济发展现状，积极开发民用市场，影响和培育大众生活习惯。开拓农林土建等专业行业应用，利用市场的发展推进技术成熟，成本的降低和生产的标准化。

(5) 合理利用知识产权许可贸易，合法引进先进技术

对于北斗产业而言，合法引进、消化、吸收先进技术要通过知识产权贸易实现，先进技术推广应用与产业化要通过知识产权贸易实现。

不管是技术发达的国家还是技术不发达的国家，知识产权许可贸易都是不可避免的。我国北斗产业虽然处于大规模应用初期，技术基础相对于国外还比较薄弱，但是也要遵守国际规则，争取以较小的代价取得国外企业在中国布局的专利的合法使用权。在北斗的全球应用阶段，国内企业产品要打入国际市场，更是要以取得在产品进入国家受到保护的专利的合法使用权为前提。在相当长的一段时间内，应当承认技术水平落后的现实，在提倡创新的同时，尊重别人的知识产权。这必然涉及知识产权许可贸易。

(6) 重视借助合作并购手段，不断进行自我完善

在梳理该领域专利技术发展的同时，我们还研究了各个公司的合作和并购情况，认为合作并购策略是该领域企业发展的必由之路。

卫星导航定位领域专利技术的发展与公司间的合作与并购息息相关。在前面的研究中，尤以天宝公司为典型代表。2000 年开始的天宝公司借助并购实现了对定位设备、通信、机械制造、地质测绘、建筑、电子制导、物流、安保等多个传统和新型行业的融合，以自身的核心专利技术为根本，构建了庞大的合作阵营，创造并赢得了公司多年以来的可持续性高速发展。其中，在行业内部的并购带来了对自身技术水平的发展和提升，在行业之间的并购使得优势资源得以整合与互补。

无独有偶，诺瓦泰公司采取的策略是与精细农耕、通信、测绘测量、惯导软件等不同行业的多家公司建立战略合作伙伴关系，而 SiRF 公司与通信接收机、消费类移动电子终端、浏览器软件等公司签订合作协议，并同步开展了对与自身核心技术息息相关的同行业公司、芯片制造公司兼并和收购，延续了自身的不断成长和发展。

类似的场景在导航定位领域已频频上演并逐渐成为常态。这些合作、兼并和收购不论是以资产收购还是以股权收购的形式体现在世人面前，实质上多是以知识产权为直接目标，同时扩展市场及客户等资源。这样，不仅克服了自身在行业内部的技术或规模发展障碍，而且使自身延扩了原有的、单一的导航定位市场经营渠道，更完成了对自身行业体量制约的突围。

通过合作、并购可以使企业不断壮大自己，GNSS 综合业务能力能够得到飞速拓展。值得注意的是，国内企业在并购与合作的过程中，尤其是作为出资方在海外市场进行并购时，一定要做好知识产权尽职调查、认真审核知识产权资产清单、签订完善的相关协议，严密防范并购中可能出现的专利风险。

(7) 学习专利诉讼策略，完善专利预警机制

专利技术的发展、需求的增加必然导致市场繁荣、企业增多，专利与商业利益关系密切，在激烈的市场竞争中专利诉讼必然也会增加。这是一个不可改变的客观事实和普遍规律。从研究中可以看到，国外企业积累了丰富的专利诉讼经验，例如诉讼时机的选取、对起诉或应诉法院的选择、诉讼期间的合作与并购的灵活运用等。尽管国

内目前专利诉讼并不多,但可以预见到,随着北斗卫星导航系统的建立和国内导航产业的发展,不久的将来,国内企业必然会面临如国外企业一样的专利纠纷。这些纠纷在给国内企业带来风险的同时,也蕴含着巨大的历史机遇。如果准备充分应对得当,同样能够扭转局面,为自身的发展赢得筹码。从美国卫星导航领域的诉讼中,我们不仅可以学习借鉴并得到警示,更需要在平时注重自身核心技术的专利布局,建立和完善专利预警分析机制,做到未雨绸缪。

14.9 针对特定技术分支的倡议

(1) 导航电子地图

目前中国的导航电子地图企业众多、鱼龙混杂,而导航电子地图又是天然集中的一个产业,未来中国市场的竞争会愈演愈烈,行业的并购与重组也蓄势待发。

面对的这样的行业现状,中国的导航电子地图行业应当具备忧患意识,提前布局和发力。

① 发展产品差别优势,形成垄断竞争

在一个具有强烈自然垄断倾向的行业,形成产品差别优势是企业生存与发展的途径。导航电子地图企业应当通过走专业化分工发展的道路,集中精力发展自己独具特色的技术和地图产品。

目前,我国拥有导航电子地图制作资质的企业来自五种不同背景:①专注于导航电子地图开发的企业;②其他电子地图制作企业;③GIS 软件开发的企业;④地图数据外包加工的企业;⑤因涉足导航硬件生产而延伸至软件和地图制作的企业。这些企业如果一味地重复开发基础导航电子地图数据库,几年后在无法获得足够的市场份额来支撑庞大的企业开支后将会被逐出市场。那些拥有产品差别优势的企业则可能通过联合、合并或兼并的方式实现优势互补,最后形成由少数几家公司垄断竞争的局面,这是中国导航电子地图行业发展的必然趋势。

要发展差别优势,企业就必须专注于做自己有资源优势的环节或领域。此外,市场上还需要各种专题地图,这些专题电子地图通常不涉及大规模的外业数据采集,适合于规模较小的电子地图制作企业。由于专题地图对特定数据来源的依赖性较强,比较容易形成产品差别优势。例如,美国的 GDT 公司是专注于政府应用的电子地图供应商,已发展成为美国第二大的电子地图公司。

由于电子地图数据采集方式的多样性,不同的电子地图公司在发展过程中将会形成特定的数据资源优势。通过商业交换原则充分利用其他电子地图企业的特定数据资源,结合自身拥有的特定数据和地图表现技术,开发出具有产品差别优势的电子地图,避免重复劳动,降低电子地图制作成本,这应当是导航电子地图企业的明智选择。

例如,日本善邻公司为进入欧美市场,向美国纳智捷公司购买导航地图数据,再加工成独具特色的导航电子地图卖给客户。日本则有一些地图制作企业向善邻购买基础导航电子地图,再加工成在某些方面具有差别优势的专题导航电子地图后卖给特定客户。这种利用对方优势资源形成资源互补,同时发挥自身所长在不同领域或层面寻求深入发展的合作竞争模式,避免了国内同行业内部的单一恶性竞争、形成了不同企业和产品的差别优势、促进了企业在不同产品和市场方向上的良性发展。国外企业的上述做法值得我们借鉴。❶

② 重视专利保护和布局,提升核心竞争力

研究表明,中国企业在导航电子地图领域的专利申请数量占据优势,但是实用新型占总量的7%,而且申请人众多并分散、核心竞争力尚显不足。

中国企业应当加强对核心和重点专利的布局,提升自己的核心竞争力。同时,为了应对跨国公司将专利诉讼作为竞争武器、利用庞大的专利池布雷,中国企业应该学会如何使用专利策略全面规划、避开专利"雷区"、降低在专利战争中犯低级错误的概率。

同时,我们也不应忽视一些其他专利的布局,例如创意专利布局。苹果公司刚刚取得的滑动解锁专利,其本身并没有很高技术含量。但苹果公司凭借其对市场的准确把握及高超的专利策略应用能力,通过该专利的时间优势,极大打击了许多同样适用滑动解锁的 Android 厂商,为自身赢得了主动。中国企业可以在此类创意专利上加强布局,以应对各种纠纷。

外围专利的布局也不容忽视。外围专利的合理布局,可以与核心专利相互支撑,甚至在一定程度上弥补企业自身核心技术的不足,以外围专利增加自身在国际和国内市场的谈判筹码。

③ 关注重点技术分支,聚焦地图更新和路径规划

重点技术分支往往代表了本领域的技术发展方向和市场需求趋势,是企业在技术和经济实力有限时应当予以关注的重点。地图更新和路径规划两大热门技术恰恰代表了导航电子地图领域的技术推进和产业发展热点。我国企业不妨以此为关注点,集中资源在上述两个分支上下工夫、出产品、拓市场。

具体来说,可以建立高现势性、高精度、精细化的中国导航电子地图数据库,从而支持多源数据融合、增量更新、多模式导航应用,带动信息产业的发展。

研究解决导航电子地图快速增量更新核心技术,建立国内导航电子地图产业链合作框架和导航电子地图快速增量更新体系,降低导航电子地图应用服务成本,提高导航电子地图数据的更新频次。认清楚现实差距,在专利"量"上有差距的时候,努力提高专利个案质量,多一些"拳头"专利。增强企业间的专利合作,通过联盟或者其他形式,将多家企业的专利形成"专利池",共同抵御将来可能出现的风险。

④ 积极发挥政府职能,加强行业引导

导航电子技术作为现代社会不可或缺的信息服务工具,其所蕴含的经济价值和社会效益不可估量。越来越多的企业和产品受此吸引先后进入市场,在推动技术发展和

---

❶ 易图通,王志钢. 导航电子地图产业结构及其行业发展趋势 [EB/OL]. [2013-08-01]. http://wenku.baidu.com/link?url = MNZDLQU0_61kOZmAqzz1ikiTAUedmwHmzzk - wa - nqnVYodRnVrKS82SFTAZIhxU7jv24RqlsYXqBt6SH14eyPZZq7BGQ6 - ZuecbQ4FmHmDO.

市场竞争的同时,也带来了诸多乱象。为了全行业的高效有序发展,政府职能部门应当积极行使自身职能,加强对行业的宏观引导和管理。具体包括以下几方面:

第一,目前我国尚缺乏合理明确的网络地图服务政策,需尽快完善相关法律、法规。尽快制定全国统一的审图标准,由国家级机构统一审图,并加快制定关于审图的有关法规。

第二,加强统筹,对具有资质的测绘公司适当开放部分公共测绘成果,从而减少重复劳动、降低导航电子地图企业的制作成本,最终降低电子地图产品的使用价格。为导航地图制作企业免费提供必要的信息,例如交通禁行、限行信息,道路名称,新修道路开通计划以及各种道路属性等信息,降低地图制作和更新成本。组织和推动建立全国性的、统一信息格式和通信方式的实时交通信息源,发展动态导航系统,缓解交通拥挤状况。严格执法,建立市场秩序。

第三,加强执法力度,严格取缔无测绘资质的导航电子地图制作企业、严厉打击导航电子地图的盗版行为,维持公平竞争,帮助优秀企业在市场竞争中获得合法利益。[1]

(2) 射频前端

一个成熟的市场应当是企业占主导力量,由产品市场引领研发的方向,通过产品研发开拓市场。因此,在导航事业大发展的背景下,我国企业也应当在生产实践过程中承担起部分研发工作。以北斗导航系统的建立与商用为契机,加大自主研发投入、大力发展自己的射频芯片技术、提升自身的核心竞争力、逐步摆脱对国外的依赖,进而推动北斗导航系统整个产业链的发展。同时应当学习国外较成熟的知识产权保护理念、提高专利保护意识。如果国内企业仍然依靠进口射频芯片,或不注重利用专利制度保护自主知识产权,那么我国的北斗导航系统发展壮大之后,受益的仍将是其他国家或地区的企业。

---

[1] 易图通,王志钢. 导航电子地图产业结构及其行业发展趋势 [EB/OL]. [2013-08-01]. http://wenku.baidu.com/link? url = MNZDLQU0_61kOZmAqzz1ikiTAUedmwHmzzk - wa - nqnVYodRnVrKS82 SFTAZIhxU7jv24Rqls YXqBt6SH14eyPZZq7BGQ6 - ZuecbQ4FmHmDO.

附录1　卫星导航信号格式方面的专利分析

（1）引言

2011年，Ploughshare Innovations 代表"国防部长"向北美和欧洲的接收机制造商宣布对信号格式拥有专利权，对其中的一部分还要求收取专利使用费，甚至要索取一定比例的接收机利润。Ploughshare Innovations 何许人也？它是英国国防科技实验室（DSTL）的全资子公司，而 DSTL 是英国国防部的研发部门。

经过英美两国官方的协商，2013年1月英美政府发表联合声明，两国政府表示会共同承诺确保 GPS 民用信号永远免费并对全世界开放。并且英国"国防部长"撤回或放弃了其中部分专利申请或专利权。但是，这一事件给我们提出了警示：卫星导航系统信号格式是存在专利权或专利申请的，并非所有的卫星导航系统的信号都是毫无异议地可免费使用的。

因此，有必要对要求保护卫星导航系统信号格式的专利和专利申请进行梳理，总结其经验和产业发展策略，供我国卫星导航产业尤其是北斗导航产业学习、参考，以防落入他人的专利陷阱。

（2）信号格式方面的专利分析方法

通过初步检索发现，如果直接在专利数据库中针对卫星导航系统信号格式进行检索，很难准确锁定相关专利或专利申请，收效甚微。其原因在于，卫星导航系统信号格式所涉及的分类号和关键词很难准确确定，并且检索结果中不相关专利或专利申请众多，很难从浩如烟海的专利数据中确定哪些直接与卫星导航系统的信号格式相关。

但是通过阅读大量相关文献，我们可以基本确定参与 GPS 和 Galileo 系统的信号格式设计的技术人员。于是以发明人为入口进行检索，从而确定是否存在相关专利申请。

不言自明，上述分析方法能够保证检索结果的准确性，但是检索的全面性是否能够保证呢？从理论上讲，全面性也是能够保证的，原因是 GPS 和 Galileo 系统的信号格式官方设计团队之外的人作为发明人申请专利并获得授权的可能性很小。他人合法获知信号格式设计方式的途径是信号格式官方设计团队公开发表的文章，如果在此之后申请专利，其专利申请会因为存在前述公开发表的文章而不能得到授权。

（3）GPS 信号格式方面的专利分析

下面将对 GPS 的信号格式及其设计团队进行梳理，进而以发明人为入口检索是否存在相关专利或专利申请。

1）GPS 信号的现代化进程

根据图1所示的 GPS 信号现代化进程，GPS 信号经历了四个阶段：第一个阶段是 C/A+P（Y），第二个阶段增加了 L2C 和 M 码，第三个阶段增加了 L5 信号，第四个阶段增加了 L1C 信号。

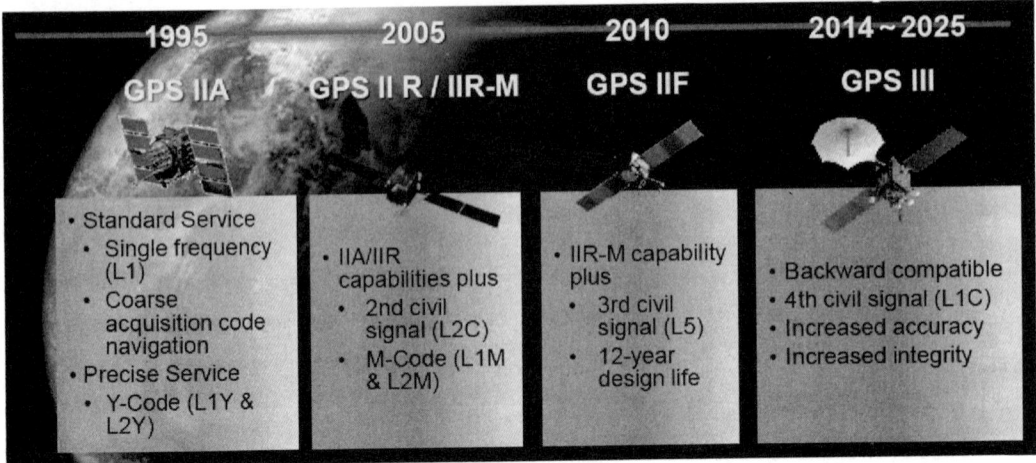

图 1　GPS 信号现代化进程

各个阶段都有众多研究人员参与，梳理出这些研究人员，对确定与信号格式相关的专利或专利申请颇为重要。GPS 信号现代化进程中各阶段的参与者如图 2 所示。

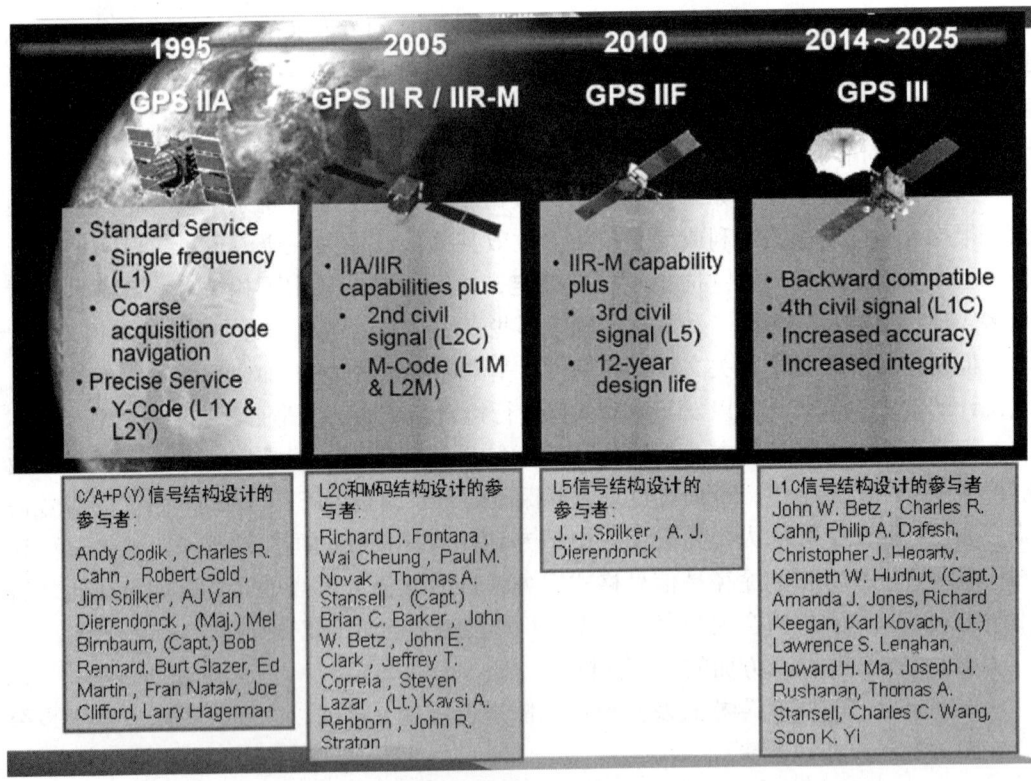

图 2　GPS 信号现代化进程中各阶段的参与者

2) GPS 信号的现代化进程各阶段的参与者

① 第一个阶段的参与者

在 GPS 信号的第一个阶段，C/A + P（Y）信号结构设计的参与者包括：Andy Codik，Charles R. Cahn，Robert Gold，Jim Spilker，A J Van Dierendonck，（Maj.）Mel Birnbaum，（Capt.）Bob Rennard，Burt Glazer，Ed Martin，Fran Nataly，Joe Clifford，Larry Hagerman。这些参与者作为发明人提出的专利申请或获得的专利的相关法律与技术信息参见表 1 和表 2。

② 第二个阶段的参与者

在 GPS 信号的第二个阶段，L2C 和 M 码结构设计的参与者包括：Richard D. Fontana，Wai Cheung，Paul M. Novak，Thomas A. Stansell 和（Capt.）Brian C. Barker，John W. Betz，John E. Clark，Jeffrey T. Correia，Steven Lazar，（Lt.）Kaysi A. Rehborn，John R. Straton。这些参与者作为发明人提出的专利申请或获得的专利的相关法律与技术信息参见表 3 和表 4。

③ 第三个阶段的参与者

在 GPS 信号的第三个阶段，L5 信号结构设计的参与者包括：J. J. Spilker，A. J. Dierendonck。

由于前面已经列出了这两位参与者作为发明人的专利或专利申请，此处不再赘述。

④ 第四个阶段的参与者

在 GPS 信号的第四个阶段，L1C 信号结构设计的参与者包括：John W. Betz，Charles R. Cahn，Philip A. Dafesh，Christopher J. Hegarty，Kenneth W. Hudnut，（Capt.）Amanda J. Jones，Richard Keegan，Karl Kovach，（Lt.）Lawrence S. Lenahan，Howard H. Ma，Joseph J. Rushanan，Thomas A. Stansell，Charles C. Wang，Soon K. Yi。这些参与者作为发明人提出的专利申请或获得的专利的相关法律与技术信息参见表 5 和表 6。

⑤ GPS 信号结构设计的参与者作为发明人的与信号结构有关的专利或专利申请

如表 7 所示，共有七件（族）GPS 信号结构设计的参与者作为发明人的专利或专利申请与信号结构有关。

3）Galileo 信号格式方面的专利分析

① Galileo 信号设计的参与者

Galileo 信号设计的参与者包括：Guenter W. Hein，Jeremie Godet，Jean‐Luc Issler，Jean‐Christophe Martin，Rafael Lucas‐Rodriguez，Tony Pratt，Stefan Wallner，John Owen，Lionel Ries，Antoine De Latour，Frederic Bastide，Jose‐Angel Avila‐Rodriguez。这些参与者作为发明人提出的专利申请或获得的专利的相关法律与技术信息参见表 8 和表 9。

表1 C/A+P（Y）信号结构设计的参与者作为发明人的专利或专利申请

发明人	专利或专利申请	发明名称	中国同族专利或专利申请	在中国的法律状态	其他同族信息
Charles R. Cahn	WO2008054506A2（20080508）	Adaptive Code Generator for Satellite Navigation Receivers	CN101432635A（20090513）CN101432635B（20120627）	专利权维持	US2007258511A1（20071108）；WO2008054506A3（20081002）；EP2021818A2（20090211）；AU2007314611A1（20080508）；CA2645425A1（20080508）；JP2009535640A（20091001）；US7860145B2（20101228）；RU2008147647A（20100610）；AU2007314611B2（20110901）；EP2021818B1（20111012）；BRPI0710235A2（20110802）；RU2444745C2（20120310）；JP2012237757A（20121206）；JP5106525B2（20121226）
	US2011051783A1（20110303）	Phase-Optimized Constant Envelope Transmission（POCET）Method, Apparatus And System	无	无	无
	WO2007056270A1（20070518）	Sampling threshold and gain for satellite navigation receiver	CN101300501A（20081105）CN101300501B（20120208）	专利权维持	US2007104299A1（20070510）；JP5147707B2（20130220）；INMUMNP200800916E（20080627）；AU2006311756A1（20070518）；EP2027484A1（20090225）；JP2009515187A（20090409）；CA2625224A1（20070518）；AU2006311756B2（20110127）；US7912158B2（20110322）；RU2417381C2（20110427）；BRPI0618148A2（20110816）
	US2007041472A1（20070222）	Phase sampling techniques using amplitude bits for digital receivers	无	无	US7630458B2（20091208）；US7113552B1（20060926）
	US6160841A（20001212）	Mitigation of multipath effects in global positioning system receivers	无	无	无

续表

发明人	专利或专利申请	发明名称	中国同族专利或专利申请	在中国的法律状态	其他同族信息
Charles R. Cahn	WO9740398 A2 (19971030)	Spread spectrum receiver with multi-bit correlator	CN1223723 A (19990721) CN1160578 C (20040804)	专利权维持	AU3116097 A (19971112); EP0895599 A2 (19990210); US5897605 A (19990427); US5901171 A (19990504); US6018704 A (2000012); US7301992 B2 (20071127); US6047017 A (20000404); US6041280 A (20000321); US6125325 A (20000926); KR20000010646 A (20000225); AU729697 B (20010208); US6198765 B1 (20010306); US6236937 B1 (20010522); US2001002203 A1 (20010531); US6249542 B1 (20010619); US2001009563 A1 (20010726); US2001047243 A1 (20011129); JP2002500751 A (20020108); US2002015439 A1 (20022207); US6393046 B1 (20020521); US6400753 B1 (20020604); EP1209483 A2 (20020529); US6421609 B2 (20020716); EP0895599 B1 (20020807); DE69714581 E (20020912); US2002146065 A1 (20021010); US2002150150 A1 (20021017); US6466612 B2 (20021015); EP1271102 A2 (20030102); US2003165186 A1 (20030904); US6633814 B2 (20031014); US6724811 B2 (20040420); US6748015 B2 (20040608); US6760364 B2 (20040706); US2004136446 A1 (20040715); JP3548853 B2 (20040728); US2004184516 A1 (20040923); US2004202235 A1 (20041014); KR100459834 B (20050131); US6917644 B2 (20050712); US7406114 B2 (20080729); US2008205493 A1 (20080828); US7729413 B2 (20100601); EP1271102 B1 (20120905)
	US5897605 A (19990427)	Spread spectrum receiver with fast signal reacquisition	无	无	无

续表

发明人	专利或专利申请	发明名称	中国同族专利或专利申请	在中国的法律状态	其他同族信息
Charles R. Cahn	US6018704A (20000125)	GPS receiver	无	无	无
	US6041280A (20000321)	GPS car navigation system	无	无	无
	US6047017A (20000404)	Spread spectrum receiver with multi-path cancellation	无	无	无
	US6198765B1 (20010306)	Spread spectrum receiver with multi-path correction	无	无	无
	US2001002203A1 (20010531)	Spread spectrum receiver with multi-path correction	无	无	US6917644B2 (20050712)
	WO9637789A1 (19961128)	Mitigation of multipath effects in global positioning system receivers	无	无	AU6249696A (19961211); EP0830616A1 (19980325); US5963582A (19991005); US6023489A (20000208); AU724006B (20000907); US6163567A (20001219); EP0830616B1 (20021113); DE69624812E (20021219); CA2525798A1 (19961128); CA2221969C (20070807); CA2525798C (20080812); CA2525598C (20100413)
	WO9530287A1 (19951109)	Global positioning system (GPS) receiver for recovery and tracking of signals modulated with P-code	CN1149361A (19970507)	逾期视撤	AU2428295A (19951129); US5535278A (19960709); EP0763285A1 (19970319); KR977003068A (19970610); JPH10505664A (19980602); AU706137B (19990610); CA2188667C (20031230); EP0763285B1 (20121205)

续表

发明人	专利或专利申请	发明名称	中国同族专利或专利申请	在中国的法律状态	其他同族信息
Jim Spilker	WO9914617A2 (19990325)	Signal structure for global positioning systems	无	无	US6044071A (20000328)
	US2005251844A1 (20051110)	Blind correlation for high precision ranging of coded OFDM signals	无	无	无
	US8233091B1 (20120731)	Positioning and time transfer using television synchronization signals	无	无	无
	US8149168B1 (20120403)	Position determination using wireless local area network signals and television signals	无	无	无
	US2011025561A1 (20110203)	Position Determination Using ATSC–M/H Signals	无	无	无
	US7792156B1 (20100907)	ATSC transmitter identifier signaling	无	无	无
	WO2009149104A2 (20091210)	Time, Frequency, And Location Determination For Femtocells	无	无	WO2009149104A3 (20100325); KR20110022557A (20110307); JP2011523834A (20110818); US2011263269A1 (20111027); US8106828B1 (20120131)
	WO03075630A2 (20030918)	Position location using global positioning signals augmented by broadcast television signals	无	无	US2002199196A1 (20021226); WO03075630A3 (20031120); AU2003230586A1 (20030922); AU2003230586A8 (20051020); US7463195B2 (20081209)

续表

发明人	专利或专利申请	发明名称	中国同族专利或专利申请	在中国的法律状态	其他同族信息
Jim Spilker	US2007182633A1 (20070809)	Monitor Units for Television Signals	无	无	US7471244B2 (20081230)
	WO2009105054A1 (20090827)	Location identification using broadcast wireless signal signatures	无	无	US2007050824A1 (20070301); US8102317B2 (20120124)
	WO02063866A2 (20020815)	Position location using terrestrial digital video broadcast television signals	无	无	US2002144294A1 (20021003); EP1366375A2 (20031203); AU2002250014A1 (20020819); AU2002250014A8 (20051013); US7126536B2 (20061024); WO02063866A3 (20030417); JP2004109139A (20040408); US2007008220A1 (20070111); US7372405B2 (20080513)
	US2007008220A1 (20070111)	Position Location using Digital Video Broadcast Television Signals	无	无	US7372405B2 (20080513)
	US2005066373A1 (20050324)	Position location using broadcast digital television signals	无	无	无
	US2005030229A1 (20050210)	Position location and data transmission using pseudo digital television transmitters	无	无	US6963306B2 (20051108)
	US2004207556A1 (20041021)	Position location using broadcast television signals and mobile telephone signals	无	无	US6859173B2 (20050222)

续表

发明人	专利或专利申请	发明名称	中国同族专利或专利申请	在中国的法律状态	其他同族信息
Jim Spilker	US2004201779A1 (20041014)	Symbol clock recovery for the ATSC digital television signal	无	无	无
	WO2004077813A2 (20040910)	Position location and data transmission using pseudo digital television transmitters	无	无	WO2004077813A3 (20051103)
	WO2004064374A2 (20040729)	Symbol clock recovery for the ATSC digital televison siganl	无	无	WO2004064374A3 (20061221)
	WO2004057360A2 (20040708)	Position location using digital audio broadcast signals	无	无	AU2003299753A1 (20040714); US2005015162A1 (20050120); US7042396B2 (20060509); AU2003299753A8 (20051117); WO2004057360A3 (20050901)
	WO2004032480 A2 (20040415)	Targeted data transmission and location services using digital television signaling	无	无	US2004140932A1 (20040722); AU2003283977A1 (20040423); US6970132B2 (20051129); AU2003283977A8 (20051110); WO2004032480A3 (20050224)
	WO2004023789A2 (20040318)	Position location using broadcast digital television signals comprising pseudonoise sequences	无	无	US2004150559A1 (20040805); AU2003270608A1 (20040329); US6914560B2 (20050705); AU2003270608A8 (20051110); WO2004023789A3 (20050303)
	WO2004015977A2 (20040219)	Precision time transfer using television signals	无	无	US2004073914A1 (20040415); AU2003258995A1 (20040225); AU2003258995A8 (20051027); WO2004015977A3 (20040603)
	US2003231133A1 (20031218)	Position location using broadcast analog television signals	无	无	US6961020B2 (20051101)

续表

发明人	专利或专利申请	发明名称	中国同族专利或专利申请	在中国的法律状态	其他同族信息
Jim Spilker	US2003201932A1 (20031030)	Using digital television broadcast signals to provide GPS aiding information	无	无	US6727847B2 (20040427)
	US2003145328A1 (20030731)	Radio frequency device for receiving TV signals and GPS satellite signals and performing positioning	无	无	US6917328B2 (20050712)
	US2003142017A1 (20030731)	Position location using ghost canceling reference television signals	无	无	US6879286B2 (20050412)
	WO03067869A2 (20030814)	Position determination using portable pseudo-television broadcast transmitters	无	无	US2003174090A1 (20030918); AU2003207777A1 (20030902); US6839024B2 (20050104); AU2003207777A8 (20051027); WO03067869A3 (20040205)
	US2003085841A1 (20030508)	Position location using broadcast television signals and mobile telephone signals	无	无	US6717547B2 (20040406)
	US2003052822A1 (20030320)	Position location using broadcast digital television signals	无	无	US6861984B2 (20050301)
	WO03051029A2 (20030619)	Position location using integrated services digital broadcasting-terrestrial (ISDB-T) broadcast television signals	CN1582401A (20050216)	逾期视撤	US2003156063A1 (20030821); AU2002356923A1 (20030623); JP2005512103A (20050428); US6952182B2 (20051004); AU2002356923A8 (20051020); KR20050044347A (20050512); WO03051029A3 (20031023)

续表

发明人	专利或专利申请	发明名称	中国同族专利或专利申请	在中国的法律状态	其他同族信息
Jim Spilker	US2003058167A1 (20030327)	Time-gated delay lock loop tracking of digital television signals	无	无	WO03063462A2 (20030731); AU2003210588A1 (20030902); AU2003210588A8 (20051027); US6753812B2 (20040622); WO03063462A3 (20040408)
	US6522297B1 (20030218)	Position location using ghost canceling reference television signals	CN1568434A (20050119)	逾期视撤	WO03036934A2 (20030501); EP1446940A2 (20040818); AU2002347988A1 (20030506); KR20040089073A (20041020); JP2005507084A (20050310); AU2002347988A8 (20051020); WO03036934A3 (20031030)
	WO03043323A1 (20030522)	Using digital television broadcast signals to provide GPS aiding information	CN1586073A (20050223)	逾期视撤	EP1454487A1 (20040908); AU2002360372A1 (20030526); JP2005510141A (20050414); KR20050044390A (20050512); KR100941196B1 (20100210)
	WO03042713A2 (20030522)	Position location using ghost canceling reference television signals	CN1585903A (20050223)	逾期视撤	AU2002348196A1 (20030526); JP2005509861A (20050414); KR20050044355A (20050512); KR100958471B1 (20100517); WO03042713A3 (20031016)
	WO03021286A2 (20030313)	Position location using broadcast television signals and mobile telephone signals	CN1547671A (20041117)	逾期视撤	EP1432999A2 (20040630); AU2002336415A1 (20030318); KR20040036721A (20040430); JP2005502054A (20050120); AU2002336415A8 (20051013); KR100001007B1 (20101214); WO03021286A3 (20030814)
	WO02082812A1 (20021017)	Robust data transmission using broadcast digital television signals	CN1500349A (20040526)	逾期视撤	EP1393562A1 (20040303); KR20030085593A (20031105); AU2002307097A1 (20021021); JP2004527174A (20040902); US7042949B1 (20060509); JP4846187B2 (20111228)

续表

发明人	专利或专利申请	发明名称	中国同族专利或专利申请	在中国的法律状态	其他同族信息
Jim Spilker	WO02063865A2 (20020815)	Navigation services based on position location using broadcast digital television signals	CN1575422A (20050202)	逾期视撤	US2002135518A1 (20020926); US2002145565A1 (20021010); US2002184653A1 (20021205); US6659800B2 (20030506); KR20030083706A (20031030); KR20030088891A (20031120); JP2004109139A (20040408); AU2002251852A1 (20020819); JP2004208274A (20040722); AU2002251852A8 (20051013); JP2009021987A (20090129); JP2009025291A (20090205); JP2009025292A (20090205); JP2009027696A (20090205); JP2009036757A (20090219); JP2009042215A (20090226); US2010292920A1 (20101118); US8041505B2 (20111018); WO02063865A3 (20030220)
	WO9944303A1 (19990902)	Quasi-optimal receiver for tracking and acquisition of a split spectrum PN GPS C/A signal	无	无	AU2972299A (19990915); US6058135A (20000502)
	US5815046A (19980929)	Tunable digital modulator integrated circuit using multiplexed D/A converters	无	无	无
	WO9628901A1 (19960919)	Paging/messaging system using GPS satellites	无	无	AU5417996A (19961002); US5625363A (19970429)
	WO9626591A1 (19960829)	Chirped spread spectrum positioning system	无	无	AU5354796A (19960911); US5701328A (19971223)
	US5477195A (19951219)	Near optimal quasi-coherent delay lock loop (QCDLL) for tracking direct sequence signals and CDMA	无	无	WO9617434A1 (19960606); AU4505296A (19960619)

续表

发明人	专利或专利申请	发明名称	中国同族专利或专利申请	在中国的法律状态	其他同族信息
Jim Spilker	WO9423505A1 (19941013)	Vector delay lock loop processing of radiolocation transmitter signals	无	无	AU6492094 A (19941024); US5398034 A (19950314); TW245777 A (19950421); JPH09501228 A (19970204); JP3574929B2 (20041006)
	US4326292A (19820420)	Random energy communication system	无	无	无
	US4324002A (19820406)	Delay – modulated random energy intelligence communication system	无	无	无
	US6067484A (20000523)	Differential GPS landing system	无	无	无
A. J. Van Dierendonck	WO0011491A2 (20000302)	Split C/A code receiver	无	无	AU5992899 A (20000314); NO20004361A (20010205); US6184822B1 (20010206); EP1110098A2 (20010627); AU749500B (20020627); EP1110098B1 (20020724); DE69902282E (20020829); JP2002523752 A (20020730); CA2322643C (20060411)
	WO9918677A1 (19990415)	GPS augmentation system	无	无	AU1900199 A (19990427)
	EP0892277A2 (19990120)	Global navigation satellite system receiver with blanked – PRN code correlation	无	无	CA2241739 A (19990115); JPH11142502A (19990528); US6243409B1 (20010605); CA2241739C (20050118); EP0892277B1 (20060308); DE69833733E (20060504); DE69833733T2 (20061012); ES2259810T3 (20061016)

表 2　C/A+P（Y）信号结构设计的参与者作为发明人的与信号结构有关的专利或专利申请

发明人	涉及信号格式的专利或专利申请	在中国、欧洲和美国的同族专利申请及其法律状态	中国、欧洲或美国最后文本的独立权利要求
Charles R. Cahn	WO2008054506A2 (20080508)	中国：CN101432635B (20120627) 专利权维持； 美国：US7860145B2 (20101228) 专利权维持； 欧洲：EP2021818B1 (20111012) 专利权维持	在中国专利权维持的 CN101432635B（20120627）的独立权利要求： 1. 一种卫星导航装置，包括： 一包括一可调节的代码发生器的接收机，所述可调节的代码发生器可被配置以在全球导航卫星系统中产生一组扩频码信号，所述扩频码信号对应所述全球导航卫星系统的相应的卫星，并且所述扩频码信号组包括具有不同的第一扩频码信号长度的第一对应于重复周期的相应的第一和第二长度的第一和第二扩频码信号； 所述可调节的代码发生器包括一反馈回路，所述反馈回路还包括一可编程反馈掩码和一反馈码表，其中所述反馈掩码表包含一组反馈掩码，所述反馈掩码对应于所述全球导航卫星系统的相应的扩频码信号，并且用于一相应的扩频码的一反馈掩码是一对应的多项式的二进制表示。 13. 一种接收导航卫星信号的方法，包括： 接收来自全球导航卫星系统中的一卫星的一扩频码信号； 配置一可调节的代码发生器以产生一组选自一组扩频码信号的扩频码信号，所述扩频码信号对应产生全球导航卫星系统的相应的卫星； 产生所述扩频码信号，其中所述扩频码信号组包括具有不同的第一相应长度的第一和第二长度的第一和第二扩频码信号； 配置所述可调节的代码发生器以使所述扩频码信号的相应的反馈掩码对应于所述反馈掩码的多项式的多个反馈掩码中选择一反馈掩码的相应位数与所述反馈码的相应表示； 其中用于一相应的扩频码的一反馈掩码是对应于可编程移位寄存器中的相应位数的二进制表示； 产生所述选择的反馈信号以结合可编程移位寄存器的位数产生一反馈；及 提供所述反馈给所述可编程位寄存器的位数。

续表

发明人	涉及信号格式的专利或专利申请	在中国、欧洲和美国的同族专利申请及其法律状态	中国、欧洲或美国最后文本的独立权利要求
Charles R. Cahn	US2011051783A1 (20110303)	在美国正在审查之中（申请文件最后更新时间为2013年7月16日）	1. (currently amended) An apparatus for generating a composite signal from a plurality of component signals, comprising: electronics configured to modulate a carrier utilizing a finite set of composite signal phases to generate and maintain a constant envelope composite signal, the finite set of composite signal phases being determined through an optimization process that minimizes [[a]] the constant envelope of a phase-modulated carrier composite signal subject to a plurality of intra-signal constraints for the component signals. 35. (currently amended) A method for generating a composite signal from a plurality of component signals, comprising the step of: modulating a carrier utilizing a finite set of composite signal phases to generate a constant envelope composite signal, the finite set of composite signal phases being determined through an optimization process that minimizes [[a]] the constant envelope of a phase modulated carrier composite signal, subject to while maintaining a plurality of constraints on desired signal power levels for the component signals, and either zero or one or more constraints on phase relationships between the component signals. 41. (currently amended) A method for forming a composite signal, comprising the steps of: enumerating M^N phase states for combining N signals with M possible signal phases; formulating N intra-signal constraint equations, each as a function of the M^N phase states, to provide intra-signal constraints on the signals; formulating $K \le N(N-1)/2$ inter-signal constraint equations, where $K = 0$ or a positive integer, each as a function of the M^N phase states, to provide inter-signal constraints between the signals; performing an optimization process to minimize a constant envelope composite signal for a phase modulated carrier, subject to the intra-signal constraints on the signals and the inter-signal constraints between the signals; and modulating an RF carrier using phase states determined through the optimization process to produce [[a]] the constant envelope composite signal.

续表

发明人	涉及信号格式的专利或专利申请	在中国、欧洲和美国的同族专利申请及其法律状态	中国、欧洲或美国最后文本的独立权利要求
Jim Spilker	WO9914617A2 (19990325)	美国：US6044071A (20000328) 专利权维持	1. A system for providing a signal structure for code-division multiplexed radio positioning comprising: means for providing an available radio frequency band for signal transmission, a coherent signal source from which carrier frequency and all lower frequencies used in code definition are derived through frequency synthesis, means for providing a radio frequency carrier approximately centered in the available band, means providing binary phase shift modulation of said carrier frequency by a composite signal made up of: (a) a first coded signal whose code is publicly known having a short repeat interval, whose spectral content lies within the center portion of said available band and (b) a second coded signal having a much longer repeat-interval composed of repetitions of said multi-bit symbol repeated in direct or inverted form according to the values of said second coded signal, not publicly released, whose repeat interval is much longer than that of said first coded signal, wherein said multi-bit symbol has an odd number of chips with equal numbers of binary 0 and 1 bit values, and is chosen from among all such multi-bit signals for its having low autocorrelation values with shifted versions of itself. 7. A code-division multiplex receiver for said composite modulating signal defined in claim 6, comprising: a high-frequency amplifier and translator to translate said composite modulating signal to an intermediate frequency, a coherent detector and sampling circuit generating in-phase and quadrature data streams representing said composite modulating signal and any noise added during transmission and reception, local code generators producing time-shifted representations of one or more of the separate codes known to be present in the composite modulating signal, one or more binary correlators, each binary correlation using as inputs the sampled received composite modulating signal and one of the coded signals in said composite modulating signal, and one or more phase-locked loops connected to said one or more binary correlators for tracking said received composite modulating signal based on outputs of said one or more binary correlators.

表 3　L2C 和 M 码信号结构设计的参与者作为发明人的专利或专利申请

发明人	专利或专利申请	发明名称	中国同族专利或专利申请	在中国的法律状态	其他同族信息
Thomas A. Stansell	US6160841A (20001212)	Mitigation of multipath effects in global positioning system receivers	无	无	无
	WO9637789A1 (19961128)	Mitigation of multipath effects in global positioning system receivers B	无	无	AU6249696A (19961211); EP0830616A1 (19980325); US5963582A (19991005); US6023489A (20000208); AU724006B (20000907); US6163567A (20001219); EP0830616B1 (20021113); DE69624812E (20021219); CA2525798A1 (19961128); CA2221969C (20070807); CA2525798C (20080812); CA2525598C (20100413)
	WO9530287A1 (19951109)	Global positioning system (GPS) receiver for recovery and tracking of signals modulated with P–code	CN1149361A (19970507)	逾期视撤	AU2428295A (19951129); US5535278A (19960709); EP0763285A1 (19970319); KR977003068A (19970610); JPH10505664A (19980602); AU706137B (19990610); CA2188667C (20031230); EP0763285B1 (20121205)
John W. Betz	US20100284440A1 (20101111)	Time – Multiplexed Binary Offset Carrier Signaling and Processing	无	无	无
	US2008260001A1 (20081023)	Time – multiplexed binary offset carrier signaling and processing	无	无	无
	US20071776999A1 (20070802)	Interpolation processing for enhanced signal acquisition	无	无	US7995676B2 (20110809)

续表

发明人	专利或专利申请	发明名称	中国同族专利或专利申请	在中国的法律状态	其他同族信息
John E. Clark	US2013227708A1（20130829）	System and method for delivering geographically restricted content, such as over-air broadcast programning, to a recipient over a network, namely the internet	无	无	无
	US2011196983A1（20110811）	System and method for delivering geographically restricted content, such as over-air broadcast programning, to a recipient over a network, namely the internet	无	无	US8423004B2（20130416）
Steven Lazar	EP1318413A1（20030611）	Electronic device precision location via local broadcast signals	无	无	US200312271A1（20030703）；US6806830B2（20041019）

表 4 L2C 和 M 码信号结构设计的参与者作为发明人的与信号结构有关的专利或专利申请

发明人	涉及信号格式的专利或专利申请	在中国、欧洲和美国的同族专利申请及其法律状态	中国、欧洲或美国最后文本的独立权利要求
John W. Betz	US2010284440A1 (20101111)	在美国审查期间主动放弃 (2010年11月30日声明放弃)	1. A direct sequence spread spectrum (DSSS) signal, including: a time multiplexed spreading time series, including: a data spreading time series, comprising at least a first spreading symbol; and a pilot spreading time series, comprising at least a second spreading symbol and a third spreading symbol, wherein the second spreading symbol and the third spreading symbol are different. 24. A method of generating a direct sequence spread spectrum (DSSS) signal, comprising: (1) generating a data spreading time series comprising at least a first spreading symbol; (2) generating a pilot spreading time series comprising at least a second spreading symbol and a third spreading symbol, wherein the second spreading symbol and the third spreading symbol are different; and (3) forming a DSSS signal based at least on the data spreading time series and the pilot spreading time series.
	US2008260001A1 (20081023)	在美国审查期间主动放弃 (2010年6月25日声明放弃)	1. A direct sequence spread spectrum (DSSS) signal, comprising: a time multiplexed spreading time series, including: a data spreading time series, comprising at least a first spreading symbol; and a pilot spreading time series, comprising at least a second spreading symbol and a third spreading symbol, wherein the second spreading symbol and the third spreading symbol are different. 24. A method of generating a direct sequence spread spectrum (DSSS) signal, comprising: (1) generating a data spreading time series comprising at least a first spreading symbol; (2) generating a pilot spreading time series comprising at least a second spreading symbol and a third spreading symbol, wherein the second spreading symbol and the third spreading symbol are different; and (3) forming a DSSS signal based at least on the data spreading time series and the pilot spreading time series. 34. A method of receiving a direct sequence spread spectrum (DSSS) signal, comprising: receiving a DSSS signal, wherein the signal includes a data component formed according to a data spreading time series and a pilot component formed according to a pilot spreading time series, wherein the data spreading time series comprises at least a first spreading symbol, wherein the pilot spreading time series comprises at least a second spreading symbol and a third spreading symbol, wherein the second spreading symbol and the third spreading symbol are different; and processing the received signal, including the step of: weighting a spreading symbol higher than another spreading symbol.

表 5 L1C 信号结构设计的参与著作为发明人的专利或专利申请

发明人	专利或专利申请	发明名称	中国同族专利或专利申请	在中国的法律状态	其他同族信息
Philip A. Dafesh	US2011128178A1（20110602）	Cognitive-anti-jam receiver systems and associated methods	无	无	无
	US2011051783A1（20110303）	Phase-Optimized Constant Envelope Transmission (POCET) Method, Apparatus and System	无	无	无
	US7120198B1（20061010）	Quadrature product subcarrier modulation system	无	无	无
	US2004208233A1（20041021）	Direct-sequence spread-spectrum optical-frequency-shift-keying code-division-multiple-access communication system	无	无	US7200342B2（20070403）
	US2003227963A1（20031211）	Spread spectrum bit boundary correlation search acquisition system	无	无	US7042930B2（20060509）
	US2003174792A1（20030918）	Gated time division multiplexed spread spectrum correlator	无	无	US7130326B2（20061031）
	US6430213B1（20020806）	Coherent adaptive subcarrier modulation method	无	无	无

续表

发明人	专利或专利申请	发明名称	中国同族专利或专利申请	在中国的法律状态	其他同族信息
Christopher J. Hegarty	US2010284440A1 (20101111)	Time-multiplexed binary offset carrier signaling and processing	无	无	无
	US2008260001A1 (20081023)	Time-multiplexed binary offset carrier signaling and processing	无	无	无
	US7495610B1 (20090224)	System and method for decimating global positioning system signals	无	无	无
	WO2006124685A2 (20061123)	System and methods for IP and VoIP device location determination	无	无	US2007030841A1 (20070208); EP1889188A2 (20080220); JP2008545122A (20081211); WO2006124685A3 (20090430); US7961717B2 (20110614); US2011206039A1 (20110825)
Richard Keegan	US2006083293A1 (20060420)	Phase multi-path mitigation	CN101044414A (20070926) CN101044414B (20110316)	专利权维持	WO2006044142A1 (20060427); EP1805527A1 (20070711); AU2005296090A1 (20060427); JP2008517296A (20080522); EP1805527B1 (20080813); BRPI0516607 A (20080916); DE602005009008E (20080925); US7453925B2 (20081118); INMUMNP2007005l8E (20081031); ES2311241T3 (20090201); AU2005296090B2 (20100311); RU2407025C2 (20101220); IN247567 B (20110429); JP4799561B2 (20111026)
	US2004095275A1 (20040520)	Using FFT engines to process decorrelated GPS signals to establish frequencies of received signals	无	无	US6806827B2 (20041019)

续表

发明人	专利或专利申请	发明名称	中国同族专利或专利申请	在中国的法律状态	其他同族信息
Richard Keegan	US2004043745A1 (20040304)	Integrated GPS receiver architecture	无	无	无
	US2004042563A1 (20040304)	Alias sampling for IF-to-baseband conversion in a GPS receiver	无	无	US7099406B2 (20060829)
	US6670914B1 (20031230)	RF system for rejection of L-band jamming in a GPS receiver	无	无	无
	US6243026B1 (20010605)	Automatic determination of traffic signal preemption using GPS, apparatus and method	无	无	无
	US5986575A (19991116)	Automatic determination of traffic signal preemption using GPS, apparatus and method	无	无	CA2220216C (20080729)
	WO9530287A1 (19951109)	Global positioning system (GPS) receiver for recovery and tracking of signals modulated with P-code	CN1149361A (19970507)	逾期视撤	AU2428295A (19951129); US5535278A (19960709); EP0763285A1 (19970319); KR977003068 A (19970610); JPH10505664 A (19980602); AU706137B (19990610); CA2188667C (20031230); EP0763285B1 (20121205)
	EP0430364A (19910605)	Receiver architecture for use with a global positioning system	无	无	AU6702890A (19910606); CA2030948A (19910531); US5040240A (19910813); EP0430364A3 (19920701); EP0430364B1 (19951004); DE69022817E (19951109); ES2081917T3 (19960316); JP3012857B2 (20000228); CA2030948C (20000509)

466

续表

发明人	专利或专利申请	发明名称	中国同族专利或专利申请	在中国的法律状态	其他同族信息
Richard Keegan	US4972431A (19901120)	P-code-aided global positioning system receiver	无	无	EP0420329A (19910403); AU6307390A (19910328); CA2025964A (19910326); AU637747B (19930603); EP0420329A3 (19920701); EP0420329B1 (19951115); DE69023596E (19951221); ES2081915T3 (19960316); CA2025964C (20000411)
Joseph J. Rushanan	US2012237031A1 (20120920)	Generating Identical Numerical Sequences Utilizing a Physical Property and Secure Communication Using Such Sequences	无	无	无
	US2010284440A1 (20101111)	Time-Multiplexed Binary Offset Carrier Signaling and Processing	无	无	无
	US2010080386A1 (20100401)	Generating Identical Numerical Sequences Utilizing a Physical Property and Secure Communication Using Such Sequences	无	无	无
	US2008260001A1 (20081023)	Time-multiplexed binary offset carrier signaling and processing	无	无	US8189785B2 (20120529)
	US2008219327A1 (20080911)	Spreading code derived from weil sequences	无	无	US7511637B2 (20090331)

表 6 L1C 信号结构设计的参与者作为发明人的与信号结构有关的专利或专利申请

发明人	涉及信号格式的专利或专利申请	在中国、欧洲和美国的同族专利申请及其法律状态	中国、欧洲或美国最后文本的独立权利要求
Philip A. Dafesh	US20110051783A1 (20110303)	参见表 2	参见表 2
	US7120198B1 (20061010)	在美国专利权维持	1. A system for modulating DS data on an I phase communicating DI data and on a Q phase communicating DQ data, the I phase and Q phase are phases of a modulated carrier signal communicating the DI data and the DQ data and the DS data, the carrier signal has a total phase equal to arctangent of the Q phase divided by the I phase, the system comprising, an encoder for encoding the DI data and the DQ data respectively into an Io encoded signal and a Qo encoded signal, an encoded subcarrier modulation signal generator for receiving one or more of the DS data and the DI data and the DQ data and for generating an encoded subcarrier modulation signal, the encoded subcarrier modulation signal comprises a product of a data partition function and the DS data, the data partition function is a function of one or more of the DI data and the DQ data and the DS data, a modulator for modulating a subcarrier signal by the encoded subcarrier modulation signal for providing a modulated subcarrier signal, for modulating the total phase of the carrier signal by the modulated subcarrier signal, for modulating the I phase of the carrier signal by the Io encoded signal and by an I phase subcarrier signal to provide an I phase carrier signal and for modulating the Q phase of the carrier signal by the Qo encoded signal and by a Q phase subcarrier signal to provide a Q phase carrier signal, the modulator combining the Q phase carrier signal and the I phase carrier signal as a composite signal, the I phase subcarrier signal is an I intermodulation product of the encoded subcarrier modulation signal and the Qo encoded signal, the Q phase subcarrier signal is a Q intermodulation product of the encoded subcarrier modulation signal and the Io encoded signal, the ratio of the Q intermodulation product over the I intermodulation product is equal to the ratio of the Io encoded signal over the Qo encoded signal, the composite signal has a constant amplitude envelop.

续表

发明人	涉及信号格式的专利或专利申请	在中国、欧洲和美国的同族专利申请及其法律状态	中国、欧洲或美国最后文本的独立权利要求
Joseph J. Rushanan	US2008219327A1（20080911）	美国：US7511637B2（20090331）专利权维持	1. A method, comprising: generating a set of Weil sequences; adapting a plurality of sequences of the set of Weil sequences to form a first plurality of codes, wherein each code of the first plurality of codes has a predetermined length; and selecting a second plurality of codes from the first plurality of codes, wherein a code of the first plurality of codes is selected based at least on a correlation associated with the code. 15. A method of generating a signal, comprising: providing a sequence of symbols; and modulating a sequence of symbols with a Weil–based spreading code, wherein the Weil–based spreading code includes at least a portion of a Weil sequence. 23. A system for generating a signal, comprising: a sequence provider configured to provide a sequence of symbols; and a modulator coupled to the sequence provider configured to modulate the sequence of symbols with a spreading code, wherein the spreading code is a Weil–based spreading code, wherein the Weil–based spreading code includes at least a portion of a Weil sequence.
	US2010284440A1（20101111）	参见表4	参见表4
	US2008260001A1（20081023）	参见表4	参见表4

表7 GPS信号结构设计的参与者作为发明人的与信号结构有关的专利或专利申请

发明人	涉及信号格式的专利或专利申请	在中国、欧洲和美国的同族专利申请及其法律状态	中国、欧洲或美国最后文本的独立权利要求
Charles R. Cahn	WO2008054506A2（20080508）	中国：CN101432635B（20120627）专利权维持；美国：US7860145B2（20101228）专利权维持；欧洲：EP2021818B1（20111012）专利权维持	在中国专利权维持的 CN101432635B（20120627）的独立权利要求： 1. 一种卫星导航装置，包括： 一包括一可调节的代码发生器的接收机，所述可调节的代码发生器可被配置以在全球导航卫星系统中产生一组扩频码信号，所述扩频码信号对应所述全球导航卫星系统的相应卫星，其中每一扩频码信号具有一对应于重复周期的相应长度，并且所述扩频码信号组包括具有不同的第一和第二长度的第一和第二扩频码信号； 所述可调节的代码发生器包括一反馈回路，所述反馈回路还包括一可编程反馈掩码和一反馈掩码表，其中所述反馈掩码表包含一组反馈掩码，所述反馈掩码对应于所述全球导航卫星系统的相应的扩频码信号，并且用于一相应扩频码信号的一相应的反馈掩码是一对应于多项式的二进制表示。 13. 一种接收导航卫星信号的方法，包括： 接收来自全球导航卫星系统中的一卫星的一扩频码信号； 配置一可调节的代码发生器以产生一选自一组扩频码信号，所述扩频码信号对应所述全球导航卫星系统的相应卫星； 产生所述扩频码信号，其中所述扩频码发生器产生的每一扩频码信号具有一对应于一重复周期的相应长度，并且所述扩频码信号组包括具有不同的第一和第二长度的第一和第二扩频码信号； 配置所述扩频码发生器以产生所述相应的扩频码信号以结合可编程移位寄存器对应的反馈掩码是对应于相应的反馈掩码的多个反馈掩码中选择一反馈掩码； 其中用于一相应扩频码信号的所述反馈掩码是对应于可编程移位寄存器的位数与所述反馈掩码的相应位数以产生反馈；及 提供所述反馈给所述可编程移位寄存器的位数。

续表

发明人	涉及信号格式的专利或专利申请	在中国、欧洲和美国的同族专利申请及其法律状态	中国、欧洲或美国最后文本的独立权利要求
Charles R. Cahn; Philip A. Dafesh	US20110051783A1 (20110303)	在美国正在审查之中（申请文件最后更新时间 2013 年 7 月 16 日）	1. (currently amended) An apparatus for generating a composite signal from a plurality of component signals, comprising: electronics configured to modulate a carrier utilizing a finite set of composite signal phases to generate and maintain a constant envelope composite signal, the finite set of composite signal phases being determined through an optimization process that minimizes [[a]] the constant envelope of a phase-modulated carrier composite signal subject to a plurality of intra-signal constraints for the component signals. 35. (currently amended) A method for generating a composite signal from a plurality of component signals, comprising the step of: modulating a carrier utilizing a finite set of composite signal phases to generate a constant envelope composite signal, the finite set of composite signal phases being determined through an optimization process that minimizes [[a]] the constant envelope of a phase modulated carrier composite signal subject to while maintaining a plurality of constraints on desired signal power levels for the component signals, and either zero or one or more constraints on phase relationships between the component signals. 41. (currently amended) A method for forming a composite signal, comprising the steps of: enumerating M^N phase states for combining N signals with M possible signal phases; formulating N intra-signal constraint equations, each as a function of the M^N phase states, to provide intra-signal constraints on the signals; formulating K≤N (N-1) /2 inter-signal constraint equations, where K = 0 or a positive integer, each as a function of the M^N phase states, to provide inter-signal constraints between the signals; performing an optimization process to minimize a constant envelope composite signal for a phase modulated carrier, subject to the intra-signal constraints on the signals and the inter-signal constraints between the signals; and modulating an RF carrier using phase states determined through the optimization process to produce [[a]] the constant envelope composite signal.

续表

发明人	涉及信号格式的专利或专利申请	在中国、欧洲和美国的同族专利申请及其法律状态	中国、欧洲或美国最后文本的独立权利要求
Jim Spilker	WO9914617A2 （19990325）	美国：US6044071A （20000328） 专利权维持	1. A system for providing a signal structure for code – division multiplexed radio positioning comprising: means for providing an available radio frequency band for signal transmission, a coherent signal source from which carrier frequency and all lower frequencies used in code definition are derived through frequency synthesis, means for providing a radio frequency carrier approximately centered in the available band, means providing binary phase shift modulation of said carrier frequency by a composite signal made up of: (a) a first coded signal whose code is publicly known having a short repeat interval, whose spectral content lies within the center portion of said available band and (b) a second coded signal having a much longer repeat – interval composed of repetitions of said multi – bit symbol repeated in direct or inverted form according to the values of said second coded signal, not publicly released, whose repeat interval is much longer than that of said first coded signal, wherein said multi – bit symbol has an odd number of chips with equal numbers of binary 0 and 1 bit values, and is chosen from among all such multi – bit signals for its having low autocorrelation values with shifted versions of itself. 7. A code – division multiplex receiver for said composite modulating signal defined in claim 6, comprising: a high – frequency amplifier and translator to translate said composite modulating signal to an intermediate frequency, a coherent detector and sampling circuit generating in – phase and quadrature data streams representing said composite modulating signal and any noise added during transmission and reception, local code generators producing time – shifted representations of one or more of the separate codes known to be present in the composite modulating signal, one or more binary correlators, each binary correlation using as inputs the sampled received composite modulating signal and one of the coded signals in said composite modulating signal, and one or more phase – locked loops connected to said one or more binary correlators for tracking said received composite modulating signal based on outputs of said one or more binary correlators.

续表

发明人	涉及信号格式的专利或专利申请	在中国、欧洲和美国的同族专利申请及其法律状态	中国、欧洲或美国最后文本的独立权利要求
John W. Betz; Joseph J. Rushanan	US2010284440A1 (20101111)	在美国审查期间主动放弃 (2010年11月30日声明放弃)	1. A direct sequence spread spectrum (DSSS) signal, comprising: a time multiplexed spreading time series, including: a data spreading time series comprising at least a first spreading symbol; and a pilot spreading time series, comprising at least a second spreading symbol and a third spreading symbol, wherein the second spreading symbol and the third spreading symbol are different. 24. A method of generating a direct sequence spread spectrum (DSSS) signal, comprising: (1) generating a data spreading time series comprising at least a first spreading symbol; (2) generating a pilot spreading time series comprising at least a second spreading symbol and a third spreading symbol, wherein the second spreading symbol and the third spreading symbol are different; and (3) forming a DSSS signal based at least on the data spreading time series and the pilot spreading time series.
	US2008260001A1 (20081023)	在美国审查期间主动放弃 (2010年6月25日声明放弃)	1. A direct sequence spread spectrum (DSSS) signal, comprising: a time multiplexed spreading time series, including: a data spreading time series comprising at least a first spreading symbol; and a pilot spreading time series, comprising at least a second spreading symbol and a third spreading symbol, wherein the second spreading symbol and the third spreading symbol are different. 24. A method of generating a direct sequence spread spectrum (DSSS) signal, comprising: (1) generating a data spreading time series comprising at least a first spreading symbol; (2) generating a pilot spreading time series comprising at least a second spreading symbol and a third spreading symbol, wherein the second spreading symbol and the third spreading symbol are different; and (3) forming a DSSS signal based at least on the data spreading time series and the pilot spreading time series. 34. A method of receiving a direct sequence spread spectrum (DSSS) signal, comprising: receiving a DSSS signal, wherein the signal includes a data component formed according to a data spreading time series and a pilot component formed according to a pilot spreading time series, wherein the data spreading time series comprises at least a first spreading symbol, wherein the pilot spreading time series comprises at least a second spreading symbol and a third spreading symbol, wherein the second spreading symbol and the third spreading symbol are different; and processing the received signal, including the step of: weighting a spreading symbol higher than another spreading symbol.

续表

发明人	涉及信号格式的专利或专利申请	在中国、欧洲和美国的同族专利申请及其法律状态	中国、欧洲或美国最后文本的独立权利要求
Philip A. Dafesh	US7120198B1 (20061010)	在美国专利权维持	1. A system for modulating DS data on an I phase communicating DI data and on a Q phase communicating DQ data, the I phase and Q phase are phases of a modulated carrier signal communicating the DI data and the DQ data and the DS data, the carrier signal has a total phase equal to arctangent of the Q phase divided by the I phase, the system comprising, an encoder for encoding the DI data and the DQ data respectively into an Io encoded signal and a Qo encoded signal, an encoded subcarrier modulation signal generator for receiving one or more of the DS data and the DI data and the DQ data and for generating an encoded subcarrier modulation signal, the encoded subcarrier modulation signal comprises a product of a data partition function and the DS data, the data partition function is a function of one or more of the DI data and the DQ data and the DS data, a modulator for modulating a subcarrier signal by the encoded subcarrier modulation signal for providing a modulated subcarrier signal, for modulating the total phase of the carrier signal by the modulated subcarrier signal, for modulating the I phase of the carrier signal by the Io encoded signal and by an I phase subcarrier signal to provide an I phase carrier signal and for modulating the Q phase of the carrier signal by the Qo encoded signal and by a Q phase subcarrier signal to provide a Q phase carrier signal, the modulator combining the Q phase carrier signal and the I phase carrier signal as a composite signal, the I phase subcarrier signal is an I intermodulation product of the encoded subcarrier modulation signal and the Qo encoded signal, the Q phase subcarrier signal is a Q intermodulation product of the encoded subcarrier modulation signal and the Io encoded signal, the ratio of the Q intermodulation product over the I intermodulation product is equal to the ratio of the Io encoded signal over the Qo encoded signal, the composite signal has a constant amplitude envelop.

续表

发明人	涉及信号格式的专利或专利申请	在中国、欧洲和美国的同族专利申请及其法律状态	中国、欧洲或美国最后文本的独立权利要求
Joseph J. Rushanan	US2008219327A1 （20080911）	美国：US7511637B2 （20090331） 专利权维持	1. A method, comprising: generating a set of Weil sequences; adapting a plurality of sequences of the set of Weil sequences to form a first plurality of codes, wherein each code of the first plurality of codes has a predetermined length; and selecting a second plurality of codes from the first plurality of codes, wherein a code of the first plurality of codes is selected based at least on a correlation associated with the code. 15. A method of generating a signal, comprising: providing a sequence of symbols; and modulating a sequence of symbols with a Weil-based spreading code, wherein the Weil-based spreading code includes at least a portion of a Weil sequence. 23. A system for generating a signal, comprising: a sequence provider configured to provide a sequence of symbols; and a modulator coupled to the sequence provider configured to modulate the sequence of symbols with a spreading code, wherein the spreading code is a Weil-based spreading code, wherein the Weil-based spreading code includes at least a portion of a Weil sequence.

表8 Galileo信号结构设计的参与者作为发明人的专利或专利申请

发明人	专利或专利申请	发明名称	中国同族专利或专利申请	在中国的法律状态	其他同族信息
Guenter W. Hein; Jose-Angel Avila-Rodriguez; Lionel Ries; Jean-Luc Issler	EP1681773A1 (20060719)	Spread spectrum signal	CN101112004A (20080123); CN101112004B (20110525)	专利权维持	EP1681773A1 (20060719); WO2006075018A1 (20060720); EP1836778A1 (20070926); US2008137714A1 (20080612); JP2008527873A (20080724); INMUMNP20070155E (20080815); EP1836778B1 (20090805); DE602006008267E (20090917); ES2330667T3 (20091214); RU2380831C2 (20100127); US8189646B2 (20120529); JP4980246B2 (20120718)
Stefan Wallner	WO2013023669A1 (20130221)	A navigation system using spreading codes based on pseudo-random noise sequences	无	无	无
Jean-Luc Issler	FR2938139A1 (20100507)	Satellite constellation for observing or forecasting seismics phenomenon e.g. tsunami, has insertion unit inserting measuring result in given signals transmitted to ground monitoring station in real time	无	无	FR2938139B1 (20120608)
Jean-Luc Issler; Lionel Ries	FR2906094A1 20080321	Method of reception and receiver for a radio navigation signal modulated by a CBOC or TMBOC spread waveform	CN101517910A (20090826); CN101517910B (20130123)	专利权维持	WO2008034790A1 (20080327); EP2074704A1 (20090701); INDELNP200901330E (20090612); CA2661894A1 (20080327); JP2010504057A (20100204); FR2906094B1 (20100514); EP2074704B1 (20110105); US2011013675A1 (20110120); RU2405173C1 (20101127); DE602007011791E (20110217); JP5059864B2 (20121031); US8416839B2 (20130409)

续表

发明人	专利或专利申请	发明名称	中国同族专利或专利申请	在中国的法律状态	其他同族信息
Jean–Luc Issler; Lionel Ries	WO2007147807A1 (20071227)	Method of reception and receiver for a radio navigation signal modulated by a CBOC spread wave form	CN101479623A (20090708); CN101479623B (20111207)	专利权维持	FR2902949A1 (20071228); FR2905010A1 (20080222); EP2030039A1 (20090304); EP2030039B1 (20090805); INDELNP200810446E (20090320); DE602007001894E (20090917); CA2655204A1 (20071227); JP2009542065A (20091126); US2009289847A1 (20091126); ES2330591T3 (20091211); RU2009101568A (20100727); RU2421750C2 (20110620); US8094071B2 (20120110); JP4971441B2 (20120711)
Jean–Luc Issler	FR2837638A1 (20030926)	GPS signal processing system uses shared phase locked loops for narrow and wide band signals in presence of DME interference has mixing ration determined by blanking ratio	无	无	WO03081798A1 (20031002); EP1488536A1 (20041222); EP1488536B1 (20050601); DE60300778E (20050707); US2005169409A1 (20050804); DE60300778T2 (20060504); US7295635B2 (20071113)
Jean–Luc Issler	WO9734162A1 (19970918)	Method for automatically reducing orbit–received carrier acquisition and tracking thresholds	无	无	FR2746232A1 (19970919); EP0824706A1 (19980); JPH11505621A (19990521); BR9702104A (19990720); US6147641A (20001114); EP0824706B1 (20020612); DE69713224E (20020718); RU2187127C2 (20020810); ES2177947T3 (20021216); CA2219647C (20060509)
Jean–Luc Issler	WO9720227A1 (19970605)	Method for automatically lowering the acquisiton and tracking thresholds of spread spectrum codes reveived in orbit	无	无	FR2741761A1 (19970530); EP0805988A1 (19971112); BR9606798A (19971230); JPH11500231A (19990106); US6014404A (20000111); EP0805988B1 (20020321); DE69619222E (20020321); RU2194363C2 (20021210); CA2211340C (20070313)

续表

发明人	专利或专利申请	发明名称	中国同族专利或专利申请	在中国的法律状态	其他同族信息
Jean-Luc Issler	WO9718485A1 (19970522)	Global space radiopositioning and radionavigation system, beacon and receiver used in this system	无	无	FR2741159A1 (19970516); EP0804743A1 (19971105); JPH11503238A (19990323); US5995040A (19991130); RU2182341C2 (20020510); EP0804743B1 (20030129); DE69626003E (20030306); ES2190482T3 (20030801)
Jean-Luc Issler	WO9712253A1 (19970403)	Antenna pattern measurement method and device	无	无	FR2739191A1 (19970328); EP0852729A1 (19980715); JPH11513484A (19991116); US6031498A (20000229); EP0852729B1 (20010523); DE69612990E (20010628); ES2159044T3 (20010916)
Jean-Luc Issler	WO9709634A1 (19970313)	Self-contained initialisation system for directional space links	无	无	FR2738696A1 (19970314); EP0848828A1 (19980624); EP0848828B1 (19990602); DE69602762E (19990708); ES2133999T3 (19990916)
Jean-Luc Issler	WO9704322A1 (19970206)	System and method for measuring the total electron content of the ionosphere	无	无	FR2737014A1 (19970124); EP0839324A1 (19980506); EP0839324B1 (19990331); DE69601943E (19990506); ES2132936T3 (19990816); JPH11509322A (19990817)
Jean-Luc Issler	FR2726412A1 (19960503)	Real-time time gap determination method for radio navigation system	无	无	无
Tony Pratt	WO2012093151A1 (20120712)	Reference Satellite	无	无	GB2487347A (20120725)
Tony Pratt	WO2012093153A1 (20120712)	Satellite Subset Selection	无	无	GB2491549A (20121212)

续表

发明人	专利或专利申请	发明名称	中国同族专利或专利申请	在中国的法律状态	其他同族信息
Tony Pratt	WO2012093154A2 (20120712)	Convergence Zone	无	无	GB2487348A (20120725); US2013021198A1 (20130124); WO2012093154A3 (20130425)
Tony Pratt	EP2474839A2 (20120711)	Determining position	CN102608634A (20120725)	等待实审请求	GB2487256A (20120718); EP2474839A3 (20121107); US2013002479A1 (20130103); US2013002478A1 (20130103); US2013002480A1 (20130103); US2013002485A1 (20130103); DE102012200093A1 (20130404)
Tony Pratt	WO2009103570A1 (20090827)	Processing received satellite radio signals	CN101946188A (20110112)	逾期视撤失效	EP2093584A1 (20090826); US2010295727A1 (20101125); EP2093584B1 (20110330); DE602008005837E (20110512); US8279116B2 (20121002)
Tony Pratt	EP1901088A1 (20080319)	Integrated mobile–terminal navigation	无	无	WO2008034728A1 (20080327); WO2008034728B1 (20080508); TW200825441 A (20080616); US2009281729A1 (20091112); JP2010503836A (20100204); US8255160B2 (20120828)
Tony Pratt; John Owen	WO2007148081A1 (20071227)	Signals, system, method and apparatus	CN101473576A (20090701); CN101473576B (20130306); CN102707293A (20121003)	专利权维持进入审查	EP2039035A1 (20090325); NO2009020 8A (20090318); KR20090033332A (20090402); AU2007262779A1 (20071227); GB2456867A (20090729); INKOLNP200804883E (20090320); US2009279592A1 (20091112); CA2656650A1 (20071227); JP2009542072A (20091126); RU2009101509A (20100727); AU2007262779B2 (20110811); GB2456867B (20111012); RU2432674C2 (20111027); NZ573140A (20120127); EP2482479A1 (20120801); US8233518B2 (20120731); US2012281736A1 (20121108); BRPI0713088A2 (20121009)
Tony Pratt	WO2007113086A1 (20071011)	Associating a Universal Time with Received Signal	无	无	EP2002277A1 (20081217); TW200807008A (20080201); JP2009530625A (20090827); US2009273518A1 (20091105); US7978136B2 (20110712); TWI325061B (20100521); EP2002277B1 (20120425)

续表

发明人	专利或专利申请	发明名称	中国同族专利申请或专利申请	在中国的法律状态	其他同族信息
Tony Pratt	WO2007028759A1 (20070315)	Assistance to a mobile sps receiver	无	无	EP1922557A1 (20080521); US20091607 03A1 (20090625); EP1922557B1 (20091230); DE602006011481E (20100211); US8013788B2 (20110906)
Tony Pratt	WO2006114408A1 (20061102)	Transfer of position information to a mobile terminal	无	无	EP1717596A1 (20061102); EP1877824A1 (20080116); US2008070589A1 (20080320); JP2008539401A (20081113); US2009073030A1 (20090319); TW200708757A (20070301); US7639179B2 (20091229); US7652622B2 (20100126); JP4712868B2 (20110629); EP1877824B1 (20110824)
Tony Pratt	WO2005071430A1 (20050804)	Transfer of calibrated time information in a mobile terminal	CN101084453A (20071205) CN101084453B (20111221)	专利权维持	EP1709460A1 (20061011); MXPA06008384A (20060901); US2007066231A1 (20070322); JP2007518996A (20070712); INDELNP200604078E (20070622); KR20070011295A (20070124); EP1709460B1 (20080716); DE602005008194E (20080828); JP4287476B2 (20090701); TW200541356 A (20051216); US7852267B2 (20101214); US2011187595A1 (20110804); KR100099175B1 (20111227); US8253628B2 (20120828); TW201208454 A (20120216); TWI358960B (20120221)
Tony Pratt; John Owen	WO2005022186A1 (20050310)	Modulation signals for a satellite navigation system	CN1846146A (20061011)	专利权维持	EP1664827A1 (20060607); AU2004268254A1 (20050310); JP2007504731A (20070301); US2007176676A1 (20070802); EP1664827B1 (20070815); EP1830199A2 (20070905); DE602004008306E (20070927); AU2007211882A1 (20070913); ES2289555T3 (20080201); JP2008032737A (20080214); NZ545527 A (20080131); US2008063119A1 (20080313);
			CN101093253A (20071226)	主动放弃	DE602004008306T2 (20080508); INKOLNP20060 0486E (20081121); INKOLNP200900188E (20090501); AU2007211882B2 (20090423);
			CN101093253B (20120215)		AU2004268254B2 (20090716); NZ560344 A (20091030);
			CN102426366A (20100425)	正在审查中	AU2004268254B9 (20100304); RU2385466C2 (20100327); US2011051781A1 (20110303); JP4850065B2 (20120111); EP1830199B1 (20120201); RU2441255C2 (20120127);
			CN102436001A (20120502)	主动撤回	JP4904227B2 (20120328); IN253386 B (20120720); US2012269235A1 (20120 1025); ES2379827T3 (20120504)

续表

发明人	专利或专利申请	发明名称	中国同族专利或专利申请	在中国的法律状态	其他同族信息
Tony Pratt	US2003009283A1 (20030109)	Positioning apparatus and method	无	无	US6738713B2 (20040518)
Tony Pratt	WO02088767A2 (20021107)	Mobile communications apparatus	无	无	US2003017834A1 (20030123); GB2379817A (20030319); AU2002253331A1 (20021111); EP1425603A2 (20040609); GB2379817B (20050413); US6901265B2 (20050531); AU2002253331A8 (20051013); EP1425603B1 (20060621); DE60212656E (20060803); DE60212656T2 (20070705); WO02088767A3 (20030320)
Tony Pratt	WO0246789A1 (20020613)	Positioning Apparatus and Method	无	无	AU1619902A (20020618); GB2376363A (20021211); GB2376363B (20050112)
Tony Pratt	US2002033766A1 (20020321)	Apparatus for receiving ranging signals	无	无	WO0225304A1 (20020328); GB2367199A (20020327); AU9006901A (20020402); US6664921B2 (20031216); GB2367199B (20050126)
Tony Pratt	WO0073812A1 (20001207)	Positioning apparatus and method	无	无	AU4939900A (20001218); GB2352900A (20010207); US2002183925A1 (20021205); US6539305B2 (20030325); GB2352900B (20040107)
Tony Pratt	WO0071800A1 (20001130)	A tufting machine	无	无	AU4772400A (20001212); US6283052B1 (20010904); GB2363612A (20020102); DE10084654T1 (20020516); GB2363612B (20030409)
Tony Pratt	GB2347035A (20000823)	Satellite based positioning system	无	无	US6285315B1 (20010904); GB2347035B (20031008)

续表

发明人	专利或专利申请	发明名称	中国同族专利申请或专利申请	在中国的法律状态	其他同族信息
Tony Pratt	GB2133244A (19840718)	Obtaining the phase of a fundamental frequency from the phases of harmonically related input signals	无	无	GB2133244B (19870325)
Tony Pratt	GB2132025A (19840627)	A receiver for a phase comparison radio navigation system	无	无	GB2132025B (19861119)
Lionel Ries	FR2936669A1 (20100402)	Method for Optimizing an Acquisition of a Spread-Spectrum Signal from a Satellite by a Mobile Receiver	CN102209910A (20111005); CN102209910B	专利权维持	WO2010034800A1 (20100401); US2011206090A1 (20110825); KR20110086551A (20110728); EP2331983A1 (20110615); FR2936669B1 (20111125); JP2012503764A (20120209); EP2331983B1 (20120822); ES2393463T3 (20121221)

附录1 卫星导航信号格式方面的专利分析

表9 Galileo 信号结构设计的参与者作为发明人的与信号结构有关的专利或专利申请

发明人	涉及信号格式的专利或专利申请	在中国、欧洲和美国的同族专利申请及其法律状态	中国、欧洲或美国最后文本的独立权利要求
Guenter W. Hein; Jose – Angel Avila – Rodriguez; Lionel Ries; Jean – Luc Issler	CN101112004A (20080123) CN101112004B (20110525)	中国: CN101112004B (20110525) 专利权维持; 欧洲: EP1836778B1 (20090805) 专利权维持, EP1681773A1 (20060719) 视撤; 美国: US8189646B2 (20120529) 专利权维持	在中国专利权维持的 CN101112004B (20110525) 的独立权利要求: 1. 一种用于产生扩展信号的方法, 所述方法包括利用扩展波形调制载波的步骤, 其特征在于如下步骤: 提供具有第一波形速率的第一二进制波形以及具有第二波形速率的第二二进制波形; 所述第一波形速率不同于所述第二波形速率; 提供包括所述第一二进制波形和所述第二二进制波形的至少一个信号识别码的二进制序列; 形成所述实线性组合, 所述经调制的二进制波形的经调制的实线性组合的形式为: $[\alpha \cdot w_1(t) + \beta \cdot w_2(t)] \cdot PRN(t),$ 其中, t 是时间变量, $w_1(t)$ 为包括所述第一二进制波形, $w_2(t)$ 为所述第二二进制波形, α 和 β 为非零系数, $PRN(t)$ 为包括所述信号识别码的所述二进制序列; $[\alpha \cdot w_1(t)]/[\beta \cdot w_2(t)]$ 在任何时刻 t 时都为实数; 以及 利用所述经调制的实线性组合作为扩展波形以调制所述载波。 4. 一种用于接收包括具有第一波形速率的第一二进制波形与具有第二波形速率的第二二进制波形的实线性组合的方法, 其中, 所述第一波形速率不同于所述第二波形速率, 所述扩展波形包括所述经调制的实线性组合, 所述经调制的实线性组合, 所述经调制的实线性组合的形式为: $[\alpha \cdot w_1(t) + \beta \cdot w_2(t)] \cdot PRN(t),$ 其中, t 是时间变量, $w_1(t)$ 为包括所述第一二进制波形, $w_2(t)$ 为所述第二二进制波形, α 和 β 为非零系数, $PRN(t)$ 为包括所述信号识别码的所述二进制序列; $[\alpha \cdot w_1(t)]/[\beta \cdot w_2(t)]$ 在任何时刻 t 时都为实数; 所述方法包括如下步骤: 产生所述第一二进制波形的本地副本以及所述第二二进制波形的本地码副本; 产生所述第一二进制波形的本地代码副本; 对到来的电磁波和所述第一二进制波形的本地副本及所述本地码副本进行第一相关; 对到来的电磁波和所述第二二进制波形的本地副本及所述本地码副本进行第二相关; 线性组合所述第一相关和所述第二相关。

续表

发明人	涉及信号格式的专利或专利申请	在中国、欧洲和美国的同族专利申请及其法律法律状态	中国、欧洲或美国最后文本的独立权利要求
Guenter W. Hein; Jose-Angel Avila-Rodriguez; Lionel Ries; Jean-Luc Issler	CN101112004A (20080123) CN101112004B (20110525)	中国: CN101112004B (20110525) 专利权维持; 欧洲: EP1836778B1 (20090805) 专利权维持 EP1681773A1 (20060719) 视撤; 美国: US8189646B2 (20120529) 专利权维持	5. 一种用于接收扩频信号的方法, 其中, 所述扩频信号包括载波和调制所述载波的至少一个扩展波形; 所述扩展波形包括第一二进制波形与具有第一波形速率的第二二进制波形的实数的线性组合; 所述第一二进制波形速率不同于所述第二二进制波形速率, 且两个所述波形速率都是非零的; 所述实数线性组合由包括信号识别码的二进制序列调制, 以及 所述经调制的实数线性组合的形式为: $[\alpha \cdot w_1(t) + \beta \cdot w_2(t)] \cdot PRN(t)$, 其中, t 是时间变量, $w_1(t)$ 为所述第一二进制波形, $w_2(t)$ 为包括所述信号识别码的所述二进制序列; $PRN(t)$ 为包括所述信号识别码的所述二进制序列; $[\alpha \cdot w_1(t)] / [\beta \cdot w_2(t)]$ 在任何时刻 t 时都为实数; 和 β 为非零系数, $[\alpha \cdot w_1(t)] / [\beta \cdot w_2(t)]$ 在任何时刻 t 时都为实数。 6. 一种用于获得扩频信号的接收机, 其中, 所述扩频信号包括载波和调制所述载波的至少一个扩展波形; 所述扩展波形包括第一二进制波形与具有第一波形速率的第二二进制波形的实数的线性组合; 所述第一二进制波形速率不同于所述第二二进制波形速率, 且两个所述波形速率都是非零的; 所述实数线性组合由包括信号识别码的二进制序列调制, 以及 所述经调制的实数线性组合的形式为: $[\alpha \cdot w_1(t) + \beta \cdot w_2(t)] \cdot PRN(t)$, 其中, t 是时间变量, $w_1(t)$ 为所述第一二进制波形, $w_2(t)$ 为包括所述信号识别码的所述二进制序列; 和 β 为非零系数, $[\alpha \cdot w_1(t)] / [\beta \cdot w_2(t)]$ 在任何时刻 t 时都为实数。

续表

发明人	涉及信号格式的专利或专利族申请	在中国、欧洲和美国的同族专利申请及其法律状态	中国、欧洲或美国最后文本的独立权利要求
Guenter W. Hein; Jose-Angel Avila-Rodriguez; Lionel Ries; Jean-Luc Issler	CN101112004A (20080123) CN101112004B (20110525)	中国: CN101112004B (20110525) 专利权维持; 欧洲: EP1836778B1 (20090805) 专利权维持, EP1681773A1 (20060719) 视撤; 美国: US8189646B2 (20120529) 专利权维持	所述接收机包括： 用于产生所述二进制序列的本地代码副本的模块； 第一波形产生器，用于产生所述第一二进制波形的本地副本； 第二波形产生器，用于产生所述第二二进制波形的本地副本； 用于对到来的电磁波与所述第一二进制波形的本地代码副本以及所述本地代码副本进行相关以形成第一相关结果的模块； 用于对到来的电磁波与所述第二二进制波形的本地代码副本以及所述本地代码副本进行相关以形成第二相关结果的模块； 用于线性组合所述第一和第二相关结果的模块。 7. 一种用于获得扩频信号的接收机，其中，所述扩频信号包括具有第一波形速率的第一二进制波形和调制所述载波的至少一个扩展波形； 所述扩展波形包括具有第一波形速率的第一二进制波形与具有第二波形速率的第二二进制波形的线性实线性组合；所述波形速率不同于所述码的二进制序列调制速率，且两个所述波形速率都是非零的； 所述实线性组合由包括如下的实线性组合的形式给出： $[\alpha \cdot w_1(t) + \beta \cdot w_2(t)] \cdot PRN(t)$, 其中，$t$ 是时间变量，$w_1(t)$ 为所述第一二进制波形，$w_2(t)$ 为所述第二二进制波形，$PRN(t)$ 为包括所述信号识别序列的所述二进制波形； 和 β 为非零系数，$PRN(t)$ 在任何时刻 t 时都为实数，$[\alpha \cdot w_1(t)] / [\beta \cdot w_2(t)]$ 在任何时刻 t 时都为实数。 所述接收机包括： 用于产生所述二进制序列的本地代码副本的模块； 第一波形产生器，用于产生所述第一二进制波形的本地副本； 第二波形产生器，用于产生所述第二二进制波形的本地副本； 用于形成所述第一二进制波形与所述第二二进制波形的所述线性组合的模块； 用于对到来的电磁波与所述本地代码副本以及所述本地代码副本的所述线性组合进行相关的模块。 12. 一种包括如权利要求 6 或 7 所述的接收机的全球卫星导航卫星信号接收机，其中：所述第一波形产生器能够产生 BOC (1, 1) 波形，其中，所述第二波形产生器能够产生有速率为 10.23Mcps, 12.276Mcps, 15.345Mcps 或 30.69Mcps 的二进制波形，以及其中，所述本地代码副本包括卫星识别数据。

续表

发明人	涉及信号格式的专利或专利申请	在中国、欧洲和美国的同族专利申请及其法律状态	中国、欧洲或美国最后文本的独立权利要求
Tony Pratt；John Owen	WO2007148081A1（20071227）	中国：CN101473576B（20130306）专利权维持CN102707293A（20121003）正在审查；欧洲：EP2039035A1（20090325）即将授权，EP2482479A1（20120801）正在审查中；美国：US8233518B2（20120731）专利权维持US20121228736A1（20121108）正在审查中	在中国专利权维持的CN101473576B（20130306）的独立权利要求： 1. 一种减小导航信号的扩展波形的交叉频谱项的方法；所述方法包括生成所述扩展波形的第一和第二部分，所述第一部分和所述第二部分在时间上连续；所述第一（418）二进制偏置载波BOC信号的第一部分具有第一相位状态的第一（404）和第二（418）BOC信号的第一部分表示第一加性组合，而所述第二部分具有与所述第一相位状态相反的第二（418）BOC信号的第二相应部分的加性组合；所述第二相应部分具有与所述第一相位状态相反的第二相位状态。 8. 一种信号发生器（600），包括用于生成信号包括用于产生第一（404）和第二（418）二进制偏置载波（BOC）信号的第一相应部分的装置（602, 604），其中所述第一生成器（620, 622），二进制偏置载波信号相位组合已被所述第一和第二二进制偏置载波信号的一对乘法器（616, 618）和发生器（620, 622）倒置或改变的所述第一和第二相位状态；所述第一部分表示第一（404）和第二（418）二进制偏置载波BOC信号的第一相应部分的加性组合，而所述第二相应部分的加性组合；所述第二（418）BOC信号的第二部分具有与所述第一相位状态相反的第二相位状态。 15. 一种用于接收由权利要求1到9的任一项所述的方法产生的信号的接收机（1100），所述信号包括在时间上具有第一相位状态的连续的第一和第二部分；所述第一二进制偏置载波信号的第一相应部分表示第一和第二二进制偏置载波信号的第一相位状态，而所述第二相应部分的加性组合；所述接收机包括： 用于接收所述导航信号的天线（1102）； 用于放大、滤波、频率改变所收到信号的RF处理器（1104）； 适用于输出多电平副本信号的信号副本发生器（1116），所述多电平副本信号是通过将载波发生器、测距码发生器和扩展波形副本发生器的输出组合进行组合生成的；以及 用于将所述多电平副本信号与数字化的收到信号采样相关的相关处理器（1110）。 在中国正在审查的CN102707293 A（20121003）的独立权利要求：

486

续表

发明人	涉及信号格式的专利或专利申请	在中国、欧洲和美国的同族专利申请及其法律状态	中国、欧洲或美国最后文本的独立权利要求
Tony Pratt；John Owen	WO2007148081A1（20071227）	中国： CN101473576B（20130306） 专利权维持， CN102707293A（20121003） 正在审查； 欧洲： EP2039035A1（20090325） 即将授权， EP2482479A1（20120801） 正在审查中； 美国： US8233518B2（20120731） 专利权维持， US2012281736A1（20121108） 正在审查中	1. 一种从第一（404）和第二（418）BOC波形生成CBOC波形的方法，所述CBOC波形具有预定功率谱密度，所述功率谱密度包括在至少两个预定时间区间（码片n；码片n+1）上取平均的所述第一（404）和第二（418）BOC波形的功率谱密度的交叉频谱项；所述方法包括将所述第一（404）和第二（418）BOC信号在所述至少两个预定时间区间（码片n；码片n+1）中的后续预定时间区间（码片n+1）上的所述状态布置成与所述第一（404）和第二（418）BOC信号在所述至少两个预定时间区间（码片n；码片n+1）中的当前预定时间区间（码片n）上的所述状态互补的步骤。 4. 一种用于从第一（404）和第二（418）BOC波形生成CBOC波形的信号发生器，所述CBOC波形具有预定功率谱密度，所述功率谱密度包括在至少两个预定时间区间上取平均的所述第一（404）和第二（418）BOC波形的功率谱密度的交叉频谱项；所述发生器包括用于将所述第一（404）和第二（418）BOC信号在所述至少两个预定时间区间中的后续预定时间区间上的所述状态布置成与所述第一（404）和第二（418）BOC信号在所述至少两个预定时间区间中的当前预定时间区间上的所述状态互补的装置。

续表

发明人	涉及信号格式的专利或专利申请	在中国、欧洲和美国的同族专利申请及其法律状态	中国、欧洲或美国最后文本的独立权利要求
Tony Pratt；John Owen	WO2005022186A1（20050310）	中国： CN1846146B（20111005）专利权维持， CN101093253B（20120215）主动放弃专利权， CN102426366A（20120425）正在审查中， CN102436001A（20120502）主动撤回专利申请； 欧洲： EP1664827B1（20070815）主动放弃专利权， EP1830199B1（20120201）主动放弃专利权；	在中国专利权维持的 CN1846146B（20111005）的独立权利要求： 1. 一种产生包括载波信号传送信号的方法，所述方法包括：将载波信号与至少一个子载波调制信号结合的步骤；其中所述至少一个子载波调制信号包括 m 个离散的振幅级，以及用于发送调制信号的装置。 21. 一种测距信号传送系统，包括用于实现如前任意一项权利要求所述方法的装置，其中 m>2。 22. 一种测距码传送系统，包括：用于产生测距码的装置； 用于产生载波调制信号的装置； 用于根据权利要求 1~20 中任意一项所述的方法产生包括至少一个子载波调制信号的传送信号的装置，其中所述传送信号中将传送信号和所述至少一个子载波调制信号相结合。 在中国正在审查的 CN102426366A（20120425）的独立权利要求： 1. 一种用于处理导航信号的接收机；所述信号由以下公式给出： $Si(t) = Amscim(t) mi(t) di(t) \cos(\omega it) + ACscig(t) gi(t) di(t) \sin(\omega it) = ISi(t) + QSi(t)$ 其中，Am 和 AC 是振幅，scim（t）和 scig（t）是第一和第二测距码，ωi 是载波的载波频率，所述接收机包括用于接收所述导航信号的装置； 用于处理所述导航信号以恢复至少一个已调制的测距码以恢复至少一个解调的第一信号， 用于处理所恢复的二进制偏移载波信号级的数字调制信号， 的装置。 21. 一种包含 m 个信号振幅的 m 级调制信号，其中 m>2。 29. 一种包含三个或多个振幅级调制信号。 30. 一种包含 m 个信号级的二进制偏移载波信号，其中 m>2。 31. 一种包含 n 个信号级的二进制偏移载波信号，其中 n>2，所述二元二进制偏移载波信号是通过将至少第一 BOC 信号与至少第二 BOC 信号结合而产生的。

488

续表

发明人	涉及信号格式的专利或专利申请	在中国、欧洲和美国的同族专利申请及其法律状态	中国、欧洲或美国最后文本的独立权利要求
Tony Pratt; John Owen	WO2005022186A1 (20050310)	美国： US20070176676A1 (20070802) 正在审查中 (文件最后更新日期 2013 年 9 月 23 日); US20080063119A1 (20080313) 在审查期间主动撤回; US20110051781A1 (20110303) 正在审查中 (文件最后更新日期 2013 年 9 月 23 日); US20122269235A1 (20121025) 正在审查中 (文件最后更新日期 2013 年 10 月 25 日)	32. 一种 BOCm (fs, fc) 信号，包含具有与 BOCm (fs, fc) 信号关联的相位状态数量，其中 m≥3，fs 表示 BOC 信号的副载波频率而 fc 表示 BOCm (fs, fc) 信号结合的另一信号的频率。 33. 一种调制信号，包含有 m 个信号振幅并与至少一个 n 级信号结合的 m 级信号，其中 m＞2 而 n≥2。 38. 一组经调制信号，包含下列信号的至少一个或较佳地两者都包括： $SL1i(t) = Amsci(t) mi(t) di(t) \cos(\omega it) + ACsci(t) gi(t) \sin(\omega it) = ISi(t) + QSt(t)$ $SL2i(t) = BPsci(t) pi(t) \cos(\omega 2t)$ 其中 Ap，Ac，Bp 是信号振幅，所述测距码，$\omega 1$ 和 $\omega 1$ 是第一和第二载波，pi (t) 表示第一测距码，所述测距码的伪随机序列，gi (t) 表示第一测距码，较为有利的是 CA 码并预定同期为正好一星期的码片速率并较佳地是 1023 码片 Gold 码，di (t) 表示第二测距码，sci (t) 表示包含的码片速率并较佳地是 1023 码片 Gold 码片速率为 10.23Mbps 并且可预定同期具有预定的数据可选的数据消息，sci (t) 表示包含 m 个振幅级的子载波信号，其中 m＞2。 42. 一种测距系统，包括：产生测距码与测距码结合的装置；发送信号的装置。 43. 一种测距系统，包括：产生测距码；产生测距码的装置。 65. 一种测距以及将测距码与子载波信号结合以产生输出信号的装置。 73. 一种用于产生包括三个或更多振幅的数字调制第一信号的装置，包括：借由载波传送与 m 级调制信号的数字调制第一信号的装置。 74. 一种测距信号包含 m 个信号级的数字调制结合装置，产生多个子载波信号的装置；以及将测距码与测距码结合的装置。 75. 一种测距系统，包括：产生测距码级的二进制偏移载波信号的装置；产生包含 n 个测距码的二进制偏移载波信号的装置，其中 n＞2，所述二元二进制偏移载波信号是通过将至少第一二进制偏移载波 BOC 信号与至少第二 BOC 信号结合而获得的；产生测距码的装置以及将测距码与二元二进制偏移载波信号结合的装置。

续表

发明人	涉及信号格式的专利或专利申请	在中国、欧洲和美国的同族专利申请及其法律状态	中国、欧洲或美国最后文本的独立权利要求
Tony Pratt； John Owen	WO2005022186A1 （20050310）	美国： US2007176676A1 （20070802） 正在审查中 （文件最后更新日期2013年9月23日）； US2008063119A1 （20080313） 在审查期间主动撤回； US2011051781A1 （20110303） 正在审查中 （文件最后更新日期2013年9月23日）； US2012269235A1 （20121025） 正在审查中 （文件最后更新日期2013年10月25日）	76. 一种测距系统，包括：用于产生BOCm（fs，fc）信号的装置，其中m≥3，其中m表示与BOCm（fs，fc）信号关联的相位状态数量，fs表示BOC信号的频率而fc表示与BOCm（fs，fc）信号结合的另一信号的频率；产生测距码的装置以及将测距码与BOCm（fs，fc）信号结合的装置。 77. 一种测距系统，包括：产生包含具有m个信号振幅的m级信号的数字调制信号，其中所述m级信号与至少一个n级信号结合，其中m>2、n≥2；以及将数字调制信号与测距码结合的装置。 82. 一种测距系统，包括：产生一组经调制信号的装置，所述经调制的信号包含下列信号的至少一个或较佳地两者都包括， SL1i（t）=ACsci（t）mi（t）di（t）cos（ωit）+ACsci（t）gi（t）di（t）sin（ωit）=ISi（t）+QSi（t） SL2i（t）=BPsci（t）pi（t）cos（ω2t） 其中Ap、Ac、Bp是信号振幅，ω1和ω1是第一和第二载波，L1和L2是载波频率，pi（t）表示第一测距码，所述第一测距码包含可预定码片速率为10.23Mbps并且可预定周期为正好一星期的伪随机序列，gi（t）表示第二测距码，较为有利的是CA码并较佳地具有预定的码片速率并较佳地是1023码片Gold码，di（t）表示可选的数据消息，sci（t）表示包含m个振幅级的子载波信号，其中m>2。 86. 一种用来结合多个信号以产生经调制信号的系统；所述系统包括将多级调制信号与载波结合以影响经调制信号的能量分布的装置，其中，能量分布受多级调制信号的至少一个特性的影响。 89. 一种系统，包括用于存储多个可选相位状态和可选振幅状态中的至少一个的存储器，所述存储器响应测距码信号、系统时钟信号和子载波信号中的至少一个以产生载波信号，所述载波信号承载至少一个相位和振幅调制以产生发送信号。 91. 基本上参照本文所描述的和/或任何一张附图中所示出的一种信号。 92. 基本上参照本文所描述的和/或任何一张附图中所示出的一种系统。 93. 基本上参照本文所描述的和/或任何一张附图中所示出的信号生成或表示的方法。 94. 一种接收器系统，包括用来处理如权利要求21~41任何一项所述的信号的装置。

（4）分析与总结

参照表7和表9可以看出，GPS信号结构设计的参与者作为发明人的与信号结构有关的专利或专利申请（以下称为"GPS信号相关专利或专利申请"）共有7件（族），而Galileo信号结构设计的参与者作为发明人的与信号结构有关的专利或专利申请（以下称为"Galileo信号相关专利或专利申请"）共有3件（族）。

GPS信号相关专利或专利申请大部分都仅在美国国内进行了专利申请，估计其目的并非在于通过专利手段占领市场，而是为了避免他人针对GPS信号进行恶意申请。但是，在我国卫星导航定位行业进入美国市场时，这些专利有可能起到阻碍我国产品进入美国市场的作用，相关企业应当关注这些专利或专利申请，研读这些专利或专利申请所要求保护的技术方案的范围，确保导航产业全球化进程中不会受阻于这些专利或专利申请。

而Galileo信号相关专利或专利申请虽然只有3件（族），但是它们的同族专利遍布全球，显然，其目的是试图通过专利手段垄断与Galileo信号相关的市场。虽然在英美两国政府发表联合声明之后，英国"国防部长"撤回或放弃了其中部分专利申请或专利权，但是英国"国防部长"作为申请人的其他关于信号格式的专利或专利申请依然存在，而且此外还存在另外一族的关于信号格式的专利申请，这些专利针对包括中国在内的全球各主要国家都进行了申请。未来，只要中国国内的企业使用了这些专利或专利申请所涉及的信号格式，上述专利或专利申请的所有者都有权利在包括中国在内的提交了申请的各个国家向这些企业索取专利使用费。

2013年1月英美政府发表联合声明后，英国"国防部长"主动放弃或撤回了直接针对GPS III L1C信号的应用的专利或专利申请CN101093253B、US2008063119、EP1830199B1（产生子载波调制信号的方法和系统）以及CN102436001A、US2012269235A1（处理导航信号的方法和接收机）。

值得注意的是，CN1846146是PCT申请WO2005022186A1进入中国国家阶段的申请。以CN1846146为基础，"国防部长"于2007年12月26日提交了分案申请CN101093253，要求保护一种产生子载波调制信号的方法和系统，专门指向L1C信号。此后又以CN1846146为基础，于2012年5月2日提交了分案申请CN102436001，要求保护处理导航信号的方法和接收机。而作为基础的CN1846146所要求保护的技术方案（权利要求）并不涉及L1C信号格式，归功于CN1846146说明书中记载的内容，"国防部长"在后提交的分案申请命中了L1C信号格式。这一点非常值得借鉴。如果最早申请的说明书的内容不够详尽，那么很难在后期以最早申请的申请日为申请人提交其他相关专利申请。

此外，虽然"国防部长"放弃了部分专利或专利申请，但是CBOC的专利依然属于"国防部长"，这一点值得国内相关产业注意。

除了与"国防部长"相关的专利申请之外，表7和表9中所列出的专利或专利申请也同样非常重要。如果国内企业不根据自身情况加以分析研究，很有可能落入别人已经设计好的专利陷阱。本文总结出来的表7和表9中所涉及的专利或专利申请，都列出了相关申请号或专利号，并且给出了相应的独立权利要求，供读者研判这些专利或专利申请所要求保护的范围。

附录2 主要申请人名称约定表

表10 主要申请人名称约定表

约定名称	对应申请人名称及注释
AGC 汽车	AGC 汽车美洲研发公司；(AGCA – N) AGC AUTOMOTIVE AMERICAS R&D INC
AMTT	(AMTT) AT&T INTELLECTUAL PROPERTY I LP (AMTT) AT&T MOBILITY II LLC
ASK 工业	ASK 工业 S. P. A.；(ASKI – N) ASK IND SPA
IBM	(IBMC) INT BUSINESS MACHINES CORP；国际商业机器公司
ITT 制造企业	ITT 制造企业公司；(INTT) ITT MFG ENTERPRISES INC；(STAN – N) STANFORD TELECOM INC
LG 电子	LG 电子株式会社；(GLDS) LG ELECTRONICS INC
NEC	日本电气株式会社；(NIDE) NEC CORP；NIPPON；(NIAN – N) NIPPON ANTENNA KK；(NIDE) NIPPON ELECTRIC CO；日本安特尼株式会社
PPG 工业	PPG 工业俄亥俄公司；(PITT) PPG IND OHIO INC
SK 电信	SK 电信有限公社；斯凯克罗斯有限公司；(SKTE) SK TELECOM CO LTD (SKTE) SK TELECOM KK；(SKYC – N) SKYCROSS INC；斯凯克罗斯公司；斯凯克罗斯公司；(SKYC – N) SKYCROSS INC；斯凯克罗斯公司；(SKYC – N) SKYCROSS INC
TCL& 阿尔卡特	IPG 电子 504 有限公司；TCL& 阿尔卡特；(COGE) ALCATEL SA；(COGE) TCL & ALCATEL MOBILE PHONES LTD；(COGE) TCL&ALCATEL MOBILE PHONES LTD；(IPGE – N) IPG ELECTRONIC 504 CO LTD
TDK 株式会社	TDK 株式会社；(DENK) TDK CORP
阿迪达斯	(ADID) ADIDAS AG
爱立信	艾利森电话股份有限公司；埃里森；(TELF) TELEFON ERICSSON PUBL AB L M；(TELF) TELEFONAKTIEBOLAGET ERICSSON L M
爱普生	精工爱普生株式会社；(SHIH) SEIKO EPSON CORP
爱特纳公司	爱特纳公司；(ACTE – N) ACTENNA CO LTD

续表

约定名称	对应申请人名称及注释
安德鲁公司	（ANDC）ANDREW CORP；（ANDC）ANDREW LLC
安蒂诺瓦	ANTENOVA；（ANTE－N）
奥根公司	奥根公司；（PWAV）ALLGON AB；（PWAV）ALLGON AB；（PWAV）ALLGON MOBILE COMMUNICATIONS AB；（AMCC－N）AMC CENTURION AB
奥里金	（ORIG－N）ORIGIN GPS LTD
波音公司	（BOEI）BOEING CO
博世	（BOSC）BOSCH GMBH ROBERT；（BLAV）BLAUPUNKT ANTENNA SYSTEMS GMBH&CO KG；蓝宝天线系统有限责任两合公司；（EDED－N）ED ENTERPRISES AG；BOSCH；bosch rexroth 力士乐；ROBERT Boschgmbh；蓝点；罗伯特·博世有限公司
博通	（BDCO）BROADCOM CORP；美国博通公司
财团法人工业技术研究院	财团法人工业技术研究院；（ITRI）IND TECHNOLOGY RES INST；（ITRI）ZH KOGYO GIJUTSU KENKYUHIN
瓷微通讯	（CIWE－N）CIWEI COMMUNICATION CO LTD
大众汽车	（VOLS）VOLKSWAGEN AG
东芝	（TOKE）TOSHIBA KK
法国电讯公司	法国电讯公司；（ETFR）FRANCE TELECOM
飞利浦	卡莱汉系乐有限公司；KONINKL PHILIPS ELECTRONICS NV；PHILIPS
飞思卡尔半导体公司	飞思卡尔半导体公司；（FRSE）FREESCALE SEMICONDUCTOR INC
菲尔特朗尼克LK有限公司	（FILT－N）FILTRONIC LK OY
丰田	丰田自动车株式会社；（TOYT）TOYOTA JIDOSHA KK
富士通天	fujitsu ten；富士通天
垓技术	（TERA－N）TERATECH CORP
高通公司	高通；桑德布里奇技术公司；（QCOM）QUALCOMM INC；（SAND－N）SANDBRIDGE TECHNOLOGIES INC；SANDBRIDGE 芯片厂商；夸尔柯姆股份有限公司
歌乐株式会社	（CLAQ）CLARION CO LTD
格维康姆公司	格维康姆公司；（GUCO－N）GUCOM INC
古河电气	（FURU）FURUKAWA ELECTRIC CO LTD

续表

约定名称	对应申请人名称及注释
韩国电子通信研究院	(ETRI) ELECTRONICS&TELECOM RES INST
赫思曼汽车	赫思曼汽车通信设备(上海)有限公司
宏达国际	宏达国际电子股份有限公司;HTC CORPORATION;HTC;(HTCC) HIGH TECH COMPUTER CORP
宏碁	ACER
鸿海精密	国基电子(上海)有限公司;鸿海精密工业股份有限公司;深圳富泰宏精密工业有限公司;富士通株式会社;富士通先端科技株式会社;富士通先瑞;鸿海锦精密;奇美通讯股份有限公司;(HONH) HON HAI PRECISION IND CO LTD;(FUIT) FUJITSU LTD;(GENH) FUJITSU GENERAL LTD
华为	华为技术有限公司;华为终端有限公司;深圳华为通信技术有限公司
哗裕实业	哗裕实业股份有限公司;东莞台霖电子通信有限公司;普翔电子贸易(上海)有限公司;苏州华广电通有限公司
基奥赛拉无线公司	基奥赛拉无线公司;(KYOC) KYOCERA WIRELESS CORP
吉利汽车	浙江吉利汽车研究院有限公司;浙江吉利控股集团有限公司;浙江吉利汽车研究院有限公司杭州分公司;浙江吉利汽车研究院有限公司;浙江吉利控股集团有限公司
技嘉科技股份有限公司	(GIGB) GIGA – BYTE COMMUNICATIONS INC;(GIGB) GIGA – BYTE TECHNOLOGY CO LTD
佳利电子	嘉兴佳利电子股份有限公司
佳明	Gamin
佳能	(CANO) CANON KK
贾斯特	(JAST – N) JAST SARL
剑桥定位系统公司	(CAMB – N) CAMBRIDGE POSITIONING SYSTEMS LTD
捷讯研究	捷讯研究有限公司;RESEARCH IN MOTION LTD;(RIMR) RES IN MOTION LTD
京都陶瓷	京都陶瓷株式会社
卡莱亚罗天线	CALEARO ANTENNE S. P. A
卡特彼勒	(CATE) CATERPILLAR INC;(COGE) ALCATEL ALSTHOM CIE GEN ELECTRICITE
卡西欧	(CASK) CASIO COMPUTER CO LTD;(CASK) CASIO HITACHI MOBILE COMMUNICATIONS CO
凯立德计算机	深圳市凯立德计算机系统技术有限公司

续表

约定名称	对应申请人名称及注释
凯瑟雷恩	(KWRK)；KATHREIN WERKE KG；KATHREIN WERKE KG
科达海洋传感器	(CODA–N)；CODAR OCEAN SENSORS LTD
空间数码	空间数码系统公司；(SPAT–N) SPATIAL DIGITAL SYSTEMS INC
莱尔德	莱尔德电子材料（上海）有限公司；(LAIR–N) LAIRD TECHNOLOGIES AB；莱尔德技术股份有限公司；LAIRD；并购 RECEPTEC HOLDINGS LLC 并购；(RECE–N) 莱赛普泰克控股公司 (FIRS–N) FIRST TECHNOLOGY LLC (LAIR–N) LAIRD TECHNOLOGIES AB；圣韵无线；圣韵无线技术公司；(CENT–N) CENTURION WIRELESS TECHNOLOGIES INC；(CENT–N) CENTURION WIRELESS TECHNOLOGIES INC
兰茨斯塔	兰茨斯塔国际公司；(LANT–N) LANTZSTAR INT INC
联想	联想（北京）有限公司；联想移动通信科技有限公司；联想（新加坡）私人有限公司
罗瑟姆公司	(ROSU–N) ROSUM CORP；(STAN–N) STANFORD TELECOM INC；(TRUE–N) TRUEPOSITION INC
罗森伯格高频技术有限及两合公司	ROSE–N) ROSENBERGER HOCHFREQUENZTECH；(ROSE–N) ROSENBERGER HOCHFREQUENZTECHNIK GMBHROSENBERGER
洛克达公司	洛克达公司；(LOCA–N) LOCATA CORP
洛克威尔	洛克威尔自动控制技术股份有限公司；(ROCK–N) ROCKWELL COLLINS INC；(ROCW) ROCKWELL COLLINS INC
脉冲芬兰有限公司	脉冲芬兰有限公司；芬兰帕斯有限公司；(PULS–N) PULSE ENG INC；(PULS–N) PULSE FINLAND OY (LKLK–N) LK PROD OY；(PULS–N) PULSE FINLAND OY
美商内数位科技公司	美商内数位科技公司；(IDIG) INTERDIGITAL TECHNOLOGY CORP
明基	明基电通股份有限公司；(BENQ) BENQ CORP
摩托罗拉	摩托罗拉公司；摩托罗拉解决方案公司；(MOTI) MOTOROLA INC；摩托罗拉移动公司
纳幕尔杜邦	纳幕尔杜邦公司；(DUPO) DU PONT DE NEMOURS&CO E I；DU PONT
诺基亚	诺基亚公司（OYNO）NOKIA MOBILE PHOneS LTD
欧陆汽车	(CONW) CONTINENTAL AUTOMOTIVE GMBH；(KWRK) KATHREIN WERKE KG；欧陆汽车有限责任公司；凯特莱恩工厂股份公司；(SIEI) SIEMENS AG；收购西门子汽车；CONTINENTAL

续表

约定名称	对应申请人名称及注释
帕特仑株式会社	(PART-N) PARTRON CO LTD; PARTRON
苹果	苹果公司；(APPY) APPLE INC
奇胜澳大利亚	奇胜澳大利亚有限公司；(CLIP-N) CIPSAL AUSTRALIA PTY LTD; CIPSAL AUSTRALIA
启碁科技	启碁科技股份有限公司；WISTRON NEWEB CORP；(QIJI-N) QIJI TECHNOLOGY CO LTD；(QIJI-N) QIJIE TECH CO LTD
诠欣股份	诠欣股份有限公司；(CHAN-N) CHANT SINCERE CO LTD；(QUAN-N) QUANXIN CO LTD
日立	日立电线株式会社；(HITD) HITACHI CABLE CO LTD；(HITD) HITACHI CABLE LTD
萨恩特尔	萨恩特尔有限公司；(SARA-N) SARANTEL LTD；(SRAN-N) SRANTEL LTD；(SARA-N) SARANTEL CO LTD；(SARA-N) SARANTEL INC；(SARA-N) SARANTEL LTD；(SYMM-N) SYMMETRICOM INC；萨兰特尔有限公司；赛伦特尔有限公司
三菱	三菱电线工业株式会社；(DAIE) MITSUBISHI CABLE IND LTD
三美电机	三美电机株式会社；(DENA) MITSUMI ELECTRIC CO LTD (DENA) MITSUMI ELECTRIC CORP；(SANU-N) SANUMA DENKI KK；米苏米
三洋	(SAOL) SANYO ELECTRIC CO LTD
上海联能科技	(ANGH-N) ANGHAI HUIFANG SINOCERAMICS COMMUNICATION TECHNOLOGY CO LTD；(SHAN-N) SHANGHAI FANGSHENG INFORMATION SCI TECHN；(SHAN-N) SHANGHAI FANGSHENG INFORMATION SCI&TEC；(SHAN-N) SHANGHAI SINOCERAMICS INC；(SINO-N) SINOCERAMICS INC
神达集团	上海环达计算机科技有限公司；神达电脑股份有限公司
圣韵无线	圣韵无线技术公司；(CENT-N) CENTURION WIRELESS TECHNOLOGIES INC；(CENT-N) CENTURION WIRELESS TECHNOLOGIES INC
施耐普特拉克	施耐普特拉克股份有限公司；snaptrack；快速追踪有限公司
斯凯克罗斯公司	(SKYC-N) SKYCROSS INC；SKYCROSS
松下电器	松下电器产业株式会社；(MATU) MATSUSHITA DENKI SANGYO KK；(MATU) MATSUSHITA ELECTRIC IND CO LTD；(MATU) PANASONIC CORP；松下电工株式会社

续表

约定名称	对应申请人名称及注释
索科波技术	索科波技术有限公司；(SOCO-N) SOCOWAVE TECHNOLOGIES LTD；SOCOWAVE
索尼爱立信	索尼爱立信移动通信股份有限公司；索尼爱立信移动通信有限公司；(SOER) SONY ERICSSON MOBILE COMM AB；(SOER) SONY ERICSSON MOBILE COMMUNICATIONS AB
索尼公司	索尼株式会社；(SONY) SONY CORP
太盟光电	太盟光电科技股份有限公司；(CIRO-N) CIROCOMM TECHNOLOGY CORP
泰科电子服务有限责任公司	TYCO ELECTRONICS；(TYEL) TYCO ELECTRONICS SERVICES GMBH；(RAYS-N) RAYSPAN CORP；RAYSPAN；RAYSPAN CORP；雷斯潘公司；RAYS-N
天宝	卡特彼勒天宝控制技术有限责任公司；(TRMB) TRIMBLE NAVIGATION INC；(TRMB) TRIMBLE NAVIGATION LTD
天迈企业	天迈企业股份有限公司；曾宪伟；(TIAN-N) TIANMAI ENTERPRISE CO LTD
通腾科技股份有限公司	通腾科技股份有限公司；(TOMT) TOMTOM INT BV
通用公司	通用电气公司；(GENE) GENERAL ELECTRIC CO；GE
通用汽车	通用汽车环球科技运作公司；(GENK) GM GLOBAL TECHNOLOGY OPERATIONS INC；(GMGL-N) GM GLOBAL TECH OPERATIONS INC；GM；通用汽车环球科技运作有限责任公司
拓普康	TOPCON
伟创力汽车	伟创力汽车股份有限公司；(FLEX-N) FLEXTRONIC AUTOMOTIVE INC；(FLEX-N) FLEXTRONICS AUTOMOTIVE INC；FLEXTRONICS
纬创资通	纬创资通股份有限公司；(WIST) WISTRON CORP
厦门雅迅网络	厦门雅迅网络股份有限公司
先端汽车	(ADAU-N) ADVANCED AUTOMOTIVE ANTENNAS SL；(LEAD-N) LEADING AUTOMOTIVE ANTENNA CORP；先端汽车天线公司碎云股份有限公司；(FRAC-N) FRACTUS FICOSA INT UTE；弗拉克托斯股份有限公司；先进汽车天线（A3）；(ATHR-N) A3 ADVANCED AUTOMOTIVE ANTENNAS；先进汽车天线有限公司；高级汽车天线公司
现代	现代株式会社 AUTONET；(HYNX) HYUNDAI ELECTRONICS IND CO LTD

续表

约定名称	对应申请人名称及注释
相量解决方案有限公司	(PHAS-N) PHASOR SOLUTIONS LTD；PHASOR
新科电子	SINCO；(SINC-N) SINCO ELECTRONIC SATELLITE COMMUNICATION (SINC-N) SINCO ELECTRONIC SATELLITE COMMUNICATION&SENSING SYSTEM PR；(STEL-N) ST ELECTRONICS；(STEL-N) ST ELECTRONICS PTE LTD；(STEL-N) ST ELECTRONICS SATCOM & SENSOR SYSTEMS；(STEL-N) ST ELECTRONICS SATCOM&SENSOR SYSTEMS；新科电子（卫星通讯和传感系统）私人有限公司
熊猫电子	熊猫电子集团有限公司；南京熊猫电子股份有限公司；南京熊猫汉达科技有限公司；(NANJ-N) NANJING PANDA ELECTRONIC CO LTD (NANJ-N) NANJING PANDA HANDA TECHNOLOGY CO LTD (PAND-N) PANDA ELECTRONICS GROUP CO LTD
旭硝子株式会社	旭硝子株式会社；(ASAG) ASAHI GLASS CO LTD
轩翊科技	轩翊科技股份有限公司；(XUAN-N) XUANYI SCI & TECHNOLOGY CO LTD
伊塔瑞士钟表	伊塔瑞士钟表制造股份有限公司；(EBAU) ETA FAB EBAUCHES SA；(EBAU) ETA MFG HORLOGERIE SUISSE SA；(EBAU) ETA MFR HORLOGERE SUISSE SA；(FREE-N) FREESTYLE TECHNOLOGY PTY LTD
意大利电信股份公司	意大利电信股份公司；(TITL) TELECOM ITAL LAB SPA (TITL) TELECOM ITAL SPA
英特尔公司	INTEL
英业达集团	英华达股份有限公司；英华达（上海）科技有限公司；英华达股份有限公司；英华达（南京）科技有限公司；(IVEN) INVENTEC APPLIANCES CORP (IVTC) INVENTEC NANJING TECHNOLOGY CO LTD；(IVTC) INVENTEC SHANGHAI TECHNOLOGY CO LTD；(IVTC) INVENTEC CORP 英业达股份有限公司；英保达；英新达；无敌科技，照日工作室
优尼特克公司	(UNIT-N) UNITECH LLC；UNITECH
尤斯克斯公司	尤斯克斯公司；(USCX-N) USCX
宇龙计算机	宇龙计算机通信科技（深圳）有限公司
泽泰克斯公司	泽泰克斯技术公司；(XERT-N) XERTEX TECHNOLOGIES INC；XERTEX
整合技术有限公司	整合技术有限公司；(INTE-N) INTEGRAL TECHNOLOGIES INC；(UNIF-N) UNIFYING TECHNOLOGY CORP

续表

约定名称	对应申请人名称及注释
中川特殊钢株式会社	中川特殊钢株式会社；(MITA) MITSUI CHEM INC
中国石油	中国石油天然气股份有限公司；华北石油通信公司；中国石油集团东方地球物理勘探有限责任公司
中国铁路通信信号集团	上海通号轨道交通工程技术研究中心有限公司；上海新干通通信设备有限公司；泰兴市东盛通讯器材有限公司；上海铁路通信有限公司；(SHAN-N) SHANGHAI RAILWAY COMMUNICATION FACTORY；(SHAN-N) SHANGHAI TONGHAO RAILWAY TRAFFIC ENG TECHNOLOGY RES CENT CO；(SHAN-N) SHANGHAI XINGANTONG COMMUNICATION EQUIP；(TAIX-N) TAIXING DONGSHENG COMMUNICATION EQUIP CO LTD
中国移动	中国移动通信集团公司；中国移动通信集团广东有限公司
中兴通讯	中兴通讯股份有限公司；(ZTEC) ZTE CORP；(SHEN-N) SHENZHEN ZTE CORP
株式会社NTT都科摩	(NITE) NTT DOCOMO INC；(NITE) NIPPON TELEGRAPH & TELEPHOne CORP
株式会社半导体能源研究所	株式会社半导体能源研究所；(SEME) SEMICONDUCTOR ENERGY LAB
株式会社村田	(MURA) MURATA MFG CO LTD；株式会社村田制作所；株式会社村田制作所
株式会社电装	株式会社电装；(NPDE) DENSO CORP；(NPDE) NIPPONDENSO CO LTD
株式会社科科莫MB通讯	株式会社科科莫MB通讯；(COCO-N) COCOMO MB COMMUNICATIONS INC
株式会社莫比泰克	株式会社莫比泰克；(ACEA-N) ACE ANTENNA CORP；(ACET-N) ACE TECHNOLOGY；(MOBY-N) MOBYTEC CORP；(ACEA-N) ACE ANTENNA CORP；(ACET-N) ACE TECHNOLOGIES CORP
株式会社友华	株式会社友华；(YOKW) YOKOWO CO LTD；(YOKW) YOKOWO MFG CO LTD；(YOKW) YOKOWO-UBE GIGA DEVICES CO LTD
恩智浦公司	NXP股份有限公司
得州仪器	TEXAS INSTR INC
联发科技	联发科技股份有限公司
上海迦美信芯	上海迦美信芯通讯技术有限公司

续表

约定名称	对应申请人名称及注释
休斯电子	休斯电子公司；HUGHES ELECTRONICS CORP
深圳市海威讯	深圳市海威讯科技有限公司
CSR	CSR 技术股份有限公司；CSR TECHNOLOGY HOLDINGS INC
U–布洛克斯	U–BLOX AG；瑞士优北罗股份有限公司
爱信艾达株式会社	爱信艾达株式会社；(AISW) AISIN AW CO LTD
阿尔派株式会社	阿尔派株式会社；(ALPN) ALPINE ELECTRONICS INC；(ALPN) ALPINE KK
三星	(SMSU) SAMSUNG ELECTRONICS CO LTD；北京三星通信技术研究有限公司；三星电子株式会社；三星电机株式会社；三星重工业株式会社
先锋株式会社	先锋株式会社；(PIOE) PIONEER ELECTRONIC CORP
瑟浮	(SIRF) SIRF TECHNOLOGY HOLDINGS INC
中国科学院	
日产	日产自动车株式会社；(NSMO) NISSAN MOTOR CO LTD
查纳位	株式会社查纳位资讯情报；(XANV) XANAVI INFORMATICS KK
株式会社日本耐美得	株式会社日本耐美得；(NAVI–N) NAVITIME JAPAN CO LTD
星克跃尔	星克跃尔株式会社；(THIN–N) THINKWARE SYSTEMS CORP

附录3 中国申请重要专利清单

表11 中国申请重要专利清单

编号	著录项目	备注
1	申请人：GOOGLE公司 发明人：莱斯利·耶；斯瑞德尔·拉玛斯瓦弥；钱喆 申请号：200480029591 申请日：2004-08-23 优先权日：美国2003年9月3日10/654265；美国2004年4月12日10/823508 授权日： 审批历史：【PCT】 发明名称：在广告系统中确定和/或使用地点信息	—
2	申请人：咕果公司 发明人：拉尔斯·艾尔斯特鲁普·拉斯马森；延斯·艾尔斯特鲁普·拉斯马森 申请号：200480034374 申请日：2004-11-22 优先权日：美国2003年11月25日60/525420 授权日： 审批历史：【PCT】 发明名称：用于自动整合数字地图系统的系统	—
3	申请人：咕果公司 发明人：延斯·艾尔斯特拉普·拉斯马森；拉尔斯·艾尔斯特拉普·拉斯马森；史蒂芬·玛 申请号：200580013512 申请日：2005-03-23 优先权日：美国2004年3月23日60/555501；美国2004年5月3日60/567946；美国2005年2月7日60/650840 授权日：2011年8月31日 审批历史：【PCT】 发明名称：在数字地图描绘系统中产生并提供拼图的系统和方法	瓦片地图的首次申请，被引用频次：52次

续表

编号	著录项目	备注
4	申请人：谷歌公司 发明人：丹尼斯·P. 克劳雷；亚历山大·M. 莱内特 申请号：200580023295 申请日：2005-05-12 优先权日：美国2004年5月12日 60/570410 授权日：2012年5月23日 审批历史：【PCT】 发明名称：用于移动设备的基于位置的社会软件	本方法和系统可以使喜欢社交但不想计划外出的朋友之间方便地进行通信，还可以允许自发地进行社交
5	申请人：谷歌公司 发明人：丹尼尔·艾尼奥 申请号：200580048642 申请日：2005-12-30 优先权日：美国2004年12月30日 11/024785 授权日：2010年6月23日 审批历史：【PCT】 发明名称：不明确地理引用的分类	用于在搜索引擎中分类与地理区域相关的文本。解决现有局部搜索引擎难于确定网页所关联的地理区域的问题
6	申请人：谷歌公司 发明人：丹尼尔·艾尼奥 申请号：200580048650 申请日：2005-12-30 优先权日：美国2004年12月30日 11/024790 授权日： 审批历史：【PCT】 发明名称：根据地理关联索引文档	本方法可有效地索引与地理区域有关的文档，使用索引响应单个搜索查询时可有效地搜索总的地理区域
7	申请人：谷歌公司 发明人：丹尼尔·艾尼奥；劳伦斯·伊莱亚斯·格林菲尔德 申请号：200580048737 申请日：2005-12-30 优先权日：美国2004年12月30日 11/024977 授权日：2012年7月25日 审批历史：【PCT】 发明名称：位置提取	符合本发明原理的系统和方法可以识别搜索查询中的地理引用，并确定该地理引用是否应当用于检索局部搜索文档

续表

编号	著录项目	备注
8	申请人：谷歌公司 发明人：布雷恩·欧·克莱尔；丹尼尔·艾尼奥；劳伦斯·伊莱亚斯·格林菲尔德 申请号：200680026307 申请日：2006-05-26 优先权日：美国2005年5月27日 11/138670 授权日：2013年3月6日 审批历史：【PCT】 发明名称：基于位置重要性对本地搜索结果评分	可以识别与地理区域有关的文档；可以向执行搜索的用户呈现更有意义的搜索结果
9	申请人：谷歌公司 发明人：布雷恩·欧·克莱尔 申请号：200680026478 申请日：2006-05-26 优先权日：美国2005年5月27日 11/139032 授权日： 审批历史：2012年5月30日视撤公告日【PCT】 发明名称：将地图浏览有关的边界用于企业位置搜索	该方法可在用户已获得的地理区域内搜索实体的数据库、位置信息、联系信息，用户可改变地图视图的外边界和要搜索实体的地区的范围
10	申请人：谷歌公司 发明人：昆·星·鲁克；朱辉灿；朱弘俊 申请号：200680040129 申请日：2006-08-30 优先权日：美国2005年8月30日 60/712146 授权日： 审批历史：【PCT】 发明名称：本地搜索	本方法可以返回特定地理区域内的相关网页和/或企业列表，获得企业的详细地址信息
11	申请人：谷歌公司 发明人：M.T.琼斯；B.麦克伦登；A.P.查拉尼雅；M.阿什布里奇 申请号：200680044327 申请日：2006-10-12 优先权日：美国2005年10月12日 60/726505；美国2006年10月11日 11/548689 授权日： 审批历史：【PCT】 发明名称：分布式地理信息系统中的实体显示优先级	—

续表

编号	著录项目	备注
12	申请人：谷歌公司 发明人：史蒂夫·格拉斯曼；乔西·约瑟夫；比尔·基尔达伊；吉昂·恩古叶恩；多米尼克·普雷伊斯；斯里达尔·拉马斯瓦米 申请号：200680052418 申请日：2006-12-08 优先权日：美国2005年12月9日11/298293 授权日： 审批历史：【PCT】 发明名称：使用用户兴趣信息和基于地图的位置信息确定广告	允许企业将其广告更好地定向到积极响应的受众
13	申请人：谷歌公司 发明人：弗洛里安·米歇尔·布龙；拉梅什·巴拉科利什南；詹姆斯·克里斯托弗·诺利斯；詹姆斯·罗伯特·穆勒；泰·陈；拉尔斯·埃尔斯特鲁普·拉斯马森 申请号：200780010615 申请日：2007-01-26 优先权日：美国2006年1月27日60/763168；美国2006年12月11日60/869549 授权日：2011年9月28日 审批历史：【PCT】 发明名称：用于位置搜索查询的地理编码	解决现有搜索引擎通常返回单个结果，结合对位置搜索查询的格式灵活性的缺乏，使得适应在位置搜索查询和/或返回用户的结果中的不确定性或含混性是困难的问题
14	申请人：谷歌公司 发明人：小松弘幸 申请号：200780035644 申请日：2007-08-17 优先权日：美国2006年8月18日11/465771 授权日：2012年9月26日 审批历史：【PCT】 发明名称：基于模糊位置来提供线路信息	提供线路信息的计算机实现的方法，其可通过更有效的方式来分辨指定模糊位置的线路信息请求
15	申请人：谷歌公司 发明人：香农·P. 鲍曼；基思·施密特；多米尼克·普雷伊斯 申请号：200780044266 申请日：2007-09-28 优先权日：美国2006年10月5日11/539109 授权日： 审批历史：【PCT】 发明名称：基于位置的、内容定向的信息	定向的广告能够包括一个或多个用户界面元素，用于允许用户与定向的广告交互并且浏览该定向的广告

续表

编号	著录项目	备注
16	申请人：谷歌公司 发明人：莱兰·列奇斯；斯科特·杰森；耶尔·莎查姆 申请号：200880008570 申请日：2008-01-17 优先权日：美国2007年1月17日 11/624184 授权日：2013年1月16日 审批历史：【PCT】 发明名称：搜索查询中的位置	本方法和系统，以可能与电子设备的用户相关的方式向电子设备提供信息；在位置可能与相应查询相关联时，即使查询中不包括位置信息，也提升基于位置的搜索结果
17	申请人：谷歌公司 发明人：古德门迪尔·哈夫斯德恩森；迈克尔·J. 勒博；纳塔利娅·马尔马斯；苏米·阿加瓦尔；迪普钱德·尼斯哈 申请号：200880017420 申请日：2008-04-02 优先权日：美国2007年4月2日 11/695333 授权日： 审批历史：【PCT】 发明名称：对于电话请求的基于位置的响应	本方法和系统，以可能与电子设备的用户相关的方式向电子设备提供信息；在位置可能与相应查询相关联时，即使查询中不包括位置信息，也提升基于位置的搜索结果
18	申请人：谷歌公司 发明人：本杰明·查尔斯·阿普尔顿；斯特芬·梅施卡特；泰·陈；亚当·沙赫；王正；亚当·保罗·舒克；詹姆斯·罗伯特·麦吉尔 申请号：200880025501 申请日：2008-05-27 优先权日：美国2007年5月28日 11/754356 授权日： 审批历史：【PCT】 发明名称：地图小组件	本文档描述可以用来提供与诸如由 Google Maps 提供的地图相交互的机制和技术。例如，可以将小组件形式的可移植程序模块与地图页面集成且可以允许开发显示来自多个不同模块的数据的地图—实质上允许混合应用（mash-ups）的混合项目（mash-up）

续表

编号	著录项目	备注
19	申请人：谷歌公司 发明人：伊恩·麦克克莱奇 申请号：200880126325 申请日：2008-12-29 优先权日：美国 2007 年 12 月 27 日 61/016950 授权日： 审批历史：【PCT】 发明名称：高分辨率、可变景深的图像装置	本发明涉及在可变景深环境中的高分辨率图像的产生
20	申请人：谷歌公司 发明人：朱佳俊；丹尼尔·菲利普；卢克·文森特 申请号：200980102322 申请日：2009-01-15 优先权日：美国 2008 年 1 月 15 日 12/014513 授权日： 审批历史：【PCT】 发明名称：街道视图数据的三维注释	本发明使得用户能够在观看二维图像时创建对应于三维对象的注释
21	申请人：谷歌公司 发明人：理查德·F. 莱恩；盖里·恩布勒；伊恩·理查德·蒂龙·麦克克莱奇；贾森·霍尔特 申请号：200980110758 申请日：2009-02-09 优先权日：美国 2008 年 2 月 8 日 61/027237 授权日： 审批历史：【PCT】 发明名称：带有使用定时快门的多个图像传感器的全景照相机	提供一种用于全景摄影的照相机设备，减小了从附着到车辆的照相机花饰摄取的全景图像中的畸变和空间视差
22	申请人：谷歌公司 发明人：朱佳俊；丹尼尔·菲利普；卢克·文森特 申请号：200980114885 申请日：2009-02-26 优先权日：美国 2008 年 2 月 27 日 12/038325 授权日： 审批历史：【PCT】 发明名称：使用图像内容来帮助在全景图像数据中导航 法律状态：公开	本图像装置，具有高分辨率、可变景深；能使用距离来考虑视差的影响

续表

编号	著录项目	备 注
23	申请人：谷歌公司 发明人：大卫·P. 辛格尔顿；德巴基特·高什 申请号：200980115721 申请日：2009-03-06 优先权日：美国 2008 年 3 月 7 日 12/044310 授权日： 审批历史：【PCT】 发明名称：基于场境的语音识别语法选择 法律状态：公开	本文档描述了用于选择在话音识别中使用的语法的系统和技术
24	申请人：谷歌公司 发明人：戈克尔·瓦拉得汗；丹尼尔·巴尔凯 申请号：200980121381 申请日：2009-04-14 优先权日：美国 2008 年 4 月 14 日 61/044744 授权日： 审批历史：【PCT】 发明名称：俯冲导航 法律状态：公开	通过倾斜虚拟相机并减少所述虚拟相机和目标之间的距离，所述虚拟相机向目标俯冲。以这种方式，本发明的实施例以不会对用户造成混乱的方式将虚拟相机从空中透视角导航到地面水平透视角
25	申请人：谷歌公司 发明人：尼古拉斯·维恩；迈克·佩鲁；杰拉德·埃利斯 申请号：200980121523 申请日：2009-04-15 优先权日：美国 2008 年 4 月 18 日 12/105413 授权日： 审批历史：【PCT】 发明名称：内容项置放 法律状态：视撤	—
26	申请人：谷歌公司 发明人：C.J. 大迫；C. 蔡平；V. 纳纳瓦蒂；X. 唐 申请号：200980123789 申请日：2009-06-23 优先权日：美国 2008 年 6 月 24 日 61/133089 授权日： 审批历史：【PCT】 发明名称：根据用户操作显示信息的方法和系统 法律状态：公开	—

编号	著录项目	备 注
27	申请人：谷歌公司 发明人：费尔南多·A. 布鲁切尔；乌尔里希·布德迈尔；哈特维希·亚当；哈特姆特·内文 申请号：200980127106 申请日：2009-05-12 优先权日：美国2008年5月12日 12/119359 授权日： 审批历史：【PCT】 发明名称：自动发现受欢迎的地标 法律状态：公开	本发明的方法和系统可以使得能够对最受欢迎的旅游位置的最新列表和图像集合的有效维护，其中旅游位置的受欢迎度可以由该位置被用户张贴到互联网上的图像的数量来估算
28	申请人：谷歌公司 发明人：大卫·P. 康韦；亚当·布里斯；约翰·H. 帕列维奇；艾里克·曾 申请号：200980128722 申请日：2009-05-28 优先权日：美国2008年5月28日 61/056823 授权日： 审批历史：【PCT】 发明名称：在移动计算设备上的运动控制的视图 法律状态：公开	由于设备的用户可以使用加速摇移控件来以单个手指输入跨整个空间移动，所以可以使他们在围绕大空间导航（否则，这可能需要跨触摸屏的表面反复拖动他们的手指）时节省时间。并且，可以给用户提供向他们示出他们当前位于大空间内的何处的场境（contextual）指示

续表

编号	著录项目	备 注
29	申请人：谷歌公司 发明人：阿诺德·萨于盖 申请号：200980130478 申请日：2009-06-09 优先权日：美国 2008 年 6 月 10 日 12/136648 授权日： 审批历史：【PCT】 发明名称：地理信息的机器可读表示 法律状态：公开	本方法和系统可以将表示地理位置的信息编码在机器可读表示中，该表示可以被打印以及显示在地理位置处，用户可以捕捉该表示的数字图像，并且使其被解码以确定地理位置，在代码和特定位置之间存在特定预定义的关系的情况下，可在设备上在不需要访问中央信息源的情况下进行编码和解码
30	申请人：谷歌公司 发明人：瑞恩·希克曼 申请号：200980134696 申请日：2009-07-06 优先权日：美国 2008 年 7 月 7 日 12/168695 授权日： 审批历史：【PCT】 发明名称：在全景或 3D 地图环境中要求不动产用于广告的权益 法律状态：视撤	—
31	申请人：谷歌公司 发明人：迈克·佩鲁；詹姆斯·罗伯特·麦吉尔；达纳·张；尼古拉斯·维恩；大卫·西蒙斯 申请号：200980135124 申请日：2009-07-13 优先权日：美国 2008 年 7 月 14 日 12/172335 授权日： 审批历史：【PCT】 发明名称：内容项选择 法律状态：公开	—

编号	著录项目	备注
32	申请人：谷歌公司 发明人：丹尼尔·巴尔凯；迈克尔·维斯－马里克 申请号：200980139901 申请日：2009-08-10 优先权日：美国2008年8月12日 61/136093 授权日： 审批历史：【PCT】 发明名称：在地理信息系统中游历 法律状态：公开	提供更令人满意的用户体验的用于在地理信息中游览的方法和系统
33	申请人：谷歌公司 发明人：戴维·科恩曼；彼得·伯奇；迈克尔·莫顿 申请号：200980141356 申请日：2009-08-24 优先权日：美国2008年8月22日 61/091234 授权日： 审批历史：【PCT】 发明名称：移动设备上的三维环境中的导航 法律状态：公开	—
34	申请人：谷歌公司 发明人：亚当·布里斯；大卫·P.康韦 申请号：200980151886 申请日：2009-10-21 优先权日：美国2008年10月22日 12/256078 授权日： 审批历史：【PCT】 发明名称：对个人信息进行地理编码 法律状态：公开	首先，系统可以对来自各种应用的个人信息进行地理编码，并且可以以将各种类型的信息合并到共同显示中的方式向用户显示信息。其次，系统可以利用附加的联系人和事件扩增电子显示，包括通过指示落在当前视觉显示范围之外的条目

续表

编号	著录项目	备注
35	申请人：谷歌公司 发明人：V. 戈尔 申请号：200980152353 申请日：2009-11-13 优先权日：美国 2008 年 11 月 14 日 12/291852 授权日： 审批历史：【PCT】 发明名称：用于存储和提供路线的系统和方法 法律状态：公开	—
36	申请人：谷歌公司 发明人：王宇 申请号：200980161026 申请日：2009-07-07 优先权日： 授权日： 审批历史：【PCT】 发明名称：用于地图搜索的查询解析 法律状态：公开	以实现一个或多个以下优点，包括有效的地图搜索、地图搜索结果的高准确性以及地图搜索结果到用户的快速递送
37	申请人：谷歌公司 发明人：麦卡·拉恩托；戴维·S. 梅纳德；史蒂文·约翰·李 申请号：201080014618 申请日：2010-02-03 优先权日：美国 2009 年 2 月 4 日 61/149999 授权日： 审批历史：【PCT】 发明名称：移动设备电池管理 法律状态：公开	本方法可有效减小诸如移动设备的计算设备上的电力消耗，延长电池寿命
38	申请人：谷歌公司 发明人：朱佳俊 申请号：201080017715 申请日：2010-02-24 优先权日：美国 2009 年 2 月 24 日 12/391516 授权日： 审批历史：【PCT】 发明名称：指示在街道级图像之间转换的系统和方法 法律状态：公开	—

续表

编号	著录项目	备注
39	申请人：谷歌公司 发明人：哈特维希·亚当；张立 申请号：201080030849 申请日：2010-05-14 优先权日：美国 2009 年 5 月 15 日 12/466880 授权日： 审批历史：【PCT】 发明名称：来自数字图片集合的地标 法律状态：公开	—
40	申请人：谷歌公司 发明人：M. J. 勒鲍；O. 卡维莱；K. 伊托；J. N. 吉特科夫 申请号：201080056501 申请日：2010-10-28 优先权日：美国 2009 年 10 月 28 日 61/255847 授权日： 审批历史：【PCT】 发明名称：导航查询 法律状态：公开	本发明描述用于在移动计算设备上进行搜索（并且具体为语音搜索）和导航（包括基于语音的导航），并且用于执行与移动计算设备的坞接（dock）关联的动作的系统和技术
41	申请人：谷歌公司 发明人：T. K. 程；J. R. 范贝伦 申请号：201080061366 申请日：2010-11-29 优先权日：美国 2009 年 12 月 4 日 61/266870 授权日： 审批历史：【PCT】 发明名称：基于位置的搜索 法律状态：公开	在用户前往用于定义和提交搜索查询的 web 页面时，可以向用户提供与用户位置有关的建议搜索结果。而且，用户可以在未定义搜索查询时提供用户输入以提交搜索查询

续表

编号	著录项目	备注
42	申请人：谷歌公司 发明人：戴维·彼得鲁；约翰·弗林；哈特维希·亚当；哈特姆特·内文 申请号：201080062952 申请日：2010-08-16 优先权日：美国2009年12月3日61/266499；美国2010年8月12日12/855563 授权日： 审批历史：【PCT】 发明名称：混合使用位置传感器数据和视觉查询来返回视觉查询的本地收录 法律状态：公开	能够从客户端设备接收视觉查询以及与所述客户端设备的位置相关的信息并且能够使用位置信息和视觉查询来提供相关搜索结果
43	申请人：谷歌公司 发明人：卢克·文森特；丹尼尔·菲利普；斯蒂芬·周；斯特芬尼·拉丰；杨钟皓；安德鲁·蒂莫西·希巴尔斯基 申请号：201110424959 申请日：2008-05-27 优先权日：美国2007年5月25日11/754267；美国2007年5月25日11/754265；美国2007年5月25日11/754266 授权日： 审批历史： 发明名称：渲染、查看和注释全景图像及其应用 法律状态：公开	—
44	申请人：谷歌公司 发明人：纳撒尼尔·费尔菲尔德；克里斯托弗·厄姆森；赛巴斯蒂安·特龙 申请号：201180009746 申请日：2011-01-20 优先权日：美国2010年1月22日61/297468；美国2010年6月21日12/819575 授权日： 审批历史：【PCT】 发明名称：交通信号的映射和检测 法律状态：公开	—

热销丛书推荐

《企业专利工作实务手册》

作者：杨铁军（主编）

出版时间：2013年1月

定价：68元

内容简介：本书旨在为企业提供一整套指导性和操作性较强的模块化专利工作管理实务解决方案。

《专利分析实务手册》

作者：杨铁军（主编）

出版时间：2012年10月

定价：46元

内容简介：本手册以专利分析操作流程为主线，梳理了一套完整的专利分析实务操作流程，并对流程中各环节的操作方法、质量要求、使用工具、操作技巧、注意事项等结合案例进行具体说明和详细解析。

《产业专利分析报告》（第1册）

作者：杨铁军（主编）

出版时间：2011年9月

定价：50元

内容简介：本书包括了薄膜太阳能电池、等离子体刻蚀机、生物芯片等三个行业的专利分析报告。

《产业专利分析报告》（第2册）

作者：杨铁军（主编）

出版时间：2011年9月

定价：36元

内容简介：本书包括了基因工程多肽药物、环保农药两个行业的专利分析报告。

《产业专利分析报告》（第 3 册）

作者： 杨铁军（主编）

出版时间： 2012 年 3 月

定价： 88 元（附光盘）

内容简介： 本书包括了切削加工刀具、煤矿机械、燃煤锅炉燃烧设备等三个行业的专利分析报告。

《产业专利分析报告》（第 4 册）

作者： 杨铁军（主编）

出版时间： 2012 年 3 月

定价： 82 元（附光盘）

内容简介： 本书包括了有机发光二极管、光通信网络、通信用光器件等三个行业的专利分析报告。

《产业专利分析报告》（第 5 册）

作者： 杨铁军（主编）

出版时间： 2012 年 3 月

定价： 42 元（附光盘）

内容简介： 本书包括了智能手机、立体影像两个行业的专利分析报告。

《产业专利分析报告》（第 6 册）

作者： 杨铁军（主编）

出版时间： 2012 年 3 月

定价： 42 元（附光盘）

内容简介： 本书包括了乳制品、生物医用天然多糖两个行业的专利分析报告。

《产业专利分析报告》（第 7 册）
作者： 杨铁军（主编）
出版时间： 2013 年 3 月
定价： 66 元
内容简介： 本书为农业机械行业的专利分析报告。

《产业专利分析报告》（第 8 册）
作者： 杨铁军（主编）
出版时间： 2013 年 3 月
定价： 46 元
内容简介： 本书为液体灌装机械行业的专利分析报告。

《产业专利分析报告》（第 9 册）
作者： 杨铁军（主编）
出版时间： 2013 年 3 月
定价： 46 元
内容简介： 本书为汽车碰撞安全行业的专利分析报告。

《产业专利分析报告》（第 10 册）
作者： 杨铁军（主编）
出版时间： 2013 年 3 月
定价： 46 元
内容简介： 本书为功率半导体器件行业的专利分析报告。

《产业专利分析报告》（第 11 册）
作者： 杨铁军（主编）
出版时间： 2013 年 3 月
定价： 54 元
内容简介： 本书为短距离无线通信行业的专利分析报告。

《产业专利分析报告》（第 12 册）
作者： 杨铁军（主编）
出版时间： 2013 年 3 月
定价： 64 元
内容简介： 本书为液晶显示行业的专利分析报告。

《产业专利分析报告》（第 13 册）
作者： 杨铁军（主编）
出版时间： 2013 年 3 月
定价： 56 元
内容简介： 本书为智能电视行业的专利分析报告。

《产业专利分析报告》（第 14 册）
作者： 杨铁军（主编）
出版时间： 2013 年 3 月
定价： 60 元
内容简介： 本书为高性能纤维行业的专利分析报告。

《产业专利分析报告》（第 15 册）
作者： 杨铁军（主编）
出版时间： 2013 年 3 月
定价： 46 元
内容简介： 本书为高性能橡胶行业的专利分析报告。

《产业专利分析报告》（第 16 册）
作者： 杨铁军（主编）
出版时间： 2013 年 3 月
定价： 54 元
内容简介： 本书为食用油脂行业的专利分析报告。